火电专业反事故措施标准汇编

（上 册）

中国华能集团有限公司 编

内 容 提 要

本书主要结合中国华能集团有限公司2005年—2019年千余起机组非计划停运、设备损坏事件，梳理出火力发电厂电气一次、电气二次、汽轮机、锅炉、热控、化学、金属、供热等专业反事故措施，并结合案例对反事故措施条款进行解释说明。火力发电专业反事故措施以防范机组非计划停运、主设备一般故障和子设备损坏事件为主，形成事故及异常事件预防的设备配置标准、专业工作标准与规范工作要求，指导设备选型、系统设计、保护设置和运行、检修、维护、试验与技术管理等工作。

本书共分九章，主要包括火电厂防止电气一次设备事故重点要求、火电厂防止电气二次设备事故重点要求、火电厂防止汽轮机设备事故重点要求、火电厂防止锅炉设备事故重点要求、火电厂防止热控设备及系统事故重点要求、火电厂防止化学事故重点要求、火电厂防止金属部件及锅炉压力容器事故重点要求、火电厂防止供热系统事故重点要求、中国华能集团有限公司反事故措施管理办法等内容。

本书可操作性强，案例丰富，可作为从事火力发电厂运行、检修及生产管理工作的人员参考用书。

图书在版编目（CIP）数据

火电专业反事故措施标准汇编：全2册 / 中国华能集团有限公司编. —北京：中国电力出版社，2020.5 (2021.6重印)

ISBN 978-7-5198-4663-3

Ⅰ. ①火… Ⅱ. ①中… Ⅲ. ①火电厂–锅炉–事故预防–安全措施–标准–汇编–中国 Ⅳ. ①TM621.2–62

中国版本图书馆CIP数据核字（2020）第078824号

出版发行：中国电力出版社
地 址：北京市东城区北京站西街19号（邮政编码100005）
网 址：http://www.cepp.sgcc.com.cn
责任编辑：孙 芳
责任校对：黄 蓓 李 楠 郝军燕
装帧设计：赵姗姗
责任印制：吴 迪

印 刷：三河市百盛印装有限公司
版 次：2020年5月第一版
印 次：2021年6月北京第六次印刷
开 本：787毫米×1092毫米 16开本
印 张：31.25
字 数：765千字
印 数：7001—8000册
定 价：120.00元（上、下册）

《火电专业反事故措施标准汇编》

编审委员会

序

中国华能集团有限公司严格贯彻安全生产和高质量发展要求，高度重视国家能源局发布的国能安全〔2014〕161号《防止电力生产事故的二十五项重点要求》，围绕二十五项重点要求开展了交流培训、隐患排查、反措落实等一系列工作，同时不断完善安全生产管理体系，注重体系标准的落地执行，多措并举确保发电机组及供热系统安全稳定运行。华能集团坚持问题导向，以“降缺陷、控非停”为抓手，加强技术监督管理，建立了完善的技术监督标准体系；强化设备标准化管理和状态监测诊断，构建了设备标准化管理体系，带动设备规范化、精细化和常态化管理。在《防止电力生产事故的二十五项重点要求》、技术监督标准体系、设备标准化管理体系的指导下，近年来华能集团机组非计划停运次数、设备重大事故数量明显下降。

在总结成绩与经验的基础上，华能集团结合生产技术管理面临的问题，将建立完整的专业反措体系作为继续提升设备技术管理水平的突破口，使专业反措与《防止电力生产事故的二十五项重点要求》互为补充，在“十三五”期间构建起技术监督标准体系、设备标准化管理体系和反事故措施体系三位一体的生产技术管理体系，实现公司发电设备可靠性的进一步提升。

2018年，华能集团建立了火电、水电、风电、光伏反事故措施体系框架。2018年8月开始，组织西安热工研究院有限公司、各电力产业公司、区域公司和部分发电企业专业人员，依据现行有效的国家标准、行业标准、企业标准和国能安全〔2014〕161号《防止电力生产事故的二十五项重点要求》，结合华能集团2005年—2019年千余起机组非停及设备损坏事件、系统外相关典型事件，共梳理出2253条反事故措施（电气一次430条，电气二次314条，汽轮机367条，锅炉440条，热控185条，化学226条，金属152条，供热139条），形成了电气一次、电气二次、汽轮机、锅炉、热控、化学、金属、供热等8项专业反事故措施标准，汇编成中国华能集团有限公司《火电专业反事故措施标准汇编》（简称《火电反措汇编》）。《火电反措汇编》是发电行业火电专业成体系的系列化反事故技术标准，将进一步提高技术管理工作的针对性和系统性，促进火力发电设备可靠性提升，为集团公司火电厂安全可靠运行奠定坚实基础。

在《火电反措汇编》即将出版之际，谨对所有参与和支持反事故措施编写、出版工作的单位和同志们表示衷心的感谢！

邓建玲

2020年3月

前　言

近年来，受外部煤炭市场环境变化、可再生能源装机规模不断增加等方面的影响，火电机组运行环境发生较大变化；在深化能源供给革命的背景下，调峰辅助、耦合生物质发电及供热改造技术得到应用，火电机组面临升级转型。

为满足新形势下火电机组的安全生产需要，进一步完善生产技术管理体系，中国华能集团有限公司生产管理与环境保护部组织西安热工研究院有限公司，召集公司系统各专业技术骨干，以技术监督工作为依托，梳理总结 2005 年—2019 年公司千余起机组非停及设备损坏事件、系统外相关典型事件经验教训，编制完成了《火电专业反事故措施标准汇编》。

《火电专业反事故措施标准汇编》包括火电厂电气一次、电气二次、汽轮机、锅炉、热控、化学、金属、供热等八个专业反事故措施标准，分为上、下两个分册，涵盖了火力发电厂安全生产的主要专业，标准以防范机组非停、主设备一般故障和辅助设备损坏事件为主，编写人员从各专业安全生产管理经验、技术监督等角度对各类案例进行了深入剖析，总结教训，梳理提炼形成反事故措施条款，力求突出重点、强化认识，指导设备选型、系统设计、保护设置和运行、检修、维护、试验与技术管理等工作。

《火电专业反事故措施标准汇编》切合火电厂生产实际，针对性和应用性强，是国能安全〔2014〕161 号《防止电力生产事故的二十五项重点要求》的重要补充。本汇编历时近两年编写完成，在编制、审核过程中得到了中国华能集团有限公司各电力产业公司、区域公司、发电企业的大力支持，在此一并感谢。

由于编者水平有限，书中难免有疏漏之处，敬请读者批评指正。

编　者

2020 年 5 月

目　　录

上　　册

技术标准篇

下　　册

管理标准篇

中国华能集团有限公司
CHINA HUANENG GROUP CO., LTD.
中国华能集团有限公司火电专业反事故措施标准汇编
Q/HN-1-0000.08.071—2020

技术标准篇

火电厂防止电气一次设备事故重点要求

2020 - 06 - 01 发布

2020 - 06 - 01 实施

目　次

前　言

为进一步加强电力生产安全风险预防控制，提高电力生产可靠性，有效防止火电厂电气一次设备事故的发生，在国家能源局《防止电力生产事故的二十五项重点要求》的基础上，结合中国华能集团有限公司和系统内电气一次设备事故导致的机组非计划停运案例，编制本标准。

本标准由中国华能集团有限公司生产管理与环境保护部提出。

本标准由中国华能集团有限公司生产管理与环境保护部归口并解释。

本标准起草单位：生产管理与环境保护部、西安热工研究院有限公司。

本标准起草人：马晋辉、吕尚霖、梁志钰、刘瞻、侯中峰、唐伟、王家驹、张宇翼。

本标准审核单位：生产管理与环境保护部、北方公司、上海电力检修有限责任公司、海南分公司、江苏公司、浙江分公司、山东分公司、福建分公司。

本标准主要审核人：陈锋、李焕文、陆轶、胡斌华、陈育森、慈学敏、刘兰海、蓝洪林。

本标准审定：中国华能集团有限公司技术工作管理委员会。

本标准批准人：邓建玲。

本标准为首次制定。

火电厂防止电气一次设备事故重点要求

1　通用要求

1.1.1　加强设备台账管理。电气一次主设备（包括重要电动机）应按台建立设备台账，附属设备应分类建立设备台账，每次大、小修及异常缺陷处理应有明确记载，掌握设备全寿命周期健康状况，便于后续设备状态评价和检修安排。

1.1.2　加强文件资料管理。电厂应加强电气一次设备各类出厂资料、交接试验报告、预防性试验报告、检修记录、设备台账、厂家技术说明书等资料档案管理，建立资料目录清册，专人管理，确保档案的完整性和连续性。

1.1.3　加强设备试验管理。电厂应按照国家、行业、中国华能集团有限公司（以下简称集团公司）企业标准及厂家技术说明书的要求，结合本单位电气一次设备的实际情况，明确试验项目、周期、方法及验收标准。特殊情况需调整设备试验周期、增删试验项目、改变试验方法、降低试验标准时，应履行审批程序。对服役年限较长的老旧设备，可根据设备状态适当缩短试验周期或增加试验检测项目。

1.1.4　现场电气设备高压试验前，应制订具体的技术方案和安全措施，严格按照操作规程进行。高压试验区域应设置遮栏并悬挂“止步，高压危险”标示牌，试验前应认真检查接线方式、表计量程、仪器仪表初始状态及人员与带电体的安全距离等。高压试验设备和被试设备外壳必须接地可靠，高压引线及试验设备带电部分应有足够的安全距离。试验设备邻近的其他仪器设备应有防止感应电、放电反击等手段。试验设备及试验接线应正确无误，耐压试验时试验设备应有经过验证的防过电压措施。

1.1.5　高压电气设备耐压试验过程中，应避免急速升压或突然断电。如发现表计指针摆动大，绝缘有烧焦、冒烟现象，被试设备内有异常声音时，应立即降压，切断电源停止试验，查明原因。耐压试验后，应先断开试验电源，拆除试验接线，并恢复现场环境。电气试验前、后均应进行绝缘电阻测试，如有明显差异，应分析原因。

1.1.6　加强外委单位的安装、检修、试验、检测管理，明确施工、工艺、试验、验收等要求，统一试验标准及报告格式。外委单位人员现场试验时，电厂应有专业人员参加，并做好原始记录。外委单位提交试验报告后，应及时核对与原始记录数据的一致性，审核报告的完整性、准确性。加强设备监造、出厂验收等试验报告、技术文件内容及数据的审核，发现问题应及时联系制造厂家核实处理。

1.1.7　合理使用设备在线监测装置，提前预知缺陷，有效防范风险。电厂应确定专人管理在线监测装置，定期做好数据记录分析工作。结合在线监测及预防性试验数据定期进行综合判断分析，确保设备始终运行在安全可靠状态。

1.1.8　提高红外成像温度检测工作的有效性。电厂应配备准确度、分辨率较高的红外成像仪，对电气一次设备进行定期检测。重点关注套管、互感器、电容器、避雷器的温度变化情况，断路器、气体绝缘金属封闭开关设备（以下简称 GIS）、隔离开关、设备接线端子温度状况，电缆终端及接头、悬式绝缘子温度分布情况。接触连接部位带电 2h 后应进行一次检测，设备带负荷 24h 后应进行一次检测，对于充油及存在绝缘受潮风险的设备，应进行红外成像精确检测。电厂应确定专人经专业培训后，负责红外成像仪保管和使用。

1.1.9　积极运用便携式超声波、激光、X 射线仪、高精度内窥镜、工业机器人等检测设备，对发电机、绝缘瓷瓶、封闭母线、电缆管沟、水氢油管道等设备设施进行预防性检测。

1.1.10　重视电气设备缺陷处理和技术改造工作。避免电气设备长时间带缺陷运行，对带有家族性缺陷的设备应及时进行改造或更换。对可靠性存在问题的老旧设备，应提早进行检查评估，避免因未及时停运或技术改造不及时导致机组非停。

2　防止发电机及其附属系统事故

2.1　防止发电机定子事故

2.1.1　按照 DL/T 1164—2012《汽轮发电机运行导则》要求，加强监视发电机各部位温度，当发电机（绕组、铁芯、冷却介质）温度、温升、温差与正常值有较大偏差时，应立即分析并查找原因。温度测点的安装必须严格执行规范，要有防止感应电影响温度测量的措施，防止温度跳变、显示误差。温度测点跳变时应检查是否存在热电阻（偶）元件故障，内部接触不良，或就地接线端子松动等情况。

2.1.2　对于新投产的发电机，应重视首次检查性大修，按照制造厂产品说明的要求，在规定时间内开展检查性大修工作，及时发现可能存在的隐患。检修时应重点关注定子端部绕组、螺栓紧固件及止动锁片、槽楔、绑环、支架、引线压板等；如发现有过热变色、油泥、松动、环氧粉末等现象应及时分析和处理，并做好记录。

2.1.3　检修时应重点关注定子铁芯定位筋、穿心螺杆、通风孔、阶梯齿情况。硅钢片应叠压整齐、无松动、无过热痕迹，风道无异物堵塞。发现有局部松齿、铁芯片短缺、外表面附着黑色油污等情况时，应结合实际异常情况进行发电机定子铁芯磁化试验或使用电磁铁芯故障检测仪（ELCID）进行铁芯故障诊断检测，检查铁芯片间绝缘有无短路以及铁芯发热情况，分析缺陷原因，并及时进行处理。发现定位筋及穿心螺杆紧力不符合出厂设计值应及时处理。

2.1.4　每三年应结合检修开展定子内窥镜检查。发电机在不抽转子情况下，可从定子铁芯背部沿径向通风孔插入内窥镜检查；转子抽出情况下，可从定子膛内沿径向通风孔插入内窥镜检查。线棒存在大面积的槽内放电缺陷时，可考虑结合大修测量定子绕组接触系数，检查定子槽内上、下层线棒与铁芯的接触状态。

2.1.5　对定子水内冷发电机，测量定子回路绝缘电阻时，应采用水内冷发电机专用绝缘电阻表。将汇水管至外接水管法兰处的跨接线拆开，并将两端汇水管连接起来，接到绝缘电阻表的屏蔽端测量，定子内冷却水（以下简称定冷水）电导率应符合 DL/T 801—2010《大型发电机内冷却水质及系统技术要求》规定，测试完成后应恢复法兰两端跨接线。

2.1.6　电气绝缘试验时遇到汇水管绝缘降低情况，应在排除水质、试验方法等因素后，打开发电机端盖，检查汇水管接地引线及测温元件引线是否存在绝缘磨损，严禁未查明原因处理前继续进行耐压试验。

2.1.7　对承担调峰任务而启动频繁的发电机，每次启动前可不进行定子和励磁回路绝缘电阻的测量，但每月至少应测量一次，情况特殊的电厂可根据厂内情况自行安排周期。发电机备用时间超过 120h，启动前应进行发电机定子、转子绝缘电阻的测量。绝缘不合格时，应查明原因，进行处理。

2.1.8 加强大型发电机环形引线、过渡引线、鼻部手包绝缘、引水管水电接头等部位的绝缘检查，大修时应进行定子绕组端部手包绝缘施加直流电压测量试验，及时发现和处理设备缺陷。

2.1.9 定冷水汇水管死接地形式的发电机，通水状态或未彻底吹干水分时，不能有效开展定子绕组绝缘电阻和泄漏电流试验，不易判断发电机绝缘状态，此类结构发电机应由制造厂出具针对性检修维护方案，电厂据此制定内部检修维护规定。

2.1.10 发电机新机出厂时或更换线棒后应进行定子绕组端部起晕试验，起晕电压应按照GB/T 7064—2017《隐极同步发电机技术要求》规定。发电机大修时应按照DL/T 298—2011《发电机定子绕组端部电晕检测与评定导则》进行电晕检查试验，电晕试验宜使用紫外成像仪，根据试验结果指导防晕层检修工作。

2.1.11 严格控制水氢冷发电机耐压试验条件。应在停机后、清除定子绕组污秽前，额定氢气压力、氢气纯度96%以上、定冷水水质合格且在循环状态下进行交流耐压试验；也可在打开端盖后，端部绕组完全可视状态下进行。耐压试验的开展及类型选择参考制造厂技术指导文件。投运时间超过20年的发电机，交流耐压试验电压可根据情况适当降低。

2.1.12 发电机处理定子铁芯缺陷、大面积更换定子线棒或槽楔时，应开展发电机铁芯磁化试验，试验方法优先采用额定磁通法。铁芯局部故障修理后或需要查找铁芯局部缺陷时，可使用电磁式定子铁芯检测仪（ELCID）对铁芯局部进行检测。

2.1.13 200MW及以上容量发电机交接、新投运1年后及每次大修时，都应检查定子绕组端部的紧固、磨损情况，并按照GB/T 20140—2016《隐极同步发电机定子绕组端部动态特性和振动测量方法及评定》和DL/T 735—2000《大型汽轮发电机定子绕组端部动态特性的测量及评定》进行模态试验，试验不合格或存在松动、磨损情况应及时处理。有条件时可增加对绝缘盒，分支引线，主引线的轴向、径向及切向的局部测试。多次出现松动、磨损情况应重新对发电机定子绕组端部进行整体绑扎；出现大范围松动、磨损情况应对发电机定子绕组端部结构进行改造。

2.1.14 严格规范现场作业标准化管理，防止锯条、螺钉、螺母、工具等金属杂物遗留在发电机内部，特别应对端部线圈的夹缝、上下渐伸线之间位置做详细检查，避免因异物进入导致发电机故障。

2.1.15 对已配置局部放电在线监测装置的发电机，应保证装置正常投运，定期记录数据，参考厂内、系统内同型机组相同局部放电装置在线数据，判断发电机绝缘状态。600MW及以上容量未配置局部放电在线装置的发电机，宜利用检修机会加装局部放电测量用耦合传感器（有条件时加装双侧）并引出至转换接口，有条件时建议加装局部放电在线监测设备。

2.1.16 对于北重发电机厂的QFSN－330－2型发电机，检修时应重点检查其端部绑扎及固定结构情况，有松动时应及时处理。有条件时，可改善发电机端部绑扎方式，加强发电机层间及线圈绑扎，提高抗短路冲击应力的能力。

2.2 防止发电机转子事故

2.2.1 发电机转子在运输、存放及大修期间应避免受潮和腐蚀。转子表面应采取防锈措施。最低保管温度为5℃，低于5℃时应采取措施。

2.2.2 发电机大修时应进行转子护环金属探伤和金相检查，检出有裂纹或蚀坑应进行消缺处理，必要时更换为 18Mn18Cr 材料的护环。检查转子表面有无局部热点和碰磨，护环和转子本体接触面有无过热，若有过热迹象，则应进一步检查护环机械配合是否良好。检查发电机端盖挡风圈与转子间隙裕度是否满足要求，避免转子大轴与风挡之间碰磨。

2.2.3 大修中应测量护环与铁芯轴向间隙，做好记录，并与出厂及上次测量数据比对，判断护环是否存在位移。

2.2.4 设备监造和安装阶段，要对发电机风扇叶片（叶身、根部）进行宏观和无损探伤检查，重点检查叶片退刀槽、螺纹、结构变化部位。宏观和无损探伤检查应无裂纹、明显的加工刀痕和其他材料表面缺陷，表面加工质量应符合设计和标准要求。对检查有缺陷或不符合要求的叶片进行更换处理。

2.2.5 严格按照 DL/T 438—2016《火力发电厂金属技术监督规程》要求，新机投产前和机组大修中，要对发电机风扇固定螺栓、平衡螺栓、平衡块、引线固定螺栓等逐个检查，如发现有松动或未锁紧现象，应分析原因，彻底处理；大修中应将发电机风扇叶片拆卸，按制造阶段的检查部位和要求进行表面宏观和无损探伤检查，如发现有伤痕和裂纹，应根据情况进行处理或更换。

2.2.6 制定并完善发电机风扇叶片拆卸和安装紧固工艺，明确拆卸方法和紧固力矩要求，风扇固定应使用力矩扳手或专用工具，防止紧力不够或过度。

2.2.7 大修时对氢内冷转子进行通风试验，发现风路堵塞及时处理。应开展转子内窥镜检查，重点检查护环下转子绕组端部和极间连接线，排除可能存在的局部过热、绕组变色、端部绕组间垫块松动、匝间绝缘移位、绕组弯角处形变扭曲等问题。

2.2.8 大修时抽装转子过程中，应防止异物进入转子通风道堵塞通风孔。转子抽出机外后，应用塑料薄膜严密包裹。存放期间应以转子本体大齿面作支撑面搁置，护环不能作为起吊点和支撑点。为防止转子自然弯曲，在转子尾端做永久标识，标明大齿位置，并将转子大齿朝正上方放置。如存放时间超过一周，应每周盘车翻转，进行 180° 位置转换。

2.2.9 转子绕组绝缘电阻测量前，必须断开发电机励磁回路，并将绕组接地放电。测量绝缘电阻时，绝缘电阻表的选择及绝缘电阻测试结果的限值应按照制造厂产品说明书的要求执行，必要时应对转子绕组进行干燥，直至绝缘电阻符合要求。

2.2.10 发电机大修时，运行中出现转子绕组匝间短路迹象的发电机（如振动增加或与历史比较同等励磁电流时对应的有功和无功功率下降明显），以及常规检修试验（如交流阻抗或分包压降测量试验）中认为可能有匝间短路的发电机，应开展转子绕组匝间短路检测，优先采用重复脉冲波形法（RSO）。装设了磁通探头的发电机，运行中应每年通过探测线圈波形法进行在线转子绕组匝间短路检测。600MW 及以上容量的发电机应利用检修机会装设气隙磁通探头，有条件时可加装转子绕组匝间短路在线监测装置。

2.2.11 配置有转子绕组匝间短路在线监测系统的发电机，应确认装置内转子设备信息、判断限值等关键参数准确无误，安排专人定期查看系统检测结果。如系统产生报警，需密切关注运行中相关各项参数变化情况（振动、励磁电流、无功等），跟踪相关数据趋势。转子绕组因匝间短路引起振动异常影响机组安全运行时，应立即降低负荷，减少无功出力，使振动降至安全范围，尽快安排停机检查处理。匝间短路暂时未影响发电机运行时，应尽量减少发电机有功、无功的大幅调节。停机后，可通过 RSO 试验、极间电压分布法等综合判断转子绕组匝间短路情况。

2.2.12　经确认存在较严重转子绕组匝间短路的发电机，应尽快消除缺陷，防止转子、轴瓦等部件磁化。发电机转子、轴承、轴瓦发生磁化（参考值：轴瓦、轴颈大于 10×10^{-4}T，其他部件大于 50×10^{-4}T)应进行退磁处理。退磁后要求剩磁参考值为：轴瓦、轴颈不大于 2×10^{-4}T，其他部件小于 10×10^{-4}T。

2.2.13　机组检修时应对交直流励磁母线箱进行清擦，检查设备连接情况，机组投运前励磁绝缘应无异常变化。

2.2.14　正常运行的汽轮发电机应开展轴电压测试，确认大轴接地是否良好，励端轴承、密封瓦座绝缘性能及密封油油质是否正常。发电机轴电压大于 20V 时或有增长趋势时，宜每月进行一次测试，制造厂有明确周期要求，应按照制造厂要求执行。600MW 及以上容量的发电机必要时装设发电机轴电压、轴电流在线监测装置。

2.2.15　为防止发电机集电环碳刷环火烧损事故，应重点做好以下工作：

a）加强发电机集电环与碳刷巡视检查及维护管理，运行中发生碳刷打火应及时采取措施消除，不能消除的要停机处理，一旦形成环火必须立即停机。

b）发电机集电环与碳刷巡视检查及维护项目应包括：外观目视检查、集电环与碳刷红外测温仪（红外成像仪）测温、钳形表监测碳刷电流分配、碳刷提刷检查与刷面打磨、磨损碳刷更换、集电环小室漏氢检测及通风检查等。

c）电厂要建立发电机励磁碳刷日常检查维护制度，巡视检查重点应包括：集电环与碳刷间无火花、弹簧异响、灰尘和油污堆积等现象；碳刷在刷握内活动自由、无卡塞，碳刷边缘无剥落或破裂现象；碳刷上的压簧无脱落、偏斜和断裂现象；刷辫完整、不变色（正常为紫铜色），接触紧密良好，无接地现象；刷辫在刷架、刷握上无卡涩、碰触现象；冷却风通风滤网无堵塞。

d）应明确运行、检修部门责任，明确设备检查、维护项目与周期，责任落实到人。机组运行中，运行人员负责发电机集电环、碳刷的巡视检查，定期（不少于每班 1 次）用红外测温仪测量集电环和碳刷的温度，夏季大负荷期间应缩短温度测量间隔；检查集电环通风口无异物阻塞，保持碳刷和集电环通风顺畅；检查碳刷磨损情况，对达到更换标准的碳刷及时联系更换；发现碳刷滑动异常、温度异常及打火等情况，应及时联系处理。点检或检修维护人员应每天对发电机碳刷进行一次检查。

e）每周由运行和检修人员共同对集电环与碳刷进行一次专项检查维护，包括用红外成像仪测量集电环和碳刷的温度，用钳形表监测碳刷电流分配情况，对集电环小室进行漏氢检测，记录有关参数；重点检查碳刷磨损情况，对达到更换标准的碳刷进行更换，对位置不正、滑动受阻的碳刷进行调整。

f）红外测温方法应参照 DL/T 1164—2012《汽轮发电机运行导则》，集电环表面最高温度不得超过 120℃，各碳刷之间的温度不应有明显差异。

g）碳刷检查时，顺序将其由刷盒内抽出，检查磨损情况，磨损量达到厂家规定值或超过 2/3 应进行更换，碳刷顶端低于刷握顶端 3mm 时应立即更换。更换碳刷时必须使用同一型号的碳刷，对碳刷适当打磨，保持碳刷接触良好，滑动灵活，碳刷与集电环接触面应大于截面的 80%。一次更换碳刷的数量不得超过单极总数的 10%；碳刷弹簧的压力要符合制造厂的规定。

h）加强新购进碳刷的验收。测定碳刷固有电阻值，测量碳刷引线接触电阻，阻值要符合制造厂和国家标准。

i） 重视密封油系统的运行调节与维护。发电机本体励侧与集电环隔音罩之间转子轴颈表面圆周方向可考虑加装阻油环装置，加强发电机密封油系统空氢差压调节监视，防止密封油系统泄漏向发电机转子集电环隔音罩内喷带油氢气，减小由于油污影响碳刷与集电环之间接触电阻的可能。

j） 明确集电环检修周期及项目，加强检修质量控制。根据集电环磨损程度，定期调换集电环的极性；更换磨损严重、压力不均的碳刷，严禁不同型号产品混用；检查集电环椭圆度，超出规定要联系制造厂处理；大修时对集电环进行探伤检查；检查集电环与转子间的绝缘套筒，是否存在接头脱开、玻璃丝带甩落等问题；彻底清理集电环、碳刷周围碳粉、灰尘、油污等。应加强设备检修后的质量验收工作，并明确质量验收项目及标准。

2.3 防止发电机氢油水系统事故

2.3.1 对于新投产的发电机，应重点关注氢冷发电机内部本体结构部件及外部附属系统的安装质量。其中内部本体结构要重点注意：定子线棒接头封焊处无虚焊、砂眼，引水管和金属压接头处无制造缺陷，压接紧密；瓦座密封条质量完好，密封油系统平衡阀工作正常；氢冷器结合面螺栓紧固，结合面密封垫完好；发电机机壳结合面螺栓紧固，结合面密封垫及密封填料完好；转子励磁绕组引线紧固螺栓密封良好；发电机大端盖、中间环、密封瓦安装无错位；热工测温元件接线端子板密封良好。外部附属系统要重点注意：氢气管道根部应加固焊接，焊接后应对焊缝进行宏观检查和无损探伤，母管加装固定支架，阀门法兰螺栓紧固，结合面密封垫符合要求；漏液检测装置、氢油差压调节系统、氢油分离器、氢器干燥装置、氢气湿度监测装置、绝缘过热检测装置等设备设施的氢气管路接头严密。

2.3.2 发电机运行中应保证氢气品质合格，维持额定氢压，氢气纯度应达到96%以上，最好运行在98%以上以提高效率，冷氢温度一般在35℃～46℃。当夏季冷氢温度超出制造厂规定的上限时，应采取严密的监控措施，适当降低发电机无功，注意对热氢、定子绕组和铁芯温度的监控，防止转子绕组和铁芯超温。

2.3.3 按照DL/T 651—2017《氢冷发电机氢气湿度技术要求》的规定，控制发电机氢气湿度在允许范围内。运行氢压下湿度的低限为露点温度为－25℃，当机内最低温度不小于10℃时，湿度高限为露点温度0℃；当机内最低温度达到5℃时，湿度高限为露点温度－5℃（稳定运行的发电机以冷氢温度和定冷水入口水温中的较低值，作为发电机内的最低温度值。停运和启、停机过程中以冷氢温度、定冷水入口水温、定子线棒温度和定子铁芯温度中的最低值，作为发电机内的最低温度值）。运行时应控制氢气干燥器投退，保证氢气干燥器入口（发电机出口）和氢气干燥器出口（发电机入口）的氢气湿度均在上述范围内。发电机充氢、补氢用的氢气在常压下的露点温度不应高于－50℃。

2.3.4 运行人员应每天记录发电机补、排氢量。按照DL/T 1164—2012《汽轮发电机运行导则》的计算方法，每月计算一次发电机实际漏氢量。测试时，发电机运行参数应等于或接近额定参数，氢冷器二次水量尽量保持不变以减少氢温变化。测试前，氢压应先保持在额定值，氢气纯度、湿度在合格范围，在既不补氢也不排污的情况下进行测试，从测试起始直到测试结束整个过程中，每1h记录一次机内氢压（应用标准压力表）、氢温（冷热风多点平均值）、周围大气压和室温。测试持续时间一般应达到24h，特殊情况下不得少于12h。

2.3.5 发电机出线箱与封闭母线连接处应装设隔氢装置，并在出线箱顶部适当位置设排气孔。氢冷发电机必须装设发电机漏氢监测装置，监测位置应包含密封油系统、定冷水箱、封闭母线出线及中性点等处，并且在就地装置及运行监视中对测点位置加以区分标识，每年校验漏氢监测传感器，保证数据的准确性。定冷水箱测点数据与实际漏氢状况偏差过大时，应首先考虑定冷水箱结构及测点布置位置问题，也可考虑加装氢气流量表协助判断。

2.3.6 严密监测氢冷发电机油系统、主油箱、定冷水箱、封闭母线出线及中性点等处的氢气体积含量，确保避开体积含量在4%～75%的可能爆炸范围。应根据测点的安装位置设置不同系统的漏氢测点报警值。发电机封闭母线处氢气体积含量达到或超过1%时，应立即停机处理；定冷水箱氢气体积含量超过2%，应加强对发电机的监视，超过10%应立即停机处理；发电机轴承油系统或主油箱氢气体积含量达到或超过1%时，应停机处理。定冷水箱氢气流量表读数达到 $0.3m^3/d$ 时应计划安排停机消缺，$5m^3/d$ 以上时立即停机，具体限值还可参考发电机制造厂规定。当定冷水系统存在泄漏时，应按照DL/T 607—2017《汽轮发电机漏水、漏氢的检验》规定的方法进行查找。

2.3.7 检修时，除按2.3.1条做好检查工作外，还应重点注意绝缘引水管之间或与发电机内端盖等金属部位是否存在摩擦，导致水管磨损；引水管连接螺母是否松动，发电机密封瓦是否存在磨损或变形；密封瓦支座和发电机端盖或中间环之间的密封垫、氢气冷却器结合面密封垫、热工测温元件的锥形橡胶垫是否老化失效；氢气冷却器铜管是否存在腐蚀、渗漏；发电机外部附属系统的氢气管路焊口是否存在裂纹。发电机检修过程中及检修后，应按DL/T 607—2017《汽轮发电机漏水、漏氢的检验》、JB/T 6227—2005《氢冷电机气密封性检验方法及评定》进行转子、定冷水系统、定子本体气密性试验，以及电机整套系统气密性试验，检查确认发电机氢气系统无泄漏，试验不合格严禁投入运行。

2.3.8 发电机氢冷器检修时应检查氢冷器端盖法兰密封垫的老化及破损情况，大修时更换氢冷器水侧、汽侧密封涉及的密封垫。检查氢冷器密封面变形情况，防止由于密封面受力不匀造成漏氢。检修中注意检查氢冷器管路的结垢、腐蚀情况，加强管路清洗，避免氢冷器发生堵管或渗漏。运行中注意闭式冷却水进水压力的调整，防止系统形成水锤，造成氢冷器管道的疲劳破损，导致发电机进水。

2.3.9 发电机端盖密封面、密封瓦法兰面以及氢系统管道法兰面等所使用的密封材料（包含橡胶垫、圈等），必须进行检验合格后方可使用。严禁使用不合格的橡胶制品。检修时重点检查上述部位密封圈、密封垫、密封胶等材料的密封性能及劣化情况，不符合要求的应及时更换。检修后复装时，应在密封胶刮除干净情况下重新封胶。

2.3.10 为防止密封油进入发电机内部，应保证密封油系统平衡阀、压差阀动作灵活、可靠，密封瓦间隙调整合格，检修中发现发电机大轴密封瓦处轴颈存在磨损沟槽，应及时处理。氢冷发电机启停时应特别注意控制油氢压差，以防漏氢和发电机内进油。密封油系统油净化装置和自动补油装置应随发电机组投入运行。密封油系统回油管路应保证回油畅通，密封油含水量等指标，应达到DL/T 705—1999《运行中氢冷发电机用密封油质量标准》的规定要求。运行期间应监视漏液检测装置报警情况。密封油系统中冷油器的冷却水压力，在任何情况下都应低于密封油压。

2.3.11 发电机内氢压应高于定冷水压，压差按厂家规定执行。如厂家无规定，压差应大于0.05MPa。应将发电机氢水压差引入集散控制系统（以下简称DCS）画面进行监视。同时，定冷水进水温度应高于氢气冷风温度。

2.3.12　发电机内冷却水质量可按表 2.1 控制，不锈钢系统按发电机制造厂家相关要求执行。

表 2.1　水内冷发电机的冷却水质量

定冷水	电导率 μS/cm（25℃）		铜 μg/L		pH（25℃）	
	标准值	期望值	标准值	期望值	标准值	期望值
双水内冷	≤5.0	—	≤40	≤20	7.0～9.0	—
定子冷却水	≤2.0	0.4～1.5	≤20	≤10	7.0～9.0	8.0～8.7
不锈钢	<1.0	—	—	—	6.0～8.0	—

2.3.13　运行中应保证进入发电机的定冷水温度为 40℃～50℃，当发电机进水温度超过 50℃时，首先应将全部水冷却器投入并提高效率。如仍不能达到要求，而发电机的定子、转子绕组出水温度以及定子绕组温度确定未超过允许值时，应在严密监视下运行；否则应降低发电机的定子电流和转子电流，直到不超过规定的允许温度为止。

2.3.14　安装定冷水反冲洗系统，定期对定子线棒进行反冲洗，定期检查和清洗滤网，宜使用激光打孔不锈钢板新型滤网，反冲洗回路不锈钢滤网应达到 200 目。

2.3.15　运行人员应每班对所有线棒温度等参数进行检查记录。对于水氢冷发电机定子线棒层间测温元件的温差达 8℃或定子线棒引水管同层出水温差达 8℃报警时，应检查定子三相电流是否平衡，定子绕组水路流量与压力是否异常。当定子线棒温差达 14℃或定子引水管出水温差达 12℃，或任一定子槽内层间测温元件温度超过 90℃或出水温度超过 85℃时，应立即降低负荷，在确认测温元件无误后，为避免发生重大事故，应立即停机，进行反冲洗及有关检查处理，当冲洗效果不明显时，可考虑对空心导线进行酸洗。对于全氢冷发电机，定子线棒出口风温差达到 8℃或定子线棒间温差超过 8℃时，应立即停机排除故障。

2.3.16　扩大发电机两侧汇水母管排污口，并安装不锈钢阀门，以利于清除母管中的杂物。

2.3.17　水内冷系统中的管道、阀门的橡胶密封圈宜全部更换成聚四氟乙烯垫圈，并应根据垫圈老化情况，1～2 个大修期予以更换。

2.3.18　认真做好漏液检测装置调试、维护和检验工作，每年对装置进行检验，确保装置反应灵敏、动作可靠，同时对管路进行疏通检查，确保管路畅通。水内冷发电机发出漏液报警信号，经判断确认是发电机漏水时，应立即停机处理。

2.3.19　检修中应加强绝缘引水管检查，引水管外表应无伤痕，端部线棒引水管无交叉接触，引水管与端罩之间应保持足够的绝缘距离。机组大修期间水内冷定子、转子线圈应进行内部水系统流通性检查（分路流量试验或热水流试验）。对水内冷系统密封性进行检验，若水压试验结果不确定时，应用气密试验复查。

2.3.20　因水电接头焊接质量、绕组空心导线存在砂眼等造成渗漏或长期进油导致手包绝缘性能下降，应通过定子绕组端部手包绝缘施加直流电压测量试验检查其绝缘性能。

2.3.21　严格保持发电机转子进水支座石棉盘根冷却水压低于转子内冷水进水压力，以防石棉材料破损物进入转子分水盒内。

2.3.22　水内冷转子绕组复合引水管应更换为具有钢丝编织护套的复合绝缘引水管。

2.3.23 为防止转子线圈拐角断裂漏水，100MW 及以上机组的出水铜拐角应全部更换为不锈钢材质。

2.3.24 对于不需拔护环即可更换转子绕组导水管密封件的特殊发电机组，大修期需更换密封件，以保证转子冷却的可靠性。

2.3.25 水氢冷发电机由运行转备用后，发电机的氢压、纯度、湿度，定冷水压力、温度、pH 值，密封油压，氢水（油）压差等参数均应按照发电机运行状态进行监视、调整。对停用时间较长的发电机，定子、转子绕组和定子端部冷却元件中的水应放净吹干，或通入水质合格的水长期循环。

2.3.26 发电机的油氢压差、水氢压差，密封油压力、主油箱（密封油箱）油位、氢气压力，及定冷水压力、流量、电导率和 pH 值等参数应引入 DCS，并设置声光报警，报警值应能及早预警故障发生，宜设置氢压下降速率报警。发电机就地仪表指示值应每 2h 记录一次，DCS 电气参数显示值应至少每 1h 检查一次，发电机定子绕组、定子铁芯和进出水、进出风温度应有监视仪表，合理设置报警值，并定期对参数进行抄录分析及存档。

2.3.27 对密封油、润滑油、定冷水系统的报警及辅机联锁切换回路，除每周进行一次备用辅机切换试验外，应利用检修调试机会对有关报警定值和联启定值进行实际验证。

2.3.28 集控室应配备定冷水系统图、氢气系统图、密封油系统图、定转子结构和测点布置图，以及定冷水箱补水、事故排氢等操作指导卡。应制定完善的气体置换检查和操作卡，根据每次气体置换操作的实际情况，及时对检查和操作卡进行针对性完善，细化有关操作注意事项，在对发电机充压缩空气前，必须将压缩空气系统的存水放尽。

2.3.29 防止氢爆事故要点。

从行业典型氢爆事故案例分析，一旦旋转中的发电机端部产生氢气大量泄漏，会迅速引起氢爆，并引发润滑油系统火灾，后果难以控制，此时主要以保人身安全为第一要务。防范氢爆的根本措施是做好设备运行维护和技术管理，防止由于设备故障或发生异常时处置不当造成氢气泄漏。

a） 着重从发电机密封瓦和轴系检修、油氢差压调节和监控、润滑油和密封油系统巡检维护、事故油泵和保安电源管理，以及防范汽轮机进水和叶片断裂、机组强烈振动、发电机超速和非全相运行等方面采取防范措施。

b） 加强发电机周边漏氢检测，设置氢压异常下降、润滑油和密封油油箱油位低、油氢差压异常等报警，装设在 DCS 通信中断情况下手动启动润滑油和密封油事故油泵的硬接线回路。

c） 每周对氢气系统进行一次现场漏氢检测，当补氢量增加或怀疑系统存在泄漏时，应增加检测频次并制订针对性预案。当漏氢率超标且无法查清漏点，或运行中难以采取有效措施消除漏点，应及早停机消缺；当漏氢量异常增大，氢压短时间内下降较快，运行中无法消除时，应立即停机处理。

d） 严肃执行主汽门、调门活动试验和油泵定期切换，以及事故油泵定期启动试验；编制紧急排氢操作卡随时备用，发生主厂房火灾、密封油中断、大量漏氢、集电环环火等紧急情况时，应在确保人身安全的情况下，在紧急停机的同时组织排氢；发电机盘车或静止状态下合发电机－变压器组主断路器时，要确认隔离开关在分开位置。

2.4 防止发电机其他事故

2.4.1 按照调度要求实施进相运行的发电机，必须依据进相试验确定的运行范围控制进相深度，加强发电机定子端部温度监测，对低励限制、厂用电母线低电压保护、高低压变频器低电压穿越水平、大容量电动机启动等进行专项评估，在DCS中设置针对性的发电机无功低限、励磁电压低限和厂用母线低电压报警，保证厂用电运行电压的安全水平。

2.4.2 对于投运超过 20 年以上的发电机应开展老化评估工作，通过试验、检修检查，或加装有效的在线监测装置等手段，全面掌握发电机状态，防止出现突发性故障。

2.4.3 送出线路具有串联补偿的电厂，应准确掌握汽轮发电机组轴系扭转振动频率，以防止次同步谐振。根据情况可考虑采取装设辅助励磁阻尼控制器（SEDC）；利用机组转速偏差作为控制信号，机端或变压器低压侧安装静止无功补偿（SVC）设备；设置发电机组扭振保护（TSR）等措施。

3 防止电动机事故

3.1 防止电动机定子事故

3.1.1 正常情况下，鼠笼式电动机一般允许在冷态下启动 2 次，每次间隔不少于 5min，热态下启动 1 次，事故处理时启动时间不超过 2～3s 的电动机可以多启动一次。

3.1.2 大小修后及备用 15 天以上的电动机，启动前必须测量各相绝缘，测量结果应符合 DL/T 1768—2017《旋转电机预防性试验规程》规定。恶劣环境区域的电动机停运超过 8h，启动前应测量其绝缘电阻。6（10）kV 电动机绝缘电阻值如低于前次测量数值（相同环境温度条件）的 1/3～1/5 时应查明原因。

3.1.3 检修时应检查定子端部绕组的磨损、紧固和绑扎情况，发现有松动现象应及时进行处理，防止端部线圈因松动发生绝缘磨损或断股。

3.1.4 检修中应注意检查定子铁芯背部龙骨有无开焊及裂纹现象，如发现有开焊裂纹现象，应及时进行处理。检查定子铁芯应无锈蚀、松散、碰伤、过热或局部过热等现象，铁芯与机座装配应牢固、无松动摩擦痕迹。

3.1.5 检修时应特别注意检查端部线圈的夹缝、上下渐伸线之间、两侧端部夹缝及铁芯背部位置，防止锯条、螺钉、螺母、垫片、工具等金属杂物遗留在电动机内部。

3.1.6 电动机检修完毕引出线固定件必须牢固可靠，确保接线端子接触导电面积合格，防止因接线松动发生运行中过热损坏。

3.2 防止电动机转子事故

3.2.1 电动机运行中，应经常测量并留存振动值，以便进行对比。发现有异常波动或超出规定范围，应及时分析并做出相应的处理。防止因振动值超标引起轴承损坏、转套，甚至出现定子、转子扫膛现象。

3.2.2 运行中注意轴承的振动及温度是否正常，若电动机运行中存在异音，温度、振动数值出现突变且超出允许值时，应及时停机处理。滑动轴承的油环不漏油，转动均匀寂静，油环转动灵活。油位正常（防止假油位），滚动轴承的油质不发硬、污染。对强力润滑的轴承，还应检查其油系统和冷却水系统运行是否正常。

3.2.3 运行中滑动轴承温度不超过 80℃，滚动轴承温度不超过 100℃。若因补加油脂导致温度升高时，应打开排油孔，检查是否有多余油脂排出，并使用轴流风机进行强制通风降温。

3.2.4 大修时检查转子铁芯应紧固，无锈斑、磨损、变色等，转子风扇叶片无变形、裂纹，鼠笼条和短路环焊接牢固无断裂、开焊、氧化，转子表面无脱漆，平衡块锁紧位置无移位、变形，转子铁芯与轴装配无松动痕迹，必要时应进行动平衡试验。

3.2.5 检查轴承内外圈及滚珠无锈斑、凹凸点及过热，保持架完好无裂纹、锈蚀，铆钉紧固无磨损、松动，内外环无摩擦。

3.2.6 装配轴承时，周围环境应无灰尘、杂物，添加油脂时防止异物带入轴承内部，油脂型号应与电动机转速相符。轴承锁母应拧紧，锁片齿压进锁母，防止运行中出现摩擦。

3.3 防止电动机其他事故

3.3.1 运行中应保持电动机附近清洁，不应有灰、水、汽等，无任何杂物（金属导线、棉纱头等），以免被卷入电动机内。电动机接线盒应密封严密，防止水汽进入。

3.3.2 运行中发现散热风扇声音异常或与风扇罩有摩擦现象时，及时联系检修人员确认，如发现有火花现象时应立即停运检查。

3.3.3 运行中电动机如发出沉闷异音，转速明显下降，本体温升较大时，应确认电动机是否缺相运行，并立即停运检查。

3.3.4 带有冷却器的电动机检修时，应检查冷却器管道胀口有无损伤、开焊、松动，管道内壁清洁无杂物；检查冷却器支架和拉筋是否有开焊及变形，垫块有无错位和断裂，橡胶挡风板有无损伤、脱落和老化，冷却器翅片应无凹陷。冷却器应按照制造厂规定进行水压试验。

3.3.5 潜水泵电源回路应采用自动空气开关，安装漏电保护器，设置两级漏电保护措施，临时电缆线路敷设应做好防护固定措施。潜水泵电动机应有可靠的接地装置或接地线，引出电缆的接地线应有明显的接地标志。

3.3.6 潜水泵电动机每次使用前要测量电动机绝缘，检查潜水泵电源导线是否绝缘老化、破皮，电源线铜芯有无外露。对长期浸入水中的潜水泵，应定期检查电动机热态对地绝缘电阻，一般工作 4h 后检查，如电阻值低于 0.5MΩ 时，应立即安排检修。

3.3.7 潜水泵下水、出水时应避免电缆受力，应拉住“耳攀”上的绳子，禁止拉动电缆线，防止电源线擦伤、断裂。潜水泵在潜入水中时，应垂直吊起，不能横卧，注意潜水泵使用时的潜入深度，避免影响机械密封。

3.3.8 潜水泵附近应设置明显的警示标志及围栏，避免在潜水泵出口附近接触水源。潜水泵通电状态下人员须入水或接近潜水泵工作时，应做好触电防护预案，必须有专人在电机开关处监视保护。

4 防止大型变压器（电抗器）事故

4.1 防止变压器本体事故

4.1.1 加强变压器选型、订货、验收及投运的全过程管理。应选择具有良好运行业绩和成熟制造经验生产厂家的产品。240MVA 及以下容量变压器，特别是轴向分裂式启动备用变压器和高压厂用变压器，应选用通过突发短路试验验证的产品；500kV 变压器和 240MVA 以上容量变压器，制造厂应提供同类产品突发短路试验报告或抗短路能力计算报告，计算报告应有相关理论和模型试验的技术支持。应在订货合同中明确变压器承受短路能力的验证方式。220kV 及以上电压等级的变压器都应进行抗震计算。

4.1.2 全电缆线路不应采用重合闸，对于含电缆的混合线路应采取相应措施，防止变压器连续遭受短路冲击。

4.1.3　工厂试验时应将供货的套管和部件安装在变压器上进行试验；密封性试验应将供货的散热器（冷却器）安装在变压器上进行试验；所有附件在出厂时均应按实际使用方式经过整体预装。出厂局部放电试验测量电压为 $1.5U_m/\sqrt{3}$ 时，110kV 电压等级变压器高压侧的局部放电量不大于 100pC；220kV 及以上电压等级变压器高、中压端的局部放电量不大于 100pC。但若有明显的局部放电量，即使小于要求值也应查明原因。220kV 及以上电压等级强迫油循环变压器还应在潜油泵全部开启时（除备用潜油泵）进行局部放电试验。

4.1.4　生产厂家首次设计、新型号或有特殊运行要求的 220kV 及以上电压等级变压器在首批次生产系列中应进行例行试验、型式试验和特殊试验（承受短路能力的试验视实际情况而定）。

4.1.5　充气运输的变压器气体露点应低于－40℃，密切监视气体压力，压力低于 0.01MPa 时要补气，现场充气保存时间不应超过 3 个月，否则应注油保存，并装上储油柜。注油前，必须测定密封气体的压力，核查密封状况，必要时应进行检漏试验。为防止变压器在安装和运行中进水受潮，套管顶部将军帽、储油柜顶部、套管升高座及其连管等处必须密封良好。

4.1.6　110kV 及以上电压等级变压器在运输过程中，应按照相应规范安装具有时标且有合适量程的三维冲击记录仪。主变压器就位后，制造厂、运输部门、监理单位、电厂四方人员应共同验收，记录纸和押运记录应提供电厂留存。

4.1.7　新（扩）建 220kV 及以下变压器的 6kV～35kV 中（低）压侧引线、户外母线（不含封闭母线、架空软导线型式）及接线端子应绝缘化，变压器中、低压侧至配电装置采用电缆连接时，尽可能采用单芯电缆。烈度 7 度以上地震危险区域内的主变压器，要求各侧套管及中性点套管接线应采用带缓冲的软连接或软导线。

4.1.8　实测变压器中性点直流偏磁电流超过 20A，则可考虑配置直流偏磁抑制装置。若变压器存在噪声、振动等异常情况，经技术评估认为有必要的，可配置直流偏磁抑制装置。

4.1.9　110kV 及以上电压等级油浸式变压器，在安装完成后应按照 DL/T 264—2012《油浸式电力变压器（电抗器）现场密封性试验导则》进行变压器本体及分接开关密封检查试验。

4.1.10　新安装和大修后的变压器应严格按照有关标准或厂家规定进行抽真空、真空注油和热油循环，真空度、抽真空时间、注油速度及热油循环时间、温度均应达到要求。为防止真空度计水银倒灌进设备中，禁止使用麦氏真空计。

4.1.11　变压器器身暴露在空气中的时间：空气相对湿度不大于 65%为 16h，相对湿度不大于 75%为 12h。对于分体运输、现场组装的变压器有条件时宜进行真空煤油气相干燥。

4.1.12　发电机出口电压等级及以上的油浸式变压器在投运前，应采用频响法和低电压短路阻抗法进行绕组变形试验，并留存原始记录。正常运行的变压器绕组变形试验周期不应超过 6 年。

4.1.13　110kV 及以上电压等级的变压器在交接及大修时，应进行现场局部放电试验，110kV 及以上电压等级变压器高压端的局部放电量不大于 100pC；220kV～750kV 电压等级变压器中压端的局部放电量不大于 200pC。

4.1.14　500kV 及以上电压等级变压器直流电阻测试后，应注意采取去磁措施，防止变压器投运时保护误动跳闸。

4.1.15　对未出现异常的变压器不应随意进行吊罩检修工作，如需吊罩检修宜在厂家指导下进行，避免因检修条件、工艺控制不良导致变压器受潮等问题。

4.1.16　变压器大修时应更换本体密封件，对胶囊和隔膜、波纹管式储油柜的完好性进行检查，并根据检查情况确定是否更换胶囊或橡胶隔膜。

4.1.17　110kV 及以上电压等级变压器拆装套管、本体排油暴露绕组或进人内检后，应进行现场局部放电试验。

4.1.18　重视变压器渗、漏油检查，应特别注意变压器冷却器潜油泵负压区出现的渗、漏油，如果出现渗漏应切换停运冷却器组，进行堵漏消除渗漏点。加强运行年久变压器套管、电流互感器二次接线盒、法兰、阀门、冷却装置、油箱、油管路等密封连接处的密封性检查工作。

4.1.19　加强变压器油质管理。变压器新油应由生产厂家提供新油腐蚀性硫、结构簇、糠醛及油中颗粒度报告，对 500kV 及以上电压等级的变压器还应提供 T501 等检测报告。油运抵现场后，应取样在化学和电气绝缘试验合格后，方能注入变压器内。运行中油应严格执行 GB/T 14542—2017《变压器油维护管理导则》。不同油品混油前应进行混油试验，试验合格后方可使用。

4.1.20　鉴于绝缘油色谱分析对充油式电气设备内部缺陷检测的有效性，对于 500kV 电压等级及以上、240MVA 容量及以上的大型变压器，有条件或必要时可缩短为每月进行绝缘油色谱分析，其他油浸式变压器绝缘油色谱分析周期也应适当缩短，形成色谱数据记录台账，每年对色谱数据变化趋势进行分析评估。

4.1.21　当油色谱试验特征气体含量超过标准规定的注意值时，应缩短周期，结合产气速率和气体成分比例进行分析，原因未查明前不应进行滤油。对于已投运的在线油色谱监测装置应保证其正常运行，每月与人工取样结果进行比对，使用标气的装置应定期进行标气更换工作。

4.1.22　110kV 及以上电压等级的变压器每 5 年应进行一次油中糠醛含量测试，按照 DL/T 984—2018《油浸式变压器绝缘老化判断导则》开展变压器老化评估。

4.1.23　加强启备（动）变预试周期管理工作，及时与电网沟通，做好停电计划与措施，避免启备（动）变预防性试验周期超期。对于备用变压器应按照运行变压器进行维护及预防性试验。

4.1.24　铁芯、夹件分别引出接地的变压器，应将接地引线引至便于测量的适当位置，以便在运行时监测接地线中是否有环流。选用满足毫安级量程的专用表计，每季度至少测量一次变压器铁芯、夹件接地电流。运行中接地电流异常变化或大于 100mA 时，应尽快查明原因，注意变压器油色谱对比分析，严重时应采取措施及时处理。

4.1.25　依据 DL/T 664—2016《带电设备红外诊断应用规范》开展红外检测工作。新建、改扩建或大修后的变压器，应在投运带负荷后不超过 1 个月内（但至少在 24h 以后）进行一次精确检测。220kV 及以上电压等级的变压器每年在夏季前后应至少各进行一次精确检测。在高温大负荷运行期间，对 220kV 及以上电压等级变压器应增加红外检测次数。精确检测的测量数据和图像应制作报告存档。

4.1.26　发电机出口电压等级及以上变压器受到近区短路冲击未跳闸时，应立即进行油中溶解气体色谱分析，注意数据变化趋势，必要时安排停电检查。变压器近区或出口短路而跳闸时，还应开展绕组变形、直流电阻及其他诊断性试验，综合判断无异常后方可投入运行。禁止未经检查试验就盲目投入运行。对判明线圈有严重变形的变压器，应吊罩（芯）检查和处理。

4.1.27　严格控制干式变压器运行环境，消除运行环境中高温、粉尘、油、汽、水、振动、静电等影响。对运行温度过高的干式变压器应进行通风散热改造，保证干式变压器散热性能良好。

4.1.28 干式变压器检修时，应对铁芯和线圈的固定夹件、绝缘垫块检查并紧固，防止铁芯及线圈下沉、错位、变形。重视干式变压器测温元件、温度控制器的检查和校验，测温元件及其引线安装位置正确，固定可靠。励磁变检修时重点检查高、低压绕组引线等各导电连接部位是否牢固，线圈温度测点安装位置是否正确、埋深是否符合要求，注意电缆头、螺栓松动、过热等问题。重点检查励磁变测温等二次线是否有绝缘损伤或松动等情况。

4.2 防止变压器套管事故

4.2.1 110kV 及以上电压等级变压器套管接线端子（抱箍线夹）应采用 T2 纯铜材质热挤压成型。禁止采用黄铜材质或铸造成型的抱箍线夹。

4.2.2 油纸电容型套管安装前，如有水平运输、存放情况，安装就位后，带电前必须进行一定时间的静放，其中 750kV 套管应大于 48h，500（330）kV 套管应大于 36h，110kV～220kV 套管应大于 24h。

4.2.3 电容式套管安装时注意处理好套管顶端导电连接和密封面，检查端子受力和引线支撑情况、外部引线的伸缩情况，防止套管因过度受力引起密封破坏渗漏油；检查套管均压球安装情况，避免因安装不到位或不牢固导致脱落、放电。

4.2.4 套管均压环应采用单独的紧固螺栓，禁止紧固螺栓与密封螺栓共用，禁止密封螺栓上、下两道密封共用。

4.2.5 220kV 及以上电压等级变压器，当外界条件变化造成引线拉力改变，应核算引流线（含金具）对套管接线柱的作用力，确保不大于套管及接线端子弯曲负荷耐受值。

4.2.6 作为备品的 110kV 及以上油纸电容套管，应竖直放置。如水平存放，其抬高角度应符合制造厂要求，以防止电容芯子露出油面。对水平放置保存期超过 1 年的 110kV 及以上套管，安装前应进行局部放电试验、额定电压下的介损试验和油色谱分析。

4.2.7 如套管的爬电距离或伞裙间距低于规定标准，可采取加硅橡胶伞裙套等措施，必要时进行套管更换。在严重污秽地区运行的变压器，可考虑在瓷套涂防污闪涂料等措施。

4.2.8 生产厂家应明确套管最大取油量，避免因取油样造成负压。运行巡视应检查并记录套管油位情况，油位异常时，应进行红外精确测温，确认套管油位。极寒环境下如套管油位过低，应采取提高变压器本体油温等有效措施提高油位，避免套管内部形成负压。套管渗漏油时，应立即处理，防止内部受潮。

4.2.9 结合停电检修，对变压器套管上部注油孔的密封状况进行检查，发现异常时应及时处理。

4.2.10 严格控制变压器高压套管预防性试验周期，正常运行的油纸电容式套管和干式复合绝缘材质电容式套管试验间隔宜控制在 1 年，最长不应超过 2 年。应注意每次检测数据的变化情况。

4.2.11 应确认主变压器低压侧套管结构形式，对于采用电容式套管的变压器应按照预防性试验规程，进行低压侧套管介损及电容量试验，避免预试项目缺项、漏项。

4.2.12 加强套管末屏接地检查、监测，每次拆、接末屏后应检查接地状况，变压器投运时和运行中开展套管末屏的红外检测。对结构不合理的套管末屏接地端子应进行改造。对于已经装设监测装置的套管，应密切关注其接地可靠性和密封性，如存在问题应予以拆除。

4.2.13 对于介损超过 0.5%的 220kV 及以上油纸电容式套管进行油色谱分析，对于运行超过 15 年的进口变压器套管应每 3 年进行一次油色谱分析，色谱分析异常时应立即进行更换。套管初次取油样工作，应请制造厂对现场人员进行技术培训，并在制造厂指导下完成，取油后应按照制造厂取油作业指导书恢复密封，控制套管受潮风险。

4.2.14 对上海 MWB 公司 COT550－800、COT325－800 型套管（包括 220kV、110kV 主变压器 110kV 侧，及 220kV、110kV 主变压器中性点套管）进行检查及改造。检查套管油位及表面渗漏情况，测试套管端部与导电杆等电位连接，开展套管预防性试验；检查电缆接线柱上的橡胶垫圈、碟形弹介、注油塞、取油塞及套管定位销状态。

4.2.15 加强对德国 HSP 公司 500kV 油纸电容式变压器套管的日常巡视，每月进行红外成像检测，每年测量套管的电容和介损值。电容值变化超过 2%的应取油样进行色谱分析和油质检测，存在异常时应立即更换；电容值变化超过 3%的必须予以更换，介损值如有突变或介损值超过 0.6%时，应查明原因。

4.2.16 针对德国 ABB 公司 GOE 型 500kV 油纸电容式套管，每年测量套管的电容和介损值。介损正常范围在 0.3%～0.8%之间，套管介损与出厂值对比增量超过 30%时，应取油样进行色谱分析，存在异常时更换套管；当电容值变化超过 3%时更换套管。

4.3 防止冷却系统事故

4.3.1 潜油泵的轴承应采取 E 级或 D 级，禁止使用无铭牌、无级别的轴承。对强油导向的变压器油泵应选用转速不大于 1500r/min 的低速油泵。

4.3.2 当制造厂为加强主变压器冷却效果选用非常规功率的潜油泵电动机时，应要求制造厂出具油流继电器拨片材质能否承受运行应力的计算报告或证明材料，避免因油流速度过快冲击导致拨片断裂。

4.3.3 强迫油循环变压器内部故障跳闸后，潜油泵应同时退出运行。

4.3.4 强迫油循环变压器的潜油泵应逐台启用，延时间隔应在 30s 以上，以防止气体继电器误动。

4.3.5 对于盘式电动机油泵，应注意定子和转子的间隙调整，防止铁芯的平面摩擦。运行中如出现过热、振动、杂音及严重漏油等异常情况时，应安排停运检修。

4.3.6 冷却器与本体、气体继电器与储油柜之间连接的波纹管，两端口同心偏差不应大于 10mm。

4.3.7 冷却器每年应进行 1～2 次冲洗，并宜安排在大负荷来临前进行。

4.3.8 变压器冷却系统的两路电源应取自不同的母线段，并具备自动切换功能；冷却系统电源应有三相电压监测，任一相故障失电时，应保证自动切换至备用电源供电。对强迫油循环冷却系统的两个独立电源的自动切换装置，变压器投运前及投运后每月应进行切换试验，有关信号装置应齐全可靠。

4.3.9 变压器温度计应 1～3 年校验一次，根据电流互感器二次侧负载对绕组温度计内部匹配电阻进行调校，确认能够正确反映变压器实际情况。

4.4 防止分接开关事故

4.4.1 有载调压变压器抽真空注油时，应接通变压器本体与开关油室旁通管，保持开关油室与变压器本体压力相同。真空注油后应及时拆除旁通管或关闭旁通管阀门，保证正常运行时变压器本体与开关油室不导通。

4.4.2 新购有载分接开关的选择开关应有机械限位功能，有载分接开关在安装时应按出厂说明书进行调试检查。要特别注意分接引线距离和固定状况、动静触头间的接触情况和操作机构指示位置的正确性。应对切换程序与时间进行测试。有束缚电阻的应采用常接方式。当开关动作次数或运行时间达到生产厂家规定值时，应按照生产厂家的检修规程进行检修。

4.4.3 加强有载调压变压器预防性试验工作，应按照 DL/T 265—2012《变压器有载分接开关现场试验导则》开展有载分接开关的检修及试验工作。正常运行的变压器应每年进行有载分接开关油室绝缘油击穿强度及微水测试，变压器停电检修时应至少对分接开关手动、自动循环操作各两次。

4.4.4 安装和检修时应检查无励磁分接开关的弹簧状况、触头表面镀层及接触情况、分接引线是否有断股及紧固件是否松动，机械指示到位后触头所处位置是否正确。

4.4.5 无励磁分接开关在改变分接位置后，应测量使用分接的直流电阻和变比；有载分接开关检修后，应测量全分接的直流电阻和变比，合格后方可投运。

4.5 防止变压器保护事故

4.5.1 户外布置变压器的气体继电器应加装耐腐蚀材质防雨罩，油流继电器、温度计、油位表及与其相连的二次电缆结合部应有防雨措施，二次电缆应采取防止雨水顺电缆倒灌的措施（如反水弯）。气体继电器至保护柜的电缆应尽量减少中间转接环节。

4.5.2 运行中变压器冷却器油回路或通向储油柜各阀门由关闭位置旋转至开启位置时，以及当油位计的油面异常升高、降低或呼吸系统有异常现象，需要打开放油、补油或放气阀门时，应先将变压器重瓦斯保护退出改投信号。若需将气体继电器集气室的气体排出时，为防止误碰探针造成瓦斯保护跳闸，可将变压器重瓦斯保护退出改投信号，排气结束后恢复为跳闸方式。

4.5.3 变压器气体继电器检验或更换后，复装时应检查油箱至储油柜间各阀门在开启位置，防止运行后压力释放阀动作。

4.5.4 不宜从运行中的变压器气体继电器取气阀直接取气；未安装气体继电器采气盒的，宜结合变压器停电检修加装采气盒，采气盒应安装在便于取气的位置。

4.5.5 结合机组检修进行压力释放阀的检查工作，压力释放阀应能正确动作无阻塞，无喷油、渗油现象，接点位置正确。变压器大修时进行压力释放阀校验。

4.5.6 定期核对油位指示是否在合适范围内，是否与温度校正曲线相符。检修时用连通管对实际油位进行复核，保证实际油位与油位指示显示一致，防止假油位造成压力释放阀动作。

4.5.7 变压器呼吸器安装后，应保证呼吸顺畅且油杯内有可见气泡。在低温环境投运时，应防止呼吸器因结冰堵塞。变压器本体及有载分接开关呼吸器硅胶受潮达到 2/3 时，应及时进行更换，更换时宜将变压器重瓦斯保护退出改投信号。

5 防止互感器事故

5.1 防止油浸式互感器事故

5.1.1 新采购的油浸式互感器应选用带金属膨胀器微正压结构。生产厂家应根据设备运行环境最高和最低温度核算膨胀器的容量，并应留有一定裕度。膨胀器外罩应明确标示出最高、最低油位线及 20℃的标准油位线，油位观察窗应选用具有耐老化、透明度高的材料。油位指示器应采用荧光材料。

5.1.2 电容式电压互感器的中间变压器高压侧不应装设金属氧化物避雷器（MOA）。

5.1.3 电容式电压互感器电磁单元油箱排气孔应高出油箱上平面10mm以上，且密封可靠。互感器的二次引线端子和末屏引出线端子应有防转动措施。

5.1.4 110kV～750kV 油浸式电流互感器在出厂试验时，局部放电试验的测量时间延长到5min。

5.1.5 对电容式电压互感器应要求制造厂在出厂时进行 $0.8U_n$、$1.0U_n$、$1.2U_n$ 及 $1.5U_n$ 的铁磁谐振试验（注：U_n 指额定一次相电压，下同）。

5.1.6 110kV及以下电压等级电流互感器应直立运输，220kV及以上电压等级电流互感器必须满足卧倒运输的要求，运输时应按照相应规范安装具有时标且有合适量程的三维冲击记录仪，设备运抵现场后应检查确认，记录数值超过10g，应返厂检查。

5.1.7 互感器安装时，应将运输中膨胀器限位支架等临时保护措施拆除，并检查顶部排气塞密封情况。

5.1.8 对于220kV及以上等级的电容式电压互感器，其电容器部分是分成多节的，安装时必须按照出厂时的编号以及上下顺序进行安装，严禁互换。

5.1.9 电流互感器一次端子承受的机械力不应超过生产厂家规定的允许值，端子的等电位连接应牢固可靠且端子之间应保持足够电气距离，并应有足够的接触面积。

5.1.10 互感器的一次端子引线连接端要保证接触良好，并有足够的接触面积，以防止产生过热性故障。一次接线端子的等电位连接必须牢固可靠。其接线端子之间必须有足够的安全距离，防止引线线夹造成一次绕组短路。

5.1.11 电流互感器末屏接地引出线应在二次接线盒内就地接地或引至在线监测装置箱内接地。加强电流互感器末屏接地检测、检修及运行维护管理。对结构不合理、截面偏小、强度不够的末屏应进行改造；检修结束后应检查确认末屏接地是否良好。

5.1.12 110kV 及以上电压等级的油浸式电流互感器，交接试验应逐台进行交流耐压试验，试验电压按出厂值的80%选取。试验前应保证充足的静置时间，其中110kV互感器不少于24h，220kV～330kV 互感器不少于48h，500kV 互感器不少于72h。可取油样的互感器，试验前后应进行油中溶解气体对比分析。

5.1.13 电磁式电压互感器在交接试验时，应进行励磁特性测量。励磁特性的拐点电压应大于 $1.5U_m/\sqrt{3}$（中性点有效接地系统）或 $1.9U_m/\sqrt{3}$（中性点非有效接地系统）。

5.1.14 电流互感器一次直阻出厂值和设计值无明显差异，交接时测试值与出厂值也应无明显差异，且相间应无明显差异。

5.1.15 新投运的110kV及以上电压等级电流互感器，1～2年内应取油样进行油色谱、微水分析，取样后检查油位应满足安全运行要求。对于明确要求不取油样的产品，确需取样或补油时应由生产厂家配合进行。

5.1.16 倒置式互感器不宜进行取油样分析，避免因取油造成密封损坏，确需取样或补油时应由生产厂家配合进行并明确其允许最大取油量。其他可取样油浸式互感器应1～3年进行取油分析，当油中溶解气体色谱分析异常，含水量、含气量、击穿强度等项目试验不合格时，应分析原因并及时处理。互感器油位不足时，应及时补充试验合格的同品牌绝缘油。若需要混油时，必须按规定进行混油试验。

5.1.17 事故抢修的油浸式互感器，应保证绝缘试验前静置时间，其中 110kV～220kV 设备静置时间应大于 24h，500（330）kV 设备静置时间应大于 36h。

5.1.18 运行人员正常巡视应检查记录互感器油位情况。对运行中渗漏油的互感器，应根据情况限期处理，必要时进行油样分析，对于含水量异常的互感器要加强监视或进行油处理。油浸式互感器严重漏油及电容式电压互感器电容单元漏油的应立即停止运行。

5.1.19 互感器出现 DL/T 727—2013《互感器运行检修导则》8.2 条规定的情况，如高压套管严重裂纹、破损，互感器有严重放电，本体或引线端子有严重过热，电流互感器末屏开路等，应立即停用。另外，铁磁谐振产生异常响声及电压波动时，油浸式互感器膨胀器异常伸长顶起上盖时，应退出运行。电容式电压互感器电磁单元阻尼器未接入时，不得投入运行。当电压互感器二次电压异常时，应迅速查明原因并及时处理。

5.1.20 已确认存在严重缺陷的互感器应及时更换。对怀疑存在缺陷的互感器，应缩短试验周期进行跟踪检查和分析并查明原因。油中气体色谱分析仅氢气单项超过注意值时，应跟踪分析，注意产气速率并综合诊断。如产气速率增长较快，应加强监视；如监测数据稳定，则属非故障性氢含量异常，可正常监视运行。

5.1.21 电磁式电压互感器发生谐振后，应进行励磁特性试验并与初始值比较，其结果应无明显差异。严禁在发生长时间谐振后未经检查就将设备重新投入运行。

5.1.22 测试电磁单元对地绝缘电阻，应注意内接避雷器对绝缘电阻的影响。采用电磁单元作为电源来测量电容分压器 C_1 和 C_2 的电容值和介质损耗因数，应按制造厂说明书规定进行，中压端子对地电压不超过 2.5kV。测量 C_2 时应防止补偿电抗器两端的限压元件损坏，对 C_2 电容值大的产品应适当降低试验电压。

5.1.23 根据电网发展情况，应注意验算电流互感器动、热稳定电流是否满足要求。若互感器所在升压站短路电流超过互感器铭牌规定的动、热稳定电流值时，应及时改变变比或安排更换。

5.1.24 已安装完成的互感器若长期未带电运行（110kV 及以上大于半年，35kV 及以下一年以上），在投运前应按照 DL/T 393—2010《输变电设备状态检修试验规程》进行例行试验。

5.1.25 老型带隔膜式及气垫式储油柜的互感器，应对其本体及绝缘油进行试验，试验不合格的互感器应退役处理。

5.1.26 针对西安电力电容器厂 TYD $500/\sqrt{3}-0.005$H 型电容式电压互感器（2000 年前出厂），需加强运行中二次电压监测及电容量测试，当电容量变化超过 3%时，应及时进行更换。

5.1.27 针对上海 MWB 公司 TEMP－500IU 型电容式电压互感器，若电容器单元存在渗油缺陷的应进行更换。对暂未安排更换的应加强运行巡视，重点关注渗漏油发展情况。新建工程不允许采用未整改结构的同类产品。

5.2 防止气体绝缘互感器事故

5.2.1 气体绝缘互感器若有电容屏，电容屏连接筒应采用强度足够的铸铝合金制造，防止因材质偏软导致电容屏连接筒移位。

5.2.2 气体绝缘互感器的防爆装置应采用防止积水、冻胀的结构，防爆膜应采用抗老化、耐锈蚀的材料。

5.2.3 六氟化硫密度继电器与互感器设备本体之间的连接方式应满足不拆卸校验密度继电器的要求，户外安装应加装防雨罩。

5.2.4 互感器的二次引线端子和末屏引出小套管应有防转动措施，防止外部操作造成内部引线扭断。

5.2.5　六氟化硫绝缘电流互感器出厂试验项目应包括局部放电试验、耐压试验，并将雷电冲击试验作为出厂试验项目。

5.2.6　气体绝缘电流互感器运输时所充气压应严格控制在微正压状态。110kV 及以下互感器推荐直立安放运输，220kV 及以上互感器必须满足卧倒运输的要求。运输时 110kV 产品每批次超过 10 台时，每车装 10g 振动子 2 个，低于 10 台时每车装 10g 振动子 1 个；220kV 产品每台安装 10g 振动子 1 个；330kV 及以上每台安装带时标的三维冲撞记录仪。到达目的地后检查振动记录装置的记录，若记录数值超过 10g 一次或 10g 振动子落下，则产品应返厂解体检查。

5.2.7　电流互感器的一次端子所受的机械力不应超过制造厂规定的允许值，其电气连接应接触良好。

5.2.8　检查电流互感器二次绕组屏蔽接地线是否可靠接地，压接螺栓是否有锈蚀松动现象，二次绕组屏蔽应在二次绕组引出线端子板上接地，屏蔽接地线的截面积、强度均应符合相关标准。互感器二次线端子及接地螺栓直径应分别不小于 6mm 和 8mm。检查电流互感器底座与基座的接地线连接完好，可靠接地。

5.2.9　进行安装时，密封检查合格后方可对互感器充六氟化硫气体至额定压力，静置 24h 后进行六氟化硫气体微水测量，含水量应小于 250μL/L。运行中不应超过 500μL/L（换算至 20℃），若超标时应进行处理。气体密度表、继电器必须经校验合格。

5.2.10　气体绝缘电流互感器安装后应进行现场老练试验，老练试验后进行耐压试验，试验电压为出厂试验值的 80%。

5.2.11　气体绝缘互感器若压力表偏出绿色正常压力区时，应引起注意，并及时按制造厂要求停电补充合格的六氟化硫新气。严重漏气导致压力低于报警值时应立即退出运行。运行中的电流互感器气体压力下降到 0.2MPa（相对压力）以下，检修后应进行老练和交流耐压试验。

5.2.12　长期微渗的气体绝缘互感器应开展六氟化硫气体微水检测和带电检漏，必要时可缩短检测周期，以掌握六氟化硫电流互感器气体微水量变化趋势。年漏气率大于 0.5%时，应及时处理。

5.2.13　设备故障跳闸后，应进行六氟化硫气体分解产物检测，以确定内部有无放电。避免带故障强送再次放电。

5.2.14　运行中的互感器在巡视检查时如发现外绝缘有裂纹、局部变色、变形，应尽快退出运行。

5.2.15　根据电网发展情况，应注意验算电流互感器动、热稳定电流是否满足要求。若互感器所在升压站短路电流超过互感器铭牌规定的动、热稳定电流值时，应及时改变变比或安排更换。

5.2.16　针对上海 MWB 公司 SAS－550 型电流互感器，应根据产品编号确定是否采用德国进口 Axicom 外套，对于采用该型号外套的互感器建议尽快分批次进行更换。更换时优先更换 2004 年～2007 年制造的产品和安装在母线的该型号电流互感器。更换前，每年至少进行一次气体分解产物和微水检测分析。

5.3　防止固体绝缘互感器事故

5.3.1　发电机出口电压互感器应选择具有良好运行业绩和成熟制造经验生产厂家的产品。

5.3.2　发电机出口电流互感器二次接线盒内至就地端子箱的接地线、二次线宜采用多芯线，接线头套用相匹配的接线鼻，并在软线与接线鼻压接表面镀锡，保证接触可靠；如采用单股铜芯线，应检查线芯无损伤。一、二次接线端子（柱）应有防松防转动措施，设防松螺母或防松垫片，二次接线端子应具有防潮性能。

5.3.3 发电机出口电磁式电压互感器交接及机组大修时应进行感应耐压和局部放电试验，感应耐压前、后应进行空载电流测试，以确定感应耐压试验过程是否有匝间绝缘损伤。空载电流的拐点电压应大于 $1.5U_m/\sqrt{3}$（中性点有效接地系统）或 $1.9U_m/\sqrt{3}$（中性点非有效接地系统）。耐压前、后的空载电流与初始值比较应无明显差别。感应耐压试验周期一般为 3 年。

5.3.4 运行中的环氧浇注式互感器外绝缘如有裂纹、沿面放电、局部变色、变形，应立即更换。

5.3.5 对于励磁变压器高压侧采用单匝贯穿整体浇注式电流互感器的电厂，有条件时应更换为参数、外形大小满足要求的穿心式电流互感器，提高电流互感器运行可靠性。

5.3.6 35kV 及以下电压等级电磁式电压互感器，若运行中发生高压熔断器两相及以上同时熔断或单相多次熔断，应对互感器进行检查及试验。单相熔断器熔断后，应同时更换三相熔断器。检修时应测量熔断器直流电阻，三相之间互差超过 10%应全部更换。发电机出口电压互感器高压熔断器宜每 6～8 年更换。

6 防止开关设备事故

6.1 防止断路器事故

6.1.1 为防止机组并网断路器单相异常导通造成机组损伤，220kV 及以下电压等级的机组并网的断路器（含发电机出口断路器）应采用三相机械联动式结构。

6.1.2 新订货断路器应优先选用弹簧机构、液压机构（包括弹簧储能液压机构）。

6.1.3 用双跳闸线圈机构的断路器，两只跳闸线圈不应共用衔铁，且线圈不应叠装布置。

6.1.4 断路器液压机构应具有防止失压后慢分、慢合的机械装置。液压机构验收、检修时应对机构防慢分、慢合装置的可靠性进行试验。

6.1.5 气动机构应加装汽水分离装置和排污装置，对液压机构应注意液压油油质的变化，必要时应及时滤油或换油。

6.1.6 气体密度继电器应满足以下要求：

a） 新安装 252kV 及以上断路器每相应安装独立的密度继电器。

b） 密度继电器与开关设备本体之间的连接方式应满足不拆卸校验密度继电器的要求，当不满足要求时应逐步进行改造。

c） 密度继电器应装设在与被监测气室处于同一运行环境温度的位置，以保证其报警、闭锁触点正确动作。

d） 对于严寒地区的设备，密度继电器应满足环境温度在－40℃时准确度仍不低于 2.5 级的要求。

e） 户外断路器应采取防止密度继电器二次接头受潮的防雨措施。

6.1.7 户外汇控箱或机构箱的防护等级应不低于 IP45W，箱体应设置可使箱内空气流通的迷宫式通风口，并具有防腐、防雨、防风、防潮、防尘和防小动物进入的措施。带有智能终端、合并单元的智能控制柜防护等级应不低于 IP55W。非一体化的汇控箱与机构箱应分别设置温度、湿度控制装置。

6.1.8 开关设备二次回路及元器件应满足以下要求：

a）温控器（加热器）、继电器等二次元件应取得“3C”认证或通过与“3C”认证同等的性能试验，外壳绝缘材料阻燃等级应满足 V-0 级，并提供第三方检测报告。时间继电器不应选用气囊式时间继电器。

b）断路器出厂试验、交接试验及例行试验中，应进行中间继电器、时间继电器、电压继电器动作特性校验。

c）断路器分、合闸控制回路不应串接整流模块、熔断器或电阻器。

d）断路器控制回路的正、负电源之间以及经常带电的正电源与合闸或跳闸回路之间的端子排应以一个空端子隔开，或采取其他有效防误动措施。

e）新投运分相弹簧机构断路器的防跳继电器、非全相继电器不应安装在机构箱内，应装在独立的汇控箱内。

6.1.9 断路器出厂试验及检修，应检查绝缘子金属法兰与瓷件胶装部位防水密封胶的完好性，必要时复涂防水密封胶。

6.1.10 加强断路器合闸电阻的检测和试验，防止断路器合闸电阻缺陷引发故障。在断路器产品出厂试验、交接试验及例行试验中，应对断路器主触头与合闸电阻触头的时间配合关系进行测试，有条件时应测量合闸电阻的阻值。

6.1.11 交接及操作机构检修时弹簧机构断路器应进行机械特性试验，测试其行程曲线是否符合厂家标准曲线要求。

6.1.12 六氟化硫断路器现场安装应先进行抽真空处理再注气，气体注入设备后应进行六氟化硫纯度、湿度检测。

6.1.13 六氟化硫断路器充气至额定压力前，禁止进行储能状态下的分、合闸操作。

6.1.14 断路器液压机构突然失压时应申请停电隔离处理。在设备停电前，禁止人为启动油泵，防止断路器慢分。

6.1.15 加强开关设备外绝缘的清扫或采取相应的防污闪措施，当并网断路器断口外绝缘积雪、严重积污时不得进行启机并网操作。

6.1.16 每年应结合设备停电对断路器操作机构进行一次检查清扫。断路器操作机构至少每6年进行一次全面检修。3年内未动作过的126kV及以上断路器，应结合检修进行3次～5次分、合闸操作。

6.1.17 六氟化硫开关设备应定期开展气体分解产物及微水检测，新投运设备3个月内应检测一次，后续运行按1～3年为周期进行检测。

6.1.18 断路器改造及检修时，本体内部更换的绝缘件必须有出厂局部放电试验报告，试验电压下单个绝缘件的局部放电量不大于3pC。

6.1.19 断路器操作机构检修重点：

a）检查机构内所做标记位置应无变化；各连杆、拐臂、联板、轴销、螺栓应无松动、弯曲、变形或断裂；对轴销、轴承、齿轮、弹簧筒等转动和直动产生相互摩擦的地方涂敷润滑脂，应润滑良好、无卡涩；各截止阀门应完好。

b）应检查液压（气动）机构分、合闸阀的阀针脱机装置是否松动或变形，防止由于阀针松动或变形造成断路器拒动。

c）应检查辅助开关辅助触点是否有腐蚀、松动变位、转换不灵活、切换不可靠等现象。

d） 储能电动机应无异响、异味，建压时间应满足设计要求。

e） 对各电器元件（转换开关、中间继电器、时间继电器、接触器、温控器等）进行功能检查。

f） 按机构类型划分：

1） 液压机构：压力控制值应正常，若有异常则需要重新调整压力控制单元；主油箱油位不足时应补充液压油；机构的各操作压力指示应正常；油泵工作应正常，无单边工作或进气现象；如有防慢分装置，应检查防慢分装置无异常、锈蚀，功能是否正常。

2） 弹簧机构：传动齿轮应无卡阻、锈蚀现象。

3） 气动机构：压力控制值应正常，若有异常应重新调整压力控制单元；传动皮带应完好，若有异常应进行更换。空气过滤器应洁净，无积尘、污秽、堵塞现象。

6.1.20 对运行达到 15 年的断路器，应开展专项评估，逐步安排解体检修工作，重点针对灭弧室、主回路元件、绝缘件、操作机构等进行检查试验，异常时进行更换，防止由于触头腐蚀、松动变位、转换不灵活、切换不可靠等原因造成开关设备故障。

6.1.21 发电机出口断路器应结合机组停电，每年应对开关操作联动装置、外部螺栓紧固件、外部接头及腐蚀情况等进行目视检查；检查电容器有无破损、漏液等现象，发现问题及时更换。每年应对电容器进行电容量测试，比较三相及历史电容值，不应有明显变化。机组运行中应注意观察发电机机端及中性点零序电压的变化情况，定期与历史值进行纵向比较。

6.1.22 发电机出口断路器应每 5～6 年进行一次全面检查性检修，重点检查隔离开关动静触头位置、行程导向块、弹性压紧情况，操作机构是否灵活可靠；检查外部螺栓紧固件、外部接头等是否紧固；检查断路器传动系统连板、连杆、衬套、销轴（含销轴本体、紧固螺钉、紧固螺母、垫片等）、旋转绝缘子外观及连接是否良好，特别注意与动主触头关联的传动部件的磨损、碰撞及变形情况。

6.1.23 发电机出口断路器运行 15 年或操作次数达到厂家规定时，应对断路器、隔离开关、接地开关及操作机构等进行检查性大修，大修项目根据厂家说明书和现场检查情况确定。

6.1.24 发电机出口断路器运行中，定期对断路器外观、六氟化硫气压、操作机构油位、控制柜报警信号、计数器读数等进行巡视记录。当断路器开断短路电流后，应对短路电流数值、持续时间、开断情况进行记录存档。

6.1.25 针对德国西门子公司 3AT2－E1 550 型断路器（2002 年～2005 年生产），应与厂家确认是否存在因瓷套质量、工艺缺陷导致特殊条件下容易发生断裂的问题，确认有缺陷的应尽早更换。

6.2 防止 GIS 事故

6.2.1 GIS 气室应划分合理，新投运 GIS 应满足以下要求：

a） GIS 最大气室的气体处理时间不超过 8h。252kV 及以下设备单个气室长度不超过 15m，且单个主母线气室对应间隔不超过 3 个。

b） 双母线结构的 GIS，同一间隔的不同母线隔离开关应各自设置独立隔室。252kV 及以上 GIS 母线隔离开关禁止采用与母线共隔室的设计结构。

c） 三相分箱的 GIS 母线及断路器气室，禁止采用管路连接。独立气室应安装单独的密度继电器（压力表），密度继电器表计（压力表）应朝向巡视通道，并将报警信号引入控制室。

6.2.2 双母线、单母线或桥形接线中，GIS 母线避雷器和电压互感器应设置独立的隔离开关。3/2 断路器接线中，GIS 母线避雷器和电压互感器不应装设隔离开关，宜设置可拆卸导体作为隔离装置。可拆卸导体应设置于独立的气室内。架空进线的 GIS 线路间隔的避雷器和线路电压互感器宜采用外置结构。

6.2.3 用于低温（最低温度为－30℃及以下）、重污秽 e 级或沿海 d 级污秽地区的 220kV 及以下电压等级 GIS，宜采用户内安装方式。

6.2.4 室内或地下布置的 GIS、六氟化硫开关设备室，应配置相应的六氯化硫泄漏检测报警、强力通风及氧含量检测系统。

6.2.5 采用带金属法兰盆式绝缘子的 GIS，应预留用于特高频局部放电检测的窗口。带金属法兰的盆式绝缘子若取消罐体对接处的跨接片，应提供型式试验报告。采用跨接片连接时，禁止通过法兰螺栓直连。

6.2.6 吸附剂罩的材质应选用不锈钢或其他高强度材料，结构应设计合理。吸附剂应选用不易粉化的材料并装于专用袋中，绑扎牢固。

6.2.7 GIS 充气口保护封盖的材质应与充气口材质相同，防止电化学腐蚀。

6.2.8 对相间连杆采用转动、链条传动方式设计的三相机械联动隔离开关，应在从动相同时安装分、合闸指示器。

6.2.9 GIS 出厂试验应在装配完整的间隔上进行，252kV 及以上设备还应进行正负极性各 3 次雷电冲击试验。

6.2.10 严格按有关规定对新装 GIS、罐式断路器进行现场耐压，耐压过程中应进行局部放电检测。GIS 出厂试验、现场交接耐压试验中，如发生放电现象，不管是否为自恢复放电，均应解体或开盖检查、查找放电部位。对发现有绝缘损伤或有闪络痕迹的绝缘部件均应进行更换。

6.2.11 户外 GIS 法兰对接面宜采用双密封，并在法兰接缝、安装螺孔、跨接片接触面周边、法兰对接面注胶孔、盆式绝缘子浇注孔等部位涂防水胶。对处于严寒地区、运行 10 年以上的 GIS 及罐式断路器，应结合例行试验检查瓷质套管法兰浇装部位防水层是否完好，必要时应重新复涂防水胶。

6.2.12 GIS 穿墙壳体与墙体间应采取防护措施，穿墙部位采用非腐蚀性、非导磁性材料进行封堵，墙外侧做好防水措施。

6.2.13 六氟化硫开关设备现场安装过程中，在进行抽真空处理时，应采用出口带有电磁阀的真空处理设备，且在使用前应检查电磁阀动作可靠，防止抽真空设备意外断电造成真空泵油倒灌进入设备内部。在真空处理结束后应检查抽真空管的滤芯有无油渍。为防止真空度计水银倒灌进行设备中，禁止使用麦氏真空计。

6.2.14 GIS、罐式断路器及 500kV 及以上电压等级的柱式断路器现场安装及大修过程中，必须采取有效的防尘措施，如移动防尘帐篷等。GIS 的孔、盖等打开时，必须使用防尘罩进行封盖。安装现场环境太差、尘土较多或相邻部分正在进行土建施工等情况下应停止安装。

6.2.15 GIS 安装及大修过程中必须对导体是否插接良好进行检查，特别对可调整的伸缩节及电缆连接处的导体连接情况应进行重点检查。按插接深度标线插接到位，且回路电阻测试合格。

6.2.16 检修时应检查确认防爆膜是否受外力损伤，防爆膜泄压喷口方向应避开巡视通道，防爆膜泄压挡板应避免在运行中积水、结冰、误碰。

6.2.17 对核心部件或主体进行解体性检修后，应进行主回路交流耐压试验。试验时，电磁式电压互感器和金属氧化物避雷器应与主回路断开，耐压结束后，恢复连接。

6.2.18 运行年限达到15年的GIS设备，应开展专项评估，并根据评估结果逐步开展检查性大修工作，检修内容根据厂家技术文件确定。

6.2.19 重视GIS设备的日常巡视和专业巡视检查，加强新投运、故障跳闸后、断路器操作后、恶劣天气、地质灾害及特殊运行方式下运行（或倒闸操作时）等情况下的特殊巡视，巡视中如发现断路器、快速接地开关的缓冲器存在漏油现象，应立即安排处理。

6.2.20 GIS（L）安装时应注意加强伸缩节铰链板加工焊接质量的检查，最大拉力试验应满足标准要求，防止铰链板断裂伸缩节被拉伸，导致母线管道发生位移变形。户外GIS（L）应按照“伸缩节（状态）伸缩量–环境温度”曲线定期核查伸缩节伸缩量，每季度至少开展一次，且在温度最高和最低的季节每月核查一次。当环境温度变化导致母线变形而引发异常时，可采取以下整改措施：

a） 在长过渡母线筒之间增加长拉杆；
b） 采用临时滑动支撑方式作为辅助手段；
c） 对母线端部支架进行必要的加强；
d） 在支架与罐体间增加焊接垫板。

6.2.21 应定期开展GIS运行中局部放电带电检测。正常情况下，550kV（363kV）及以上电压等级GIS设备检测周期半年一次，252kV及以下电压等级1年一次。检测到GIS有异常信号但不能完全判定时，可根据GIS设备的运行工况，缩短检测周期，增加检测次数，分析信号的特点和发展趋势。必要时，对重要部件（如断路器、隔离开关、母线等）进行重点检测。局部放电图谱异常的设备，应同时结合六氟化硫气体分解物检测技术进行综合分析和判断。对于运行年限超过15年的GIS设备，宜考虑缩短检测周期。

6.2.22 应每季度开展GIS设备导体接头对应部位壳体的红外普测及精确测温工作，结合相间（不同部位）的相对温差、壳体表面温度梯度变化的图像特征等因素综合判断，对相对温差3K以上的应加以关注，必要时结合六氟化硫分解物检测、直阻测试等手段进一步分析确认。

6.3 防止隔离开关事故

6.3.1 220kV及以上电压等级隔离开关和接地开关在制造厂必须进行全面组装，调整好各部件的尺寸，并做好相应的标记。

6.3.2 隔离开关选型应注意：

a） 风沙活动严重、严寒、重污秽、多风地区以及采用悬吊式管形母线的升压站，不宜选用配钳夹式触头的单臂伸缩式隔离开关。

b） 主触头镀银层厚度应不小于20μm，硬度不小于120HV，并开展镀层结合力抽检。出厂试验应进行金属镀层检测。导电回路不同金属接触应采取镀银、搪锡等有效过渡措施。

c） 宜采用外压式或自力式触头，触头弹簧应进行防腐、防锈处理。内拉式触头应采用可靠绝缘措施以防止弹簧分流。

d） 上下导电臂之间的中间接头、导电臂与导电底座之间应采用叠片式软导电带连接，叠片式铝制软导电带应有不锈钢片保护。

e） 不锈钢部件禁止采用铸造件，铸铝合金传动部件禁止采用砂型铸造。用于传动的空心管材应有疏水通道。

f） 配钳夹式触头的单臂伸缩式隔离开关导电臂应采用全密封结构。传动配合部件应具有可靠的自润滑措施，禁止不同金属材料直接接触。轴承座应采用全密封结构。

g） 应具备防止自动分闸的结构设计。开关导电臂及底座等位置应采取能防止鸟类筑巢的结构。

h） 操作机构内应装设一套能可靠切断电动机电源的过载保护装置。电动机电源消失时，控制回路应解除自保持。

6.3.3 同一间隔内的多台隔离开关的电动机电源，在端子箱内必须分别设置独立的开断设备。

6.3.4 新安装的隔离开关必须进行导电回路电阻测试，测试电流应不小于 100A。交接试验值应不大于出厂试验值的 1.2 倍。除对隔离开关自身导电回路进行电阻测试外，还应对包含电气连接端子的导电回路电阻进行测试。

6.3.5 隔离开关与其所配装的接地开关之间应有可靠的机械联锁，机械联锁应有足够的强度。发生电动或手动误操作时，设备应可靠闭锁。

6.3.6 合闸操作时，应确保合闸到位，伸缩式隔离开关应检查驱动拐臂过“死点”。

6.3.7 隔离开关倒闸操作，应尽量采用电动操作，并远离隔离开关，操作过程中应严格监视隔离开关动作情况，如发现卡滞应停止操作并进行检查处理，严禁强行操作。

6.3.8 结合设备预防性试验，加强对隔离开关导电部分、转动部件、接触部件、操作机构、机械及电气闭锁装置的检查和润滑，并进行操作试验，防止机构卡涩、触头过热、绝缘子断裂等事故的发生。隔离开关各运动部位用润滑脂宜采用性能良好的二硫化钼锂基润滑脂。

6.3.9 支柱绝缘子选型时应充分考虑环境（海拔、污秽、温度、抗震、覆冰等）对支柱瓷绝缘子的影响，以及升压站对硬、软母线支柱瓷绝缘子和隔离开关支柱瓷绝缘子强度的要求，并留有适当裕度。对有先例的外力（如强暴风雨）等特殊情况的地区应考虑适当提高强度等级。

6.3.10 支柱绝缘子应采用高强瓷。瓷绝缘子金属附件应采用上砂水泥胶装。瓷绝缘子出厂前，应在绝缘子金属法兰与瓷件的胶装部位涂以性能良好的防水密封胶。瓷绝缘子出厂前应逐只进行探伤。

6.3.11 支柱绝缘子安装前应加强现场检查，检查内容包括：绝缘子的法兰金属附件采用热镀锌工艺，防腐防锈处理后外观平整光洁，防护层牢固且厚度均匀，主要尺寸偏差及形位偏差满足国标要求，生产厂家、生产日期、型号和部件编号等标示清晰，检测报告、质量合格证等技术文件完整。126kV 及以上新安装的支柱瓷绝缘子、隔离开关中间法兰和套管根部应逐只进行无损探伤。

6.3.12 开展支柱绝缘子的巡视检查，内容包括：瓷裙表面污秽程度，瓷裙、法兰有无裂纹、破损或放电烧伤痕迹；涂敷防污闪涂料的瓷外套憎水性应良好，涂层无缺损、起皮、龟裂现象；支柱瓷绝缘子水泥胶结合处涂抹的防水胶无脱落现象，水泥胶面完好；法兰及固定螺栓等金属件无锈蚀；雾、雨等潮湿天气下绝缘子表面无异常放电；夜间巡视时应注意瓷件无异常电晕现象。定期开展红外成像检测，检查瓷绝缘子是否有无异常温升、温差和相对温差。

6.3.13 加强异常气候及异常工况后的检查，强风沙天气及地震后应注意检查支柱瓷绝缘子有无倾斜、损伤；发生断路器、隔离开关损坏或系统短路工况后，应注意检查支柱瓷绝缘子有无裂纹、破损或放电烧伤痕迹。

6.3.14 支柱绝缘子宜每 6 年进行一次探伤检测，积极运用便携式成像设备进行探伤检查。服役时间超过 15 年的设备，应缩短检测周期，每 5 年对隔离开关中间法兰和套管根部进行无损探伤。新投运设备应在一个月内开展一次全面带电红外检测诊断。

6.4 防止高压开关柜事故

6.4.1 开关柜应选用 LSC2 类（具备运行连续性功能）、“五防”功能完备的产品，对已运行的“五防”功能不完善的开关柜应尽快进行完善化改造。新投开关柜应装设具有自检功能的带电显示装置，并与接地开关（柜门）实现强制闭锁，带电显示装置应装设在二次仓室。

6.4.2 开关柜应选用 IAC 级（内部故障级别）产品，制造厂应提供相应型式试验报告（报告中附试验试品照片）。选用开关柜时应确认其母线室、断路器室、电缆室相互独立，且均通过相应内部燃弧试验，内部故障电弧允许持续时间应不小于 0.5s，试验电流为额定短时耐受电流，对于额定短路开断电流 31.5kA 以上产品可按照 31.5kA 进行内部故障电弧试验。

6.4.3 开关柜内所有绝缘件装配前均应进行局部放电试验，单个绝缘件局部放电量不大于 3pC。

6.4.4 空气绝缘开关柜的外绝缘应满足以下条件：

a） 空气绝缘净距离应满足表 6.1 的要求。

表 6.1 开关柜空气绝缘净距离要求

空气绝缘净距离（mm）额定电压（kV）	7.2	12
相间和相对地	≥100	≥125
带电体至门	≥130	≥155

b） 新安装开关柜禁止使用绝缘隔板。即使母线加装绝缘护套和热缩绝缘材料，也应满足空气绝缘净距离要求。

6.4.5 空气绝缘开关柜应选用硅橡胶外套氧化锌避雷器。

6.4.6 额定电流 1600A 及以上的开关柜应在主导电回路周边采取有效隔磁措施。

6.4.7 开关柜内母线搭接面、隔离开关触头、手车触头表面应镀银，且镀银层厚度不小于 8μm。

6.4.8 开关柜内避雷器、电压互感器等设备应经隔离开关（或隔离手车）与母线相连，严禁与母线直接连接。开关柜门模拟显示图必须与其内部接线一致，开关柜可触及隔室、不可触及隔室、活门和机构等关键部位在出厂时应设置明显的安全警示标识。柜内隔离金属活门应可靠接地，活门机构应选用可独立锁止的结构，防止检修时人员失误打开活门。

6.4.9 开关柜各高压隔室均应设有泄压通道或压力释放装置，确保与设计图纸保持一致。当开关柜内产生内部故障电弧时，压力释放装置应能可靠打开，压力释放方向应避开巡视通道和其他设备。

6.4.10 开关柜内一次导体不宜使用单螺栓连接，导体安装时螺栓可靠紧固，力矩符合要求。

6.4.11 未经型式试验考核前，不得进行柜体开孔等降低开关柜内部故障防护性能的改造。

6.4.12 配电室内环境温度超过 5℃～30℃范围，应配置空调等有效的调温设施；室内日最大相对湿度超过 95%或月最大相对湿度超过 75%时，应配置除湿设施。配电室排风机控制开关应在室外。

6.4.13 开关柜操作应平稳无卡涩，禁止强行操作。若遇到断路器操作不畅，机构不灵活，应查明原因，避免因强行合开关造成开关柜事故。手车开关每次推入柜内后，应保证手车到位和隔离插头接触良好。

6.4.14 加强高压开关柜巡视检查和状态评估，对操作频繁的开关柜要适当缩短巡检和维护周期。结合设备检修定期开展开关柜内过电压保护器、电缆头、引线等重点部位的检查。

6.4.15 加强带电显示闭锁装置的运行维护，保证其与柜门间强制闭锁的运行可靠性。防误操作闭锁装置或带电显示装置失灵应作为严重缺陷尽快予以消除。

6.4.16 每年宜开展开关柜特高频局部放电、超声波局部放电、暂态地电压检测，及早发现开关柜内绝缘缺陷，有效指导开关柜设备的维护与检修工作。开展开关柜温度检测，对温度异常的开关柜强化监测、分析和处理，防止导电回路过热引发的柜内短路故障。对运行年限较长的开关柜，应加强局部放电带电检测等绝缘监测。

6.4.17 开关柜现场检修或试验结束后，对修试设备应至少有两人次以上检查确认试验用仪器、临时接线及临时措施已拆除，确保被试设备具备恢复到正常可投运状态的条件。

6.4.18 检修或试验后的移开式开关设备，在移入开关仓就位前，应确认开关在分闸状态，全面检查开关装置外观完好，无遗留杂物，对进线侧和出线侧触头应分别测量对地绝缘、相间绝缘以及上下触头之间断路器断口绝缘。

6.4.19 厂用高压母线电源开关因操作、行程机构故障卡涩等原因无法拉出仓室，安排检修布置安全措施时，应根据厂用一次系统接线与运行方式，考虑双路电源的影响，扩大安全措施范围，将故障开关与工作、备用电源有效隔离，形成明显断开点，防止开关仓室内检修处理时造成人员伤害或系统短路。

6.5 防止低压配电装置事故

6.5.1 高压及低压配电设备设在同一室内，若两者有一侧柜顶有裸露的母线时，两者之间的净距不应小于 2m。

6.5.2 检修动力电源箱的支路开关都应加装剩余电流动作保护器（漏电保护器）并应定期检查和试验。

6.5.3 连接电动机械及电动工具的电气回路应单独设开关或插座，并装设剩余电流动作保护器（漏电保护器），金属外壳应接地；电动工具应做到“一机一闸一保护”。

6.5.4 低压开关停、送电过程中发现异常情况，应立即停止操作。确认开关处于分闸状态，将开关拉出，对开关分合闸状态、机械结构、动静触头、闭锁机构进行全面检查，确认开关及开关间隔完好后，按照电气操作程序进行操作。

6.5.5 低压开关停、送电操作后，应检查开关是否到位、定位销是否落下、闭锁机构是否返回、开关机构是否与操作轨道平齐，确认正确后操作任务结束。

6.5.6 低压配电柜检修时应重点检查母线、二次回路、连接接闪器、接地装置引下线和熔断器，确认连接稳定性、牢固度，判断熔断器是否工作正常。

6.5.7 检修结束或故障处理后，恢复送电前，应检查母线、配电盘所带开关均在断开位置，相应的电动机负荷联锁在退出状态，避免在母线、配电盘送电瞬间造成电动机联锁启动冲击。

6.5.8 母线、配电盘、电气开关清扫结束后，恢复送电前，应检查母线、开关外观完好，机械结构正常，接触器触点无粘连，盘柜内无异物等，测量母线、配电盘、开关各相对地、相间及开关上下触头间的绝缘，并做好记录。

6.5.9 配电变压器、配电柜等接线端子和引接线之间必须保证足够的安全距离，对于软引接线，要考虑电动力等因素的影响。

6.5.10 应对开关室、控制室、盘柜、端子箱、电缆沟道等部位采取有效的防范小动物措施，并加强防小动物巡查，及时完善防护措施。

6.5.11 厂房内开放布置的电气开关柜及有关盘柜，应设置围栏等必要的安全防护措施；附近有高温、高压或可燃介质管道、阀门的，应采取可靠的防护措施。厂房温度较高或含尘量较大时，应加强开关设施的温度监测，采取防尘保护措施。

6.6 防止升压站其他事故

6.6.1 加强升压站退役设备管理。对升压站内已经退役停用的相关电气设备，应及时断开与现有一、二次系统的电气连接，做好隔离措施，避免因维护管理不到位影响在役设备的安全运行。

7 防止接地网和过电压事故

7.1 防止接地网事故

7.1.1 对于110kV及以上电压等级新建、改建升压站，在中性或酸性土壤地区，接地装置选用热镀锌钢为宜，在强碱性土壤地区或者其站址土壤和地下水条件会引起钢质材料严重腐蚀的中性土壤地区，宜采用铜质、铜覆钢（铜层厚度不小于0.25mm）或者其他具有防腐性能材质的接地网。对于室内升压站应采用铜质材料的接地网。铜材料间或铜材料与其他金属间的连接，须采用放热焊接，不得采用电弧焊接或压接。

7.1.2 在新建工程设计中，校验接地引下线热稳定所用电流应不小于远期可能出现的最大值，有条件地区可按照断路器额定开断电流考核；接地装置接地体的截面面积不小于连接至该接地装置接地引下线截面面积的75%，并提出接地装置的热稳定容量计算报告。在扩建工程设计中，还应对前期已投运的接地装置进行热稳定容量校核，不满足要求的必须进行改造。

7.1.3 变压器中性点应有两根与地网主网格的不同边连接的接地引下线，并且每根接地引下线均应符合热稳定校核的要求。主设备及设备架构等应有两根与主地网不同干线连接的接地引下线，并且每根接地引下线均应符合热稳定校核的要求。连接引线应便于定期进行检查测试。

7.1.4 施工单位应严格按照设计要求进行施工，预留设备、设施的接地引下线必须经确认合格，隐蔽工程必须经监理单位和建设单位验收合格，在此基础上方可回填土。同时，应分别对两个最近的接地引下线之间测量其回路电阻，测试结果是交接验收资料的必备内容，竣工时应全部交电厂备存。

7.1.5 升压站内接地装置宜采用同一种材料。当采用不同材料混连时，地下部分应采用同一种材料连接。

7.1.6 接地装置的焊接质量必须符合有关规定要求，各设备与主地网的连接必须可靠，扩建地网与原地网间应为多点连接。接地线与主接地网的连接应用焊接，接地线与电气设备的连接可用螺栓或者焊接，用螺栓连接时应设防松螺帽或防松垫片。

7.1.7 对于高土壤电阻率地区的接地网，在接地阻抗难以满足要求时，应采取完善的均压及隔离措施，防止人身及设备事故。对弱电设备应采取有效的隔离或限压措施，防止接地故障时地电位的升高造成设备损坏。

7.1.8 应每年根据升压站短路容量的变化，校核接地装置（包括设备接地引下线）的热稳定容量，并结合短路容量变化情况和接地装置的腐蚀程度有针对性地对接地装置进行改造。对于升压站中的不接地、经消弧线圈接地、经低阻或高阻接地系统，必须按异点两相接地故障校核接地装置的热稳定容量。

7.1.9 投运10年及以上的升压站接地网，应定期开挖（间隔不大于5年），抽检接地网的腐蚀情况，每站选择5～8个点。铜质材料接地体的接地网不必定期开挖检查。若接地网接地阻抗或接触电压和跨步电压测量不符合设计要求，怀疑接地网被严重腐蚀时，应进行开挖检查。如发现接地网腐蚀较为严重，应及时进行处理。

7.1.10 接地引下线的导通检测工作应每1～3年进行一次，检测范围、方法、评定应符合DL/T 475—2017《接地装置特性参数测量导则》的要求，并根据历次测量结果进行分析比较，以决定是否需要进行开挖处理。

7.1.11 所有电气设备的金属外壳均应有良好的接地装置。使用中不得将接地装置拆除。

7.2 防止雷电过电压事故

7.2.1 电厂的直击雷过电压保护可采用避雷针或避雷线。下列设施应装设直击雷保护装置。

a）屋外配电装置，包括组合导线和母线廊道；

b）火力发电厂的烟囱、冷却塔和输煤系统的高建筑物；

c）油处理室、燃油泵房、露天油罐及其架空管道、装卸油台、易燃材料仓库等建筑物；

d）氨区、制氢站、氢气罐储存室、天然气调压站、天然气架空管道及其他防雷安全重点区域等。

7.2.2 电厂内冷却塔、烟囱、建筑物等设施防雷装置应齐全，每年雷雨季节前宜进行检查及接地电阻测试；升压站内电气设备及厂内区域线路每半年进行一次检查；氨区、制氢站、氢气罐储存室、天然气调压站、天然气架空管道等防雷安全重点区域至少应每三个月进行一次全面检查；南方多雷区域至少每月进行一次检查。

7.2.3 为避免雷电侵入波过电压损坏高压配电装置，应在敞开式升压站进出线间隔出入口处装设金属氧化物避雷器。未装设的，在安装条件允许时应补充加装。

7.2.4 电厂内部管辖范围的输电线路，若存在频繁遭受雷击故障，应采用加装线路避雷器的方式进行保护。

7.2.5 加强避雷线运行维护工作，定期打开部分线夹检查，保证避雷线与杆塔接地点可靠连接。对于具有绝缘架空地线的线路，要加强放电间隙的检查与维护，确保动作可靠。

7.2.6 严禁利用避雷针、升压站构架和带避雷线的杆塔作为低压线、通信线、广播线、电视天线的支柱。

7.2.7 在土壤电阻率较高地段的杆塔，可采用增加垂直接地体、加长接地带、改变接地形式、换土或采用接地模块等措施降低杆塔接地电阻值。

7.3 防止变压器过电压事故

7.3.1 切、合110kV及以上有效接地系统中性点不接地的空载变压器时，应先将该变压器中性点临时接地。

7.3.2 为防止在有效接地系统中出现孤立不接地系统并产生较高工频过电压的异常运行工

况，110kV～220kV 不接地变压器的中性点过电压保护应采用水平布置的棒间隙保护方式。对于 110kV 变压器，当中性点绝缘的冲击耐受电压不大于 185kV 时，还应在间隙旁并联金属氧化物避雷器，间隙距离及避雷器参数配合应进行校核。间隙动作后，应检查间隙的烧损情况并校核间隙距离。

7.3.3 对低压侧有空载运行或者带短母线运行可能的变压器，应在变压器低压侧装设避雷器进行保护。对中压侧有空载运行可能的变压器，中性点有引出的可将中性点临时接地，中性点无引出的应在中压侧装设避雷器。

7.4 防止谐振过电压事故

7.4.1 为防止 110kV 及以上电压等级断路器断口均压电容与母线电磁式电压互感器发生谐振过电压，可通过改变运行和操作方式避免形成谐振过电压条件。新建或改造敞开式升压站应选用电容式电压互感器。

7.4.2 为防止厂用中性点非直接接地系统发生由于电磁式电压互感器饱和产生的铁磁谐振过电压，可采取以下措施：

a） 选用励磁特性饱和点较高的，在 $1.9U_{m}/\sqrt{3}$ 电压下铁芯磁通不饱和的电压互感器。

b） 在电压互感器一次绕组中性点对地间串接线性或非线性消谐电阻、加零序电压互感器或在开口三角绕组加阻尼或其他专门消除此类谐振的装置。

7.5 防止金属氧化物避雷器事故

7.5.1 110kV 及以上电压等级避雷器应安装与电压等级相符的交流泄漏电流监测装置。对已安装在线监测表计的避雷器，有人值班的升压站每天应至少巡视一次，做好记录，并加强数据分析。无人值班升压站可结合设备巡视周期进行巡视并记录，强雷雨天气后应进行特殊巡视。强雷雨天气后应检查放电计数器动作情况。

7.5.2 对于强风地区升压站避雷器应采取差异化设计，避雷器均压环应采取增加固定点、支撑筋数量及宽度等加固措施。

7.5.3 对金属氧化物避雷器，必须坚持在每年雷雨季节前、后各进行一次运行电压下的泄漏电流带电检测。测试数据应包括全电流及阻性电流。应保证每年使用测量仪器的一致性，避免因更换仪器造成数据分散性较大无法有效对比。

7.5.4 对运行 15 年及以上的避雷器应重点跟踪泄漏电流的变化，停运后应重点检查压力释放板是否有锈蚀或破损，检查避雷器密封状况是否良好。

7.5.5 避雷器绝缘表面脏污时应及时清扫。运用于 c 级及以上污区的瓷绝缘外套避雷器，宜喷涂防污闪涂料，不宜加装防污闪伞裙，防止避雷器发生污闪或由于表面脏污、防污伞裙造成的表面电位分布畸变导致内部电阻片的局部损伤。

7.5.6 采用电压互感器二次侧取电压方式进行避雷器泄漏电流带电检测时，应采取有效措施防止电压互感器二次短路。

7.6 防止避雷针事故

7.6.1 构架避雷针设计时应统筹考虑厂址环境条件、配电装置构架结构形式等，采用格构式避雷针或圆管形避雷针等结构。通过优化结构形式，有效减小风阻。

7.6.2 钢管避雷针底部应设置有效排水孔，防止内部积水锈蚀或冬季结冰。低温冰冻期间应加强避雷针的运行监控，对钢管与法兰间通过角焊缝焊接而成的避雷针，角焊缝可加焊加强筋，对有开裂缺陷的结构应及时补强或更换。

7.6.3 独立避雷针的接地电阻不宜超过 10Ω。当不满足要求时，接地装置可与主接地网连接，但沿接地体的长度 15m 范围内不得有 35kV 及以下电压等级设备接地点。

7.6.4 以 6 年为周期或在接地网结构发生改变后，进行独立避雷针接地装置接地阻抗检测，测试值大于 10Ω 应采取降阻措施，必要时进行开挖检查。独立避雷针接地装置与主接地网之间导通电阻应大于 0.5Ω。

8 防止外绝缘污闪事故

8.1.1 电气设备的外绝缘配置应以最新版污区分布图为基础，综合考虑附近的环境、气象、污秽发展和运行经验等因素。升压站设计时，c 级以下污区外绝缘按 c 级配置；c、d 级污区可根据环境情况适当提高配置；e 级污区可按照实际情况配置。

8.1.2 在环境污染严重地区，周边有化工企业、沿海及盐雾较重区域、沙尘或飞絮较多区域，应对电气设备防污闪进行专项检查，适当提高污闪防护等级。

8.1.3 对于饱和等值盐密大于 0.35mg/cm^2 的地区，应单独校核绝缘配置。海拔高度超过 1000m 时，外绝缘配置应进行海拔修正。

8.1.4 选用合理的外绝缘材质和伞形。中、重度污区升压站悬垂串优先采用复合绝缘子，支柱绝缘子、组合电器宜采用硅橡胶外绝缘。对于自洁能力差（年平均降雨量小于 800mm）、冬春季易发生污闪的地区，若采用足够爬电距离的瓷或玻璃绝缘子仍无法满足安全运行需要时，宜采用工厂化喷涂防污闪涂料。对粉尘污染严重地区，宜选用自洁能力强的绝缘子，如外伞形绝缘子，电气设备可采取加装防污闪辅助伞裙等措施，辅助伞裙与相应的绝缘子尺寸应吻合良好。

8.1.5 污秽严重的覆冰地区外绝缘设计应采用加强绝缘、V 型串、不同盘径绝缘子组合等形式，通过增加绝缘子串长、阻碍冰凌桥接及改善融冰状况下导电水帘形成条件，防止冰闪事故。

8.1.6 中性点不接地系统的设备外绝缘配置至少应比中性点接地系统配置高一级，直至达到 e 级污秽等级的配置要求。

8.1.7 瓷绝缘子安装前需涂覆防污闪涂料时，宜采用工厂复合化工艺，运输及安装时应注意避免绝缘子涂层擦伤。瓷绝缘子需要涂覆防污闪涂料如采用现场涂覆工艺，应加强施工、验收、现场抽检各个环节的管理。

8.1.8 对外绝缘配置不满足要求的电气设备应进行治理，措施包括增加绝缘子片数、更换防污绝缘子、涂覆防污闪涂料、加装辅助伞裙等。

8.1.9 合理安排升压站电气设备清扫周期，提高清扫效果。110kV～500kV 电压等级宜每年清扫一次，宜安排在污闪频发季节前 1～2 个月内进行。

8.1.10 按照 DL/T 596—1996《电力设备预防性试验规程》要求每年进行一次现场污秽度测量工作，掌握所在地区的现场污秽度和积污规律，以现场污秽度指导全厂外绝缘配合工作。现场污秽度测量宜采用现场悬挂参照绝缘子串的方法进行，参照绝缘子串悬挂及取样要求应按照 DL/T 1884—2018《现场污秽度测量及评定》进行。对于空冷岛下布置有电气设备的电厂，应在空冷岛下设置单独现场污秽度测点。

8.1.11 复合绝缘材质及涂覆防污闪涂料的电气设备，应定期检查表面有无放电或老化、龟裂现象，如果有应及时处理。应每年进行憎水性试验，当憎水性不满足要求时，及时进行更换或复涂。

8.1.12　加强零值、低值瓷绝缘子的检测，及时更换自爆玻璃绝缘子及零、低值瓷绝缘子。新装或更换绝缘子时，应优先考虑复合绝缘材质。绝缘子红外检测参照 DL/T 664—2016《带电设备红外诊断应用规范》规定的检测方法、检测仪器及评定准则进行。瓷绝缘子红外或像检测异常时应以其他电气零、低阻值检测方法进行确认。

8.1.13　绝缘子金属部件严重锈蚀，或绝缘子表面覆盖藻类、苔藓等，应及时采取措施进行处理。

8.1.14　空冷岛下布置有电气设备时，应提升设备外绝缘水平，变压器套管、避雷器、绝缘子等采用大小伞裙相间的结构型式或选用污秽等级高一级的配置，优先选用复合绝缘材质。悬式绝缘子串应尽可能采用水平或 V 型串布置。有条件时在空冷岛安装污水导流槽，将冲洗水集中排放处理。

8.1.15　应对空冷岛下电气设备外绝缘爬电距离进行实测复核，不满足高一级配置要求的，应采取涂覆防污闪涂料、更换复合绝缘材质等措施提高外绝缘防污闪性能。加强设备清扫维护力度，对于可以短时停电的设备，增加年度清扫次数，对于无法停运的设备，也应结合年度检修情况，适时安排清扫维护。在雷雨季节来临之前应尽量安排一次清扫。

8.1.16　加强空冷岛风机减速机维护，及时处理减速机渗漏油缺陷，避免运行及检修过程中润滑油洒落至电气设备外绝缘，造成污闪事故。

8.1.17　空冷岛冲洗应制定具体的技术措施，冲洗时电气专业应就地监护，发现异常情况立即停止作业。空冷岛冲洗作业尽量安排在机组停运时进行。雨、阴、雾、刮风及易结冰的低温天气，禁止空冷岛冲洗作业。运行中，应根据空冷散热器表面污秽聚集情况安排水清洗，以免发生清洗污水污秽过重的情况。冲洗时应分段进行，控制冲洗水量，避免水量过大形成集中下落。及时清理空冷岛平台污水，避免污水聚集下流至电气设备上。

9　防止电力电缆事故

9.1.1　应避免电缆通道邻近热力管线、腐蚀性、易燃易爆介质的管道，确实不能避开时，应符合 GB 50168—2018《电气装置安装工程电缆线路施工及验收规范》第 6.2.3 条、第 6.4.4 条的要求。

9.1.2　同一受电端的双回或多回电缆线路宜选用不同制造商的电缆、附件。110kV 及以上电压等级电缆的 GIS 终端和油浸终端宜选择插拔式。

9.1.3　对 220kV 及以上电压等级电缆、110kV 及以下电压等级重要线路的电缆，应进行工厂验收。

9.1.4　运行在潮湿或浸水环境中的 110kV 及以上电压等级的电缆应有纵向阻水功能，电缆附件应密封防潮；35kV 及以下电压等级电缆附件的密封防潮性能应能满足长期运行需要。

9.1.5　在电缆运输过程中，应防止电缆受到碰撞、挤压等导致的机械损伤，严禁倒放。电缆敷设过程中应严格控制牵引力、侧压力和弯曲半径。

9.1.6　应严格进行到货验收，并开展到货检测。

9.1.7　电缆主绝缘、单芯电缆的金属屏蔽层、金属护层应有可靠的过电压保护措施。统包型电缆的金属屏蔽层、金属护层应两端直接接地。

9.1.8　电缆通道、夹层及管孔等应满足电缆弯曲半径的要求，110kV 及以上电缆的支架应满足电缆蛇形敷设的要求。电缆应严格按照设计要求进行敷设、固定。电缆支架、固定金具、排管的机械强度应符合设计和长期安全运行的要求，且无尖锐棱角。

9.1.9　严格按正确的设计图册施工，做到布线整齐，同一通道内不同电压等级的电缆，应按照电压等级的高低从下向上排列，分层敷设在电缆支架上。电缆的弯曲半径应符合要求，避免任意交叉并留出足够的人行通道。

9.1.10　合理安排电缆段长，尽量减少电缆接头的数量，严禁在电缆夹层、出站沟道、竖井和 50m 及以下桥架等区域布置电缆接头。如需要，应按工艺要求制作安装电缆头，经质量验收合格后，再用耐火防爆槽盒将其封闭。非直埋电缆接头的最外层应包覆阻燃材料，已有中间接头应使用耐火防爆槽盒封闭。

9.1.11　施工期间应做好电缆及附件的防潮、防尘、防外力损伤措施。现场安装电缆附件及制作电缆头之前，现场的温度、湿度和清洁度应符合安装工艺要求，严禁在雨、雾、风沙等有严重污染的环境中安装电缆附件、制作电缆头。

9.1.12　应对完整的金属护层接地系统进行交接试验，包括电缆外护套、同轴电缆、接地电缆、接地箱、互联箱等。交叉互联系统导体对地绝缘强度应不低于电缆外护套的绝缘水平。

9.1.13　应检测电缆金属护层接地电阻、端子接触电阻，必须满足设计要求和相关技术规范要求。

9.1.14　金属护层采取交叉互联方式时，应逐相进行导通测试，确保连接方式正确。金属护层对地绝缘电阻应试验合格，过电压限制元件在安装前应检测合格。

9.1.15　电缆终端尾管应采用封铅方式，并加装铜编织线连接尾管和金属护套。电缆接头两侧端部、终端下部应采用刚性固定。

9.1.16　应加强电缆负荷和温度的检测，防止过负荷运行，多条并联的电缆应分别进行测量。应定期检测电缆附件、接地系统等关键接点的温度。定期用红外热像仪检测电缆终端和非埋式电缆中间接头、瓷套表面、交叉互联箱、外护套屏蔽接地点等部位。检测方法、检测周期、检测仪器及评定准则参照 DL/T 664—2016《带电设备红外诊断应用规范》的要求。加强厂房顶部照明设施电缆及电气元件的检查，及时更换高温老化的设备。

9.1.17　严禁金属护层不接地运行。应严格按照 DL/T 1253—2013《电力电缆线路运行规程》的要求加强接地端子、过电压限制元件的巡检，检查接地线是否良好，连接处是否紧固可靠，有无发热或放电现象：必要时测量连接处温度和单芯电缆金属护层接地线电流，有较大突变时应停电进行接地系统检查，查找接地电流突变原因。

9.1.18　运行时应注意检查因运行温度变化产生的伸缩位移，出现异常应及时处理。检修时重点检查电缆穿孔、固定绑扎处的防护措施，防止因振动、电缆重力下沉等原因造成电缆绝缘损伤、终端头渗漏油等故障。垂直敷设或超过 45° 倾斜敷设的电缆，在每个支架上应加以固定，且刚性固定间距应不大于 2m。

9.1.19　电缆线路发生运行故障后，应检查接地系统是否受损，发现问题应及时修复。

9.1.20　厂用 6（10）kV 交联聚乙烯电缆应进行交流耐压试验，交接试验电压 $2U_0$，持续时间 15min；预防性试验电压 $1.6U_0$，持续时间 5min，周期一般为 3 年～6 年。

9.1.21　检修时重点检查热收缩管与接线端子搭接处及分支手套根部，确保密封良好，对可能存在问题的电缆头应进行更换制作处理，对存在安全隐患的电缆应及时更换。

9.1.22　应重点检查重要电动机电缆引线压接工艺、电缆敷设固定、散热条件、运行环境、电动机接线盒内电缆与接线端子紧固、接线盒内电缆弯曲半径、电缆盒密封等，避免电缆绝缘问题造成重要电动机停运。

9.1.23　对 6（10）kV 充油电缆加强运行维护，至少每季度对电缆进行红外测温，有条件时应对充油电缆逐步更换。

9.1.24　电缆管沟应采取有效的防积水和抽排水措施，在大雨、汛期及可能造成淹水的区域，应加强积水检查。至少每年对电缆管沟进行一次全面的积水、防腐、封堵等专项排查。对重要的电缆接头应安排专项检查。

10　防止穿墙套管及封闭母线设备事故

10.1　防止穿墙套管事故

10.1.1　6（10）kV 电压等级穿墙套管应选用 20kV 及以上电压等级的产品。

10.1.2　在线监测和带电检测装置通过电容型穿墙套管末屏接地线取信号时，接地引下线应固定牢靠并防止摆动。电容型穿墙套管检修或试验后，应及时恢复末屏接地并检查是否可靠，尤其应注意圆柱弹簧压接式末屏接地应可靠。

10.1.3　油纸电容式穿墙套管预防性试验周期宜每年一次，若因为不能按期停电等原因可适当延长预防性试验周期，但最长不能超过两年。有条件的电厂可以进行绝缘油色谱分析，取油样时应密切关注压力油箱的油位，必要时进行补油。

10.1.4　定期对穿墙套管进行精确红外测温，大负荷及环境温度升高时应至少每月一次。对每次检测数据和图像要形成报告并存档，以便于后续比对分析。

10.2　防止封闭母线事故

10.2.1　加强封闭母线基建安装及现场检修质量控制，应重点对各连接结合面的装配工艺、外壳连接处的焊接工艺及焊缝质量、绝缘子安装孔及检修孔的封闭情况等进行检查。安装及检修工作结束后，应对封闭母线内部进行检查清理，防止工器具、螺栓、金属丝等异物遗留在母线内。检查确认工作结束后，应随即对封闭母线进行密封。

10.2.2　变压器与封闭母线连接的升高座处应设置排污装置，排污孔加装单向阀，防止升高座内结露。定期检查排污装置是否堵塞，运行中是否存在积液。

10.2.3　大修时应检查封闭母线支持绝缘子底座密封垫、盘式绝缘子、窥视孔密封垫和非金属伸缩节密封套，如有老化变质现象，应及时更换。封闭母线护套回装后应采取可靠的防雨措施。

10.2.4　大修时应对封闭母线进行绝缘电阻测量和交流耐压试验，发电机中性点封闭母线及电缆均应按照相应电压等级进行试验。机组启动前应提前测定绝缘电阻，绝缘不合格时应及时进行通风干燥处理。

10.2.5　离相封闭母线安装后及大修应进行气密封试验及保压试验。

a）进行气密封试验时，封闭母线外壳内充压力为 1500Pa 的压缩空气，同时用肥皂水检查外壳焊缝及外壳上的各个装配连接密封面，检查位置应无明显的气泡（漏气点）。

b）进行保压试验时，封闭母线外壳内充压力为 1500Pa 的压缩空气，记录压缩空气压力由 1500Pa 降至 300Pa 时的保压时间，评定标准见表 10.1。

表 10.1 离相封闭母线的密封性水平

密封水平	微正压气体保压时间 t min
良好	$t \geqslant 30$
合格	$15 \leqslant t < 30$
不合格	$t < 15$

10.2.6 封闭母线密封性下降时，应根据母线密封性情况调整微正压装置的运行方式，避免微正压装置长时间充气或频繁启动造成设备损坏，并及时利用检修机会对母线进行密封性改造。

10.2.7 封闭母线微正压装置气源宜取用仪用压缩空气，应具有滤油、滤水（除湿）功能，进气口宜加装汽水分离器，保证气源干燥。母线充气口的位置应选择在室内适当位置（可选择在 A 列墙附近），尽量保证充入母线内的空气由室内向户外方向移动。应配置过压保护装置，防止母线内气体压力过大导致母线外壳变形。有条件的可加装热风保养装置。三相封闭母线均应安装充气、取样管路，各相管路中分别加装手动阀门，便于分相气密性试验检测。

10.2.8 应装设必要的气体质量监测装置对微正压装置或强迫空气冷却装置输出气体进行监测。干燥器出口处干燥空气湿度应小于室外大气露点温度，或相对湿度应小于 50%。当输出气体湿度超标时应可靠报警，并停止向母线内提供压缩空气。在封闭母线远端及易积水部位宜设置内部湿度检测装置，用以提示或控制采用大风量干燥方式。

10.2.9 加强封闭母线微正压装置的运行管理。微正压装置在离相封闭母线带电后一般应持续投入运行。机组停运时应投入微正压装置，必须保证输出的空气湿度满足在环境温度下不凝露。对于加装热风保养的装置，在机组启动前 4～6h 投入运行，保证出风温度在正常范围内。驱潮期间应定时测量封闭母线的绝缘电阻，母线绝缘合格后关闭热风保养装置。

10.2.10 加强离相封闭母线的红外成像检测，定期巡视检查发电机封闭母线外壳、伸缩补偿装置、变压器低压侧升高座、支撑钢结构等处的温度，发现异常及时分析处理。

10.2.11 共箱封闭母线检修时，应重点检查盖板密封条、各连接部位密封胶垫是否存在老化脱落，密封条、密封胶垫应 1～2 个大修期予以更换，防止脱落搭接至母线，引起短路接地。加强封闭母线密封性检查，对没有密封条的应加装专用密封条，对母线盖板存在变形的应校正。

10.2.12 共箱封闭母线检修时，对瓷质（或复合）型支持绝缘子应检查绝缘子表面是否有破损、裂纹及放电痕迹，浇注/压铸件与绝缘子是否有脱离、脱落现象。对团状模塑料（以下简称 DMC）或片状模塑料（以下简称 SMC）材质的绝缘板应检查表面是否有破损、开裂及放电痕迹（包括附件金具）。应检查导体上的绝缘热缩套，发现有绝缘老化、剥离现象时，及时进行处理。

10.2.13 共箱封闭母线采用常规环氧材料或酚醛材料的绝缘支撑板或穿墙隔板的，应更换为憎水性强的 DMC 或 SMC 材质的绝缘板。共箱封闭母线的瓷绝缘子，可加装硅橡胶增爬裙或更换为憎水性强的 DMC 或 SMC 绝缘子，防止凝露造成的闪络。

11 防止电气设备火灾事故

11.1 一般规定

11.1.1 电厂应制订发电机及其氢油系统、变压器、升压站、开关设备、电缆等电气设备系统火灾应急处理预案，并加强预案培训和演练，在集控室将预案保存备用，在重点场所悬挂应急处理措施。

11.1.2 电气设备发生火灾，应立即切断有关设备电源，然后进行灭火。对可能带电的电气设备以及发电机、电动机等，应使用干粉、二氧化碳、六氟丙烷等灭火器灭火；对油断路器、变压器在切断电源后可使用干粉、六氟丙烷等灭火器灭火，不能扑灭时再用泡沫灭火器灭火，不得已时可用干砂灭火；地面上的绝缘油着火，应用干砂灭火。

11.1.3 采用气体介质灭火的区域，如电缆夹层、控制机房、通信机房等密闭空间，应在主要进出通道的显著部位悬挂警示标示，标明消防系统性质、对人员的潜在危害、进出管理要求及注意事项，标示逃生线路。

11.1.4 采用气体介质灭火的区域，要严格执行出入管理制度，不得在无保护措施的情况下长期工作和停留。检修作业时，应事先制订并落实突发火情应急方案，将自动消防系统切换为手动方式，配置合适的移动式消防设施，安排专人监护，在消防报警并确认火情出现时，迅速疏散作业人员后，再投入自动消防系统。

11.2 防止发电机及电动机火灾事故

11.2.1 发电机及其氢油系统发生火灾，为了控制火势发展，应破坏真空紧急停机，并立即按照预案组织人员疏散和灭火。

11.2.2 在氢冷发电机及其氢冷系统上进行动火作业，必须断开氢气系统，进行彻底吹扫和检测。动火区与运行系统有明确的断开点并保持安全距离。充氢侧加装法兰短管，并加装金属盲（堵）板。

11.2.3 气体介质的置换避免在启动、并列过程中进行。氢气置换过程中不得进行预防性试验和拆卸螺栓等检修工作。置换气体过程中严禁空气与氢气直接接触置换。

11.3 防止变压器火灾事故

11.3.1 单台容量为 90MVA 及以上的油浸式变压器应设置固定自动灭火系统及火灾自动报警系统。完善变压器的消防设施，加强维护管理，重点防止变压器火灾时事故蔓延扩大。

11.3.2 采用水喷雾灭火系统时，系统管网应有低点放空措施，存有水喷雾灭火水量的消防水池应有定期放空及换水措施。水喷雾应功能齐全，动作功率应大于 8W，其动作逻辑关系应满足变压器超温保护（探温器）与变压器断路器跳闸同时动作。

11.3.3 定期对灭火装置进行维护和检查，以防止误动和拒动。每年检修时应对水喷雾装置进行实际动作试验。

11.3.4 现场进行变压器干燥时，应做好防火措施，防止加热系统故障或线圈过热烧损引起火灾。

11.3.5 屋外油浸变压器防火墙的高度应高于变压器油枕，其长度不应小于变压器的贮油池两侧各 1m。变压器降噪设施不得影响消防功能，隔声顶盖或屏障设计应能保证灭火时，外部消防水、泡沫等灭火剂可以直接喷向起火变压器。

11.4 防止电缆火灾事故

11.4.1 新、扩建工程中的电缆选择与敷设应按有关规定进行设计。严格按照设计要求完成各项电缆防火措施，并与主体工程同时投产。

11.4.2 对于新建、扩建的升压站控制室、火电厂主厂房、输煤、燃油、制氢、氨区及其他易燃易爆场所，应选用阻燃电缆。

11.4.3 扩建工程敷设电缆时，应与运行单位密切配合，在电缆通道内敷设电缆需经运行部门许可。因扩建产生的电缆孔洞和损伤的阻火墙，应及时恢复封堵，并组织验收。

11.4.4 采用排管、电缆沟、隧道、桥梁及桥架敷设的阻燃电缆，其成束阻燃性能应不低于C级。与电力电缆同通道敷设的低压电缆、控制电缆、非阻燃通信光缆等应穿入阻燃管，或采取其他防火隔离措施。

11.4.5 电缆竖井和电缆沟应分段做防火隔离，对敷设在隧道和主控室或厂房内构架上的电缆要采取分段阻燃措施。

11.4.6 穿越墙壁、楼板和电缆沟道进入控制室、电缆夹层、控制柜及仪表盘、保护盘等处的电缆孔、洞、竖井、缝隙（含电缆穿墙套管与电缆之间缝隙）和进入油区的电缆入口处必须采用合格的不燃或阻燃材料封堵。电缆沿一定长度可涂以耐火涂料或其他阻燃物质。靠近充油设备的电缆沟，应设有防火阻燃措施。

11.4.7 电缆孔洞封堵应严实可靠，不应有明显的裂缝和可见的孔隙，堵体表面平整，孔洞较大者应加耐火衬板后再进行封堵。电缆竖井封堵应保证必要的强度。有机堵料封堵不应有漏光、漏风、龟裂、脱落、硬化现象；无机堵料封堵不应有粉化、开裂等缺陷。

11.4.8 电缆从室外进入室内的入口处、电缆竖井的出入口处、电缆接头处、主控制室与电缆夹层之间以及长度超过 100m 的电缆沟或电缆隧道，均应采取防止电缆火灾蔓延的阻燃或分隔措施。

11.4.9 在电缆隧道和电缆沟道中，严禁有可燃气、油管路穿越。在密集敷设电缆的电缆夹层和电缆沟内，不得布置热力管道、油气管以及其他可能引起着火的管道和设备。

11.4.10 架空敷设的电缆与热力管路应保持足够的距离，控制电缆、动力电缆与热力管道平行时，两者距离分别不应小于 0.5m 及 1m；控制电缆、动力电缆与热力管道交叉时，两者距离分别不应小于 0.25m 及 0.5m。当不能满足要求时，应采取有效的防火隔热措施。

11.4.11 靠近高温管道、阀门等热体的电缆应有隔热措施，靠近带油设备的电缆沟盖板应密封。

11.4.12 在电缆通道、夹层内动火作业应办理动火工作票，并采取可靠的防火措施。在电缆通道、夹层内使用的临时电源应满足绝缘、防火、防潮要求。工作人员撤离时应立即断开电源。

11.4.13 电缆通道临近易燃或腐蚀性介质的存储容器、输送管道时，应加强监视，防止其渗漏进入电缆通道，进而损害电缆或导致火灾。

11.4.14 电缆通道、夹层应保持清洁，不积粉尘，不积水，采取安全电压的照明应充足，禁止堆放杂物，并有防火、防水、通风的措施。电厂锅炉、燃煤储运车间内架空电缆上的粉尘应定期清扫。

11.4.15 防止照明、检修电源使用不当引起负荷不平衡、过负荷，造成电缆发热、着火。在特殊天气、机组大小修时应开展检查、维护和预防性试验工作。

11.4.16 在电缆夹层、控制室、电缆隧道、电缆竖井及屋内配电装置处应设置火灾自动报警系统。

11.5 防止其他火灾事故

11.5.1 加强升压站防火管理。升压站内地面应尽量硬化处理，高压架空线、断路器、隔离开关、母线等一次设备及二次端子箱附近不得种植树木及观景灌木，定期清除易引起火灾的树木、杂草等。

11.5.2 因现场作业要求设置临时电源或接入临时负荷时，应对配电箱、电缆、接触器等设备进行容量核算，留有足够裕度，检查配电箱、柜内电气元器件状态良好。在容易引起火灾隐患的重要区域设置时，应有专人全程监护，必要时进行可燃气体含量检测并对配电箱、电缆等设备进行红外测温；在具有油气或可燃气体介质周边设置时，应采用防爆装置。

11.5.3 对储能设施等大容量蓄电池组及相应的变电换流装置，应采取可靠的火警检测和自动灭火装置，制定周密的防范火灾措施，明确日常巡检和定期检查维护项目，确保装置小室温度、湿度、粉尘、通风良好。每天对蓄电池组、电气接头等进行红外测温，每周对重点部位进行一次红外成像检测。

11.5.4 为防止开关柜火灾蔓延，在开关柜的柜间、母线室之间及与本柜其他功能隔室之间应采取有效的封堵隔离措施。

12 安全工器具使用管理要求

12.1.1 应配备充足的经国家认证认可的质检机构检测合格的安全工器具和安全防护用具，个人防护装备、绝缘安全工器具、登高工器具、警示标识的配置要求应符合 DL/T 1475—2015《电力安全工器具配置与存放技术要求》的规定。

a） 为防止误登室外带电设备，宜采用全封闭（包括网状等）的检修临时围栏；

b） 电容型验电器、核相器等应按照使用气候条件、环境温度选择类型，并根据电压等级进行配置；

c） 携带型短路接地线应按不同电压等级进行配置，并满足母线及最大检修需要；

d） 绝缘杆、绝缘罩、绝缘隔板、绝缘绳、绝缘夹钳、辅助型绝缘手套、辅助型绝缘靴（鞋）、辅助型绝缘垫等的种类和数量，应根据作业环境和电压等级进行配置。

12.1.2 电力安全工器具应登记造册，建立每件工具的试验记录。应按其材质、用途分类存放在干燥通风，温、湿度满足要求的安全工器具室或安全工器具柜内。对不合格的电力安全工器具，应有明显的标示并单独存放；对不能修复的电力安全工器具，应及时报废处理。

12.1.3 电力安全工器具的试验项目、周期与方法应符合 DL/T 1476—2015《电力安全工器具预防性试验规程》的规定。

12.1.4 凡从事电气作业人员应佩戴合格的个人防护用品：高压绝缘鞋（靴）、高压绝缘手套等必须选用具有国家“劳动防护品安全生产许可证书”资质单位的产品且在检验有效期内。作业时必须穿好工作服、戴安全帽，穿绝缘鞋（靴）、戴绝缘手套。

12.1.5 使用绝缘操作杆、验电器、携带型短路接地线等绝缘安全用具必须选用具有“生产许可证”“产品合格证”“安全鉴定证”的产品，使用前必须检查是否贴有“检验合格证”标签及是否在检验有效期内。

12.1.6 在户外升压站和高压室内搬动梯子等金属物件，应两人以上放倒搬运，并与带电部分保持足够的安全距离。

12.1.7 升压站等高压电气设备区域、架空线等周边区域，在建工程（含脚手架）、起重机等工器具和机具设施作业，应制定针对性的防护措施，起重机应可靠接地，对外电线路的防护应符合 JGJ 46《施工现场临时用电技术规范》的规定。起吊物体时，应注意起重机的任何部位及被吊物边缘与架空线和带电设备的安全距离，并设电气监护人监护。

12.1.8　严控车辆进入升压站等电气设备区域，特殊情况必须有车辆进入时，应制定专项安全措施。

附　录

防止火电厂电气一次设备事故重点要求编制说明

1　通用要求编制说明

（一）总体说明

为了防止火力发电厂电气一次设备事故，提高电气专业人员管理水平，结合集团公司《火力发电厂绝缘监督标准》及设备基建、运行、检修维护、试验及技术监督管理中发现的问题，对电厂设备台账、资料、试验、技术改造等方面提出通用要求。

（二）条文说明

1.1.1　为新增条款，规范设备台账管理。

1.1.2　为新增条款，规范文件资料管理。

1.1.3　为新增条款，规范设备试验管理。

1.1.4　为新增条款，规范现场电气设备高压试验安全措施。

1.1.5　为新增条款，规范高压电气设备耐压试验过程管理。

1.1.6　为新增条款，规范现场外委工作管理，加强电气一次设备监造、出厂试验报告数据审核。【案例】2016 年 11 月 17 日，某电厂 220kV 224－Ⅱ电流互感器内部故障，一次绕组接地短路炸裂，二次线烧损，开关过流保护动作，母差保护动作，母线跳闸。互感器投运约 1h 发生绝缘击穿故障属于产品质量存在严重问题，对同批次电流互感器进行试验室局部放电检测均发现有不同程度乙炔含量。查出厂试验报告发现，故障 A 相电流互感器绝缘油色谱氢气含量 21.4μL/L（厂家说明书规定：油中氢气含量不大于 5μL/L），远大于 B、C 相，安装及交接时未发现此问题，投运后全电压情况下内部发生局部放电。

1.1.7　为新增条款，规范在线装置使用。

1.1.8　为新增条款，规范红外成像温度检测工作。【案例】2007 年 3 月 29 日，某电厂 5 号机励磁调节器正极总输出线由分流器至出线端子的冷压鼻子接触部位过热，电缆烧断，造成励磁回路开路，机组失磁保护动作跳机。分析为烧断的电缆与接线鼻子采用冷压连接工艺，由于压接工艺不良，接线鼻子和电缆压接连接处接触面积小，阻值过大，长时间过热而烧断。

1.1.9　为新增条款，强调利用先进的仪器设备开展设备设施预防性检测工作。近年来，各种便携式高清晰度光学、超声波、激光、X 射线，以及遥控移动式检测设备技术发展较快，为专业人员突破常规手段开展检测工作提供了支持。

1.1.10　为新增条款，规范消缺和改造工作。

2　防止发电机及其附属系统事故编制说明

（一）总体说明

本章重点是防止发电机及其附属系统事故，在国能安全〔2014〕161 号《防止电力生产事故的二十五项重点要求》第 10 章基础上，针对集团公司近十年来发电机定子绕组及引线绝缘击穿、接地、相间短路，定子端部绕组及引线振动，转子绕组匝间短路、接地，集电环接地、正负极短路，轴电流、轴电压超标，氢系统爆燃，定冷水电导率超标等问题，导致设备损坏、机组非计划停运的各类案例，结合国家、行业最新标准要求，从设计、制造、运行、检修等阶段提出防止发电机及其附属系统事故的措施。本章内容分为发电机定子、转子、氢油水系统、其他四个部分。

（二）条文说明

2.1 防止发电机定子事故

2.1.1 为国能安全〔2014〕161号《防止电力生产事故的二十五项重点要求》第10.3.1.7条。将该条拆分，发电机温度监测内容单独成条，并依据DL/T 1164—2012《汽轮发电机运行导则》，补充测点温度跳变时检查要求。

2.1.2 为国能安全〔2014〕161号《防止电力生产事故的二十五项重点要求》第10.7.2条。结合现场故障案例及大修检查经验，强调"新投产发电机应重视首次检查性大修工作"，细化了定子绕组检修检查内容。【案例1】2017年11月16日，某电厂1号发电机励侧端部支架固定螺栓的止动锁片安装时未锁好，运行过程中松动脱落，导致线棒主绝缘损伤，发生绝缘击穿。【案例2】2017年，某电厂2号发电机燃机侧挡风圈定位销安装时未固定，运行过程中掉落膛内扫膛，造成脱落定子线棒大面积磨损。【案例3】2016年，某电厂2号发电机大修时发现汽侧定子的挡风圈及引线夹板固定螺母紧度不够，运行过程中螺母内螺纹磨损后松脱掉落膛内扫膛。【案例4】2014年9月，某电厂2号发电机大修时发现定子槽楔大面积松动。【案例5】2014年5月，某电厂2号发电机大修时发现定子线棒并联环形引线磨损严重，个别位置绝缘磨穿，铜线暴露。【案例6】2013年9月，某电厂6号发电机大修时发现定子槽楔松动严重，第29槽端槽楔已脱落。【案例7】2010年6月3日，某电厂5号发电机可调绑环拉紧螺杆松动断裂，脱落至定子绕组端部，造成线棒绝缘磨损导致定子接地。【案例8】2009年8月20日，某电厂3号发电机端部严重松动，可调绑环拉紧楔块螺杆脱落，掉入下层线棒之间的楔块严重磨损下层线棒，导致定子接地。【案例9】2006年5月7日，某电厂2号发电机励侧引出线10点钟部位固定引线夹件松动，固定夹件金属螺杆断裂；轴向压板松动，靠近槽口的凸起将8号上层线棒磨损至露铜，导致定子接地。【案例10】2005年3月22日，某电厂1号发电机定子下层1号线棒绝缘损坏击穿，另外6根线棒绝缘有不同程度的磨损，导致定子接地。

2.1.3 为国能安全〔2014〕161号《防止电力生产事故的二十五项重点要求》第10.7.2条。结合现场故障案例及大修检查经验，细化了铁芯部件的检修检查内容。【案例1】2014年8月22日，某电厂2号发电机汽侧端部3号槽定子铁芯松动，片间绝缘损坏过热烧损，3号槽上层线棒绝缘磨损导致定子接地。【案例2】2012年6月19日，某电厂3号发电机大修时发现铁芯松动，励侧铁芯端部阶梯齿断裂，造成B相1根下层线棒磨损，直流耐压试验时，线棒绝缘击穿。【案例3】2012年2月，某电厂2号发电机大修时，发现定子励端边段铁芯在3～6点钟、8～9点钟位置多处铁芯松动，磨粉形成黑色油泥。

2.1.4 为新增条款。结合现场故障案例及大修检查经验，为提高检修质量，提出定子线棒槽内部分的检修检查内容。【案例】2019年4月，某电厂7号发电机检修中，进行定子绕组内窥镜检查时发现，有29槽存在上层线棒槽内放电，占总槽数的40%，有20槽存在下层线棒槽内放电，占总槽数的27.8%。6号发电机情况类似。

2.1.5 为新增条款。依据DL/T 1164—2012《汽轮发电机运行导则》规定，规范水内冷发电机绝缘电阻测量方法。

2.1.6 为新增条款。结合机组检修经验，针对现场试验过程遇到问题，提出异常情况处理方法。【案例】个别电厂发电机检修时发现因汇水环引线固定不良，运行中振动产生的绝缘磨损造成汇水管对地绝缘低等问题。

2.1.7 为新增条款。依据 DL/T 1164—2012《汽轮发电机运行导则》规定，规范发电机启机前绝缘电阻测量工作。

2.1.8 为国能安全〔2014〕161 号《防止电力生产事故的二十五项重点要求》第 10.2.1 条，原文未修改。

2.1.9 为新增条款。哈电 1000MW、东电 1000MW、600MW、阿尔斯通 600MW、300MW 等机型为此种结构。针对此种结构发电机，强调检修维护管理工作要求。对于汇水管直接接地的发电机测量水冷绕组的绝缘电阻及直流耐压试验一般要求吹干水干燥状态下进行，但定子绕组很难将水彻底吹干。具体试验条件电厂应根据厂内设备特点及试验经验确定。

2.1.10 为国能安全〔2014〕161 号《防止电力生产事故的二十五项重点要求》第 10.2.4 条。根据现场工作经验，补充“发电机更换线棒后”也应进行端部起晕试验的要求，强调试验判定依据，推荐试验时采用紫外成像仪进行定量监测。【案例 1】2017 年 7 月，某电厂 5 号发电机修后定子绕组端部电晕试验时，电压升至额定线电压 27kV，在汽侧、励侧端部加压相与非加压相线棒接缝处肉眼均可观察到明显的连续电晕亮点。【案例 2】2015 年 9 月，某电厂 5 号发电机检修中，发现汽侧端部异相绕组之间有 3 处电晕放电痕迹，经分析认为端部绕组表面电场分布不均，局部场强过强导致空气电离，引起电晕放电。

2.1.11 为新增条款。参照 DL/T 1768—2017《旋转电机预防性试验规程》的要求，结合现场故障案例，规范发电机定子绕组耐压试验条件。【案例】2017 年 5 月 15 日，某电厂 5 号发电机修后交流耐压试验过程中，定子绕组端部放电起火，造成发电机汽侧部分定子线棒、绝缘支架、引水管及相关设备烧损。

2.1.12 为新增条款。依据 DL/T 1768—2017《旋转电机预防性试验规程》规定，强调电厂更换线棒或处理铁芯后的试验方法，对条目部分修改。

2.1.13 为国能安全〔2014〕161 号《防止电力生产事故的二十五项重点要求》第 10.1 条，根据发电机检修试验经验，补充“有条件时可增加对绝缘盒，分支引线，主引线的轴向、径向及切向的局部模态测试”的要求。根据现场工作经验，删除在线监测内容。【案例】2007 年 2 月，某电厂 2 号发电机检修中，定子端部引线模态试验发现 A 相线棒 38 槽引线在 95Hz～105Hz 有 4 个尖峰共振频率点，经检查确认最下层实心铜条有约 3mm 裂纹，紧靠其上的空心铜管底部也有约 3mm 裂纹。

2.1.14 为国能安全〔2014〕161 号《防止电力生产事故的二十五项重点要求》第 10.7.1 条，原文未修改。【案例 1】2017 年 1 月，某电厂 2 号发电机燃机侧挡风圈定位销基建安装时遗留发电机膛内，运行过程中扫膛，造成转子表面大面积磨损。【案例 2】2014 年 9 月 3 日，某电厂 3 号发电机制造过程中遗留一个金属垫圈，因多年运行振动脱落在护环隔板与 25 号线棒间，长期摩擦造成 25 号线棒端部绝缘损伤，C 相绕组接地。【案例 3】2009 年 2 月 9 日，某电厂 4 号发电机增容改造后，安装时定子线棒表面遗留导磁性金属物，长期摩擦导致 B 相绕组第 41 槽下层外线棒距槽口 300mm 处绝缘破损，对定子铁芯放电。【案例 4】2007 年 11 月 9 日，某电厂 4 号发电机定子汽侧内撑环正下方的 20 号、21 号上层线棒之间有一制造过程中遗留下的 M6×16 螺栓，运行中受发电机端部磁场作用发热、振动，长期摩擦导致 20 号和 21 号线棒绝缘损坏，对定子铁芯放电。

2.1.15 为新增条款。针对不少电厂在线监测装置使用维护存在的诸多问题，规范局部放电在线监测装置配置和运行维护管理要求。

2.1.16 为新增条款。结合故障案例，对针对北重发电机厂 QFSN－330－2 型发电机端部绑扎及固定结构薄弱的问题，提出检修及改造要求。【案例】2019 年 12 月 9 日，某电厂北重发电机厂 QFSN－330－2 型发电机，因励磁变压器高压侧单匝贯穿式电流互感器故障，导致发电机出口三相短路。由于发电机端部绑扎结构薄弱，在短路冲击应力下发电机严重受损。

2.2 防止发电机转子事故

2.2.1 为国能安全〔2014〕161 号《防止电力生产事故的二十五项重点要求》第 10.8.1 条。依据 GB 7064—2017《隐极同步发电机技术要求》4.33.3 增加转子保管要求。

2.2.2 为国能安全〔2014〕161 号《防止电力生产事故的二十五项重点要求》第 10.8.1 条。补充“检查转子表面过热、碰磨”以及检查挡风圈与端盖间隙裕度的要求。【案例 1】2017 年 1 月，某电厂 2 号发电机燃机侧挡风圈定位销基建安装时遗留发电机膛内，运行过程中扫膛，造成转子表面大面积磨损。【案例 2】2014 年 12 月 4 日，某电厂 6 号发电机因风挡与端盖间隙裕度不足，造成转子大轴与上风挡之间摩擦，引起机组振动跳闸。

2.2.3 为国能安全〔2014〕161 号《防止电力生产事故的二十五项重点要求》第 10.8.2 条，原文未修改。

2.2.4 为新增条款。依据集团安函〔2011〕105 号《关于防止发电机风扇叶片断裂和氢气爆燃事故的通知》要求，结合现场故障案例，规范转子风扇叶片监造和安装阶段工作。【案例 1】2016 年 10 月 2 日，某电厂主励磁机冷却风扇叶固定铆钉断裂引起风扇叶脱落，风扇叶掉入刷架造成碳刷发热损坏，轮毂外圈缠绕在大轴上损坏集电环绝缘套，造成转子一点接地。【案例 2】2011 年 7 月 5 日，某电厂 6 号发电机转子冷却风扇 2 片风叶断裂脱落，撞击定子端部绕组，造成绝缘损坏短路放电，差动保护动作跳机。事故造成发电机定子绕组 B 相汽端端部 7 点钟位置三根线棒严重损伤，其中一根线棒导线部分熔化，C 相端部一处手包绝缘损坏；汽端端部 12 点钟位置和 9 点钟位置等有不同程度损伤；转子汽端护环和转子本体表面、定子汽端膛内存在伤痕。

2.2.5 为新增条款。按照集团安函〔2011〕105 号《关于防止发电机风扇叶片断裂和氢气爆燃事故的通知》要求，结合现场故障案例及大修检查经验，规范转子风扇叶片大修检查及处理工作。【案例】同 2.2.4。

2.2.6 为新增条款。按照集团安函〔2011〕105 号《关于防止发电机风扇叶片断裂和氢气爆燃事故的通知》要求，结合现场故障案例及大修检查经验，规范转子风扇叶片拆装工艺要求。【案例】同 2.2.4。

2.2.7 为国能安全〔2014〕161 号《防止电力生产事故的二十五项重点要求》第 10.6.2 条。结合机组大修检查经验，补充了检修时易出现问题部位，采用内窥镜检查要求。

2.2.8 为新增条款。结合机组检修经验，参考制造厂维护管理要求，强调转子抽装及存放要求。

2.2.9 为新增条款。由于制造工艺和绝缘材料的不同，各发电机制造厂对转子绝缘的测量电压与合格值规定差异较大，故强调转子绕组绝缘电阻测量应依据制造厂的规定执行。如东方电机厂 1000MW 机型要求“500V 绝缘电阻表测量，室温下（20℃）测量不小于 1MΩ”，哈尔滨电机厂部分 600MW 机型要求“首先用 500V 绝缘电阻表进行初步测量，并将所测值与制造厂产品合格证之值比较。当所测值与合格证之值无明显降低时，可用 2500V 绝缘电阻表正式测量其绝缘电阻”，上海电机厂部分 600MW 机型要求“500V 绝缘电阻测量，绝缘电阻应在 10MΩ～50MΩ”。

2.2.10 为国能安全〔2014〕161 号《防止电力生产事故的二十五项重点要求》第 10.4.1 条。根据现场工作经验，将转子绕组匝间短路试验条件由“频繁调峰运行或运行时间达到 20 年”调整为发电机大修时必做项目，试验方法优先采用 RSO 法，补充“已装设磁通探头机组，运行中应每年安排在线检测；600MW 及以上发电机应装设磁通探头”的要求。【案例 1】2017 年，某电厂 1、2 号发电机运行中使用转子探测线圈波形法和停机后重复脉冲波形（RSO）两种方法检测，确认存在转子绕组匝间短路，2 号发电机返厂检查确认与检测结果一致。【案例 2】2015 年 11 月，某电厂 6 号发电机大修，转子交流阻抗试验值与上次值相差最大 11%，RSO 试验波形不能完全重合，解体检查发现 18 槽汽侧端部弯角区域 3 匝～4 匝线圈间存在短路点。【案例 3】2011 年 2 月，某电厂 2 号发电机大修，转子交流阻抗试验值与交接值相差 13%，解体检查发现 2 处匝间短路点，一处位于 32 槽直线段距端部 830mm，在 1 匝～2 匝线圈间靠第一风孔 20mm；另一处位于绕组弯角区域 4 匝～5 匝线圈间。【案例 4】2009 年，某电厂 2 号发电机随励磁电流的增加，振动加大。3000r/min 下转子交流阻抗试验值与交接值相差 38%，极电压测试两极电压差 26V。解体检查发现励侧端部直线段 3 匝～4 匝线圈间存在短路点，槽内部分的匝间绝缘有脱胶、断裂、移位等现象。

2.2.11 为新增条款。结合现场故障案例，规范转子绕组匝间短路运行处置及检查方法。【案例】个别电厂采用转子探测线圈波形法在线检测，波形显示个别槽感应电压差值超过限值，确认存在匝间短路故障。其中，某电厂 2 号发电机返厂解体后匝间短路故障点检查情况与检测结果一致。

2.2.12 为国能安全〔2014〕161 号《防止电力生产事故的二十五项重点要求》第 10.4.2 条，原文未修改。

2.2.13 为国能安全〔2014〕161 号《防止电力生产事故的二十五项重点要求》第 10.11.2 条。在原文基础上进行了语句调整。

2.2.14 为新增条款。个别 600MW 及以上部分机组存在轴电压偏高的情况，结合现场存在问题，参考制造厂文件要求，规范发电机轴电压测试及异常处理工作。

2.2.15 为新增条款。结合现场故障案例和运行检修经验，明确发电机集电环碳刷运行、维护、检修的重点要求。【案例 1】2019 年 6 月 2 日，某电厂 9 号发电机碳刷磨损造成集电环端部两侧积粉严重，碳刷打火引起正极环火，导致短路，励磁电流过流跳机。【案例 2】2019 年 2 月 4 日，某电厂 1 号发电机运行中转子正极励磁碳刷打火，快速发展为环火，碳刷碎裂，刷握局部烧损，转子一点接地保护动作跳机。【案例 3】2019 年 1 月 17 日，某电厂 6 号发电机集电环与大轴绝缘筒间加固用玻璃丝带在运行中甩脱，绝缘筒撕开，碎屑进入风道及集电环与碳刷间，导致部分碳刷与集电环接触不良打火，持续恶化发生环火，手动停机。【案例 4】2018 年 12 月 26 日，某电厂 2 号发电机同轴励磁机负极碳刷打火，持续恶化形成环火，刷握局部融化出现高点，碳刷卡涩，同轴励磁机励磁回路开路，励磁机输出电流为零，失磁保护动作停机。【案例 5】2018 年 12 月 26 日，某电厂 4 号发电机正极部分碳刷与集电环接触不良打火，接触电阻增大，形成环火，手动停机。【案例 6】2014 年 11 月 30 日，某电厂 5 号发电机励端密封瓦（11 瓦）油挡长期甩油，致使转子负极刷架下方脏污，刷架绝缘支架板与基座台板间、固定刷架的螺栓处有较多油污，负极对地绝缘电阻下降且接地不稳定，发电机转子接地保护动作跳机。【案例 7】2014 年 7 月 3 日，某电厂 5 号机组发电机励端内侧正极集电环个别碳刷压簧压力不足，同极碳刷电流分配不均，碳刷发热打火破碎，发电机转子一点接地报警，手动停机。【案例 8】2013 年 11 月 25 日，某电厂 7 号发电机集电环发热严重，表面变色，碳刷破碎，手动停机。【案例 9】2013 年 11 月 16 日，某电厂 2 号发电机正极碳刷打火，迅速发展为集电环环火，部分碳刷、刷架烧损，手动停机。【案例 10】2013 年 7 月 29 日，某电厂 1 号发电机主励磁机碳刷磨损变短，个别碳刷卡阻或弹簧压力减少，碳刷与集电环接触不良打火，快速发展成主励磁机正极碳刷环火，失磁保护动作停机。【案例 11】2013 年 2 月 7 日，某电厂 4 号发电机部分碳刷过短，压力不均衡，碳刷与集电环接触电阻增大，致使电流分布不均，迅速发展为集电环环火，集电环碳刷、刷握、刷盒部分烧毁，手动停机。【案例 12】2013 年 1 月 30 日，某电厂 6 号发电机励磁机集电环与转子间的绝缘套筒，在高速运行中脱开，被转子风扇打碎后部分进入励磁机风道，部分被带入集电环与碳刷间，致使部分碳刷与集电环接触不良，产生火花，碳刷电流增大，部分碳刷与刷辫连接处熔断，最终导致集电环温度升高、绝缘物着火。同时绝缘套筒玻璃丝带脱落严重部位绝缘降低，造成集电环与大轴间放电拉弧，灼伤转子，手动停机。【案例 13】2012 年 6 月 20 日，某电厂 2 号发电机正极碳刷打火，迅速发展为集电环环火，部分碳刷、刷架烧损，手动停机。【案例 14】2008 年 3 月 5 日，某电厂 4 号发电机集电环打火，表面过热损伤，绝缘套筒损坏，内侧 10 个刷盒全部损坏，手动停机。【案例 15】2008 年 2 月 23 日，某电厂 3 号发电机集电环打火，励磁短轴正极 16 个碳刷烧熔，集电环表面过热损伤，1 号导电螺钉表面轻微熔化、集电环两侧分流环熔断，绝缘套局部碳化，手动停机。【案例 16】2006 年 2 月 7 日，某电厂 4 号发电机集电环正极内侧转轴玻璃丝带松脱，旋转甩出，进入近端集电环与碳刷处，导致碳刷与集电环接触不良，形成环火，正、负极燃烧短路，转子一点接地保护动作停机。集电环正极表面过热烧损严重，碳刷、刷握全部烧毁，正极集电环内侧大轴上玻璃丝带全部脱落，残渣缠绕在集电环正极刷架上。转子长、短引线悬空，绝缘套筒严重碳化。【案例 17】2005 年 9 月 23 日，某电厂 1 号发电机集电环表面平整度不够，高、低点最大相差 2mm，集电环刷架与框架间框量大，运行中造成碳刷摆动及跳动，致使碳刷磨损量较大，碳粉累积导致转子绝缘降低，转子一点接地保护动作停机。【案例 18】2004 年 5 月 2 日，某电厂 1 号发电机主励磁机正极部分碳刷卡涩严重，与集电环接触不良，碳刷打火，造成集电环表面严重烧损，失磁保护动作停机。【案例 19】2004 年 2 月 12 日，某电厂 1 号发电机主励磁机正极三个碳刷冒火，集电环表面形成环火，励磁机接地报警，手动停机。【案例 20】2002 年 8 月 18 日，某电厂 2 号发电机碳刷打火，快速形成环火，转子一点接地保护报警，5min 后转子两点接地保护动作停机。部分碳刷烧损，刷架损坏，集电环过热损伤。【案例 21】2001 年 3 月 13 日，某电厂 1 号发电机励磁机负极碳刷打火，快速形成环火，手动停机。

2.3 防止发电机氢油水系统事故

2.3.1 为新增条款。根据现场运行经验及故障案例，强调氢冷发电机内部本体结构部件及外部附属系统安装质量的重点注意问题。【案例 1】2019 年 5 月 25 日，某电厂 7 号发电机（2018 年 10 月投运）氢压 4h 内，由 0.47MPa 降至 0.436MPa，经便携式氢气检漏仪检查发现发电机 C 相出线电流互感器区域氢气泄漏，漏氢量较大，手动停机。将 C 相出线电流互感器逐个抬升 200mm 后，发现 C 相漏液检测装置管道与出线盒底部焊接处有 15mm 裂纹。分析为 7.8m

层漏液检测装置引出管在发电机出线电流互感器水平段无固定点，运行中振动造成焊口处应力集中，导致焊缝开裂。【案例 2】2012 年 1 月 10 日，某电厂 7 号发电机（2011 年 12 月投运）2 号氢冷却器底部法兰密封垫安装工艺不规范，造成密封垫压紧程度不一，薄厚不均匀（最厚处为 8mm，最薄处为 3mm）；密封垫压条制作不规范，毛刺较多，造成密封垫损伤。运行一段时间后，氢气严重泄漏，短时间内氢压由 0.4MPa 快速下降为 0.376MPa，手动停机。

2.3.2 为新增条款。根据 DL/T 1164—2012《汽轮发电机运行导则》及现场工作经验，强调发电机氢气纯度的运行要求及冷氢温度的控制要求。

2.3.3 为国能安全〔2014〕161 号《防止电力生产事故的二十五项重点要求》第 10.2.2.1 条。根据现场工作经验，依据 DL/T 651—2017《氢冷发电机氢气湿度技术要求》，强调氢冷发电机氢气湿度控制指标要求及氢气干燥器的投退管理，氢气干燥器的选型不做具体规定。

2.3.4 为新增条款。依据 DL/T 1164—2012《汽轮发电机运行导则》规定，强调发电机补、排氢及漏氢计算工作要求。

2.3.5 为国能安全〔2014〕161 号《防止电力生产事故的二十五项重点要求》第 10.2.3 条、第 10.5.1 条修改。强调发电机漏氢监测装置的配置及定期校验要求。根据现场运行经验，补充定冷水箱漏氢检测数据异常时应加强分析，可考虑加装氢气流量表。【案例】2017 年 11 月 14 日，某电厂 4 号发电机定冷水箱氢含量报警，测氢仪现场实测量 17.2%，判断为发电机定子线棒漏氢，手动停机。经检查，泄漏点位于汽端第 13 槽上层线棒，线棒表面存在直径约 5mm 不规则孔洞，孔洞从外至内呈现由大向小变径。分析为制造过程中，固定线棒工序时，可能在绑扎材料中混入金属异物，多年运行后，由于固定胶逐步老化，性能下降，金属异物松动发生位移，不断磨损线棒外绝缘，最终磨穿空心导线导致泄漏。

2.3.6 为国能安全〔2014〕161 号《防止电力生产事故的二十五项重点要求》第 10.5.1 条、第 10.5.2 条修改。强调发电机系统各处氢气体积含量及氢气流量读数达到一定值时应采取措施，补充“定冷水系统存在泄漏时按照 DL/T 607—2017《汽轮发电机漏水、漏氢的检验》进行查漏”的要求。

2.3.7 为新增条款。强调检修时发电机氢气系统的重点检查内容，并提出检修过程中及检修后应进行的氢气系统气密性试验。【案例 1】2014 年 10 月，某电厂 6 号发电机补氢量加大。经检查，励磁机滑环处存在氢气泄漏，停机后气密试验发现转子安装励磁引线导电杆的空心堵头处漏氢。分析为转子导电杆密封胶圈老化，密封不严导致氢气沿励磁半圆引线漏出。更换导电杆密封胶圈后气密试验合格。【案例 2】2008 年 8 月 11 日，某电厂 3 号发电机运行中氢压开始下降，定冷水流量在 115t/h～110t/h 之间明显摆动，定冷水箱上部含氢量达 3.4%，定冷水箱上部有气体排出并带有压力，手持式检漏仪含氢量 97%以上，判断为发电机定冷水泄漏，手动停机。经检查，汽端出水管处波纹补偿器泄漏，波纹管与法兰焊接处有一长约 50mm 的裂纹。

2.3.8 为新增条款。强调发电机氢冷器检修中的重点检查内容，提出定期更换密封垫、加强铜管清洗，以及运行中注意冷却水压力调节的要求。【案例 1】2016 年 4 月 5 日，某电厂 5 号发电机氢冷泵定期切换过程中，母管压力由 0.625MPa 升至 0.835MPa，氢压由 0.498MPa 升至 0.506MPa，氢气露点由－19℃突变至 33℃，检漏装置能放出少量水。4 月 7 日，氢压突然由 0.492MPa 开始下降，闭式水压下降，紧急停机。经检查，励端氢冷器组风道隔板处积水，靠近后水室管板处一管束有纵向裂纹，汽端后水室管板处有两根管束划痕较为严重，氢冷器后水室管板支架有毛刺，多只冷却水管有装配划痕。分析为管束本身存在原始缺陷，后水室管板制造工艺差，穿管时对冷却水管造成损伤；氢冷泵切换时瞬间压力波动大，造成冷却管薄弱处开裂引起泄漏。【案例 2】2013 年 7 月 14 日，某电厂 6 号发电机氢冷器下部法兰密封垫存在质量问题，密封垫使用不足 1 年即发生老化破损，部分断裂，氢冷器下部法兰漏氢严重，漏氢量达到 $3.2m^3/h$，手动停机。【案例 3】2006 年 1 月 5 日，某电厂 1 号发电机大量漏氢，漏氢量每班高达 $500m^3$，氢温快速上升，手动停机。经检查，发电机 A、B 组氢冷器泄漏，冷却器铜管内壁结垢、腐蚀严重。

2.3.9　为国能安全〔2014〕161 号《防止电力生产事故的二十五项重点要求》第 10.5.4 条修改。根据现场检修经验，补充密封材料定期更换及检修后恢复密封要求。部分机组由于密封垫圈制作尺寸不准确、厚度不均匀、安装时工艺不良等，造成法兰面有部分胶垫圈被管道内的液体、气体长期冲刷，出现劣化掉渣情况，因此需要定期检查并更换密封材料。

2.3.10　为国能安全〔2014〕161 号《防止电力生产事故的二十五项重点要求》第 10.2.2.2 条、第 10.5.3 条。根据反措内容结构要求，将上述两条内容合并；根据现场工作经验，强调氢、油、水压差控制要求。【案例】2012 年 2 月 23 日，某电厂 8 号发电机漏氢量增大到 $50m^3/d$，手动停机。经检查，励端密封瓦空侧信号油管接头绝缘垫片老化断裂，致使励端密封瓦绝缘不合格，汽端、励端密封瓦钨金面出现大面积电腐蚀，密封瓦间隙超标，密封油在密封瓦内不能正常形成密封油环，致使大量氢气顺密封油空侧回油至氢油分离箱外漏。

2.3.11　为新增条款。根据 DL/T 1164—2012《汽轮发电机运行导则》规定及现场运行经验，强调氢水压差及温度控制要求。

2.3.12　为新增条款。根据 DL/T 801—2010《大型发电机内冷却水水质及系统技术要求》规定，规范发电机定冷水水质要求。【案例 1】2018 年 3 月 28 日，某电厂 5 号发电机更换定冷水离子交换树脂，更换后离子交换器出口电导率达到 10.03μS/cm，定冷水电导率由 1.89μS/cm 迅速上升至 4.13μS/cm，发电机定子绕组定冷水电阻值降低，定子接地保护动作停机。分析为新更换树脂污染定冷水水质，导致电导率升高。【案例 2】2014 年 4 月 4 日，某电厂 5 号机组执行补水率操作，循环水通过胶球清洗泵机封串入凝补水系统，启动 5C 凝补水泵，对定冷水进行补排时，冲洗时间不够，将电导率较高的循环水补入定冷水箱，定冷水入口电导由 0.658μS/cm 快速上涨至 10.33μS/cm，定子接地保护动作停机。

2.3.13　为新增条款。根据 DL/T 1164—2012《汽轮发电机运行导则》规定，强调发电机定冷水系统温度及异常处理要求。

2.3.14　为国能安全〔2014〕161 号《防止电力生产事故的二十五项重点要求》第 10.3.1.2 条，原文未修改。

2.3.15　为国能安全〔2014〕161 号《防止电力生产事故的二十五项重点要求》第 10.3.1.7 条和第 10.6.3 条。根据反措内容结构要求，将上述两条部分内容合并，发电机温度监测内容单独成条。依据 DL/T 1164—2012《汽轮发电机运行导则》规定，强调运行温度记录，补充测点温度跳变时检查要求，补充“反洗效果不明显时，可考虑对空心导线进行酸洗”要求。【案例】2012 年 10 月起，某电厂 2 号发电机 36 号槽定子层间温差及出水温差呈增长趋势（层间温差 14.5℃，出水温差 6.3℃）。到 2013 年 10 月，同负荷下定子层间温度由 59.5℃升至 66.51℃。水流量试验发现 36 号下层线棒的流量值仅有其他正常线棒的 67%。根据故障情况判断为异物阻塞，造成水流不畅，线棒温度升高，结垢加剧。36 号下层线棒单根酸洗后流量恢复正常。1 号发电机存在类似情况，定子线棒酸洗后恢复正常。

2.3.16 为国能安全〔2014〕161 号《防止电力生产事故的二十五项重点要求》第 10.3.1.4 条，原文未修改。

2.3.17 为国能安全〔2014〕161 号《防止电力生产事故的二十五项重点要求》第 10.3.1.1 条，原文未修改。

2.3.18 为国能安全〔2014〕161 号《防止电力生产事故的二十五项重点要求》第 10.3.2.2 条、第 10.3.2.7 条原文合并，修改。

2.3.19 为国能安全〔2014〕161 号《防止电力生产事故的二十五项重点要求》第 10.3.1.3 条、第 10.3.2.1 条、第 10.3.2.5 条。根据反措内容结构要求，将上述三条内容合并。【案例 1】2017 年 2 月，某电厂 1 号发电机检修时，发现励侧端部 3 点钟方向沿 H2 弓形引线手包绝缘有漏水。剥开 H2 引线线棒并头套绝缘、线棒绝缘直至弯头处位置，仍无法确定漏水点，最终更换线棒。【案例 2】2017 年 5 月，某电厂 2 号发电机大修时，定子水压试验发现 23 号下层线棒渗水，逐根对线棒内 14 根空心导线进行水压试验，确定励侧上层第 7 号空心导线漏水。对问题空心导线进行两侧封堵隔离，重新焊接汽励两侧水盒。【案例 3】2015 年某电厂 5 号发电机定冷水系统存在漏氢，漏氢量接近 $2m^3/d$。2017 年 4 月，水压试验时，发现汽侧 40 号定子线棒水盒处漏水，对水电接头部位重新焊接处理。【案例 4】2014 年 10 月 5 日，某电厂 2 号发电机巡检发现窥视孔有水珠，风冷室内也有积水，手动停机。抽出转子检查发现转子 1 号线圈靠汽端直线段有一处米粒大小的孔洞，重新焊接处理。【案例 5】2014 年 5 月，某电厂 2 号发电机定子水压试验发现压力下降。经检查发现汽侧 31 号线棒端部绝缘汇水盒渗水，水滴沿下层线棒空心导线外壁从内渗出，端部联线和焊点存在锈迹，更换线棒。【案例 6】2012 年 11 月 26 日，某电厂 3 号发电机高阻检漏仪报警，打开窥视孔检查发现励侧 54 号线棒与引水管接头处渗水，手动停机。分析为定子上下层线棒接头焊接不良，长期运行振动造成开焊，导致接头渗漏。【案例 7】2008 年 3 月 4 日，某电厂 2 号发电机定子水流量低保护动作停机，机内氢压下降，定子冷却水回路气泡增多，从汽端漏液检测装置排出约 40L 水。检查发现定子绕组 21 号槽上层线棒绕组端部与同槽下层线棒联接铜弯头侧部爆裂直径约 15mm 孔洞，水电接头上层线棒连接部分已熔断，有直径约 10mm 贯穿性孔洞，造成定冷水泄漏。【案例 8】2007 年 2 月 21 日，某电厂 2 号发电机启动过程中，氢气压力下降，发现发电机定冷水气体捕捉器和定冷水箱排气门有氢气逸出，漏氢检测计检测满量程，手动停机。经检查，发电机出线 C 相套管导电棒冷却水管铜接头处断裂。重新焊接后，定子水压试验又发现励端 A 相定子线圈端部 38 号槽下层线棒出线渗漏，漏点位于由下往上数第一根空心铜管底部和侧面，约有 1mm 裂纹。【案例 9】2002 年 12 月，某电厂 2 号发电机大修时，线棒流量试验发现汽端 36 号绝缘引水管流量为其他正常线棒的 1/6。经检查该引水管铜接头加工时没有完全贯通，导致流量异常。

2.3.20 为新增条款。根据现场故障案例及大修检查经验，强调漏水或长期进油对端部绝缘的影响及检查试验要求。

2.3.21 为国能安全〔2014〕161 号《防止电力生产事故的二十五项重点要求》第 10.3.1.6 条，原文未修改。

2.3.22 为国能安全〔2014〕161 号《防止电力生产事故的二十五项重点要求》第 10.3.2.3 条，

原文未修改。

2.3.23 为国能安全〔2014〕161 号《防止电力生产事故的二十五项重点要求》第 10.3.2.4 条，原文未修改。

2.3.24 为国能安全〔2014〕161 号《防止电力生产事故的二十五项重点要求》第 10.3.2.6 条，原文未修改。

2.3.25 为新增条款。根据 DL/T 1164—2012《汽轮发电机运行导则》规定，规范停（备）用发电机氢油水系统监视及处置要求。

2.3.26 为新增条款。根据现场运行经验，为提早发现运行参数异常，补充发电机运行参数报警设置要求。

2.3.27 为新增条款。根据现场运行经验，强调密封油、润滑油、定冷水系统的报警及辅机联锁切换回路的检查验证要求

2.3.28 为新增条款。根据现场运行经验，规范发电机氢油水系统运行技术管理工作要求。

2.3.29 为集团安函〔2011〕105 号《关于防止发电机风扇叶片断裂和氢气爆燃事故的通知》。按照集团通知的要求，结合现场故障案例，强调防范氢爆的运行维护、漏氢处理等要求。【案例 1】2015 年 3 月 13 日，某电厂 2 号汽轮机第 20 级叶轮轮缘运行中突然断裂，轴系严重失衡，导致轴封和氢气密封系统失效，润滑油和氢气大量泄漏，与励磁系统火花和高温的轴系转动部位接触后发生氢爆，机组起火跳闸。【案例 2】2011 年 6 月 5 日，某电厂 9 号发电机密封瓦空侧进油波纹管法兰垫片、密封瓦座端面密封垫圈损坏，导致密封油泄漏，密封失效，氢气从撕裂处及密封瓦径向间隙进入轴承回油腔室，顺发电机转轴窜出，遇发电机励磁碳刷火花引起氢燃，手动停机。经分析，橡胶密封垫圈破损漏氢的主要原因为密封瓦座进油口处的波纹管密封面边缘较小（最窄处为 5mm），回装时橡胶垫片未均匀压实，造成垫片破损。原密封垫片为丁晴耐油橡胶垫，经油冲泡后出现软化断裂，更换为耐油、耐高温、耐腐蚀性能较好的氟橡胶垫片。【案例 3】2003 年 4 月 28 日，某电厂 1 号发电机汽侧密封瓦氢侧回油窗法兰氢气渗漏，汽轮机大罩内照明灯具爆裂引燃着火，氢气火焰烘烤油窗镜面，造成回油窗爆裂，氢气通过该回油窗喷射，氢压急剧下降，氢气爆燃，喷溅在汽轮机大罩内壁上的密封油引起大罩内壁局部燃烧，手动停机。

2.4 防止发电机其他事故

2.4.1 为新增条款。强调发电机进相运行应做好专项评估，保证厂用电母线电压安全运行水平。

2.4.2 为新增条款。为掌握运行年久发电机绝缘状态和预知潜在风险，结合 DL/T 596—1996《电力设备预防性试验规程》及 DL/T 1768—2017《旋转电机预防性试验规程》中老化鉴定试验内容，要求开展发电机老化评估工作。个别电厂已达设计年限并开展工作。

2.4.3 为国能安全〔2014〕161 号《防止电力生产事故的二十五项重点要求》第 10.12 条。增加了“装设辅助励磁阻尼控制器（SEDC）；利用机组转速偏差作为控制信号，机端或变压器低压侧安装静止无功补偿（SVC）设备；设置发电机组扭振保护（TSR）等措施”具体处理措施。【案例】2008 年 5 月 21 日，某电厂 3 号机组在检查时发现低压转子与发电机联轴器发电机侧有 8 处裂纹，其中 3 处肉眼可见裂纹，裂纹在键槽处开始，方向与轴向成 45°。返厂检查又发现发电机转子轴肩处有两条裂纹。分析为 500kV 可控串补引起的次同步谐振导致。机组加装扭振保护装置（TSR）及辅助励磁阻尼控制器

（SEDC），抑制了次同步谐振，运行良好。

3　防止电动机事故编制说明

（一）总体说明

本章重点是防止电动机事故，针对集团公司近十年来高压电动机、重要电动机定子绕组绝缘击穿接地、短路，转子扫膛、断条，电动机冷却器泄漏，以及潜水泵电动机漏电等问题，导致辅机受迫停运、机组非计划停运、人身伤害等各类案例，结合国家、行业最新标准要求，从运行、检修、维护等阶段提出防止电动机事故的措施，本章内容分为电动机定子、转子、其他三个部分。

（二）条文说明

3.1　防止电动机定子事故

3.1.1　为新增条款。依据 GB 50170—2006《电气装置安装工程　旋转电机施工及验收规范》第 4.0.6 条，规范鼠笼电动机启动次数要求。

3.1.2　为新增条款。根据现场检修及运行经验，规范电动机绝缘电阻测量要求。

3.1.3　为新增条款。根据设备检修经验，强调电动机检修时定子绕组重点检查要求。【案例】2015 年 12 月 7 日，某电厂 3 号机组 B 球磨机电动机零序保护动作跳闸。测量电动机定子绕组对地绝缘无异常后，又连续启动两次均跳闸。检修人员将保护动作定值调高后再次启动，机组跳闸。测量电动机定子绕组三相直阻不平衡，A 相 84mΩ，B 相 84.13mΩ，C 相 163mΩ，解体检查定子端部线圈槽口位置有明显弧光放电的痕迹。

3.1.4　为新增条款。根据设备检修经验，强调电动机检修时定子铁芯重点检查要求。

3.1.5　为新增条款。根据设备检修经验，强调电动机检修时现场作业重点注意事项。

3.1.6　为新增条款。根据设备故障案例，强调引出线固定及导电接触面积要求。【案例 1】2015 年 5 月 30 日，某电厂 9 号机组 B 一次风机电动机运行中接线盒处 A 相引线绝缘支撑材料断裂，解体后发现引线与外部电缆接线柱压接头处断开并有放电灼烧痕迹，分析为本身工艺质量瑕疵经长期运行过热最终绝缘破坏放电。【案例 2】2012 年 6 月 26 日，某电厂 2 号机组 2 号一次风机电动机接地保护动作跳闸。经检查，一次风机电动机 C 相引线截面积为 35mm^2，实际动缆接线面积约为 16mm^2，引线截面积不足过热烧损。

3.2　防止电动机转子事故

3.2.1　为新增条款。根据现场运行经验，强调电动机振动测量管理要求。

3.2.2　为新增条款。根据现场运行经验，强调电动机振动、温度、声音、油质异常处理要求。【案例】2016 年 11 月 30 日，某电厂 5 号机组 A 内冷水泵电动机轴承故障抱死，电动机烧损。由于 B 内冷水泵抽屉开关的接触器主触头接触不良，启动失败，发电动机断水保护动作停机。2012 年 6 月 30 日，某电厂 5 号机给水泵汽轮机 EH 油系统 1 号主油泵电动机轴承过热损坏，电动机过负荷跳闸；2 号主油泵联启后跳闸，经检查电动机接触器线圈绝缘不良烧损，机组跳闸。

3.2.3　为新增条款。根据现场运行经验，强调电动机轴承运行温度控制及温度升高时检查处理要求。

3.2.4　为新增条款。根据设备检修经验，强调电动机检修时转子铁芯重点检查要求。

3.2.5　为新增条款。根据设备检修经验，强调电动机检修时轴承重点检查要求。

3.2.6 为新增条款。根据设备检修经验，强调检修环境控制、油脂添加及轴承紧固工艺要求。

3.3 防止电动机其他事故

3.3.1 为新增条款。根据现场故障案例，强调电动机运行环境控制及电动机接线盒密封要求。

【案例】2012 年 7 月 5 日，某电厂 1 号机组 1A 送风机电动机 A 相接地短路，因保护定值整定不当越级跳闸，机组跳闸。经检查，电动机接线盒上部密封条老化、密封不严，接线盒下部有雨水流过痕迹，电动机接线柱内侧 A 相电缆引线穿套管处电缆及瓷瓶表面有放电烧蚀痕迹。

3.3.2 为新增条款。根据现场运行经验，强调电动机散热风扇异常运行处理要求。

3.3.3 为新增条款。根据现场运行经验，强调电动机缺相运行特征及检查处置要求。

3.3.4 为新增条款。根据设备检修经验，强调冷却器的检查、检修、试验重点内容。

3.3.5 为新增条款。依据 JB/T 10869—2008《中大型高、低电压潜水泵电动机（机座号 315～710）》第 4.34 条和第 4.36 条，强调潜水泵电源电路漏电保护、引线敷设及接地标识的具体要求。

3.3.6 为新增条款。依据 JB/T 10869—2008《中大型高、低电压潜水泵电动机（机座号 315～710）》第 4.31 条，强调潜水泵电动机使用前试验检查以及运行中检查要求。

3.3.7 为新增条款。根据现场使用经验，强调潜水泵及其电缆线的使用要求。

3.3.8 为新增条款。根据现场使用经验，强调潜水泵电动机运行安全防护工作要求。

4 防止大型变压器（电抗器）事故编制说明

（一）总体说明

本章重点是防止大型变压器（电抗器）损坏事故，在国能安全〔2014〕161 号《防止电力生产事故的二十五项重点要求》第 12 章基础上，针对集团公司近十年来变压器套管炸裂，分接开关烧损，励磁变短路，冷却回路故障，呼吸器、压力释放阀故障等问题，导致设备损坏、机组非计划停运的各类案例，结合国家、行业最新标准要求，从设计、制造、运输、安装、运行、检修等阶段提出防止大型变压器损坏事故的措施，本章内容分为变压器本体、套管、冷却系统、分接开关及保护五个部分。

（二）条文说明

4.1 防止变压器本体事故

4.1.1 为国能安全〔2014〕161 号《防止电力生产事故的二十五项重点要求》第 12.1.1 条。补充“应在订货合同中明确变压器承受短路能力的验证方式”。

4.1.2 为国能安全〔2014〕161 号《防止电力生产事故的二十五项重点要求》第 12.1.2 条，原文未修改。

4.1.3 为国能安全〔2014〕161 号《防止电力生产事故的二十五项重点要求》第 12.2.1 条、第 12.2.2 条。补充“工厂试验时应将供货的套管和部件安装在变压器上进行试验”要求，补充局部放电试验“若有明显的局部放电量，即使小于要求值也应查明原因”要求，“油泵全部开启时（除备用油泵）进行局部放电试验”的变压器电压等级由 330kV 调整为 220kV。

4.1.4 为国能安全〔2014〕161 号《防止电力生产事故的二十五项重点要求》第 12.2.3 条，原文未修改。

4.1.5 为国能安全〔2014〕161 号《防止电力生产事故的二十五项重点要求》第 12.2.8 条。根据现场实际情况，删除“必要时应测露点。如已发现绝缘受潮，应及时采取相应措施”。

4.1.6 为国能安全〔2014〕161 号《防止电力生产事故的二十五项重点要求》第 12.2.10 条，原文未修改。

4.1.7 为新增条款。参考《国家电网有限公司十八项电网重大反事故措施》，为防止变压器出口及近区短路，对变压器绝缘化配置提出要求。为防止三相统包电缆相间故障造成出口短路，变压器中、低压侧与母线连接电缆应采用单芯电缆。根据 DL/T 572—2010《电力变压器运行规程》，补充“烈度 7 度以上地震危险区域内的主变压器，要求各侧套管及中性点套管接线应采用带缓冲的软连接或软导线”。

4.1.8 为新增条款。根据现场直流偏磁监测及抑制情况，对直流偏磁抑制装置配置提出要求。

4.1.9 为新增条款。依据 DL/T 264—2012《油浸式电力变压器（电抗器）现场密封性试验导则》规定，强调 110kV 及以上变压器安装完成后进行密封试验的要求。

4.1.10 为国能安全〔2014〕161 号《防止电力生产事故的二十五项重点要求》第 12.2.5 条。按照变压器本体和分接开关的部件划分，拆分成 4.1.10 和 4.4.1 两条。

4.1.11 为国能安全〔2014〕161 号《防止电力生产事故的二十五项重点要求》第 12.2.6 条，原文未修改。

4.1.12 为国能安全〔2014〕161 号《防止电力生产事故的二十五项重点要求》第 12.2.11 条。该条内容拆分为绕组变形试验和局部放电放试验两条要求。根据电厂实际情况，绕组变形试验要求中将 110kV 电压等级调整为“发电机出口电压等级及以上”，补充“正常运行的变压器绕组变形试验周期不应超过 6 年”的要求。

4.1.13 为国能安全〔2014〕161 号《防止电力生产事故的二十五项重点要求》第 12.2.11 条。该条内容拆分为绕组变形试验和局部放电试验两条要求。根据电厂实际情况，删除“损耗试验”抽检要求和“500kV 电抗器现场局部放电试验”要求。局部放电量要求参考《国家电网有限公司十八项电网重大反事故措施》相关要求。

4.1.14 为新增条款。强调 500kV 及以上电压等级变压器直流电阻测试后，应注意采取去磁措施。变压器直流电阻试验后，尤其采用大电流或长时间测试时，铁芯存在较大剩磁。空充电时由于合闸角大的一相剩磁叠加，易产生较大冲击电流，油流涌动，导致变压器重瓦斯保护或差动保护动作跳闸。【案例 1】2019 年 2 月 17 日，某电厂 2 号机组检修后零起升压，发电机三次谐波定子接地保护、电流互感器断线报警，定子相电流最高达 5.5kA，高压厂用变压器高压侧相电流最高达 676A，手动停机。【案例 2】2018 年 1 月 25 日，某电厂 4 号机组检修后起机过程中，定子基波零序电压接地保护动作跳机。两次事件中，发电机、高压厂用变压器电流均出现半波畸变，经检查，均为变压器直流电阻测试后，未有效去磁，导致变压器充电时出现较大冲击电流。

4.1.15 为新增条款。针对现场变压器运行情况，结合状态检修，规范现场变压器吊罩检修工作。

4.1.16 为国能安全〔2014〕161 号《防止电力生产事故的二十五项重点要求》第 12.2.7 条。注油要求已在 4.1.10 中体现，本条删除该部分内容，补充“变压器大修时应更换本体密封件”要求。

4.1.17 为国能安全〔2014〕161 号《防止电力生产事故的二十五项重点要求》第 12.2.16 条。补充“本体排油暴露绕组”时应进行局部放电试验的要求。

4.1.18 为国能安全〔2014〕161 号《防止电力生产事故的二十五项重点要求》第 12.2.12 条。

补充对运行年久变压器渗漏油检查要求。【案例】2016 年 8 月 12 日，某电厂 2 号主变压器低压侧 a 相套管升高座电流互感器接线密封端子板运行中在紧固螺栓处断裂，导致电流互感器接线盒密封失效，主变压器本体向外漏油，油位降低至瓦斯继电器浮球动作，重瓦斯保护动作跳机。

4.1.19　为国能安全〔2014〕161 号《防止电力生产事故的二十五项重点要求》第 12.2.13 条。糠醛试验将运行 10 年以上变压器要求调整为每 5 年进行一次，混油要求在新油条款中已提及。

4.1.20　为新增条款。鉴于绝缘油色谱分析对设备缺陷检测的有效性，在 DL/T 722—2014《变压器油中溶解气体分析和判断导则》规定周期的基础上提高要求。

4.1.21　为新增条款。根据现场色谱分析异常处理中存在的问题，规范色谱异常后的处置要求。

4.1.22　为新增条款。根据变压器绝缘老化评估需要，在 DL/T 984—2018《油浸式变压器绝缘老化判断导则》规定的基础上缩短糠醛含量检测周期。

4.1.23　为新增条款。根据部分电厂启备（动）变预试超期问题，规范启备（动）变及备用变压器预试周期管理工作。

4.1.24　为国能安全〔2014〕161 号《防止电力生产事故的二十五项重点要求》第 12.2.18 条。补充了接地引线电流监测的仪器选用、周期及异常情况分析的要求。

4.1.25　为国能安全〔2014〕161 号《防止电力生产事故的二十五项重点要求》第 12.2.17 条，原文未修改。

4.1.26　为国能安全〔2014〕161 号《防止电力生产事故的二十五项重点要求》第 12.1.3 条。补充了近区短路冲击后，变压器跳闸和未跳闸情况下的处理要求。结合近年来新标准要求，对于变压器发生近区短路后，虽然未跳闸但不能排除变压器内部已经出现异常，因此应开展油中溶解气体组分跟踪，防止内部异常发展造成设备损坏事故。对于变压器发生近区短路故障，器身内部损坏概率较高，因此需经诊断性试验检验后方可投运。电压等级修改为发电机出口电压等级，主要考虑将高压厂用变压器包含在内。变压器近区或出口短路跳闸，对于高压厂用变压器一般指高压厂用母线进线开关上口短路或高压厂用母线短路进线开关拒动等。【案例】2019 年 5 月 31 日，某电厂 6 号机高压厂用变压器差动保护动作跳机，高压厂用变压器损坏。经分析主要原因为 6kV 短路点距变压器较近，实际为出口短路；由于 6 号高压厂用变压器为低压绕组轴向分裂式结构，抗短路能力差，又由于发电机剩磁作用，故障点持续至 500ms 后高压厂用变压器内部遭受到进一步损坏。

4.1.27　为新增条款。防止因长期过热绝缘老化、机房内水汽进入变压器等，造成变压器接地、短路，结合现场故障案例，强调干式变运行环境管理的要求。【案例 1】2018 年 8 月 5 日，某电厂 1 号机励磁变压器绝缘制造工艺存在缺陷，高压绕组匝间绝缘厚度不均匀，运行中散热不良致使温度过高，绕组绝缘加速老化，高压侧 A02 绕组匝、层间短路，高压绕组对低压绕组放电，定子接地保护动作跳机。【案例 2】2013 年 7 月 19 日，某电厂 8 号机组疏水管道爆管汽水进入励磁变压器高压侧闪络放电，造成绕组匝间短路，发电机定子接地保护动作跳机。

4.1.28　为新增条款。结合现场故障案例，强调干式变压器检修时的检查重点要求。针对励磁变压器检修提出要求。【案例 1】2018 年 4 月 6 日，某电厂 2 号发电机 B 相接地，定子接地保护动作跳机。经检查，励磁变压器测温探头错误安装在励磁变压器高压侧通风孔内，造成电场畸变，产生局部放电，最终导致接地故障。【案例 2】2016 年 7 月 30 日，某电厂 1 号励磁变压器 A、B 相经电流互感器角形连接引线接线端子机械性损伤断裂，运行中产生弧光对箱体放电，发生 A 相接地故障，定子接地保护动作跳机。【案例 3】2015 年 7 月 16 日，某电厂 2 号除尘变压器高压侧 B 相分接头接线板压接处松动导致发热烧断，引起 B 相对地放电，零序保护、过流 I 段保护动作跳闸。【案例 4】2012 年 6 月 10 日，某电厂 8 号机励磁变压器运行中温控器测温探头导线松脱，高压侧 C 相绕组对其放电，定子接地保护动作跳机。【案例 5】2010 年 12 月 14 日，某电厂 5 号发电机励磁变压器由于设计不合理，高压侧绕组树脂浇注筒被消防感温线缠绕，感温光缆线受励磁变压器运行作用产生感应电流长期运行发热，绝缘强度降低，高压线圈对消防感温线的金属保护层和屏蔽层放电，造成 B 相接地故障，定子接地保护动作跳机。【案例 6】2007 年 6 月 26 日，某电厂 3 号机励磁变压器爆裂，发电机－变压器组差动保护动作跳机。经分析，励磁变压器 C 相高压侧电流互感器出口与绕组之间的软连接压接头松脱，与外护板发生接地短路，随之在三相之间发生弧光短路。

4.2 防止变压器套管事故

4.2.1 为新增条款。参考《国家电网有限公司十八项电网重大反事故措施》，根据运行经验补充对此类线夹材料的要求。

4.2.2 为国能安全〔2014〕161 号《防止电力生产事故的二十五项重点要求》第 12.5.2 条。补充 750kV 套管静置时间的要求，删除“事故抢修所装上的套管，投运后的 3 个月内，应取油样进行一次色谱试验”。

4.2.3 为新增条款。结合现场设备问题，强调套管安装工艺要求。【案例】2018 年，某电厂 1 号主变压器套管均压球扭转安装时没有对齐螺纹，造成错位，在运行中掉落。均压球通过套管尾端外螺纹连接保持与引线同电位，脱落后使其变为悬浮电位，随着变压器运行中油流晃动，均压罩与高压引线之间产生间歇性放电，导致色谱异常。

4.2.4 为新增条款。参考《国家电网有限公司十八项电网重大反事故措施》，防止利用将军帽的密封螺栓紧固套管均压环，出现套管上部密封问题，导致进水受潮。

4.2.5 为新增条款。参考《国家电网有限公司十八项电网重大反事故措施》，防范因套管或接线柱弯曲负荷耐受值不满足要求而引发的故障，补充设计单位进行相关作用力计算的内容。

4.2.6 为国能安全〔2014〕161 号《防止电力生产事故的二十五项重点要求》第 12.5.4 条。提高套管备品安装前试验要求，删除“当不能确保电容芯子全部浸没在油面以下时”的试验条件。

4.2.7 为国能安全〔2014〕161 号《防止电力生产事故的二十五项重点要求》第 12.5.3 条。针对严重污秽地区变压器，提出套管防污闪措施，补充“必要时进行套管更换”要求。【案例】2012 年 4 月 30 日，某电厂 2 号主变压器 A 相套管极端天气大雨沿套管外部瓷套（等直径伞裙，不利于分散表面水流）表面形成连续水流，水流沿套管外部放电，放电导致套管电场畸变，套管内部放电，最终外部瓷套击穿爆炸。

4.2.8 为国能安全〔2014〕161 号《防止电力生产事故的二十五项重点要求》第 12.5.5 条、第 12.5.7 条。根据反措内容结构要求，将上述两条内容合并。参考《国家电网有限公司十八项电网重大反事故措施》相关要求进行了调整。

4.2.9 为新增条款。防止因套管密封胶垫老化或密封不严等造成套管进水引发的事故。

4.2.10 为新增条款。根据现场实际情况及故障案例，在 DL/T 596—1996《电力设备预防性试验规程》要求的基础上，缩短高压套管预防性试验周期。

4.2.11 为新增条款。根据电厂主变压器低压侧套管结构特点及现场发现问题，部分电厂不清楚厂内主变压器低压侧套管结构，特强调低压侧套管预防性试验项目要求。

4.2.12 为国能安全〔2014〕161 号《防止电力生产事故的二十五项重点要求》第 12.5.6 条。结合现场故障案例，补充套管末屏结构不合理应进行改造，及加强末屏在线监测装置可靠性检查的要求。【案例 1】2017 年 6 月 9 日，某电厂 3 号主变压器 C 相高压电容式套管接地小套管与末屏接地接触不良，局部过热，密封垫老化损坏，高压套管渗油，手动停机。【案例 2】2014 年 4 月，某电厂 5 号主变压器 B 相高压侧套管在线监测装置密封不良，导致接地套管进水受潮绝缘降低。【案例 3】2012 年 10 月，某电厂 4 号主变压器 B、C 相高压套管在线监测装置密封不良，导致接地套管进水受潮绝缘降低。

4.2.13 为新增条款。结合行业内近年套管故障案例，对油纸电容式套管取油色谱分析工作提出具体要求。

4.2.14 为新增条款。参考南方电网相关反措，结合集团公司内在役套管型号，提出相关要求。

4.2.15 为新增条款。参考南方电网相关反措，结合集团公司内在役套管型号，提出相关要求。【案例】2018 年 8 月 17 日，某电厂 2 号主变压器 B 相套管炸裂，变压器着火，差动保护动作跳机。经分析，套管靠近法兰处内部电容屏存在缺陷，长时间运行导致部分绝缘性能下降，造成部分电容屏击穿，其余电容屏承受电压升高，电容屏与内导体之间发生放电。套管法兰处内部电容屏放电电弧产生的压力向套管上下两侧传递，造成上、下瓷套炸裂。

4.2.16 为新增条款。参考南方电网相关反措，结合集团公司内在役套管型号，提出相关要求。

4.3 防止冷却系统事故

4.3.1 为国能安全〔2014〕161 号《防止电力生产事故的二十五项重点要求》第 12.6.2 条，原文未修改。

4.3.2 为新增条款。结合现场暴露出的设备缺陷，对特殊运行需求变压器用潜油泵的选型提出要求。【案例】2017 年，某电厂主变压器厂家为加强变压器冷却效果，选用的油泵电动机功率较大，油流速度相对较快，油流继电器拨片材质不能满足运行应力承受要求，发生断裂。

4.3.3 为新增条款。强迫油循环变压器内部故障跳闸后，如潜油泵继续运行将造成污染物大面积扩散，增加故障分析和修复难度。【案例】2018 年 8 月 17 日，某电厂 2 号主变压器套管爆炸后潜油泵持续运行，导致爆炸污染物随油流进入变压器内部污染线圈，给后续变压器线圈及铁芯内部绝缘恢复处理造成困难。

4.3.4 为国能安全〔2014〕161 号《防止电力生产事故的二十五项重点要求》第 12.6.8 条，原文未修改。

4.3.5 国能安全〔2014〕161 号《防止电力生产事故的二十五项重点要求》第 12.6.9 条，原文未修改。

4.3.6 为新增条款。参考《国家电网有限公司十八项电网重大反事故措施》，补充变压器用波纹管安装连接具体要求。

4.3.7 为国能安全〔2014〕161 号《防止电力生产事故的二十五项重点要求》第 12.6.10 条，原文未修改。

4.3.8 为国能安全〔2014〕161 号《防止电力生产事故的二十五项重点要求》第 12.6.4 条、第 12.6.6 条、第 12.6.7 条。根据反措内容结构要求，将上述三条内容合并，语句精简。【案例 1】2013 年 8 月 21 日，某电厂 1 号主变压器冷却器电源监视继电器故障，接点卡涩，导致工作电源失电，备用电源未投入，主变压器冷却器全停保护动作跳机。【案例 2】2005 年 12 月 5 日，某电厂 2 号主变压器冷却器电源接触器辅助接点抖动，时间继电器动作，由于时间整定错误，造成主变压器冷却器全停保护误动跳机。

4.3.9 为新增条款。根据部分电厂变压器温度 DCS 与就地显示不一致问题，规范变压器温度计校验及检查工作。

4.4 防止分接开关事故

4.4.1 为新增条款。参考《国家电网有限公司十八项电网重大反事故措施》，现场真空注油时，如果有载分接开关油室没有与变压器油箱同时抽真空，易导致开关油室的损坏，如分接开油室绝缘筒裂纹、密封不良。真空注油后，如果没有及时拆除旁通管或没有关闭旁通管阀门，将造成变压器本体油色谱异常或跑油事故。

4.4.2 为国能安全〔2014〕161 号《防止电力生产事故的二十五项重点要求》第 12.4.3 条、第 12.4.4 条和第 12.4.5 条。根据反措内容结构要求，将上述三条内容合并，语句精简。

4.4.3 为新增条款。针对电厂有载分接开关分接位置长期不调整的情况，规范有载分接开关检修及试验工作。

4.4.4 为国能安全〔2014〕161 号《防止电力生产事故的二十五项重点要求》第 12.4.2 条，原文未修改。【案例 1】2015 年，某电厂 2 号主变压器油色谱异常，吊罩检查发现 A 相调压开关触头触指有 3 只明显松动，多只触指弹簧已断裂，导致触头压紧力不够，触头松动，局部过热烧损。【案例 2】2015 年 1 月，某电厂 1 号主变压器总烃快速上升，最高时超过 1000μL/L。高压侧直阻测量，三相直阻不平衡率为 4.95%，判断变压器分接开关存在缺陷，现场将分接开关挡位进行调换，色谱趋于稳定。11 月吊罩检查发现分接开关动触头第三触指一侧有明显过热烧伤痕迹。

4.4.5 为国能安全〔2014〕161 号《防止电力生产事故的二十五项重点要求》第 12.4.2 条，原文未修改。

4.5 防止变压器保护事故

4.5.1 为国能安全〔2014〕161 号《防止电力生产事故的二十五项重点要求》第 12.3.2 条。根据现场暴露出的问题，补充“二次电缆应采取防止雨水顺电缆倒灌的措施（如反水弯）。气体继电器至保护柜的电缆应尽量减少中间转接环节”要求。【案例 1】2011 年 2 月 26 日，某电厂 2 号机 21 号高压厂用变压器瓦斯继电器接线盒电缆进口密封不严，雨雪天气时导致受潮，绝缘降低，重瓦斯保护误动跳机。【案例 2】2006 年 3 月 2 日，某电厂 1 号高压厂用变压器有载调压装置瓦斯继电器接线盒内进水受潮，造成端子线短路，有载调压重瓦斯保护误动跳机。

4.5.2 为国能安全〔2014〕161 号《防止电力生产事故的二十五项重点要求》第 12.3.7 条和第 12.3.8 条。根据内容结构要求，将上述两条内容合并。

4.5.3 为新增条款。强调变压器气体继电器检验或更换，复装后应检查油系统相关阀门状态。【案例】2012 年 7 月 3 日，某电厂 6 号机组检修后，发电机空载试验时，主变压器压力释放阀保护动作跳闸。经检查，主油箱至储油柜上升管蝶阀、气体继电器油箱侧蝶阀处于关闭状态，气体继电器储油柜侧蝶阀、气体继电器至储油柜蝶阀处于半开状态。分析为气体继电器校验回装后，相关冷却油路蝶阀未完全打开，变压器带载后，油温上升，体积膨胀，压力释放保护动作。

4.5.4 为新增条款。如果从运行中的变压器气体继电器取气阀直接取气，存在两种风险：一是引发人身安全事故；二是误碰探针，造成瓦斯保护跳闸。为避免风险，运行中的变压器应从气体继电器的地面取气盒取气，未安装取气盒的应进行加装。

4.5.5 为新增条款。结合现场故障案例，针对压力释放阀故障，强调检查及校验工作要求。【案例】2018 年 7 月 18 日，某电厂 6 号主变压器夏季高温油位过高，压力释放阀动作后，“O”形密封圈在油流冲击下冲出密封槽外，导致压力释放阀回座过程中卡涩，变压器油持续从压力释放阀缝隙溢出，至低油位报警手动停机。

4.5.6 为新增条款。针对现场变压器油枕假油位问题，强调对油位检查与复核要求。【案例 1】2007 年 7 月 30 日，某电厂 3 号主变压器压力释放阀动作跳机。主变压器跳闸前上层油温为 78.6℃，油枕油位指示 45%，按照温度校正曲线油位对应的上层油温为 40℃，实际跳机时主变压器油位指示明显为虚假值。由于变压器油位偏高，高温天气、高负荷影响下油温上升较快，油体积增大压迫油枕胶囊，致使出气口堵塞，导致压力释放阀动作泄压。【案例 2】2001 年 7 月 29 日，某电厂 1 号主变压器油枕油位指示器不准，大修后加油偏多，炎热天气变压器油受热膨胀，造成油箱满油，压力释放保护动作跳机。

4.5.7 为新增条款。结合 DL/T 572—2010《电力变压器运行规程》和现场故障案例，强调呼吸器运行维护要求。【案例】2015 年 4 月 15 日，某电厂 1 号机主变压器呼吸器油盅安装过紧，呼吸器不畅，随着机组负荷及环境温度升高，主变压器内部压力上升致使压力释放阀动作泄压，压力释放保护动作跳机。

5 防止互感器事故编制说明

（一）总体说明

本章重点是防止互感器事故，在国能安全〔2014〕161 号《防止电力生产事故的二十五项重点要求》第 12 章基础上，针对集团公司近十年来油浸式互感器因油位变化、绝缘油油质不合格、防爆膜质量不良等原因造成绝缘击穿，末屏开路、对地放电，气体绝缘互感器电容屏击穿、外绝缘故障，发电机出口电压互感器匝间短路多发，电磁式互感器铁磁谐振等问题，导致设备损坏、机组非计划停运的各类案例，结合国家、行业最新标准要求，从设计、制造、运输、安装、运行、检修等阶段提出防止互感器事故的措施，本章内容包含油浸式互感器、气体绝缘互感器、固体绝缘互感器三个部分。

（二）条文说明

5.1 防止油浸式互感器事故

5.1.1 为国能安全〔2014〕161 号《防止电力生产事故的二十五项重点要求》第 12.8.1.1 条。参考《国家电网有限公司十八项电网重大反事故措施》相关要求进行了调整。【案例】2010 年 12 月 22 日，某电厂 5040 母联开关 B 相电流互感器故障烧损（环境温度为 −37℃），2011 年 1 月 2 日，5053 开关 A 相电流互感器故障烧损（环境温度为 −34℃），2011 年 1 月 10 日，5000 开关 B 相电流互感器故障烧损（环境温度为 −34℃）。由于油膨胀器和油位指示器存在设计缺陷，膨胀器油补偿量不足，造成储油柜顶部负压，二次绕组暴露出油面，绝缘强度降低，产生放电，导致一次导电管对二次绕组屏蔽绝缘击穿。

5.1.2 为国能安全〔2014〕161号《防止电力生产事故的二十五项重点要求》第12.8.1.3款，原文未修改。

5.1.3 为新增条款。依据DL/T 1251—2013《电力用电容式电压互感器使用技术规范》第6.1.1条规定，补充“互感器的二次引线端子和末屏引出线端子应有防转动措施”。参考《国家电网有限公司十八项电网重大反事故措施》，提出电容式互感器在设计阶段，油箱排气孔应高出油箱上平面，避免因密封老化导致油箱内部进水。

5.1.4 为国能安全〔2014〕161号《防止电力生产事故的二十五项重点要求》第12.8.1.4条。补充750kV互感器出厂试验时局部放电试验的测量时间要求。

5.1.5 为国能安全〔2014〕161号《防止电力生产事故的二十五项重点要求》第12.8.1.5条，原文未修改。

5.1.6 为国能安全〔2014〕161号《防止电力生产事故的二十五项重点要求》第12.8.2.6条。针对运输要求，将上述两条内容合并。【案例】2010年6月24日，某电厂2号机主变压器差动保护、500kVⅡ母线差动保护动作跳闸。经检查，500kV升压站5023开关A相电流互感器在二次出线盒内，本体与支架连接处有放电痕迹。解体检查发现电流互感器有一只支撑二次线圈屏蔽的环氧支柱绝缘子表面有严重电弧烧伤，壳体内部、线圈屏蔽接地引下线、与线圈屏蔽接地线绑扎在一起的二次引出线有电弧烧伤痕迹，支柱绝缘子与线圈屏蔽间的接触端面存在变形。查阅相关批次互感器运输档案发现，运输途中出现过车辆急刹车碰撞事件，造成车上500kV的互感器包装架发生窜动。分析为由于运输碰撞，支柱绝缘子与线圈屏蔽之间较出厂时正常位置产生位移，环氧支柱绝缘子伞裙边与端部屏蔽环距离减小，引起电场畸变，在系统出现电压波动时，环氧支柱绝缘子表面发生闪络，发展为单相接地短路，短路电流通过接地铜编织带时烧坏二次引出线，引起二次线圈接地短路。

5.1.7 为新增条款。参考《国家电网有限公司十八项电网重大反事故措施》，提出互感器安装时注意事项，防止支架未拆除导致膨胀器无法动作，造成膨胀器破裂。

5.1.8 为国能安全〔2014〕161号《防止电力生产事故的二十五项重点要求》第12.8.1.10条，原文未修改。

5.1.9 为国能安全〔2014〕161号《防止电力生产事故的二十五项重点要求》第12.8.1.7条，原文未修改。

5.1.10 为国能安全〔2014〕161号《防止电力生产事故的二十五项重点要求》第12.8.1.15条，原文未修改。

5.1.11 为国能安全〔2014〕161号《防止电力生产事故的二十五项重点要求》第12.8.1.24条。补充“电流互感器末屏接地引出线应在二次接线盒内就地接地或引至在线监测装置箱内接地”要求。

5.1.12 为国能安全〔2014〕161号《防止电力生产事故的二十五项重点要求》第12.8.1.9条。补充“可取油样的互感器，试验前后应进行油中溶解气体对比分析”要求。

5.1.13 为国能安全〔2014〕161号《防止电力生产事故的二十五项重点要求》第12.8.1.16条。根据现场实际情况，删除改造更换内容。

5.1.14 为国能安全〔2014〕161号《防止电力生产事故的二十五项重点要求》第12.8.1.12条，原文未修改。

5.1.15 为国能安全〔2014〕161号《防止电力生产事故的二十五项重点要求》第12.8.1.14

条。提高标准要求，110kV 电压等级电流互感器 1 年～2 年内也应取油样进行油色谱、微水分析。

5.1.16 为新增条款。根据现场互感器取、补油存在的问题，规范互感器取油及补油的具体措施、注意事项及异常处理要求。

5.1.17 为国能安全〔2014〕161 号《防止电力生产事故的二十五项重点要求》第 12.8.1.13 条，原文未修改。

5.1.18 为国能安全〔2014〕161 号《防止电力生产事故的二十五项重点要求》第 12.8.1.18 条，原文未修改。

5.1.19 为新增条款。依据 DL/T 727—2013《互感器运行检修导则》要求，针对互感器运行异常情况，强调运行中异常处理要求。

5.1.20 为国能安全〔2014〕161 号《防止电力生产事故的二十五项重点要求》第 12.8.1.19 条。非故障性氢气超过注意值，无须进行脱气处理，故将脱气处理要求改为“如监测数据稳定，则属非故障性氢含量异常，可正常监视运行”。取消出现乙炔后的试验要求，要求直接更换设备。

5.1.21 为新增条款。参考南方电网相关反措，强调电磁式电压互感器谐振后处理措施。

5.1.22 为国能安全〔2014〕161 号《防止电力生产事故的二十五项重点要求》第 12.8.1.21 条。细化测试电磁单元对地绝缘电阻的具体试验要求。

5.1.23 为国能安全〔2014〕161 号《防止电力生产事故的二十五项重点要求》第 12.8.1.22 条，原文未修改。

5.1.24 为国能安全〔2014〕161 号《防止电力生产事故的二十五项重点要求》第 12.8.1.8 条，原文未修改。

5.1.25 为国能安全〔2014〕161 号《防止电力生产事故的二十五项重点要求》第 12.8.1.16 条。根据现场实际情况，删除改造更换内容，改为直接更换，不再进行改造。

5.1.26 为新增条款。参考南方电网相关反措，结合集团公司内在役互感器型号，提出相关要求。

5.1.27 为新增条款。参考南方电网相关反措，结合集团公司内在役互感器型号，提出相关要求。

5.2 防止气体绝缘互感器事故

5.2.1 为国能安全〔2014〕161 号《防止电力生产事故的二十五项重点要求》第 12.8.2.2 条，原文未修改。

5.2.2 为新增条款。根据现场故障案例，气体绝缘互感器可能存在因防爆膜积水、锈蚀造成的设备受潮、低气压报警问题，强调防爆装置应采用防积水、冻胀的结构要求。【案例】2002 年 7 月 16 日，某电厂 500kV 5031 开关 C 相电流互感器故障接地短路，由于施工接线错误，Ⅰ母线差动保护动作跳闸。解体检查发现，防爆片爆开 1/4，内侧有明显电弧烧伤痕迹，一次屏蔽管外侧有多处电弧烧伤痕迹，有一处将屏蔽管击穿。头部外壳内侧顶部和侧面有大面积电弧烧伤，二次屏蔽罩有电弧烧熔孔洞。分析为防爆片制造质量不良，爆破线过薄，在夏季高温环境下，气体受热膨胀压力升高，防爆片破裂，气体从防爆片处外泄，绝缘性能失去，顶部外壳对接地的二次屏蔽罩电弧放电，烧坏二次屏蔽罩。

5.2.3 为新增条款。参考《国家电网有限公司十八项电网重大反事故措施》，密度继电器连接应满足不拆卸校验的要求，避免校验时拆卸造成密封不良、气体泄漏等问题发生，补充防雨罩防止二次接线受潮的要求。

5.2.4　为国能安全〔2014〕161 号《防止电力生产事故的二十五项重点要求》第 12.8.1.7 条，原文未修改。

5.2.5　为国能安全〔2014〕161 号《防止电力生产事故的二十五项重点要求》第 12.8.2.4 条。根据行业内相关事故案例，补充出厂试验增加雷电冲击试验项目的要求。【案例】2014 年 5 月 1 日，河南某 500kV 变电站多个断路器跳闸，3 只电流互感器闪络。经分析该型互感器采用电容屏结构，屏蔽铝筒直径为 500mm，导致其在额定电压下、沿绝缘桶内壁沿面场强相对于国内其他厂家偏高，绝缘裕度偏小，其采用连接铜带和均压环结构，连接铜带在雷电下容易引起局部电压升高，而均压环固定不牢固，运行中容易发生虚接现象，在雷电下容易激发放电。这些均导致其耐受雷电过电压水平偏低，上述互感器出厂时均未进行雷电冲击试验。

5.2.6　为国能安全〔2014〕161 号《防止电力生产事故的二十五项重点要求》第 12.8.2.6 条和第 12.8.2.7 款。针对运输要求，将上述两条内容合并。

5.2.7　为国能安全〔2014〕161 号《防止电力生产事故的二十五项重点要求》第 12.8.1.7 条，原文未修改。

5.2.8　为新增条款。参考《国家电网有限公司十八项电网重大反事故措施》，针对二次屏蔽接地不良等问题，在设计阶段对互感器末屏的结构、截面积、强度及接地方式等提出明确要求。【案例 1】2015 年 2 月 1 日，某电厂居关 5317 线 C 相电流互感器内部放电故障，主变压器差动保护动作跳机。现场检查发现，电流互感器本体末屏接地线熔断，本体与升高座接地铜排有放电灼伤痕迹，电流互感器二次绕组和末屏接地端子绝缘为 0，接线端子有明显放电痕迹。经分析，电流互感器内部屏蔽接地线接地不良，二次绕组屏蔽筒悬浮，导致对二次绕组放电。【案例 2】2012 年 12 月 1 日和 2014 年 11 月 20 日，某电厂两次发生 500kV 电流互感器内部放电故障跳机。经分析，电流互感器内部低压屏蔽接地线压接螺栓松动，接地线截面偏小，运行中烧断，造成屏蔽筒悬浮，绝缘击穿。

5.2.9　为国能安全〔2014〕161 号《防止电力生产事故的二十五项重点要求》第 12.8.2.8 条和第 12.8.2.13 条。针对六氟化硫微水测试要求，将上述两条内容合并。

5.2.10　为国能安全〔2014〕161 号《防止电力生产事故的二十五项重点要求》第 12.8.2.9 条，原文未修改。

5.2.11　为国能安全〔2014〕161 号《防止电力生产事故的二十五项重点要求》第 12.8.2.11 条和第 12.8.2.12 条。针对气压低问题将上述两条内容合并。补充补气后进行老练试验的要求。对带电补气不做强调。

5.2.12　为国能安全〔2014〕161 号《防止电力生产事故的二十五项重点要求》第 12.8.2.10 条和第 12.8.2.15 条。针对泄漏问题，将上述两条内容合并。

5.2.13　为国能安全〔2014〕161 号《防止电力生产事故的二十五项重点要求》第 12.8.2.14 条，原文未修改。

5.2.14　为新增条款。依据 DL/T 727—2013《互感器运行检修导则》规定，针对互感器运行异常情况，强调运行中异常处理要求。

5.2.15　为国能安全〔2014〕161 号《防止电力生产事故的二十五项重点要求》第 12.8.1.22 条，原文未修改。

5.2.16 为新增条款。参考行业内相关事故案例，结合集团公司内在役互感器型号，提出相关要求。【案例】国网某500kV变电站5031断路器C相、5042断路器C相电流互感器相继发生故障。国网某500kV变电站5012B相、5022C相、5053A相电流互感器相继发生故障。五只故障互感器均为上海MWB公司SAS550型产品，生产日期均为2007年和2006年，故障时均为雷雨天气。根据国网运检一〔2013〕303号《关于开展上海MWB公司500千伏SAS550型电流互感器隐患治理的通知》及国网运检一〔2014〕62号《关于加快更换上海MWB公司SAS550型电流互感器的通知》文内容，国网及南网发生多起雷雨天气SAS-550型电流互感器为电容屏击穿事故。该型互感器采用电容屏结构，屏蔽铝筒直径为500mm，导致其在额定电压下、沿绝缘桶内壁法向场强相对于国内其他厂家偏高，绝缘裕度偏小。同时，其采用连接铜带和均压环结构，连接铜带在雷电下容易引起局部电压升高，而均压环固定不牢固，在运行中容易发生虚接现象，在雷电下容易激发放电。这些均导致其耐受雷电过电压水平偏低。同时，故障电流互感器中绝大多数采用德国进口Axicom外套，其高压法兰深度为138mm，而国产外套为192mm，导致屏蔽铝筒与高压法兰连接铜片安装后超出法兰深度，沿绝缘桶内壁法向场强最大可增加到2.6kV/mm，而露出的铜带因没有法兰的屏蔽而导致在雷电下更加容易发生放电，绝缘裕度和耐受雷电过电压水平更低，导致故障发生。

5.3 防止固体绝缘互感器事故

5.3.1 为新增条款。根据近十年现场发电机出口电压互感器多次发生匝间短路故障，造成机组非计划停运的情况，强调新购置互感器生产厂家选择的要求。

5.3.2 为新增条款。结合现场故障案例，针对发电机出口电流互感器接线不规范问题，强调二次接线盒内至就地端子箱接地线、二次线的选用和压接工艺。【案例1】2012年7月9日，某电厂4号发电机出口C相电流互感器二次线为独股硬线，接头根部存在损伤，二次线一端固定在接线端子上，另一端呈自由状态，长期振动作用下端子根部断线。【案例2】2010年3月18日，某电厂3号发电机出口电流互感器引接线扭转松动，进而引起接线部位打火发热，烧断接线。【案例3】2006年3月27日，某电厂2号发电机中性点电流互感器端子接线因长期振动引起断线，保护动作。

5.3.3 为新增条款。根据GB 50150—2016《电气装置安装工程电气设备交接试验标准》、DL/T 596—1996《电力设备预防性试验规程》及现场监督检查发现问题，大部分电厂对该项试验重视程度不够或试验不规范，发电机出口电压互感器故障与互感器运行时间长短、一次线圈中间及靠里层部位散热不良有热积累效应等有关，强调互感器感应耐压试验前、后进行空载电流测试及试验周期的要求。【案例】2018年1月16日某电厂1号机、2015年2月11日某电厂3号机、2014年5月5日某电厂1号机、2013年5月25日某电厂1号机、2012年10月28日某电厂6号机、2012年8月5日某电厂6号机、2011年12月15日某电厂5号机、2011年7月24日某电厂1号机、2010年6月9日某电厂2号机、2009年1月24日某电厂3号机、2007年8月27日某电厂3号机、2007年2月16日某电厂4号机发电机出口电压互感器运行中匝间短路，定子接地保护动作跳机。

5.3.4 为新增条款。依据DL/T 727—2013《互感器运行检修导则》规定，针对互感器运行异常问题，强调运行中异常处理要求。

5.3.5 为新增条款。结合现场故障案例，对励磁变压器高压侧电流互感器的结构提出要求。【案例】2019年12月9日，某电厂励磁变压器高压侧单匝贯穿式电流互感器故障，三相电流互感器爆烈，导致发电机出口三相短路，发电机损伤。

5.3.6 为新增条款。根据现场运行经验，针对电压互感器熔丝熔断造成机组非计划停运事件多发的情况，规范高压熔断器的检查、试验及异常处理要求。【案例 1】2016 年 4 月 25 日，某电厂 2 号发电机出口电压互感器 1YH C 相高压熔丝熔断，导致有功功率信号突降，脱硫增压风机失调，锅炉总燃料跳闸（MFT）。【案例 2】2007 年 1 月 7 日，某电厂 2 号发电机出口电压互感器熔丝熔断，手动停机。【案例 3】2003 年 6 月 5 日，某电厂 1 号发电机出口电压互感器熔丝熔断造成匝间保护动作。【案例 4】2003 年 1 月 18 日，某电厂 1 号发电机出口电压互感器熔丝熔断造成匝间保护动作。【案例 5】2002 年 9 月 23 日，某电厂 6 号发电机出口电压互感器熔丝虚接造成定子接地保护动作。【案例 6】2001 年 5 月 4 日，某电厂 1 号发电机出口电压互感器熔丝熔断造成定子接地保护动作。

6 防止开关设备事故编制说明

（一）总体说明

本章重点是防止开关设备事故，在国能安全〔2014〕161 号《防止电力生产事故的二十五项重点要求》第 13 章基础上，针对集团公司近十年来罐式断路器内部放电，GIS 气室泄漏，断路器操作及储能机构故障，发电机出口断路器电容器损坏、真空开关真空泡真空度降低，低压开关机构变形等问题，导致设备损坏、机组非计划停运及人员伤害的各类案例，结合国家、行业最新标准要求，从设计、制造、运输、安装、运行、检修等阶段提出防止开关设备事故的措施，本章内容分为断路器、GIS、隔离开关、高压开关柜、低压配电装置、升压站其他五个部分。

（二）条文说明

6.1 防止断路器事故

6.1.1 为国能安全〔2014〕161 号《防止电力生产事故的二十五项重点要求》第 13.1.8 条。根据电厂实际情况，补充发电机出口断路器应采用三相机械联动式结构的要求。

6.1.2 为国能安全〔2014〕161 号《防止电力生产事故的二十五项重点要求》第 13.1.2 条，原文未修改。

6.1.3 为新增条款。参考《国家电网有限公司十八项电网重大反事故措施》，对跳闸线圈结构形式提出明确要求，确保两套脱扣器能够独立、可靠动作。

6.1.4 为新增条款。参考《国家电网有限公司十八项电网重大反事故措施》，提出防止慢分、慢合配置及试验要求。

6.1.5 为国能安全〔2014〕161 号《防止电力生产事故的二十五项重点要求》第 13.1.24 条，原文未修改。

6.1.6 为国能安全〔2014〕161 号《防止电力生产事故的二十五项重点要求》第 13.1.6 条。补充“对于严寒地区的设备，密度继电器应满足环境温度在 –40℃时准确度仍不低于 2.5 级的要求”。

6.1.7 为新增条款。参考《国家电网有限公司十八项电网重大反事故措施》，细化机构箱、汇控箱防护性能的要求。

6.1.8 为新增条款。根据 DL/T 5136—2012《火力发电厂、变电站二次接线设计技术规程》第 7.4.7 条，参考《国家电网有限公司十八项电网重大反事故措施》，针对温控器自燃等故障，补充二次元件阻燃性能要求。气囊式时间继电器可靠性低、计时误差大，不应用于断路器机构。明确了断路器出厂试验、交接试验及例行试验中应校验中间继电器、时间继电器、电压继电器动作特性。对断路器机构分合闸控制回路端子排、继电器布置提出要求，防止断路器因机构二次回路原因误动。保证断路器分合闸控制回路长期运行可靠性。

6.1.9 为新增条款。参考《国家电网有限公司十八项电网重大反事故措施》，强调设备制造阶段瓷件胶装要求。

6.1.10 为国能安全〔2014〕161 号《防止电力生产事故的二十五项重点要求》第 13.1.18 条，原文未修改。

6.1.11 为国能安全〔2014〕161 号《防止电力生产事故的二十五项重点要求》第 13.1.27 条。明确交接及操作机构检修时应进行机械特性试验的要求。

6.1.12 为国能安全〔2014〕161 号《防止电力生产事故的二十五项重点要求》第 13.1.20 条。根据反措内容结构要求，将原条文拆分，气体成分分析的要求在 6.1.17 体现。

6.1.13 为新增条款。参考《国家电网有限公司十八项电网重大反事故措施》，强调六氟化硫断路器充气至额定压力前，禁止进行储能状态下的分、合闸操作，避免损坏灭弧室及操作机构。

6.1.14 为国能安全〔2014〕161 号《防止电力生产事故的二十五项重点要求》第 13.1.23 条，原文未修改。

6.1.15 为国能安全〔2014〕161 号《防止电力生产事故的二十五项重点要求》第 13.1.25 条，原文未修改。

6.1.16 为新增条款。根据现场实际情况，规范断路器操作机构检查检修周期，对长期不操作的断路器提出定期动作要求。

6.1.17 为新增条款。根据 DL/T 1359—2014《六氟化硫电气设备故障气体分析和判断方法》的要求，规范六氟化硫分解产物及微水检测周期。【案例】2015 年 10 月 23 日，某电厂 500kV GIS Ⅰ母线隔离开关支柱绝缘子内部缺陷导致 50311 隔离开关气室故障放电，500kV Ⅰ母线跳闸。故障后分解产物检测气室内部氟化氢、二氧化硫含量明显上升。

6.1.18 为国能安全〔2014〕161 号《防止电力生产事故的二十五项重点要求》第 13.1.4 条。文字调整。

6.1.19 为国能安全〔2014〕161 号《防止电力生产事故的二十五项重点要求》第 13.1.26 条和第 13.1.30 条。其中第 13.1.26 条纳入断路器检修操作机构检查重点第（2）条，第 13.1.30 条纳入断路器检修操作机构检查重点第（3）条，参考 Q/CSG 1206007—2017《电力设备检修试验规程》，细化操作机构检修重点。

6.1.20 为新增条款。根据现场设备故障案例及运行检修经验，针对集团公司内部分电厂断路器失修问题，明确断路器检修周期及内容。【案例 1】某电厂部分 500kV 六氟化硫断路器十多年未开展大修工作，2018 年 11 月 9 日、10 日，5041 断路器在 6 号机组跳闸时出现“开关非全相”信号，故障处理过程中，又先后发生 5013 断路器 A 相触头弹簧断开、脱落、对罐体放电，5031 断路器 B 相主变压器侧断口、Ⅰ母线侧断口先后对罐体放电，形成 B 相电流通路，5 号机组单相运行打闸停机。【案例 2】2010 年 9 月 2 日，某电厂 220kV 通秀线 B 相接地故障，通秀 2665 B 相六氟化硫断路器分闸失败，导致 220kV 母线跳闸。经检查，断路器压气缸喷嘴与缸体断裂，压气缸在分闸时不能产生用于灭弧的气流，导致电弧不能熄灭。【案例 3】2004 年 11 月 10 日，某电厂 4 号机并网前合入 220kV 机组隔离开关时，发生 A 相非全相运行，母差保护动作，Ⅳ母线跳闸。经检查发现，机组主断路器（平高早期生产的 LW6－220W 型断路器）起机前合、分闸传动时，A 相支柱内部绝缘拉杆脱落，实际未分闸，手动合入隔离开关后机组直接单相接入系统。

6.1.21　为新增条款。根据厂家技术文件及运行检修经验，明确发电机出口断路器每年定期检查及电容器电容量测试等要求。【案例 1】2017 年 8 月 16 日，某电厂 2 号机发电机出口断路器电容器质量不良，B 相电容器电容值偏大（额定为 150nF，现场试验实测值 250nF），导致运行中击穿，定子接地保护动作跳机。【案例 2】2017 年 3 月 2 日某电厂 1 号出口断路器机侧 A 相电容器、2012 年 12 月 16 日某电厂 1 号出口断路器机侧 C 相电容器漏液，电容值发生变化，定子接地保护动作跳机。经检查，故障电容器为倒置式安装设计，在电容器绝缘子与箱体连接受力不均时，容易破坏电容器密封，发生内部液体渗漏，造成电容量变化。

6.1.22　为新增条款。根据厂家技术文件及运行检修经验，明确发电机出口断路器检查性检修周期及内容。【案例】2019 年 2 月 3 日，某电厂 1 号发电机组并网后 6min，发电机定子接地保护动作跳机。经检查，发电机出口断路器（德国 ABB 公司 HECS－100L 型）B 相隔离开关的断路器侧静触头顶部的导向块部分脱落，隔离开关动、静触头两端端部及触指均存在不同程度烧损，隔离开关位于断路器灭弧室侧的触头烧蚀有约 20mm 缺口，隔离开关传动机构绝缘拉杆烧损，罩壳壁板有放电痕迹。分析为，上次隔离开关分闸过程中，动触头挤压环氧树脂滑块，使滑块开裂脱落在底板上，导致本次合闸时，顶部滑块因无倒角导引，机构受顶部定位滑块阻挡使合闸力矩变大，拐臂弯曲，致使合闸不到位，动触头上的镀银层不能充分接触静触头触指，接触电阻变大，在通过负荷电流时发热，触头烧熔，并在动静触头间隙拉弧，金属液化溅射放电，导致 B 相母线间断性接地。某电厂发生一起德国 ABB 公司 HEC－8 型六氟化硫发电机出口断路器因内部动主触头传动系统部件磨损，断路器操作过程中销轴碰撞脱落，导致断路器故障，机组停运的事件。经对同型号断路器（设计寿命分合闸 10 000 次，实际分合闸 3045 次）解体检查发现存在严重隐患：断路器内旋转绝缘子四个角中有三个角发现裂纹；部分传动连板与螺杆起隔离润滑作用的衬套磨损较严重；推动动主触头的连板衬套严重磨损；断路器动主触头销轴运动方向邻近基座有明显冲撞，致使销轴的固定螺钉受损直到折断，销轴脱落。

6.1.23　为新增条款。根据厂家技术文件及运行检修经验，明确发电机出口断路器大修周期及内容。

6.1.24　为新增条款。根据厂家技术文件及现场运行经验，明确发电机出口断路器运行巡视检查要求。

6.1.25　为新增条款。根据现场设备故障案例，结合集团公司内在役互感器型号，提出相关要求。【案例】2018 年 12 月 29 日，某电厂 500kV 上河Ⅰ线 5051 断路器（德国西门子公司 3AT2 EI 型，存在瓷套质量和工艺缺陷）正常运行中，C 相灭弧单元从断路器中心侧法兰根部出现断裂掉落，导致整相断路器垮塌，母差保护动跳机。经调查分析，绝缘子长期运行中，胶装水泥外露面防水层出现不同程度风化，部分功能失效，并在水泥外露面形成微小裂纹，水分浸入受潮。在温度剧烈变化下，水分结冰膨胀，产生不均匀应力，造成胶装水泥对绝缘子本体挤压，绝缘子出现损伤，导致绝缘子断裂。

6.2　防止 GIS 事故

6.2.1　为国能安全〔2014〕161 号《防止电力生产事故的二十五项重点要求》第 13.1.3 条。

参考《国家电网有限公司十八项电网重大反事故措施》相关规定调整。

6.2.2 为国能安全〔2014〕161号《防止电力生产事故的二十五项重点要求》第13.1.7条。根据《国家电网有限公司十八项电网重大反事故措施》相关规定调整，补充“3/2断路器接线中，GIS母线避雷器和电压互感器不应装设隔离开关，宜设置可拆卸导体作为隔离装置”的要求。

6.2.3 为国能安全〔2014〕161号《防止电力生产事故的二十五项重点要求》第13.1.10条，原文未修改。

6.2.4 为国能安全〔2014〕161号《防止电力生产事故的二十五项重点要求》第13.1.12条，原文未修改。

6.2.5 为新增条款。参考《国家电网有限公司十八项电网重大反事故措施》，对金属法兰盆式绝缘子跨接方式提出要求，提高接地通路的可靠性。由于热膨胀系数不同，户外GIS跨接部位若采用螺栓直连，容易引起法兰螺孔处出现缝隙，进水腐蚀导致漏气。

6.2.6 为新增条款。参考《国家电网有限公司十八项电网重大反事故措施》，根据现场运行经验，补充对吸附剂罩材质及安装方式的要求，避免吸附剂掉落罐体引起放电故障。

6.2.7 为新增条款。参考《国家电网有限公司十八项电网重大反事故措施》，根据现场运行经验，补充GIS充气口保护封盖材质的要求，避免不同材质导致充气口发生电化学腐蚀将螺纹咬死打不开，造成停电检修。

6.2.8 为新增条款。参考《国家电网有限公司十八项电网重大反事故措施》，根据现场运行经验，对相间连杆采用转动及链条传动方式设计的三相机械联动隔离开关，补充从动相同时安装分合闸指示器的要求，便于直观、有效地判断隔离开关三相实际分、合位置，避免传动系统失效引起的分合不到位未被发现。

6.2.9 为新增条款。参考《国家电网有限公司十八项电网重大反事故措施》，对GIS出厂试验提出具体要求。

6.2.10 为国能安全〔2014〕161号《防止电力生产事故的二十五项重点要求》第13.1.16条。冲击耐压试验因现场实施难度大，不具备现场试验条件，故删除“有条件时可对GIS设备进行现场冲击耐压试验”。

6.2.11 为国能安全〔2014〕161号《防止电力生产事故的二十五项重点要求》第13.1.28条，原文未修改。

6.2.12 为新增条款。参考《国家电网有限公司十八项电网重大反事故措施》，根据现场运行经验，补充GIS穿墙壳体与墙体之间采取防护措施的要求。

6.2.13 为国能安全〔2014〕161号《防止电力生产事故的二十五项重点要求》第13.1.14条，原文未修改。

6.2.14 为国能安全〔2014〕161号《防止电力生产事故的二十五项重点要求》第13.1.13条，原文未修改。

6.2.15 为国能安全〔2014〕161号《防止电力生产事故的二十五项重点要求》第13.1.15条。补充“按插接深度标线插接到位，且回路电阻测试合格”的要求。

6.2.16 为新增条款。根据现场故障案例及监督检查发现问题，针对防爆膜破损造成GIS或断路器故障，对防爆膜检查巡视及检修改造提出要求。【案例】2011年7月30日，某电厂220kV 284六氟化硫断路器B相气体防爆膜破裂，Ⅱ母线母差保护跳闸。经分析，防爆膜常年接触高温、高湿环境，长期腐蚀使强度下降老化。破裂后潮气进入设备内部绝缘性能下降，运行中发生击穿。

6.2.17 为新增条款。依据 DL/T 603—2017《气体绝缘金属封闭开关设备运行维护规程》第 8.6.11 条，强调 GIS 核心部件或主体解体性检修后应进行主回路交流耐压试验的要求。【案例】2003 年 7 月 17 日，某电厂 2 号机组 220kV GIS 检修后，未按规定进行耐压试验及六氟化硫气体空气含量检测即投入运行，运行中故障跳闸。经检查，21B 断路器 B 相动触头导向座下部均压环局部烧伤、熔化，动触头导向座支撑绝缘筒外表面大面积烧黑。

6.2.18 为新增条款。根据设备故障案例及运行检修经验，明确运行年限达到 15 年的 GIS 设备应开展专项评估的要求。【案例 1】2018 年 6 月 4 日，某电厂 220kV GIS 4 甲母线母差保护动作跳闸。检查发现，避雷器解体后内部有放电痕迹。经分析，设备已运行 22 年，避雷器阀片老化对外壳放电。【案例 2】2014 年 7 月 12 日，某电厂 2 号主变压器差动保护动作跳机。经检查，500kV GIS B 相防爆膜破裂，压力释放使薄壁元件屏蔽罩发生扭曲变形，导电杆对屏蔽罩有放电痕迹。分析为屏蔽罩接地部位氧化，接地电阻增大，雷击时屏蔽罩与导电杆之间放电。【案例 3】2014 年 5 月 16 日，某电厂 3 号主变压器差动保护动作跳机。经检查，500kV GIS 5011－6 隔离开关拉杆及端部均压盘有放电痕迹。分析为隔离开关动静触头及弹簧的摩擦和拉伸过程长期积累各类颗粒物附着在绝缘拉杆上，造成绝缘降低，导致闪络放电。

6.2.19 为新增条款。根据现场故障案例及运行经验，强调 GIS 设备的巡视检查要求及缓冲器异常情况处理的要求。

6.2.20 为新增条款。根据现场故障案例及监督检查发现问题，对 GIS 伸缩节巡视检查及改造提出要求。【案例】2018 年 3 月，某电厂更换六氟化硫充气母线（GIL），设备安装调试过程中，伸缩节铰链板无法承受管道盲板力，随着充气压力的升高盲板力的增大铰链板断裂无法限位，伸缩节被拉伸。垂直安装于伸缩节所在母线管道推力的作用下发生位移并变形，最大位移量达 500mm。经检查，伸缩节铰链板加工焊接质量不良，焊接坡口不足，缺少一道内焊缝，未进行相应的出厂试验。

6.2.21 为国能安全〔2014〕161 号《防止电力生产事故的二十五项重点要求》第 13.1.21 条。根据行业内相关案例及现场运行经验，将 GIS 设备运行中局部放电带电检测调整为定期工作要求。

6.2.22 为新增条款。根据行业内相关案例及现场运行经验，对运行中 GIS 设备内部导体接头过热缺陷，提出开展红外普测及精确测温工作，对数据异常的应加强分析。

6.3 防止隔离开关事故

6.3.1 为国能安全〔2014〕161 号《防止电力生产事故的二十五项重点要求》第 13.2.1 条，原文未修改。

6.3.2 为新增条款。参考《国家电网有限公司十八项电网重大反事故措施》，针对选型不良造成的设备故障，对隔离开关选型提出具体要求。单臂垂直伸缩钳夹式隔离开关受环境温度、环境污染等级等客观因素影响，会使其机械尺寸发生变化，存在合不到位不过限位点，运行过程中可能使隔离开关自然脱落，造成带负荷分隔离开关的恶性事故；大雪、大雾等恶劣天气造成隔离开关闭合时接触不良，易造成接触电阻增大，引起弧光放电。因此应重视隔离开关的设计选型。

6.3.3 为国能安全〔2014〕161 号《防止电力生产事故的二十五项重点要求》第 13.2.3 条，

原文未修改。

6.3.4 为国能安全〔2014〕161号《防止电力生产事故的二十五项重点要求》第13.2.5条。根据DL/T 596—1996《电力设备预防性试验》规定，强调导电回路电阻测试相关要求。

6.3.5 为国能安全〔2014〕161号《防止电力生产事故的二十五项重点要求》第13.2.2条。补充“发生电动或手动误操作时，设备应可靠闭锁”要求。

6.3.6 为新增条款。参考《国家电网有限公司十八项电网重大反事故措施》，针对合闸不到位引起设备故障问题，对合闸操作后的机构检查提出要求。

6.3.7 为国能安全〔2014〕161号《防止电力生产事故的二十五项重点要求》第13.2.10条，原文未修改。

6.3.8 为国能安全〔2014〕161号《防止电力生产事故的二十五项重点要求》第13.2.7条，原文未修改。【案例】2016年5月26日，某电厂巡检发现220kV 2026隔离开关A相触头烧红，就地测温已超出测温仪最大量程120℃，手动停机。经检查，2026隔离开关静触头弹簧金属疲劳断裂，静触头抱握动触头松动，动静触头结合不紧，触头发热烧损。

6.3.9 为新增条款。根据华能生产函〔2019〕11号文件，结合现场故障案例，对支柱绝缘子选型提出要求。【案例1】2019年4月5日，某电厂220kVⅢ母线侧已退役联络变压器中压侧2503隔离开关静触头A相引线两只支柱瓷绝缘子的上部元件先后断裂落地，引起母线A相接地放电，母差保护动作跳闸。经检查，支柱瓷瓶质量存有缺陷，瓷件断面的外圈存在明显的环状青边现象，瓷柱浇装部位无明显的沥青缓冲层。分析为该型号支柱绝缘子瓷质配方及过烧等原因导致青边现象，影响机械应力分布，沥青缓冲层厚度不足造成设备端部应力集中，电瓷材料产生微观裂纹。2503隔离开关A相引线较B、C相长，大风造成引线摆动产生较大扭矩应力，超过瓷瓶机械强度断裂。【案例2】2013年2月3日，某电厂6号机组引线差动保护动作跳机。经检查，6号主变压器出口接地隔离开关5041637 C相支柱瓷瓶均压环有烧伤的孔洞，连接法兰有烧蚀痕迹。分析为2008年涂覆防污闪涂料后一直未进行清扫，持续雾霾天气使绝缘子表面较脏，覆雪融化，造成支柱瓷瓶对地闪络。【案例3】2001年1月6日，某电厂500kV华济线线路保护动作跳闸。经检查，50216隔离开关A、B、C三相支持瓷瓶有烧伤痕迹。分析为大雪天气积雪加厚，逐渐短接部分伞裙，外绝缘爬距减小，瓷瓶电压分布畸变，导致瓷瓶表面绝缘下降，最终发生贯穿性沿面放电。

6.3.10 为新增条款。国能安全〔2014〕161号《防止电力生产事故的二十五项重点要求》第13.2.4条修改，根据华能生产函〔2019〕11号文件，对支柱绝缘子瓷套选择、出厂检查提出要求。【案例】同2019年4月5日某电厂案例。

6.3.11 为新增条款。根据华能生产函〔2019〕11号文件，对支柱绝缘子安装前检查、检测提出要求。【案例】同2019年4月5日某电厂案例。

6.3.12 为新增条款。国能安全〔2014〕161号《防止电力生产事故的二十五项重点要求》第13.2.9条和第13.2.11条修改，根据华能生产函〔2019〕11号文件，对支柱绝缘子巡视检查、红外热像检测提出要求。

6.3.13 为新增条款。根据华能生产函〔2019〕11号文件，对异常气候及异常工况后支柱绝缘子的检查提出要求。

6.3.14 为新增条款。根据华能生产函〔2019〕11号文件，对支柱绝缘子探伤及红外检测周期提出要求。【案例】2015年12月17日，某电厂启动备用变压器223－1隔离开关分闸操作过程中，隔离开关支持瓷瓶断裂，母线差动保护动作跳闸。经检查，隔离开关断裂部位位于两节瓷瓶之间法兰处，断裂处存在缺陷。分析为设备已运行20年，多次操作造成缺陷部位损坏状况逐步加剧，隔离开关转动瓷瓶摩擦力增大，分闸操作时力矩过大导致缺陷部位断裂，引线接地短路。

6.4 防止高压开关柜事故

6.4.1 为国能安全〔2014〕161号《防止电力生产事故的二十五项重点要求》第13.3.1条，原文未修改。

6.4.2 为国能安全〔2014〕161号《防止电力生产事故的二十五项重点要求》第13.3.2条，原文未修改。

6.4.3 为国能安全〔2014〕161号《防止电力生产事故的二十五项重点要求》第13.3.6条，原文未修改。

6.4.4 为国能安全〔2014〕161号《防止电力生产事故的二十五项重点要求》第13.3.1条。根据反措内容结构要求，将该条拆分为6.4.1和6.4.4，参考《国家电网有限公司十八项电网重大反事故措施》，补充“如开关柜采用复合绝缘或固体绝缘封装等可靠技术，也应满足绝缘距离”的要求。【案例】2014年5月24日，某电厂10kV母线发生接地故障，发展为相间短路，10kV母线及2号主变压器跳闸，2号主变压器低压侧1002开关柜烧损。现场测量开关柜内A、B、C相开关静插头及部分母线对地绝缘距离小于125mm，母线相间距离小于100mm。分析为开关柜母线对地绝缘距离不满足规范要求，长期大负荷运行导致开关触头绝缘老化，发生单相接地故障，发展为相间短路起火。

6.4.5 为新增条款。根据现场运行经验，参考《国家电网有限公司十八项电网重大反事故措施》，提出开关柜避雷器选型要求。

6.4.6 为新增条款。依据DL/T 5222—2005《导体和电器选择设计技术规定》规定和现场运行经验，提出防止开关柜涡流发热的相关措施。

6.4.7 为新增条款。参考《国家电网有限公司十八项电网重大反事故措施》，提出开关柜内母线搭接面、隔离开关触头、手车触头表面镀银层厚度要求。

6.4.8 为国能安全〔2014〕161号《防止电力生产事故的二十五项重点要求》第13.3.3条，原文未修改。

6.4.9 为国能安全〔2014〕161号《防止电力生产事故的二十五项重点要求》第13.3.9条。补充“当开关柜内产生内部故障电弧时，压力释放装置应能可靠打开，压力释放方向应避开巡视通道和其他设备”。

6.4.10 为新增条款。根据现场运行经验，针对开关柜内导体连接问题，强调导体安装固定的相关要求。【案例1】2015年5月24日，某电厂脱硫除尘变压器653开关仓负载电缆与负载侧母线铜排连接点固定螺栓松动，负荷电流烧损连接点固定螺栓及铜排，连接点拉弧放电引燃负载电缆硅橡胶绝缘保护罩，燃烧碳化物落至负载侧接地隔离开关动、静触头间，造成隔离开关动、静触头空气间隙击穿放电，单相接地，发展为三相短路。【案例2】2007年7月2日，某电厂400V 2B母线电压异常，所带负载跳闸。经检查，2B低压厂用变压器与开关柜铜排连接松动，连接处严重发热，部分螺栓熔断。

6.4.11 为新增条款。参考《国家电网有限公司十八项电网重大反事故措施》，规范开关柜开孔改造要求。

6.4.12 为国能安全〔2014〕161号《防止电力生产事故的二十五项重点要求》第13.3.5条。细化配电室温度、湿度要求。【案例】2015年7月30日，某电厂3号机组故障录波器频繁出现发电机出口零序电压越限启动。巡视发现发电机出口电压互感器柜内存在间歇放电，手动停机。经检查，电压互感器柜内表面均存在不同程度的水珠，连接铜排和触头有锈蚀。分析为柜内空气湿度大，绝缘板及静触头绝缘罩处凝结水渍，绝缘降低，柜内动、静触头接触处对静触头绝缘罩放电。

6.4.13 为国能安全〔2014〕161号《防止电力生产事故的二十五项重点要求》第13.3.10条。根据现场故障案例，补充开关柜操作要求。【案例1】2015年3月5日，某电厂3号高压厂用变压器厂用电并列切换时，备用开关断开后，工作开关发生单相接地，发展为三相短路，分支过流Ⅰ段保护动作跳机。经检查，工作电源进线63B02断路器C相下触头基座上有明显烧伤拉弧融化痕迹，触头紧固弹簧断裂，弹簧一头卡在母线侧静触头的绝缘罩和小车C相下侧触头之间，另一头跌落，挂在小车C相下触头基座。分析为断路器送电操作时，B相下侧动、静触头接触不到位，A、C相下侧动、静触头接触不良，断路器合闸后B相无电流，C相下侧触头紧固弹簧断裂后一端与基座发生接地短路，拉弧放电发展为三相短路，烧损设备。【案例2】2014年5月27日，某电厂2号机组6kV工作B段至脱硫6kV母线断路器接地保护动作跳闸。经检查，该断路器B相梅花触头一根紧固弹簧松弛，弹性变差。分析为，由于紧固弹簧紧力不足，触头接触电阻增加，触头发热，触指紧固弹簧碎裂崩断，拉簧崩断过程中绝缘距离缩短，触指臂与触指仓外边沿发生闪络。【案例3】2011年9月17日，某电厂1号机组高压厂用变压器分支零序保护动作跳闸。经检查，6kV A段工作电源进线611断路器自身有倾斜，拉出仓室后发现611断路器A相动静触头结合紧密，动触头完好；B相动静触头结合度稍差，动触头有烧灼痕迹；C相动静触头结合面结合程度不够，触头完全烧损，动触头弹簧断裂。分析为断路器送至工作位置时不到位，动静触头接触不良，造成断路器烧损，并对地放电。

6.4.14 为国能安全〔2014〕161号《防止电力生产事故的二十五项重点要求》第13.3.14条。根据现场故障案例，补充断路器柜定期检查重点部位的要求。【案例1】2018年1月20日，某电厂3号机组5号浆液循环泵启动过程中，02A启动备用变压器低压侧A分支零序保护动作，10kV A段母线失电。经检查，过电压保护器C相安装不规范，引线过长，接地隔离开关分闸时引线挂压在动触头下，导致绝缘破损，启动时发生对地放电。【案例2】2015年3月3日，某电厂2号机组1号送风机过电压保护器A、C相爆炸，造成10kV A段母线相间短路。经检查，该断路器过电压保护器氧化锌阀片及放电间隙受潮。

6.4.15 为国能安全〔2014〕161号《防止电力生产事故的二十五项重点要求》第13.3.13条，原文未修改。

6.4.16 为国能安全〔2014〕161号《防止电力生产事故的二十五项重点要求》第13.3.11条和第13.3.12条。将上述两条内容合并，明确各项试验检测周期，增加特高频局部放电检测项目。

6.4.17 为新增条款。根据现场故障案例，针对断路器柜耐压试验操作安全问题，强调试验工作程序。【案例】2012年3月31日，某电厂1号锅炉磨煤机E断路器断口耐压试验后，未拆除自装短路线，也未测量耐压试验后绝缘电阻。在试验短路线遗留在断路器进线侧三相熔断器上的情况下，推入断路器造成三相短路，人员灼伤。

6.4.18 为新增条款。根据现场故障案例，针对开关柜试验后恢复工作不到位的问题，强调试验工作结束后的检查要求。【案例】同上。

6.4.19 为新增条款。根据现场故障案例，强调厂用高压母线电源断路器因操作、行程机构故障卡涩等原因需在仓室内检修作业时的安全措施。【案例】2017 年 3 月 3 日，某电厂 05 启动备用变压器检修布置安全措施，5 号机组 6kV 51M 段备用电源 051 断路器分闸后，因工作位置机构卡涩无法拉出开关仓室，在 051 断路器工作母线侧未停电情况下，检修人员误捅断路器小车合闸把手，造成 051 断路器合闸，致使已挂接地线的 6 号机组 6kV 61M 段备用电源 061 开关柜备用母线侧三相接地短路，弧光窜至柜顶部母线，6 号机组 6kV 61M 段失电。

6.5 防止低压配电装置事故

6.5.1 为新增条款。依据 GB 50054—2011《低压配电设计规范》第 4.2.3 条，强调高低压配电设备之间布置要求。

6.5.2 为新增条款。依据 GB 26860—2011《电力安全工作规程　发电厂和变电站电气部分》第 16.5 节，强调检修电源保护装置配置及试验检查要求。

6.5.3 为新增条款。依据 GB 26860—2011《电力安全工作规程　发电厂和变电站电气部分》第 16.5 节，强调电动工具电源回路及外壳接地的具体要求。

6.5.4 为新增条款。根据现场故障案例，对低压开关停、送电过程中异常情况处理提出具体要求。

6.5.5 为新增条款。根据现场故障案例，对低压开关停、送电操作完成后的检查项目提出具体要求。【案例】2001 年 3 月 19 日，某电厂 1 号机组 2 号冲洗水泵送电至工作位时，循环水泵房 400V 母线失电，机组跳闸。经检查，该开关左前导向滚动轮脱落烧坏，开关与母线隔板部分被电弧烧熔。

6.5.6 为新增条款。根据现场故障案例，对低压开关检修检查内容提出具体要求。【案例 1】2015 年 12 月 15 日，某电厂 1 号机组运行中，A 前置泵跳闸，400V Ⅰ A 段电压波动，机组跳闸。经检查，A 前置泵开关 A 相一次插头与分支母线接触不良，发热烧损。【案例 2】2009 年 8 月 23 日，某电厂 2 号机组保安段工作进线开关跳闸，机组跳闸。经检查，该开关合闸机构螺栓松动，引起开关机构脱扣。

6.5.7 为新增条款。对低压开关恢复送电前的检查内容提出具体要求。

6.5.8 为新增条款。根据现场故障案例，对母线、配电盘、电气开关检修清扫后，恢复送电前的绝缘测量工作提出具体要求。【案例 1】2017 年 7 月 5 日，某电厂 2 号工业水泵运行中发生电动机线圈接地故障，热偶动作，但因接触器粘连，造成水工 400V 工作电源开关接地跳闸。【案例 2】2012 年 7 月 17 日，某电厂 5 号机进行 400V 备用间隔绝缘测量时，绝缘测量专用抽屉推入测量备用间隔后，发生短路着火。经检查，该备用间隔抽屉内电源侧触头至空气开关的 A 相连接线未与开关电源侧接线端子连接，搭在开关外壳上。绝缘测量专用抽屉插入时，发生单相接地，由于单相接地阻抗较大，短路电流值未达到开关整定值，开关未动作跳闸，持续短路，致使母线防护罩融化，引发下部开关相间短路着火。【案例 3】2005 年 1 月 29 日，某电厂 2 号机 B 抗燃油泵电动机开关送电过程中，带负荷送开关，弧光短路。经检查，该开关存在“假分”缺陷，在试验位置进行合分闸传动后，未确认开关确已断开，直接送入工作位，导致故障发生。

6.5.9 为新增条款。根据现场故障案例，对配电变压器、配电柜安全距离提出要求。

6.5.10 为新增条款。根据现场运行经验，对防小动物进入提出要求。【案例】2016 年 9 月 5 日，某电厂 2 号机组一次风机运行中电动机差动保护动作，机组跳闸。经检查，电动机接线盒内发现一只被电死的老鼠。分析为一次风机电动机接线盒封堵不严密，老鼠顺着电缆槽盒进入接线盒，碰到 A 相接线铜排，导致接地短路。

6.5.11 为新增条款。针对部分单位现场由于水、蒸汽泄漏，除尘车间扬尘较大，造成就地电气开关盘柜进水、进汽、积尘，导致绝缘下降、短路接地事件发生，强调厂房内开放布置的电气开关柜及有关盘柜应做好相应防护措施。

6.6 防止升压站其他事故

6.6.1 为新增条款。根据现场故障案例，对退役设备管理提出要求。【案例】2019 年 4 月 5 日，某电厂退役联络变压器中压侧 2503 隔离开关静触头 A 相引线支柱瓷绝缘子上部元件先后断裂落地。该联络变压器已退役多年，但隔离开关至 220kV 母线引线一直未拆除。

7 防止接地网和过电压事故编制说明

（一）总体说明

本章重点是防止接地网和过电压事故，在国能安全〔2014〕161 号《防止电力生产事故的二十五项重点要求》第 14 章基础上，针对集团公司近十年防雷设计不合理、互感器铁磁谐振、避雷器受潮造成的接地网及过电压等问题，导致设备损坏、机组非计划停运的各类案例，结合国家、行业最新标准要求，从设计、制造、安装、运行、检修、维护等阶段提出防止接地网和过电压事故的措施，本章内容分为接地网、雷电过电压、变压器过电压、谐振过电压、金属氧化物避雷器、避雷针六个部分。

（二）条文说明

7.1 防止接地网事故

7.1.1 为国能安全〔2014〕161 号《防止电力生产事故的二十五项重点要求》第 14.1.2 条，原文未修改。

7.1.2 为国能安全〔2014〕161 号《防止电力生产事故的二十五项重点要求》第 14.1.3 条和第 14.1.4 条。根据反措内容要求，将上述两条内容合并。

7.1.3 为国能安全〔2014〕161 号《防止电力生产事故的二十五项重点要求》第 14.1.5 条，原文未修改。

7.1.4 为国能安全〔2014〕161 号《防止电力生产事故的二十五项重点要求》第 14.1.6 条，原文未修改。

7.1.5 为新增条款。参考《国家电网有限公司十八项电网重大反事故措施》，因两种不同材质连接，极易在连接处发生电化学腐蚀，对接地装置材料使用提出要求。

7.1.6 为国能安全〔2014〕161 号《防止电力生产事故的二十五项重点要求》第 14.1.7 条，原文未修改。

7.1.7 为国能安全〔2014〕161 号《防止电力生产事故的二十五项重点要求》第 14.1.8 条，原文未修改。

7.1.8 为国能安全〔2014〕161 号《防止电力生产事故的二十五项重点要求》第 14.1.10 条，原文未修改。

7.1.9 为国能安全〔2014〕161 号《防止电力生产事故的二十五项重点要求》第 14.1.12 条。

参考《国家电网有限公司十八项电网重大反事故措施》相关规定，结合电厂接地网实际情况，调整为“投运10年及以上的升压站接地网，应定期开挖（间隔不大于5年），抽检接地网的腐蚀情况，每站选择5～8个点”。

7.1.10 为新增条款。根据技术监督检查发现问题，进一步明确接地引下线导通检测周期及方法。

7.1.11 为新增条款。依据GB 26860—2011《电力安全工作规程 发电厂和变电站电气部分》第16.5节，强调设备外壳接地要求。

7.2 防止雷电过电压事故

7.2.1 为新增条款。依据GB 50064—2014《交流电气装置的过电压保护和绝缘配合设计规范》第5.4.1条，强调发电厂直击雷保护装置配置具体设施。

7.2.2 为新增条款。根据电厂建筑物防雷装置配置情况，明确防雷装置检查和接地电阻测试周期。

7.2.3 为国能安全〔2014〕161号《防止电力生产事故的二十五项重点要求》第14.2.2条。根据现场故障案例，为限制雷电侵入波过电压，110kV～330kV 升压站需在主变压器出口、GIS出入口、电缆线路出入口、架空线路出入口均宜装设氧化锌避雷器。【案例1】2017年7月1日，受极端恶劣天气影响，某电厂3号机组主变压器差动保护动作跳机。经检查，GIS 3号机B相进线套管下部放电，套管下部盆式绝缘子及GIS外壳内表面污染严重，金属升高座内壁有放电电弧烧伤点，套管尾部有机材料屏蔽桶烧坏。分析为防雷设计存在不足，主变压器出线与GIS进线间约90m，仅在架空线路中间位置布置一组避雷器，极端情况下雷电绕过避雷针击中GIS入口位置，造成GIS内部损坏。【案例2】2013年8月1日，受极端恶劣天气影响，某电厂330kV母线差动保护动作跳闸。经检查，秦罗Ⅰ线、秦罗Ⅱ线出口多次遭受雷击，线路4台电流互感器受损严重，部分电流互感器靠近底座法兰的最后一节瓷裙表面有闪烙灼伤痕迹，部分电流互感器二次端子接线板表面被电弧灼伤炭化发黑。分析为由于防雷设计保护存在不足，升压站出线侧未装设避雷器，线路遭受雷击过电压时，雷电波侵入升压站内导致站内电流互感器受损，过电压通过电流互感器末屏对接地法兰和二次接线端子放电。

7.2.4 为新增条款。针对电厂配电线路存在雷击过电压问题，提出应对措施。

7.2.5 为国能安全〔2014〕161号《防止电力生产事故的二十五项重点要求》第14.2.4条，原文未修改。

7.2.6 为国能安全〔2014〕161号《防止电力生产事故的二十五项重点要求》第14.2.5条，原文未修改。

7.2.7 为国能安全〔2014〕161号《防止电力生产事故的二十五项重点要求》第14.2.6条，原文未修改。

7.3 防止变压器过电压事故

7.3.1 为国能安全〔2014〕161号《防止电力生产事故的二十五项重点要求》第14.3.1条，原文未修改。

7.3.2 为国能安全〔2014〕161号《防止电力生产事故的二十五项重点要求》第14.3.2条，原文未修改。

7.3.3 为国能安全〔2014〕161号《防止电力生产事故的二十五项重点要求》第14.3.3条。参考《国家电网有限公司十八项电网重大反事故措施》相关规定，补充了中压侧有空载运行可能的变压器防止过电压产生的措施要求。

7.4 防止谐振过电压事故

7.4.1 为国能安全〔2014〕161 号《防止电力生产事故的二十五项重点要求》第 14.4.1 条，原文未修改。

7.4.2 为国能安全〔2014〕161 号《防止电力生产事故的二十五项重点要求》第 14.4.2 条。根据电厂实际情况，删除“10kV 及以下用户电压互感器一次中性点应不直接接地”。【案例】2010 年 5 月 3 日，某电厂 1 号发电机定子接地基波零序电压保护动作跳机。经检查，发电机电压互感器 1TV 伏安特性 A 相与 B、C 相偏差值超过 30%。分析为可能是由于 1TV A 相励磁特性偏差较大，发生铁磁谐振，致使中性点电压出现位移，三相电压不平衡。

7.5 防止金属氧化物避雷器事故

7.5.1 为国能安全〔2014〕161 号《防止电力生产事故的二十五项重点要求》第 14.6.3 条。强调“强雷雨天气后应检查放电计数器动作情况”的要求。

7.5.2 为新增条款。参考《国家电网有限公司十八项电网重大反事故措施》，依据强风地区实际运行经验，提高避雷器均压环的差异化设计标准。

7.5.3 为国能安全〔2014〕161 号《防止电力生产事故的二十五项重点要求》第 14.6.2 条，文字修改。根据现场技术监督检查情况，强调测量仪器一致性，避免因更换仪器造成数据分散性较大无法有效对比。【案例 1】2017 年 8 月 19 日，某电厂 3 号主变压器差动保护动作跳机。经解体检查发现 3 号主变压器高压侧 500kV A 相避雷器三节内电阻片全部击穿，并有击穿烧黑痕迹，三节防爆膜均动作。分析为避雷器密封不良受潮，导致电阻片性能劣化，承受不住正常运行电压，运行中击穿。【案例 2】2016 年 5 月 5 日，某电厂 2 号主变压器差动保护动作跳机。经检查，2 号主变压器 C 相避雷器有火光、冒烟，上节避雷器内壁侧向爬电，中、下两节阀片击穿，避雷器防爆膜破裂。分析为上节避雷器密封圈老化导致受潮，内壁侧向爬电，中、下两节避雷器阀片不能承受正常运行电压而相继发生击穿。

7.5.4 为新增条款。根据现场运行经验，强调运行年久避雷器的检测及停电检查要求。

7.5.5 为新增条款。规范污染区域避雷器防污闪措施。

7.5.6 为新增条款。根据现场运行经验，为防止电压互感器二次短路，强调避雷器带电测试要求。

7.6 防止避雷针事故

7.6.1 为新增条款。参考《国家电网有限公司十八项电网重大反事故措施》，对避雷针设计、选型提出要求。

7.6.2 为新增条款。对避雷针结构设计提出要求，强调低温冰冻期间对避雷针的检查及缺陷处理。【案例】2015 年以来，甘肃、新疆、湖南等地变电站发生多起避雷针跌落、倾斜、断裂事件。浙江某变电站 220kV 构架钢管避雷针发生多起断裂倒塌事故，经查事故主要原因为避雷针内部积水在低温状态下发生冰冻，致使焊接法兰上的未熔合角焊缝在冰体积膨胀产生的附加应力作用下开裂。

7.6.3 为新增条款。依据 GB 50064—2014《交流电气装置的过电压保护和绝缘配合设计规范》规定，当独立避雷针的接地装置与主地网连接时，明确地下连接点之间接地体的长度等技术要求。

7.6.4 为新增条款。依据 DL/T 475—2017《接地装置特性参数测量导则》规定，明确独立避雷针接地阻抗检测周期和相关要求。

8 防止外绝缘污闪事故编制说明

（一）总体说明

本章重点是防止外绝缘污闪事故，在国能安全〔2014〕161 号《防止电力生产事故的二十五项重点要求》第 16 章基础上，针对集团公司近十年来升压站、空冷岛下电气设备污闪、冰闪等问题，导致设备损坏、机组非计划停运的各类案例，总结华能集团公司内外绝缘污闪故障、事故、非停案例，结合国家、行业最新标准要求，从设计、制造、安装、运行、检修、维护等阶段提出防止外绝缘污闪事故的措施。

（二）条文说明

8.1.1 为国能安全〔2014〕161 号《防止电力生产事故的二十五项重点要求》第 16.1 节。根据电厂实际情况，将国能安全〔2014〕161 号《防止电力生产事故的二十五项重点要求》第 16.1 节内容融入第 8.1.1 条、第 8.1.4 条和第 8.1.8 条。

8.1.2 为新增条款。根据现场故障案例，针对污染严重区域，强调提高防污闪配置及专项检查要求。【案例 1】2013 年 4 月 19 日，某电厂 220kV Ⅰ母线差动保护动作跳闸。经检查 1 号机组单元 2011 隔离开关在左侧旋转绝缘子中部及右侧支柱绝缘子存在放电点。分析为当日夜间环境温度低、雨夹雪天气情况下发生污闪。【案例 2】2009 年 2 月 12 日，某电厂 1 号主变压器差动保护动作跳机。经检查，1 号主变压器出线第 2 个龙门架 A 相悬式绝缘子炸裂，第 7 节至第 38 节完全碎裂。分析为 1 号主变压器出线龙门架 A 相悬式绝缘子在大雾时闪络，造成主变压器 A 相单相接地。【案例 3】2007 年 2 月 8 日，某电厂区域污染较严重，造成送出线路和 1 号主变压器出线雾闪。

8.1.3 为新增条款。参考《国家电网有限公司十八项电网重大反事故措施》，考虑 e 级污区中，存在个别地区极重污秽情况，对等值盐密大于 0.35mg/cm^2 的绝缘提出绝缘配置校核的特殊要求，补充海拔修正要求。

8.1.4 为国能安全〔2014〕161 号《防止电力生产事故的二十五项重点要求》第 16.10.3 条。根据反措内容要求，将国能安全〔2014〕161 号《防止电力生产事故的二十五项重点要求》第 16.10.3 条拆分，该条内容体现在第 8.1.4 条和第 8.1.7 条。

8.1.5 为国能安全〔2014〕161 号《防止电力生产事故的二十五项重点要求》第 16.2 节，原文未修改。

8.1.6 为国能安全〔2014〕161 号《防止电力生产事故的二十五项重点要求》第 16.3 节，原文未修改。

8.1.7 为国能安全〔2014〕161 号《防止电力生产事故的二十五项重点要求》第 16.10.3 条。根据反措结构内容要求，将国能安全〔2014〕161 号《防止电力生产事故的二十五项重点要求》第 16.10.3 条拆分，该条内容体现在第 8.1.4 条和第 8.1.7 条。

8.1.8 为新增条款。根据防污闪治理经验，提出外绝缘配置不满足要求的电气设备治理的具体措施。

8.1.9 为国能安全〔2014〕161 号《防止电力生产事故的二十五项重点要求》第 16.8 节。根据电厂实际情况，明确了升压站电气设备的清扫周期。

8.1.10 为新增条款。依据集团公司 Q/HN－1－0000.08.017—2015《火力发电厂绝缘监督标准》规定，强调现场污秽度测量工作。空冷岛形成一个底部四周进风、上部出风的风场，空冷风机运行中大量携带灰尘的冷风冲刷布置在空冷岛下的电气设备，静电作用下带电瓷件表面灰尘积累迅速；空冷岛冷却风机减速机的漏油形成的油滴雨加剧灰尘吸附；空冷冲洗时的柳絮杂物等掉落，以及冲洗污水盐分和流向等因素，造成空冷岛下高压电气设备远较一般变电站及空冷岛外布置的升压站环境恶劣，易发生污闪事故，所以要设置现场污秽度测点，加强监测。

8.1.11　为新增条款。根据现场运行经验，提出复合绝缘材质及涂覆防污闪涂料电气设备的检查及试验要求。【案例】2003 年 4 月 18 日，某电厂 5、6 号主变压器引线保护及华滨线保护动作跳闸。经检查，500kV 线路 5031、5032、5033、5041、5042 开关电流互感器硅橡胶外套有放电痕迹。分析为电流互感器硅橡胶外套防污闪性能下降，电厂未及时开展憎水性试验及清扫工作，导致外绝缘污闪。

8.1.12　为国能安全〔2014〕161 号《防止电力生产事故的二十五项重点要求》第 16.9 节。根据现场运行经验，补充“新装或更换绝缘子时，应优先考虑复合绝缘材质”。增加绝缘子红外成像检测的要求。

8.1.13　为新增条款。参考《国家电网有限公司十八项电网重大反事故措施》，强调绝缘子金属部件锈蚀及绝缘子表面覆盖藻类、苔藓等后应及时处理，避免在雨水作用下发生沿面闪络。贵州、广西、湖南、湖北、四川等地输变电设备上除了受常规污秽影响外，还有藻类、苔藓等绿色微生物污秽沉积，这些菌藻类污秽破坏复合外绝缘的憎水性，降低伞裙表面电阻，降低绝缘子绝缘性能。

8.1.14　为新增条款。根据空冷电厂实际情况，对空冷岛下电气设备配置提出防污闪要求。【案例】2010 年 10 月 16 日，某电厂在进行空冷岛冲洗时，5 号主变压器差动保护动作跳机。经检查，5 号主变压器高压侧 C 相套管外表面有明显放电痕迹。分析为空冷岛冲洗时，污水流至高压侧套管，造成闪络放电。

8.1.15　为新增条款。结合个别电厂空冷机组污闪跳机。根据空冷电厂实际情况，对空冷岛下电气设备防污闪措施提出要求。【案例】2013 年 3 月 31 日，某电厂在进行空冷岛冲洗时，4 号主变压器差动保护动作跳机。经检查，4 号主变压器 B 相高压侧套管顶部有三处短路灼伤，下部有多处短路灼伤点，2 号冷油器上部连接管有一处短路灼伤点。分析为由于空冷岛经常性冲洗，污水流至空冷岛下部 4 号主变压器高压侧套管上，造成套管脏污堆积，一直未得到擦拭清理，此次冲洗空冷岛污水再次流至高压侧套管，造成闪络放电。

8.1.16　为新增条款。结合个别电厂空冷机组污闪跳机，根据空冷电厂实际情况，强调空冷岛减速机渗漏油治理。

8.1.17　为新增条款。结合个别电厂空冷机组污闪跳机，根据空冷电厂实际情况，规范空冷岛冲洗工作要求。【案例】2014 年 3 月 8 日，某电厂在进行空冷岛冲洗时，3 号主变压器处发出耀眼弧光，主变压器差动保护动作跳机。经检查，3 号主变压器高压侧 A 相套管有放电痕迹。分析为大风天气空冷岛冲洗时，风偏导致污水洒落至 3 号主变压器 A 相套管，发生套管闪络。

9　防止电力电缆事故编制说明

（一）总体说明

本章重点是防止电力电缆事故，在国能安全〔2014〕161 号《防止电力生产事故的二十五项重点要求》第 17 章基础上，针对集团公司近十年来电力电缆绝缘击穿、终端及接头故障，电缆火灾事件等问题，导致设备损坏、机组非计划停运的各类案例，结合国家、行业最新标准要求，从设计、制造、安装、运行、检修、维护等阶段提出防止电缆事故的措施。

（二）条文说明

9.1.1　为国能安全〔2014〕161 号《防止电力生产事故的二十五项重点要求》第 17.1.2 条，将原文中 GB 50168—2006《电气装置安装工程电缆线路施工及验收规范》内容更新为 2018 版新标准对应内容。

9.1.2　为国能安全〔2014〕161 号《防止电力生产事故的二十五项重点要求》第 17.1.4 条，原文未修改。

9.1.3　为国能安全〔2014〕161 号《防止电力生产事故的二十五项重点要求》第 17.1.9 条，原文未修改。

9.1.4　为国能安全〔2014〕161 号《防止电力生产事故的二十五项重点要求》第 17.1.6 条，原文未修改。

9.1.5　为国能安全〔2014〕161 号《防止电力生产事故的二十五项重点要求》第 17.1.11 条，原文未修改。【案例】2017 年 6 月 10 日，某电厂 6 号机在进行低温省煤器 2 号循环泵变频器改造后送电调试时，发生短路，锅炉 PC 段母线电压降低，机组跳闸。经检查分析，敷设锅炉 PC B 至低低省 2 号循环泵变频器电源电缆时，由于电缆弯曲半径小于 15*D*，造成电缆绝缘受伤。

9.1.6　为国能安全〔2014〕161 号《防止电力生产事故的二十五项重点要求》第 17.1.10 条，原文未修改。

9.1.7　为国能安全〔2014〕161 号《防止电力生产事故的二十五项重点要求》第 17.1.7 条，原文未修改。

9.1.8　为国能安全〔2014〕161 号《防止电力生产事故的二十五项重点要求》第 17.3.1 条和第 17.3.2 条。根据反措内容结构要求，将上述两条内容合并。【案例】2019 年 7 月 23 日某电厂 2 号发电机定子接地保护动作跳机。经检查发电机机端 C 相 TV 柜内发电机定子绕组匝间短路保护专用电缆有破损放电现象。分析为机端 TV 柜内发电机定子绕组匝间短路保护专用一次电缆未有效固定，电缆在振动作用下长期与 3TV C 相进线铜排螺栓摩擦造成外皮损伤，致使 3TV C 相进线铜排与电缆钢铠接触，发电机机端 C 相接地，定子接地保护动作。

9.1.9　为国能安全〔2014〕161 号《防止电力生产事故的二十五项重点要求》第 2.2.5 条，原文未修改。

9.1.10　为国能安全〔2014〕161 号《防止电力生产事故的二十五项重点要求》第 17.1.8 条、第 2.2.7 条和第 2.2.10 条。依据 GB 50029—2006《火力发电厂与变电站设计防火规范》规定，补充“已有中间接头应使用耐火防爆槽盒封闭”的要求，禁止布置电缆接头区域增加“出站沟道、50m 以下桥架”。将充油电缆接头和中压电缆接头改为电缆接头。将电缆头制造工艺要求与接头布置要求合并。

9.1.11　为国能安全〔2014〕161 号《防止电力生产事故的二十五项重点要求》第 17.1.12 条，原文未修改。【案例】2012 年 5 月 8 日，某电厂 1 号发电机定子接地保护动作跳机。经检查，发电机出口电压互感器 1TV 柜内 a、b 相二次侧电缆未固定，搭接在互感器一次母线上，A 相互感器母线对电缆屏蔽接地层放电，导致 A 相接地。

9.1.12 为国能安全〔2014〕161 号《防止电力生产事故的二十五项重点要求》第 17.3.3 条，原文未修改。

9.1.13 为国能安全〔2014〕161 号《防止电力生产事故的二十五项重点要求》第 17.1.13 条，原文未修改。

9.1.14 为国能安全〔2014〕161 号《防止电力生产事故的二十五项重点要求》第 17.1.14 条，原文未修改。

9.1.15 为新增条款。参考《国家电网有限公司十八项电网重大反事故措施》，提出电缆终端安装固定的具体要求。

9.1.16 为新增条款。依据 DL/T 664—2016《带电设备红外诊断应用规范》，提出电缆负荷平衡检查及过热检测的具体要求，加强厂房顶部照明设施电缆及电气元件的检查要求。

9.1.17 为国能安全〔2014〕161 号《防止电力生产事故的二十五项重点要求》第 17.1.6 条，原文未修改。

9.1.18 为国能安全〔2014〕161 号《防止电力生产事故的二十五项重点要求》第 17.3.4 条。根据现场故障案例，补充检修时电缆的重点检查内容及固定要求。【案例 1】2018 年 11 月 24 日，某电厂 2 号机组电动给水泵运行中，电动机差动保护动作跳闸，机组跳机。经检查，电泵电动机接线盒冒烟，电缆与电缆盒接触处存在损伤。分析为电缆进线部位 C 相绝缘包扎薄弱、固定不牢，运行中长期振动引起电缆与电缆盒接触处摩擦损伤电缆绝缘，致使绝缘破坏。【案例 2】2018 年 8 月 13 日，某电厂 3 号机组 A EH 油泵电动机运行中跳闸，机组跳机。经检查，油泵电动机 B 相电缆在接线盒内电缆弯曲处铝芯断股（10 股断 8 股），断线处电缆绝缘层有击穿孔洞。分析为电缆在接线盒内弯曲处受力损伤，长期运行中断股，绝缘层对地击穿。【案例 3】2018 年 1 月 14 日，某电厂 4 号机组 A 分支零序过流保护动作，机组跳闸。经检查，电缆穿过接线箱的格兰处存在击穿孔洞，电弧放电碳化，测量 6kV A 段 641 进线开关电源电缆带高压厂用变压器 A 分支对地绝缘为零。分析为接线箱振动、热胀冷缩位移以及检修预试中拆接线使得电缆外护套屏蔽层和半导体层局部磨损损伤，造成电场畸变，运行中绝缘击穿。

9.1.19 为国能安全〔2014〕161 号《防止电力生产事故的二十五项重点要求》第 17.3.7 条，原文未修改。

9.1.20 为新增条款。根据现场技术监督检查情况，仍有部分电厂橡塑电缆进行直流耐压试验，强调厂用 6（10）kV 交联聚乙烯电缆应进行交流耐压试验。【案例】2017 年 3 月 17 日，某电厂 7 号机组空冷岛 1B1 备用变压器高压侧接地保护动作跳闸，机组跳机。经检查，备用变压器高压侧 B 相电缆头缆芯对屏蔽层击穿放电，起弧接地短路，电厂已发生过多次类似事件，长期未进行交联聚乙烯电缆交流耐压试验。

9.1.21 为新增条款。根据现场检修经验，针对电缆头制作不良造成的故障，强调电缆重点检查部位及电缆头制作工艺要求。

9.1.22 为新增条款。根据现场故障案例，针对电缆故障造成重要电动机停运的问题，强调重要电动机电缆检查重点。【案例 1】2018 年 8 月 13 日，某电厂 3 号机组 A EH 油泵电动机运行中跳闸，机组跳机。经检查，油泵动电机 B 相电缆在接线盒内电缆弯曲处铝芯断股（10 股断 8 股），断线处电缆绝缘层有击穿孔洞。分析为电缆在接线盒内弯曲处受力损伤，长期运行中断股，绝缘层对地击穿。【案例 2】2016 年 10 月 24 日，某电厂供热首站 6kV B 热网循环泵试转，厂用乙分支限时速断保护动作，机组跳闸。经检查，电动机三相电缆头及引出线接线柱、绝缘支撑套管均有过热痕迹，两相引出线与接线柱压接处断开，有放电灼烧痕迹。分析为外引线压接头安装工艺质量不良，造成电动机引出线与接线柱压接处断开并放电。【案例 3】2015 年 5 月 17 日，某电厂 1 号机组 10kV B 段分支零序过流 1 段保护动作，2 号给水泵跳闸。经检查，2 号给水泵电动机开关间隔内 A 相电缆损坏，电缆半导体层切割处有一击穿孔洞，过电压保护器接地线烧断。分析为电缆制作时，在剥切半导体层时，可能损伤到线芯的主绝缘，长期运行后电缆主绝缘缺陷进一步发展击穿，对过电压保护器接地引线放电。【案例 4】2007 年 8 月 11 日，某电厂 5 号机 5A 循环泵电动机改造后，起动时跳闸，机组跳机。经检查，电动机双速改造后，转换分线盒内抽头较多（共 27 个抽头），抽头接线端子结构紧凑，容量裕度小，接触面积不适应大电流频繁启动，造成端子过热和强电动力冲击，启动过程中发生短路。

9.1.23　为新增条款。根据公司系统厂用充油电缆使用情况，强调每季度对电缆进行红外测温，有条件时应对充油电缆逐步更换。【案例】2015 年 9 月 22 日，某电厂 1 号启动备用变压器 A、B 分支速断保护动作跳闸，1 号机组跳机。经检查，1 号机主厂房东侧 1 号启动备用变压器至 1 号主变压器电缆沟内油浸电缆短路起火，造成沟内动力及控制电缆短路接地。

9.1.24　为新增条款。根据现场技术监督检查情况，提出电缆积水排查重点要求。

10　防止穿墙套管及封闭母线设备事故编制说明

（一）总体说明

本章重点是防止穿墙套管及封闭母线事故，在国能安全〔2014〕161 号《防止电力生产事故的二十五项重点要求》第 10 章基础上，针对集团公司近十年来穿墙套管进水受潮、内外套管连接法兰过热、接头过热，封闭母线凝露、金属性异物导致接地，微正压装置故障等问题，导致设备损坏、机组非计划停运的各类案例，结合国家、行业最新标准要求，从安装、运行、检修、维护等阶段提出防止穿墙套管及封闭母线事故的措施，本章内容分为穿墙套管和封闭母线两个部分。

（二）条文说明

10.1　防止穿墙套管事故

10.1.1　为新增条款。参考《国家电网有限公司十八项电网重大反事故措施》的要求，6（10）kV 套管外绝缘爬距和干弧距离较小，因此选用不低于 20kV 电压等级的穿墙套管。

10.1.2　为新增条款。根据现场故障案例，针对末屏接地不良造成的设备问题，强调穿墙套管末屏接地的管理要求。【案例】2015 年 1 月 2 日，某电厂威风 I 线 211 C 相干式穿墙套管爆炸，线路开关跳闸，4 号机组停机。经检查，发现内侧穿墙套管法兰部位击穿，法兰根部铝护套破损，中间部分金属导体裸露。分析为末屏连接引线内部存在缺陷，造成局部放电并长期发展，导致套管击穿。

10.1.3　为新增条款。根据现场运行经验，提高油纸电容式穿墙套管预试周期要求。

10.1.4　为新增条款。根据现场运行经验，提高穿墙套管红外测温工作周期要求。

10.2　防止封闭母线事故

10.2.1　为新增条款。根据现场故障案例，强调封闭母线安装及检修质量控制要求。封闭母线现场暴露出的主要问题体现在：支撑绝缘子固定螺丝紧固不当；基建安装焊接质量不良；主要关注绝缘性能，气密性能试验关注不足；微正压装置使用维护不到位；密封胶、密封垫圈等材料选用不当；封闭母线变形等。【案例 1】2017 年 10 月 25 日，某电厂 2 号机组高压厂用变压器差动保护动作跳机。经检查，进线柜与共箱母线间隔板烧熔，共箱母线母排软连接头上部铜排、穿墙套管南侧、母排软连有放电烧损痕迹。在共箱母线转角底部发现烧焦的飞鸟躯体。分析为 10kV A 段共箱封闭母线东侧外壳顶部与 6.9m 层下部压型钢板连接处存在缝隙，未完全封闭，飞鸟进入。因飞鸟进入封闭母线内部，造成共箱封闭母线内 B、C 相短路，发展为三相短路。【案例 2】2017 年 3 月 21 日，某电厂 4 号发电机定子接地保护动作跳机。经检查，发现距封母连接孔中心线向主变压器方向 2.3m 处，有一根长 350mm 电焊条，电焊条焊芯熔接于 A 相封母外壳上。分析为封母安装时，沾上油漆的焊条掉落于封母外壳内壁底部并黏结，后随附着力下降脱落在母线内，焊条焊芯头部与封母外壳放电。【案例 3】2016 年 10 月 30 日，某电厂 2 号启动备用变压器与 3 号高压厂用变压器 B 分支联络共箱封闭母线 A、B 相间搭接异物，造成相间短路。【案例 4】2015 年 3 月 7 日，某电厂 1 号发电机转子接地保护动作跳机。经检查，励磁封母箱内遗留一段铁丝，导致励磁回路接地。【案例 5】2005 年 5 月 25 日，某电厂在进行空冷岛冲洗时，3 号发电机定子接地保护动作跳机。经检查，3 号高压厂用变压器高压侧 C 相封闭母线上部有一条长约 25cm 的环向焊缝未焊接（基建安装时未进行密封性检查），打开 C 相封闭母线观察孔后发现有积水。分析为空冷岛冲洗水沿缝进入封闭母线，聚积在 3 号高压厂用变压器 C 相高压侧软连接上部分绝缘套管瓷裙上，造成 3 号高压厂用变压器 20kV 侧运行中闪络放电。

10.2.2　为国能安全〔2014〕161 号《防止电力生产事故的二十五项重点要求》第 10.14.3 条。根据反措内容结构要求，第 10.14.3 条部分内容在第 10.2.2 条、第 10.2.4 条体现，其他内容另作说明。部分单位在排污孔口加装带有硅胶的呼吸器，对进入封闭母线的空气进行干燥，以避免升高座内结露，但呼吸器会影响排污孔的畅通。可在原排污孔上加装一单向阀，使外界空气难以逆行进入升高座处，同时不影响该部位结露水等污物的排除。【案例】2011 年 5 月 10 日，某电厂 5 号发电机 B 相封闭母线盆式绝缘子处积水，导致定子接地保护动作跳机。

10.2.3　为国能安全〔2014〕161 号《防止电力生产事故的二十五项重点要求》第 10.14.3 条。根据反措内容结构要求，第 10.14.3 条部分内容在第 10.2.2 条、第 10.2.4 条体现，其他内容另作说明。【案例 1】2018 年 7 月 20 日，某电厂 8 号发电机封闭母线连接胶皮密封套老化龟裂导致密封不良，内部结露，定子接地保护动作跳机。【案例 2】2017 年 10 月 11 日，某电厂 1 号机组离相封闭母线 C 相盘式绝缘子绝缘性能降低，造成 C 相高阻接地，定子接地保护动作跳机。

10.2.4　为新增条款。根据 DL/T 1769—2017《发电厂封闭母线运行与维护导则》和现场运行经验，强调大修时对封闭母线、电缆试验及停运期间绝缘测量的要求。

10.2.5　为新增条款。依据 DL/T 1769—2017《发电厂封闭母线运行与维护导则》第 4.2 节，对于配置微正压系统的封闭母线，强调封闭母线气密封试验和保压试验具体要求。

10.2.6　为新增条款。依据 DL/T 1769—2017《发电厂封闭母线运行与维护导则》第 6.2.1 条，强调封闭母线密封性不良时处理措施。

10.2.7　为国能安全〔2014〕161 号《防止电力生产事故的二十五项重点要求》第 10.14.1 条和第 10.14.2 条。根据 DL/T 1769—2017《发电厂封闭母线运行与维护导则》，按照封闭母线微正压装置设备配置与运行管理分别加以说明。补充“微正压装置进气口宜加装汽水分离器”“母线充气口布置”“应配置过压保护装置”等要求。

10.2.8　为新增条款。根据 DL/T 1769—2017《发电厂封闭母线运行与维护导则》规定，提出封闭母线内空气湿度监测和报警要求，强调微正压装置干燥器出口及封闭母线内空气湿度的控制要求。【案例 1】2013 年 3 月 14 日，某电厂 1 号发电机定子接地保护动作跳机。经检查，A、B、C 相水平封母中间段支持绝缘子、封母外壳底部和高压厂用变压器分支封母底部盆式绝缘子结冰严重，靠近主厂房处封母支持绝缘子有少量积水，靠近主变压器处封母支持绝缘子有少量结冰。分析为微正压装置干燥效果差，将湿度较大的压缩空气注入封闭母线内。封闭母线冬季微正压装置向封母补入的空气进入封母后，经主厂房－高压厂用变压器－主变压器温度逐渐降低，水分开始凝结，在温度较高的主厂房附近水分少量凝结，在温度很低的封母中间段水分大量凝结成冰，气体中水分逐渐减少，使温度同样较低的主变压器附近封母内结冰量较少。【案例 2】2012 年 2 月 12 日和 2 月 20 日，某电厂 3 号发电机由于封闭母线微正压装置设计简单，干燥效果差，湿度较大的压缩空气注入封闭母线内，导致封母结露或结冰，造成发电机定子接地保护动作跳机。

10.2.9　为国能安全〔2014〕161 号《防止电力生产事故的二十五项重点要求》第 10.14.1 条和第 10.14.2 条。结合 DL/T 1769—2017《发电厂封闭母线运行与维护导则》，按照封闭母线微正压装置设备配置与运行管理分别加以说明。【案例】2016 年 5 月 30 日，某电厂 3 号机发电机封闭母线存在多处泄漏点，微正压装置一直无法正常投用，遇潮湿天气时，湿气进入封母内部产生凝露，封母绝缘子绝缘强度降低，高压厂用变压器 C 相导体通过盆式绝缘子对封闭母线外壳放电，定子接地保护动作跳机。2014 年 3 月 3 日，某电厂 8 号发电机封闭母线微正压装置一直未正常投运，盘式绝缘子受潮，定子接地保护动作跳机。

10.2.10　为新增条款。强调离相封闭母线的红外成像检测要求。发电机出口离相封闭母线与主变压器低压侧外壳连接处，一般采用套筒结构，橡胶密封胶圈绝缘，封闭母线外壳感应电流通过母线外壳两侧短路板接地，部分电厂由于橡胶密封垫圈绝缘损坏，感应电流通过联接螺栓经变压器导入大地，使得密封胶圈及密封法兰面温度升高过热，加剧胶圈老化，因此日常应加强红外检测，及时发现缺陷并处理，保证封闭母线外壳与变压器外壳完全绝缘隔断。

10.2.11　为新增条款。依据 DL/T 1769—2017《发电厂封闭母线运行与维护导则》第 7.3.2a）款，强调封闭母线检修重点要求。【案例 1】2019 年 5 月 31 日，某电厂 6 号机高压厂用变压器差动保护动作跳机。经检查，高压厂用变压器 B 分支封闭母线多处盖板翻起脱落。低压侧 B 分支封闭母线第一转向处 B、C 相母排有拉弧放电痕迹，有一长约 30cm 母线箱间胶条掉落在母线室内，胶条上有明显击穿碳化痕迹。分析为，密封胶条老化后从螺栓孔处断裂，掉落至 B、C 相母线上，发生相间短路放电，发展为三相短路。【案例 2】2007 年 5 月 3 日，某电厂 1 号机高压厂用变压器差动保护动作跳机。经检查，发现有一密封胶垫折断后跌落在母线上，母线箱内有明显电弧烧伤痕迹。分析为 6kV 共箱母线手孔门密封胶垫安装不到位，有一部分没有压在密封面上，运行中长期振动跌落至母线造成短路故障。

10.2.12　为新增条款。依据 DL/T 1769—2017《发电厂封闭母线运行与维护导则》第 7.3.2b）和 d）款，强调共箱封闭母线检修重点要求及异常处理。

10.2.13　为新增条款。依据 DL/T 1769—2017《发电厂封闭母线运行与维护导则》第 7.4.1 条，强调封闭母线防止凝露对绝缘板及绝缘子选型的要求。【案例 1】2015 年 11 月 24 日，某电厂 3 号高压厂用变压器由于连续雨雪天气，空气湿度大，导致低压侧 6kV 共箱母线内外温差大在内壁形成凝露，环氧树脂绝缘夹件吸潮，共箱母线顶部结露并滴落至绝缘夹板上，在绝缘夹板表面形成导电通路，母线沿绝缘夹件表面发生闪络，引发 C 相接地故障，分支零序保护动作跳机。【案例 2】2015 年 10 月 9 日，某电厂 3 号机组高压公用变压器低压侧 6kV 封闭母线 A 排墙内环氧树脂绝缘隔板受室内外温差影响表面结露受潮，绝缘性能下降，导致 A 相母线放电，引发三相短路故障，高压公用变压器差动保护动作跳闸。

11 防止电气设备火灾事故编制说明

（一）总体说明

本章重点是防止电气设备火灾事故，在国能安全〔2014〕161 号《防止电力生产事故的二十五项重点要求》第 2、12 章基础上，针对集团公司近十年来由于电气设备火灾、消防设备设施管理不善等问题，导致设备损坏、人员伤害的各类案例，结合国家、行业最新标准要求，对不同电气设备提出防止火灾事故的措施，本章内容分为一般规定、发电机及电动机、变压器、电缆、其他五个部分。

（二）条文说明

11.1 一般规定

11.1.1 为新增条款。根据电厂电气设备特点，强调火灾应急预案管理。

11.1.2 为新增条款。依据 DL 5027—2015《电力设备典型消防规程》第 6.2.5 条，强调发电机火灾应对要求。

11.1.3 为新增条款。强调电厂采用气体介质灭火设施区域的安全标识管理要求。【案例】2011 年 9 月 17 日，某电厂电缆夹层区域消防测量装置误发火警信号，引发自动消防装置动作，喷出的二氧化碳灭火气体致使进入电缆夹层人员窒息。

11.1.4 为新增条款。强调电厂采用气体介质灭火设施区域的出入管理及检修作业管理要求。【案例】同上。

11.2 防止发电机及电动机火灾事故

11.2.1 为新增条款。强调发电机及其氢油系统火灾应急处置要求。

11.2.2 为新增条款。根据 DL 5027—2015《电力设备典型消防规程》规定，强调氢冷发电机及其氢冷系统上进行动火作业的安全管理要求。

11.2.3 为新增条款。依据 DL 5027—2015《电力设备典型消防规程》第 10.2.7 条，强调气体置换过程的具体要求。

11.3 防止变压器火灾事故

11.3.1 为国能安全〔2014〕161 号《防止电力生产事故的二十五项重点要求》第 12.7.1 条。根据 DL 5027—2015《电力设备典型消防规程》第 10.3.1 条规定，补充“单台容量为 90MVA 及以上的油浸式变压器应设置固定自动灭火系统及火灾自动报警系统”要求。

11.3.2 为国能安全〔2014〕161 号《防止电力生产事故的二十五项重点要求》第 12.7.4 条。根据 DL 5027—2015《电力设备典型消防规程》规定，补充“采用水喷雾灭火系统时，系统管网应有低点放空措施，存有水喷雾灭火水量的消防水池应有定期放空及换水措施”要求。

11.3.3 为国能安全〔2014〕161 号《防止电力生产事故的二十五项重点要求》第 12.7.7 条。补充“每年检修时应对水喷雾装置进行实际动作试验”要求。

11.3.4 为国能安全〔2014〕161 号《防止电力生产事故的二十五项重点要求》第 12.7.6 条，原文未修改。

11.3.5 为新增条款。根据行业内变压器故障着火案例，部分单位在更换变压器时，由于变压器结构或型号变化，造成尺寸变化，原设计的防火墙不满足要求需要重新改造。依据 GB 50229—2006《火力发电厂与变电所设计防火规范》，强调新更换、改造的变压器应注意防火墙高度与长度，变压器降噪设施不得影响消防功能的要求。

11.4 防止电缆火灾事故

11.4.1 为国能安全〔2014〕161 号《防止电力生产事故的二十五项重点要求》第 2.2.1 条，原文未修改。

11.4.2 为国能安全〔2014〕161 号《防止电力生产事故的二十五项重点要求》第 2.2.3 条，原文未修改。

11.4.3 为国能安全〔2014〕161 号《防止电力生产事故的二十五项重点要求》第 2.2.8 条，原文未修改。

11.4.4 为国能安全〔2014〕161 号《防止电力生产事故的二十五项重点要求》第 2.2.4 条，原文未修改。

11.4.5 为国能安全〔2014〕161 号《防止电力生产事故的二十五项重点要求》第 2.2.9 条，原文未修改。

11.4.6 为国能安全〔2014〕161 号《防止电力生产事故的二十五项重点要求》第 2.2.6 条，DL 5027—2015《电力设备典型消防规程》第 10.5.3 条。结合 DL 5027—2015《电力设备典型消防规程》规定，对需要进行防火封堵的部位进行了补充。补充“电缆沿一定长度可涂以耐火涂料或其他阻燃物质。靠近充油设备的电缆沟，应设有防火阻燃措施”的要求。

11.4.7 为新增条款。依据 GB 50168—2006《电气装置安全规程 电缆线路施工及验收规范》第 7.0.7 条，强调电缆孔洞、竖井防火封堵要求。

11.4.8 为新增条款。依据 GB 50229—2006《火力发电厂与变电站设计防火规范》第 11.3.1 条，强调防止电缆火灾蔓延的具体要求。

11.4.9 为新增条款。依据 GB 50229—2006《火力发电厂与变电站设计防火规范》第 6.7.12 条和第 6.7.13 条，强调电缆隧道和沟道敷设要求。

11.4.10 为国能安全〔2014〕161 号《防止电力生产事故的二十五项重点要求》第 2.2.16 条。依据 GB 50229—2006《火力发电厂与变电站设计防火规范》第 6.7.14 条，对电缆布置增加细化要求。

11.4.11 为国能安全〔2014〕161 号《防止电力生产事故的二十五项重点要求》第 2.2.15 条，原文未修改。

11.4.12 为国能安全〔2014〕161 号《防止电力生产事故的二十五项重点要求》第 2.2.11 条，原文未修改。

11.4.13 为国能安全〔2014〕161 号《防止电力生产事故的二十五项重点要求》第 2.2.17 条，原文未修改。

11.4.14 为国能安全〔2014〕161 号《防止电力生产事故的二十五项重点要求》第 2.2.14 条，原文未修改。

11.4.15 为新增条款。根据现场故障案例，强调照明、检修电源检查、维护和预试工作的要求。

11.4.16 为新增条款。依据 GB 50229—2006《火力发电厂与变电站设计防火规范》第 7.1.6 条，强调火灾自动报警装置配置地点要求。

11.5 防止其他火灾事故

11.5.1 为新增条款。根据华能生产函〔2019〕11 号文件，对升压站防火管理提出具体要求。

11.5.2 为新增条款。根据现场故障案例，强调设置临时电源及接入临时负荷的管理要求。

【案例】2016 年 9 月 16 日，某电厂 2 号机组主油箱加装临时滤油机滤油，2 号临时滤油机因控制箱内元件发生短路，引起柜内电缆、电气元件爆燃。火焰迅速燃烧至真空分离器液位监视玻璃管，导致液位监视玻璃管、玻璃观察窗爆裂，油气大量溢出，引发大火，滤油机烧毁，机组紧急停机。

11.5.3 为新增条款。根据行业内相关储能设施火灾案例，强调储能设施维护管理要求。

11.5.4 为国能安全〔2014〕161 号《防止电力生产事故的二十五项重点要求》第 13.3.8 条，原文未修改。

12 安全工器具使用管理要求编制说明

（一）总体说明

本章重点是安全工器具使用管理要求，在集团公司 Q/HN－1－0000.08.017—2015《火力发电厂绝缘监督标准》《电力安全作业规程（电气部分）》基础上，针对集团公司近十年来由于安全工器具管理使用不当等问题，导致设备损坏、人员伤害的各类案例，结合国家、行业最新标准要求，对安全工器具的使用管理提出了规范性要求。

（二）条文说明

12.1.1 为国能安全〔2014〕161 号《防止电力生产事故的二十五项重点要求》第 3.12 条。根据 DL/T 1475—2015《电力安全工器具配置与存放技术要求》规定，细化电力安全工器具配置要求。

12.1.2 为新增条款。根据 DL/T 1475—2015《电力安全工器具配置与存放技术要求》规定，细化电力安全工器具管理要求。

12.1.3 为新增条款。依据 DL/T 1476《电力安全工器具预防性试验规程》的要求，规范电力安全工器具试验工作。

12.1.4 为国能安全〔2014〕161 号《防止电力生产事故的二十五项重点要求》第 1.2.2 条，原文未修改。

12.1.5 为国能安全〔2014〕161 号《防止电力生产事故的二十五项重点要求》第 1.2.3 条，原文未修改。

12.1.6 为新增条款。依据 GB 26860—2011《电力安全工作规程　发电厂和变电站电气部分》第 16.2 节，强调户外变电站和高压室搬运操作注意事项。

12.1.7 为新增条款。根据 JGJ 46—2005《施工现场临时用电技术规范》规定，规范高压电气设备区域作业要求。

12.1.8 为新增条款。根据现场故障案例，强调车辆进入电气设备区域的安全管理要求。

【案例】2009 年 1 月 8 日，某电厂 220kV 升压站使用叉车搬运备用电气开关底座过程中，因叉车打滑，蹭碰到副母线避雷器支柱，A 相避雷器瓷瓶根部折断，瓷瓶、导线、均压环坠落，对地放电，导致母差保护动作，机组及相关线路跳闸。

中国华能集团有限公司
CHINA HUANENG GROUP CO., LTD.

中国华能集团有限公司火电专业反事故措施标准汇编
Q/HN-1-0000.08.072—2020

技术标准篇

火电厂防止电气二次设备事故重点要求

2020 - 06 - 01 发布

2020 - 06 - 01 实施

目　次

前　　言

为进一步加强电力生产安全风险预防控制，提高电力生产可靠性，有效防止火电厂电气二次事故的发生，在国家能源局《防止电力生产事故的二十五项重点要求》的基础上，结合中国华能集团有限公司系统内电气二次机组非计划停运案例，编制本标准。

本标准由中国华能集团有限公司生产管理与环境保护部提出。

本标准由中国华能集团有限公司生产管理与环境保护部归口并解释。

本标准起草单位：生产管理与环境保护部、西安热工研究院有限公司。

本标准起草人：马晋辉、杨博、都劲松、曹浩军、李泽财、舒进、任民、付东岩、吴晋、刘静宜、张宇翼。

本标准审核单位：生产管理与环境保护部、北方公司、河南分公司、山东分公司、湖南分公司、江苏公司、云南分公司、东北分公司。

本标准主要审核人：陈锋、侯永军、苏方伟、刘兰海、胡景中、陈育森、张卫民、金春凯、冷述文。

本标准审定：中国华能集团有限公司技术工作管理委员会。

本标准批准人：邓建玲。

本标准为首次制定。

火电厂防止电气二次设备事故重点要求

1 通用要求

1.1 保护配置

1.1.1 继电保护及安全自动装置（以下简称保护装置）的配置和选型，必须符合有关规程相关规定。保护选型应采用技术成熟、性能可靠、质量优良并通过国家级质量监督检验部门检验合格的产品。

1.1.2 重要设备的继电保护应采用双重化配置。双重化配置的继电保护应满足以下基本要求：

a） 依照双重化原则配置的两套保护装置，每套保护均应含有完整的主、后备保护，能反应被保护设备的各种故障及异常状态，并能作用于跳闸或给出信号；宜采用主、后一体的保护装置。

b） 两套保护装置的交流电流应分别取自电流互感器互相独立的绕组；交流电压应分别取自电压互感器互相独立的绕组。其保护范围应交叉重叠，避免死区。对于厂用 6kV（10kV）母线电压互感器仅有一组星形接线二次绕组的情况，宜在母线电压互感器柜继电器间隔，利用具有短路跳闸功能的两组分相空气断路器，按双重化配置的两套保护装置将交流电压回路分开。

c） 两套保护装置的直流电源应取自不同蓄电池组连接的直流母线段。每套保护装置与其相关设备（操作箱、跳闸线圈等）的直流电源均应取自与同一蓄电池组相连的直流母线，避免因一组直流电源异常对两套保护功能同时产生影响导致保护拒动。

d） 两套保护装置的跳闸回路应与断路器的两个跳闸线圈分别一一对应。每一套保护均应能独立反应被保护设备的各种故障及异常状态，并能作用于跳闸或发出信号，当一套保护退出时不应影响另一套保护的运行。

e） 双重化配置的两套保护装置之间不应有电气联系。与其他保护、设备（如通道、失灵保护等）配合的回路应遵循相互独立且相互对应的原则，防止因交叉停用导致保护功能的缺失。

f） 采用双重化配置的两套保护装置应安装在各自保护柜内，并应充分考虑运行和检修时的安全性。

g） 新建及改造的 220kV 及以上电压等级断路器的压力闭锁继电器应双重化配置，防止其中一组操作电源失去时，另一套保护和操作箱无法跳闸出口。

1.1.3 220kV 及以上电压等级线路、变压器、母线、高压电抗器等输变电设备的保护应按双重化配置，相关断路器的选型应与保护双重化配置相适应，220kV 及以上电压等级断路器必须具备双跳闸线圈机构。

1.1.4 100MW 及以上容量发电机-变压器组的保护应按双重化原则配置（非电气量保护除外），对于 600MW 及以上容量发电机-变压器组的非电气量保护可根据主设备配套情况进行双重化配置。大型发电机组和重要电厂的启动备用变压器保护宜采用双重化配置。发电机－变压器组断路器、发电机出口断路器必须具备双跳闸线圈机构。

1.1.5 新建及技改工程中，双母线接线的继电保护采用母线电压互感器时，各出线间隔电压切换箱应随保护装置双重化独立配置，并和双重化的保护之间一一对应，电压切换箱（回路）隔离开关辅助触点采用单位置输入方式，电压切换直流电源与对应保护装置直流电源取自同一段直流母线且共用直流空气断路器。当电压切换箱采用单套配置时，电压切换箱（回路）隔离开关辅助触点应采用双位置输入方式。

1.1.6 继电保护相关辅助设备（如交换机、光电转换器等）宜采用直流电源供电。因硬件条件限制只能交流供电的，电源应取自交流不间断电源。

1.1.7 保护装置内直跳回路开入量应设置必要的延时防抖回路，防止由于开入量的短暂干扰造成保护装置误动出口。

1.1.8 保护装置在电压互感器二次回路一相、两相或三相同时断线、失压时，应发告警信号，并闭锁可能误动作的保护。保护装置在电流互感器二次回路不正常或断线时，应发告警信号，除母线保护外，允许跳闸。

1.1.9 为防止发电机电流互感器、电压互感器或变送器电源回路故障导致 DEH 用有功功率变送器输出功率失真，触发发电机功率负荷不平衡（PLU）保护误动，有功功率变送器电压、电流回路及电源禁止取自同一机端电流互感器、电压互感器及厂用电源；机端电压、电流回路不具备分别接入独立回路时，可考虑取自两路；同时机组 DCS 需采取功率失真判别措施。有条件时 DEH 用有功功率信号可采用具备双电压切换、双电流切换、双电源供电的智能功率变送装置输出。

1.2 整定计算

1.2.1 继电保护定值整定中，在考虑兼顾“可靠性、选择性、灵敏性、速动性”时，应按照“保人身、保设备及保电网”的原则进行整定。

1.2.2 继电保护整定计算中，当灵敏性与选择性难以兼顾时，应首先考虑以保灵敏度为主，防止保护拒动。

1.2.3 大型发电机组涉网保护装置的保护定值应满足电力系统安全稳定运行的要求。应根据相关继电保护整定计算规定、电网运行情况及主设备技术条件，每年开展涉网保护定值校核工作。当电网结构、线路参数和短路电流水平发生变化时，应及时校核相关涉网保护的配置与整定，避免保护发生不正确动作行为。

1.2.4 200MW 及以上并网机组的高频率、低频率保护，过电压、低电压保护，过励磁保护，失磁保护，失步保护，阻抗保护及振荡解列装置、发电机励磁系统（包括电力系统稳定器）等设备（保护）定值必须报有关调度部门备案。

1.2.5 电厂的辅机设备及其电源在外部系统发生故障时，应具有一定的抵御事故能力，以保证发电机在外部系统故障情况下的持续运行。电网发生事故引起电厂高压母线电压、频率等异常时，电厂重要辅机保护不应先于主机保护动作，以免切除辅机造成发电机组停运。

1.3 二次回路

1.3.1 新、改扩建工程中，应充分考虑电流互感器配置和二次绕组的合理分配，消除主保护死区。

a） 当采用 3/2、4/3、角形接线等断路器接线形式时，断路器两侧均应配置电流互感器。220kV 及以上电压等级双母线接线方式的母联、分段断路器，应在断路器两侧配置电流互感器。

b） 对确实无法快速切除故障的保护动作死区，在满足系统稳定要求的前提下，可采取启动失灵和远方跳闸等后备措施加以解决；经系统方式计算可能对系统稳定造成较严重的威胁时，应进行电流互感器配置改造。

1.3.2 交流电流和交流电压回路、不同交流电压回路、交流和直流回路、强电和弱电回路、来自电压互感器二次的四根引入线和电压互感器开口三角绕组的两根引入线均应使用各自独立的电缆，不应合用同一根电缆。

1.3.3 对双重化配置的保护的电流回路、电压回路、直流电源回路、双组跳闸绕组的控制回路等，两套系统不应合用一根多芯电缆。

1.3.4 保护装置的跳闸回路和启动失灵回路均应使用各自独立的电缆。

1.3.5 当几种类型的保护装置接在电流互感器的同一二次绕组时，应按继电保护装置、安全自动装置、故障录波装置的顺序接线。

1.3.6 弱电开入回路不应引出保护室。保护装置由屏外引入的开入回路应采用±220V/110V直流电源。光耦开入的动作电压应控制在额定直流电源电压的55%～70%范围以内。

1.3.7 为防止长电缆分布电容影响造成出口继电器误动，对经长电缆接入的回路（如变压器重瓦斯保护回路、磁场断路器外部跳闸回路、母线保护启动失灵开入回路、操作箱TJF/TJR/TJQ三相跳闸回路等），应采取大功率中间继电器或加装大功率重动继电器等措施。继电器启动功率应大于 5W，动作电压在额定直流电源电压的 55%～70%范围内，并具有抗220V 工频电压干扰的能力。

1.3.8 重要设备和线路的保护装置，应有操作电源监视装置。各断路器的跳闸回路，重要设备和线路的断路器合闸回路，以及装有自动重合装置的断路器合闸回路，应装设反映回路完整性的监视装置。监视装置可发出光信号或声光信号，或通过自动化系统向远方传送信号。

1.3.9 二次回路应采用铜芯的控制电缆或绝缘导线。在变压器和并联电抗器的气体继电器与中间端子盒之间的连线等绝缘可能受到油侵蚀的地方，应采用耐油绝缘导线。

1.3.10 保护、控制设备和励磁系统的所有二次电缆均应采用屏蔽电缆。

1.3.11 在发电机机端、高压电动机等持续振动的地方，应采取防止导线绝缘层磨损、接头松脱导致继电器、装置不正确动作的措施，电流互感器本体至就地端子箱的二次回路引线宜采用多股导线。

1.3.12 二次回路电缆敷设应合理规划二次电缆的路径，尽可能远离高压母线、避雷器和避雷针的接地点；远离并联电容器、电容式电压互感器、结合电容及电容式套管等设备；避免或减少迂回，以缩短二次电缆的长度。

1.3.13 直埋电缆的敷设应符合 GB 50168—2018《电气装置安装工程　电缆线路施工及验收规范》的要求，在电缆线路路径上有可能使电缆受到机械损伤、化学作用、地下电流、振动、热影响、腐蚀物质、虫鼠等危害的地段，应采取保护措施。在可能有直埋电缆的区域（如主变压器、高压厂用变压器、高压电动机等）作业时，应特别注意做好直埋电缆的防护工作。

1.3.14 二次电缆敷设过程中应防止损伤电缆绝缘，不应使电缆过度弯曲，电缆拐弯处的最小弯曲半径应满足 GB 50168—2018《电气装置安装工程　电缆线路施工及验收规范》要求。

1.3.15 垂直安装的二次电缆槽盒应从底部单独支撑固定，且通风良好，水平安装的二次电缆槽盒应有低位排水措施，电缆槽盒宜采用耐腐蚀材料。

1.3.16 应拆除与运行设备无关的电缆。拆除前必须做好安全措施与风险辨识。

1.3.17 控制室、开关室、保护室等通往电缆夹层、隧道及穿越楼板、墙壁、柜、盘等处的所有电缆孔洞和盘面之间的缝隙必须采用合格的不燃或阻燃材料封堵。

1.3.18 室外端子箱、控制箱箱门和箱体应密封良好。箱内电缆孔洞应采用不燃或阻燃材料封堵。箱门、箱体间接地连线应完好且接地线截面面积不小于 $4mm^2$。

1.3.19 电缆管应封堵严密，可能结冰的地区还应采取防止电缆管内积水结冰的措施。

1.3.20 二次电缆终端及接头制作时，应严格遵守制作工艺流程。剥切电缆时不应损伤线芯和保留的绝缘层，禁止将屏蔽线丝卷入线芯内。各部件的配合和搭接处必须采取堵漏、防潮和密封措施。室外电缆的电缆头，包括端子箱、断路器机构箱、气体继电器、互感器等，应将电缆头封装部位放置于箱体或接线盒内。

1.3.21 电缆芯线不应有伤痕，单股线芯弯圈接线时，其弯曲方向应与螺栓紧固方向一致。多股软线芯与端子连接时，线芯应搪锡后压接与芯线规格相应的终端附件，并用规格相同的压接钳压接。芯线与端子接触应良好，螺栓压接牢固。屏蔽线引出应采用焊接形式，且焊接可靠。

1.3.22 电流回路端子的一个连接点不应压两根导线，也不应将两根导线压在一个接头再接至一个端子，短接电流互感器二次回路应采用专用连接片；其他回路每个端子的一个连接点上宜接入一根导线，不应超过两根。对于插接式端子，不同截面的两根导线不应接在同一端子上；对于螺栓连接端子，当接两根导线时，中间应加平垫片。

1.3.23 高低压配电装置开关柜与柜门等可动部位间的导线应采用多股软导线，并留有一定长度裕量，线束应有外套塑料管等材料强化绝缘层，避免导线产生任何机械损伤，同时还应有固定线束的措施。

1.3.24 继电保护及相关设备的端子排，宜按照功能进行分区、分段布置，正、负电源之间、跳（合）闸引出线之间以及跳（合）闸引出线与正电源之间、交流电源与直流回路之间等应至少采用一个空端子隔开。

1.3.25 电流互感器或电压互感器二次回路均必须且只能有一个接地点。当两个及以上电流（电压）互感器二次回路间有直接电气联系（例：和电流、双母线接线切换电压）时，其二次回路接地点设置应便于运行中的检修维护，同时互感器或保护设备的停运、检修、更换等均不得造成运行中的互感器二次回路失去接地。

1.3.26 未在开关场接地的电压互感器二次回路，宜在电压互感器端子箱处将每组二次回路中性点分别经放电间隙或氧化锌阀片接地，其击穿电压峰值应大于 $30I_{max}V$（I_{max} 为电网接地故障时通过升压站的可能最大接地电流有效值，单位为 kA），并定期检查放电间隙或氧化锌阀片，防止造成电压二次回路出现多点接地。为保证接地可靠，各电压互感器的中性线不得接有可能断开的断路器或熔断器等。

1.3.27 严禁在保护装置电流回路中并联接入过电压保护器，防止过电压保护器不可靠动作引起差动保护误动作。

1.3.28 电流互感器、电压互感器备用绕组的抽头应引至端子箱，并应一点接地。电流互感器的备用绕组应在端子箱处可靠短接。电压互感器备用绕组应具有防止短路的措施。

1.3.29 控制电缆应具有必要的屏蔽措施并妥善接地。在电缆敷设时，应充分利用自然屏蔽物的屏蔽作用。必要时，可与保护用电缆平行设置专用屏蔽线。

1.3.30 屏蔽电缆的屏蔽层应在开关场和控制室内两端接地。在控制室内屏蔽层宜在保护屏上接于屏（柜）内的接地铜排；在开关场屏蔽层应在与高压设备有一定距离的端子箱接地。严禁使用电缆内的空线替代屏蔽层接地。

1.3.31　对于双层屏蔽电缆，内屏蔽应一端接地，外屏蔽应两端接地。

1.3.32　根据升压站和一次设备安装的实际情况，应敷设与主接地网紧密连接的等电位接地网。等电位接地网应满足以下要求：

a）应在集控室、保护室、敷设二次电缆的沟道、开关场的就地端子箱及保护用结合滤波器等处，使用截面面积不小于 $100mm^2$ 的裸铜排（缆）敷设与主接地网紧密连接的等电位接地网。

b）在集控室、保护室屏（柜）下层的电缆室内，按屏（柜）布置的方向敷设 $100mm^2$ 的专用铜排（缆），将该专用铜排（缆）首末端连接，形成保护室内的等电位接地网。保护室内的等电位网与主地网一点相连，连接位置宜选在保护室外部电缆入口处。为保证连接可靠，连接线必须用至少 4 根以上、截面面积不小于 $50mm^2$ 的铜缆（排）构成共同接地点。

c）微机保护和控制装置的屏（柜）下部应设有截面面积不小于 $100mm^2$ 的接地铜排。屏（柜）内装置的接地端子应用截面面积不小于 $4mm^2$ 的多股铜线和接地铜排相连。接地铜排应用截面面积不小于 $50mm^2$ 的铜缆与保护室内的等电位接地网相连。

d）沿二次电缆的沟道敷设截面面积不小于 $100mm^2$ 的裸铜排（缆），构建室外的等电位接地网。

e）分散布置的保护就地站、通信室与集控室之间，应使用截面面积不小于 $100mm^2$ 的、紧密与主接地网相连接的铜排（缆）将保护就地站与集控室的等电位接地网可靠连接。

f）开关场的就地端子箱内应设置截面面积不小于 $100mm^2$ 的裸铜排，并使用截面面积不小于 $100mm^2$ 的铜缆与电缆沟道内的等电位接地网连接。

g）保护及相关二次回路和高频收发信机的电缆屏蔽层应使用截面面积不小于 $4mm^2$ 多股铜质软导线可靠连接到等电位接地网的铜排上。

h）在开关场的变压器、断路器、隔离开关、结合滤波器和电流互感器、电压互感器等设备的二次电缆应经金属管从一次设备的接线盒（箱）引至就地端子箱，并将金属管的上端与上述设备的底座和金属外壳良好焊接，下端就近与主接地网良好焊接。在就地端子箱处将这些二次电缆的屏蔽层使用截面面积不小于 $4mm^2$ 多股铜质软导线可靠单端连接至等电位接地网的铜排上，在一次设备的接线盒（箱）处不接地。

i）在干扰水平较高的场所，或是为取得必要的抗干扰效果，宜在敷设等电位接地网的基础上使用金属电缆托盘（架），并将各段电缆托盘（架）与等电位接地网紧密连接，并将不同用途的电缆分类、分层敷设在金属电缆托盘（架）中。

1.3.33　室外设备机构箱、汇控箱、端子箱内应有完善的驱潮加热装置，防止凝露造成二次设备损坏。驱潮加热装置温度、湿度应设定正确，并定期巡视检查，确保其运行状态良好。加热器与各元件、电缆的距离应大于 50mm。

1.3.34　就地端子箱、控制箱的分、合闸开关宜使用切换开关，如使用按钮，应加装防护罩。

1.4　电流互感器及电压互感器

1.4.1　保护用电流互感器应满足以下要求：

a） 应根据系统短路容量合理选择电流互感器的容量、变比和特性，满足保护装置整定配合和可靠性的要求。新建和扩建工程宜选用具有多次级的电流互感器，优先选用贯穿（倒置）式电流互感器。

b） 差动保护用电流互感器的相关特性应一致。

1.4.2 保护用电压互感器应满足以下要求：

a） 新投运电压互感器二次电压回路应采用分相空气断路器，并实现有效监视。对于已投入运行的母线电压互感器二次三相联动空气断路器，结合检修、技改等逐步更换。

b） 发电机出口和 6（10）kV 厂用电电压互感器的一次侧熔断器熔体的额定电流均宜为 0.5A。

1.4.3 独立式电流互感器一次绕组采用并联方式时，应按照电流互感器故障时跳闸范围最小的原则合理选择等电位点。具体原则如下：

a） 3/2 断路器接线完整串单侧电流互感器，边断路器电流互感器等电位点位置应设置在线路侧，中断路器电流互感器等电位点位置应设置在线路侧。3/2 接线不完整串电流互感器，电流互感器等电位连接点应设置在母线侧。

b） 单母线或双母线接线方式时，线路电流互感器等电位点位置应设置在线路侧。母联电流互感器等电位点位置应设置在母线侧。

1.4.4 为防止中性点非直接接地系统发生由于电磁式电压互感器饱和产生的铁磁谐振过电压，可采取以下措施：

a） 选用励磁特性饱和点较高的，在$1.9U_{\mathrm{m}}/\sqrt{3}$电压下，铁芯磁通不饱和的电压互感器。

b） 在电压互感器（包括系统中的用户站）一次绕组中性点对地间串接线性或非线性消谐电阻、加零序电压互感器或在开口三角绕组加阻尼或其他专门消除此类谐振的装置。

1.4.5 高压厂用变压器差动保护等应具有防止区外故障误动的制动特性，具有防止电流互感器暂态饱和过程中误动的措施。

1.4.6 差动保护用 P 级电流互感器，应在设备检修或必要时进行励磁特性试验，对电流互感器进行退磁，减少剩磁对互感器饱和的影响。

1.4.7 为防止 6kV 或 10kV 高压厂用负载电缆屏蔽层接线错误，造成保护不正确动作，电缆屏蔽线位于零序电流互感器上方时屏蔽线应回穿，电缆屏蔽线位于零序电流互感器下方时屏蔽线不用回穿。

1.4.8 为防止主变压器、高压启动备用变压器等大电流接地系统变压器的零序电流回路开路或极性错误，造成保护不正确动作，在区外故障时，继电保护人员应通过保护装置、故障录波装置的记录信息，核实零序电流回路的完好性。

1.4.9 定期开展电流互感器、电压互感器实际二次负荷的测量与核算，评估对保护装置的影响。

1.5 断路器及隔离开关

1.5.1 断路器应尽量附有防止跳跃的回路，采用串联自保持时，接入跳合闸回路的自保持线圈，其动作电流不应大于额定跳合闸电流的 50%，线圈压降小于额定值的 5%。

1.5.2 断路器与隔离开关应有足够数量的、动作逻辑正确、接触可靠的辅助触点，供保护装置使用。断路器的辅助触点与主触头的动作时间差不大于 10ms。继电保护人员在机组检修后传动、正常停机、运行中跳闸后，应通过保护装置、故障录波装置中电气量及开关量变位的记录信息，核实辅助触点与主触头的动作时间差，并核实三相断路器辅助触点、主触头的同期性。

1.5.3 为防止误判机组并网状态，送至 DEH、励磁系统的并网信号应直接采用断路器的辅助触点，不采用经过重动的断路器位置触点。

1.5.4 断路器或隔离开关电气闭锁回路不应设重动继电器类元器件，应直接用断路器或隔离开关的辅助触点；操作断路器或隔离开关时，应确保即将操作断路器或隔离开关位置正确，并以现场实际状态为准。

1.5.5 新建、改扩建工程，断路器跳、合闸压力异常闭锁功能应由断路器本体机构实现，应能提供两组完全独立的压力闭锁触点。

1.5.6 断路器安装后必须对其二次回路中的防跳继电器、三相不一致继电器进行传动，并保证在模拟手合于故障条件下断路器不会发生跳跃现象。

1.5.7 同一间隔内的多台隔离开关的控制电源、电动机电源，在控制屏柜或端子箱内必须分别设置独立的开断设备。

1.5.8 微机防误闭锁装置电源应与继电保护及控制回路电源独立。微机防误装置主机应由交流不间断电源供电。

1.6 运行与检修

1.6.1 一次设备投入运行时，相关继电保护、安全自动装置、稳定措施、自动化系统、故障信息系统和电力专用通信配套设施等应同时投入运行。

1.6.2 继电保护基建施工、运行维护、检验调试过程中，应严格执行工作票制度和二次工作安全措施票制度，规范现场安全措施，防止和杜绝继电保护“三误”（误碰、误整定、误接线）问题。相关专业人员在继电保护回路工作时，必须遵守继电保护的有关规定。

1.6.3 加强保护装置压板投退管理，防止继电保护“误投退”。

a） 加强保护压板运行方式管理。明确保护装置各压板的投退方式，并详细列入现场运行规程。将保护压板投退方式列表贴在压板面板处，便于运行人员操作参照和巡查核对。执行保护压板定期核对制度，继电保护人员与运行人员根据设备运行方式定期（每月不少于两次）核对保护压板的投入方式，确保保护装置投入的正确性。

b） 明确保护压板投退操作的职责分工。一次设备的运行方式改变而切换的保护压板以及电网调度下令切换的保护硬压板，由运行人员负责投退，列入倒闸操作票按顺序操作，执行监护复诵制；保护检验等现场工作时对不经压板的跳闸回路（包括远跳回路）、合闸回路及与运行设备安全有关的连线，由继电保护人员提出，并列入继电保护工作现场安全措施票中落实投退。

c） 加强保护压板标识。保护压板均应有清晰的双重编号，压板及其编号应分行列分隔标识清楚，同一屏（柜）内装有多回路保护应用标识线分隔开来。

d） 正确操作保护压板。根据保护压板运行方式，暂时不使用的压板取下收回备用，避免无整定值保护误投入。运行人员在投入保护出口压板前，如出口压板对应的断路器处于运行状态，必须先检查确认保护装置无异常、启动情况，差动保护无差流，然后用高内阻电压表测量压板两端分别对地无异极性电压，确认正常后才能投入保护压板。

e） 保护装置退出时，应退出其出口压板（线路纵联保护还应退出对侧纵联功能）。当保护装置中的某种功能退出时，应退出该功能独立设置的出口压板；无独立设置的出口压板时，退出其功能投入压板；不具备单独投退该保护功能的条件时，应考虑按整个装置进行投退。

1.6.4 加强保护装置屏（柜）管理，防止继电保护“误碰”。

a） 保护、控制屏（柜）顶前后均应有名称标示牌。同一屏（柜）内有多个回路的保护（或控制）装置，应分别把各回路名称标识清晰。保护、控制（或测控）屏（柜）前后门正常应关好上锁。

b） 微机保护装置故障处理时，应先退出保护才能按保护插件上的复位按钮，以免保护误动。

c） 保护装置检验调试时，应在作业屏处设置作业区标示围栏等隔离措施，防止检修人员误入运行设备。

d） 作业人员使用的螺丝刀等工具应进行绝缘包扎，避免作业时工具金属部分触碰其他运行带电部位。对裸露在外的压板和切换端子等可加装封罩防护，对退出的保护压板加装临时绝缘护套。开、合保护或控制屏（柜）门也应注意不要过分用力，避免引起保护或控制装置较大振动。

1.6.5 加强保护装置定值管理，防止继电保护“误整定”。

a） 保护定值整定后，应有完整的保护整定计算书、定值通知单，定值的发布必须履行审批程序，定值通知单、装置打印定值单中定值的名称、单位、区号等内容与格式应保持一致。

b） 现场应存放并及时更新已经整定、核对正确，并经整定人员、运行人员双方签字确认的正式定值通知单，便于运行中检查核对。

c） 保护检验、定值调整、版本升级等工作结束后，继电保护检修人员与运行人员要在投入前共同做好验收核对工作。应打印保护定值清单，并与装置显示的整定值及最新定值通知单逐项核对，双方签字确认，并归档保存。此外，还应检查保护压板的投退状态。根据运行方式的规定，投退相关压板。

d） 加强保护装置软件版本管理，软件版本和结构配置文件修改、升级前，应对其书面说明材料及检测报告进行确认，并对原运行软件和结构配置文件进行备份。

1.6.6 加强保护装置二次回路管理，防止继电保护“误接线”。

a） 运行中的保护装置及自动装置外部接线进行改动，必须履行审批程序。

b） 按图施工，不准凭记忆工作；拆动二次回路时应先与原图核对，逐一做好记录，接线修改后要与新图严格核对。

c） 应通过相应回路的整组试验，确认回路、极性及整定值等完全正确后，再申请投入运行，并向运行人员做好技术交底。

d） 发生过修改的图纸，工作负责人应在现场修改图上签字，对没有修改的原图应标志作废。

e） 及时修改底图，修改运行人员及有关各级继电保护人员用的图纸。对于定值整定相关的回路变更，需将修改后的图纸及时上报审核，并归档。

1.6.7 运行中的保护装置需要检验时，应先断开相关跳闸和合闸连接片，再断开装置工作电源。工作结束后，应先检查相关跳闸和合闸连接片在断开位置，再投入工作电源，检查装置正常，用高内阻电压表测量连接片每端对地电位。

1.6.8 3/2 断路器接线、4/3 断路器接线、角形接线等，当线路或发电机－变压器组退出运行，而断路器仍要求成串运行时必须投入短引线保护。短引线保护的投退操作要求如下：

a） 线路或发电机－变压器组退出运行后，运行人员应现场确认线路或发电机－变压器组隔离开关分闸到位。在退出线路保护或发电机－变压器组保护跳闸出口压板前，必须确认短引线保护已正常投入，应检查短引线保护的“保护投入”指示灯点亮，确认短引线保护相关控制字、软压板、保护投退功能压板已正确投入，投入短引线保护跳闸出口压板。若出现短引线保护“保护投入”指示灯未点亮等异常情况时，应停止操作并查明原因，严禁在未查明原因情况下继续操作。

b） 线路或发电机－变压器组投入运行前，应首先确认线路保护或发电机－变压器组保护已正常投入，在线路或发电机－变压器组隔离开关合闸前，退出短引线保护的保护投退功能压板、跳闸出口压板。

1.6.9 继电保护装置检验应保质保量，严禁超期或漏项，应重视对新安装装置及基建投产设备在一年内的全面校验，提高继电保护设备健康水平。对长期运行无法停电的一次设备，应积极创造条件开展保护校验工作。对于服役年限时间较长的装置，应适当缩减检验周期，加强对采样回路的检查。

1.6.10 对重要和复杂保护装置，如母线保护、失灵保护、主变压器保护、远方跳闸、有联跳回路的保护装置、电网安全自动装置和备自投装置等的现场检验工作，应编制经技术负责人审批的检验方案和继电保护安全措施票。

1.6.11 对于“和电流”构成的保护，如变压器差动保护、母线差动保护和 3/2 接线的线路保护等，若某一断路器或电流互感器作业影响保护的“和电流”回路，作业前应将电流互感器的二次回路与保护装置断开，防止保护装置侧电流回路短路或电流回路两点接地，同时断开保护跳此断路器的跳闸压板。

1.6.12 多套保护回路共用一组电流互感器，退出其中一套保护进行试验时，或与其他保护有关联的某一套进行试验时，必须特别注意做好其他保护的安全措施，例如将相关的电流回路短接，将接到外部的触点全部断开等。

1.6.13 保护装置全部和部分检验时，应通过整组试验验证相关回路的正确性，重点要求如下：

a） 应采用整组试验的方法由电流、电压端子通入与故障情况相符的模拟故障量，带断路器进行传动，检查保护回路及整定值的正确性，检查中央信号、录波、远动信号的正确性，检查保护及故障信息子站通信信息的正确性。

b） 双套保护应分别带断路器传动，如断路器为双跳闸线圈，必须确保双套保护分别正确跳开断路器的其中一组跳闸线圈。分相跳闸的线路保护应进行分相传动。

c） 对于关主汽门回路，需在热工控制系统中确认正确接收到该信号。

d） 对于母差保护、断路器失灵保护及电网安全自动装置中投切发电机组、切除负荷、切除线路或变压器的跳合断路器的试验；联锁运行的发电机－变压器组跳母联、启动失灵、解除复压闭锁、启动远跳、闭锁快切等回路，在确认继电保护安全措施已经将跳闸回路完全隔离的情况下，允许用导通方法分别证实至每个断路器接线的正确性。

e） 保护传动时应进行断路器防跳回路试验。

1.6.14 二次回路绝缘检查应符合 DL/T 995—2016《继电保护和电网安全自动装置检验规程》的要求，定期检验时用 1000V 绝缘电阻表测量二次回路对地的绝缘电阻，其绝缘电阻应大于 1MΩ；对使用触点输出的信号回路，用 1000V 绝缘电阻表测量电缆每芯对地及对其他各芯间的绝缘电阻，其绝缘电阻应不小于 1MΩ。检验作业指导书、试验报告应包含二次回路绝缘检查试验内容。重点加强对接入保护装置外部二次回路的绝缘检查，主要包括电流、电压、直跳回路，应注意核对直跳回路（如气体继电器、事故按钮、DCS 指令等）芯线两侧的颜色、线径是否一致，发现芯线接续时应整体更换电缆。

1.6.15 应结合继电保护装置定期检验，重点检查各电流互感器回路本体接线盒的接线情况。电流互感器接线端子应牢固，无锈蚀、放电、过热痕迹；芯线数量应有一定的裕度，不承受机械拉力；线芯应无损伤、断裂迹象；接线柱两侧均有接线时，应采取防转动措施，防止外部操作造成内部引线扭断或松动；6kV（10kV）开关柜内的半圆开启式零序电流互感器应检查连接片（K1′、K2′）可靠连接。应结合检验开展保护用电流互感器二次回路直阻测试和电流互感器二次通流试验。

1.6.16 应结合继电保护装置定期检验，检查户外布置二次电缆及芯线的防护情况。电缆接线盒与穿线管、波纹管的结合部位应好防水措施；二次电缆应采取防止雨水顺电缆倒灌的措施（如反水弯）；破损、老化的穿线管、波纹管应及时更换。

1.6.17 设备改造、检修、检验作业后，应对电流端子连接片状态、电压回路空气断路器（熔断器）的状态进行核对检查。

1.6.18 所有差动保护（线路、母线、变压器、电抗器、发电机等）在投入运行前，除应在能够保证互感器与测量仪表精度的负荷电流条件下，测定相回路和差回路外，还必须测量各中性线的不平衡电流、电压，以保证保护装置和二次回路接线的正确性。

1.6.19 保护装置电源回路故障后，保护必须退出运行，断开出口压板。保护装置及二次回路作业时，必须将保护退出运行。

1.6.20 继电保护装置、继电器及部件更换后，必须经过检验和传动正确后方可投入运行。

1.6.21 加强继电保护试验仪器、仪表的管理工作，每 1 年～2 年应对微机型继电保护试验装置进行一次全面检测，确保试验装置的准确度及各项功能满足继电保护试验的要求，防止因试验仪器、仪表存在问题而造成继电保护误整定、误试验。

1.6.22 对于二次回路的管理，日常工作中注意做好以下工作：

a） 每天巡视时应核对微机型继电保护装置及自动装置的时钟，并定期核对微机型继电保护装置和故障录波装置的各相交流电流、各相交流电压、零序电流（电压）、差电流、外部开关量变位和时钟，并做好记录，核对周期不应超过一个月。

b） 检查和分析每套保护在运行中反映出来的各类不平衡分量。微机型差动保护应能在差流越限时发出告警信号，应建立定期检查和记录差流的制度，从中找出薄弱环节和事故隐患，并及时采取有效对策。

c） 结合技术监督检查、检修和运行维护工作，检查本单位继电保护接地系统和抗干扰措施是否处于良好状态。

d） 进行微机型继电保护装置的检验时，应充分利用其自检功能，主要检验自检功能无法检测的项目。检验的重点应放在微机型继电保护装置的外部接线和二次回路。

e） 新安装及解体检修后的电流互感器应作变比及伏安特性试验，并作三相比较以判别二次线圈有无匝间短路和一次导体有无分流；注意检查电流互感器末屏是否已可靠接地。

f） 对采用金属氧化物避雷器接地的电压互感器的二次回路，应检查其接线的正确性及金属氧化物避雷器的工频放电电压，防止造成电压二次回路多点接地的现象。

1.6.23 应重视保护装置二次回路的接地管理，并定期检查这些接地点的可靠性和有效性。为防范由于保护用电压互感器二次回路多点接地引起的保护误动，应认真检查 N600 一点接地情况，确保设计图纸及相关二次回路接线正确。每半年对 N600 公共接地线电流进行测试并记录。若 N600 接地线上流过的电流大于 50mA，应立即对电压互感器二次回路及其接地情况进行全面核查，确保仅一点接地。

1.6.24 配置足够的保护备品配件，缩短继电保护缺陷处理时间。微机保护装置的开关电源模件宜在运行 6 年后予以更换。

1.6.25 各电厂保护装置、励磁装置、电力系统稳定器（PSS）的正式运行定值、控制参数、软件版本及运行投退方式等资料应报西安热工研究院备案。

1.6.26 因电气一次设备、保护、励磁装置及二次回路故障，保护装置动作后，继电保护人员应及时将故障录波装置、保护装置、励磁调节设备的故障录波数据及动作报告文件导出，归档分析整理，并报送西安热工研究院。

2 保护及安全自动装置

2.1 线路保护

2.1.1 220kV 及以上电压等级的线路保护应采用双重化保护配置。双重化配置除应符合 1.1.2 条中的技术要求，还应满足以下要求：

a） 每套保护均应能对全线路内发生的各种类型故障快速动作切除。对于要求实现单相重合闸的线路，在线路发生单相经高阻接地故障时，应能正确选相跳闸。

b） 对于远距离、重负荷线路及事故过负荷等情况，继电保护装置应采取有效措施，防止相间、接地距离保护在系统发生较大的潮流转移时误动作。

c） 引入两组及以上电流互感器构成和电流的保护装置，各组电流互感器应分别引入保护装置，不应通过装置外部回路形成和电流。对已投入运行采用和电流引入保护装置的，应结合设备运行评估情况，逐步技术改造。

d） 应采取措施，防止由于零序功率方向元件的电压死区导致纵联零序方向保护拒动，但不应采用过分降低零序动作电压的方法。

e） 220kV 及以上电压等级线路按双重化配置的两套保护装置的通道应遵循相互独立的原则，采用双通道方式的保护装置，其两个通道也应相互独立。保护装置及通信设备电源配置时应注意防止一组直流电源异常导致双重化快速保护同时失去作用的问题。

2.1.2 线路纵联保护应优先采用光纤通道。双回线路采用同型号纵联保护，或线路纵联保护采用双重化配置时，在回路设计和调试过程中应采取有效措施防止保护通道交叉使用。分相电流差动保护应采用同一路由收发、往返延时一致的通道。光纤电流差动保护不得采用光纤通道自愈环网。

2.1.3 新建及技改工程的 220kV 及以上线路保护应采用双通道接口方式。双通道光纤接口方式的线路保护应按装置设置通道识别码，保护装置自动区分不同通道。

2.1.4 220kV 及以上线路断路器三相不一致保护不启动失灵保护。

2.1.5 为防止在母线保护和失灵保护动作时，无法将“远方跳闸”和“其他保护动作停信”信号送至线路对侧保护装置情况发生，要求单母或双母接线方式的线路保护，其“远方跳闸”“其他保护动作停信”回路接线原则如下：

a）TJR（启动失灵、不启动重合闸）接点应接入“远方跳闸”和“其他保护动作停信”回路，以实现在母线保护和失灵保护动作时，线路对侧保护可靠、快速动作。

b）TJQ（启动失灵、启动重合闸）接点不应接入“远方跳闸”回路。

c）TJQ 接点不宜接入“其他保护动作停信”回路。

d）TJF（不启动失灵、不启动重合闸）接点不应接入“远方跳闸”回路、“其他保护动作停信”回路。

2.1.6 新建线路和技改工程投运时，两套线路保护均投入重合闸功能，当采用单相重合闸方式时，不采用两套重合闸相互启动和相互闭锁方式。当采用三相重合闸方式时，可采用两套重合闸相互闭锁方式。

2.1.7 正常运行时，严禁 220kV 及以上电压等级线路无快速保护运行。

2.2 母线保护及断路器失灵保护

2.2.1 220kV 及以上母线应采用双重化保护配置。双重化配置除应符合 1.1.2 条中的技术要求，同时还应满足以下要求：

a）双母线接线的升压站，应配置两套含失灵保护功能（失灵保护电流判据）的母线保护，并安装在各自的屏柜内。每套保护应分别动作于断路器的一组跳闸线圈。

b）双母线接线的升压站，当母线保护仅配置单套失灵保护时，失灵保护应同时作用于断路器的两组跳闸线圈。

c）对于 3/2 接线形式的升压站，每条母线均应配置两套完整、独立的母差保护。

d）用于母线保护的断路器和隔离开关的辅助接点、切换回路、辅助变流器以及与其他保护配合的相关回路亦应遵循相互独立的原则按双重化配置。

e）母线保护、失灵保护的判别母线运行方式的开关量输入接点采用就地母线隔离开关和断路器的辅助接点，不采用经过重动的电压切换接点和跳闸位置 TWJ 接点，开关量电源采用直流 220V 或 110V。

2.2.2 双母双分段接线母线保护应提供启动分段失灵的开入、开出触点。

2.2.3 110（66）kV 及以上电压等级的母联、分段断路器应配置独立于母线保护的充电过流保护装置，充电过流保护应具备瞬时和延时跳闸功能的两段过流保护和一段零序过流保护，并应启动母线（分段）失灵保护。

2.2.4 双母线接线升压站的母差保护、断路器失灵保护，除跳母联、分段的支路外，应经复合电压闭锁。

2.2.5 单母及双母线接线方式下，母线发生故障，母差保护动作后，对于不带分支且有纵联保护的线路，应利用线路纵联保护促使对侧跳闸（闭锁式纵联保护采用母差保护动作停信，该信号应直接接入线路保护装置的“其他保护停信”开入端；允许式纵联保护采用母差保护动作发信；光纤纵差保护采用母差保护动作直跳对侧）。

2.2.6 断路器失灵保护中用于判断断路器主触头状态的电流判别元件应保证其动作和返回

的快速性，动作和返回时间均不宜大于 20ms，其返回系数也不宜低于 0.9。线路支路应设置分相和三相跳闸启动失灵开入回路，变压器支路应设置三相跳闸启动失灵开入回路。对双母线接线，为解决变压器低压侧故障时失灵保护电压闭锁元件灵敏度不足的问题，变压器支路应设置独立于失灵启动的解除电压闭锁的开入回路。

2.2.7 发电机－变压器－线路单元接线，宜单独配置集成自动重合闸功能的断路器保护，发电机变压器组的电气量保护应启动断路器失灵保护。当本侧断路器无法切除故障时，应采取启动远方跳闸等后备措施加以解决。

2.2.8 原则上 220kV 及以上电压等级母线不允许无母线保护运行。110kV 母线保护停用期间，应采取相应措施，严格限制升压站母线侧隔离开关的倒闸操作，以保证系统安全。

2.2.9 在电压切换和电压闭锁回路，断路器失灵保护，母线差动保护，远跳、远切、联切回路以及“和电流”等接线方式有关的二次回路上工作时，以及 3/2 断路器接线等主设备检修而相邻断路器仍需运行时，应做好安全隔离措施。

2.2.10 新投运或电流、电压回路发生变更的保护装置，在第一次经历区外故障后，应通过导出并分析保护装置和故障录波装置数据及报告的方式，校核保护交流采样值、收发信开关量、功率方向以及差动保护差流值的正确性。

2.3 变压器、发电机－变压器组保护

2.3.1 220kV 及以上电压等级的变压器微机保护以及 100MW 及以上容量大型发电机－变压器组微机保护应按双重化配置（非电气量保护除外）。双重化配置除应符合 1.1.2 条中的技术要求，同时还应满足以下要求：

a） 应采用两套完整、独立并且是安装在各自柜内的主、后备保护一体化的微机型继电保护装置。每套保护均应配置完整的主、后备保护。

b） 非电量保护应设置独立的电源回路（包括直流空气断路器及其直流电源监视回路）和出口跳闸回路，且必须与电气量保护完全分开，在保护柜上的安装位置也应相对独立。

c） 每套完整的电气量保护应分别动作于断路器的一组跳闸线圈。非电量保护的跳闸回路应同时作用于断路器的两个跳闸线圈。

2.3.2 发电机定子匝间保护采用零序电压原理的应设有负序功率方向闭锁元件。

2.3.3 发电机定子接地保护应具有主变压器高压侧系统接地故障传递过电压防误动措施。基波零序过电压保护应采用中性点零序电压方案或机端电压互感器与中性点零序电压互相闭锁方案。200MW 及以上容量的发电机定子接地保护应投入跳闸，但必须将基波零序过电压保护与发电机中性点侧三次谐波电压保护的出口分开，基波零序过电压保护投跳闸，发电机中性点侧三次谐波电压保护应投信号。

2.3.4 发电机励磁回路接地保护中转子大轴接地点应配置两组并联的接地碳刷或铜辫，并通过 $50mm^2$ 及以上铜线（排）与主地网可靠连接。

2.3.5 发电机励磁绕组过负荷保护应投入运行，且与励磁调节器过励磁限制相配合。

2.3.6 发电机失磁保护应使用能正确区分短路故障和失磁故障的、具备复合判据的方案。应具有一定的失磁异步运行能力，但只能维持发电机失磁后短时运行，此时必须快速降负荷。若在规定的短时运行时间内不能恢复励磁，则机组应立即与系统解列。

2.3.7 200MW 及以上容量的发电机应配置失步保护，并网电厂应制定完备的发电机带励磁

失步振荡故障的应急措施。

2.3.8 发电机过励磁保护的电压量应采用线电压，不应采用相电压，以防发电机定子发生接地故障或电压互感器二次回路发生异常，造成中性点电位抬高，导致过励磁保护误动作。

2.3.9 200MW及以上容量的发电机应配置起、停机保护及断路器断口闪络保护。

2.3.10 发电机－变压器组的阻抗保护须经电流元件（如电流突变量、负序电流等）启动，在发生电压二次回路失压、断线以及切换过程中交流或直流失压等异常情况时，阻抗保护应具有防止误动措施。

2.3.11 高压厂用变压器、启动备用变压器低压侧过电流保护应配置为两段式。

2.3.12 主设备非电量保护应防水、防震、防油渗漏、密封性好。气体继电器应配置耐腐蚀材质防雨罩。气体继电器至保护柜的电缆应尽量减少中间转接环节。

2.3.13 当变压器、电抗器的非电量保护采用就地跳闸方式，即将变压器本体保护通过较大启动功率中间继电器的两对触点分别直接接入断路器的两个跳闸回路时，应向监控系统发送动作信号。未采用就地跳闸方式的非电量保护应设置独立的电源回路（包括直流空气断路器及其直流电源监视回路）和出口跳闸回路，且必须与电气量保护完全分开。

2.3.14 变压器本体中间端子盒应具有防雨措施，盒内端子排应横向排列安装，气体继电器接入中间端子盒的连线应从端子排下侧进线接入端子，重瓦斯跳闸回路的端子与其他端子之间留出间隔端子并单独用一根电缆。中间端子盒的引出电缆应从端子排上侧连接。对单相变压器的气体继电器保护宜分相报警。变压器及并联电抗器瓦斯保护动作后应有自保持。

2.3.15 气体继电器的重瓦斯保护两对触点应并联或分别引出到保护装置，禁止串联或只用一对触点引出。

2.3.16 强油循环变压器的冷却系统必须配置两个相互独立的电源，工作电源应有三相电压监测，任一相故障失电时，应保证自动切换至备用电源供电。

2.3.17 强油循环变压器冷却器采用就地PLC程序或二次回路“硬接线”控制时，应保证至少有部分冷却器处于工作状态，其他冷却器作为辅助或备用。冷却器全停信号应接入DCS并报警。

2.3.18 强迫油循环变压器内部故障跳闸后，潜油泵应同时退出运行。

2.3.19 发电机、主变压器及高压厂用变压器纵联差动保护应取消“电流二次回路断线闭锁功能”，电流二次回路断线，差动保护应跳闸，以防止电流互感器二次回路开路故障造成事故进一步扩大，拖延故障恢复时间。

2.3.20 发电机复合电压闭锁过流保护设置为“Ⅰ段Ⅰ时限”，动作于“停机”。对于自并励励磁方式，发电机复合电压闭锁过流保护必须投入“电流记忆功能”。主变压器、高压厂用变压器等的复合电压闭锁过流保护均不需要投入“电流记忆功能”。主变压器、发电机、高压厂用变压器等的复合电压闭锁过流保护发生“电压二次回路断线”时，应闭锁该“复压闭锁过流保护”。对于保护原理中无“电压二次回路断线闭锁”功能的，应及时升级程序或进行设备改造。

2.3.21 发电机定子基波零序过电压保护应合理设置动作电压和动作时间定值，经校核动作电压已躲过主变压器高压侧耦合到发电机机端的零序电压，或已采用具有主变压器高压侧系统接地故障传递过电压防误动措施保护装置时，动作时间应尽可能缩短，宜按0.5s整定。基波零序过电压保护整定计算时，应确认发电机中性点接地变压器二次绕组抽头实际变比。

2.3.22　发电机定子接地保护整定计算时，应实测发电机不同负荷运行工况下的基波零序电压和三次谐波电压。在区外故障时，应结合故障录波装置录取的零序电压耦合幅值、电压衰减时间校核发电机定子基波零序过电压保护的动作电压和动作时间定值的合理性。

2.3.23　发电机励磁回路接地保护应采取两段式一点接地保护方式，灵敏段动作于发信，普通段动作于停机或发信。

2.3.24　发电机转子表层过负荷保护（负序电流保护）应根据制造厂提供的负序电流暂态限值（A 值）进行整定，并留有一定裕度。发电机保护启动失灵保护的零序或负序电流判别元件灵敏度应与发电机转子表层过负荷保护相配合。

2.3.25　发电机失步保护整定计算和校验工作时应满足以下要求：

a）失步保护应能正确区分失步振荡中心所处的位置，在机组进入失步工况时发出失步启动信号。

b）当失步振荡中心在发电机－变压器组外部，并网电厂应制定应急措施，发电机组应允许失步运行 5 个～20 个振荡周期，并增加发电机励磁，同时减少有功负荷，经一定延时后解列发电机，并将厂用电源切换到安全、稳定的备用电源。

c）当发电机振荡电流超过允许的耐受能力时，应解列发电机，并保证断路器断开时的电流不超过断路器允许开断电流。

d）当失步振荡中心在发电机－变压器组内部，失步运行时间超过整定值或电流振荡次数超过规定值时，保护动作于解列，多台并列运行的发电机－变压器组可采用不同延时的解列方式。

2.3.26　过励磁保护的启动元件、反时限和定时限应能分别整定，其返回系数不宜低于 0.96。整定计算应全面考虑发电机及主变压器的过励磁能力，并与励磁调节器 V/Hz 限制特性相配合，按励磁调节器 V/Hz 限制首先动作、再由过励磁保护动作的原则进行整定和校核。

2.3.27　发电机过励磁保护定时限告警段整定值可与励磁调节器 V/Hz 限制定值取一致，动作于发信；定时限跳闸段与过励磁保护反时限上限值取一致，动作于“停机”；发电机过励磁保护反时限下限值与励磁调节器 V/Hz 限制定值应保证足够的配合裕度。

2.3.28　主变压器过励磁保护定值整定应综合考虑主变压器变比及电压互感器变比对整定值的影响，主变压器额定电压值应为铭牌标注的主分接头对应的额定电压值，不应采用电网的额定运行电压以及实际运行分接头对应的高压侧电压。大型发电机高频、低频保护整定计算时，应分别根据发电机在并网前、后的不同运行工况和制造厂提供的发电机性能、特性曲线，并结合电网要求进行整定计算。

2.3.29　机组停机时，应先将发电机有功、无功功率减至零，再将发电机与系统解列。当采用汽轮机手动打闸或锅炉手动总燃料跳闸联跳汽轮机时，必须由程序逆功率保护动作于停机，严禁带负荷解列。实际停机过程中因主汽门关闭不严等造成程序逆功率保护动作不及时的，可适当缩小保护动作功率值，推荐按（0.5%～1%）P_e 设置定值。为防止特殊情况下程序逆功率保护拒动无法及时切换厂用电，可设置能够整定跳闸出口矩阵的热工保护动作于切换厂用电。

2.3.30　突然加电压保护（误上电保护）若按照低频、低压过流保护整定，则延时取 0.1s～0.2s，以减少误上电对发电机－变压器组造成的危害；断路器闪络保护延时取 0.1s～0.2s。

2.3.31　变压器高压侧宜设置长延时的后备保护。在保护不失配的前提下，尽量缩短变压器后备保护的整定时间。

2.3.32 高压厂用系统如设计有高压馈线的，高压厂用变压器（启动备用变压器）低压分支限时电流速断保护（过流Ⅰ段）应与高压馈线的限时电流速断保护（过流Ⅰ段）合理配合，防止保护失配越级跳闸。未设计高压馈线的，高压厂用变压器（启动备用变压器）低压分支限时电流速断保护（过流Ⅰ段）动作时限应整定为0.25s～0.3s，尽可能缩短短路故障的切除时间。

2.3.33 变压器冷却器全停保护应合理设置出口方式，强油循环风冷和强油循环水冷变压器的冷却器全停保护应动作于跳闸，即冷却器全停且顶层油温75℃延时20min跳闸，冷却器全停延时60min跳闸。启动备用变压器等自然油循环风冷变压器的冷却器全停保护应动作于发信。

2.3.34 主变压器、高压厂用变压器及启动备用变压器压力释放保护、温度保护等应动作于信号。

2.3.35 为防止汽轮机出现超速运转，在机组带负荷运行的情况下，保护动作的出口方式不应选用解列或解列灭磁方式。

2.3.36 非电量保护及动作后不能随故障消失而立即返回的保护（只能靠手动复位或延时返回）不应启动失灵保护。

2.3.37 正常运行时，严禁220kV及以上电压等级变压器无快速保护运行。

2.3.38 机组检修时，应对转子大轴接地回路的导通性进行测试，包括接地碳刷（刷辫）、接地线、保护装置回路等；磨损、脏污的碳刷（刷辫）应进行更换。

2.3.39 保护装置定检时，应对操作员站设置的发电机－变压器组（或发电机）紧急跳闸、磁场断路器紧急跳闸硬手操按钮的可靠性进行检查，包括接线、触点、按钮机械性能等。

2.3.40 油浸变压器检修时，应认真校验气体继电器的整定动作情况。应配备校验性能良好、整定正确的气体继电器作为备品，并做好相应管理工作。

2.3.41 强油循环变压器冷却系统的两个独立电源应定期进行切换试验，有关信号装置应齐全可靠。设备巡检时，应重点检查PLC面板冷却器控制状态与运行方式相符。

2.3.42 强油循环变压器的潜油泵启动应逐台启用，延时间隔应在30s以上，以防止气体继电器误动。

2.3.43 变压器大修后试运行时，气体继电器的重瓦斯保护必须投跳闸。

2.3.44 发电机－变压器组整套启动过程中，各电气试验阶段保护投退原则如下：

a） 发电机组整套启动并网前，发电机－变压器组保护装置跳闸出口压板仅投跳磁场断路器。解除热工控制中并网后带初负荷的逻辑，试验完成后及时恢复逻辑。

b） 发电机短路和空载试验时，应配置励磁变压器临时电源保护，励磁变压器临时电源保护应包括电流速断保护、过电流保护、过负荷保护，过负荷保护定值应按躲过发电机短路试验最大励磁电流来整定。

c） 发电机短路试验，短路点设置在发电机出口处时，录制发电机短路特性曲线，应投入发电机纵联差动保护、定子绕组过负荷保护、过电压保护、励磁回路接地保护、突然加电压保护；短路点设置在主变压器高压侧、高压厂用变压器低压侧时，应检查主变压器、高压厂用变压器纵联差动保护电流回路极性的正确性，除投入上述保护外，还应分别投入主变压器纵联差动保护、高压厂用变压器纵联差动保护。为防止短路点开路，过电压保护的动作电压值宜修改为$0.3U_n$，动作时间宜修改为0s。

d） 发电机空载试验时，除发电机失步保护、失磁保护、逆功率保护、励磁变压器保护、励磁绕组过负荷保护外，其他发电机－变压器组保护均应投入。过电压保护的动作电压值宜修改为 1.2U_n，动作时间宜修改为 0s。

e） 励磁系统特性试验、假同期试验及并网前，除发电机失步保护、失磁保护、逆功率保护外，其他发电机－变压器组保护均应投入。

f） 并网后，发电机－变压器组保护及保护装置跳闸出口压板均应投入。

2.4 高、低压厂用系统保护

2.4.1 高压厂用母线弧光保护电流定值应按照 DL/T 1502—2016《厂用电继电保护整定计算导则》合理整定，并利用电弧光保护测试仪检测弧光保护的可靠性。

2.4.2 高压电动机负序过电流保护定值应按照 DL/T 1502—2016《厂用电继电保护整定计算导则》合理整定，防止高压线路不对称短路、非全相运行或外部短路故障时引起非故障电动机群负序过电流保护误动。

2.4.3 高压电动机低电压保护应采用“分散式”配置，即低电压保护功能由各高压电动机综合保护装置分别实现。高压电动机低电压保护应具有电压互感器二次回路断线闭锁功能，防止电压互感器二次回路一相、二相、三相断线时低电压保护误动。电压互感器二次回路断线闭锁逻辑中三相失压应具有相电流判据。

2.4.4 由 DCS 实现的低电压切换等联锁逻辑，动作判据不应采用单一信号测点。应结合保护定检周期，对 DCS 中电气联锁逻辑进行传动。DCS 中的电气逻辑应形成逻辑说明。

2.4.5 高压厂用系统综保接地保护采用外接零序互感器时应取消相电流制动特性，更改为纯零序过流保护，同时根据电厂高压系统中性点接地方式选择相应零序电流量程。

2.4.6 高压熔断器串真空接触器回路（FC 回路）应实测真空接触器合闸瞬间因故障跳闸的动作延时，根据测试结果校核高压厂用变压器（启动备用变压器）低压分支零序过流 I 段延时定值。

2.4.7 高压熔断器串真空接触器回路（FC 回路）的综保装置应投入大电流闭锁功能，电流闭锁定值应根据 DL/T 1502—2016《厂用电继电保护整定计算导则》整定，同时应对 FC 回路的电流互感器变比、熔断器熔断电流、保护定值配合关系进行校核，防止配合不当造成故障切除时间过长。

2.4.8 干式变压器的温度保护应动作于信号，温度测点接入机组 DCS 并合理设定报警值。

2.4.9 为防止越级跳闸引起重要的低压厂用变压器或 PC、MCC 段失电，低压厂用变压器低压侧、厂用馈线（PC－PC 联络线、PC－MCC 线路、MCC－MCC 联络线）下一级无零序过电流保护时，其单相接地保护的动作电流值应与下一级相电流保护最大动作电流配合；低压厂用系统的 PC 段电源进线、MCC 电源馈线均应退出电子脱扣器中的瞬时保护功能。

2.4.10 为保证低压厂用系统各级短延时保护时间级差不小于 0.2s，宜优先选用电子脱扣器短延时保护最长延时能整定至 0.8s 及以上的框架断路器。

2.4.11 380V 低压厂用框架断路器如配置了欠压脱扣器，应具备带延时整定功能。

2.4.12 低压电动机应投入综保装置中的“欠压重启动功能”或采取其他抗晃电措施。外部瞬时故障或短时电压扰动造成交流接触器欠压脱扣后，系统电压恢复时，重要电动机应能在允许时间内再次启动。

2.4.13 针对低压厂用系统 0Ⅲ类负荷（交流保安负荷）和 I 类负荷等低压负荷（诸如：汽轮机顶轴油泵、汽轮机交流润滑油泵、发电机氢密封交流油泵、辅机交流润滑油泵、充电装置、不间断电源装置电源、EH 抗燃油泵、发电机定子冷却水泵），应核查不同母线段负荷分配及保护联锁配置的合理性。

2.4.14 重要辅机电动机事故按钮必须加装保护罩，防止误碰造成停机事故。

2.4.15 给煤机等重要辅机控制电源应采用交流不间断电源辐射状供电方式，分别从交流不间断电源馈线柜母线引接。

2.4.16 应对重要辅机就地控制柜（箱）内的继电器及控制回路进行定期检查和校验。

2.5 故障录波装置及故障信息系统

2.5.1 100MW 及以上容量发电机－变压器组应配置专用故障录波装置。启动备用变压器（或联络变压器）可根据故障录波信息量与机组合用或单独配置。110kV 及以上电压等级升压站应按电压等级配置专用故障录波装置。

2.5.2 发电机－变压器组故障录波装置的故障录波信息量，模拟量应满足 DL/T 5136—2012《火力发电厂、变电站二次接线设计技术规程》附录 C 的要求，并接入厂用直流系统的各段母线单极对地电压、交流不间断电源输出电压、保安段电压，其中励磁电压宜不经变送器采用直接接入方式；开关量应包括发电机－变压器组各类保护信号以及发电机断路器、发电机－变压器组断路器、磁场断路器、高压厂用电源进线开关等合、分闸辅助触点等。励磁调节器的各类限制及故障信号宜送至故障录波装置。

2.5.3 启动备用变压器（或联络变压器）故障录波装置的故障录波信息量，模拟量应满足 DL/T 5136—2012《火力发电厂、变电站二次接线设计技术规程》附录 C 的要求；开关量应包括变压器保护所有保护动作信号及变压器各侧断路器、中性点隔离开关合、分闸辅助触点等。

2.5.4 110kV 及以上升压站故障录波装置的故障录波信息量，模拟量应包括线路、断路器、电抗器的相电流、零序电流，线路及母线电压互感器的相电压、零序电压，直流系统的各段母线单极对地电压、站用交流不间断电源输出电压；开关量应包括升压站所有保护装置的动作信号、重合闸动作信号、远跳和远传信号、通道异常信号及断路器、隔离开关合、分闸辅助触点等。

2.5.5 故障录波装置定值整定中电压量突变启动值宜取 5%额定值，电流量突变启动值宜取 10%额定值，以便录取各类异常工况，及时发现电气设备及保护回路缺陷和隐患。

2.6 安全自动装置

2.6.1 安全稳定装置的控制策略应按照电网调度机构的要求，根据机组和系统运行方式变化，及时改投相应的方式压板。

2.6.2 电厂应准确掌握有串联补偿电容器送出线路以及送出线路与直流换流站相连的汽轮发电机组轴系扭转振动频率，并做好抑制和预防机组次同步谐振或振荡措施，同时应装设机组轴系扭振保护装置，协助电力调度部门共同防止次同步谐振或振荡。

2.6.3 自动准同期装置和厂用电切换装置应单独配置。

2.6.4 机组微机自动准同期装置出口回路应增设同期鉴定闭锁继电器，微机自动准同期装置合闸输出接点与同期鉴定闭锁继电器常闭接点串联。

2.6.5 微机自动准同期装置、整步表、同期鉴定闭锁继电器及同期二次回路应结合机组检修定期检验与传动。

2.6.6 新投产、大修机组及同期回路（包括交流电压回路、直流控制回路、整步表、自动准同期装置及同期把手等）发生改动或设备更换的机组在第一次并网前必须进行以下工作：

a）装置及同期回路全面细致校核与传动。

b）进行机组同期装置核相试验。对于发电机出口不设断路器的机组，应采用发电机组带空载母线（含母线电压互感器）升压的方式；对于发电机组出口设断路器的机组，应采用发电机带主变压器侧电压互感器（将主变压器与电压互感器隔离）升压的方式，或主变压器带发电机出口电压互感器（将发电机与出口电压互感器隔离）倒送电的方式进行核相试验。核相时，需检查同期点两侧的电压互感器二次电压的相位、幅值、相序的对应关系，在同期屏端子排处检查系统电压和待并电压的幅值和相位，还应确认整步表指示在同期点。

c）进行机组假同期试验，试验应包括断路器的手动准同期及自动准同期合闸试验、同期（继电器）闭锁等内容。

2.6.7 厂用电源快速切换装置正常运行中需要切换厂用电，当工作电源和备用电源属于同一系统时宜选择并联切换方式；在电气事故或不正常运行（包括工作母线低电压和工作电源断路器偷跳）时，只允许采用串联切换方式，在合备用电源断路器之前应确认工作电源断路器已经跳闸；在非电气事故（如机炉事故）需要切换厂用电时，允许采用同时切换方式。

2.6.8 备用电源自动投入装置原则上应确保主供电源断路器断开后方可投入备用电源，备自投闭锁应与保护或自动装置配合。

2.6.9 厂用快切装置及备自投装置应定期检验，按照DL/T 995—2016《继电保护和电网安全自动装置检验规程》相关要求，根据动作条件，对快切装置及备自投装置进行空载及带负荷模拟试验，并根据断路器位置触点动作时序及动作时间，评估切换装置动作行为。

2.6.10 重视机组厂用电切换装置的合理配置及日常维护，确保系统电压、频率出现较大波动时，具有可靠的保厂用电源技术措施。

2.6.11 PC、MCC段的重要负荷、变频器的控制回路中性线应独立引接。

3 励磁装置

3.1 系统配置

3.1.1 发电机励磁调节器（包括电力系统稳定器）须经认证的检测中心的入网检测合格，挂网试运行半年以上，形成入网励磁调节器软件版本，才能进入电网运行。

3.1.2 根据电网安全稳定运行的需要，200MW及以上容量的火力发电机组或接入220kV电压等级及以上的同步发电机组应配置电力系统稳定器（PSS）。

3.1.3 励磁系统应保证良好的工作环境，环境温度不得超过规定要求。励磁调节器与励磁变压器不应置于同一场地内。整流柜冷却通风入口应设置滤网，整流柜超温报警信号应送至DCS实现远程监视，必要时应采取防尘降温措施。宜将励磁小室的温度信号送至DCS，并合理设定报警值。

3.1.4 励磁变压器绕组温度应具有有效的监视手段，并控制其温度在设备允许的范围之内。有条件的可装设铁心温度在线监视装置。

3.1.5 励磁变压器测温传感器严禁布置在高压线圈侧，测温电缆、电流互感器二次电缆等电缆严禁与高压线圈及高压母排碰触，应固定牢靠，避免因高电压造成二次电缆绝缘击穿放电，导致发电机定子接地保护动作。

3.1.6 励磁变压器高压侧封闭母线外壳用于各相别之间的安全接地连接应采用大截面金属

板，不应采用导线连接，防止不平衡的强磁场感应电流烧毁连接线。

3.1.7 励磁变压器至整流柜的一次电缆，整流柜到集电环一次电缆，宜采用专用电缆架，并设置测温点。

3.1.8 励磁变压器高压侧电流互感器应采用穿心式电流互感器，以保证励磁变压器高压侧短路时有足够的动热稳定性。

3.1.9 励磁变压器保护定值应与励磁系统强励能力相配合，防止机组强励时保护误动作。

3.1.10 励磁变压器本体不应配置抑制交流过电压的阻容吸收等回路。

3.1.11 为防止发电机机端电压互感器高压侧熔断器因“慢熔”现象造成电压互感器二次电压缓慢下降时，励磁调节器因电压互感器断线监测灵敏度不够可能误判机端电压降低而误增磁，新改造励磁调节器应增加电压互感器慢熔判断功能或采取措施提高电压互感器断线判据的灵敏度。此外，也可考虑将机端电压互感器高压侧熔断器更换为新型低阻型高压熔断器。

3.1.12 励磁系统的灭磁能力应达到国家标准要求，且灭磁装置应具备独立于调节器的灭磁能力。磁场断路器的弧压应满足误强励灭磁的要求。新建及改造的机组磁场断路器应采用独立的双跳闸线圈。

3.2 控制与保护

3.2.1 励磁调节器保护、限制、电力系统稳定器等控制参数及控制软件应按照继电保护定值及软件版本管理要求实施。调节器程序、保护及控制参数等应做好备份。

3.2.2 当励磁系统中过励限制、低励限制、定子过压或过流限制的控制失效后，相应的发电机保护应完成停机。

3.2.3 励磁系统 V/Hz 限制环节的特性应与发电机或变压器过励磁能力低者相匹配，无论使用定时限还是反时限特性，均应在发电机组对应继电保护装置动作前进行限制。V/Hz 限制环节在发电机空载和负载工况下均应正确工作。

3.2.4 励磁系统如设有定子过压限制环节，应与发电机过电压保护定值相配合，该限制环节应在机组保护之前动作。

3.2.5 励磁系统低励限制环节动作值的整定应主要考虑发电机定子端部铁心和结构件发热情况及对系统静态稳定的影响。低励限制的动作曲线应与失磁保护配合，在磁场电流过小或失磁时低励限制应首先动作；如限制无效，则应在失磁保护继电器动作以前自动投入备用通道。当发电机进相运行受到扰动瞬间进入励磁调节器低励限制环节工作区域时，不允许发电机组进入不稳定工作状态。

3.2.6 励磁系统过励限制（即过励磁电流反时限限制和强励电流瞬时限制）环节的特性应与发电机转子过负荷能力相一致，并与发电机保护中转子过负荷保护定值相配合，在保护之前动作。

3.2.7 励磁系统定子电流限制环节的特性应与发电机定子过电流能力相一致，但是不允许出现定子电流限制环节先于转子过励限制动作从而影响发电机强励能力的情况。

3.2.8 励磁系统应具有无功调差环节和合理的无功调差系数。接入同一母线的发电机的无功调差系数应基本一致。励磁系统无功调差功能应投入运行。

3.2.9 并网机组励磁调节器必须在自动方式下运行。发电机进相运行时励磁调节器应投入自动方式。利用自动电压控制（AVC）对发电机调压时，受控机组励磁调节器应投入自动方式。

3.2.10 励磁系统自动通道发生故障或进行试验需退出自动方式时，应及时报告电网调度部门。严禁发电机在手动励磁调节（含按发电机或交流励磁机的磁场电流的闭环调节）下长期运行。手动励磁调节运行期间，在调节发电机的有功负荷时必须先适当调节发电机的无功负荷，以防止发电机失去静态稳定性。

3.2.11　进相运行的发电机励磁调节器必须投入低励限制器并能在线调整低励限制定值。

3.2.12　并网发电机组的低励限制辅助环节功能参数应按照电网运行的要求进行整定和试验，与电压控制主环合理配合，确保在低励限制动作后发电机组稳定运行。

3.2.13　励磁系统各种限制和保护的定值应在发电机安全运行允许范围内，并定期校验。

3.2.14　具有励磁内部故障跳磁场断路器功能的励磁调节器，应同时将“励磁内部故障信号”开入至发电机－变压器组保护装置，设置“励磁系统故障”非电量保护，动作于机组全停。

3.2.15　自并励发电机的励磁变压器宜采用电流速断保护作为主保护，过电流保护作为后备保护。对交流励磁发电机主励磁机的短路故障宜在中性点侧的电流互感器回路装设电流速断保护作为主保护，过电流保护作为后备保护。

3.2.16　励磁系统中两套励磁调节器的电压回路应相互独立，使用机端不同电压互感器的二次绕组，防止其中一个故障引起发电机误强励。

3.2.17　发电机励磁回路接地保护装置原则上应安装于励磁系统柜。励磁系统至保护柜或故障录波装置的转子正、负极电压回路外部电缆，以及屏柜内端子排至装置背板的屏内配线、变送器并联支路等均应采用高绝缘电缆，且不能与其他信号共用电缆。高绝缘电缆选型宜用ZR－YJVP－1.8/3kV 3×2.5。

3.3　运维管理

3.3.1　加强并网发电机组涉及电网安全稳定运行的励磁系统及PSS的运行管理，其性能、参数设置、设备投停等应满足接入电网安全稳定运行要求。

3.3.2　加强励磁系统设备的日常巡视，检查内容至少包括：励磁变压器各部件温度应在允许范围内；整流柜的均流系数应不低于0.9，温度无异常，通风孔滤网无堵塞；励磁小室空调运行正常，温度不超过30℃；发电机或励磁机转子碳刷磨损情况在允许范围内等。机组停机后励磁小室空调应停止工作。

3.3.3　修改励磁系统参数必须严格履行审批手续，在书面报告有关部门审批并进行相关试验后，方可执行，严禁随意更改励磁系统参数设置。

3.3.4　励磁整流柜熔断器熔断后不宜在运行中更换。如需更换，应采取有效的整流柜隔离停电措施，并对功率模块的硅元件进行检查，确认正常后方可投入运行。

3.3.5　励磁系统电源模块应定期检查，且备有备件，发现异常时应及时予以更换。电源模块运行不宜超过六年。

3.3.6　针对系统内频繁发生故障的同型励磁调节器，电厂应及时联系厂家进行软件升级或相关硬件更换。若无法彻底解决问题，应积极考虑励磁调节器整体换型改造。

3.3.7　机组基建投产及励磁系统设备改造后，应进行阶跃扰动性试验和各种限制环节、PSS功能的试验，确认励磁系统工作正常，满足标准的要求。励磁调节器控制程序更新升级前，对旧的控制程序和参数进行备份，升级后进行空载试验及新增功能或改动部分功能的测试，确认程序更新后励磁系统功能正常。做好励磁系统改造或程序更新前后的试验记录并备案。

3.3.8　PSS的定值设定和调整应由具备资质的科研单位或认可的技术监督单位按照相关行业标准进行。试验前应制订完善的技术方案和安全措施上报相关管理部门备案，试验后PSS的传递函数及自动电压调节器最终整定参数应书面报告相关调度部门。机组正常运行中，应根据电网调度机构的要求，正确投退 PSS。

3.3.9　励磁系统定期检修期间，应对磁场断路器分闸控制回路的各元件（合闸位置继电器、中间继电器等）进行检测，确保磁场断路器分闸控制回路的可靠性。

3.3.10　励磁系统定期检修期间，应对励磁调节器主从通道间、励磁调节器与整流柜间及其他屏柜之间的通信电缆、光纤及其接口进行检查。

3.3.11　无刷励磁系统检修期间，应对旋转二极管整流器的熔断器、二极管、端部铆接部位及其他组件进行检查。

3.3.12　结合机组检修，应安排磁场断路器断口触头接触电阻、分合闸线圈直流电阻、分合闸动作电压、分合闸时间测试，以及非线性电阻特性测试。对于三机励磁系统，应注意检查励磁母线与励磁机碳刷架柔性连接铜排的绝缘性能。

3.3.13　应向励磁厂家确认机组正常停机与事故停机时励磁装置的灭磁控制顺序，宜结合机组检修实测励磁装置的灭磁控制时序。

3.3.14　励磁系统大修后，应进行发电机空载和负载阶跃扰动性试验，检查励磁系统动态指标是否达到标准要求。试验前应编写包括试验项目、安全措施和危险点分析等内容的试验方案并履行审批程序。

3.3.15　赛雪龙公司 HPB 45 型、HPB 60 型磁场断路器应按照产品使用手册要求，更换长期经受机械磨损的部件，应特别注意 5400 部件（复合材料固定导轨）的开裂问题，每（8±1）年或每 50 000 次操作更换该部件。

4　变频器

4.1　高压变频器应置于独立密闭空间，并具备良好的通风和散热条件，应有防雨、防尘、防小动物进入措施，无导电或爆炸尘埃，无腐蚀金属或破坏绝缘的气体。采用空调器密闭式冷却时，应配备事故排烟风机。

4.2　高压变频器及冷却系统应按照主设备标准开展运行和维护管理，明确运行巡检等管理要求，明确设备检修责任人及定期检修维护项目标准。

4.3　高压变频器运行环境温度应控制在 0℃～30℃，相对湿度控制在 5%～85%，防止设备凝露。

4.4　高压变频器的冷却系统应有一定裕度。对于采用直蒸式空调，其电源应由不同厂用母线供电，负载应均衡分布，保证在一路电源失电时部分空调能正常运行。

4.5　高压变频器的功率单元、移相变压器的测温信号应接入 DCS，并设置温度报警，便于运行人员监视。当采用空调器密闭式冷却时，室内温度信号也应接入 DCS，并设置温度报警。当发现温度异常时应采用降负荷和加强通风等方式，严密监视变频器各部位温度和运行参数，故障短时不能消除或温度上升接近跳闸值，应将变频器手动退出运行。

4.6　变频器应含有能反应变频器和移相变压器及输出负载故障的保护及报警功能。新投运变频器的本体保护、变频器对电动机的保护应满足 GB/T 34123—2017《电力系统变频器保护技术规范》的要求。变频器本体保护和报警逻辑应写入运行规程，并在规程中详细说明报警查找和故障处理方法。

4.7　高压变频器任一功率单元故障时，应能使故障单元自动旁路，实现连续运行。重要辅机的高压变频器应具备故障自动切工频功能，在DCS逻辑中对切工频时的参数扰动进行防范和自动调节，并定期进行实际切工频试验。

4.8 高压变频器由变频运行方式切换为工频运行方式，应正确判断是否存在电动机或出线电缆故障，防止切换操作导致事故扩大。

4.9 加强高压变频器的定期巡检。高压变频器所处环境的温度、湿度应正常，无有害气体、烟雾和粉尘；仪表指示状态正常，无报警信号；冷却系统运行正常，通风滤网无堵塞；变频器及其附属设备运行温度正常，无变色、变形、异味、异常振动、噪声、放电火花等情况；变频器的输入电压、输入电流、输出电压、输出电流，输出频率、给定频率，变压器绕组温度、控制柜温度，水冷系统的水压、水电导率、水温等参数应正常。

4.10 变频器发出告警信号时，运行人员应到就地检查，调取报警数据，分析判断故障点，防止故障扩大导致变频器跳闸。变频器发出故障跳闸信号时，运行人员应立即判断变频器是否跳闸。

4.11 加强高压变频器冷却和通风系统检查维护。

a） 加强对变频器功率柜等内部冷却风扇的运行维护，并按照其寿命周期定期更换。

b） 对强迫风冷高压变频器，应检查散热器、风叶状况良好，定期进行清理检修。

c） 对水冷高压变频器，应检查热交换器及管路，必要时进行清理和水压试验，水路及阀门严密无泄漏，冷却水电导率、压力、温度应正常。

d） 对直蒸式空调冷却高压变频器，应检查空调蒸发器和管路，空调冷却介质压力应正常；空调压缩机运行应正常，空调控制电路，不存在松动、接触不良、过热等情况，温度定值设定应正常，对空调滤网和室外风机定期进行清理维护。

e） 对变频器小室的通风滤网定期检查清理，保证变频器小室通风良好，并注意防止异物进入。

4.12 高压变频器采用“一拖一”“一拖二”接线方式的保护配置，若变频电源回路和工频电源回路由同一高压开关柜供电，宜配置数字式带旁路闭锁的变频器专用综合保护装置，以满足变频工况并兼顾旁路工频运行工况。若变频电源回路和工频电源回路由不同高压开关柜供电，工频电源回路应配置电动机综合保护装置，变频电源回路宜配置数字式变压器综合保护装置或变频器专用综合保护装置。2000kW 及以上容量的变频电动机，应配置专用变频电动机差动保护装置。

4.13 应根据厂用电参数、高压变频器一次设备参数、变频器负载调节性能要求，合理整定高压变频器保护定值及控制参数，并确定控制逻辑。高压变频器保护定值及控制参数应按照继电保护定值管理要求实施。变频器PLC程序、主控参数等应做好备份。

4.14 引风机、一次风机、给煤机、空气预热器等一类辅机变频器的低电压、高电压穿越区指标应满足DL/T 1648—2016《发电厂及变电站辅机变频器高低电压穿越技术规范》的要求。高压变频器应具有高压失电短时跟踪再启动功能，在外部故障或扰动引起进线电压跌落时，变频器可短时停止输出但不跳闸，若电源电压恢复正常，变频器应能跟踪电动机转速再次启动。

4.15 变频器控制电源应采用双电源供电，应采用可靠的直流电源或UPS电源供电。如用变频器采用自身的UPS供电，应加强对UPS的检修维护，宜2年～4年对蓄电池进行更换，确保掉电保持时间不小于5min。

4.16 高压变频器移相变压器的测温元件应安装于低压侧，元件及电缆应固定牢靠，严禁与高压线圈及外壳碰触，避免高压线圈与测温元件及其电缆间发生绝缘击穿放电。移相变压器温度保护应投入报警。

4.17 新投运及检修后，应进行高压变频器保护传动试验、联锁试验、输出电压和频率范围检查、加减速特性试验、控制回路双电源切换试验、不间断供电电源试验、电流和电压不平衡度试验、高压短时掉电跟踪再启动试验等，并核对变频器保护定值及控制参数。

4.18 高压变频器附属的移相变压器、电抗器、电容器、互感器、开关设备、避雷器、电力电缆等一次设备应定期进行红外测温或红外成像检查，高温、大负荷时段应缩短测试周期。

4.19 高压变频器应随机组同步检修，主要检修项目为功率电路检查清扫、冷却系统检查清扫、测量控制元件和保护报警逻辑检查、预防性试验等。功率电路应外观良好，无过热痕迹，无积灰积尘；电容器无漏液、膨胀等现象，有异常或达到寿命周期的电容器应及时予以更换；功率电路与控制器通信光纤连接应可靠牢固，达到寿命周期的功率器件、熔断器等应进行更换。

4.20 高压变频器附属的移相变压器、电抗器、电容器、互感器、开关设备、避雷器、电力电缆等一次设备电气预防性试验的项目、周期及试验方法应符合 DL/T 596—1996《电力设备预防性试验规程》的相关规定。

5 自动化及通信装置

5.1 调度自动化

5.1.1 电厂应根据电网调度机构要求部署相量测量装置。其测量信息应能满足调度机构需求，并提供给厂站进行就地分析。相量测量装置与主站之间应采用调度数据网络进行信息交互。

5.1.2 远动装置、计算机监控系统及其测控单元、变送器等自动化设备应采用冗余配置的不间断电源或站内直流电源供电。具备双电源模块的装置或计算机，两个电源模块应由不同电源供电。相关设备应加装防雷（强）电击装置，相关机柜及柜间电缆屏蔽层应可靠接地。

5.1.3 远动装置、相量测量装置、电能量终端、时间同步装置、计算机监控系统及其测控单元、变送器及安全防护设备等自动化设备（子站）必须是通过具有国家级检测资质的质检机构检验合格的产品。

5.1.4 升压站应采用开放、分层、分布式计算机双网络结构，自动化设备通信模块应冗余配置，优先采用专用装置，无旋转部件，采用专用操作系统；至调度主站（含主调和备调）应具有两路不同路由的通信通道（主/备双通道）。

5.1.5 在基建调试和启动阶段，应在启动前检查现场调度自动化设备安装验收情况，调度自动化设备有关的运行规程、操作手册、系统配置图纸等应完整正确且与现场实际接线相符，调度自动化系统子站、调度数据网等二次系统（设备）必须提前进行调试，确保与一次设备同步投入运行。

5.1.6 调度自动化设备的设计、选型应符合调度自动化专业有关规程规定，并须经相关调度自动化管理部门同意。现场设备的信息采集、接口和传输规约必须满足调度自动化主站系统的要求。

5.1.7 自动发电控制和自动电压控制子站应具有可靠的技术措施，对接收到的所属调度自动化主站下发的自动发电控制指令和自动电压控制指令进行安全校核，对本地自动发电控制和自动电压控制系统的输出指令进行校验，拒绝执行明显影响安全的指令。除紧急情况外，未经调度许可不得擅自修改自动发电控制和自动电压控制系统的控制策略和相关参数。自动发电控制和自动电压控制系统的控制策略更改后，需要对安全控制逻辑、闭锁策略、二次系统安全防护等方面进行全面测试验证，确保自动发电控制和自动电压控制系统在启动过程、系统维护、版本升级、切换、异常工况等过程中不发出或执行控制指令。

5.1.8 按照有关规定的要求，结合一次设备检修或故障处理，定期对远动信息（含相量测量装置信息）进行测试。遥信传动试验应具有传动试验记录，遥测精度应满足相关规定要求。

5.1.9 建立和完善二次设备在线监视与分析系统，确保继电保护信息、故障录波等可靠上送。在线监视与分析系统应严格按照国家有关网络安全规定，做好有关安全防护。在改造、扩建工程中，新保护装置必须满足网络安全规定方可接入二次设备在线监视与分析系统。

5.1.10 电力监控系统安全防护必须满足《电力监控系统安全防护规定》（国家发改委〔2014〕14 号）、《国家能源局关于印发电力监控系统安全防护总体方案等安全防护方案和评估规范的通知》（国能安全〔2015〕36 号）及其配套文件的相关要求，确保电力二次系统安全防护体系完整可靠，具有数据网络安全防护实施方案和网络安全隔离措施，分区合理，隔离措施完备、可靠。

5.1.11 电力二次系统安全防护策略从边界防护逐步过渡到全过程安全防护，禁止选用经国家相关管理部门检测存在信息安全漏洞的设备，安全四级主要设备应满足电磁屏蔽的要求，全面形成具有纵深防御的安全防护体系。

5.1.12 生产控制大区内部的系统配置应符合规定要求，硬件应满足要求；生产控制大区一区和二区之间应实现逻辑隔离，防火墙规则配置应严格；连接生产控制大区和管理信息大区间应安装单向横向隔离装置；电厂至上一级电力调度数据网之间应安装纵向加密认证装置，以上两装置应经过国家权威机构的测试和安全认证。

5.2 通信及通道

5.2.1 电厂应具有两个及以上独立通信路由，应具有两种及以上通信方式的调度电话，满足“双设备、双路由、双电源”的要求，且至少保证有一路单机电话。

5.2.2 电厂的通信光缆或电缆应采用不同路由的电缆沟（竖井）进入通信机房和集控室；避免与一次动力电缆同沟（架）布放，并完善防火阻燃、阻火分隔、防小动物封堵等各项安全措施，绑扎醒目的识别标志；如不具备条件，应采取电缆沟（竖井）内部分隔离等措施进行有效隔离。新建通信站应在设计时与全站电缆沟、架统一规划，满足以上要求。

5.2.3 同一条 220kV 及以上线路的两套继电保护和同一系统的有主/备关系的两套安全自动装置通道应由两套独立的通信传输设备分别提供，并分别由两套独立的通信电源供电，重要线路保护及安全自动装置通道应具备两条独立的路由，满足“双设备、双路由、双电源”的要求。

5.2.4 双重化配置的继电保护光电转换接口装置的直流电源应取自不同的电源。单电源供电的继电保护接口装置和为其提供通道的单电源供电通信设备，如外置光放大器、脉冲编码调制设备（PCM）、载波设备等，应由同一套电源供电。

5.2.5 在双电源配置的站点，具备双电源接入功能的通信设备应由两套电源独立供电。禁止两套电源负载侧形成并联。

5.2.6 线路纵联保护使用复用接口设备传输允许命令信号时，不应带有附加延时展宽。

5.2.7 电力调度机构与电厂调度自动化实时业务信息的传输应具有两路不同路由的通信通

道（主/备双通道）。

5.2.8 通信机房、通信设备（含电源设备）的防雷和过电压防护能力应满足电力系统通信站防雷和过电压防护相关标准、规定的要求。通信机房应满足密闭防尘和温度、湿度要求，窗户具备遮阳功能，防止阳光直射机柜和设备。

5.2.9 用于传输继电保护和安控装置业务的通信通道投运前应进行测试验收，其传输时间、可靠性等技术指标应满足 DL/T 364—2019《光纤通道传输保护信息通用技术条件》的要求。传输线路分相电流差动保护的通信通道应满足收、发路径和时延相同的要求。

5.2.10 严格按架空地线复合光缆（OPGW）及其他光缆施工工艺要求进行施工。架空地线复合光缆、全介质自承式光缆（ADSS）等光缆在进站门形架处的引入光缆必须悬挂醒目光缆标示牌，防止一次线路人员工作时踩踏接续盒，造成光缆损伤。光缆线路投运前应对所有光缆接续盒进行检查验收、拍照存档，同时，对光缆纤芯测试数据进行记录并存档。应防止引入缆封堵不严或接续盒安装不正确造成管内或盒内进水结冰导致光纤受力引起断纤故障的发生。

5.2.11 制定通信网管系统运行管理规定，服从上级网管指挥，未经许可，各网元不得进行无关的配置、修改。落实数据备份、病毒防范和安全防护工作。

5.2.12 应每季度对通信设备的滤网、防尘罩进行清洗，做好设备防尘、防虫工作。通信设备检修或故障处理中，应严格按照通信设备和仪表使用手册进行操作，避免误操作或对通信设备及人员造成损伤。在采用光时域反射仪测试光纤时，必须提前断开对端通信设备；在插拔拉曼放大器尾纤时，应先关闭泵浦激光器。

5.2.13 调度交换机运行数据应每月进行备份，调度交换机、数据发生改动前后，应及时做好数据备份工作。调度录音系统应每月进行检查，确保运行可靠、录音效果良好、录音数据准确无误，存储容量充足。调度录音系统服务器应保持时间同步。

5.2.14 加强对纵联保护通道设备的检查，重点检查是否设定了不必要的收、发信环节的延时或展宽时间。注意校核继电保护通信设备传输信号的可靠性和冗余度及通道传输时间，防止因通信问题引起保护不正确动作。

5.2.15 应在现场运行规程中明确每套保护装置的每个保护通道的投退操作方法。对于有通道投退压板或通道切换开关的，应使用通道投退压板或通道切换开关进行通道投退；对于没有通道投退压板而有使用该通道所对应的纵联保护功能压板的，采用投退纵联保护对应通道的功能压板。

5.3 时间同步

5.3.1 电力系统时间同步系统时钟源采用天基授时为主，地基授时为辅的模式。天基授时应采用以中国北斗卫星导航系统为主，美国全球定位系统（GPS）为辅的单向方式。

5.3.2 电厂应配置统一的时间同步系统，对厂内各种系统和设备的时钟进行统一校正。主时钟应采用双机冗余配置。生产控制系统、保护装置、故障录波装置、通信系统、综合自动化设备等均应接入时间同步系统。

5.3.3 生产控制系统后台宜采用 NTP 方式对时；保护和测控等设备应采用 IRIG－B 码或 PTP 报文的对时方式，优先采用 IRIG－B 码。时间同步装置应能可靠应对时钟异常跳变及电磁干扰等情况，避免时钟源切换策略不合理等导致输出时间的连续性和准确性受到影响。被授时系统（设备）对接收到的对时信息应做校验。

6 直流电源系统及交流不间断电源系统

6.1 直流电源系统

6.1.1 在新建、扩建和技改工程中，应按 DL/T 5044—2014《电力工程直流电源系统设计技术规程》和 GB 50172—2012《电气装置安装工程 蓄电池施工及验收规范》的要求进行交接验收工作。所有已运行的直流电源装置、蓄电池、充电装置、微机监控器和直流系统绝缘监测装置都应按 DL/T 724—2000《电力系统用蓄电池直流电源装置运行与维护技术规程》和 DL/T 781—2001《电力用高频开关整流模块》的要求进行维护、管理。

6.1.2 发电机组直流电源系统与升压站直流电源系统必须相互独立。升压站监控系统的电源、断路器控制回路及保护装置电源，应取自升压站配置的独立蓄电池组。

6.1.3 升压站直流系统配置应充分考虑设备检修时的冗余，330kV 及以上电压等级升压站及重要的 220kV 升压站应采用 3 台充电、浮充电装置，两组蓄电池组的供电方式。每组蓄电池和充电机应分别接于一段直流母线上，第三台充电装置（备用充电装置）可在两段母线之间切换，任一工作充电装置退出运行时，手动投入第三台充电装置。升压站直流电源供电质量应满足微机保护运行要求。

6.1.4 新建电厂的动力、UPS 及应急电源用直流系统，按主控单元，应采用 3 台充电、浮充电装置，两组蓄电池组的供电方式。每组蓄电池和充电机应分别接于一段直流母线上，第三台充电装置（备用充电装置）可在两段母线之间切换，任一工作充电装置退出运行时，手动投入第三台充电装置。其标称电压应采用 220V。直流电源的供电质量应满足动力、UPS 及应急电源的运行要求。

6.1.5 控制、保护用直流电源系统，按单台发电机组控制、保护用直流电源系统应采用两台充电、浮充电装置，两组蓄电池组的供电方式。每组蓄电池和充电机应分别接于一段直流母线上。直流电源的供电质量应满足控制、保护负荷的运行要求。

6.1.6 直流系统的馈出网络应采用辐射状供电方式，严禁采用环状供电方式。直流系统对负荷供电，应按所供电设备所在段设置分电屏，不应采用直流小母线供电方式。

6.1.7 升压站高压配电装置断路器电动机储能回路及隔离开关电动机电源如采用直流电源宜采用环形供电，间隔内采用辐射供电。当采用环形网络供电时，环形网络应由 2 回直流电源供电，直流电源应经隔离电器接入，正常时为开环运行。当 2 回电源由不同蓄电池组供电时，宜采用手动断电切换方式。

6.1.8 新建或改造的直流电源系统选用充电、浮充电装置，应满足稳压精度优于 0.5%、稳流精度优于 1%、输出电压纹波系数不大于 0.5%的技术要求。在用的充电、浮充电装置如不满足上述要求，应逐步更换。

6.1.9 直流系统用断路器必须采用具有自动脱扣功能的直流断路器，严禁使用普通交流断路器。

6.1.10 蓄电池组保护用电器，应采用熔断器，不应采用断路器，以保证蓄电池组保护电器与负荷断路器的级差配合要求。蓄电池出口回路熔断器应按蓄电池 1h 放电率电流选择，并应按事故放电初期（1min）冲击负荷放电电流校验保护动作的安全性，且应与直流馈线回路保护电器相配合。

6.1.11 除蓄电池组出口总熔断器以外，逐步将现有运行的熔断器更换为直流断路器。当负荷直流断路器与蓄电池组出口总熔断器配合时，应考虑动作特性的不同，对级差做适当调整。

6.1.12 蓄电池出口回路熔断器应带有报警触点，其他回路熔断器，必要时可带有报警触点。

6.1.13 加强直流断路器的选型及定值管理。电厂应根据直流系统负荷性质进行直流断路器选型及级差配合的整定计算并定期校核。各级直流断路器的保护动作电流和动作时间应满足选择性要求，考虑上、下级差的配合，且应有足够的灵敏系数。直流系统用断路器应采用具有自动脱扣功能的直流断路器。上、下级直流断路器额定电流宜根据各厂家提供的直流断路器选择性配合表按照 4 级及以上电流级差选择配合。如直流系统上、下级直流断路器采用不同厂家、不同类型的产品，级差配合问题应尤其重视，宜进行直流断路器级差配合校核试验。

6.1.14 直流系统的电缆应采用阻燃电缆，两组蓄电池的电缆应分别铺设在各自独立的通道内，尽量避免与交流电缆并排铺设，在穿越电缆竖井时，两组蓄电池电缆应加穿金属套管。

6.1.15 两组蓄电池组的直流系统，应满足在运行中两段母线切换时不中断供电的要求，切换过程中允许两组蓄电池短时并联运行，禁止在两个系统都存在接地故障情况下进行切换。

6.1.16 为防止直流切换设备故障或单个负载回路故障扩大影响范围，直流母线及直流分电屏严禁采用任何形式的直流电源自动切换。互为冗余配置的两套主保护、两套安稳装置、两组跳闸回路、两套通道设备等的直流供电电源必须取自不同段直流母线，两组直流之间不允许直流回路采用自动切换。

6.1.17 严防交流窜入直流、直流互窜故障。

a） 加强现场端子箱、机构箱封堵措施的巡视，及时消除封堵不严和封堵设施脱落缺陷。

b） 现场端子箱不应交、直流混装，现场机构箱内应避免交、直流接线出现在同一段或串端子排上。

6.1.18 加强直流电源系统绝缘监测装置的运行维护和管理。新投入或改造后的直流电源系统绝缘监测装置，应符合 DL/T 1392—2014《直流电源系统绝缘监测装置技术条件》相关规定，并重点满足以下要求：

a） 不应采用交流注入法测量直流电源系统绝缘状态。在用的采用交流注入法原理的直流电源系统绝缘监测装置，应逐步更换为直流原理的直流电源系统绝缘监测装置。

b） 直流分电屏安装的绝缘监测装置不配置平衡桥和检测桥。

c） 直流电源系统绝缘监测装置应具备对时功能，推荐使用 IRIG－B（DC）码时间同步信号。

d） 直流电源系统绝缘监测装置，应具备监测蓄电池组和单体蓄电池绝缘状态的功能。

e） 新投运的直流电源系统绝缘监测装置，应具备交流窜直流故障的测记和报警功能。不具备该功能的直流电源系统绝缘监测装置，应逐步进行改造，使其具备交流窜直流故障的测记和报警功能。

6.1.19 防止直流系统的误操作导致事故扩大，应重点做好以下措施：

a） 改变直流系统运行方式的各项操作应严格执行现场规程规定。

b） 直流母线在正常运行和改变运行方式的操作中，严禁脱开蓄电池组。

c） 充电、浮充电装置在检修结束恢复运行时，应先合交流侧开关，再带直流负荷。

6.1.20 任何情况下不得无蓄电池运行（包括采用硅整流充电设备的蓄电池），当蓄电池组必须退出运行时，应投入备用（临时）蓄电池组。

6.1.21 蓄电池核对容量工作结束后投入充电屏的过程中，必须监视并确保新投入直流母线的充电屏直流电流表有电流指示后，方可断开两段直流母线分段开关，防止出现一段直流母线失压。

6.1.22 应定期对蓄电池进行核对性放电试验，确切掌握蓄电池的容量。

a） 对于大修中更换过电解液的防酸蓄电池组，在第 1 年内，每半年进行 1 次核对性放电试验。运行 1 年以后的防酸蓄电池组，每隔 1 年～2 年进行一次核对性放电试验；运行 4 年以后的蓄电池组，每年做一次核对性放电试验。若放充三次均达不到额定容量的 80%，可判此组蓄电池使用年限已到，并安排更换。

b） 对于新安装的阀控密封蓄电池组，应进行核对性放电试验。以后每隔 2 年进行一次核对性放电试验。运行 4 年以后的蓄电池组，每年做一次核对性放电试验。若放充三次均达不到额定容量的 80%，可判此组蓄电池使用年限已到，并安排更换。

6.1.23 浮充电运行的蓄电池组，除制造厂有特殊规定外，应采用恒压方式进行浮充电。浮充电时，严格控制单体电池的浮充电压上、下限，每个月至少一次对蓄电池组所有的单体浮充端电压进行测量记录，防止蓄电池因充电电压过高或过低而损坏。每月应进行一次蓄电池浮充电流测试，每季度应进行一次蓄电池内阻测试。

6.1.24 日常巡视检查时，应重点关注单只蓄电池内部开路或短路的问题。当一组蓄电池在离线放电过程中负荷电流接近零值或在线充电过程中单只电池电压过高时，要检查电池内部是否存在开路现象。在浮充状态下，若单只蓄电池电压下降接近零值，要检查电池内部是否存在短路现象。对损坏的蓄电池应及时处理。

6.1.25 应结合巡视重点查看直流电源系统绝缘监测装置显示的直流系统正负母线对地直流电压、正负母线对地绝缘电阻及支路对地绝缘电阻等数据，一旦发现数据异常或有劣化趋势，尽快查明原因并处理，及时消除直流系统接地缺陷。宜采用接地巡测仪查找直流接地点，故障点定位后如需断开直流回路，应采取相应措施，避免设备不正确动作。若采用“拉路法”查找直流接地，不应采用直接拉分电屏大面积停电查找的方法，应逐路拉开直流终端负荷。

6.1.26 应确保机组直流油泵供电可靠。直流油泵所在直流电源系统应有足够容量，各级熔断器应合理配置。应定期检查直流油泵电动机二次控制回路继电器、接触器、电阻箱等设备。直流油泵定期试验时，运行人员应记录启动电流、直流母线电压、启动电阻温度，并定期对直流油泵启动电流历史记录波形比对分析，若启动电阻切换、电流波形变化较大，应及时处理。

6.2 交流不间断电源系统

6.2.1 交流不间断电源装置的交流主输入、交流旁路输入电源应取自不同段的厂用交流母线。对于设置有交流保安电源的发电厂，交流主电源应由保安电源引接。

6.2.2 两套交流不间断电源装置采用单母线分段接线方式时，分段断路器应具有防止两段母线带电时闭合分段断路器的防误操作措施。手动维修旁路断路器应具有防误操作的闭锁措施。

6.2.3 正常运行中，禁止两台不具备并联运行功能的交流不间断电源装置并列运行。

6.2.4 为防止交流不间断电源装置自带蓄电池不具备自动维护管理功能或功能不完善引起事故，新投入的交流不间断电源装置直流电源应取自机组直流系统；现有自带蓄电池的，应定期开展蓄电池核对性放电试验，确切掌握内部蓄电池容量，并结合设备检修逐步进行技术改造。

6.2.5 应定期开展交流不间断电源切换试验，评估交流不间断电源装置电源切换性能，通过故障录波装置记录的输出电压波形检查动态电压瞬变范围，以及冷备用模式、双变换模式、冗余备份模式下的总切换时间，应符合 DL/T 1074—2007《电力用直流和交流一体化不间断电源设备》要求，发现异常及时处理。

6.2.6 机组检修期间，应将交流不间断电源装置主机柜逆变器电容等易故障元器件列入检查项目，发现异常及时更换。

6.3 保安电源

6.3.1 电厂的柴油发电机组交流保安电源的配置及设计应符合 GB 50660—2011《大中型火力发电厂设计规范》的要求。核查低压厂用系统重要负荷应分配至不同母线段，保护配置应合理，保安电源切换装置（或联锁回路）切换逻辑及定值应合理。

6.3.2 定期开展保安电源切换试验、柴油发电机联锁启动试验，并做好记录。

6.3.3 加强柴油发电机的维护管理。加强柴油发电机加热器的检查；每月测量柴油发电机蓄电池端电压，宜定期开展蓄电池容量测试，蓄电池应每 4 年进行更换；定期开展柴油发电机及其保护控制系统检修及检验工作，周期不应大于 4 年。

6.3.4 单回路出线、同杆并架双回线路或所有出线均接至同一变电站的电厂，厂用保安电源应外接第三方备用电源。

附　录
防止火电厂电气二次设备事故重点要求编制说明

附 1　通用要求编制说明

为有效防止火电厂电气二次事故的发生，在国能安全〔2014〕161 号《防止电力生产事故的二十五项重点要求》的基础上，及基建、运行、检修、试验及技术监督管理中发现的问题，对电厂继电保护配置、整定计算、二次回路、运行与检修等方面提出通用要求。

1.1　保护配置编制说明

1.1.1　为国能安全〔2014〕161 号《防止电力生产事故的二十五项重点要求》第 18.3 条。删除了“并经相关继电保护管理部门同意”，增加了保护选型应“通过国家级质量监督检验机构检验合格”的要求。

1.1.2　为国能安全〔2014〕161 号《防止电力生产事故的二十五项重点要求》第 18.4.1 条、第 18.4.5 条～第 18.4.9 条。b）在原第 18.4.5 条基础上增加了对厂用 6kV 母线电压互感器的要求；c）在原第 18.4.6 条基础上补充了详细要求；新增 g）“新建及改造的 220kV 及以上电压等级断路器的压力闭锁继电器应双重化配置，防止其中一组操作电源失去时，另一套保护和操作箱无法跳闸出口”。重要设备按双重化原则配置保护是现阶段提高继电保护可靠性的关键措施之一，所谓双重化配置不仅仅是应用两套独立的保护装置，而且要求两套保护装置的电源回路、交流信号输入回路、输出回路、直至驱动断路器跳闸，两套继电保护系统完全独立，互不影响，其中任意一套保护系统出现异常，也能保证快速切除故障，并能完成系统所需要的后备保护功能。新增 g）条主要考虑：若 220kV 及以上开关配置 1 个压力闭锁继电器，通常此压力闭锁继电器提供 1 副触点经重动继电器为两个跳闸回路提供两副压力触点，当其中一组操作电源失去时，重动继电器失电，串接于两个跳闸回路中的两副压力触点同时打开，两组跳闸回路被迫断开，断路器存在拒动风险。

1.1.3　为国能安全〔2014〕161 号《防止电力生产事故的二十五项重点要求》第 18.4.2 条、第 18.4.7 条。将上述两条内容合并，并删除部分不适用设备。

1.1.4　为国能安全〔2014〕161 号《防止电力生产事故的二十五项重点要求》第 18.4.4 条。增加了发电机－变压器组断路器、发电机出口断路器必须具备双跳闸线圈机构的要求。

1.1.5　为新增条款。根据 GB/T 34122—2017《220kV～750kV 电网继电保护和安全自动装置配置技术规范》第 8.6.1 条、第 9.2.1 条。DL/T 317—2010《继电保护设备标准化设计规范》第 4.2.9.1 款，强调了电压切换箱双套及单套配置的要求：1）电压切换箱采用双重化配置时，宜由隔离开关的一副常开辅助触点控制切换继电器的启动和返回，接通和断开本母线电压，此种方式简称单位置输入方式，该方式优点是简单，便于实现，不会造成二次交流电压“非等电位连接”，缺点是当隔离开关辅助触点接触不良或失去直流电源时，一套保护会失去交流电压，因此要求电压切换直流电源与对应保护装置直流电源取自同一段直流母线且共用直流空气断路器，防止电压互感器失压导致距离保护误动作。2）电压切换箱采用单套配置时，宜由隔离开关的一副常开辅助触点控制切换继电器的启动，接通本母线电压；一副常闭辅助触点控制切换继电器的返回，断开本母线电压。此种方式简称双位置输入方式。由于该电压切换箱同时提供两套保护装置的交流电压，宜采用双位置输入方式。此种切换方式的优点是当失去直流电源或隔离开关辅助触点接触不良时，不会失去交流电压。缺点是倒闸操作时，如隔离开关常开触点打开，常闭触点未闭合时，Ⅰ、Ⅱ母线的二次交流电压会同时接通，即二次交流电压“非等电位连接”，在母联断路器断开时，Ⅰ、Ⅱ母线的二次交流电压差可能造成继电器触点烧毁。继电保护相关辅助设备（如交换机、光电转换器等）宜采用直流电源供电。因硬件条件限制只能交流供电的，电源应取自交流不间断电源。

1.1.6　参考国家电网设备〔2018〕979 号《国家电网有限公司十八项电网重大反事故措施（修订版）》第 15.1.21 条。强调应保证继电保护相关辅助设备电源的供电可靠性。

1.1.7　为国能安全〔2014〕161 号《防止电力生产事故的二十五项重点要求》第 22.2.1.7 条。删除原文对装置选型的要求。【案例】2015 年 7 月 22 日，某电厂 1 号发电机－变压器组 DGT－801B 型保护 A 屏失灵保护动作，机组跳闸，RCS－985A 型保护 B 屏无保护动作信号，500kV 断路器保护屏无失灵保护动作出口事件记录。经检查，1 号发电机故障录波装置显示发电机－变压器组保护 A 屏发出断路器跳闸命令前，1 号机组直流系统存在交流窜入直流的情况，保护装置误动作。

1.1.8　为新增条款。依据 GB/T 14285—2006《继电保护和安全自动装置技术规程》第 4.1.11 条，强调电压互感器、电流互感器二次回路故障时保护装置动作出口的要求。【案例 1】2001 年 4 月 28 日，某电厂 2 号机发“TV2、TV3 断线”信号，逆功率保护动作，机组跳闸。经检查，发电机 TV2 C 相本体一次、二次绕组之间绝缘击穿、二次绕组发生接地。分析认为，逆功率保护（阿继厂生产）在电压互感器故障时未能正确闭锁，保护 TV 闭锁逻辑不完善。【案例 2】2003 年 1 月 18 日，某电厂 1 号发电机匝间保护动作，机组跳闸。经检查，电压互感器一次熔断器熔断，又因保护装置 TV 断线闭锁保护功能不完善，匝间保护动作。

1.1.9　为新增条款。强调了送机组 DEH 有功功率变送器用电流互感器、电压互感器及电源回路的要求。【案例 1】2009 年 12 月 9 日，某电厂在更换 1 号机组功率因数变送器过程中，短接功率因数变送器 A4045 和 A4046 电流回路后，机组跳闸。经检查，发现 A4045 和 C4045 号码管套错，实际短接 4LH 电流互感器 A、C 相，导致 2WF，3WF 功率变送器、接入汽轮机 DEH 的 A、C 相电流失去，机组跳闸。分析为 DEH 有功功率变送器共用同一电流互感器，该电流回路异常后导致 DEH 用有功功率变送器输出功率失真，触发发电机功率负荷不平衡（PLU）保护误动。【案例 2】2017 年 1 月 9 日，某电厂 2 号机组励磁调节器切 B 套运行，报发电机 TV 断线故障，DCS 显示有功突降至 71MW，机组跳闸。经检查，发电机出口 1 电压互感器二次空开 B、C 相跳闸，因变送器屏中六个有功功率变送器的 B、C 相电压均取自此组回路，导致送到 DCS 采集的发电机有功功率为 71MW（实际功率 220MW），DCS 逻辑判断锅炉转湿态运行，储水罐液位保护投入，触发锅炉 MFT。

1.2　整定计算编制说明

1.2.1　为新增条款。根据中国华能集团有限公司（以下简称集团公司）QHN－1－0000.08.018—2015《火力发电厂继电保护及安全自动装置监督标准》第 4.3.1.1.2 条，强调继电保护定值整定原则。

1.2.2　为国能安全〔2014〕161 号《防止电力生产事故的二十五项重点要求》第 18.10.1 条。原文基础上有修改。

1.2.3 为国能安全〔2014〕161 号《防止电力生产事故的二十五项重点要求》第 4.1.8 条。原文基础上有修改补充。

1.2.4 为国能安全〔2014〕161 号《防止电力生产事故的二十五项重点要求》第 5.1.13 条，原文未修改。

1.2.5 为国能安全〔2014〕161 号《防止电力生产事故的二十五项重点要求》第 5.1.20 条、第 18.6.22 条。将上述两条内容合并。

1.3 二次回路编制说明

1.3.1 为国能安全〔2014〕161 号《防止电力生产事故的二十五项重点要求》第 18.6.5 条。原文基础上有修改补充。补充了采用 3/2、4/3、角形接线等断路器接线形式时，以及 220kV 及以上电压等级双母线接线方式的母联、分段断路器的电流互感器配置要求。电流互感器单侧布置将不可避免地出现断路器和电流互感器间的故障死区。对经计算影响电网安全稳定运行重要升压站的 220kV 及以上电压等级双母线接线方式的母联和分段断路器，应在断路器两侧配置电流互感器，确保快速切除死区故障。

1.3.2 为新增条款。强调了电流、电压二次电缆应独立敷设的要求。在系统发生短路故障时，发电厂、升压站内空间电磁干扰明显，大部分干扰信号是通过二次回路侵入保护装置。为减小对同一电缆内其他芯线的干扰，交流电流和交流电压应安排在各自独立的电缆内；来自同一电压互感器的三次绕组的所有回路应安排在同一电缆内；强电回路和弱电回路应分别安排在各自独立的电缆内。由于电压互感器的三次绕组在正常运行时二次电压为零，或接近于零，此时在三次绕组及其回路发生短路时不易被发现。当系统发生不对称故障时，三次绕组及其回路产生故障电压，此时，电压互感器的三次绕组及其回路发生短路会造成电压互感器及其回路发生故障，并引起保护不正确动作。【案例】2006 年 9 月 8 日，某电厂 4 号机组定子接地保护动作，4 号机组跳闸。经检查，发电机中性点接地电阻至发电机－变压器组 B 套保护、故障录波装置电压回路端子连接片接触不良，同时又由于机端电压、开口三角电压以及中性点零序电压共八根交流电压电缆芯在同一根电缆，造成电缆芯感应电压过高，保护误动。

1.3.3 为新增条款。依据 GB/T 14285—2006《继电保护和安全自动装置技术规程》第 6.1.8 条，文字有修改。根据现场技术监督检查发现问题，强调双重化配置的控制回路，两套系统不应合用一根多芯电缆的要求。

1.3.4 为新增条款。参考国家电网设备〔2018〕979 号《国家电网有限公司十八项电网重大反事故措施（修订版）》第 15.6.3.3 条，强调了跳闸、启动失灵回路电缆应各自独立敷设的要求。

1.3.5 为新增条款。依据 DL/T 5136—2012《火力发电厂、变电站二次接线设计技术规程》第 5.4.7 条，原文“宜”改为“应”。根据现场技术监督检查发现问题，强调电流互感器保护类负载的接线顺序要求，当安全自动装置、故障录波装置故障时，保护装置无须退出。

1.3.6 为新增条款。强调弱电不出室的原则和保护装置屏外引入的开入回路电源、光耦开入动作电压的要求。一般而言，电缆越长，空间电磁骚扰信号越容易侵入；开入信号的电压水平越高、抗干扰能力越强。【案例 1】2002 年 4 月 6 日，某电厂 3 号主变压器重瓦斯保护动作，机组跳闸。经检查，T60 保护开入光耦的动作电压设置为 30V。分析认为，开入光耦门槛电压设置偏低，受干扰导致保护误动。【案例 2】2003 年 2 月 17 日，某电厂 2 号发电机低励保护动作，机组跳闸。经检查，直流系统有正接地，因 SIEMENS 励磁调节器的外部灭磁命令接口回路的光耦动作电压较低，在直流系统正极接地时误动。【案例 3】2017 年 6 月 28 日，某电厂 7 号机组 207 断路器误发“油断路器跳闸信号”至 ETS，机组跳闸。经检查，发电机－变压器组出口 207 断路器辅助触点至 ETS 柜、DEH 柜电缆长度约 206m，其中室外 150m，信号采用直流 24V，控制电缆屏蔽层在 ETS 机柜侧单端接地。分析认为，在当时雷电天气影响下，外部干扰造成 24V 信号继电器误开入。

1.3.7 为国能安全〔2014〕161 号《防止电力生产事故的二十五项重点要求》第 18.7.8 条。参考 DL/T 317—2010《继电保护设备标准化设计规范》第 4.2.2.1 款，补充了重动继电器的相关具体指标要求。变压器重瓦斯保护回路、磁场断路器外部跳闸回路、母线保护启动失灵开入回路、操作箱 TJF/TJR/TJQ 三相跳闸回路等经较长电缆接入，在直流系统发生接地、交流窜入直流以及存在较强空间电磁场的情况下引入干扰信号，采用动作电压在一定范围内，动作功率较大的重动继电器，可有效提高抗干扰能力。【案例 1】2010 年 3 月 26 日，某电厂 1 号主变压器重瓦斯保护动作，机组跳闸。经检查，主变压器重瓦斯跳闸回路存在寄生回路，信号倍增器的接地线接在了重瓦斯跳闸回路，造成重瓦斯跳闸线接地。机组直流系统正极绝缘降低时，因保护 C 屏 974AG 保护装置中重瓦斯重动继电器动作功率仅为 1.119W，不满足 5W 要求，重瓦斯保护误动作。【案例 2】2014 年 1 月 3 日、1 月 5 日及 1 月 9 日，某电厂 2 号发电机－变压器组 WFBZ－01 型保护 D 柜高压厂用变压器重瓦斯保护动作，机组跳闸。经检查，高压厂用变压器吊罩检修时，就地控制柜回路进行了拆接，发电机－变压器组保护 D 柜至高压厂用变压器就地控制柜的风扇启动指令电缆（交流）与高压厂用变压器重瓦斯回路（直流），在就地控制柜转接端子排被错误的环接。当高压厂用变压器负荷达到额定负荷的 60% 时，保护 D 柜发出高压厂用变压器风扇启动指令，触点闭合，高压厂用变压器冷却器风扇启动控制电源与重瓦斯保护回路连接，交流电源窜入发电机－变压器组保护 D 柜直流回路，由于保护出口继电器动作功率不足 1W，致使发电机－变压器组保护 D 柜全停 2 误动。【案例 3】2015 年 7 月 22 日，某电厂 1 号发电机－变压器组 DGT－801B 型保护 A 屏失灵保护动作，机组跳闸，RCS－985A 型保护 B 屏无保护动作信号，500kV 断路器保护屏无失灵保护动作出口事件记录。经检查，1 号发电机故障录波装置显示发电机－变压器组保护 A 屏发出断路器跳闸命令前，1 号机组直流系统存在交流窜入直流的情况，保护装置误动作。【案例 4】2015 年 11 月 5 日，某电厂 500kV 升压站 1 号主变压器、启动备用变压器高压侧断路器分别跳闸，1 号电抗器跳闸，厂用电全部失电。经检查，5013 断路器第一组非全相启动回路与断路器信号指示回路接线错误，造成第一组直流电源正极与第二组电源负极通过合闸位置指示灯互联。非电量跳闸采用的 ZJ 继电器动作功率为 0.3W 和动作电压在 40V～80V，抗干扰能力差，造成具有长电缆跳闸回路的相关断路器跳闸。【案例 5】2016 年 7 月 22 日，某电厂 220kV 母线 2015 分段、2025 母联断路器跳闸，3 号机组负荷突降，导致机组超速保护 OPC 动作，最终发电机－变压器组保护装置“外部重动 3”开入，保护动作跳开 3 号主变压器高压侧断路器与磁场断路器。经检查，远动电源柜 RTU1 的 B 套电源模块损坏造成交流窜入直流 0EE02 段并造成直流系统接地，2015、2025 断路器相关保护出口继电器启动功率均为 1W，导致其在直流系统接地时误动。

1.3.8 为新增条款。依据 GB/T 14285—2006《继电保护和安全自动装置技术规程》第 6.1.11 条，原文基础上有修改，删除“变电所”。强调重要设备和线路的保护装置应设计相关操作电源及回路完整性的监视回路的要求。当断路器跳闸回路、线路及电源进线断路器合闸回路无断线监视回路时，运行人员不能及时发现和处理，存在断路器拒分、线路重合闸失败、电源进线快速切换失败的风险。

1.3.9 为新增条款。依据 GB/T 14285—2006《继电保护和安全自动装置技术规程》第 6.1.4

条，文字有补充。根据现场技术监督检查发现问题，强调二次回路控制电缆和绝缘导线的要求。【案例】2017 年 8 月 8 日，某电厂 6 号机组主变压器冷却器全停保护动作，机组跳闸。经检查，主变压器 4 号冷却器油流继电器接点引出线绝缘为 0MΩ，造成控制电源 1ZK 断路器的 C 相对地短路，1ZK 跳闸，冷却器全停，由于运行人员未及时发现报警信号，20min 延时后机组跳闸。

1.3.10 为新增条款。依据 GB/T 14285—2006《继电保护和安全自动装置技术规程》第 6.1.9 条。根据现场技术监督检查发现问题，强调保护和控制设备的直流电源、交流电流、电压及信号引入回路应采用屏蔽电缆的要求。

1.3.11 为新增条款。结合 GB 50171—2012《电气装置安装工程盘、柜及二次回路接线施工及验收规范》第 6.0.1 条，强调了电流互感器二次回路开路的防范措施。【案例 1】2006 年 3 月 27 日，某电厂 2 号机发电机差动保护动作，机组跳闸。经检查，发电机中性点侧 A 相电流互感器二次端子接线因改造时线头受伤，长期振动引起断线。【案例 2】2009 年 10 月 24 日，某电厂 1 号发电机差动保护动作，机组跳闸。经检查，发电机中性点侧电流互感器本体二次端子引出线头和铜鼻脱离，电流二次回路断线。【案例 3】2011 年 11 月 9 日，某电厂 5 号发电机运行中发现电量偏少。检查 5 号发电机机端第六组电流互感器 B 相电流偏低（计量关口表专用），钳形电流表测量发电机侧电流为 0.98A 并上下摆动，A、C 相均为 2.00A 左右。拆开二次接线防护盒，发现 B461 的二次引出线已经在接线螺丝连接处齐根断开，但还保持连接状态，手动停机。分析认为，发电机电流互感器引出线为独股铜芯线，长期振动导致引线折断。【案例 4】2012 年 5 月 27 日，某电厂 1 号发电机差动保护动作跳机。经检查，1 号发电机机端电流互感器 B 相接线盒内，二次引出线在螺丝连接处折断。分析认为，发电机电流互感器引出线为独股铜芯线，长期振动导致引线折断。【案例 5】2012 年 7 月 9 日，某电厂 4 号机组主变压器差动保护动作跳机。经检查，4 号发电机机端电流互感器 C 相接线盒内，二次引出线在螺丝连接处折断。分析认为，发电机电流互感器引出线为独股铜芯线，长期振动导致引线折断。【案例 6】2012 年 8 月 26 日，某电厂 5 号主变压器差动动作跳机。经检查，发电机机端 A 相电流互感器本体接线盒到就地端子箱的电缆芯线 A231 与穿线管磨损接地。分析认为，由于施工质量不良，电缆绝缘外层剥离过长，电缆芯线 A231 与穿线管长期振动摩擦，致使芯线内导体与穿线管发生短路、分流，造成进保护屏主变压器差动保护回路的电流减少，形成差流，保护动作。【案例 7】2013 年 3 月 26 日，某电厂 1 号机组“Unit protection TRIP”（单元保护跳闸）、“GEN PROT GRP 1 TRIP”（发电机保护柜 1 跳闸），天然气 ESV 阀关闭，发电机解列。经检查，1 号发电机中性点侧电流互感器接线盒内固定接线柱的接线板烧穿，S1、S3 绕组二次引出线烧焦搭接在一起。分析认为，运行中 S3 绕组（测量）至接线盒背部的单股铜芯引线因长期振动疲劳断裂，放电发热引起相邻的 S1 绕组（保护）引线绝缘损坏，差动保护动作。【案例 8】2013 年 11 月 21 日，某电厂 4 号发电机励磁系统欠励限制报警。经检查，发电机机端 TA 根部 6LH A 相本体接线盒处冒烟，本体二次引出线烧断，申请停机。发现 TA 二次电流接线鼻处有剥线损伤。分析认为，TA 二次线做接头时受损，且导线材质不合格、韧性不够，最终在大负荷长期运行时导致 TA 断线开路烧损。【案例 9】2014 年 4 月 2 日，某电厂 4 号机组主变压器差动保护、发电机－变压器组差动保护、发电机内部故障信号频繁启动，间歇性持续 5min，手动停机。经检查，发电机机端 5LHa 电流互感器本体接线盒二次引出线与外部电缆连接接头处（绝缘包扎）有放电痕迹，且有间隙性放电声。分析认为，本体接线盒内二次引线鼻松脱，导致间歇性对地放电。【案例 10】2015 年 3 月 3 日，某电厂 2 号机组 2 号引风机启动时，电动机差动保护动作跳闸。经检查，引风机电动机侧 B 相电流互感器内部焊铸的接线柱松动。分析认为，由于焊接质量原因，长时间运行造成松动。【案例 11】2015 年 8 月 10 日，某电厂 4 号机组主变压器差动保护、发电机－变压器组差动保护跳机。经检查，主变压器高压侧 C 相电流互感器二次引线根部开路。【案例 12】2018 年 5 月 15 日，某电厂 6 号发电机－变压器组保护 A 屏发电机差动保护动作，机组跳闸。经检查，发电机机端电流互感器 A 相接线盒内，二次引出线在螺丝连接处折断。分析认为，基建期施工人员弯制单芯导线接头时未使用专用剥线钳，接头颈部受损，长期振动导致接线折断，检查发现其他二次回路接线头颈部也有受损痕迹。

1.3.12　为新增条款。参考国家电网设备〔2018〕979 号《国家电网有限公司十八项电网重大反事故措施（修订版）》第 15.6.3 条，强调了二次回路电缆敷设路径的具体要求。

1.3.13　为新增条款，强调了直埋电缆的敷设要求与防护要求。【案例】2018 年 6 月 17 日，某电厂 3 号发电机－变压器组保护 B 屏主变压器差动保护动作，机组跳闸。经检查，主变压器低压侧差动保护用电流互感器二次电缆采用直埋敷设，没有防护设施，被正在进行主变压器消防喷淋改造的施工人员用铁锹铲断，造成二次电流回路开路，差动保护动作。

1.3.14　为新增条款，结合 GB 50168—2018《电气装置安装工程电缆线路施工及验收规范》第 6.1.7 条，明确电缆敷设过程中对电缆弯曲半径的要求。【案例 1】2001 年 7 月 26 日，某电厂 3 号机组厂用电压大幅下降，机组跳闸。经检查，高压厂用变压器分接头调节状态指示灯亮，分接头位置在 1 挡；调节分接头的控制电缆线有四芯表皮绝缘损坏发生短路。分析认为，电缆施工工艺质量不良，在剥电缆时伤及线芯绝缘层，致使高压厂用变压器分接头控制回路短路，分接头由 13 挡自动降低至 1 挡，6kV A、B 段母线电压由 6.1kV 降至 5.3kV，380V 厂用电压随之大幅下降。【案例 2】2015 年 12 月 1 日，某电厂 1 号主变压器零序电流保护动作，机组跳机。经检查，变压器 B 相中性点电流互感器至就地端子箱的电缆所有芯线均断路，线芯对地绝缘电阻为 0Ω，电缆保护管内电缆抽出后发现电缆芯线线径较正常线径细。分析认为，基建安装时，地埋电缆保护管弯制成“L 形”布置，施工不规范，机械牵引力过大造成电缆的拉伤，电缆封堵不严进水，冬季结冰膨胀后，将电缆强行拉断，主变压器零序电流 B 相断线后，A、C 相的合成零序电流达到保护动作值，保护动作。

1.3.15　为新增条款。针对二次电缆防护问题，强调了二次回路电缆槽盒安装的具体要求。

1.3.16　为新增条款。强调了二次回路电缆拆除前的安全措施要求。【案例】2018 年 9 月 20 日，某电厂 6 号机 A 汽动给水泵前置泵、C 磨煤机、A 一次风机跳闸，机组跳闸。经检查，6A1、6A2 段母线电压电缆引至 5、6 号机组 AVC 装置屏内，绑扎于屏柜线把内未接线，但母线侧电压互感器 TV 二次开关合入。AVC 屏改造升级施工中，施工人员在未核对图纸、电缆清册及线芯验电的情况下，直接剪断该电缆，造成电压二次回路短路，空开跳闸。又因高压电动机综保装置（四方 CSC－237）电压互感器二次回路断线闭锁逻辑缺少电流判据，A、B 段高压电动机低电压保护动作跳闸。

1.3.17　为国能安全〔2014〕161 号《防止电力生产事故的二十五项重点要求》第 2.2.6 条，原文未修改。【案例】2010 年 12 月 8 日，某电厂 2 号机组 220V 直流系统电压降低，机组跳闸。经检查，直流蓄电池室电缆孔洞及穿墙桥架封堵不严，老鼠进入咬破电缆外皮导致芯线绝缘损坏，直流正、负极短路放电，造成 2 号机组 220V 直流母线电压降低，AST 电磁阀失电。

1.3.18 为新增条款。根据现场技术监督检查发现问题，强调了室外端子箱、控制箱的密封接地要求。

1.3.19 为新增条款。结合 GB 50171—2012《电气装置安装工程盘、柜及二次回路接线施工及验收规范》第 8.0.1 条，强调了电缆管封堵的要求。【案例】2015 年 12 月 1 日，某电厂 1 号主变压器零序电流保护动作，机组跳机。经检查，变压器 B 相中性点电流互感器至就地端子箱的电缆所有芯线均断路，线芯对地绝缘电阻为 0Ω，电缆保护管内电缆抽出后发现电缆芯线线径较正常线径细。分析认为，基建安装时，地埋电缆保护管弯制成“L 形”布置，施工不规范，机械牵引力过大造成电缆的拉伤，电缆封堵不严进水，冬季结冰膨胀后，将电缆强行拉断，主变压器零序电流 B 相断线后，A、C 相的合成零序电流达到保护动作值，保护动作。

1.3.20 为新增条款，结合 GB/T 50976—2014《继电保护及二次回路安装及验收规范》第 4.3.15 条，强调了二次电缆终端及接头制作工艺的要求。【案例 1】2001 年 7 月 27 日，某电厂 1 号主变压器压力释放保护动作，机组跳闸。经检查，主变压器 C 相压力释放器至主变压器端子箱的保护电缆芯线有划破的痕迹。分析认为，该电缆在端子箱外，芯线绝缘受损后，雨天受潮，绝缘降低，又因压力释放保护出口整定为跳闸，保护动作机组跳闸。【案例 2】2012 年 1 月 17 日、19 日，某电厂 6 号机组先后两次发生磁场断路器联跳 206 主断路器。经检查，该电缆保护屏侧电缆芯线 101、143 在封头处有明显被电缆刀划破的地方，且屏蔽层没有接地，被包在封头处。分析认为，由于施工质量不良，造成 101、143 芯线间绝缘破坏，磁场断路器联跳主断路器回路直接短路出口。【案例 3】2012 年 6 月 25 日，某电厂 2 号启动备用变压器有载调压重瓦斯保护动作跳闸。经检查，由于就地重瓦斯保护控制电缆接头制作工艺不良造成芯线破损，下雨导致绝缘受潮二次电缆短路，保护出口。

1.3.21 为新增条款，结合 GB 50171—2012《电气装置安装工程盘、柜及二次回路接线施工及验收规范》第 6.0.4 条、DL 5190.4—2012《电力建设施工技术规范　第 4 部分：热工仪表及控制装置》第 6.5.4 条，强调了关于控制电缆接线工艺的要求。【案例】2011 年 4 月 21 日，某电厂上承一线电抗器 C 相重瓦斯保护动作，1 号机组因 TSR（轴系扭振保护）保护动作跳机。经检查，电抗器 C 相瓦斯保护接线发生芯线间短路。

1.3.22 为新增条款，结合 GB/T 50976—2014《继电保护及二次回路安装及验收规范》第 4.4.3 条，强调了电流互感器二次回路端子的连接及短接方法要求。

1.3.23 为新增条款，结合 GB/T 50976—2014《继电保护及二次回路安装及验收规范》第 4.4.3 条，强调柜门等可动部位的电缆布置要求。【案例 1】2013 年 10 月 18 日，某电厂 3 号机组高压厂用变压器差动保护动作跳机。经检查，6kV 3C 母线进线电源开关柜 A 相电流端子至电流互感器根部二次电缆在开关柜底部走线时有一处卡在了开关柜的接地铜排和柜内侧板之间，电缆表皮破损。分析认为，基建安装时电缆走线和接地铜排安装工艺不良，致使该导线压在铜排和柜板之间，绝缘层变薄，长期振动绝缘破损接地分流，保护动作。【案例 2】2018 年 1 月 2 日，某电厂在处理 6 号机组保安电源段至锅炉保安段联络断路器 B4805 红绿指示灯均亮的缺陷，打开断路器柜门，断路器误合，锅炉保安段带柴油发电机运行，引起系统冲击，锅炉保安段失电，机组跳闸。经检查，B4805 断路器柜门至柜内端子排间电缆存在破损。分析认为，检修人员打开柜门时造成绝缘已破损的电缆芯线间短路，断路器误合闸。

1.3.24 为国能安全〔2014〕161 号《防止电力生产事故的二十五项重点要求》第 18.6.2 条，原文未修改。

1.3.25 为新增条款，根据国能安全〔2014〕161 号《防止电力生产事故的二十五项重点要求》第 18.7.3 条～第 18.7.5 条，补充强调了电流、电压二次回路接地点的设置要求。

1.3.26 为新增条款。根据国能安全〔2014〕161 号《防止电力生产事故的二十五项重点要求》第 18.7.3 条～第 18.7.5 条，补充强调了电压互感器二次回路放电间隙或氧化锌阀片接地的设置与维护要求。

1.3.27 为新增条款。根据国能安全〔2014〕161 号《防止电力生产事故的二十五项重点要求》第 18.7.3 条～第 18.7.5 条，补充强调了保护装置内电流回路中禁止并联过电压保护器的要求。某些一次设备生产厂家在电流互感器二次回路中并联接入过电压保护器，防止二次回路开路造成人身伤害或电气设备损坏，但在实际运行中，由于缺少对该设备运行维护和检查，而且装置生产厂家参差不齐，质量难以保证，运行不可靠，存在引发保护不正确动作风险。【案例】2013 年 7 月 9 日，某电厂 1 号机组启动过程中，DCS 系统 6kV 电动给水泵电流显示值突降。经检查，电动给水泵开关柜二次间隔起火。分析认为，保护装置电流回路并联过电压保护器故障引燃开关柜二次间隔。

1.3.28 为新增条款，参考 GB/T 50976—2014《继电保护及二次回路安装及验收规范》，强调了电流、电压互感器备用绕组抽头引接及接地要求。

1.3.29 为新增条款。依据 GB/T 14285—2006《继电保护和安全自动装置技术规程》第 6.5.3.3 a）项条款，强调了控制电缆的屏蔽措施要求。

1.3.30 为新增条款。依据 GB/T 14285—2006《继电保护和安全自动装置技术规程》第 6.5.3.3 b）项条款，强调了控制电缆屏蔽层的接地要求。开关场与控制室的地电位可能不同，若使用电缆内的空线替代屏蔽层接地，将在该线芯上产生环流，对在使用的线芯中产生差模干扰。

1.3.31 为新增条款。依据 GB/T 14285—2006《继电保护和安全自动装置技术规程》第 6.5.3.3 g）项条款，强调了双层屏蔽电缆内、外屏蔽层的接地要求。

1.3.32 为国能安全〔2014〕161 号《防止电力生产事故的二十五项重点要求》第 18.8 节、第 18.8.1 条～第 18.8.4 条。原文基础上有修改，删除第 18.8.5 条关于电力载波作为纵联距离保护通道时高频电缆、结合滤波器与等电位地网的连接要求。补充提出 c）、i）项条款。强调等电位接地网设计安装的具体要求。

1.3.33 为国能安全〔2014〕161 号《防止电力生产事故的二十五项重点要求》第 13.1.11 条。原文基础上有修改，补充了驱潮加热装置的要求。

1.3.34 为新增条款。强调了就地端子箱、控制箱分、合闸开关宜使用切换开关的要求。

1.4 电流互感器及电压互感器编制说明

1.4.1 为国能安全〔2014〕161 号《防止电力生产事故的二十五项重点要求》第 18.6.3 条、第 18.6.4 条，合并为一条，原文未修改。

1.4.2 为新增条款。母线电压互感器二次电压回路若采用三相联动空气断路器，当有单相故障时联动跳三相，部分厂家的 TV 断线逻辑可能不能识别，将造成保护及安全自动装置误动。

1.4.3 为新增条款。参考南方电网相关反事故措施，细化了电流互感器等电位点选择的具体原则要求。目前独立式 TA 的连接方式分为串联和并联两类，工程实际应用中，最常见的是一次绕组分为两组，引出线端处有变换电流比用的串、并联换接片，通过调整可以得到不同的电流变比。等电位是两个以上的点电势相等，电荷在等电位点间移动不做功或做功为零，与路径无关，即电位差为零叫等电位。TA 一次导体 2 匝串联时，TA 外壳作为导体用，不存在等电位点；TA 一次导体 2 匝并联（或仅用 1 匝）时，TA 外壳不作为导体用，通过换接排做成等电位点连接，一般厂家将等电位点设置在 P2（L2）端。一次导体为 2 匝并联（或 1 匝）的独立式 TA，故障时（外绝缘及内部绝缘故障）故障电流经由一次导体与外壳的等电位连接点入地。以双母、单母分段和单母接线方式为例，电流互感器等电位点在 TA 的断路器侧，则外壳接地等同故障点在母线保护范围；电流互感器等电位点在线路侧，则外壳接地等同故障点在线路保护范围，TA 等电位点如在 TA 的断路器侧，会导致跳闸范围扩大，因此一次导体为 2 匝并联（或 1 匝）TA 应按照 TA 故障时跳闸范围最小的原则合理选择等电位点。

1.4.4 为国能安全〔2014〕161 号《防止电力生产事故的二十五项重点要求》第 14.4.2 条。原文基础上有修改，删除该条第（3）项，强调防止电磁式电压互感器铁磁谐振过电压的措施要求。

1.4.5 为新增条款 DL/T 671—2010《发电机变压器组保护装置通用技术条件》第 5.2 节要求，强调保护装置应具有防止区外故障误动的措施。【案例 1】2012 年 6 月 14 日，某电厂 6 号机 GE 公司 EX2100 励磁装置 3 号功率整流柜的 3 号可控硅单元快速熔断器熔断。熔断器更换后，发电机－变压器组保护 D 屏励磁变压器差动保护动作，机组跳闸。经检查，3 号可控硅整流桥 C 相正臂可控硅元件击穿，熔断器未熔断，发电机－变压器组保护 D 屏励磁变压器差动保护、故障录波装置波形均发生畸变。分析认为，故障发生在励磁变压器差动保护范围外，D 屏励磁变压器差动保护用电流互感器饱和，保护误动。【案例 2】2015 年 5 月 3 日，某电厂 3 号机组 3A 磨煤机启动过程中三相短路，磨煤机综保装置过流 Ⅰ 段动作，高压厂用变压器差动速断保护动作，机组跳闸。经检查，故障录波记录中高压厂用变压器低压侧 A 分支电流波形严重畸变，实测该电流互感器实际负载 41.5VA 超过额定负载 20VA。分析认为，A 分支电流互感器饱和，导致高压厂用变压器差动保护在区外故障时误动。

1.4.6 为新增条款。强调了 P 级电流互感器通过励磁特性试验消除剩磁的重要性。【案例 1】2012 年 6 月 14 日，某电厂 6 号机 GE 公司 EX2100 励磁装置 3 号功率整流柜的 3 号可控硅单元快速熔断器熔断。熔断器更换后，发电机－变压器组保护 D 屏励磁变压器差动保护动作，机组跳闸。经检查，3 号可控硅整流桥 C 相正臂可控硅元件击穿，熔断器未熔断，发电机－变压器组保护 D 屏励磁变压器差动保护、故障录波装置波形均发生畸变。分析认为，故障发生在励磁变压器差动保护范围外，D 屏励磁变压器差动保护用电流互感器饱和，保护误动。【案例 2】2015 年 5 月 3 日，某电厂 3 号机组 3A 磨煤机启动过程中三相短路，磨煤机综保装置过流 Ⅰ 段动作，高压厂用变压器差动速断保护动作，机组跳闸。经检查，故障录波记录中高压厂用变压器低压侧 A 分支电流波形严重畸变，实测该电流互感器实际负载 41.5VA 超过额定负载 20VA。分析认为，A 分支电流互感器饱和，导致高压厂用变压器差动保护在区外故障时误动。

1.4.7 为新增条款。强调了高压动力电缆屏蔽线的接线要求。【案例 1】2001 年 5 月 29 日，某电厂 2 号锅炉 2A、2B 一次风机零序保护动作，机组跳闸。经检查，2A、2B 一次风机 6kV 一次电缆的屏蔽线接线不正确，屏蔽线经零序 TA 后未“回穿”接地。【案例 2】2018 年 5 月 15 日，某电厂 2 号机组 6kV 脱硫Ⅱ段 2C 氧化风机定子绕组 C 相接地，6kV 脱硫Ⅱ段电源进线开关单相接地保护动作跳闸，母线失电，机组跳闸。经检查，6kV 脱硫Ⅱ段母线各开关间隔内负荷动力电缆屏蔽接地线为穿过零序电流互感器后直接接地，接线错误，零序电流分流。氧化风机电动机 WDZ－430EX 综保装置单相接地保护具有相电流制动特性，造成 2C 氧化风机接地保护拒动，越级跳闸。

1.4.8 为新增条款。强调了利用区外故障核实零序电流回路完好性的要求。【案例】2017 年 11 月 25 日，某电厂 330kV 池桃Ⅱ线 A 相接地故障、重合闸期间，1 号机组发电机－变压器组保护 B 柜的 B 高压厂用变压器比率差动保护动作，机组跳闸。经检查，主变压器中性点零序电流互感器 2LLH 二次电流经发电机－变压器组保护 B 柜及故障录波装置柜串接，该回路在故障录波装置电流端子排连接片处开路，发电机－变压器组保护 B 柜装置背板插座的主变压器中性点零序电流通道与相邻的 B 高压厂用变压器低压侧 C 相电流通道接线头之间有明显的放电痕迹。分析认为，零序电流回路开路产生高电压，导致上述两通道接线头之间放电，B 高压厂用变压器低压侧 C 相电流突增，保护动作。

1.4.9 为新增条款。强调了电流互感器、电压互感器二次实际负载测量与核算的要求。【案例】2012 年 6 月 14 日，某电厂 6 号机 GE 公司 EX2100 励磁装置 3 号功率整流柜的 3 号可控硅单元快速熔断器熔断。熔断器更换后，发电机－变压器组保护 D 屏励磁变压器差动保护动作，机组跳闸。经检查，3 号可控硅整流桥 C 相正臂可控硅元件击穿，熔断器未熔断，发电机－变压器组保护 D 屏励磁变压器差动保护、故障录波装置波形均发生畸变。分析认为，故障发生在励磁变压器差动保护范围外，D 屏励磁变压器差动保护用电流互感器饱和，保护误动。

1.5 断路器及隔离开关编制说明

1.5.1 为新增条款。依据 GB/T 14285—2006《继电保护和安全自动装置技术规程》第 6.6.3 条。强调断路器防跳回路的具体技术要求。

1.5.2 为新增条款。依据 GB/T 14285—2006《继电保护和安全自动装置技术规程》第 6.6.5 条。强调断路器与隔离开关辅助触点的具体技术要求。

1.5.3 为新增条款。强调送至机组 DEH、励磁系统的并网信号的可靠性要求，防止重动继电器失电等故障造成 DEH 误判机组并网状态。【案例】2002 年 8 月 13 日，某电厂 2 号机低励保护动作，机组跳闸。经检查，网控 220kV AD03 控制柜电源指示绿灯 X2（正电源）、X3（负电源）内接线柱有放电痕迹，直流空气小开关跳闸。分析认为，指示灯元件故障，造成 220V 直流正负间瞬间短路，导致用于 5002 断路器位置指示继电器 K041 失电返回，使送入励磁调节器的 5002 断路器位置变为“非合”状态，引起发电机减励磁进相运行，低励保护动作。

1.5.4 为国能安全〔2014〕161 号《防止电力生产事故的二十五项重点要求》第 3.6 条，原文未修改。

1.5.5 为新增条款。依据 DL/T 317—2010《继电保护设备标准化设计规范》第 10.1.3 条。断路器本体机构应具有跳、合闸异常闭锁功能，操作箱可取消相关回路。

1.5.6 为国能安全〔2014〕161 号《防止电力生产事故的二十五项重点要求》第 13.1.17 条，原文未修改。

1.5.7 为国能安全〔2014〕161 号《防止电力生产事故的二十五项重点要求》第 13.2.3 条，原文未修改。【案例 1】2011 年 3 月 21 日，某电厂在进行 220kV 由双母线倒为 I 号母线运行，合上沾盐线 211 断路器所属隔离开关交流控制电源时，211－2 隔离开关自动分开，造成 B、C 相弧光短路，母差保护动作，母线所有 8 路断路器跳闸。经检查，沾盐线 211－2 隔离开关分闸接触器触点卡涩，在合上 220kV 沾盐线隔离开关交流控制电源时，211－2 隔离开关自动分开，造成短路。【案例 2】2018 年 7 月 8 日，某电厂辛岭Ⅱ线 526－2 隔离开关检修工作终结，恢复220kVⅡ母线送电，Ⅱ母线差动保护动作，Ⅰ母母联死区保护动作，220kV母线全停。经检查，220kV辛岭Ⅱ线526断路器引线A、C相对步道框架有放电痕迹；母联520断路器A相爆裂，A相引线对电流互感器底座接地放电。当时，保护人员正擅自进行526－3隔离开关调试，送上526隔离开关操作电源后（526－1、－2、－3隔离开关操作电源共用一路交流电源），由于526－2隔离开关合闸回路接线错误，526－2隔离开关自动合闸，同时因220kV 526断路器引线检修拆除后与隔离开关步道框架安全距离不够，造成Ⅱ母线A、C相对框架放电，母线接地短路。Ⅱ母线差动保护动作母联断路器520跳闸过程中，因设备老化，A相断路器爆裂，造成Ⅰ母线接地，Ⅰ母线差动保护动作。

1.5.8 为国能安全〔2014〕161号《防止电力生产事故的二十五项重点要求》第3.10节，原文未修改。

1.6 运行与检修编制说明

1.6.1 为国能安全〔2014〕161号《防止电力生产事故的二十五项重点要求》第4.4.4条，原文未修改。

1.6.2 为国能安全〔2014〕161号《防止电力生产事故的二十五项重点要求》第18.10.7条，原文未修改。【案例1】2003年2月14日，某电厂4号发电机转子接地保护动作，机组跳闸。经检查，4号机转子接地保护低值动作延时整定为0s，励磁回路可能存在瞬间接地故障，保护动作。【案例2】2006年6月21日，某电厂1号机组6kV U1B段出现电压回路报警，运行人员退出厂用快切装置，检修人员未办理工作票即进行现场回路检查，该段厂用电低电压保护动作，机组跳闸。经检查，U1B段进线低电压继电器因漏接线处于动作状态（回路改造后未传动）；母线低电压继电器电压信号输入端子松动虚接，造成母线低电压继电器动作，导致U1B段低电压保护动作（动作条件为U1B段进线低电压继电器和U1B段母线低电压继电器同时动作），该段所带电动机负荷全部跳闸。【案例3】2009年10月29日，某电厂施工人员误剪切3、4号机组SF_6压力保护电缆，机组跳闸。经检查，3、4号机组发电机－变压器组保护A屏内SF_6压力低保护回路中存在有寄生回路，在施工人员分别剪切至3、4号机组原用于SF_6压力低保护动作的电缆4GT－150、3GT－150时，造成SF_6压力低保护KSG1继电器1和9接点短接，发电机－变压器组保护非电量SF_6压力低保护动作。

1.6.3 为新增条款，强调保护压板投退管理的要求。【案例】2017年7月31日，甲乙线C相单相接地，某电厂220kV甲丙I线C相电流增大，保护A屏过流I段动作三相跳闸。经检查，过流保护压板1LP24仅在线路充电时投入，线路正常运行后应退出，运行人员未按定值单退出压板，导致在外部故障时保护动作。该压板为功能压板，正常应标示为黄色，实际标示为红色（跳闸出口压板）。

1.6.4 为新增条款。强调防止继电保护人员误碰、误操作的重点要求。【案例1】2008年6月27日，某电厂进行甲乙线“第一套纵联保护”与“振荡解裂装置”屏间废弃电缆拆除作业时，抽动电缆，电缆芯线端头甩碰到“临时稳定装置”切1号机跳闸线的端子排上，造成短路，1号机组跳闸。【案例2】2019年5月3日，某电厂2号机热工直流电源失电，机组跳闸。经检查，电气运行人员在执行1号机直流动力馈电母线由2号机接带倒为自带操作时，未确认2号机动力硅整流出口隔离开关1QK3实际在“充电Ⅱ－电池Ⅱ”位置，操作2号机动力直流充馈电母线联络隔离开关1QK4由“电池Ⅱ－馈线Ⅱ”至“馈线Ⅰ－馈线Ⅱ”时，造成1、2号机动力直流馈电母线失电。

1.6.5 为新增条款。强调防止继电保护人员误整定的重点要求。【案例 1】2011 年 11 月 8 日，某电厂在 220kV 系统接地故障时，1 号发电机负序过流保动作。经检查，负序过流保护 0s 同时动作于母联断路器跳闸、机组全停，保护定值单整定为 4.0s 跳母联断路器，4.5s 跳发电机，保护装置定值整定错误。【案例 2】2012 年 8 月 20 日，某电厂 3 号主变压器过励磁保护动作跳闸。经检查，保护装置中过励磁保护反时限下限动作值为 1.07，动作时间 3000s，保护定值单整定值为 1.13，保护误整定。【案例 3】2014 年 10 月 31 日，某电厂 6 号机开机试验过程中切换厂用电时，高压厂用变压器差动保护动作，机组跳闸。经检查，增容改造后新定值单中“1 号厂用变压器比率差动第 2 侧平衡系数为 0.165”及“1 号厂用变压器比率差动第 3 侧平衡系数为 0.165”整定错误，原定值为 1.65。因定值错误，导致保护动作，机组跳闸。【案例 4】2015 年 11 月 27 日，某电厂 3 号机组 DGT－801 发电机－变压器组保护动作，机组跳闸。发电机－变压器组保护屏发出“励磁变压器过负荷定时限”“励磁变压器过负荷反时限”等保护动作信号，经检查，继电保护工作人员误将“励磁变压器保护定值”整定到“励磁变压器过负荷反时限（即：励磁绕组反时限过负荷保护）定值”中，由于定值整定错误，机组在加负荷过程时“励磁变压器过负荷反时限”保护动作，机组跳闸。暴露出电厂发电机－变压器组保护定值通知单格式与装置打印的定值清单格式不一致，不便于定值一致性核对；专业人员对 DGT－801 发电机－变压器组保护装置各保护功能不熟悉。【案例 5】2015 年 12 月 7 日，某电厂 3 号机组 B 球磨机启动后，电动机零序接地保护动作跳闸，装置动作报告显示：零序电流一次值为 12.74A（零序接地保护定值：动作电流一次值为 5A，动作时间 0.4s）。检修人员对电动机检查试验，未发现异常。随后三次启动电动机，零序保护均动作跳闸。检修人员误认为零序保护受到干扰而误动，临时将 B 球磨机电动机零序接地保护的动作电流一次值由 5A 提高到 16A，动作时间保留 0.4s。再次启动时，发电机－变压器组保护 A/B 柜高压厂用变压器 B 分支零序过流 I 段保护动作（保护定值一次值为 10A，动作时间整定为 1.6s），造成 6kV 3B 段进线断路器 632 跳闸，同时闭锁 6kV 分段断路器 694 合闸，造成 6kV 3B 段、380V 03LKB、03LKD 段母线失电，锅炉 MFT，机组停运。后测试 B 球磨机电动机定子绕组直流电阻，发现直流电阻不平衡，拆除水箱后发现定子端部线圈槽口位置有明显弧光放电的痕迹。暴露出未彻底查明故障原因情况下，定值修改随意，造成上下级保护定值失配，保护越级跳闸。

1.6.6 为新增条款。强调防止继电保护人员误接线的重点要求。【案例】2015 年 10 月 13 日，某电厂 6kV 脱硫Ⅳ段检修，测试各开关仓内电流互感器伏安特性，工作人员未核实设备间隔及图纸，误将Ⅲ、Ⅳ段联络隔离开关仓内端子排中脱硫Ⅲ段进线开关电流互感器回路（兼作备自投装置电流判据）的 A 相电流端子连接片断开，脱硫Ⅲ段零序保护（电流回路采用三相星形接线）动作跳闸，母线失电，机组跳闸。

1.6.7 为新增条款。强调运行中的保护装置检验操作的注意事项。

1.6.8 为新增条款。针对 3/2、4/3 断路器接线、角形接线等，强调当线路或发电机－变压器组退出运行而断路器仍要求成串运行时短引线保护的投退操作要求，防止在该情况下由于停用线路保护或发电机－变压器组保护而短引线保护未正常投入的情况发生，避免造成发生在该两组断路器之间的故障无法切除。【案例】2018 年 11 月 12 日，某电厂 1 号机组准备停机转入 C 级检修，2 号机组正常运行，电厂 500kV 电气主接线为 3/2 断路器接线方式。1 号机组进行正常停机操作后，断开 1 号发电机－变压器组高压侧 50136 隔离开关，随后准备将 1 号发电机－变压器组进线两侧的 5012 断路器、5013 断路器合闸恢复成串运行，在合上 5013

断路器后，造成 1 号发电机发生氢气爆炸着火事故。分析认为，1 号发电机－变压器组高压侧 50136 隔离开关分闸执行不到位，导致合上 5013 断路器后造成发电机误上电，而 5012 断路器、5013 断路器之间的短引线保护因 50136 隔离开关分闸执行不到位影响未能自动投入，并且 1 号发电机－变压器组保护装置跳闸出口压板已退出，发电机误上电故障无法快速切除，造成发电机事故进一步扩大。

1.6.9 为国能安全〔2014〕161 号《防止电力生产事故的二十五项重点要求》第 18.10.9 条，补充增加对服役年限较长的装置应缩短检验周期的要求。【案例】2018 年 9 月 5 日，某电厂 5 号机组汽轮机工作变压器 A 低压侧零序Ⅱ段保护动作，机组跳闸。经检查，工作变压器高、低压侧绝缘良好，直阻正常。HN—2020 型综保装置保护动作电流 2.81A，保护定值 1.39A，0.7s。分别在综保装置高、低压侧零序端子施加 0.2A、0.5A、1A 电流，综保装置零序电流采样值随机变化，采样失准。分析认为，综保装置零序电流采样板故障，保护动作。

1.6.10 为新增条款。强调了重要和复杂保护装置检验工作的方案及安全措施要求。

1.6.11 为新增条款。强调了对有“和电流”构成的保护，校验作业前应具备的安全措施要求。

1.6.12 为新增条款。强调了对共用一组电流互感器的多套保护其中一套保护进行校验作业前，应具备的安全措施要求。【案例】2011 年 5 月 1 日，某变电站 500kV 甲线 5083 断路器在检修状态。现场工作人员进行 TA 隔离措施时，由于方法不正确，将 5083 断路器 B 相与 N 相短接时，导致运行的 5082 断路器流入 500kV 甲线主 1 保护 RCS931 装置内的电流出现分流，一部分经 5083 断路器 BN 相分流，保护出现零序电流，零序反时限保护动作跳闸。

1.6.13 为新增条款。强调了保护装置全部和部分检验时整组试验的重点要求。

1.6.14 为新增条款。根据 DL/T 995—2016《继电保护和电网安全自动装置检修规程》的规定，强调二次回路绝缘检查的要求。【案例 1】2013 年 7 月 30 日，某电厂 6 号机组增压风机跳闸，机组跳机。经检查，脱硫 DCS 至增压风机开关柜电缆中 101、133 两根线芯间的绝缘电阻为 0。分析认为，外部跳闸回路短路。【案例 2】2017 年 3 月 8 日，某电厂 1 号发电机－变压器组差动保护、主变压器差动保护动作，机组跳闸。经检查，发电机－变压器组保护 B 柜内靠近防火堵料处，高压脱硫变压器高压侧 B 相电流互感器、低压侧电压互感器二次电缆部分芯线绝缘局部破损，铜芯裸露。分析认为，超低排放改造电缆敷设施工时，电缆线芯的绝缘外皮损伤。维护人员在电缆挂牌整理期间扯动电缆，导致脱硫变压器电流互感器、电压互感器回路短接，二次电压窜入 B 相电流互感器二次回路，保护动作。【案例 3】2017 年 8 月 15 日，某电厂 2 号机组高压厂用变压器重瓦斯保护动作，机组跳闸。经检查，变压器本体端子箱至保护屏的重瓦斯保护电缆，两端电缆芯线颜色不同，芯线对地及芯线间绝缘为零。分析认为，该电缆存在因长度不够续接情况，续接处绝缘损伤，回路短路，保护动作。

1.6.15 为新增条款。强调了电流互感器回路本体接线盒的检查要求。【案例 1】2002 年 3 月 19 日，某电厂 3 号主变压器差动保护动作，机组跳闸。经检查，发电机机端侧电流互感器二次电流 C321 引出线线头处接地、分流，差动保护动作。【案例 2】2002 年 4 月 6 日，某电厂 3 号主变压器差动保护动作，机组跳闸。经检查，发电机中性点电流互感器 B 相引出线的绝缘由于自黏带受热和震动导致绝缘降低，造成 B321 回路接地，差动保护动作。【案例 3】2005 年 1 月 23 日，某电厂 5 号发电机差动保护动作，机组跳闸。经检查，中性点侧 C 相电流互感器出线接线盒有不明显的放电痕迹，分析认为由于电流互感器出线接线盒空间较小，压接螺丝对接线盒盖短路。【案例 4】2011 年 11 月 9 日，某电厂 5 号发电机运行中发现电量偏少。检查 5 号发电机机端第六组电流互感器 B 相电流偏低（计量关口表专用），钳形电流表测量发电机侧电流为 0.98A 并上下摆动，A、C 相均为 2.00A 左右。拆开二次接线防护盒，发现 B461 的二次引出线已经在接线螺丝连接处齐根断开，但还保持连接状态，手动停机。分析认为，发电机电流互感器电流互感器引出线为独股铜芯线，长期振动导致引线折断。【案例 5】2011 年 11 月 22 日，某电厂 4 号机组高压厂用变压器分支零序保护动作，机组跳闸。经检查，47 磨煤机在启动过程中电动机接地，47 磨煤机开关柜内零序电流互感器为半圆开启式电流互感器，因安装时互感器 K1、K2 联接压片未连接，导致零序电流互感器开路，保护拒动。又因为 4 号高压厂用变压器 A、B 分支的零序电流回路接反，导致 B 分支零序 I 段保护动作跳开 B 分支工作电源进线开关后，故障点仍然存在，Ⅱ段继续动作于机组全停。【案例 6】2013 年 6 月 7 日，某电厂 2 号发电机－变压器组比率差动、主变压器比率差动保护动作，机组跳闸。经检查，升压站电流互感器本体 C 相绝缘为零，接线盒处电缆破损，刀伤明显。分析认为，由于施工质量不良，电流互感器本体接线盒处电缆绝缘破损接地、分流，流进保护屏主变压器差动保护回路的电流减少，形成差流，保护动作。【案例 7】2014 年 4 月 2 日，某电厂 4 号机组保护主变压器差动、发电机－变压器组差动、发电机内部故障信号频繁启动，间歇性持续 5min，手动停机。经检查，发电机机端 5LHa 电流互感器本体接线盒二次引出线与外部电缆连接接头处（绝缘包扎）有放电痕迹，且有间隙性放电声。分析认为，本体接线盒内二次引线鼻松脱，导致间歇性对地放电。【案例 8】2015 年 8 月 10 日，某电厂 4 号机组主变压器差动保护、发电机－变压器组差动保护跳机。经检查，主变压器高压侧 C 相电流互感器二次引线根部开路。【案例 9】2018 年 5 月 15 日，某电厂 6 号发电机－变压器组保护 A 屏发电机差动保护动作，机组跳闸。经检查，发电机机端电流互感器 A 相接线盒内，二次引出线在螺丝连接处折断。分析认为，基建期施工人员弯制单芯导线接头时未使用专用剥线钳，接头颈部受损，长期振动导致接线折断，检查发现其他二次回路接线头颈部也有受损痕迹。

1.6.16　为新增条款。强调了户外布置的二次电缆及芯线防护要求。【案例 1】2001 年 7 月 27 日，某电厂 1 号主变压器压力释放保护动作，机组跳闸。经检查，主变压器 C 相压力释放器至主变压器端子箱的保护电缆芯线有划破的痕迹。分析认为，该电缆在端子箱外，芯线绝缘受损后，雨天受潮，绝缘降低，又因压力释放保护出口整定为跳闸，保护动作机组跳闸。【案例 2】2008 年 8 月 9 日，某电厂 1 号高压厂用变压器重瓦斯保护动作，机组跳闸。经检查，气体继电器穿线孔与电缆的蛇皮管之间未做防雨包扎，冲洗空冷岛时流下的水从穿线孔进入接线盒，引起二次回路短路。

1.6.17　为新增条款。强调了设备检修后对二次电流、电压回路完整性检查的要求。【案例 1】2001 年 5 月 3 日，某电厂 1 号主变压器差动保护动作，机组跳闸。经检查，发电机－变压器组保护 A 柜内主变压器差动保护的电流端子烧损。有部分绝缘套管被压入内侧电流端子中，电流线芯与端子连接处接触不良，导致电流回路开路，引起主变压器差动保护动作。【案例 2】2012 年 9 月 4 日，某电厂 4 号机组高压脱硫变压器差动保护动作跳机。经检查，脱硫变压器低压侧 B 分支 A 相电流互感器二次接线端子（差动保护用电流互感器）烧焦、开路。分析认为，继电保护人员在紧固脱硫变压器低压侧开关柜内电流互感器螺丝时，用力过大造成 B 分支 A 相电流互感器端子滑动片脱离。在启动增压风机时，二次开路电压过高，产生电弧，端子烧损，保护动作。

1.6.18 为国能安全〔2014〕161 号《防止电力生产事故的二十五项重点要求》第 18.9.4 条，原文未修改。

1.6.19 为新增条款。强调保护装置电源故障后，保护装置应退出运行，且保护装置退出后，出口压板也应退出的要求。【案例 1】2013 年 1 月 31 日，某电厂 1 号机组 DGT－801A 发电机－变压器组保护屏 A 柜电源切换继电器故障，检修人员断开 B 路电源后，A 路电源未投入，保护装置 CPU 开入量电源和管理 CPU 电源失电，发电机突加电压保护动作，机组跳闸。分析认为，开入量失电后，磁场断路器和 220kV 断路器的合闸位置状态消失，发电机电流仍然存在，符合发电机突加电压保护动作判据，保护动作。一是反映出处理保护装置故障缺陷时，安全措施不到位，保护未退出运行；二是保护逻辑不完善。【案例 2】2014 年 12 月 20 日，某电厂 2 号机组停运，更换 2 号主变压器 C 相中性点套管时，主变压器重瓦斯保护动作，500kV 5021、5022 断路器跳闸。经检查，变压器气体继电器至本体端子箱电缆线头有明显的损伤痕迹。分析认为，现场作业时工作人员踩踏电缆，造成电缆芯线外皮绝缘破损，与屏蔽线短接，重瓦斯保护动作，由于安全措施中未将保护出口压板退出，造成合环运行的 5021、5022 断路器跳闸。

1.6.20 为新增条款。强调保护装置部件更换后应进行校验和传动的要求。【案例】2015 年 11 月 9 日，某电厂 2 号机组检修，6kV 开关间隔继电器校验后，检修人员误将备用间隔的继电器（过流保护一次电流定值 105A）回装至 A、B 送风机间隔（送风机过流保护一次电流整定值应为 160A），未检查继电器定值，也未通流传动。机组运行后，A、B 送风机过流保护动作跳闸。

1.6.21 为国能安全〔2014〕161 号《防止电力生产事故的二十五项重点要求》第 18.10.11 条，原文未修改。

1.6.22 为新增条款。根据现场技术监督检查发现问题及运行经验，强调了二次回路日常管理的重点要求。【案例】2013 年 11 月 25 日，某电厂 2 号机组高压厂用变压器第二套保护 C 相差动保护动作。经检查，2 号高压厂用变压器第二套保护（GE 公司 T60 保护装置）无差流回路低值报警信号，采样板出现故障，C 相差流计算错误，保护超过动作定值，直接出口。

1.6.23 为新增条款。参考南方电网相关反事故措施，电压互感器二次中性线 N600 除唯一接地点外，如另有接地点，两个接地点之间将产生一定电位差，通过两接地点和接地中性线构成回路，该回路中有电流流过，该电流一般超过 50mA（长期运行经验值），接地严重时可达数百毫安。若超过 50mA 可认为电压互感器二次回路中性线存在多点接地隐性缺陷，应进行排查。

1.6.24 为国能安全〔2014〕161 号《防止电力生产事故的二十五项重点要求》第 18.10.10 条，原文未修改。

1.6.25 为新增条款。规定各电厂保护装置、励磁装置等技术资料备案的要求。

1.6.26 为新增条款。规定各电厂一次设备、装置或二次回路故障后故障录波数据报送的要求。

附 2 保护及安全自动装置编制说明

本章重点为保护及安全自动装置相关事故防范措施，针对集团公司 2005 年至今保护及安全自动装置因保护配置、元器件故障、定值误整定等原因造成机组非计划停运的各类案例，结合国家、行业最新标准要求，从选型、配置、运行、检修等方面提出保护及安全自动装置反事故措施。本章内容分为线路保护、母线保护、发电机－变压器组保护、高低压厂用电系统保护、故障录波装置和安全自动装置六个部分。

2.1 线路保护编制说明

2.1.1 为新增条款。参考国家电网设备〔2018〕979 号《国家电网有限公司十八项电网重大反事故措施（修订版）》，强调 220kV 及以上电压等级线路保护双重化保护配置的具体要求。

2.1.2 为国能安全〔2014〕161 号《防止电力生产事故的二十五项重点要求》第 18.6.10 条。增加“光纤电流差动保护不得采用光纤通道自愈环网”的要求。光纤电流差动保护要求收、发通道的延时一致，以保证数据的同步性。如果采用自愈环网式光纤通道，在通道故障后自愈期间，收、发通道的切换过程不同步，使得收、发通道的延时不一致，这样会导致通道延时计算错误、数据同步出现异常，因此光纤电流差动保护不得采用光纤通道自愈环网。

2.1.3 为新增条款。依据 GB/T 34122—2017《220kV～750kV 电网继电保护和安全自动装置配置技术规范》第 5.2.12 条、第 5.2.13 条，对于使用光纤通道的线路保护，双回线的不同保护之间可能存在光纤通道交叉的错误接线。为避免这种可能出现的通道交叉问题，在光纤差动保护或光纤接口装置中设置地址码以便区分光纤通道，线路两侧的地址码不对应时装置会发出告警信息。

2.1.4 为新增条款。参考南方电网相关反事故措施，当线路断路器三相不一致时，虽然会出现零序电流，但是健全相仍然可以输送功率，线路输送功率下降并不多，对系统稳定性影响不太大，允许短时出现，线路断路器三相不一致的主要危害在于可能引起相邻线路的零序保护误动，与失灵保护动作切除整条母线相比，这一危害要轻得的多，因此，线路断路器三相不一致保护不启动失灵保护。

2.1.5 为新增条款。强调单母或双母接线方式的线路保护，其“远方跳闸”“其他保护动作停信”回路接线原则的相关要求。【案例】2011 年 7 月 21 日，220kV 线路 MN 发生 C 相瞬时性故障（采用“三相重合闸”方式），M 侧三相跳闸、重合闸成功，N 侧永跳不重合。经检查，M 侧误将三跳（TJQ）触点与永跳（TJR）触点并联后接入线路差动保护远方跳闸开入触点，造成 N 变电站收到对侧远方跳闸开入闭锁重合闸。

2.1.6 为新增条款。依据 DL/T 317—2010《继电保护设备标准化设计规范》第 4.2.4 条，补充“当采用三相重合闸方式时，可采用两套重合闸相互闭锁方式”的要求。

2.1.7 为国能安全〔2014〕161 号《防止电力生产事故的二十五项重点要求》第 4.4.8 条，删除“加强继电保护运行维护”“变压器等设备”等，语句精炼。

2.2 母线保护及断路器失灵保护编制说明

2.2.1 为新增条款。参考国家电网、南方电网相关反事故措施，强调 220kV 及以上母线保护双重化配置的具体要求。

2.2.2 为新增条款。依据 DL/T 317—2010《继电保护设备标准化设计规范》第 8.2.1.12 条，将“出口触点”改为“开入开出触点”。双母双分段接线形式，以两个分段断路器为界，左右两侧母线各配置两套母线保护，本母线保护动作后，应启动分段断路器另一侧母线保护的分段失灵保护。

2.2.3 为新增条款。依据 DL/T 317—2010《继电保护设备标准化设计规范》第 9.1 条、第 9.2 条，增加“110（66）kV 及以上电压等级”的表述。母联（分段）充电过流保护不仅作为母联（分段）充电用，也可以作为线路、变压器支路充电操作的后备保护。考虑到母线保护的重要性，为避免在母线保护屏（柜）上频繁操作，要求配置独立的充电过流保护装置。

2.2.4 为国能安全〔2014〕161 号《防止电力生产事故的二十五项重点要求》第 18.6.6 条，原文未修改。

2.2.5 为国能安全〔2014〕161 号《防止电力生产事故的二十五项重点要求》第 18.6.12 条。结合 GB/T 14285—2006《继电保护和安全自动装置技术规程》第 4.8.5 条，强调单母及双母线接线方式下，母差保护动作后跳线路对侧的相关要求。

2.2.6 为新增条款。依据 DL/T 1349—2014《断路器保护装置通用技术条件》第 4.6.4 条、DL/T 317—2010《继电保护设备标准化设计规范》第 8.2.2 条。强调断路器失灵保护中启动失灵开入回路及电流判别元件的相关要求。

2.2.7 为新增条款。依据 DL/T 317—2010《继电保护设备标准化设计规范》第 4.2.5 条，强调发电机－变压器－线路单元接线，应采用断路器保护中的失灵保护功能，当线路或变压器保护动作，断路器跳闸失灵时，启动远跳功能三跳对侧。

2.2.8 为国能安全〔2014〕161 号《防止电力生产事故的二十五项重点要求》第 18.10.13 条。增加了“原则上 220kV 及以上电压等级母线不允许无母线保护运行”的要求。

2.2.9 为国能安全〔2014〕161 号《防止电力生产事故的二十五项重点要求》第 18.10.15 条，原文未修改。

2.2.10 为国能安全〔2014〕161 号《防止电力生产事故的二十五项重点要求》第 18.10.16 条，原文未修改。

2.3 变压器、发电机–变压器组保护编制说明

2.3.1 为国能安全〔2014〕161 号《防止电力生产事故的二十五项重点要求》第 18.4.2 条、第 18.4.4 条。补充 GB/T 14285—2006《继电保护和安全自动装置技术规程》第 4.2 节、DL/T 317—2010《继电保护设备标准化设计规范》第 4.2.1 条相关内容。强调 220kV 及以上电压等级的变压器微机保护以及 100MW 及以上容量大型发电机－变压器组微机保护双重化配置的要求。

2.3.2 为国能安全〔2014〕161 号《防止电力生产事故的二十五项重点要求》第 18.6.17 条，原文未修改。

2.3.3 为国能安全〔2014〕161 号《防止电力生产事故的二十五项重点要求》第 18.6.16 条。增加了发电机定子接地保护防误动措施要求。【案例 1】2001 年 5 月 4 日，某电厂 1 号发电机 90%定子接地保护动作，机组跳闸。经检查，发现 1 号发电机端部 51－1TV C 相一次保险熔断，产生基波零序电压，造成发电机定子接地保护动作。【案例 2】2010 年 11 月 3 日，某电厂 3 号发电机定子接地保护动作，机组跳闸。经检查，发电机出口 A 相电压互感器小车闭锁插销脱出，小车在滑出状态。因发电机基波零序电压定子接地保护未设置电压互感器二次回路断线闭锁，保护动作。【案例 3】2010 年 1 月 27 日，某电厂 4 号发电机定子接地保护误动作，机组跳闸。经检查，定子接地保护动作逻辑采用机端零序电压，判据单一，存在设计缺陷。

2.3.4 为新增条款。强调转子大轴接地配置、检修以及日常巡视检查的相关要求。【案例】2013 年 1 月 30 日，某电厂 6 号发电机集电环发生环火，手动停机。经检查，发电机滑环与大轴间的绝缘套筒烧损接地，汽轮机组接地碳刷在接地点处断开，励磁回路一点接地保护拒动。

2.3.5 为国能安全〔2014〕161 号《防止电力生产事故的二十五项重点要求》第 18.10.6 条，原文未修改。

2.3.6 为国能安全〔2014〕161 号《防止电力生产事故的二十五项重点要求》第 18.6.19 条、

第 5.1.19 条，将上述两条内容合并。

2.3.7 为国能安全〔2014〕161 号《防止电力生产事故的二十五项重点要求》第 18.6.18 条、第 5.1.18 条，将上述两条内容合并。

2.3.8 为新增条款。强调发电机过励磁保护应采用线电压的要求。【案例】2010 年 11 月 17 日，某电厂 2 号发电机过励磁保护动作跳闸。经检查，2 号发电机保护装置为 GE 公司产品，该型号发电机过励磁保护采用相电压判据，自身保护原理设计上存在缺陷，当二次回路异常导致中性点漂移，相电压升高时，无法避免发电机过励磁保护误动。

2.3.9 为国能安全〔2014〕161 号《防止电力生产事故的二十五项重点要求》第 18.6.20 条。起、停机保护及断路器断口闪络保护配置由 300MW 机组调整为 200MW 机组。

2.3.10 为国能安全〔2014〕161 号《防止电力生产事故的二十五项重点要求》第 18.6.15 条，原文未修改。

2.3.11 为新增条款。高压厂用变压器、启动备用变压器低压侧过流保护配置为两段式。第一段按限时电流速断整定，作为 6kV（10kV）高压厂用母线故障的主保护，快速切除母线故障。第二段按复压闭锁过流保护整定，作为下一级保护的后备保护。

2.3.12 为国能安全〔2014〕161 号《防止电力生产事故的二十五项重点要求》第 12.3.2 条、第 18.7.10 条，将上述两条内容合并。【案例 1】2006 年 3 月 2 日，某电厂 1 号高压厂用变压器重瓦斯保护动作，机组跳闸。经检查，高压厂用变压器 C 相有载调压气体继电器未加装防雨罩，接线盒进水，保护误动。【案例 2】2017 年 8 月 15 日，某电厂 2 号机组高压厂用变压器重瓦斯保护动作，机组跳闸。经检查，变压器本体端子箱至保护屏的重瓦斯保护电缆，两端电缆芯线颜色不同，芯线对地及芯线间绝缘为零。分析认为，该电缆存在因长度不够续接情况，续接处绝缘损伤，回路短路，保护动作。

2.3.13 为国能安全〔2014〕161 号《防止电力生产事故的二十五项重点要求》第 18.6.7 条、第 12.3.3 条，将上述两条内容合并。

2.3.14 为新增条款。依据 DL/T 5136—2012《火力发电厂、变电站二次接线设计技术规程》第 6.2.4 条，强调气体继电器二次回路设计接线要求。

2.3.15 为新增条款。强调重瓦斯保护气体继电器的触点引出至保护装置的接线要求，防止重瓦斯保护拒动。

2.3.16 为国能安全〔2014〕161 号《防止电力生产事故的二十五项重点要求》第 12.6.4 条、第 12.6.6 条原文合并为一条。

2.3.17 为新增条款。强调冷却器工作与备用运行方式的要求。【案例】2016 年 4 月 28 日，某电厂 1 号机组主变压器冷却器全停保护动作跳闸。经检查，就地 PLC 控制设定异常，5 组冷却器中，4 组为辅助状态，1 组为备用状态。主变压器高压侧电流小于 700A 时，辅助冷却器退出运行，5 组冷却器全部停运，运行人员未及时发现报警信号，1h 后保护动作出口。

2.3.18 为新增条款。参考 DL/T 572—2010《电力变压器运行规程》第 6.4.2 条的规定。强调强迫油循环变压器内部故障跳闸后，潜油泵应同时退出运行的要求，避免潜油泵继续运行将造成污染物大面积扩散，增加故障分析和修复难度。【案例】2018 年 8 月 17 日，某电厂 2 号主变压器套管爆炸后潜油泵持续运行，导致爆炸污染物随油流进入变压器内部污染线圈，给后续变压器线圈及铁心内部绝缘恢复处理造成困难。

2.3.19 为新增条款。强调发电机、主变压器及高压厂用变压器差动保护应取消电流二次回路断线闭锁功能的要求。【案例】2014 年 3 月 8 日，某电厂 4 号机组 DCS 发“发电机－变压器组保护（ln）装置 TA 断线”“发电机－变压器组保护（ln）装置报警”，发电机－变压器组保护 A 柜有“主变压器差动启动”“主变压器差动 TA 断线”报警，主变压器差动电流 A 相 $0.03I_e$，B 相 $0.03I_e$，C 相 $0.69I_e$；经检查，发电机下部 TA 二次接线处放电，有焦糊味，进一步检查发现发电机 7LH 的 C 相 TA 二次接线盒内电缆线断线。

2.3.20　为新增条款。强调发电机、主变压器、高压厂用变压器复压闭锁过流保护功能的设置要求。【案例 1】2008 年 12 月 6 日，某电厂 1 号发电机－变压器组保护 A、B 屏因主变压器高压侧 B 相避雷器绝缘套管结冰对地闪络，造成主变压器差动速断保护动作跳闸，随后发电机过流Ⅰ段保护动作。由于发电机采用自并励方式，发电机过流保护中投入“电流记忆功能”，主变压器差动速断保护动作跳闸后，发电机过流Ⅰ段（复压闭锁过流保护）的过流元件和复压闭锁元件仍满足动作要求，故过流Ⅰ段保护动作出口。【案例 2】2009 年 4 月 8 日，某电厂 3 号发电机－变压器组脱硫变压器复压过流保护动作，机组跳闸。检查发现，启动 3 号脱硫增压风机（4000kW），启动电流 500A，脱硫变压器低压侧实际电流已经达到复压过流保护整定值，由于低压侧切换继电器失去电源（断路器在开位），低压侧二次电压不能正常送到 B 柜，电压为 0V（闭锁值 63.9V），保护动作跳闸。【案例 3】2012 年 11 月 21 日，系统接地故障，重合闸后三跳，某电厂 1 号机组发电机复压记忆过流保护动作，3.5s 跳母联断路器，3.8s 机组跳闸，保护出口应动作于全停，不应动作于跳母联断路器。【案例 4】2014 年 11 月 20 日，某电厂 6 号主变压器充电时，5062 断路器 A 相电流互感器单相接地，1 号机组发电机复压记忆过流Ⅱ段动作跳闸。经检查，保护装置中过流Ⅱ段经复合电压闭锁控制字整定为“0”。分析认为，在复合电压闭锁退出的情况下，该保护已为纯过流保护，但保护装置中该保护的动作逻辑为，复压闭锁退出后，电流记忆功能仍然保留，本次 500kV 系统发生接地故障，复压闭锁过流保护电流元件记忆启动，经延时保护动作。一是反映出，现场保护定值整定错误，控制字应按定值单整定为“1”，二是保护逻辑设计不完善，复压闭锁退出的情况下，应自动退出电流记忆功能。

2.3.21　为新增条款。依据 DL/T 684—2012《大型发电机变压器继电保护整定计算导则》第 4.3.2 条的规定，强调发电机定子基波零序电压保护的动作电压和动作时间定值整定与校核要求。【案例 1】2015 年 1 月 2 日，220kV 甲站甲乙Ⅰ线 C 相穿墙套管接地，重合闸 78ms 后三跳，某电厂 4 号发电机定子接地保护动作跳闸。经检查，定子接地保护动作基波零序电压定值 12V，延时 0.2s，实际零序电压达 51V，故障持续时间 201ms。分析认为，该发电机中性点采用消弧线圈接地，时间常数大，当主变压器高压侧接地故障切除后，发电机机端和中性点的零序电压逐步衰减。发电机机端和中性点耦合过来的零序电压大于保护动作值，衰减时间大于保护延时定值 0.2s，保护动作。【案例 2】2017 年 11 月 19 日，某省电网 500kV 甲乙Ⅱ线 A 相接地，单相重合不成功跳三相，造成电网 220kV 系统电压、电流大幅波动，某电厂 3 号发电机定子接地保护零序电压高定值段动作。分析认为，系统侧故障零序电压耦合至发电机机端，耦合电压超过保护高定值段（动作值 15V，0.5s），保护动作。

2.3.22　为新增条款。依据 DL/T 684—2012《大型发电机变压器继电保护整定计算导则》第 4.3.2 条、第 4.3.3 条的规定，强调实测发电机定子接地保护的基波零序电压和三次谐波电压的要求。

2.3.23　为新增条款。强调转子接地保护跳闸出口方式的设置原则。【案例】2015 年 4 月 14

日，某电厂 2 号发电机转子一点接地保护动作。经检查，转子回路绝缘良好，NSR－376R 转子接地保护装置注入式转子插件外部插拔有松动现象，插件外部螺丝未紧固，板件内部有积灰现象。分析认为，保护装置误动，造成转子一点接地跳闸。此外，装置一点接地普通段定值 8kΩ，动作时限 1s，延时整定过短。

2.3.24 为国能安全〔2014〕161 号《防止电力生产事故的二十五项重点要求》第 18.10.5 条，修改负序电流保护为转子表层过负荷保护。

2.3.25 为国能安全〔2014〕161 号《防止电力生产事故的二十五项重点要求》第 18.6.19 条，补充强调了当失步振荡中心在发电机内部时的保护动作方式。

2.3.26 为国能安全〔2014〕161 号《防止电力生产事故的二十五项重点要求》第 18.10.4 条，过激磁改为过励磁。

2.3.27 为国能安全〔2014〕161 号《防止电力生产事故的二十五项重点要求》第 18.10.4 条，增加了发电机过励磁保护反时限下限值与励磁调节器 V/Hz 限制定值的配合裕度的要求。【案例】2019 年 3 月 10 日，某电厂 5 号机过励磁保护动作，机组跳闸。分析认为，改造后更换的 HWLT－4 型励磁调节器的 CPU 板件（型号 MIC－2353）存在质量问题，励磁调节器出现异常，机组励磁电压、励磁电流调节不稳定，误增磁。又因反时限下限与过励限制取值不合理，励磁调节器伏赫兹限制动作值与反时限过励磁保护下限动作值相同，均为 1.1 倍，配合不合理。致使励磁调节器的过励限制动作后，电压不能维持在合理范围，最终达到反时限过励磁保护动作时间，机组停运。

2.3.28 为国能安全〔2014〕161 号《防止电力生产事故的二十五项重点要求》第 18.10.4 条，增加了主变压器过励磁保护整定的相关要求。【案例】2012 年 8 月 20 日，某电厂 3 号主变压器过励磁保护动作跳闸。经检查，保护装置中过励磁保护反时限下限动作值为 1.07，动作时间 3000s，动作值整定未考虑主变压器变比及电压互感器变比的影响，保护定值单整定值为 1.13，保护误整定。

2.3.29 为国能安全〔2014〕161 号《防止电力生产事故的二十五项重点要求》第 8.1.6 条。补充了程序逆功率保护动作功率值的设置要求，及热工保护跳闸出口方式要求。

2.3.30 为新增条款。依据 DL/T 684—2012《大型发电机变压器继电保护整定计算导则》第 4.8.6 条、第 4.8.7 条的规定，强调误上电保护延时的整定要求。【案例】2014 年 5 月 27 日，某电厂 2 号发电机空载运行中主变压器高压侧断路器 C 相击穿，2 号机组跳闸。经检查，2 号主变压器高压侧断口闪络保护的整定值为负序电流 1A，延时 0.5s，断路器断口闪络保护设置延时较长，在断路器 C 相发生闪络时未能及时切除故障。

2.3.31 为新增条款。参考国家电网相关反事故措施，强调变压器后备保护整定时间的要求。变压器的低压侧设置取自不同电流回路的两套电流保护，并尽量缩短变压器后备保护的时间整定级差，有利于提高变压器后备保护动作的可靠性，缩短低压侧故障的切除时间，从而延长变压器的使用寿命。

2.3.32 为新增条款。强调高压厂用变压器（启动备用变压器）低压分支限时电流速断保护的整定原则要求。

2.3.33 为新增条款。依据 DL/T 572—2010《电力变压器运行规程》6 强调变压器冷却器全停保护的设置原则。【案例 1】2005 年 12 月 5 日，某电厂 2 号主变压器冷却器全停保护动作，机组跳闸。经检查，主变压器冷却器两路电源接触器在频繁进行切换试验后，辅助接点发生弹性变形造成抖动粘连，引起两路电源切换不到位，造成风冷回路失电。又由于时间继电器KT4、KT5整定错误，KT4动作时间6min，KT5动作时间1min，冷却器全停保护动作前，运行人员无法及时反应和处理。【案例2】2016年4月28日，某电厂1号机组主变压器冷却器全停保护动作跳闸。经检查，就地PLC控制设定异常，5组冷却器中，4组为辅助状态，1组为备用状态。主变压器高压侧电流小于700A时，辅助冷却器退出运行，5组冷却器全部停运，运行人员未及时发现报警信号，1h后保护动作出口。

2.3.34 为新增条款。强调主变压器、高压厂用变压器及启动备用变压器压力释放保护、温度保护等非电量保护动作出口方式的设置原则。【案例1】2001年7月27日，某电厂1号主变压器压力释放保护动作，机组跳闸。经检查，主变压器C相压力释放器至主变压器端子箱的保护电缆芯线有划破的痕迹。分析认为，该电缆在端子箱外，芯线绝缘受损后，雨天受潮，绝缘降低，又因压力释放保护出口整定为跳闸，保护动作机组跳闸。【案例2】2012年7月3日，某电厂6号发电机空载试验时，主变压器压力释放阀保护动作跳闸。经检查，气体继电器校验回装后，主油箱经气体继电器至油枕间4个蝶阀2个全关、2个半开，主油箱与油枕呼吸器之间无通道，油受热膨胀压力增大导致压力释放阀动作。【案例3】2012年7月11日，某电厂2号主变压器压力释放保护动作跳闸。经检查，主变压器东侧压力释放阀电缆线间绝缘为零，保护误出口。【案例4】2015年7月3日，某电厂2号主变压器绕组超温保护动作跳闸，实际绕组温度75.9℃。经检查，运行人员未按定值单要求退出2号主变压器绕组超温保护压板，超温保护定值整定错误，保护动作及报警定值均整定为75℃。【案例5】2015年4月15日，某电厂1号汽轮机发电机－变压器组保护主变压器压力释放保护动作，机组跳闸。经检查，汽轮机主变压器北侧压力释放阀有少量油喷出，变压器油温为50℃，油位为5.5，均处于正常水平，跳闸前定子电流正常，主变压器取油样分析正常。分析认为，主变压器呼吸器油盅安装过紧，呼吸器呼吸不畅，因主变压器压力释放保护动作于跳闸，导致机组停机。

2.3.35 为新增条款。强调机组带负荷运行下继电保护动作不应动作于解列或解列灭磁的要求。【案例】2017年8月12日，某电厂2号发电机失磁，失磁保护动作于主变压器高压侧断路器跳闸，不跳高压厂用变压器断路器。机组6kV厂用电手动切换，循环水泵控制柜电源短时中断，恢复后循环水泵控制器重置，循环水系统各调门全部关闭，1号机组跳闸。失磁保护出口只动作于机组解列，不利于厂用电源快速切换，故障影响范围扩大。

2.3.36 为国能安全〔2014〕161号《防止电力生产事故的二十五项重点要求》第18.6.8条，原文未修改。

2.3.37 为国能安全〔2014〕161号《防止电力生产事故的二十五项重点要求》第4.4.8条，删除了“加强继电保护运行维护”“线路”，语句精炼。

2.3.38 为新增条款。强调转子大轴接地配置、检修以及日常巡视检查的相关要求。【案例】2013年1月30日，某电厂6号发电机集电环发生环火，手动停机。经检查，发电机滑环与大轴间的绝缘套筒烧损接地，汽轮机组接地碳刷在接地点处断开，励磁回路一点接地保护拒动。

2.3.39 为新增条款。强调操作员站紧急停机按钮的检查维护要求。【案例】2016年2月26日，某电厂1号机组发电机－变压器组保护“紧急停机”保护动作跳闸。经检查，控制台急停按钮到保护C柜的辅助触点烧融，触点短路，“紧急停机”非电量开入，保护动作。

2.3.40 为国能安全〔2014〕161号《防止电力生产事故的二十五项重点要求》第12.3.5条，补充了气体继电器备品的配置要求。

2.3.41 为国能安全〔2014〕161 号《防止电力生产事故的二十五项重点要求》第 12.6.7 条，补充强调对冷却器状态的巡检重点。【案例】2016 年 4 月 28 日，某电厂 1 号机组主变压器冷却器全停保护动作跳闸。经检查，就地 PLC 控制设定异常，5 组冷却器中，4 组为辅助状态，1 组为备用状态。主变压器高压侧电流小于 700A 时，辅助冷却器退出运行，5 组冷却器全部停运，运行人员未及时发现报警信号，1 小时后保护动作出口。

2.3.42 为国能安全〔2014〕161 号《防止电力生产事故的二十五项重点要求》第 12.6.8 条，原文未修改。

2.3.43 为新增条款。依据 DL/T 573—2010《电力变压器检修导则》第 15 b）条，强调变压器大修后试运行时，气体继电器重瓦斯保护须投跳闸的要求。

2.3.44 为新增条款。强调发电机组整套启动过程中，各电气试验阶段发电机－变压器组继电保护的投退原则。

2.4 高、低压厂用系统保护编制说明

2.4.1 为新增条款。强调弧光保护定值整定与检测的要求。

2.4.2 为新增条款。强调高压电动机负序过流保护定值整定的要求。【案例】2002 年 6 月 7 日，某电厂 500kV 线路蔺廉线 C 相故障，2 号机组磨煤机、一次风机等多台 6kV 电动机不平衡（负序）保护动作跳闸，机组停运。经检查，磨煤机与一次风机的不平衡保护定值为 0.07I_n，0.2s，西门子 7SJ551 电动机保护装置记录的负序电流值约为 50A～60A，超过保护定值，保护动作。分析认为，电动机负序保护动作电流整定值过小，区外故障保护误动。

2.4.3 为新增条款。依据 GB/T 14598.303—2011《数字式电动机综合保护装置通用技术条件》第 4.6.9 条的规定，强调高压电动机低电压保护的配置要求，及电压互感器断线闭锁逻辑功能的要求。【案例 1】2005 年 8 月 5 日，某电厂在对 2 号机组 6kVⅡA 段电压互感器停电检查时、6kV ⅡA 段母线失电，机组跳闸。经检查，6kVⅡA、ⅡB 段低电压保护回路接反，低电压保护的电压互感器二次回路断线判据无电流闭锁功能，检修人员退低电压保护压板，取电压互感器二次侧熔断器时，造成该段低电压保护动作。6kV 母线备用电开关自投后因分支过流保护动作复跳，查该段电动机自启动电流约 2590A，而备用分支过流定值为 1650A。【案例 2】2008 年 4 月 17 日，某电厂 6 号机组 6kV A 段母线低电压保护动作，机组跳闸。经检查，6kV B 段电缆接地后产生谐振过电压，造成 A 段母线电压互感器一次侧熔断器三相熔断，A 段母线低电压保护动作。【案例 3】2014 年 12 月 16 日，某电厂 4 号机组脱硫 6kV 母线增压风机、4A 曝气风机、4A、4B 海水升压泵电动机同时跳闸（保护装置无跳闸信号），机组停运。经检查，脱硫 6kV 母线采用集中式低电压保护，配备 WDZ－491EX 电压综合保护装置，该装置出口卡件（I/O 板）内低电压出口 JX2 继电器烧损，低电压跳闸小母线接通，造成多台电动机同时跳闸。【案例 4】2018 年 9 月 20 日，某电厂 6 号机 A 汽动给水泵前置泵、C 磨煤机、A 一次风机跳闸，机组跳闸。经检查，AVC 屏改造升级施工中，施工人员直接剪断 6A1、6A2 段母线电压电缆，造成电压二次回路短路，空开跳闸。又因高压电动机综保装置（四方 CSC－237）电压互感器二次回路断线闭锁逻辑缺少电流判据，A、B 段高压电动机低电压保护动作跳闸。

2.4.4 为新增条款。强调 DCS 实现低电压切换的联锁逻辑动作判据以及检修要求。【案例】2012 年 9 月 1 日，某电厂 5 号机组 A 低压厂用变压器低压侧 45112 断路器跳闸，45002 联络断路器未自投，导致 5BF A 段失电，磨煤机跳闸，机组停运。经检查，5BF A 段母线电压变

送器故障，由于DCS低电压跳闸逻辑存在缺陷，DCS误发低电压信号触发跳闸，45002联络断路器自投逻辑存在缺陷，备自投拒动。

2.4.5 为新增条款。强调高压厂用系统综保接地保护动作特性的要求。【案例】2018年5月15日，某电厂2号机组6kV脱硫Ⅱ段2C氧化风机定子绕组C相接地，6kV脱硫Ⅱ段电源进线开关单相接地保护动作跳闸，母线失电，机组跳闸。经检查，6kV脱硫Ⅱ段母线各开关间隔内负荷动力电缆屏蔽接地线为穿过零序电流互感器后直接接地，接线错误，零序电流分流。氧化风机电动机WDZ－430EX综保装置单相接地保护具有相电流制动特性，造成2C氧化风机接地保护拒动，越级跳闸。

2.4.6 为新增条款。强调FC回路实测真空接触器合闸瞬间因故障跳闸动作延时的要求。【案例1】2018年1月16日，某电厂程控启动1D浆液循环泵，合闸后不到1秒1D浆液循环泵61A45断路器零序过流保护动作跳闸，同时发电机－变压器组保护A、B屏1A分支零序过流Ⅰ段保护动作，闭锁快切装置切换，6kV 1A段母线失电。经检查，上海富士电机公司生产的6kV F－C回路接触器在合闸后有一固有时间（约800ms）才能分闸。【案例2】2017年9月，某电厂斗轮机F－C回路接触器合于故障跳闸时，10kV进线开关跳闸整段失电，机组异常停运。后确认该型号接触器合闸瞬间跳闸动作延时在700ms～800ms之间，引起越级跳闸。

2.4.7 为新增条款。强调FC回路综保装置大电流闭锁功能的整定要求。

2.4.8 为新增条款。强调了干式变压器的温度保护动作出口要求及温度测点监测要求。【案例1】2010年8月4日，某电厂1号发电机－变压器组励磁变压器温度保护动作，机组跳闸。检查发现，1号发电机励磁变压器温度控制器故障，误判断变压器A相绕组超温（误报温度128℃，实际温度40℃），且励磁变压器温度保护出口整定为跳闸，不合理。【案例2】2012年4月23日，某电厂4号汽轮机变压器B超温跳闸，汽轮机PC B段母联开关投入后过载，汽轮机PC两段失电，机组断水保护动作跳闸。经检查，4号汽轮机变压器B温控器存在质量问题，运行中误发超温跳闸信号。【案例3】2018年3月2日，某电厂4号机汽轮机变压器A超温跳闸，保安PC 4A段失电，机组跳闸。经检查，4号机汽轮机变压器A各相线圈中均埋设温度测点，温控器设定130℃报警，150℃跳闸，实际A相54℃，B相75℃～160℃跳变，C相55℃，B相测点故障。

2.4.9 为新增条款。依据DL/T 1502—2016《厂用电继电保护整定计算导则》第5.5节、第9.2节、第9.1节，强调低压厂用变压器低压侧、厂用馈线单相接地保护动作电流值的整定原则。【案例】2014年9月23日，某电厂1号循环水泵跳闸，2号循环水泵联启失败，1号机组跳闸。经检查，挡风板库房照明电源电缆在电缆沟内有鼠咬痕迹，电缆破损搭在电缆沟内支架上，造成电缆接地。分析认为，电缆接地后，由于该回路断路器（施耐德CM1－63M/3328）在单相接地情况下，脱扣器未动作，导致上一级MCC盘总电源断路器零序保护动作，越级跳闸。

2.4.10 为新增条款。强调低压厂用系统电子脱扣器短延时保护的延时整定要求。

2.4.11 为新增条款。强调380V低压厂用框架断路器自带欠压脱扣器的延时整定功能要求，防止因外部故障或扰动引起380V电压瞬时短时降低时框架断路器误动。

2.4.12 为新增条款。强调低压电动机投入综保“欠压重启动功能”等抗晃电措施的要求，当外部故障或扰动引起380V低压厂用电压瞬时或短时下降导致交流接触器释放，在允许时间内电压恢复时，投入“欠压重启动功能”的低压电动机综保装置发出合闸指令，恢复供电。

【案例 1】2018 年 3 月 26 日，某电厂 2 号机组锅炉 PC A 段至锅炉保安 MCC 段工作电源进线断路器 B1239 由于脱扣器故障跳闸，锅炉 PC B 段至锅炉保安 MCC 段进线断路器 B1249 联合成功，电源切换过程中 2～6 号磨煤机油泵跳闸，其欠压重启功能未工作，机组停机。经检查，锅炉保安段进线断路器电子脱扣器投运近 13 年，性能不稳定，也未进行定期检验，脱扣器误动，导致断路器跳闸。【案例 2】2017 年 6 月 20 日，某电厂 4 号机电泵启动时，高压流化风机、一、二次风机跳闸、引风机跳闸，机组跳闸。经检查，电动机启动时，造成 6kV、400V 母线电压降低，400V 最低电压降至 310V，A、C 流化风机接触器低电压返回，三台流化风机接触器均在分位，触发 MFT。【案例 3】2017 年 5 月 29 日，某电厂 2 号机组输煤变压器短路，厂用电切换磨煤机出口分离器接触器失压脱扣，机组跳闸。经检查，锅炉 MCC 双电源切换装置安装存在隐患。MCC 2A 段、2B 段电源进线双电源切换装置工作电源均接自锅炉 PC 2B 段，正常运行中未实现交叉供电，电源供电可靠性低。

2.4.13　为新增条款。强调了低压厂用系统 0Ⅲ类负荷和Ⅰ类负荷核查负荷分配及保护配置的要求。【案例 1】2012 年 2 月 18 日，某电厂 2 号机组 3 号灰浆泵 6kV 电动机 C 相接地，发展为三相短路，电动机保护拒动，6kV Ⅳ段断路器越级跳闸，机组跳闸。经检查，3 号灰浆泵保护 KL1 继电器（俄供设备）损坏拒动，导致接地变接地保护动作，工作和备用进线断路器跳闸，使 6kV Ⅳ段母线失电，又因 1 号、2 号调速油泵均由该段母线供电，全部停运，最终导致机组跳闸。【案例 2】2013 年 2 月 21 日，某电厂脱硫 400V Ⅵ段进线断路器控制单元（脱扣器）误动跳闸，脱硫Ⅵ段母线及海水升压泵房 MCC B 段母线失电。由于 6 号机组 A、B 海水升压泵冷却风扇同时接于该母线，导致 A、B 海水升压泵全停，6 号机组停机。A、B 海水升压泵冷却风扇电源均接自同一母线段是造成事件影响范围扩大的主要原因。【案例 3】2014 年 5 月 19 日，某电厂 2 号机组增压风机跳闸，机组跳闸。经检查，脱硫 400V 保安Ⅱ段母线事故电源自合闸开关跳闸，脱硫 400V 保安Ⅱ段母线常用进线开关自合闸成功，但增压风机的两台电动机润滑油泵自切换没有成功，由于两台电动机润滑油泵均由同一段母线接带，油泵全停造成增压风机跳闸，机组停机。【案例 4】2017 年 5 月 29 日，某电厂 2 号机组输煤变压器短路厂用电切换磨煤机出口分离器接触器失压脱扣，机组跳闸。锅炉 MCC 双电源切换装置安装存在隐患。MCC 2A 段、2B 段电源进线双电源切换装置工作电源却均接自锅炉 PC 2B 段，正常运行中未实现交叉供电，电源供电可靠性低。

2.4.14　为新增条款。强调厂内重要辅机电动机事故按钮的防误碰措施要求。

2.4.15　为新增条款。强调厂内重要辅机控制电源的供电方式要求。【案例】2015 年 12 月 3 日，某电厂 6 号锅炉 B 给煤机控制电源（UPS 电源）空气开关进线侧接线松动，导致依次串接的 B、C、D、E、F 给煤机控制电源消失，造成运行的给煤机跳闸，机组跳闸。

2.4.16　为新增条款。强调重要辅机控制柜内继电器及回路的定期检查和校验要求。【案例】2016 年 9 月 14 日，某电厂 1 号机组空气预热器停转，机组跳闸。经检查，空气预热器就地控制柜内相序继电器（施耐德 RM4－TG20）输出触点故障，变频器输出中断，由于变频器控制柜回路、DCS 逻辑设计缺陷，辅电动机未联起，空气预热器停转。

2.5　故障录波装置及故障信息系统编制说明

2.5.1　为新增条款。依据 DL/T 5136—2012《火力发电厂、变电站二次接线设计技术规程》第 6.7.1 条、第 6.7.2 条，强调发电机－变压器组、启动备用变压器、升压站故障录波装置的配置要求。

2.5.2 为新增条款。强调发电机－变压器组故障录波装置输入模拟量、开关量配置的具体要求。因直流绝缘监测装置、DCS采样频率低，无法记录直流电压、交流不间断电源电压瞬态变化过程，故要求故障录波装置可靠记录厂用直流系统的各段母线单极对地电压、交流不间断电源输出电压、保安段电压，以便于对故障及继电保护动作原因进行分析。【案例1】2017年8月4日，某电厂4号机组UPS装置故障切旁路，AST电磁阀失电，机组跳闸。经检查，UPS装置故障切旁路，输出电压不稳定导致接至UPS的四台AST电磁阀电源失电，机组跳闸。【案例2】2018年10月31日，某电厂2号机组A、B、D磨煤机出口煤阀关闭，机组跳闸。经检查，UPS机柜内逆变器电容运行中爆裂、漏液，手动将UPS切旁路运行中，切换过程中锅炉热控电源柜失电，机组停机。

2.5.3 为新增条款。强调启动备用变压器故障录波装置输入模拟量、开关量配置的具体要求。

2.5.4 为新增条款。强调升压站故障录波装置输入模拟量、开关量配置的具体要求。

2.5.5 为新增条款。强调了故障录波装置定值整定要求。

2.6 安全自动装置编制说明

2.6.1 为新增条款。强调安全稳定装置方式压板的投退要求。

2.6.2 为国能安全〔2014〕161号《防止电力生产事故的二十五项重点要求》第5.1.8条，原文未修改。

2.6.3 为国能安全〔2014〕161号《防止电力生产事故的二十五项重点要求》第22.1.2条，将原文“宜”改为“应”。

2.6.4 为国能安全〔2014〕161号《防止电力生产事故的二十五项重点要求》第10.9.1条，原文未修改。

2.6.5 为新增条款，强调自动准同期装置、整步表、同期二次回路定期检验与传动的要求。

2.6.6 为国能安全〔2014〕161号《防止电力生产事故的二十五项重点要求》第10.9.2条。增加了T/CSEE 0141—2019《发电厂继电保护和安全自动装置检验规程》第9.3.2条相关内容，强调机组同期装置核相试验、假同期试验的要求。【案例】2019年4月19日，安徽某电厂3号机组自动准同期并网，5003断路器合闸后即跳闸（系统侧为500kV Ⅳ母），发电机－变压器组差动、主变压器差动、主变压器重瓦斯、主变压器压力释放保护动作，机组跳闸。就地检查发现3号主变压器本体西北角撕裂漏油，本体向外冒烟。现场检查确认，3号发电机－变压器组保护C柜端子排接线存在错误，由500kV Ⅳ母TV引至该柜的二次电压回路L640和Sa640端子接线顺序错误，极性接反。当3号发电机选择与500kV Ⅳ母线并网时，导致进入同期装置的系统侧电压相位反了180°，电厂两次技改后的核相工作未能发现该问题。2007年5月500kV Ⅱ母线分段改造和2009年5月3号机同期装置改造后，未严格按照规定要求进行核相工作。

2.6.7 为新增条款。依据DL/T 1073—2007《电厂厂用电源快速切换装置通用技术条件》第4.3条，强调厂用电源快速切换装置切换方式的要求。【案例】2010年7月29日，某电厂4号机组启动并网后，进行6kV厂用电切换时，采用同时切换方式（备用电源断路器跳闸、工作电源断路器合闸同时进行），快切装置正常动作，但工作电源断路器合上瞬间即自行跳闸，母线失电，机组跳闸。经检查，工作电源断路器拉至试验位置进行多次分合闸操作时，发现开关在合闸瞬间有时会立即跳开，每3～5次操作中即有一次跳闸，无规律可循。分析认为，二次端子之间可能存在松动、绝缘不良等问题。后将厂用电切换方式修改为并联切换方式，进一步提高了厂用电切换的可靠性。

2.6.8 为新增条款。依据 DL/T 526—2013《备用电源自动投入装置技术条件》第 4.9.3 条，补充强调备用电源自动投入装置与保护或自动装置配合的要求。

2.6.9 为国能安全〔2014〕161 号《防止电力生产事故的二十五项重点要求》第 18.10.14 条，补充开展厂用快切装置及备自投装置定期检验与模拟试验的要求。【案例】2007 年 1 月 31 日，某电厂 4 号机组锅炉 4A 段备自投装置故障，误跳该段工作电源断路器，备用电源断路器未投入，母线失电，机组跳闸。经检查，机组保安段仅两路工作电源，一路来自锅炉段，一路来自柴油发电机。柴油发电机自启动失败，保安段失电。空气预热器 4A/4B 的主马达电源按设计虽有保安段 4A/4B 两路电源，但接触器均默认于保安电源 4A，导致两台空气预热器跳闸。

2.6.10 为国能安全〔2014〕161 号《防止电力生产事故的二十五项重点要求》第 22.1.1.2 条，原文未修改。

2.6.11 为新增条款，强调了重要负荷控制回路中性线的引接要求。【案例】2012 年 6 月 18 日，某电厂 4 号机组 B 汽动给水泵运行中跳闸，机组跳闸。经检查，A、B 渣浆泵变频器电源电缆的零线与 A、B 汽动给水泵的主油泵控制电源零线接至 MCC 动力盘内母排同一螺栓，检修人员在拆除渣浆泵 A、B 变频器控制柜及电缆作业过程中，A、B 汽动给水泵主润滑油泵控制电源零线开路，油泵跳闸。

附 3 励磁装置编制说明

本章重点是火力发电厂励磁系统相关事故防范措施，在国能安全〔2014〕161 号《防止电力生产事故的二十五项重点要求》第 11 章基础上，针对集团公司 2005 年至今因励磁装置设备故障、保护失配、二次回路缺陷等原因造成的机组非计划停运案例，结合国家、行业最新标准要求，从保护配置、运行、检修等方面提出励磁装置反事故措施。本章内容分为系统配置、控制与保护、运维管理三个部分。

3.1 系统配置编制说明

3.1.1 为国能安全〔2014〕161 号《防止电力生产事故的二十五项重点要求》第 5.1.2 条，原文未修改。

3.1.2 为国能安全〔2014〕161 号《防止电力生产事故的二十五项重点要求》第 5.1.3 条，电力系统稳定器配置要求中删除了“50MW 及以上容量的水轮发电机组”，相关要求在水电专业反措中予以体现。

3.1.3 为国能安全〔2014〕161 号《防止电力生产事故的二十五项重点要求》第 11.1.1 条，增加了整流柜超温报警信号送至 DCS 监视的要求。

3.1.4 为国能安全〔2014〕161 号《防止电力生产事故的二十五项重点要求》第 11.1.4 条，原文未修改。

3.1.5 为新增条款。励磁变压器测温元件、测温电缆及其他二次电缆如与高压线圈及高压母排长期碰触，可能造成二次电缆绝缘击穿，引起励磁变压器高压侧对地放电，导致发电机定子接地保护动作。【案例 1】2018 年 4 月 6 日，某电厂 2 号发电机 B 相接地，定子接地保护动作跳机。经检查，励磁变压器测温探头错误安装在励磁变压器高压侧通风孔内，造成电场畸变，产生局部放电，最终导致接地故障。【案例 2】2010 年 12 月 14 日，某电厂 5 号发电机励磁变压器由于设计不合理，高压侧绕组树脂浇注筒被消防感温线缠绕，感温光缆线受励磁变压器运行作用产生感应电流长期运行发热，绝缘强度降低，高压线圈对消防感温线的金属保护层和屏蔽层放电，造成B相接地故障，定子接地保护动作跳机。【案例3】2010年6月15日，某电厂1号机组定子接地保护动作，机组跳闸。经检查，1号励磁变压器本体电流互感器引出二次电缆与高压侧B相母排接触，该电缆上有放电烧灼痕迹。分析认为，励磁变压器本体电流互感器引出二次电缆固定不牢靠，掉落至励磁变压器高压母排，造成励磁变压器B相经电缆屏蔽层对地短路，定子接地保护动作。

3.1.6 为国能安全〔2014〕161号《防止电力生产事故的二十五项重点要求》第11.2.1条，原文未修改。

3.1.7 为新增条款。强调励磁系统相关一次电缆敷设安装的要求。

3.1.8 为新增条款。强调励磁变压器高压侧电流互感器选型的要求。【案例】2012年10月8日，某电厂8号励磁变压器电流速断保护、主变压器差动保护、发电机－变压器组差动保护动作，机组跳闸。经检查，励磁变压器高压侧B、C相电流互感器本体开裂，电流互感器与封闭母线的连接线烧断。分析认为，励磁变压器B相高压绕组上部第一段绝缘性能劣化发生匝间及对地短路，发展为BC相间接地短路和三相短路后，流过电流互感器的短路电流150kA，超过电流互感器热稳定电流（27kA）与动稳定电流（67.5kA），导致电流互感器爆炸。

3.1.9 为新增条款。强调励磁变压器保护定值与励磁系统强励能力的配合要求。

3.1.10 为新增条款。强调励磁变压器本体不宜配置阻容吸收等回路的要求。【案例】2018年3月11日，某电厂8号机组发电机定速并网前励磁回路一点接地报警，并网后励磁回路两点接地保护动作，机组跳闸。经检查，8号励磁变压器低压侧的过电压吸收氧化锌阀片中C相电线绝缘破损，通过固定螺丝与励磁变压器铝合金外壳相碰，放电烧损。

3.1.11 为新增条款。强调励磁调节器应具备电压互感器慢熔判断功能，及防止发电机机端电压互感器高压侧熔断器“慢熔”的相关措施要求。【案例】2015年9月11日，某电厂2号机组失磁保护动作。经检查，2号发电机机端1TV A相熔断器熔断，其他TV熔断器良好。分析认为，1TV A相熔断器完全熔断后，SAVR—2000励磁调节器A套发出TV断线故障，自动切换至B套运行；B套调节过程中异常减励磁，造成发电机失磁。

3.1.12 为国能安全〔2014〕161号《防止电力生产事故的二十五项重点要求》第11.1.3条，补充了“磁场断路器应采用独立的双跳闸线圈”的要求。

3.2 控制与保护编制说明

3.2.1 为新增条款。强调励磁调节器相关控制参数及软件版本的管理要求。

3.2.2 为国能安全〔2014〕161号《防止电力生产事故的二十五项重点要求》第11.1.6条，将励磁限制失效后，发电机保护出口由“解列灭磁“修改为“停机”。

3.2.3 为国能安全〔2014〕161号《防止电力生产事故的二十五项重点要求》第11.3.3条，原文未修改。

3.2.4 为国能安全〔2014〕161号《防止电力生产事故的二十五项重点要求》第11.3.4条，原文未修改。

3.2.5 为国能安全〔2014〕161号《防止电力生产事故的二十五项重点要求》第11.3.5条，参考DL/T 843—2010《大型汽轮发电机励磁系统技术条件》补充了低励限制的动作曲线与失磁保护具体配合关系。【案例】2017年6月24日，某电厂2号机组励磁调节器直流220V电源断开后，整流桥运行限制功能动作并自动减励磁，由于低励限制与发电机失磁保护失配，失磁保护动作跳闸。

3.2.6 为国能安全〔2014〕161 号《防止电力生产事故的二十五项重点要求》第 11.3.6 条，原文未修改。

3.2.7 为国能安全〔2014〕161 号《防止电力生产事故的二十五项重点要求》第 11.3.7 条，原文未修改。

3.2.8 为国能安全〔2014〕161 号《防止电力生产事故的二十五项重点要求》第 11.3.8 条，原文未修改。

3.2.9 为国能安全〔2014〕161 号《防止电力生产事故的二十五项重点要求》第 11.4.1 条、第 11.4.3 条、第 11.4.6 条，合并为一条。

3.2.10 为国能安全〔2014〕161 号《防止电力生产事故的二十五项重点要求》第 11.4.2 条，原文未修改。

3.2.11 为国能安全〔2014〕161 号《防止电力生产事故的二十五项重点要求》第 11.4.3 条、第 5.1.4 条。将上述两条内容合并，并结合二十五项反措第 5.1.4 条增加了“在线调整低励限制定值”的要求。

3.2.12 为国能安全〔2014〕161 号《防止电力生产事故的二十五项重点要求》第 5.1.16.2 条，原文未修改。

3.2.13 为国能安全〔2014〕161 号《防止电力生产事故的二十五项重点要求》第 11.4.4 条，原文未修改。

3.2.14 为新增条款。强调发电机－变压器组保护中“励磁系统故障”保护的配置原则。

3.2.15 为新增条款，参考 GB/T 14285—2006《继电保护和安全自动装置技术规程》，强调了励磁变压器主保护设置的建议。【案例】2012 年 6 月 14 日，某电厂 6 号机 GE 公司 EX2100 励磁装置 3 号功率整流柜的 3 号可控硅单元快速熔断器熔断。熔断器更换后，发电机－变压器组保护 D 屏励磁变压器差动保护动作，机组跳闸。经检查，3 号可控硅整流桥 C 相正臂可控硅元件击穿，熔断器未熔断，发电机－变压器组保护 D 屏励磁变压器差动保护、故障录波装置波形均发生畸变。分析认为，故障发生在励磁变压器差动保护范围外，D 屏励磁变压器差动保护用电流互感器饱和，保护误动。

3.2.16 国能安全〔2014〕161 号《防止电力生产事故的二十五项重点要求》第 11.1.2 条，原文未修改。

3.2.17 为国能安全〔2014〕161 号《防止电力生产事故的二十五项重点要求》第 11.2.2 条，补充了高绝缘电缆的推荐选型。【案例】2003 年 4 月 10 日，某电厂 2 号发电机转子接地保护动作，机组跳闸。经检查，新安装的故障录波装置屏的发电机转子电流变送器输入端接地，导致转子接地保护动作。

3.3 运维管理编制说明

3.3.1 为国能安全〔2014〕161 号《防止电力生产事故的二十五项重点要求》第 4.1.9 条，删除了“调速系统”，相关要求在热控专业反措中体现。

3.3.2 为国能安全〔2014〕161 号《防止电力生产事故的二十五项重点要求》第 11.4.7 条。文字有修改补充，并删除了“滑环火花不影响机组正常运行”。【案例】2013 年 11 月 19 日，某电厂 6 号机组运行中报励磁整流柜 2、3、4 故障，发电机－变压器组保护柜 A、B 屏报警，机组紧急停机。经检查，1 号整流柜柜顶滤网灰尘堵死，+A+C 相可控硅击穿，散热器固定支架受热变形。分析认为，由于风道堵塞，造成可控硅温度过高，过热击穿，快速熔断器熔断，励磁整流柜故障。

3.3.3　为国能安全〔2014〕161号《防止电力生产事故的二十五项重点要求》第11.4.5条，原文未修改。

3.3.4　为新增条款。强调励磁功率柜熔断器更换的相关要求。【案例】2012年6月14日，某电厂6号机GE公司EX2100励磁装置3号功率整流柜的3号可控硅单元快速熔断器熔断。熔断器更换后，发电机–变压器组保护D屏励磁变压器差动保护动作，机组跳闸。经检查，3号可控硅整流桥C相正臂可控硅元件击穿，熔断器未熔断，发电机–变压器组保护D屏励磁变压器差动保护、故障录波装置波形均发生畸变。分析认为，故障发生在励磁变压器差动保护范围外，D屏励磁变压器差动保护用电流互感器饱和，保护误动。

3.3.5　为国能安全〔2014〕161号《防止电力生产事故的二十五项重点要求》第11.1.7条，补充了“电源模块运行不宜超过六年”的要求。【案例1】2001年4月12日，某电厂2号发电机失磁保护动作，机组跳闸。经检查，励磁系统控制单元二次电源插件损坏。分析认为，励磁系统控制单元二次电源元件长期运行老化，造成电源插件损坏，致使发电机可控硅触发脉冲被关断，发电机失去励磁，发电机失磁保护动作。【案例2】2007年8月11日，某电厂4号机组西门子SIMADYN励磁调节器通道1和通道2交替出现故障报警，随后发电机“励磁故障跳闸”保护动作，机组跳闸。经检查，励磁调节器通道1电源模块损坏，此外发现通道1的PM16、EP3、CSH11模块损坏，导致通道1、通道2、监视通道之间的内部通信中断，引发励磁调节器故障报警。

3.3.6　为新增条款，强调对具有家族性缺陷的励磁调节器及时进行升级或改造的要求。【案例1】2005年3月9日，某电厂1号机组发“励磁机励磁调节器故障”告警，发电机–变压器组保护动作，机组跳闸。经检查，SAVR–2000励磁机励磁调节器A套报“脉冲错误”、B套报“同步相序错误”，A、B套之间无法正常切换。分析认为，励磁调节器故障报警的原因是B套主机板的FPGA芯片存在异常，A套主机板的FPGA程序装载芯片松动，接触不良，容易受干扰。【案例2】2010年8月17日，某电厂4号机组控制盘面来“励磁调节器AVR故障”报警。经检查，发现SAVR–2000励磁调节器B套CPU板故障，需要拔出该插件检查处理。经中调同意，电厂晚高峰后进行4号机组励磁调节器消缺处理，检修人员拔出励磁调节器B套CPU板时，4号发电机“失磁保护”动作，机组跳闸。【案例3】2011年7月26日，某电厂6号发电机“失磁保护”动作，机组跳闸。经检查，发现SAVR–2000励磁调节器A、B套脉冲电源卡件异常，B套开关信号卡件电源输入端电容器CE25故障开裂。分析认为，B套开关信号卡件电源输入端电容器故障开裂造成印刷电路板24V电源短路，因为开关信号卡件由A、B套脉冲电源同时供电，进而造成A、B套脉冲电源卡件中的电源变压器输出端二极管V20因故障电流过大而损坏，导致励磁调节器过流Ⅱ、Ⅲ段动作并闭锁手动励磁调节器自投，发电机失磁。【案例4】2011年12月29日，某电厂2号发电机失磁保护动作，机组跳闸。经检查，SAVR–2000励磁调节器首出信号为“励磁机电压低于50%”“转子电流低”，进行励磁机空载升压试验发现励磁机励磁电压不稳定，存在摆动现象，更换脉冲放大板后正常。分析认为，励磁机A套调节器脉冲放大板出现问题导致励磁机励磁电压波动，励磁机电压低于50%后调节器发跳磁场断路器指令，发电机灭磁。【案例5】2013年1月2日，某电厂1号机组SAVR–2000励磁调节器故障B套的脉冲放大板发“脉冲故障”信号，根据厂家指导在线更换故障板件，当拔出B套“脉冲放大”板的瞬间，A套“脉冲放大”板“脉冲输出”灯灭，发电机失磁保护动作，机组跳闸。【案例6】2013年5月16日，某电厂3号发电机运行中无功功率突升，导致发电机过激磁Ⅱ段动作于减励磁，发电机无功功率又发生突降，发电机失磁保护动作，机组跳闸。厂家分析认为，SAVR－2000 励磁调节器 A 套主 CPU 板中 DSP 到 FPGA 的触发角度管脚虚焊，导致触发角度错误现象，属于发生概率极小的个案。【案例 7】2013 年 8 月 19 日，某电厂 2 号发电机失磁保护动作，机组跳闸。经检查，SAVR－2000 主励磁调节器 A、B 套“欠励限制”报警，主励磁调节器 A 套“双机通信”报警，两套调节器均显示为从套。分析认为，励磁调节器从套 B 套脉冲放大板故障，反馈错误的“主/从状态”给主套 A 套，导致 A、B 套均判为从套，没有主套，于是失去脉冲，发电机失磁。【案例 8】2017 年 8 月 12 日，某电厂 2 号发电机失磁保护动作，机组跳闸。检查分析认为，2 号机组励磁调节器（型号 HWLT－4）功能不稳定，温度升高后灭磁 DI 板（输入板）误发信号，关闭励磁调节器整流管触发脉冲，造成整流管输出突降至零，失磁保护动作。【案例 9】2017 年 7 月 12 日，某电厂 4 号发电机失磁保护动作，机组跳闸。经检查，历史记录中励磁电流、励磁电压由正常值突变为零。该励磁调节器于 2017 年 7 月 7 日完成升级改造，更换 CPU 板、AI 板、AO 板、DI 板等主要板件，事故前仅运行 70h。分析认为，4 号机组励磁调节器（HWLT－4 型）在升级改造中所更换的硬件存在质量问题，失磁保护动作。【案例 10】2019 年 3 月 10 日，某电厂 5 号机过励磁保护动作，机组跳闸。分析认为，改造后更换的 HWLT－4 型励磁调节器的 CPU 板件（型号 MIC－2353）存在质量问题，励磁调节器出现异常，机组励磁电压、励磁电流调节不稳定，误增磁。又因反时限下限与过励限制取值不合理，励磁调节器伏赫兹限制动作值与反时限过励磁保护下限动作值相同，均为 1.1 倍，配合不合理。致使励磁调节器的过励限制动作后，电压不能维持在合理范围，最终达到反时限过励磁保护动作时间，机组停运。

3.3.7　为国能安全〔2014〕161 号《防止电力生产事故的二十五项重点要求》第 11.2.4 条，补充了励磁系统相关限制及性能试验在“机组基建投产”时应按规定进行，不能有缺项漏项，文字个别修改。

3.3.8　为国能安全〔2014〕161 号《防止电力生产事故的二十五项重点要求》第 11.3.1 条，补充了“机组正常运行中，应根据电网调度机构的要求，正确投退电力系统稳定器”的要求。

3.3.9　为新增条款，为防止接入磁场断路器分闸控制回路相关元器件（合闸位置继电器、中间继电器）故障造成磁场断路器不正确动作。【案例】2011 年 8 月 13 日，某电厂 2 号机磁场断路器 FMK 突然跳闸，发电机失磁保护动作，机组跳闸。经检查，发电机磁场断路器（FMK）分闸控制回路的合闸位置继电器（HWJ）线圈电阻值为零，导致分闸控制回路导通，磁场断路器跳闸。

3.3.10　为新增条款。强调励磁调节器通信回路及接口的检查。防止励磁调节器通信故障导致机组跳闸。【案例 1】2001 年 4 月 19 日，某电厂 3 号机组 GE EX2000 励磁装置功率整流柜相继跳闸，触发励磁调节器内部故障跳闸，发电机“励磁系统故障”保护动作，机组跳闸。经检查，励磁控制器 M1 和整流桥通信板 HUB 之间的光缆接头接触异常，导致通信中断，功率整流柜相继跳闸，触发励磁调节器内部故障跳闸。【案例 2】2002 年 7 月 26 日，某电厂 3 号机组发“励磁系统异常”信号，随后发电机失磁保护动作，机组跳闸。经检查，A 套励磁调节器由运行时的“自动恒压方式”异常切换至“手动恒励磁电流方式”，进一步发现上位工控机与 A 套励磁调节器的通信电缆的一根接地线线芯在上位机接口处压断，造成两根收发线短接。经厂家现场模拟确认，在通信电缆中的两根收发线短接情况下，励磁调节器会接收到错误指令，切换至“手动恒励磁电流方式”运行并导致机端电压快速下降，发电机失磁保护动作。【案例 3】2018 年 11 月 23 日，某电厂 5 号发电机失磁保护Ⅲ段动作，机组跳闸。经检查，故障录波装置显示磁场断路器动作前，励磁电压消失。分析认为励磁系统同轴通信线缆（型号 RG－62）接触不良，造成三个整流柜同时接受不到触发脉冲，导致励磁电压消失，失磁保护动作。【案例 4】2008 年 3 月 31 日，某电厂 2 号机励磁调节器通道 2 故障报警并自动切至通道 1 运行。4 月 1 日，励磁厂家到厂对 2 号机励磁调节器通道 2 故障报警进行检查，试拔通信板光缆插头时磁场断路器跳闸，发电机失磁保护动作，机组跳闸。分析认为，拔通信板光缆插头造成通道 2 通信板接触不好，产生干扰信号，导致通道 2 误收到通道 1 故障信号，实际通道 1 无故障，误判断通道 1、2 均故障，励磁调节器内部故障跳磁场断路器。

3.3.11　为新增条款。强调对无刷励磁系统旋转二极管整流器的检查要求。【案例】2003 年 2 月 18 日，某电厂 3 号发电机失磁保护动作，机组跳闸。经检查，无刷励磁系统的旋转二极管整流器的熔断器、二极管及其他组件存在损坏情况，分析认为旋转整流器的导电环固定螺栓运行中发生绝缘故障导致直流正、负极短路造成旋转整流器组件损坏，最终发电机失磁。

3.3.12　为新增条款。依据 DL/T 596—1996《电力设备预防性试验规程》第 8.4 节，强调磁场断路器与励磁母线的定期测试检查项目。【案例】2014 年 3 月 01 日，某电厂 5 号发电机－变压器组保护外部重动 3（励磁故障）动作，机组跳闸。经检查，励磁机负极与励磁负母线的连线（连线由紫铜皮叠加整形制成）最上层铜皮在靠母线侧接头处断裂，碰触到励磁机底座，造成励磁直流母线接地。

3.3.13　为新增条款。强调机组事故停机时的励磁系统控制顺序要求。

3.3.14　为国能安全〔2014〕161 号《防止电力生产事故的二十五项重点要求》第 11.3.2 条，删除了“机组基建投产及励磁系统改造后”，修改为励磁系统大修后。

3.3.15　为新增条款。赛雪龙公司 HPB 45 型、HPB 60 型磁场断路器合闸机构中的 5400 塑料件，曾多次发生开裂的情况，只是断路器主触头合闸不到位，严重影响到励磁系统的安全运行。励磁系统定期检修时，应重视该型号磁场断路器导电性能检查；运行中，应开展触头温度的红外成像检测。HPB 磁场断路器的生产日期可由铭牌确认（铭牌中的 Data：07/11，含义为 2011 年第 7 周生产）。【案例 1】2014 年 5 月，某电厂 2 号机组 ABB Unitrol 5000 励磁系统检修期间，对 HPB60 型磁场断路器进行了解体检修，重点检查该机械驱动机构，发现该驱动机构存在开裂情况，对驱动机构 5400 进行了更换。此外，也发现断路器的动、静触头损伤较为严重，对该触头也进行了更换。【案例 2】2016 年，某电厂 3 号机组 C 级检修期间，对 HPB60－82S 磁场断路器进行了解体检修（铭牌：出厂日期 2008 年第 50 周），发现断路器动、静触头损伤较为严重，驱动机构 5400 部件存在开裂情况。如图 1、图 2 所示。

图 1　某电厂 2 号机组磁场断路器 5400 部件开裂

图 2　某电厂磁场断路器 5400 部件开裂

附 4　变频器编制说明

本章重点是高、低压变频器相关事故防范措施，针对集团公司近年来高、低压变频器功率单元故障、控制电源故障、旁路切换功能故障、低电压穿越能力不足等问题造成的机组非计划停运案例，结合国家、行业最新标准要求，从配置方式、运行、检修、维护、试验等方面提出变频器反事故措施。

4.1　为新增条款。依据 DL/T 1195—2012《火电厂高压变频器运行和维护技术规范》第 4.2.5 条，强调高压变频器安装场所的相关要求。

4.2　为新增条款。强调高压变频器冷却系统管理的相关要求。

4.3　为新增条款。依据 DL/T 1195—2012《火电厂高压变频器运行和维护技术规范》第 5.2 条，强调高压变频器运行环境的相关要求。

4.4　为新增条款。强调高压变频器冷却系统电源配置的相关要求。

4.5　为新增条款。强调高压变频器相关温度信号监控与降温措施的要求。【案例 1】2018 年 8 月 8 日，某电厂 1 号机组引风机变频室先后出现多台空调跳闸，且短时内未重启，造成小室温度升高达 37℃，引风机 A 变频器功率柜出口风温达 55℃，功率单元超温保护动作跳闸，机组 RB 动作后送风机 B 电动机过载，过热保护动作跳闸，机组跳闸。【案例 2】2018 年 9 月 17 日，某电厂 2 号机组甲、乙引风机变频器先后重故障跳闸，机组跳闸。经检查，甲乙引风机变频室两台空调故障跳闸，运行人员未及时发现处理，室温升高至 47℃，功率单元过热保护跳闸。

4.6　为新增条款。依据 GB/T 34123—2017《电力系统变频器保护技术规范》第 4.3.1 条，强调 10kV 及以下变频器系统保护功能配置的相关要求。

4.7　为新增条款。依据 DL/T 994—2006《火电厂风机水泵用高压变频器》第 5.4 节，强调高压变频器功率单元应具备故障自动旁路能力，并定期进行切换试验。【案例 1】2017 年 5 月 8 日，某电厂 3 号机乙引风机变频器“重故障”跳闸，甲引风机变频器输出指令自动增加，变频器过载保护动作跳闸，机组停运。经检查，乙引风机变频器 V4 功率单元通信板光纤座内部树脂出现裂纹，信号传输不稳定误发信号。变频器跳闸后，电流由 138.58A 变为－3.05A（电流应为 0A，－3.05A 为仪表和 DCS 测量误差），DCS 判断该电流测点为坏点，自动屏蔽，乙引风机跳闸信号（旁路开关分闸、变频器停运、变频器电流低于 10A 三个信号相与）未发出，RB 功能未启动，导致变频器过载。【案例 2】2018 年 1 月 8 日，某电厂 9 号机 A 一次风机变频器重故障跳闸，机组 RB 保护动作，随后机组跳闸。经检查，一次风机变频器 C1 功率单元控制板故障，从而造成变频器重故障跳闸。

4.8　为新增条款。依据 DL/T 1195—2012《火电厂高压变频器运行和维护技术规范》第 6.2.3.1.1 项条款，强调高压变频器变频/旁路切换要求。【案例 1】2016 年 8 月 2 日，某电厂 6 号机 2 号引风机变频器主板电源损坏故障，主板触发脉冲消失，变频器输出关闭但变频器"故障信号"未及时发出，造成变频器未及时切工频，引风机跳闸，机组停机。【案例 2】2018 年 7 月 30 日，某电厂 4 号机组 1 号一次风机变频器跳闸，变频切工频不成功触发 RB，机组跳闸。经检查，6kV Ⅰ段 6110 断路器出线间隔内电缆 B 相对地放电，造成上一级 6kV Ⅳ A 段 6423 断路器过流Ⅰ段保护动作跳闸，Ⅳ A 段母线电压波动，一次风机变频器低电压保护动作。

4.9　为新增条款。明确高压变频器定期巡检内容的相关要求。【案例】2018 年 9 月 17 日，某电厂 2 号机组甲、乙引风机变频器先后重故障跳闸，机组跳闸。经检查，甲乙引风机变频室两台空调故障跳闸，运行人员未及时发现处理，室温升高至 47℃，功率单元过热保护跳闸。

4.10　为新增条款。明确运行人员对变频器发出告警信号后的处理要求。

4.11　为新增条款。明确高压变频器冷却和通风系统的检查维护要求。

4.12　为新增条款。强调高压变频器电源回路高压开关柜的保护配置要求。

4.13　为新增条款。强调高压变频器控制参数及保护定值的管理要求。

4.14　为新增条款。依据 DL/T 1648—2016《发电厂及变电站辅机变频器高低电压穿越技术规范》第 4.2.2 条、第 4.2.3 条，强调高、低压变频器的高、低电压穿越能力要求。【案例 1】2010 年 12 月 22 日，某电厂 500kV Ⅱ、Ⅳ分段 5040 断路器 B 相电流互感器故障，引线接地短路，Ⅱ母线差动保护动作。母线 B 相电压降至 1.09kV，4 号机组给煤机变频器低电压保护动作，机组跳闸。经检查，给煤机变频器低电压保护定值为固有定值，定值 67.8%U_e，较其他机组变频器偏高。【案例 2】2015 年 7 月 16 日，某电厂 1 号机组 2 号除尘变压器由于分接头对地放电，相间短路，过流Ⅰ段、零序Ⅰ段保护动作。故障造成 6kV IB 段母线三相电压瞬降，A 相 1.411kV，B 相 1.171kV，C 相 1.116kV，持续 80ms，导致该母线上 B 引风机、B 送风机变频器输出过流跳闸，400V IB 段 C、D 层给粉机变频器跳闸，机组停运。分析认为，上述变频器低电压穿越能力不足，且未配置变频切工频功能。【案例 3】2016 年 8 月 19 日，某电厂因某变电站部分线路雷击造成厂用 6kV 母线电压降至 2.24kV，持续 41ms，2 号机组给煤机变频器欠压保护动作跳闸，机组停运。经检查，给煤机低压变频器低电压穿越能力不满足要求。【案例 4】2017 年 6 月 10 日，某电厂 6 号机组因锅炉 PC B 段至 2 号循环泵变频器电源电缆绝缘存在故障，送电调试过程中短路，引起锅炉 PC B 段及锅炉 MCC B 段母线电压低，所接带 4 台给煤机变频器低电压跳闸，机组停机。

4.15　为新增条款。依据 DL/T 994—2006《火电厂风机水泵用高压变频器》第 6.22.2 条，强调高压变频器控制电源的配置要求。

4.16　为新增条款。强调高压变频器移相变压器测温元件的安装要求与温度保护设置要求。

4.17　为新增条款。依据 DL/T 1195—2012《火电厂高压变频器运行和维护技术规范》第 7.5.2.3 条，明确变频器新投运及检修后的试验项目。

4.18　为新增条款。依据 DL/T 1195—2012《火电厂高压变频器运行和维护技术规范》第 7.5.2.2

条，明确高压变频器红外测温的相关要求。

4.19　为新增条款。依据 DL/T 1195—2012《火电厂高压变频器运行和维护技术规范》第 7.4.6 条，强调高压变频器检修内容的相关要求。【案例】2018 年 1 月 8 日，某电厂 9 号机 A 一次风机变频器重故障跳闸，机组 RB 保护动作，随后机组跳闸。经检查，一次风机变频器 C1 功率单元控制板故障，从而造成变频器重故障跳闸。

4.20　为新增条款。依据 DL/T 1195—2012《火电厂高压变频器运行和维护技术规范》第 7.5.2.1 款，强调高压变频器附属设备电气预防性试验的要求。

附 5　自动化及通信装置编制说明

本章重点是自动化及通信装置相关事故防范措施，国能安全〔2014〕161 号《防止电力生产事故的二十五项重点要求》第 19 章基础上，结合国家、行业最新标准要求，从系统配置、运行管理、检修维护等方面提出自动化及通信装置反事故措施。

5.1　调度自动化编制说

5.1.1　为国能安全〔2014〕161 号《防止电力生产事故的二十五项重点要求》第 19.1.2 条，删除了“枢纽变电站、风电厂”等表述。

5.1.2　为国能安全〔2014〕161 号《防止电力生产事故的二十五项重点要求》第 19.1.3 条，删除了“枢纽变电站、风电厂”等表述。

5.1.3　为国能安全〔2014〕161 号《防止电力生产事故的二十五项重点要求》第 19.1.4 条，删除了“厂站内”表述。

5.1.4　为国能安全〔2014〕161 号《防止电力生产事故的二十五项重点要求》第 19.1.5 条，将“调度范围内的发电厂、110kV 及以上电压等级的变电站”改为“升压站”。

5.1.5　为国能安全〔2014〕161 号《防止电力生产事故的二十五项重点要求》第 19.1.6 条，原文未修改。

5.1.6　为国能安全〔2014〕161 号《防止电力生产事故的二十五项重点要求》第 19.1.7 条，删除了“发电厂、变电站基（改、扩）建工程”。

5.1.7　为国能安全〔2014〕161 号《防止电力生产事故的二十五项重点要求》第 19.1.9 条，删除了“发电厂”表述。

5.1.8　为国能安全〔2014〕161 号《防止电力生产事故的二十五项重点要求》第 19.1.12 条，原文未修改。

5.1.9　为新增条款。参考国家电网设备〔2018〕979 号《国家电网有限公司十八项电网重大反事故措施（修订版）》，强调建立和完善二次设备在线监视与分析系统的要求。

5.1.10　为国能安全〔2014〕161 号《防止电力生产事故的二十五项重点要求》第 19.1.13 条，删除了“调度端及厂站端”表述。

5.1.11　为国能安全〔2014〕161 号《防止电力生产事故的二十五项重点要求》第 19.1.14 条，原文未修改。

5.1.12　为国能安全〔2014〕161 号《防止电力生产事故的二十五项重点要求》第 19.1.15 条，原文未修改。

5.2　通信及通道编制说明

5.2.1　为国能安全〔2014〕161 号《防止电力生产事故的二十五项重点要求》第 19.2.2 条，将“电力调度机构与其调度范围内的下级调度机构、集控中心（站）、重要变电站、直调发电厂和重要风电场之间”修改为“电厂”。

5.2.2 为国能安全〔2014〕161 号《防止电力生产事故的二十五项重点要求》第 19.2.3 条，将“电力调度机构、集控中心（站）、重要变电站、直调发电厂、重要风电场和通信枢纽站”修改为“电厂”。

5.2.3 为国能安全〔2014〕161 号《防止电力生产事故的二十五项重点要求》第 19.2.4 条，原文未修改。

5.2.4 为新增条款。参考国家电网相关反事故措施，强调双重化配置的继电保护光电转换接口装置电源的配置要求。

5.2.5 为新增条款。参考国家电网相关反事故措施，强调具备双电源接入功能的通信设备电源的配置要求。

5.2.6 为新增条款。为国能安全〔2014〕161 号《防止电力生产事故的二十五项重点要求》第 19.2.5 条，原文未修改。

5.2.7 为国能安全〔2014〕161 号《防止电力生产事故的二十五项重点要求》第 19.2.6 条，将“直调发电厂及重要变电站”修改为“电厂”。

5.2.8 为国能安全〔2014〕161 号《防止电力生产事故的二十五项重点要求》第 19.2.7 条，原文未修改。

5.2.9 为国能安全〔2014〕161 号《防止电力生产事故的二十五项重点要求》第 19.2.12 条，原文未修改。

5.2.10 为国能安全〔2014〕161 号《防止电力生产事故的二十五项重点要求》第 19.2.14 条，原文未修改。

5.2.11 为国能安全〔2014〕161 号《防止电力生产事故的二十五项重点要求》第 19.2.23 条，原文未修改。

5.2.12 为国能安全〔2014〕161 号《防止电力生产事故的二十五项重点要求》第 19.2.24 条，删除了“通信设备运行维护部门”，补充了“在插拔拉曼放大器尾纤时，应先关闭泵浦激光器”的要求。

5.2.13 为国能安全〔2014〕161 号《防止电力生产事故的二十五项重点要求》第 19.2.25 条，补充了“调度录音系统服务器应保持时间同步”的要求。

5.2.14 为国能安全〔2014〕161 号《防止电力生产事故的二十五项重点要求》第 18.10.12 条，删除了“继电保护专业和通信专业应密切配合”表述。

5.2.15 为新增条款。参考南方电网相关反事故措施，强调保护通道投退操作方法的要求。

5.3 时间同步编制说明

5.3.1 为新增条款。依据 GB/T 36050—2018《电力系统时间同步基本规定》第 5.2 节、第 5.3 节，强调电力系统时钟同步系统时钟源的配置要求。

5.3.2 为国能安全〔2014〕161 号《防止电力生产事故的二十五项重点要求》第 19.1.16 条，“调度端及厂站端”修改为“发电厂”，并补充强调了电厂备入对时装置的设备配置要求。

5.3.3 为新增条款，依据 GB/T 36050—2018《电力系统时间同步基本规定》第 6.3 节与国能安全〔2014〕161 号《防止电力生产事故的二十五项重点要求》第 19.1.16 条，强调了生产控制系统后台对时方式的设置要求，以及对时间同步装置抗干扰措施、校验对时信息的要求。

附 6 直流电源系统及交流不间断电源系统编制说明

本章重点是直流电源系统、交流不间断电源系统、保安电源系统相关事故防范措施，在国能安全〔2014〕161 号《防止电力生产事故的二十五项重点要求》第 22 章基础上，针对集团公司 2005 年至今因直流系统装置故障，蓄电池组故障、控制回路故障、交流不间断电源系统故障、电源切换装置故障、保安电源故障等原因造成的机组非计划停运案例，结合国家、行业最新标准要求，从系统配置、运维管理、检修、试验等方面提出直流电源系统及交流不间断电源系统反事故措施。本章内容分为直流电源系统、交流不间断电源系统、保安电源系统三个部分。

6.1 直流电源系统编制说明

6.1.1 为国能安全〔2014〕161 号《防止电力生产事故的二十五项重点要求》第 22.2.3.1 条，原文未修改。

6.1.2 为国能安全〔2014〕161 号《防止电力生产事故的二十五项重点要求》第 22.2.3.2 条、第 18.6.14 条，将上述两条内容合并。

6.1.3 为国能安全〔2014〕161 号《防止电力生产事故的二十五项重点要求》第 22.2.3.3 条，删除了“发电厂升压站”表述。

6.1.4 为国能安全〔2014〕161 号《防止电力生产事故的二十五项重点要求》第 22.2.3.4 条，将“发电厂”修改为“新建电厂”。

6.1.5 为国能安全〔2014〕161 号《防止电力生产事故的二十五项重点要求》第 22.2.3.5 条，原文未修改。

6.1.6 为国能安全〔2014〕161 号《防止电力生产事故的二十五项重点要求》第 22.2.3.7 条、第 22.2.3.9 条。依据 DL/T 5136—2012《火力发电厂、变电站二次接线设计技术规程》第 10.1.3 条，强调直流系统馈出网络供电方式的要求。直流系统的馈出接线方式应采用辐射供电方式，而不采用环路供电，是为了保证直流系统两段母线相互独立运行，避免互相干扰，以保障上、下级开关的级差配合，提高了直流系统供电可靠性。直流小母线往往在保护柜顶布置，接线复杂，连接点多，其裸露部分易造成误碰或接地故障。

6.1.7 为新增条款。依据 DL/T 5136—2012《火力发电厂、变电站二次接线设计技术规程》第 10.1.3 条，DL/T 5044—2014《电力工程直流电源系统设计技术规程》第 3.6.6 条，强调升压站高压配电装置断路器电动机储能回路及隔离开关电动机电源的供电要求。

6.1.8 为国能安全〔2014〕161 号《防止电力生产事故的二十五项重点要求》第 22.2.3.11 条，原文未修改。电压不稳定，纹波系数大会影响继电保护装置对电流等模拟量的采样。现代阀控密封铅酸蓄电池对浮充电压的稳定度也有严格要求，浮充电压长期不稳定会使蓄电池欠充或过充电。而稳流精度的好坏，直接影响阀控密封铅酸蓄电池充电质量。

6.1.9 为国能安全〔2014〕161 号《防止电力生产事故的二十五项重点要求》第 22.2.3.12 条，删除了“新、扩建或改造的直流系统”的要求。将直流系统用断路器采用具有自动脱扣功能的直流断路器由“应”改为“必须”。普通交流断路器不能熄灭直流电流电弧。当普通交流断路器遮断不了直流负荷电流时，容易将使断路器烧损，当遮断不了故障电流时，会使电缆和蓄电池组着火，引起火灾。

6.1.10 为国能安全〔2014〕161 号《防止电力生产事故的二十五项重点要求》第 22.2.3.13

条，依据 DL/T 5044—2014《电力工程直流电源系统设计技术规程》第 7.6.2 条，补充了蓄电池出口回路熔断器的选型要求。

6.1.11 为国能安全〔2014〕161 号《防止电力生产事故的二十五项重点要求》第 22.2.3.14 条，原文未修改。

6.1.12 为新增条款。依据 DL/T 5044—2014《电力工程直流电源系统设计技术规程》第 7.6.2 条，强调直流回路熔断器配置报警触点的要求。

6.1.13 为国能安全〔2014〕161 号《防止电力生产事故的二十五项重点要求》第 22.2.3.21 条，依据 DL/T 5044—2014《电力工程直流电源系统设计技术规程》第 7.6.2 条，补充强调直流断路器级差配合的整定计算与定期校核要求。加强直流断路器的上、下级的级差配合管理，目的是保证当一路直流馈出线出现故障时，不会造成越级跳闸情况。

6.1.14 为国能安全〔2014〕161 号《防止电力生产事故的二十五项重点要求》第 22.2.3.15 条，原文未修改。

6.1.15 为国能安全〔2014〕161 号《防止电力生产事故的二十五项重点要求》第 22.2.3.17 条，原文未修改。在直流系统倒操作过程中，在任何时刻，不能失去蓄电池组供电，原因是充电、浮充电装置在倒操作过程中，有可能失电。当倒闸操作时，如果两段母线都分别有接地情况时，合直流母联断路器后，就会出现母线两点接地。

6.1.16 为新增条款。参考南方电网相关反事故措施，强调防止直流切换设备故障或单个负载回路故障扩大影响范围的措施要求。若直流电源采用自动切换，双重化配置的主保护、安稳装置、跳闸回路、通道设备等可能运行于同一段直流母线，失去了双重化配置的意义。一路直流电源故障时，若直流回路采用自动切换后由第二路直流供电，则第二路直流亦可能发生故障，造成两路直流电源均失去。直流电源切换装置的使用容易造成直流电源接地查找困难以及直流环路后直流系统频发接地报警；两路直流电源经继电器切换时，若出现继电器接点损坏，也存在直流环路运行、设备易受损等问题。本条反事故措施不包括热工专业带 AST 自动切换的直流电源。【案例】2013 年 1 月 31 日，某电厂 1 号机组 DGT-801A 发电机-变压器组保护屏 A 柜电源切换继电器故障，检修人员断开 B 路电源后，A 路电源未投入，保护装置 CPU 开入量电源和管理 CPU 电源失电，发电机突加电压保护动作，机组跳闸。分析认为，开入量失电后，磁场断路器和 220kV 断路器的合闸位置状态消失，发电机电流仍然存在，符合发电机突加电压保护动作判据，保护动作。一是反映出处理保护装置故障缺陷时，安全措施不到位，保护未退出运行；二是保护逻辑不完善。

6.1.17 为国能安全〔2014〕161 号《防止电力生产事故的二十五项重点要求》第 22.2.3.22 条，删除了 a)“雨季前”表述。【案例 1】2012 年 1 月 19 日，某电厂 2 号发电机失磁保护Ⅲ段动作跳闸。经检查，C9B 皮带机 6kV 接触器与就地动力控制箱连接的电缆损伤，该电缆内部 6 芯接直流回路，2 芯接交流回路，损伤后交流电窜入直流线芯，造成 1 号机 1EE02 直流系统接地。查找接地点时，断开分电屏 1EE02 电源并切换至 2 号机 2EE02 电源供电，造成原接地故障扩展至 2 号机组，由于励磁系统重动继电器误动，机组失磁跳闸。【案例 2】2014 年 1 月 3 日、1 月 5 日及 1 月 9 日，某电厂 2 号发电机-变压器组 WFBZ-01 型保护 D 柜高压厂用变压器重瓦斯保护动作，机组跳闸。经检查，高压厂用变压器吊罩检修时，就地控制柜回路进行了拆接，发电机-变压器组保护 D 柜至高压厂用变压器就地控制柜的风扇启动指令电缆（交流）与高压厂用变压器重瓦斯回路（直流），在就地控制柜转接端子排被错误的环接。当高压厂用变压器负荷达到额定负荷的60%时，保护D柜发出高压厂用变压器风扇启动指令，触点闭合，高压厂用变压器冷却器风扇启动控制电源与重瓦斯保护回路连接，交流电源窜入发电机－变压器组保护D柜直流回路，由于保护出口继电器动作功率不足1W，致使发电机－变压器组保护D柜全停2误动。【案例3】2015年11月5日，某电厂500kV升压站1号主变压器、启动备用变压器高压侧断路器分别跳闸，1号电抗器跳闸，厂用电全部失电。经检查，5013断路器第一组非全相启动回路与断路器信号指示回路接线错误，造成第一组直流电源正极与第二组电源负极通过合闸位置指示灯互联。非电量跳闸采用的ZJ继电器动作功率为0.3W和动作电压在40V～80V，抗干扰能力差，造成具有长电缆跳闸回路的相关断路器跳闸。【案例4】2017年6月18日，某电厂1号机组直流母线接地，"交流窜入"信号报警，失磁保护动作跳闸。经检查，5号甲皮带东侧中部一拉绳开关电缆接头处存在进水及短路现象。皮带拉绳开关中有两对触点，一对接入220V直流操作回路跳闸，一对接入220V交流程控信号回路，交、直流回路在同一根电缆内，电缆接头处包扎不严，长期进水造成交直流回路短路，交流电窜入1号机直流Ⅰ段系统，保护装置误动。

6.1.18　为国能安全〔2014〕161号《防止电力生产事故的二十五项重点要求》第22.2.3.23条，删除"a）新投入或改造后"的表述，补充了b）、c）条，强调直流电源系统绝缘监测装置对时功能和直流分电屏安装的绝缘监测装置的配置要求。基于低频注入原理的直流电源绝缘监测装置，因直流系统绝缘并没有破坏，低频电流与地无法形成回路，无法定位接地支路，所以无法检测出故障。

6.1.19　为新增条款。强调防止直流系统误操作的相关要求。【案例1】2017年6月24日，某电厂2号机组直流系统接地，在查找接地点过程中，断开励磁调节器直流220V电源后，1、2号整流柜风机控制回路继电器失电，励磁调节器判断1、2号整流柜风机同时停运，整流桥运行限制功能动作并自动减励磁，由于低励限制与发电机失磁保护失配，失磁保护动作跳闸。【案例2】2019年5月3日，某电厂2号机组热工直流电源失电，机组跳闸。经检查，电气运行人员在执行1号机直流动力馈电母线由2号机接带倒为自带操作时，未确认2号机动力硅整流出口隔离开关1QK3实际在"充电Ⅱ－电池Ⅱ"位置，操作2号机动力直流充馈电母线联络隔离开关1QK4由"电池Ⅱ－馈线Ⅱ"至"馈线Ⅰ－馈线Ⅱ"时，造成1、2号机动力直流馈电母线失电。

6.1.20　为新增条款。强调直流系统任何情况下不得无蓄电池运行。【案例】2016年6月18日，某330kV变电站约700m处35kV线路电缆沟发生爆炸，3号主变压器起火，6回出线相继跳闸，该变电站与相邻8座110kV变电站均失压。经检查，该变电站改造后的2组蓄电池至两段母线之间的隔离开关在断开位置。分析认为，35kV电缆爆炸后，该变电站1、2、0号站用变压器因低压脱扣全部失电，充电装置失去交流输入电源，又因2组蓄电池未与直流母线连接，使全站保护及控制回路失去直流电源，造成故障范围扩大。

6.1.21　为新增条款。强调蓄电池核对容量工作结束后投入充电屏过程中的操作要求。【案例】2019年5月3日，某电厂2号机热工直流电源失电，机组跳闸。经检查，电气运行人员在执行1号机直流动力馈电母线由2号机接带倒为自带操作时，未确认2号机动力硅整流出口隔离开关1QK3实际在"充电Ⅱ－电池Ⅱ"位置，操作2号机动力直流充馈电母线联络隔离开关1QK4由"电池Ⅱ－馈线Ⅱ"至"馈线Ⅰ－馈线Ⅱ"时，造成1、2号机动力直流馈电母线失电。

6.1.22　为国能安全〔2014〕161号《防止电力生产事故的二十五项重点要求》第22.2.3.19

条。结合 DL/T 724—2000《电力系统用蓄电池直流电源装置运行与维护技术规程》第 6.1.3 条，依据现场故障案例，强调蓄电池核对性放电试验的相关要求。【案例】2014 年 8 月 15 日，某电厂 5 号机组 1 号给水泵启动时，直流控制 I 母线电压降为 0V，发电机失磁保护动作，机组跳闸。经检查，5 号机蓄电池组容量严重不足。分析认为，给水泵启动时，6kV 母线电压瞬间降低，直流充电器闭锁输出，蓄电池带直流母线运行。由于蓄电池组容量不足导致直流母线失电，HWLT－4 型励磁调节器电源模块直流电源消失，工作异常，失磁保护动作。

6.1.23 为国能安全〔2014〕161 号《防止电力生产事故的二十五项重点要求》第 22.2.3.20 条，根据 IEEE Std 1188—2005《IEEE Recommended Practice for Maintenance，Testing，and Replacement of Valve－Regulated Lead－Acid（VRLA）Batteries for Stionary Application》，补充“每月应进行一次蓄电池浮充电流测试，每季度应进行一次蓄电池内阻测试”的要求。（正常情况下，阀控式铅酸蓄电池每 100Ah 容量需要大约 50mA 的浮充电流，如果蓄电池组需要的浮充电流超过正常浮充电流的三倍，应查明原因。浮充电流测试应使用在低电流（一般小于 1A）范围有足够准确度的测量仪器）。

6.1.24 为新增条款。强调防范蓄电池内部开路或短路的日常巡视要求。【案例 1】2016 年 12 月 8 日，某电厂开展 1 号机组汽轮机直流事故油泵进行定期启动试验时，启动电流达到 1420A（额定电流 284A），由于 220V 直流蓄电池组第 29 节电池开路，导致 220V 直流母线降至 0V，AST 电磁阀失电、主汽门关闭、机组跳闸。经检查，AST 电磁阀的两路电源由一路直流母线带，油泵启动时，启动电流较大，致使 220V 直流系统整流器过电流保护动作闭锁输出，直流母线失电，AST 电磁阀失压动作。【案例 2】2013 年 12 月 15 日，某电厂 4 号机组 2 号给粉机蓄电池组内部短路造成给粉机电源丢失，机组跳闸。经检查，给粉机蓄电池组内部短路引起蓄电池及电缆燃烧，导致 2 号蓄电池组输出端弧光短路，给粉机变频器直流保险熔断，给粉机柜交流电源开关跳闸。

6.1.25 为新增条款。强调直流电源系统绝缘监测装置的日常巡视与直流接地点查找要求。【案例】2012 年 1 月 19 日，某电厂 2 号发电机失磁保护Ⅲ段动作跳闸。经检查，C9B 皮带机 6kV 接触器与就地动力控制箱连接的电缆损伤，该电缆内部 6 芯接直流回路，2 芯接交流回路，损伤后交流电窜入直流线芯，造成 1 号机 1EE02 直流系统接地。在查找接地点时，断开分电屏 1EE02 电源并切换至 2 号机 2EE02 电源供电，造成原接地故障扩展至 2 号机组，由于励磁系统重动继电器误动，机组失磁跳闸。

6.1.26 为国能安全〔2014〕161 号《防止电力生产事故的二十五项重点要求》第 8.4.7 条、第 22.1.5 条，将上述两条内容合并，补充了对检修与运行人员的工作要求。【案例】2018 年 5 月 31 日，某电厂 4 号机组主机危机直流油泵控制柜着火，柜内元器件及电缆烧损严重。分析认为，该直流油泵控制回路绝缘或继电器存在故障，导致启动电阻长时间运行无法及时退出，引起控制柜着火。

6.2 交流不间断电源系统编制说明

6.2.1 为新增条款。依据 DL/T 5491—2014《电力工程交流不间断电源系统设计技术规程》第 4.1.2 条，强调交流不间断电源装置输入电源的要求。

6.2.2 为新增条款。参考国家电网设备〔2018〕979 号《国家电网有限公司十八项电网重大反事故措施（修订版）》，强调交流不间断电源装置防误操作的措施要求。

6.2.3 为新增条款。参考国家电网设备〔2018〕979 号《国家电网有限公司十八项电网重大反事故措施（修订版）》，强调正常运行中禁止两台不具备并联运行功能的交流不间断电源装置并列运行。

6.2.4　为新增条款。依据 DL/T 5491—2014《电力工程交流不间断电源系统设计技术规程》第 4.1.3 条，并强调机组交流不间断电源装置直流电源的配置要求，及开展交流不间断电源装置自带蓄电池核对性放电试验的要求。【案例】2018 年 12 月 22 日，某 330kV 线路单相接地，系统电压波动，某电厂 3 号机组厂用母线电压突降，UPS 启动蓄电池供电，蓄电池输出电压过低引起汽轮机 AST 电磁阀动作，机组停机。经检查，厂用电压突降导致 UPS 系统切旁路功能闭锁，整流功能关闭，启动蓄电池组供电，瞬间接带电流达 90A，因蓄电池组性能不佳，造成 UPS 输出电压瞬间降低，最终导致机组跳闸。

6.2.5　为新增条款。参考 DL/T 1074—2007《电力用直流和交流一体化不间断电源设备》的要求，强调机组交流不间断电源装置电源切换试验要求。【案例 1】2018 年 10 月 31 日，某电厂 2 号机组 A、B、D 磨煤机出口煤阀关闭，机组跳闸。经检查，UPS 机柜内逆变器电容运行中爆裂、漏液，手动将 UPS 切旁路运行中，切换过程中锅炉热控电源柜失电，机组停机。【案例 2】2018 年 11 月 15 日，某电厂调压站入口单元 ESD 阀自动关闭，全厂天然气供气中断，机组跳闸。经检查，调压站配电柜 UPS 因质量问题逆变故障后未切换至旁路，调压站 ESD 阀控制电源失电。

6.2.6　为新增条款。强调了交流不间断电源装置主机柜元件定期检查的要求。

6.3　保安电源编制说明

6.3.1　为新增条款。强调柴油发电机组配置及交流保安负荷分配的要求。【案例 1】2003 年 4 月 7 日，某电厂 2 号机组 1 号锅炉变压器跳闸，锅炉 PC A 段备用电源未自投，柴油发电机未投入，保安段失电，机组跳闸。经检查，锅炉 PC A 段电源 422A01 间隔负荷侧母线短路，二次电缆烧毁导致备自投失败，由于控制回路接线松动，柴油发电机未启动，保安段失电。又因磨煤机的润滑油泵的电源均接在保安段，保安段失电后，磨煤机润滑油泵失电，机组跳闸。【案例 2】2007 年 1 月 31 日，某电厂 4 号机组锅炉 4A 段备自投装置故障，误跳该段工作电源断路器，备用电源断路器未投入，母线失电，机组跳闸。经检查，机组保安段仅两路工作电源，一路来自锅炉段，一路来自柴油发电机。柴油发电机自启动失败，保安段失电。空气预热器 4A/4B 的主马达电源按设计虽有保安段 4A/4B 两路电源，但接触器均默认于保安电源 4A，导致两台空气预热器跳闸。

6.3.2　为新增条款。强调定期开展保安电源切换试验、柴油发电机联锁启动试验的要求。【案例】2003 年 4 月 7 日，某电厂 2 号机组 1 号锅炉变压器跳闸，锅炉 PC A 段备用电源未自投，柴油发电机未投入，保安段失电，机组跳闸。经检查，锅炉 PC A 段电源 422A01 间隔负荷侧母线短路，二次电缆烧毁导致备自投失败，由于控制回路接线松动，柴油发电机未启动，保安段失电。

6.3.3　为新增条款。明确柴油发电机的维护管理要求。

6.3.4　为新增条款。强调了针对单回出线、同杆并架出线以及所有出线均接至同一变电站的电厂增加第三方备用电源的要求。【案例 1】2013 年 1 月 9 日，某电厂因对侧变电站全站失电，汽轮机超速保护动作，1、2 号发电机－变压器组热工保护动作于机组全停，全厂失电。分析认为，1、2 号机组未配置功率突降保护，机组突然失去负荷后超速，机跳电保护直接动作于全停，机组无法带厂用电运行。备用电源也来自对侧变电站，导致全厂失电。【案例 2】2015

年 4 月 2 日，某电厂因电网原因 500kV 甲Ⅱ线、乙Ⅰ线跳闸，随后 1、2 号发电机－变压器组“励磁系统故障”保护动作，机组跳闸。经检查，出线全停导致汽轮机超速保护动作跳闸，厂用电失电，励磁系统整流柜风机电源电压降低，整流柜故障引起励磁系统故障。分析认为，厂用保安电源系统的备用电源单一不可靠，若电厂 500kV 出线故障跳闸，唯一的保安电源柴油发电机长时间运行，存在一定安全隐患。

中国华能集团有限公司
CHINA HUANENG GROUP CO., LTD.

中国华能集团有限公司火电专业反事故措施标准汇编
Q/HN-1-0000.08.073—2020

技术标准篇

火电厂防止汽轮机设备事故重点要求

2020 - 06 - 01 发布

2020 - 06 - 01 实施

目　　次

前　言

为进一步加强电力生产安全风险预防控制，提高电力生产可靠性，有效防止火电厂汽轮机设备事故的发生，减少机组非计划停运次数，在国能安全〔2014〕161 号《防止电力生产事故的二十五项重点要求》的基础上，结合中国华能集团有限公司系统内、外汽轮机非计划停运案例，编制本标准。

本标准由中国华能集团有限公司生产管理与环境保护部提出。

本标准由中国华能集团有限公司生产管理与环境保护部归口并解释。

本标准起草单位：西安热工研究院有限公司。

本标准起草人：刘丽春、骆贵兵、安欣、崔光明、崔来建、李钊、杨涛、李继福、陈坤、贾明祥。

本标准审核单位：生产管理与环境保护部、浙江分公司、云南分公司、福建分公司、山东分公司、南方分公司、河南分公司、北方公司、江西分公司。

本标准主要审核人：王洋、陈锋、沈正华、胡发明、陈檀、栾俊、陈凡夫、桑秀军、雷鹏、吴志强、苑红军。

本标准审定：中国华能集团有限公司技术工作管理委员会。

本标准批准人：邓建玲。

本标准为首次制定。

火电厂防止汽轮机设备事故重点要求

1 通用要求

1.1.1 加强设备台账管理。汽轮机设备及附属系统应按机组建立设备台账，历次检修、技术改造及异常缺陷处理应有明确记载，掌握设备全寿命周期健康状况，便于后续设备状态评价和检修安排。

1.1.2 加强文件资料管理。电厂应加强汽轮机设备基建技术资料、运行报告及记录、检修维护报告及记录、缺陷闭环管理及记录、事故管理报告及记录、技术改造报告及记录、监督管理文件、厂家技术说明书等资料档案管理，建立资料目录清册，专人管理，确保档案的完整性和连续性。

1.1.3 加强汽轮机定期工作管理。定期工作包括定期巡回检查、定期测温、设备定期轮换、阀门定期活动试验、真空严密性试验、调速系统定期试验、仪器仪表定期外观检查及校验等定期试验。应保留定期工作的记录。

1.1.4 加强外委单位的管理。明确施工、工艺、维护、验收等要求，统一检修文件包格式，明确奖惩制度。外委单位人员进行现场作业时，电厂应有专业人员监护。外委单位形成检修记录后，电厂应审核数据的完整性和准确性，发现问题及时处理。

1.1.5 重视汽轮机设备缺陷标准化管理和技术改造工作。缺陷管理工作包括缺陷登录与确认、缺陷处理、缺陷验收、评价与考核。对存在缺陷问题的系统及设备，应及时进行检修维护和技术改造工作，避免缺陷未及时处理造成设备损坏及机组非停。

1.1.6 重视检修标准化管理工作。建立健全设备检修标准化管理体系，完善检修管理程序和各类技术文件，贯穿于检修策划与准备、检修实施与控制、检修总结与评价等方面，规范推进检修标准化全过程管理，确保机组检修全过程安全、质量可控，修后各项安全、经济性指标达到中国华能集团有限公司（以下简称集团公司）《电力检修管理办法（试行）》和《华能优秀节约环保型燃煤发电厂标准（试行）》的要求。

1.1.7 加强汽轮机设备运行标准化管理工作。建立健全设备运行管理体系，按照中国华能集团有限公司（以下简称集团公司）《电力设备运行标准化管理实施导则（试行）》的要求进行运行工作票和操作票的制定和执行、运行交接班制度、设备巡回检查制度、设备定期试验与切换制度、运行监视操作、运行分析、运行优化、运行技术管理等的标准化管理。提高机组健康水平，确保机组安全、可靠、经济和环保运行。

2 防止汽轮机本体系统设备事故

2.1 防止轴瓦损坏

2.1.1 汽轮机、燃气轮机制造商或设计院应配制或设计安全可靠的润滑油供油系统，一旦润滑油泵或系统发生故障，润滑油供油系统能够保证机组安全停机，不发生轴瓦烧坏、轴颈磨损。机组启动前，润滑油供油系统必须正常投运，否则不得启动。

2.1.2　冷油器切换阀应有可靠的防止阀芯脱落的措施，避免阀芯脱落，堵塞润滑油通道，导致断油、烧瓦。

2.1.3　油系统严禁使用铸铁阀门，各阀门阀芯应与地面水平安装。主要阀门应挂有“禁止操作”警示牌。润滑油管道中原则上不装设滤网，若装设滤网，必须采用激光打孔滤网，并有防止滤网堵塞和破损的措施，机组检修后应及时将检修滤网拆除。

2.1.4　安装和检修时应彻底清理油系统杂物，严防遗留杂物，堵塞油泵入口或管道。

2.1.5　严格执行运行、检修操作规程，严防轴瓦断油。

2.1.6　润滑油试验项目应按 GB/T 7596—2017《电厂运行中矿物涡轮机油质量》和 GB/T 14541—2017《电厂用矿物涡轮机油维护管理导则》进行定期检测和化验，检测化验周期按照表 2.1 执行，油质劣化应及时处理。在油质不合格的情况下，严禁机组启动。

表 2.1　润滑油试验项目及周期

<table>
<tr><th rowspan="2">序号</th><th rowspan="2">试验项目</th><th colspan="3">投运 1 年内</th><th colspan="3">投运 1 年后</th></tr>
<tr><th>汽轮机</th><th>燃气轮机</th><th>水轮机</th><th>汽轮机</th><th>燃气轮机</th><th>水轮机</th></tr>
<tr><td>1</td><td>外观</td><td colspan="2">1 周</td><td>2 周</td><td colspan="2">1 周</td><td>2 周</td></tr>
<tr><td>2</td><td>色度</td><td colspan="2">1 周</td><td>2 周</td><td colspan="2">1 周</td><td>2 周</td></tr>
<tr><td>3</td><td>运动黏度</td><td colspan="2">3 个月</td><td>6 个月</td><td colspan="2">6 个月</td><td>1 年</td></tr>
<tr><td>4</td><td>酸值</td><td>3 个月</td><td>1 个月</td><td>6 个月</td><td>3 个月</td><td>2 个月</td><td>1 年</td></tr>
<tr><td>5</td><td>闪点</td><td colspan="3">必要时</td><td colspan="3">必要时</td></tr>
<tr><td>6</td><td>颗粒污染等级</td><td colspan="3">1 个月</td><td colspan="3">3 个月</td></tr>
<tr><td>7</td><td>泡沫性</td><td colspan="2">6 个月</td><td>1 年</td><td colspan="2">1 年</td><td>2 年</td></tr>
<tr><td>8</td><td>空气释放值</td><td colspan="3">必要时</td><td colspan="3">必要时</td></tr>
<tr><td>9</td><td>水分</td><td colspan="3">1 个月</td><td colspan="3">3 个月</td></tr>
<tr><td>10</td><td>抗乳化性</td><td colspan="3">6 个月</td><td colspan="3">6 个月</td></tr>
<tr><td>11</td><td>液相锈蚀</td><td colspan="3">6 个月</td><td colspan="3">6 个月</td></tr>
<tr><td>12</td><td>旋转氧弹</td><td>1 年</td><td>6 个月</td><td>1 年</td><td>1 年</td><td>6 个月</td><td>1 年</td></tr>
<tr><td>13</td><td>抗氧剂含量</td><td>1 年</td><td>6 个月</td><td>1 年</td><td>1 年</td><td>6 个月</td><td>1 年</td></tr>
<tr><td colspan="8">注　如发现外观不透明，则应检测水分和破乳化度。
如怀疑有污染时，则应测定闪点、抗乳化性、泡沫性和空气释放值。</td></tr>
</table>

2.1.7　润滑油压低报警、联启油泵、跳闸保护、停止盘车定值及测点安装位置应按照制造商要求整定和安装，整定值应满足直流油泵联启的同时必须跳闸停机。对各压力开关应采用现场试验系统进行校验，润滑油压低时应能正确、可靠地联动交流、直流润滑油泵。

2.1.8　直流润滑油泵的直流电源系统应有足够的容量，其各级熔断器应合理配置，防止故障时熔断器熔断使直流润滑油泵失去电源。

2.1.9　交流润滑油泵电源的接触器，应采取低电压延时释放措施，同时要保证自投装置动作可靠。

2.1.10　应设置主油箱油位低跳机保护，必须采用测量可靠、稳定性好的液位测量方法，并采取三取二的方式，保护动作值应考虑机组跳闸后的惰走时间。机组运行中发生油系统泄漏时，应申请停机处理，避免处理不当造成大量跑油，导致烧瓦。

2.1.11　油位计、油压表、油温表及相关的信号装置，必须按要求装设齐全、指示正确，并定期进行校验。润滑油主油箱油位计、供油母管油压表、冷油器出口供油油温表应至少有一套远方监视的模拟量测量装置并确保正常投运。

2.1.12　辅助油泵及其自启动装置，应按运行规程要求定期进行试验，保证处于良好的备用状态。机组启动前辅助油泵必须处于联动状态。机组正常停机前，应进行辅助油泵的全容量启动试验。

2.1.13　油系统（如冷油器、辅助油泵、滤网等）进行切换操作时，应在指定人员的监护下按操作票顺序缓慢进行操作，操作中严密监视润滑油压的变化，严防切换操作过程中断油。

2.1.14　机组启动、停机和运行中要严密监视推力瓦、支撑瓦的乌金温度和回油温度。当温度超过标准要求时，应按规程规定果断处理。

2.1.15　在机组启、停过程中，应按制造商规定的转速停止、启动顶轴油泵，未设置顶轴油系统的机组，应严密监视润滑油压及轴承金属温度和回油温度，应按照制造商规定投入盘车装置或电动抽吸泵，防止机组启、停低转速时轴瓦损伤事故。

2.1.16　若汽轮机在运行中发生了可能引起轴瓦损坏的异常情况（如水冲击、瞬时断油、轴瓦温度急升超过报警值或跳闸值等），应在确认轴瓦未损坏之后，方可重新启动。

2.1.17　检修中应注意主油泵，交、直流润滑油泵，高压备用密封油泵，交、直流密封油泵等油泵出口止回阀的状态（安装方向、开关灵活性、严密性），防止供油断油。

2.1.18　直流油泵出口应不经过滤网和冷油器，直接连接到各轴瓦。

2.1.19　新建机组主油箱监造时应对主油箱内部管道焊口、支吊架进行全检，已投运机组应利用检修机会检查主油箱内部管道焊口、支吊架，防止支吊架偏斜、断裂、脱空，对焊口进行 100%检测，防止运行中焊口开裂而断油。

2.1.20　通过现场试验重新校核汽轮机、给水泵汽轮机润滑油系统蓄能器厂家给定的压力整定值，以及备用油泵联启延迟时间定值，每年应结合检修机会进行一次蓄能器充氮压力检测，严防油泵切换过程中润滑油压低而断油。

2.1.21　检修时检查主油泵短轴晃度、叶轮密封环和泵轴油封环间隙、主油泵叶轮磨损情况，必要时应对主油泵泵轴及联轴器增加渗透、超声等有效的金属监督检查项目，并设立质检点及验收标准。

2.1.22　润滑油母管压力、主油泵入口油压和出口油压应有模拟量测点，测点安装位置能够准确反映润滑油实际运行压力，且压力表应严格执行热工监督定期检验要求，指示准确。机组运行中应加强润滑油母管压力、主油泵入口油压和出口油压监测。

2.1.23　汽轮机、给水泵汽轮机的交流润滑油泵电源均不应在同一段母线上，防止母线失电或切换时发生断油；两台给水泵汽轮机运行的机组，其给水泵汽轮机的交流润滑油泵电源不应在同一段母线上。

2.1.24　临时滤油机及其附属设备应选择质量可靠产品，对于超过使用年限的机械以及电气元器件等应及时更换，防止临时滤油机故障引发的轴瓦烧损事故。

2.1.25　油系统区域应装设视频监控。

2.1.26 按照集团公司Q/HN－1－0000.08.002—2013《电力检修标准化管理实施导则（试行）》、制造厂提供的设备说明书要求进行轴瓦检修，注重轴系中心调整，合理进行轴瓦载荷分配，防止轴瓦温度高。

2.1.27 机组振动异常时，应委托有资质的单位开展轴系振动诊断、治理工作，防止振动大导致轴瓦碎裂。

2.1.28 电厂应与制造厂核实新建机组的汽轮机轴向推力计算值及实测值，防止调速汽门卡涩或补汽阀开启时轴向推力增大，造成推力轴承烧损。

2.1.29 轴承解体工作过程中应做好标记，防止回装错误，造成轴瓦损坏。

2.1.30 检修时应进行密封瓦端面瓢偏、径向间隙、轴向间隙、密封瓦椭圆度、轴颈椭圆度、锥度的测量和调整，保证配合公差符合制造厂要求，防止密封瓦磨损。

2.1.31 应定期开展轴电压和励端轴瓦绝缘电阻检测工作。及时清理发电机接地碳刷的积灰、油污，避免因碳刷维护工作不到位，导致碳刷接地性能不良，造成轴瓦电腐蚀。

2.2 防止大轴弯曲

2.2.1 应具备和熟悉掌握的资料：

a） 转子安装原始弯曲的最大晃动值（双振幅）、最大弯曲点的轴向位置及在圆周方向的位置。

b） 大轴弯曲表测点安装位置转子的原始晃动值（双振幅）、最高点在圆周方向的位置。

c） 机组正常启动过程中的波德图和实测轴系临界转速。

d） 正常情况下盘车电流和电流摆动值，以及相应的油温和顶轴油压。

e） 正常停机过程的惰走曲线，以及相应的真空值和顶轴油泵的开启时间，紧急破坏真空停机过程的惰走曲线。

f） 停机后，机组正常状态下的汽缸主要金属温度的下降曲线。

g） 通流部分的轴向间隙和径向间隙。

h） 应具有机组在各种状态下的典型启动曲线和停机曲线，并应全部纳入运行规程。

i） 记录机组启停全过程中的主要参数和状态。停机后定时记录汽缸金属温度、大轴弯曲、盘车电流、汽缸膨胀、胀差等重要参数，直到机组下次热态启动或汽缸金属温度低于150℃为止。

j） 系统进行改造、运行规程中尚未作具体规定的重要运行操作或试验，必须预先制定安全技术措施，经上级主管领导或总工程师批准后再执行。

2.2.2 汽轮机启动前必须符合以下条件，否则禁止启动：

a） 大轴晃动（偏心）、串轴（轴向位移）、胀差、低油压和振动保护等表计显示正确，并正常投入。

b） 大轴晃动值不超过制造商的规定值或原始值的±0.02mm。

c） 高压外缸上、下缸温差不超过50℃，高压内缸上、下缸温差不超过35℃。

d） 蒸汽温度必须高于汽缸最高金属温度50℃，但不超过额定蒸汽温度，且蒸汽过热度不低于50℃。

2.2.3 机组启、停过程操作措施：

a） 机组启动前连续盘车时间应执行制造商的有关规定，至少不得少于2h～4h，热态启动不少于4h。若盘车中断应重新计时。

b） 机组启动过程中因振动异常停机必须回到盘车状态，应全面检查、认真分析、查明原因。当机组已符合启动条件时，连续盘车不少于4h才能再次启动，严禁盲目启动。

c） 停机后应立即投入盘车。当盘车电流较正常值大、摆动或有异声时，应查明原因及时处理。当汽封摩擦严重时，将转子高点置于最高位置，关闭与汽缸相连通的所有疏水（闷缸措施），保持上下缸温差，监视转子弯曲度，当确认转子弯曲度正常后，进行试投盘车，盘车投入后应连续盘车。当盘车盘不动时，严禁用起重机强行盘车。

d） 停机后因盘车装置故障或其他原因需要暂时停止盘车时，应采取闷缸措施，监视上下缸温差、转子弯曲度的变化，待盘车装置正常或暂停盘车的因素消除后及时投入连续盘车。

e） 机组热态启动前应检查停机记录，并与正常停机曲线进行比较，若有异常应认真分析，查明原因，采取措施及时处理。

f） 机组热态启动投轴封供汽时，应确认盘车装置运行正常，先向轴封供汽，后抽真空。停机后，凝汽器真空到零，方可停止轴封供汽。应根据缸温选择供汽汽源，以使供汽温度与金属温度相匹配。

g） 疏水系统投入时，严格控制疏水系统各容器水位，注意保持凝汽器水位低于疏水联箱标高。供汽管道应充分暖管、疏水，严防水或冷汽进入汽轮机。

h） 停机后应认真监视凝汽器（排汽装置）、高低压加热器、除氧器的水位和主蒸汽及再热冷段管道集水罐处温度，防止汽轮机进水。

i） 启动或低负荷运行时，不得投入再热蒸汽减温器喷水。在锅炉熄火或机组甩负荷时，应及时切断减温水。

j） 汽轮机在热状态下，锅炉不得进行打水压试验。

2.2.4 汽轮机发生下列情况之一，应立即打闸停机：

a） 机组启动过程中，在中速暖机之前，轴承振动超过0.03mm。

b） 机组启动过程中，通过临界转速时，轴承振动超过 0.1mm 或相对轴振动值超过0.26mm，应立即打闸停机，严禁强行通过临界转速或降速暖机。

c） 机组运行中要求轴承振动不超过0.03mm或相对轴振动不超过0.08mm，超过时应设法消除，当相对轴振动大于 0.26mm 时应立即打闸停机；当轴承振动或相对轴振动变化量超过报警值的25%时，应查明原因设法消除，当轴承振动或相对轴振动突然增加报警值的100%，应立即打闸停机；或严格按照制造商的标准执行。

d） 高压外缸上、下缸温差超过50℃，高压内缸上、下缸温差超过35℃。

e） 机组正常运行时，主蒸汽、再热蒸汽温度在10min内突然下降50℃。调峰型单层汽缸机组可根据制造商相关规定执行。

2.2.5 汽缸应采用良好的保温材料和施工工艺，保证机组停机后的内缸上、下缸温差不超过35℃，外缸上、下缸温差不超过50℃。

2.2.6 疏水系统应保证疏水畅通。疏水联箱的标高应高于凝汽器热水井最高点标高。高、低压疏水联箱应分开，疏水管应按压力顺序接入联箱，并向低压侧倾斜 45°。疏水联箱或扩容器应保证在各疏水阀全开的情况下，其内部压力仍低于各疏水管内的最低压力。冷段再热蒸汽管的最低点应设有疏水点。防腐蚀汽管直径应不小于76mm。

2.2.7 低负荷运行机组应定期进行疏水工作。蒸汽管道应设置上下壁温差大的报警和疏水阀门开启逻辑。当发生管道积水、上下壁温差增大时，及时开启疏水阀。

2.2.8 减温水管路应设有截止阀，阀门应关闭严密，自动装置可靠。

2.2.9 门杆漏汽至除氧器管路，应设置止回阀和截止阀。

2.2.10 高、低压加热器应装设紧急疏水阀，可远方操作和根据疏水水位自动开启。

2.2.11 高、低压轴封应分别供汽。特别注意高压轴封段或合缸机组的高中压轴封段，其供汽管路应有良好的疏水措施。

2.2.12 轴封供汽系统应能满足各种状态启动要求，轴封供汽参数应符合制造厂的要求且轴封供汽母管温度应有14℃以上的过热度。轴封系统运行过程中应保证疏水正常。

2.2.13 机组监测仪表必须完好、准确，并定期进行校验。尤其是大轴弯曲表、振动表和汽缸金属温度表，应按热工监督条例进行统计考核。

2.2.14 凝汽器应有高水位报警并在停机后仍能正常投入。除氧器应有水位报警和高水位自动放水装置，逻辑联锁设置合理、可靠。除氧器溢流放水管高度应符合设计要求。

2.2.15 严格执行运行、检修操作规程，严防汽轮机进水、进冷汽。

2.2.16 轴封加热器应设置旁路或采取其他措施，防止轴封加热器满水、汽轮机进水。

2.2.17 严格按照运行规程或厂家说明书要求控制机组启动参数，防止启动过程中摩擦振动导致转子塑性弯曲。

2.2.18 汽轮机冷态启动冲转时应按照制造厂要求进行摩擦检查。

2.2.19 B级检修时应检查并确认盘车装置减速器、蜗轮组机械部分无损伤，润滑油路畅通，测量中心距及齿顶间隙符合标准，确保盘车装置正常。

2.2.20 汽轮机冲转后，电动盘车啮合装置应能自动脱开，并就地确认盘车手柄状态是否正确。

2.2.21 对于上汽西门子机型机组，汽轮机转子静止状态下启动液压盘车时，应先手动盘车，无卡涩后再投入液压盘车。

2.3 防止轴系断裂及损坏

2.3.1 机组主、辅设备的保护装置必须正常投入，已有振动监测保护装置的机组，振动超限跳机保护应投入运行；机组正常运行瓦振、轴振应达到有关标准的范围，并注意监视振动变化趋势。

2.3.2 运行100 000h以上的机组，每隔3年～5年应对转子进行一次检查。运行时间超过15年、转子寿命超过设计使用寿命、低压焊接转子、承担调峰启停频繁的转子，应适当缩短检查周期。

2.3.3 新机组投产前、已投产机组每次大修中，必须进行转子表面和中心孔探伤检查。按照DL/T 438—2016《火力发电厂金属技术监督规程》相关规定，对转子高温段应力集中部位可进行金相和探伤检查，选取不影响转子安全的部位进行硬度试验。

2.3.4 不合格的转子绝不能使用，已经过主管部门批准并投入运行的有缺陷转子应进行技术评定，根据机组的具体情况、缺陷性质制定运行安全措施，并报主管部门审批后执行。

2.3.5 严格执行超速试验规程的要求，设计有机械超速保护的机组，机组冷态启动带10%～25%额定负荷，运行3h～4h后（或按制造商要求）立即进行超速试验；仅有电超速的机组，超速试验按制造厂要求开展。

2.3.6 新机组投产前和机组大修中，必须检查平衡块固定螺栓、风扇叶片固定螺栓、定子铁芯支架螺栓、各轴承和轴承座螺栓的紧固情况，保证各部位螺栓的紧固和配合间隙完好，并有完善的防松措施。

2.3.7 新机组投产前应对焊接隔板的主焊缝进行认真检查。大修中应检查隔板变形情况，最大变形量不得超过轴向间隙的 1/3。

2.3.8 为防止由于发电机非同期并网造成的汽轮机轴系断裂及损坏事故，应严格落实国能安全〔2014〕161 号《防止电力生产事故的二十五项重点要求》第 10.9 条规定的各项措施。

2.3.9 建立机组试验档案，包括投产前的安装调试试验、大小修后的调整试验、常规试验和定期试验。

2.3.10 建立机组事故档案，无论大小事故均应建立档案，包括事故名称、性质、事故经过、原因和防范措施。

2.3.11 建立转子技术档案，包括制造商提供的转子原始缺陷和材料特性等转子原始资料；历次转子检修检查资料；机组主要运行数据、运行累计时间、主要运行方式、冷热态启停次数、启停过程中的蒸汽温度和蒸汽压力及负荷的变化率、超温超压运行累计时间、主要事故情况及原因和处理。

2.3.12 轴系上设计有接长轴的机组，转子中心、对轮张口和组合晃度应严格按照制造厂规定的标准验收。

2.3.13 检修时，应按照 DL/T 438—2016《火力发电厂金属技术监督规程》第 12.2 节要求，对汽轮发电机转子、转子中心孔、发电机转子护环等部件进行探伤检查，以防止产生裂纹，导致轴系严重损坏事故。

2.4 防止汽轮机振动

2.4.1 配备振动在线监测系统，提高系统使用率和维护率。加强汽轮机专业人员技术培训，专业人员应能够识别各类振动故障特征。

2.4.2 汽轮机专业技术人员应熟知旋转设备相关振动技术标准。

2.4.3 汽轮机振动异常时应委托有资质的单位开展振动检测分析工作。

2.4.4 提高轴瓦检修工艺，合理分配轴瓦载荷，按照运行规程要求控制润滑油压力、润滑油温度，防止发生油膜涡动或油膜振荡。

2.4.5 按照集团公司 Q/HN－1－0000.08.002—2013《电力检修标准化管理实施导则（试行）》中对轴系中心调整技术措施要求，规范开展轴系中心调整，转子中心和组合晃度应严格按照制造厂规定的标准验收。

2.4.6 对轮螺栓连接时，应按照集团公司 Q/HN－1－0000.08.002—2013《电力检修标准化管理实施导则（试行）》的要求，记录对轮螺栓重量、螺栓与螺栓孔配合尺寸、螺栓冷紧弧长，符合制造厂要求。

2.4.7 当汽轮机组发生汽流激振时，应及时调整运行方式。择机委托有资质的单位开展汽轮机调节汽门优化试验。

2.4.8 机组启、停过程中控制蒸汽温度与汽缸温度相匹配，防止上下缸温差大、胀差超标、机组膨胀异常等引起动静碰磨。

2.4.9 机组检修时应按照 DL/T 438—2016《火力发电厂金属技术监督规程》的要求开展高、中、低压转子叶片金属探伤检测，防止运行中叶片突然断裂，机组振动突增。

2.4.10 机组启动过程中应按照运行规程的要求进行暖缸和疏水，防止转子弯曲，导致振动异常。

2.4.11 轴瓦回装时应检查并记录轴瓦紧力、间隙、轴承垫铁球面（瓦枕）接触密合情况，防止瓦盖松动，导致可能出现的振动异常。

2.4.12 按照制造厂标准进行发电机机座负荷分配，防止发电机定子变形，导致结构共振。

2.4.13 委托有资质单位开展发电机转子匝间短路检测试验，及早发现并处理发电机转子匝间短路缺陷，避免造成振动异常。

2.4.14 应采用成熟、可靠的汽封改造技术方案，确保机组振动正常。

2.4.15 应利用检修机会全面检查持环、隔板、轮毂、隔热罩等部件，防止运行中开裂、脱落等，引发机组振动保护动作跳机。

2.4.16 轴封漏汽量大、油挡存在渗油痕迹，轴瓦振动异常的机组，应在 C 级检修时检查、清理油挡，治理轴封漏汽，防止油挡部位积碳。

2.4.17 配合热工专业对振动测量元件、固定支架及其测量系统进行检查维护，防止测量数据异常，导致机组振动保护误动作。

2.4.18 利用检修机会开展 TSI 系统（汽轮机监视系统）通道校验。

2.4.19 机组检修时应检查对轮护罩、对轮护罩与对轮的间隙、焊接焊缝、连接螺栓牢固性，防止护罩与对轮发生碰摩。

2.4.20 制订发电机出口对地短路、两相或三相短路，发电机失步、非同期并网、甩负荷等引起的转子扭振的重大事故应急预案，防止轴系扭振和扭转疲劳损伤。

2.4.21 机组冲转前严禁退出振动保护，正常运行过程中如因测点故障确需退出振动保护时，应经过生产厂长或总工程师的批准，制订好应急预案后执行。

2.5 防止汽缸膨胀不畅或膨胀基准失效

2.5.1 应建立厂内各台机组启、停机分析记录，启、停机参数应严格按运行规程控制，详细记录机组启、停过程中的运行参数及曲线。

2.5.2 新建机组的汽轮机滑销系统应严格按照设计图纸及安装工艺要求施工，并经施工单位、监理、建设单位逐级验收。

2.5.3 机组大修时应检查记录滑销系统各项配合间隙及牢固性，检查横销支架结构及材料是否与设计相符。滑销、销槽、锚固板的滑动配合面应无损伤和毛刺，各配合尺寸应符合制造厂要求。

2.5.4 滑销系统采用高温润滑脂润滑的机组，运行中应每年加注一次高温润滑脂，减小轴承座与台板的摩擦系数。

2.5.5 用内、外径千分尺沿滑动方向取三点，分别测量滑销与销槽的对应尺寸，三点测得的尺寸差值均不超过 0.03mm，间隙应符合制造厂图纸要求。

2.5.6 轴承座滑动面上的油脂孔道应清洁、畅通，轴承座周围及底部管道不得影响膨胀，滑动面采用滑块结构时应按照制造厂要求在研刮后取下滑块螺钉。

2.5.7 在汽缸定位后，汽缸推拉装置垫片厚度按推拉装置与汽缸间的四角实测间隙值，预留 0.02mm～0.03mm 装配间隙值选取，垫片装入时应无卡涩。

2.5.8 机组运行中应防止轴封蒸汽漏入轴承箱与台板滑动面，造成积水、锈蚀，导致滑销系统卡涩。

2.5.9 机组大修后冷态启动时，应在前箱和猫爪处架设可靠的机械位移指示装置，监测记录汽缸膨胀、收缩情况，作为历次机组启停膨胀的历史数据，供分析参考用。未设计高、中压胀差，绝对膨胀的机组，应至少增加绝对膨胀测点。

2.5.10 一个大修周期内应完成对与汽缸相连的汽水管道、油管道焊缝金属检测及支吊架的检查和调整。

2.5.11 机组启动、停机后应防止冷汽或水进入汽缸，避免汽缸变形。

2.5.12 按照制造厂要求投、退汽缸夹层加热和法兰螺栓加热装置，控制胀差和汽缸膨胀量。

2.5.13 加强滑销系统检修管理及验收，滑销系统检修应列入三级验收项目。对于上汽西门子机型的机组，汽轮机滑销系统应纳入B级及以上级别检修项目。优化高压缸保温工艺，确保机组运行中横销位置状态可目视检查。

2.6 防止汽轮机汽水泄漏

2.6.1 机组运行过程中应按照运行规程和制造厂要求控制轴封供汽母管压力，如果制造厂无明确要求时，轴封供汽母管压力上限应按照各汽缸轴端不冒汽，下限按照各汽缸轴端不漏空气，且不影响机组真空严密性为原则进行调整。

2.6.2 定期校验轴封供汽压力变送器和就地压力表计，优化轴封供汽压力自动控制逻辑。

2.6.3 对于轴封系统运行不正常的机组，应在各轴封供汽或回汽支管上安装阀门，对各缸轴封供汽或回汽流量进行调整。

2.6.4 检修时应对断裂、磨损、倒伏的汽封齿进行更换。

2.6.5 必要时可对轴封进行改造，减少轴封漏汽量。

2.6.6 汽水系统阀门解体检修，检查并保证阀杆的弯曲度、阀杆行程、阀杆与阀套间隙、同心度、阀杆和阀套上的汽封环尺寸、阀芯阀座密封面、填料函应符合要求。

2.6.7 汽轮机门杆漏汽的管道布置应符合制造厂和设计院要求，防止止回阀装反和管道连接错误。

2.6.8 汽轮机各进汽阀门的制造质量、安装工艺以及联接螺栓等部件的材质、强度应符合制造厂要求。

2.6.9 导汽管法兰及密封垫片、连接螺栓、螺母材质，安装工艺应符合制造厂要求。

2.6.10 机组启停及升降负荷过程中，主蒸汽、再热蒸汽的温度变化率、负荷变化率应符合运行规程和制造厂要求，防止汽缸变形，导致汽缸结合面漏汽。

2.6.11 机组启动和运行时应控制高中压外缸上、下缸温差不超过50℃，高中压内缸上、下缸温差不超过35℃，防止上、下缸温差大引起汽缸变形，导致汽缸结合面漏汽和动静碰摩等。

2.7 防止轴封参数异常

2.7.1 轴封供汽温度应严格按照运行规程规定进行调整。

2.7.2 低压轴封供汽母管温度测点与喷水减温器的距离应符合DL 5190.4—2019《电力建设施工技术规范　第4部分：热控仪表及控制装置》的要求。

2.7.3 低压轴封减温水调节阀阀门特性应符合设计要求，减温水调节阀和截止阀应严密。

2.7.4 低压轴封减温器选型应正确，布置合理，喷嘴无堵塞，喷嘴孔径大小和孔径数量应满足要求，对不满足要求的减温器应改造或更换。

2.7.5 机组C级检修时应检查低压轴封减温水滤网、各轴封供汽支管滤网。

2.7.6 当低压缸各轴封供汽支管穿过低压缸时，低压缸内轴封供汽支管应采取隔热措施。

2.7.7 轴封系统供汽管道、回汽管道和疏水管道应布置合理。

2.8 防止汽轮机保护动作异常

2.8.1 严格执行操作票、工作票制度，使两票制度标准化，管理规范化。

2.8.2 汽轮机保护逻辑中的延时时间、脉冲信号长短等应设置合理，防止保护误动。

2.8.3 液位、压力、真空等保护信号的取样管和排污管应相互独立，布置合理，符合 DL 5190.4—2019《电力建设施工技术规范 第 4 部分：热控仪表及控制装置》的要求。

2.8.4 联锁保护逻辑中的定值设置应符合制造厂和机组实际运行工况的要求。

2.8.5 B 级检修后应进行保护定值的核实检查和保护的动作试验。

2.8.6 重要控制回路的执行机构应具有三断（断气、断电、断信号）功能，特别重要的执行机构还应设有可靠的机械闭锁措施。

2.8.7 检修机组启动前或机组停运 15 天以上，应对汽轮机主保护和其他重要热工保护装置进行静态模拟试验，检查跳闸逻辑、报警及保护定值。热工保护联锁试验中，尽量采用物理方法进行实际传动，如条件不具备，可在现场信号源处模拟试验，禁止在控制柜内通过开路或短路输入端子的方法进行试验。

2.8.8 汽轮机、给水泵汽轮机的主保护逻辑应按照制造厂家的要求设置。对主保护逻辑和定值等进行更改、调整，须征得制造厂同意。

2.8.9 机组启动前所有保护必须按照运行规程的规定投入，并进行检查确认和签字。

3 防止汽门及调速系统事故

3.1 防止汽轮机超速

3.1.1 在额定蒸汽参数下，调节系统应能维持汽轮机在额定转速下稳定运行，甩负荷后能将机组转速控制在超速保护动作值转速以下。新投产或汽轮机调节系统经重大改造，或已投产但尚未进行甩负荷试验的机组，必须按 DL/T 1270—2013《火力发电建设机组甩负荷试验导则》要求进行甩负荷试验，试验结果不合格应查明原因，消缺后方能启动。

3.1.2 各种超速保护均应正常投入运行，超速保护不能可靠动作时，禁止机组运行。

3.1.3 机组重要运行监视表计，尤其是转速表，显示不正确或失效，严禁机组启动。运行中的机组，在无任何有效监视手段的情况下，必须停止运行。

3.1.4 透平油和抗燃油的油质应合格。油质不合格的情况下，严禁机组启动。

3.1.5 机组大修后，必须按规程要求进行汽轮机调节系统静止试验或仿真试验，确认调节系统工作正常。在调节部套有卡涩、调节系统工作不正常的情况下，严禁机组启动。

3.1.6 机组停机时，应先将发电机有功、无功功率减至零，检查确认有功功率到零，电能表停转或逆转以后，再将发电机与系统解列，或采用汽轮机手动打闸或锅炉手动总燃料跳闸联跳汽轮机，发电机逆功率保护动作解列。严禁带负荷解列。

3.1.7 机组正常启动或停机过程中，应严格按运行规程要求投入汽轮机旁路系统，尤其是低压旁路；在机组甩负荷或事故状态下，应开启旁路系统。机组再次启动时，再热蒸汽压力不得大于制造商规定的压力值。

3.1.8 在任何情况下绝不可强行挂闸。

3.1.9 汽轮发电机组轴系应安装两套转速监测装置，并分别装设在不同的转子上。

3.1.10 抽汽供热机组的抽汽止回阀关闭应迅速、严密，联锁动作应可靠，布置应靠近抽汽口，并必须设置有能快速关闭的抽汽隔离阀，以防止抽汽倒流引起汽轮机超速。

3.1.11 坚持按照集团公司 Q/HN－1－0000.08.022—2015《火力发电厂汽轮机监督标准》要求进行汽门关闭时间测试、抽汽止回阀关闭时间测试、汽门严密性试验、超速保护试验、阀门活动试验。

3.1.12 危急保安器动作转速一般为额定转速的 110%±1%。

3.1.13 进行危急保安器试验时，在满足试验条件下，主蒸汽和再热蒸汽压力尽量取低值。

3.1.14 数字式电液控制（DEH）系统应设有完善的机组启动逻辑和严格的限制启动条件；对机械液压调节系统的机组，也应有明确的限制启动条件。

3.1.15 汽轮机专业人员，必须熟知数字式电液控制系统的控制逻辑、功能及运行操作，参与数字式电液控制系统改造方案的确定及功能设计，以确保系统实用、安全、可靠。

3.1.16 电液伺服阀（包括各类型电液转换器）的性能必须符合要求，否则不得投入运行。运行中要严密监视其运行状态，不卡涩、不泄漏和系统稳定。大修中要进行清洗、检测等维护工作。发现问题应及时处理或更换。备用伺服阀应按制造商的要求条件妥善保管。

3.1.17 主油泵轴与汽轮机主轴间具有齿型联轴器或类似联轴器的机组，应定期检查联轴器的润滑和磨损情况，其两轴中心标高、左右偏差应严格按制造商的规定安装。

3.1.18 要慎重对待调节系统的重大改造，应在确保系统安全、可靠的前提下，进行全面的、充分的论证。

3.1.19 机组跳闸后应检查确认各抽汽电动门、止回阀关闭到位。

3.1.20 应每月进行一次加热器抽汽止回阀活动试验，抽汽止回阀解体后应测试其关闭时间，关闭时间应符合汽轮机技术监督标准要求。

3.1.21 主油泵轴与汽轮机主轴直接螺栓连接固定的机组，固定螺栓强度及紧固力矩应符合厂家设计要求，每次大修期间应进行螺栓的金属探伤检测。

3.2 防止抗燃油油压低

3.2.1 应每日巡检全厂抗燃油管道（包括高低压旁路抗燃油站）的振动、接触碰摩情况、渗漏油、支架及管卡紧固情况，对振动异常管道进行加固，对发生接触碰摩的抗燃油管道进行防护及管道布置优化，对抗干扰能力达不到要求的抗燃油泵及抗燃油管道、蓄能器等进行扩容。

3.2.2 性能达不到要求的抗燃油泵等设备应及时更换或改造。

3.2.3 新机组安装时抗燃油管道焊口焊接方式应采用对接焊。一个 A 级检修周期内应完成全部抗燃油管道焊口金属检测工作。

3.2.4 抗燃油系统紧固螺栓安装应符合相应工艺要求，检修中应对螺栓进行检查，不合格的紧固螺栓应及时更换。

3.2.5 抗燃油系统 O 形圈等密封件到货应进行质量验收，A 级检修时应对 O 形圈等密封件进行更换，更换过程中应避免因挤压、变形而损伤 O 形圈，保证安装质量。

3.2.6 抗燃油系统的温度、压力（含差压）、油位等均应选用质量合格的热工表计并定期维护。表计取样开孔、表管焊接等工艺质量应经金属监督确认并符合要求。

3.2.7 抗燃油系统的油动机每次 A 级检修或必要时应送有资质单位进行检修清理和试验。

3.2.8 严格执行操作票、工作票制度，使两票制度标准化，管理规范化，防止抗燃油系统操作违规或误操作。

3.2.9 抗燃油系统应配置合适的在线油净化装置，并应可靠投运，确保油质符合化学监督要求。密切监视抗燃油系统滤网差压，差压超标时应及时更换滤网。

3.3 防止汽门卡涩及门杆断裂

3.3.1 按照集团公司 Q/HN－1－0000.08.022—2015《火力发电厂汽轮机监督标准》规定，开展主汽阀和调节汽阀的部分行程及全行程活动性试验，并根据制造厂要求、机组实际情况编写详细的风险预控措施。

3.3.2 主汽阀、调节汽阀氧化皮清理工作应严格按照制造厂要求的时间间隔进行。氧化皮引起汽阀卡涩或曾经发生过阀门卡涩的机组，每年应利用检修机会检查并及时清理汽阀动静部件之间的氧化皮。

3.3.3 按照检修规程、集团公司 Q/HN－1－0000.08.002—2013《电力检修标准化管理实施导则（试行）》进行汽阀检修工作。

3.3.4 同类型机组已发生主汽阀、调节汽阀阀杆、执行机构连杆断裂时，应开展阀门检查，必要时对阀杆、执行机构连杆进行改造。

3.3.5 A 级检修应检查主汽阀、调节汽阀操纵座弹簧，对弹簧的刚度、伸长量进行检查试验，不符合要求的应立即更换。

3.4 防止汽轮机汽门及调节保安装置失控

3.4.1 机组冷态启动前应通过静态试验对调节保安系统各部件进行检验，如主汽阀及调节汽阀油动机、AST 及 OPC 电磁阀组、隔膜阀、节流孔、单向阀等。

3.4.2 汽轮机及给水泵汽轮机的遮断电磁阀电源应冗余可靠，电磁阀所对应的两个通道电源应配置在不同的电气段上。电磁阀模块温度过高时应增加降温装置。

3.4.3 ASP 油压、隔膜阀油压应有远传监视测点，不具备远传条件的机组，应每班就地抄表记录油压，每月进行分析比较。隔膜阀油压定值应按照制造厂要求整定。隔膜阀膜片组件质量及承压能力应达到制造厂要求，隔膜阀应在 A 级检修中进行解体检修，检查膜片、弹簧、紧固螺栓等部件，隔膜阀堵丝应安装止退销或采取其他防松脱措施。

3.4.4 C 级检修应检查维护危急遮断系统。

3.4.5 建立抗燃油系统蓄能器台账。C 级检修中应检查抗燃油系统蓄能器氮气压力、蓄能器接口、与蓄能器相连接的阀门。按制造厂要求周期更换蓄能器皮囊。

3.5 防止调节保安系统联锁保护异常

3.5.1 抗燃油压低联启抗燃油泵信号应冗余设置，抗燃油母管应设置压力变送器。

3.5.2 已设置抗燃油箱油位保护的机组，油位测点应冗余配置。抗燃油箱应设置液位变送器。C 级检修时应对抗燃油箱浮子液位计浮筒进行清理。

3.5.3 抗燃油系统补油前应严格按照化学技术监督要求进行混油试验。

3.5.4 应排查引起汽阀及调速系统异常的隐患，并进行治理和优化。应制订汽阀及调速系统异常情况下的事故预想措施。

4 防止汽轮机润滑油系统事故

4.1 防止汽轮机润滑油油压低

4.1.1 轴承回油窥视窗应每月清理，保证清洁无污物。透明塑料板或有机玻璃材质的轴承回油窥视窗，应在 A 级检修时更换。

4.1.2 油系统运行设备进行投停、切换操作（如冷油器、油泵、滤网等）时，应在指定人员的监护下按操作票顺序平稳进行操作，操作中严密监视润滑油压的变化，严防切换操作过程中断油烧瓦。

4.1.3 应保持原调整开度，运行中严禁操作各供油手动门。

4.1.4 润滑油系统交、直流油泵的联锁试验动作应可靠，油泵联锁定值应准确。

4.1.5 润滑油系统和密封油系统检修时，应检查各油泵出口止回阀，防止止回阀卡涩、内漏、装反、阀板脱落等，导致油压无法建立或断油。

4.1.6 润滑油系统的阀门应采用明杆阀，并有开、关指示以便识别开关状态及开启程度。

4.1.7 润滑油低油压、低油位等重要保护装置在机组运行中严禁退出，当其故障被迫退出运行时，应制定可靠的安全措施，并在 8h 内恢复。

4.1.8 机组大修油循环时应在各轴承进油管上装临时滤网，油循环结束后必须拆除临时滤网。

4.1.9 将汽轮机主油箱内部管道焊缝、射油器（油涡轮）管道法兰焊口探伤检测列入年度技术监督工作计划，利用检修机会进行检查，防止因焊缝泄漏导致汽轮机断油烧瓦，同时应利用检修机会对主油箱内管道支吊架进行检查、调整。

4.1.10 应在汽轮机主油箱回油滤网前后加装油位计，便于监视滤网脏污并及时进行清理。回油滤网应开设溢流孔。

4.1.11 油系统所有阀门标识牌应齐全、测点完备，表计应检验合格。

4.1.12 应设置主油箱油位低跳机保护，必须采用测量可靠、稳定性好的液位测量方法，采取三取二的方式，保护动作值应考虑机组跳闸后的惰走时间。主油箱油位至少应有一套模拟量测量装置。

4.1.13 完善滤油机管理制度及运行维护注意事项，发现漏油及时处理。临时滤油机不应采用橡胶软管连接，滤油机工作时应专人监护。滤油机更换滤芯部件时，必须将滤油机系统与润滑油系统隔离，且保证进出滤油机系统的阀门严密。对于使用年限超过设备制造商规定有效期的、电气元器件老化明显的设备等应及时更换。

4.1.14 直流润滑油泵的直流电源系统应有足够的容量，其各级熔断路应合理配置，防止故障时熔断器熔断使直流润滑油泵失去电源。

4.1.15 定期（建议每年一次）对蓄电池和直流系统（含逆变电源）及柴油发电机组进行检测、试验和维护，确保汽轮机交、直流润滑油泵和主要辅机小油泵供电可靠。

4.1.16 涉及机组安全的重要设备应有独立于分散控制系统的硬接线操作回路。汽轮机润滑油压力低信号应直接送入事故润滑油泵电气启动回路，确保在没有分散控制系统控制的情况下能够自动启动，保证汽轮机的安全。

4.1.17 油系统试验模块异常时，应进行检查处理，防止试验模块油路堵塞或渗漏，导致试验模块工作异常。

4.1.18 检修过程中应加强对主油泵齿形联轴器工作可靠性的检查，重点检查主油泵泵轴与齿套的对中情况、挡环与套齿止口间隙、联轴器的排油孔孔径、泵轴与齿套材质硬度，防止主油泵泵轴的齿形联轴器断开。

4.2 防止润滑油系统泄漏

4.2.1 电厂应对润滑油系统管道及其所有阀门进行防腐、防锈检查和处理。

4.2.2 汽轮机、给水泵汽轮机润滑油过滤器切换操作时应有防止漏油的风险预控措施。

4.2.3 主油箱油位低、油位低低报警应设为声光报警。

4.2.4 汽轮机润滑油系统油位开关及变送器应按照热工技术监督要求进行校验。

4.2.5 润滑油系统中的泄油螺丝、堵丝、堵帽等，应有可靠的防松脱措施。

4.2.6 油管道要保证机组在各种运行工况下自由膨胀，应定期检查和维修油管道支吊架。

4.2.7 油系统应尽量避免使用法兰连接，禁止使用铸铁阀门。

4.2.8 油系统法兰禁止使用塑料垫、橡皮垫（含耐油橡皮垫）和石棉纸垫。

4.2.9 机组运行中发生油系统泄漏时，应申请停机处理，避免处理不当造成大量跑油，导致烧瓦。

4.3 防止冷油器泄漏

4.3.1 润滑油冷却器密封胶条，1 个～2 个 A 级检修周期应进行更换，防止胶条老化。

4.3.2 冷油器不应超压运行。

4.3.3 管式冷油器的水侧压力应低于油侧压力。

4.3.4 对于采用开式冷却水的冷油器，应在 B 级检修时检查换热管的腐蚀、冲刷减薄情况。

4.3.5 冷油器水侧和油侧的进出口压力、温度测点应设置齐全并准确可靠，冷油器进出口参数应在运行规程要求范围内。

4.4 防止油系统着火

4.4.1 油管道法兰、阀门及可能漏油部位附近不准有明火，必须明火作业时要采取有效措施，附近的热力管道或其他热体的保温应紧固完整，并包好铁皮。

4.4.2 禁止在油管道上进行焊接工作。在拆下的油管上进行焊接时，必须事先将油管冲洗干净。

4.4.3 油管道法兰、阀门及轴承、调速系统等应保持严密不漏油，如有漏油应及时消除，严禁漏油渗透至下部蒸汽管、阀保温。

4.4.4 油管道法兰、阀门的周围及下方，如敷设有热力管道或其他热体，这些热体保温必须齐全，保温外面应包铁皮。

4.4.5 检修时如发现保温材料内有渗油时，应消除漏油点，并更换保温材料。

4.4.6 事故排油阀应设两个串联钢质截止阀，其操作手轮应设在距油箱 5m 以外的地方，并有两个以上的通道，操作手轮不允许加锁，应挂有明显的“禁止操作”标识牌。

4.4.7 机组油系统的设备及管道损坏发生漏油，凡不能与系统隔绝处理的或热力管道已渗入油的，应立即停机处理。

5 防止顶轴油系统事故

5.1 防止顶轴油泄漏

5.1.1 铜质顶轴油管应更换为同压力标准的不锈钢管或带防磨护套的高压金属缠绕软管，顶轴油管道连接方式不应为硬连接，若为硬连接，必须设置减振弯。轴瓦检修期间应检查顶轴油模块、供油手动阀、止回阀、管道、管接头、密封垫、焊缝。

5.1.2 顶轴油系统所有止回阀应严密，安装正确。

5.1.3 顶轴油系统热工测量元件的电缆敷设应牢固，热工测量仪表接头处无渗漏。

5.2 防止轴瓦损伤

5.2.1 顶轴油压力变送器或就地压力表的压力取压接口应位于止回阀后。机组启停过程中应密切监视各瓦油膜压力。

5.2.2 检修及运行中严禁任何人员擅自操作各轴承顶轴油供油手动阀，各轴承顶轴油供油调整阀应有防转措施。

5.2.3 未设计顶轴油的轴瓦，启停过程中应加强对轴瓦温度、回油温度的监视。

5.2.4 轴瓦解体检修时应检查油囊进油口，确保油囊进油口清洁无异物。轴颈抬起量、轴瓦顶部间隙、轴瓦接触角度应符合制造厂要求。

6 防止发电机附属系统事故

6.1 防止密封油泄漏

6.1.1 对发电机端盖密封面、密封瓦法兰面等所使用的密封材料（包含橡胶垫、圈），必须进行检验，合格后方可使用。严禁使用合成橡胶、再生橡胶制品。检查发电机密封油管道视窗和氢冷器密封垫及紧固螺栓，在寿命达到之前进行更换，密封油管道上的视窗不应被遮挡。

6.1.2 发电机汽端、励端密封油进油管道上应分别设置进油压力变送器。密封油回油箱应设计有液位监测、报警以及自动调节装置，并在 B 级检修中进行检验、校准。

6.1.3 密封油系统回油管路必须保证回油畅通，加强监视，防止密封油进入发电机内部。密封油系统应设计发电机漏液探测器以及消泡箱液位高报警开关，B 级检修时应校验发电机漏液探测器、消泡箱液位高报警开关。

6.1.4 密封油冷却器的水侧出口管道应设计有独立放水管，且水侧放水应具备观测条件。

6.1.5 密封油冷油器水侧、油侧进出口运行参数应符合运行规程要求。密封油冷却器密封胶条应每次大修进行检查，损伤胶条应进行更换。

6.1.6 密封油净化装置和自动补油装置应随发电机组投入运行。空气侧和氢气侧各种备用密封油泵应定期进行联动试验。

6.1.7 密封油系统平衡阀、压差阀必须保证动作灵活、可靠，密封瓦间隙必须调整合格。发现发电机大轴密封瓦处轴颈存在磨损沟槽，应及时处理。

6.2 防止发电机漏氢和氢气系统爆炸

6.2.1 密封油系统应设计有直流备用油泵，并设置油氢差压低低联启直流备用密封油泵电气硬接线操作回路。

6.2.2 发电机油氢压差控制值严格按照运行规程进行调整。

6.2.3 C 级检修应检查密封油系统平衡阀、差压阀、油箱自动补排油装置、浮子油箱浮球阀等设备，确保动作灵活、可靠。检修结束后，应对密封油备用系统的可靠性进行验证，主路油源和备用油源切换过程中，油氢差压不应低于厂家规定值。

6.2.4 交流密封油泵电源应分别布置在不同保安段上，电源接触器应采取低电压延时释放措施。直流密封油泵电源应配置足够容量且熔断器配置合理，防止故障时熔断器熔断使直流密封油泵失去电源。

6.2.5 发电机出线箱与封闭母线连接处应装设隔氢装置，并在出线箱顶部适当位置设置排气孔。氢冷发电机应设置在线漏氢监测报警装置，监测部位应包括封闭母线、中性点、发电机油系统、主油箱、内冷水箱。监测装置应可靠投运，不同部位报警值应设置合理。

6.2.6 氢冷发电机组密封瓦、氢冷器等部件检修后应进行气密性试验。试验合格标准应严格执行 DL/T 607—2017《汽轮发电机的漏水、漏氢的检验》中的规定。气密性试验不合格的氢冷发电机严禁投入运行。

6.2.7 严密监测氢冷发电机油系统、主油箱内的氢气体积含量，确保避开含量在 4%～75%的可能爆炸范围。内冷水箱中含氢（体积含量）超过 2%应加强对发电机的监视，超过 10%应立即停机消缺。内冷水系统中漏氢量达到 $0.3m^3/d$ 时应在计划停机时安排消缺，漏氢量大于 $5m^3/d$ 时应立即停机处理。

6.2.8 严格执行 GB 26164.1—2010《电业安全工作规程 第 1 部分：热力和机械》中“氢冷

设备和制氢、储氢装置运行与维护”的有关规定。氢冷系统和制氢设备中的氢气纯度和含氧量必须符合 GB 4962—2008《氢气使用安全技术规程》规定。

6.2.9 在氢站或氢气系统附近进行明火作业时，应有严格的管理制度，并应办理一级动火工作票。

6.3 防止发电机断水

6.3.1 采用浮球阀或者电磁阀进行液位控制的内冷水箱，应设有液位控制旁路系统，用于水位紧急调整。

6.3.2 内冷水系统应有进出水压力、流量、温度测点，内冷水箱应配置模拟量液位测量装置并定期校验。

6.3.3 内冷水泵电源应分设在两个厂用电母线段上。每个月至少进行一次内冷水泵轮换。

6.3.4 内冷水系统宜使用激光打孔的不锈钢板新型滤网，反冲洗回路不锈钢滤网应达到 200 目。内冷水供水滤网前后应设置可靠的压差测量装置，滤网顶部应设置排气管道。内冷水精处理系统应能严格防止树脂在任何运行工况下进入发电机。

6.3.5 内冷水系统上管道及阀门宜采用不锈钢材质，系统中的管道、阀门的橡胶密封圈应全部更换成聚四氟乙烯垫圈，并定期（1 个～2 个大修期）更换。

6.3.6 大修时对水内冷定子、转子线棒应分路做流量试验。必要时应做热水流试验。

6.3.7 认真做好漏水报警装置调试、维护和定期检验工作，确保装置反应灵敏、动作可靠，同时对管路进行疏通检查，确保管路畅通。水内冷发电机发出漏水报警信号，经判断确认是发电机漏水时，应立即停机处理。

7 防止主蒸汽、再热蒸汽、旁路蒸汽及减温水系统事故

7.1 防止旁路阀门泄漏

7.1.1 旁路系统压力调节阀后应增设蒸汽温度及管壁温度的远传监视测点。旁路调节阀、截止阀的布置形式应同时符合厂家技术规范以及设计单位的要求。

7.1.2 旁路系统的减温水须正常、可靠。旁路减温水系统阀门应严密，必要时可在旁路电动（液压）隔离阀前增设手动隔离阀，并在旁路调节阀后增设温度测点以判断旁路减温水泄漏情况。

7.1.3 旁路液压油站的油质应符合化学监督要求。油站组件以及电磁阀部件应在 B 级检修中检查。旁路液压系统蓄能器应在 C 级检修中检查。旁路油站应设计油温、油压及油位的就地监视装置和远方监视装置，上述热工测量元件应依据热工技术监督要求定期校验。

7.1.4 汽轮机旁路控制系统的控制电源和动力电源应冗余配置并可靠，确保旁路阀在事故工况下及时动作。

7.1.5 锅炉受热面割管、焊接应做好防护工作。应有防止金属粉末和焊渣等硬质杂物进入旁路调节阀密封面的措施。

7.1.6 尽量缩短旁路调节阀小开度的运行时间，减少蒸汽对阀门密封面的吹蚀。

7.1.7 旁路系统管道材质应符合设计及实际运行工况的要求，对旁路系统的管道焊缝制订金属检测计划。

7.1.8 机组正常启动或停机过程中，应严格按运行规程要求投入汽轮机旁路系统，尤其是低压旁路；在机组甩负荷或事故状态下，应开启旁路系统。机组再次启动时，再热蒸汽压力不

得大于制造商规定的压力值。

7.1.9 旁路调节阀检修工作完成后应确保关闭严密，因阀门结构原因，多次检修仍存在内漏的宜进行技术改造彻底解决。

7.2 防止高温高压汽水系统爆漏

7.2.1 汽轮机各级抽汽参数、管道材质应符合设计及实际运行工况要求，运行参数不应超过材质许用范围。

7.2.2 对于易引起汽水两相流的疏水、蒸汽等管道，应重点检查其与母管相连的角焊缝、母管开孔的内孔周围、弯头等部位的裂纹和冲刷。

7.2.3 应建立汽轮机专业安全阀台账。台账中应包括安全阀校验状态、安全阀校验记录及安全阀校验报告。应保证安全阀动作整定值合理、可靠且在合格校验期内。安全阀后排放管道的放水管应合理布置，禁止安装阀门。

8 防止冷却系统与真空系统事故

8.1 防止真空降低

8.1.1 循环水泵出口蝶阀及其油站的故障报警信号应加入 DCS 声光报警系统。

8.1.2 循环水泵蝶阀就地反馈装置和接线盒应有防水措施。

8.1.3 循环水泵出口蝶阀及其油站的控制电源应冗余配置。C 级检修后应进行循环水泵蝶阀电源的切换试验。机组启动前应开展循环水泵蝶阀的活动试验。

8.1.4 真空系统测量元件的取样管应独立布置，取样管不应存在 U 形弯、过长的水平段以及向下倾斜管道。

8.1.5 间接空冷系统的循环水系统各阀门应有防水措施，间冷系统循环水紧急排放阀应严密不漏。

8.1.6 高背压供热机组应制定外网泄漏导致真空降低的应急措施。

8.1.7 露天布置的循环水泵电动机及其附属设备应有防潮、防水措施。

8.1.8 应设置循环水泵入口前池水位报警，及时清理拦污栅和滤网上的杂物。

8.1.9 循环水二次滤网前后差压大时应进行反冲洗，应在 C 级检修时检查二次滤网转动部件。

8.1.10 真空破坏门应严密，C 级检修时应检查低压缸和给水泵汽轮机的防爆膜，必要时更换。直接空冷机组还应检查排汽管道防爆膜。

8.1.11 抽真空管道不应存在 U 形弯等易导致积水的管道结构。

8.1.12 负压系统管道振动检查应列入定期工作，对振动大的管道应及时处理并在检修中对焊缝进行无损检测。

8.1.13 直接空冷机组应制定环境因素变化导致背压升高的处置预案。

8.1.14 C 级检修后启机前应严格执行真空低保护试验，验证开关动作值是否符合设计值。

8.1.15 给水泵密封水水封和轴封加热器水封应满足运行要求。

8.1.16 上汽西门子机型机组应注意高、中压缸 U 形密封环和主汽阀门杆漏汽部位漏空气对机组真空的影响，必要时应进行改造。

8.1.17 机组凝补水箱液位测点应进行定期校验，并装设可靠的液位报警，防止凝补水箱水位下降过低，导致机组真空低跳闸。

8.1.18 C 级检修时应检查真空泵进气阀与进气止回阀，确保阀门严密、动作灵活。

8.2 防止辅机（真空泵、循环水泵及其变频器）故障跳闸

8.2.1 循环水泵联锁保护逻辑应完善、可靠。循环水泵联锁保护逻辑应考虑循环水泵无出力（如断轴、变频器故障等）工况。

8.2.2 重点监视循环水泵电动机的温度和电流，每天测量循环水泵振动，发现参数超标时应检查、分析。循环水泵解体后应进行泵轴和叶轮金属检测。

8.2.3 真空泵进口隔离阀、止回阀应灵活、严密。

8.2.4 B级检修应检查真空泵叶轮、轴端密封、联轴器等部件，对汽蚀严重的真空泵叶轮应进行处理。

8.2.5 真空泵联启逻辑应完善、可靠，防止测点异常、逻辑不完善导致联启失败。

8.2.6 C级检修期间应对低压缸排汽隔热罩、低压末级叶片司太立合金焊缝以及凝汽器内焊接件进行检查，并进行凝汽器灌水查漏。

8.3 防止空冷岛、间冷塔冻结及冷却塔结冰

8.3.1 直接空冷机组应确保各冷却单元进汽隔离阀、挡风墙、隔离墙严密，合理投运空冷单元，调整空冷风机运行方式。

8.3.2 间接空冷机组应确保各冷却扇区进出口蝶阀严密，隔离扇区泄水阀开启，百叶窗活动灵活且同步。应合理调整百叶窗开度、扇区配水。

8.3.3 湿式冷却塔应合理配置挡风板、热水回流或内外环配水装置，并及时投入，挂冰应及时清理。

8.4 防止冷却塔和凝汽器结垢

8.4.1 胶球系统应正常投运，胶球系统收球率应达到95%以上。

8.4.2 凝汽器结垢严重且端差超过应达值的机组，应对凝汽器进行高压水冲洗或酸洗，必要时在低负荷进行凝汽器半侧清洗。

8.4.3 循环水水质应符合化学监督标准要求。根据凝汽器管束的清洁度、腐蚀情况及冷却塔填料的结垢和脏污情况，及时调整循环水水质管理方案。

8.4.4 大修期间应进行塔池清淤、填料检查、淋水喷嘴及配水槽的疏通。

8.5 防止循环水泄漏

8.5.1 循环水泵出口管道放空气阀与蝶阀执行机构之间应有可靠的防护措施，蝶阀行程开关宜采用防水型。

8.5.2 循环水泵房各穿墙孔洞的封堵应严密。

8.5.3 循环水泵房排污泵坑的液位应实现远方监控及液位报警，排污泵应能自动启停并每月试运。

8.5.4 循环水泵房应配置视频监控系统。

8.5.5 A、B级检修时应对循环水管道防腐情况进行检查、修复。

9 防止给水回热系统事故

9.1 防止加热器泄漏

9.1.1 加热器的制造、改造、重大修理应按照TSG 21—2016《固定式压力容器安全技术监察规程》进行监督检验（监检），监造过程中加强管控。

9.1.2 加热器应按照TSG 21—2016《固定式压力容器安全技术监察规程》要求进行定期检验。

9.1.3 加热器工作温度和压力应符合说明书要求，任何工况下加热器不应超温超压运行。

9.1.4 加热器温升温降速率应符合运行规程要求。

9.1.5 根据加热器下端差进行水位标定，运行中加热器水位应控制在运行规程规定的范围内，严禁无水位运行。

9.1.6 加热器泄漏后应选用专用堵头进行封堵，确保堵管工艺符合厂家技术要求，必要时扩大封堵范围，对泄漏管束周边管束进行封堵，同时应检查堵头焊缝的可靠性。

9.1.7 每 4～6 年按照滚动计划进行加热器查漏，对加热器筒体和疏水弯头、大小头进行测厚、焊缝检测。必要时对加热器汽侧进口防冲刷板进行检查。

9.1.8 加热器水室分程隔板点焊方式应改为满焊，水室分程隔板为螺栓连接的应根据垫片冲刷泄漏情况及时更换垫片。

9.2 防止加热器（包括除氧器）满水

9.2.1 泄漏的加热器应退出运行，禁止带压堵漏。

9.2.2 加热器水位高三值动作后，应确保加热器抽汽电动阀、水侧进出口阀门关闭严密。

9.2.3 机组运行过程中，严禁关闭加热器危急疏水手动阀。

9.2.4 加热器水位测量变送器、水位报警和保护开关应依据热工技术监督要求进行校验。

9.2.5 机组每次检修后应进行一次加热器水位保护试验。

9.2.6 加热器疏水调节阀执行机构调节性能差，不能满足运行要求时应及时更换。

9.2.7 检修时检查确认加热器危急疏水口高度应低于正常疏水接口。加热器危急疏水和正常疏水不应接入同一管道。

9.3 防止加热器水位计崩裂烫伤事故

9.3.1 将高低压加热器、除氧器、轴封加热器及热网加热器的水位计接管座焊缝的金属检测作为机组 A 级检修加热器标准项目，列入加热器检修文件包，结合压力容器定检和机组 A 级检修必须进行水位计接管座焊缝的无损检测，焊后进行 100%磁粉探伤（MT）。

9.3.2 加热器水位计崩裂或泄漏时应立即停运该加热器，现场布设警示标示和防护栏。

9.3.3 金属专业应对加热器水位计焊接方案进行审核，对焊接过程进行监督，对焊接质量进行验收。

9.4 防止加热器附属系统泄漏

9.4.1 加热器（含热网加热器）抽汽膨胀节设计压力不应低于汽轮机 VWO 设计工况的抽汽压力，膨胀节不应超压运行。膨胀节安装应符合要求，并经验收合格。

9.4.2 利用检修机会对加热器正常疏水调节阀前后（管道变径处）易冲刷的大小头、弯头和三通处及减压阀后直管段壁厚进行检测。

9.4.3 A、B 级检修时应对加热器进出水管道、抽汽管道、正常疏水和危急疏水管道、放空气管道等所有管道焊口及所有管道上热工装置（温度、压力、流量等）的焊口进行无损检测，发现焊口有缺陷时重新进行焊接处理。

9.4.4 应利用检修机会对汽液两相流装置进行解体检查，必要时进行更换。

9.4.5 一个 A 级检修周期内完成加热器自动疏水器焊缝的检查，疏水器取样管材质等级应能够承受两相流冲刷。

9.4.6 存在振动问题的加热器，应增加疏水管道、抽空气管道及其他部件焊缝、支吊架检查频次。

9.4.7 加热器预留接口的封堵应选用成型堵头，堵头制造质量、焊接工艺符合金属监督要求，利用机组检修机会进行金属检验。

9.5 防止辅机（凝结水泵、给水泵）故障跳闸

9.5.1 定期维护水泵进出口电动阀、给水泵中间抽头阀、止回阀和再循环调节阀及其执行机构。

9.5.2 水泵入口滤网应设有差压监测和报警装置。应定期维护水泵入口滤网及其附属部件，确保清洁、可靠。

9.5.3 凝结水泵和给水泵应定期轮换。机组 A 级检修时应进行水泵解体检修。

9.5.4 给水泵油系统滤网差压大时应及时清理、切换，滤网差压应有模拟量监视。应定期化验油质。

9.5.5 备用电动给水泵耦合器勺管应跟踪运行泵勺管开度。

9.5.6 给水泵组油系统视窗应清洁完好。

9.5.7 防止凝结水泵振动。

9.5.7.1 建立凝结水泵的振动监测台账。

9.5.7.2 热井水位应保持在正常范围内，凝结水泵泵体排空阀应保持开启状态，定期检查凝结水泵诱导轮。

9.5.7.3 凝结水泵禁止在共振频率范围内运行。

9.5.7.4 凝结水泵组的检修安装工艺和质量应符合检修规程要求，保证凝结水泵安全稳定运行。

9.5.8 长期运行的电动给水泵应在机组 C 级检修时更换一次易熔塞。易熔塞备件不应备用时间过长。易熔塞备件长期不用时，应采购新的易熔塞。易熔塞结构应能有效防止易熔金属在高速转动中甩出。给水泵液力耦合器工作油温应设置报警值。工作冷油器出口油温高时应及时进行冷油器清理。

9.5.9 检查凝结水泵入口膨胀节是否变形，并进行更换。

9.5.10 除氧器上水主路调节阀和旁路副调节阀应有防止阀杆转动、脱落、卡涩措施。

9.5.11 严格把控高压加热器和除氧器人孔门端盖密封垫片等备品备件的质量。对高压加热器和除氧器人孔门安装质量应进行三级验收，验收责任落实到人。

9.5.12 定期检查给水泵汽轮机进汽阀油动机与阀杆连接处的防转销钉是否完好。

10 防止汽轮机其他系统设备事故

10.1 防止给水泵汽轮机及其附属系统设备事故

10.1.1 给水泵组的润滑油、控制油应严格按化学油品监督标准执行，并设置油过滤装置，油质不合格时应及时进行滤油净化处理。

10.1.2 机组 A 级检修应检查更换给水泵汽轮机调节保安系统的密封圈。

10.1.3 给水泵汽轮机进汽管道、给水泵汽轮机备用汽源供汽管道、四段抽汽供除氧器蒸汽管道均应有温度和压力等模拟量测点，备用汽源管道应设置可靠的自动疏水系统。

10.1.4 应制定安全可靠的止回阀活动试验技术措施，择机进行四段抽汽到除氧器供汽管道止回阀、四段抽汽到给水泵汽轮机供汽管道止回阀、四段抽汽到引风机汽轮机供汽管道止回阀、高压缸排汽止回阀等活动试验。

10.1.5　给水泵/引风机汽轮机汽源切换过程应制定可靠的措施，确保汽源切换过程参数平稳。

10.1.6　新机组给水泵润滑油滤网应采用激光打孔滤网。

10.1.7　给水泵/引风机汽轮机进汽阀紧固螺栓、各进汽阀油动机螺栓、油动机托架螺栓的金属检测应列入油动机 A 级检修标准项目。

10.1.8　给水泵/引风机汽轮机进汽阀油动机螺栓、托架、紧固销、防转销钉等要纳入点检和正常运行巡视项目。

10.1.9　供热快关阀、止回阀、抽汽供热蝶阀应选用质量优良、安全可靠的产品，并定期校验和维护、检修。

10.1.10　给水泵汽轮机直流油泵出口应不经过滤网和冷油器，直接供至各轴瓦。

10.2　防止开式水系统设备事故

10.2.1　开式冷却水系统电动旋转滤网差压信号应准确可靠，能远程监控、报警。差压大应及时清理电动旋转滤网。

10.3　防止闭式水系统设备事故

10.3.1　闭式冷却水管道的最高点应装设放空气装置。对于凸起布置的管段，应装设放气装置。

10.3.2　闭式冷却水膨胀水箱设计标高应高于系统中最高冷却设备的标高。

10.3.3　闭式冷却水膨胀水箱溢流管道应按照设计图纸正确安装，确保正常溢流。

10.3.4　应治理闭式冷却水系统管道的振动，防止焊缝、膨胀节等开裂。

附　　录
防止火电厂汽轮机设备事故重点要求编制说明

1　通用要求编制说明

（一）总体说明

为了防止火力发电厂汽轮机设备事故，提高汽轮机专业人员管理水平，结合集团公司Q/HN－1－0000.08.022—2015《火力发电厂汽轮机监督标准》及设备基建、运行、检修维护、试验及技术监督管理中发现的问题，对电厂设备台账、资料、试验、技术改造等方面提出通用要求。

（二）条文说明

1.1.1　为新增条款，规范设备台账管理。

1.1.2　为新增条款，规范文件资料管理。

1.1.3　为新增条款，规范设备定期工作管理。

1.1.4　为新增条款，规范现场外委工作管理。

1.1.5　为新增条款，规范消缺和改造工作。

1.1.6　为新增条款，规范检修标准化管理工作。

1.1.7　为新增条款，规范运行标准化管理工作。

2　防止汽轮机本体系统设备事故编制说明

（一）总体说明

本章主要是在国能安全〔2014〕161 号《防止电力生产事故的二十五项重点要求》第 8 章基础上，结合近年来集团公司内外汽轮机非计划停运事件、降出力事件以及典型的设备消缺和异动、技术监督现场查评服务中发现的汽轮机本体典型问题，从设计、选型、制造、安装、调试、试验、运行、检修、日常监督等角度提出防止汽轮机本体设备事故的措施和标准要求。本章分为防止汽轮机轴瓦损坏、防止汽轮机大轴弯曲、防止轴系断裂和损坏、防止设备振动、防止汽缸膨胀不畅或膨胀基准失效、防止汽轮机汽水泄漏、防止轴封参数异常、防止汽轮机保护动作异常 8 个部分。

（二）条文说明

2.1　防止轴瓦损坏

2.1.1　为国能安全〔2014〕161 号《防止电力生产事故的二十五项重点要求》第 8.4.1 条的修改，删除了“未设计安装润滑油储能器的机组，应补设并在机组大修期间完成安装和冲洗，具备投用条件”。在役机组现场增设高位油箱困难，无法按照国能安全〔2014〕161 号《防止电力生产事故的二十五项重点要求》第 8.4.1 条要求完成整改，可操作性不强。未设计安装润滑油储能器的机组，不强制补设高位油箱，可考虑采取储能器、高位油箱、汽动润滑油泵等适合的技术路线。已设置润滑油、密封油高位油箱的俄制机组，应执行国能安全〔2014〕161 号《防止电力生产事故的二十五项重点要求》第 8.4.1 条要求。

2.1.2　为国能安全〔2014〕161 号《防止电力生产事故的二十五项重点要求》第 8.4.2 条，强调冷油器切换阀的可靠性。【案例】2010 年 7 月 12 日，某电厂 600MW 机组断油烧瓦事故。该厂 3 号机组由于锅炉爆管而准备停机，停机前运行人员分别做了交流、直流润滑油泵启停试验，试验情况正常。不久，润滑油母管压力突然开始急剧下降，机组因润滑油压低保护动作跳机、发电机解列、锅炉灭火。虽然交流润滑油泵、直流润滑油泵联启成功，但母管油压继续下降，运行人员破坏真空紧急停机，从跳机到转子静止仅历时 6min 左右。对油系统进行外观检查，没有发现明显漏点。发生事故后，对现场设备进行全面仔细检查，发现冷油器进口就地油压表正常，出口就地油压表没有压力。通过对冷油器切换阀解体检查，发现冷油器切换六通阀阀碟的连接螺栓松脱，阀碟脱落堵住了润滑油通道。

2.1.3　为国能安全〔2014〕161 号《防止电力生产事故的二十五项重点要求》第 8.4.3 条补充条款，增加了机组检修后应及时将检修滤网拆除并更换为正式滤网的规定。【案例 1】2015 年 5 月 21 日，某电厂亚临界 350MW 机组断油烧瓦事故，检查原因为 1 号机组主油箱回油滤网堵塞，大量润滑油汇集到回油滤网上部的回油母管内，造成主油箱油位下降，主油箱油位低于主油泵射油器、辅助油泵、盘车油泵吸入口，油泵无法正常供油，润滑油压力低机组跳闸，导致汽轮发电机组各轴瓦出现不同程度损伤。【案例 2】某电厂润滑油系统滤网已经更换为激光打孔滤网。【案例 3】2011 年，某电厂 9 号机组检修时，封堵 7 号、8 号轴承回油管口的破布遗留在油系统管路中，并随 7 号、8 号、9 号轴承回油进入主油箱回油口处，被锥形滤网挡住，影响主油箱正常回油。由于机组各轴承箱回油不畅，轴承箱内油位逐步上涨，润滑油首先从 1 号轴承箱热工信号引出线孔及手动盘车轴孔溢出，大量漏油滴在 1 号轴承箱下部再热蒸汽管道上，引起机组着火。

2.1.4　为国能安全〔2014〕161 号《防止电力生产事故的二十五项重点要求》第 8.4.4 条。【案例 1】同 2.1.3【案例 3】。【案例 2】2017 年 6 月 3 日，某电厂 1 号机组试转高压启动油泵时，高压启动油泵出口长约 5m 管道内污油进入主油泵油管，并泵运行时间较长，造成主油泵闷泵，主油泵出口油温升高，在关高压启动油泵出口门时，高温油气进入油系统，造成扰动。主油泵出口压力低，安全油压低，机组跳闸。停机后检查发现高、低压滤油器滤芯脏，有颗粒状杂质。

2.1.5　为国能安全〔2014〕161 号《防止电力生产事故的二十五项重点要求》第 8.4.17 条。强调运行、检修人员应具有高度责任心，避免误操作导致断油烧瓦。

2.1.6　为国能安全〔2014〕161 号《防止电力生产事故的二十五项重点要求》第 8.4.5 条补充条款，细化了油质化验周期和要求，更加具有操作性和针对性。补充内容依据 GB/T 7596—2017《电厂运行中矿物涡轮机油质量》和 GB/T 14541—2017《电厂用矿物涡轮机油维护管理导则》以及集团公司 Q/HN－1－0000.08.028—2015《火力发电厂燃煤机组化学监督标准》。

2.1.7　为国能安全〔2014〕161 号《防止电力生产事故的二十五项重点要求》第 8.4.6 条。【案例 1】1994 年 3 月，某电厂 2 号机组（300MW）轴承烧损事故。其事故原因就是由于联锁保护系统存在问题，在发电机解列并出现润滑油压低之后，润滑油泵没有自动联启，BTG 盘［单元机组（锅炉、汽轮机及发电机）控制盘］也没有发出低油压的声光报警信号来提醒运行人员，因而导致轴承烧损事故发生。【案例 2】1994 年，某厂一台引进型 300MW 机组，在事故紧急停机的过程中，由于设计变更有误（在调试过程中未能发现设计失误的隐患），当润滑油压下降到 0.084MPa～0.077MPa 时，交流、直流油泵未能自动联启，运行人员又未能严密监视润滑油压，从而导致了轴承烧损事故的发生。【案例 3】2010 年，某电厂新投产不到半年的2号机组（300MW），由于润滑油冷油器六通阀质量原因，运行中突然发生大量漏油，导致润滑油压迅速下降而联锁启动了交流、直流润滑油泵，暂时稳住了润滑油压。而按照制造商设计整定的润滑油压低，汽轮机跳闸保护定值低于直流油泵联启定值，汽轮机并未联跳，52s后，在运行人员尚未查明故障原因时，润滑油箱油位已经到了油泵不能正常工作的油位，汽轮发电机组瞬间断油，3号～5号轴颈有不同程度的磨损，发电机底座错位，发电机端部冷却风扇叶片磨损，转子接近报废边缘。修复后的轴系按照制造商的计算，最高只能带到260MW负荷。

2.1.8 为国能安全〔2014〕161号《防止电力生产事故的二十五项重点要求》第8.4.7条。

2.1.9 为国能安全〔2014〕161号《防止电力生产事故的二十五项重点要求》第8.4.8条。

【案例1】1999年，某电厂一台300MW机组，由于送风机事故按钮触点绝缘低跳闸，造成机组跳闸、解列，保安段电源低电压保护动作。由于供电方式设计的不合理使交流润滑油泵失电，而直流润滑油泵因开关合闸回路故障又未能成功开启，从而造成了轴承烧损事故的发生。

【案例2】1999年8月，某电厂14号机组（200MW）轴承烧损事故。其事故起因是由于6kV厂用电差动保护误动作，造成了正在运行中的硅整流电源中断，而蓄电池又断电，致使14号机组单元室直流系统电源中断。高压油泵和交流、直流油泵无法启动，造成了轴承烧损事故的发生。【案例3】2012年11月16日，某电厂600MW机组断油烧瓦事故。该电厂两台600MW机组，事故前，1号机组负荷为450MW，2号机组负荷为460MW，厂用电由本厂机组供给，1、2号机组柴油发电机联动备用。事故起因是送出线路因覆冰造成电流差动保护动作，线路调整，两台机组发电机零功率切机保护动作，机组跳闸，全厂停电、失去厂用电。1号机组柴油发电机联启成功，但出口开关因柴油发电机连线方式及控制模块设置与厂家要求不符，未合闸。机组跳闸后，运行人员立即手动启动直流润滑油泵，4s后跳闸；再次启动，3s后又跳闸；随后又合闸两次，跳闸两次，直流润滑油泵再未成功启动，1号机惰走14min转速到零。2号机组柴油发电机因蓄电池亏电导致无法启动，但直流润滑油泵联启成功，2号机惰走36min转速到零。事故导致1号机1号～9号轴瓦全部烧毁。1号机直流润滑油泵不能成功联启的原因是直流润滑油泵控制柜在大修期间进行了传统控制柜升级到智能控制柜的改造，由于改造质量控制不严，运行不稳定。事后对智能控制柜进行测试，25次启动直流润滑油泵有13次不成功。

2.1.10 为国能安全〔2014〕161号《防止电力生产事故的二十五项重点要求》第8.4.9条。

【案例】2015年5月21日，某电厂亚临界350MW机组润滑油压力低导致机组跳闸，发生断油烧瓦事故。原因为1号机组主油箱回油滤网堵塞，大量润滑油汇集到回油滤网上部的回油母管内，造成主油箱油位下降，主油箱油位低于主油泵射油器、辅助油泵、盘车油泵吸入口，油泵无法正常供油。电厂未设置主油箱油位低跳机保护，油位计报警未定期校验，导致在主油箱油位异常时，无报警、无保护。

2.1.11 为国能安全〔2014〕161号《防止电力生产事故的二十五项重点要求》第8.4.10条的补充，增加“主油箱油位计、润滑油供油母管油压表、冷油器出口供油油温表应至少有一套远方监视的模拟量测量装置”。【案例】2016年3月14日，某电厂超临界350MW机组主油箱射油器入口管道焊口开裂，断油烧瓦，就地有润滑油母管压力表，但未远传至DCS画面，导致运行人员未及时发现隐患。

2.1.12 为国能安全〔2014〕161号《防止电力生产事故的二十五项重点要求》第8.4.11条。

【案例 1】某电厂 600MW 机组断油烧瓦事故，该机组在大修后启动，因各种原因，汽轮机冲车、定速、停机多次，每一次润滑油泵均工作正常。但就在烧瓦的这一次停机过程中，汽轮机打闸降速后，虽然交流、直流油泵先后联启，但润滑油压仍然很低，造成汽轮发电机组断油烧瓦。汽轮机停机前没有提前启动交流润滑油泵，停机后交、直流油泵虽然先后联启，因两台油泵泵体积存空气，系统没有良好的排空气措施，导致油泵不出力。本案例说明，在机组正常停机前，进行辅助油泵全容量启动试验非常必要。【案例 2】某电厂 300MW 机组的直流润滑油泵，在系统设计时未设任何保护。但在制造商为保护电机过热而设了热电偶保护，该电厂内一直未进行直流润滑油泵自启动定期试验，未发现并取消此不该有的电机热电偶保护。在紧急状态下直流润滑油泵在运行中热电偶保护动作，直流油泵跳闸，造成了机组轴承烧损的事故发生。

2.1.13 为国能安全〔2014〕161 号《防止电力生产事故的二十五项重点要求》第 8.4.12 条。【案例】1986 年 4 月，某电厂 7 号机组启动并网后，在投入 1 号冷油器时，由于运行人员误操作，将冷油器出口门关闭，造成了机组断油烧瓦事故。

2.1.14 为国能安全〔2014〕61 号《防止电力生产事故的二十五项重点要求》第 8.4.13 条的修改。

2.1.15 为国能安全〔2014〕161 号《防止电力生产事故的二十五项重点要求》第 8.4.14 条补充条款。对于未设置顶轴油泵的机组更应该重视润滑油压及轴承温度的监视，建立事故预想机制，危急情况下果断停机。

2.1.16 为国能安全〔2014〕161 号《防止电力生产事故的二十五项重点要求》第 8.4.15 条。【案例】2012 年 12 月，某燃气－蒸汽联合循环机组汽轮机冲转升速至 2100r/min 时，9 号瓦金属温度突然升高至 148℃，立即手动打闸汽轮机，瓦温也随之立即下降。该汽轮机无同轴主油泵，润滑油系统设置两台交流润滑油泵（一运一备）、一台直流润滑油泵，在汽轮机每次冲车启动时，当转速升至 2100r/min 左右，都会因润滑油母管压力低联启备用交流油泵。为了解决这一问题，制造商在现场对各瓦进油量进行了调节（以提高润滑油母管油压），减小了发电机后瓦的进油量，而 9 号瓦进油取自发电机后瓦节流调节阀后，因此，9 号瓦供油不足是本次 9 号瓦瓦温升高的主要原因。揭瓦检查，9 号瓦磨损严重，更换了此瓦。

2.1.17 为国能安全〔2014〕161 号《防止电力生产事故的二十五项重点要求》第 8.4.16 条的补充。油泵出口止回阀不严或卡涩，是造成油系统油压低、断油的重要原因。在运行中，如果油泵出口止回阀不严或卡涩，则会造成润滑油回流，使油压降低，严重时导致断油。【案例】2017 年 1 月 1 日，某电厂 5 号机进行交流润滑油泵硬手操及直流油泵联动试验过程中，运行人员过于相信直流油泵出口止回门动作可靠性，操作票中未规定关闭直流油泵出口手动门，直流润滑油泵停运后，由于其出口止回门卡涩导致润滑油压低，机组跳闸。

2.1.18 为新增条款。强调直流油泵的安全可靠备用，防止冷油器泄漏或滤网破损导致断油。【案例】某电厂汽轮机润滑油直流油泵出口管与交流油泵出口管连接，经汽轮机冷油器、过滤器进入汽轮机轴承。2015 年进行了设备异动改造，为防止过滤器堵塞时造成汽轮机轴瓦断油事故，将直流油泵出口管直接与汽轮机润滑油过滤器出口母管相连接。

2.1.19 为新增条款。近年来集团内外发生数起主油箱内管道焊口开裂导致的断油烧瓦事件，强调主油箱内部检查的重要性。【案例】2016 年 3 月 14 日，某电厂超临界 350MW 机组断油烧瓦。2016 年 3 月 14 日，2 号机组负荷为 294MW，运行过程中汽轮机跳闸，首出为“AST

油压低”，发电机、锅炉联跳正常。检修人员到场打开主油箱检修盖，检查射油器出口可调止回阀，发现射油器管道振动，吊杆螺栓松动，主油箱内翻油花，判断主油箱内润滑油压力管道泄漏，进一步检查确认为主油箱内射油器入口管道焊口开裂，支吊架松脱。

2.1.20　为新增条款。强调润滑油蓄能器管理及充氮压力定值的合理性。【案例】2018 年 3 月 2 日，某电厂 4 号机组由于温度测点故障导致 PC 4A 段温度保护误动作失电，两台给水泵汽轮机正在运行的 A 润滑油泵均跳闸，润滑油压低备用泵（B 泵）联启正常，但润滑油压低低压力开关在润滑油压力恢复正常前已动作，两台给水泵全停，锅炉 MFT。事后查明润滑油压力取样点不合理，润滑油压取样管路因盘车齿轮喷油，加速了润滑油压力快速下降，同时蓄能器整定压力不合理，系统油压波动时蓄能器未起到稳压作用。

2.1.21　为新增条款。增加对主油泵检修和运行维护的要求，防止主油泵工作异常导致润滑油压低或断油烧瓦。【案例 1】2014 年 4 月 5 日，某电厂 2 号机组汽轮机主油泵齿形联轴器断开，主油泵出口润滑油压和低压保安油压力迅速下降，导致隔膜阀动作，机组跳闸。主油泵泵轴与齿套的对中不良以及所应用材质硬度偏软均造成磨损较大；此外联轴器的排油孔孔径和油质优劣也会影响齿轮磨损；检修过程中未加强主油泵联轴器的检查，三方面均会造成齿形联轴器一定程度的磨损。【案例 2】2014 年 6 月 1 日，某电厂 2 号机由于主油泵齿形联轴器挡环（主油泵侧）12 个 8mm 合金钢螺栓全部断裂，主油泵齿套向汽轮机侧位移并与 1 号危急遮断油门碰摩，引起 1 号危急保安器动作，机组非停。

2.1.22　为新增条款。强调重要的参数应有模拟量监测，强调重要参数的有效性和对监盘操作的指导性。便于监盘及时发现事故隐患，避免事故扩大。【案例】同 2.1.20【案例】。

2.1.23　为新增条款。强调电源配置可靠性及辅机运行方式的合理性。【案例】2018 年 3 月 2 日，某电厂 4 号机组由于温度测点故障，导致 PC 4A 段温度保护误动作失电，两台给水泵汽轮机正在运行的 A 润滑油泵均跳闸，润滑油压低，备用泵（B 泵）联启正常，但润滑油压低低压力开关动作，两台给水泵全停，锅炉 MFT。两台给水泵汽轮机均为 A 润滑油泵运行，运行方式不合理性。

2.1.24　为新增条款。强调对临时滤油机的管理和设备采购质量管控。【案例】2016 年 9 月 16 日，某电厂超临界 350MW 机组临时滤油机因控制箱内元件发生短路，短路弧光引起柜内电缆、电气元件爆燃，由于电气控制柜与真空分离器距离过近，控制箱内火焰瞬间沿箱体侧面散热风扇和液位监视电线燃烧至真空分离器液位监视的玻璃管，导致液位监视玻璃管爆炸，真空分离器内部分油气从玻璃管处溢出并着火；高温和火焰将真空分离器玻璃观察窗、压力表烧爆，油气大量溢出，引发爆燃，加剧火势，烟火迅速蔓延至主油箱旁的电缆，造成直流油泵控制柜着火，停机过程中交、直流润滑油泵无法联启，机组断油烧瓦。24 小时监视滤油机的外包人员严重违章、擅离职守，起火第一时间不在现场，失去了发现、扑救起初火情的最佳时机，火势蔓延扩大。

2.1.25　为新增条款。强调油系统安装视频监控的必要性。【案例】同 2.1.24【案例】，本案例中对滤油机等重要设备的视频监控覆盖不到位，未能及时发现着火隐患，导致事故扩大。

2.1.26　为新增条款。强调轴瓦检修工艺和轴系中心对金属瓦温的影响。哈尔滨汽轮机厂超临界 350MW 汽轮机存在一个家族性问题，比如多台 350MW 机组均不同程度存在 2 号瓦温度高现象。【案例】某亚临界双缸双排汽、单抽、凝汽式机组，3 号、4 号轴承温度在机组启动冲转时最高至 130℃、118℃，通过调整轴瓦检修工艺，运行后 3 号、4 号轴承温度为 70℃～

75℃，在处理瓦温高方面比较典型。新疆某电厂经过轴系调整及轴瓦检修，同样成功地解决了励磁机后端轴承温度高的问题。

2.1.27　为新增条款。上汽西门子超（超）临界机组 1 号轴承振动大现象较普遍。强调消除异常振动的及时性和必要性，防止轴瓦钨金碎裂。【案例】某电厂 2 号机为西门子超超临界 660MW 间接空冷机组，机组 168 试运期间 1 号轴承相对振动即存在不稳定现象，机组升负荷至 400MW 时 1Y 轴振动急剧爬升并维持在高位，振动变量超过 160μm，投产一年后翻瓦检查发现 1 号轴承下瓦钨金有碎裂现象。

2.1.28　为新增条款。强调防止推力瓦烧损。某电厂 2 号超临界 350MW 机组于 2013 年 9 月 25 日～11 月 23 日进行了 A 级检修，A 修后推力瓦温度一直偏高，最高达 105℃，严重影响 2 号机组的安全稳定运行。电厂采取了退 1 号高加、采用单阀供汽运行等方式，收效有限。经与汽轮机制造厂一同查找原因，发现高中压转子轴向推力设计过大，造成推力瓦温度偏高。高中压转子返回制造厂，平衡鼓车削 10mm 后，推力瓦温度由 105℃降到 66℃，彻底解决了推力瓦温度高问题。

2.1.29　为新增条款。强调应依据集团公司 Q/HN－1－0000.08.002—2013《电力检修标准化管理实施导则（试行）》开展轴承标准化检修工作。【案例】2017 年 7 月 20 日，某电厂 2 号机进行补汽阀试验时，轴向位移大保护停机。停机后检查发现推力轴承瓦块安装朝向错误，检修中推力瓦块回装时，未认真核对安装图纸，错将两侧推力瓦块旋转 180°后装复。在推力瓦块朝向错误状态下，推力盘与瓦块之间油膜不稳定，推力轴承承载力下降，推力瓦块严重磨损。

2.1.30　为新增条款。强调密封瓦检修工艺，防止密封瓦磨损。【案例】某电厂 2 号机启动过程中密封瓦碰摩导致机组振动增大，密封瓦碰摩后径向间隙变大，密封油交换量增加，导致发电机氢气纯度降低，需频繁进行补排氢。

2.1.31　为新增条款。增加对轴电压监测、轴瓦绝缘检测的要求，防止出现轴瓦电腐蚀损伤现象。【案例】上汽西门子机型 1 号轴瓦电腐蚀的家族性问题。多台 1000MW 超超临界机组汽轮机 1 号轴瓦均出现过明显的电腐蚀现象，1 号轴承相对振动出现波动，无法有效控制。

2.2　防止大轴弯曲

2.2.1　为国能安全〔2014〕161 号《防止电力生产事故的二十五项重点要求》第 8.3.1 条。强调现场工作人员应该熟知的重要设计、制造和运行的数据资料，尤其是运行人员，更应该熟悉机组运行规程。通过比对技术数据，了解机组运行状态；通过定时记录重要数据的变化，发现机组存在的问题和设备隐患，便于及时处理，防止重大事故发生。

2.2.2　为国能安全〔2014〕161 号《防止电力生产事故的二十五项重点要求》第 8.3.2 条。【案例】某电厂 300MW 机组在一次启动过程中，未能充分进行机前管道暖管，仅凭过热器出口温度已超过饱和温度 50℃，便认为参数已满足冲车条件，结果冲车过程中振动急剧增大，紧急停机。经连续盘车，转子晃度为 0.02mm～0.03mm，与启动前相比变化不大，但是转子高点与原始记录相反，因此，转子的晃度实际已变化 0.04mm～0.06mm，转子已发生塑性变形。经揭缸检查，高、中压转子中间部位最大晃度超过 1mm。

2.2.3　为国能安全〔2014〕161 号《防止电力生产事故的二十五项重点要求》第 8.3.3 条。

2.2.4　为国能安全〔2014〕161 号《防止电力生产事故的二十五项重点要求》第 8.3.4 条。

2.2.5　为国能安全〔2014〕161 号《防止电力生产事故的二十五项重点要求》第 8.3.5 条的

修改。

2.2.6 为国能安全〔2014〕161 号《防止电力生产事故的二十五项重点要求》第 8.3.6 条。

2.2.7 为新增条款。近几年，火电机组长期低负荷运行是常态。对节流调节的汽轮机，低负荷时有一个或者两个高压调节汽阀处于关闭状态，从主汽阀到该调节汽阀之间的导汽管中积存有不流动的蒸汽，随时间延长温度下降，在机组升负荷增加蒸汽流量、增开调节汽阀时，低温冷蒸汽甚至凝结的水会被带入高压缸中，造成高压缸水击。因此，为防止汽轮机进水、进冷蒸汽，低负荷运行机组应定期开启机组疏水。【案例 1】2017 年 4 季度，某电厂 2 号机组由低负荷升负荷时发生高压缸进水。2 号机组 2 号高压调节汽阀低负荷长时间不开，2 号导汽管积水，加负荷 2 号高压调节汽阀开启后，高压缸发生水冲击，后电厂每日定时对 2 号高压调节汽阀开启暖管一次。【案例 2】2019 年，某电厂超临界 350MW 机组长期低负荷运行，最后一个高压调节汽阀始终关闭，高压调节汽阀前的导汽管中有积水，在快速升负荷过程中，最后一个高压调节汽阀突然快速开启，低温蒸汽进入高压缸，造成汽轮机做功能力突降，机组负荷瞬时下降，负荷短时下降后再次恢复，造成协调控制系统 CCS 频繁退出。

2.2.8 为国能安全〔2014〕161 号《防止电力生产事故的二十五项重点要求》第 8.3.7 条。

2.2.9 为国能安全〔2014〕161 号《防止电力生产事故的二十五项重点要求》第 8.3.8 条。

2.2.10 为国能安全〔2014〕161 号《防止电力生产事故的二十五项重点要求》第 8.3.9 条。

2.2.11 为国能安全〔2014〕161 号《防止电力生产事故的二十五项重点要求》第 8.3.10 条。

2.2.12 为新增条款。由于轴封供汽温度偏低，导致动静碰摩，机组振动大，跳机事件比较普遍。【案例】2018 年 4 月 9 日，某电厂 1 号机组低压转子两端汽封处动静碰摩导致 5 号、6 号轴承振动大，保护动作停机。低压缸轴封为背弧可调整型式的汽封块，采用了点焊防松的措施，存在螺钉松脱、汽封碰摩的安全隐患；低压轴封减温水调节阀喷嘴雾化效果差、供汽管路疏水不畅，导致低压轴封蒸汽带水，轴封套积水变形，轴封间隙变小，引起碰摩。

2.2.13 为国能安全〔2014〕161 号《防止电力生产事故的二十五项重点要求》第 8.3.11 条。

2.2.14 为国能安全〔2014〕161 号《防止电力生产事故的二十五项重点要求》第 8.3.12 条补充条款。增加“除氧器水位逻辑联锁，设置应合理、可靠。除氧器溢流放水管口高度应符合设计要求”。【案例】某电厂 6 号机组除氧器水位控制系统没有设置水位高联锁关闭除氧器上水主、副调节阀逻辑，也未设置水位高高联锁开启除氧器溢流阀逻辑，2018 年 1 月 16 日，在机组大幅度变工况时，造成除氧器水位高Ⅲ值，联关四段段抽汽电动门和止回阀，锅炉 MFT 动作，机组跳闸。

2.2.15 为国能安全〔2014〕161 号《防止电力生产事故的二十五项重点要求》第 8.3.13 条。强调运行人员必须严格遵守运行规程，避免违章作业和操作不当。【案例】2018 年，某电厂 135MW 机组由于锅炉泄漏，降负荷到 5MW，由于主蒸汽温度下降到 330℃，导致碰摩，振动大跳机。

2.2.16 为新增条款。强调轴封加热器安全性。【案例 1】某电厂 660MW 超超临界空冷机组调试期间，多次发生疏水不畅导致轴封加热器满水事件。【案例 2】2011 年某超临界 600MW 直接空冷机组轴封加热器爆管，轴封加热器满水，水沿轴封进汽管道进入汽轮机。

2.2.17 为新增条款。强调机组启动过程中参数的匹配性。【案例】某电厂 2 号机组修后启动，主蒸汽压力为 2.36MPa，主蒸汽温度为 281℃，高压轴封供汽母管温度为 188℃，低负荷暖机过程中 1 号轴承振动爬升，破坏真空停机，后揭缸检查发现端部汽封存在明显碰摩现象。启动过程中，高压轴封供汽母管温度偏低，与高压缸金属温度不匹配，引发碰摩。

2.2.18 为新增条款。基本要求，摩擦检查转速值按照制造厂。

2.2.19 为新增条款。增加对盘车装置的检修要求。【案例】2016 年 11 月 3 日，某电厂 8 号机极热态停机，转速降至 50r/min 时，电动盘车啮合不成功，就地复位盘车控制板后盘车跳闸，汽轮机转速至 0r/min 后，手动盘车啮合不成功，立即闷缸处理。解体检查发现盘车装置棘爪扭弹簧失效，无法带动棘齿旋转，从而造成滑动件未能成功啮合。

2.2.20 为新增条款。【案例】2019 年，某电厂 2 号机组汽动给水泵修后启动过程中驱动端振动大，经检查发现给水泵汽轮机盘车齿轮处存在明显的磨损痕迹，给水泵汽轮机冲转后盘车装置存在未完全脱开现象。

2.2.21 为新增条款。强调液压盘车启动操作重点注意事项，防止液压盘车离合器因过载而损坏。上汽西门子汽轮机启动力矩大，启动前先起顶轴油系统，确认各轴承顶轴油压正常，先手动盘车，若直接启动液压盘车，会由于启动力矩过大导致盘车离合器损坏。【案例】2011 年，某电厂 1000MW 汽轮机由于传动楔块卡涩，盘车阻力增大导致无法正常投运。

2.3 防止轴系断裂及损坏

2.3.1 国能安全〔2014〕161 号《防止电力生产事故的二十五项重点要求》第 8.2.1 条。

2.3.2 为国能安全〔2014〕161 号《防止电力生产事故的二十五项重点要求》第 8.2.2 条。

2.3.3 为国能安全〔2014〕161 号《防止电力生产事故的二十五项重点要求》第 8.2.3 条。

2.3.4 为国能安全〔2014〕161 号《防止电力生产事故的二十五项重点要求》第 8.2.4 条。

2.3.5 为国能安全〔2014〕161 号《防止电力生产事故的二十五项重点要求》第 8.2.5 条。增加了电超速试验要求。

2.3.6 为国能安全〔2014〕161 号《防止电力生产事故的二十五项重点要求》第 8.2.6 条。

2.3.7 为国能安全〔2014〕161 号《防止电力生产事故的二十五项重点要求》第 8.2.7 条。

2.3.8 为国能安全〔2014〕161 号《防止电力生产事故的二十五项重点要求》第 8.2.8 条。

2.3.9 为国能安全〔2014〕161 号《防止电力生产事故的二十五项重点要求》第 8.2.9 条。

2.3.10 为国能安全〔2014〕161 号《防止电力生产事故的二十五项重点要求》第 8.2.10 条。

2.3.11 为国能安全〔2014〕161 号《防止电力生产事故的二十五项重点要求》第 8.2.11 条。

2.3.12 为新增条款。强调接长轴机组检修工艺。【案例】某电厂 1 号机组为哈尔滨汽轮机厂生产 NZK330－16.7/537/537 亚临界、一次中间再热、单轴、双缸双排汽、空冷凝汽式汽轮机，在低压转子和发电机转子之间有一段小短轴。1 号机组运行中低压转子后端轴承振动超过报警值。2015 年 8 月份 1 号机组 A 修，解体测量发现短轴与低压转子、发电机转子联轴器中心值超标，检修时调整转子中心、对轮张口和对轮组合晃度，解决了低压转子后端轴承振动问题。

2.3.13 为新增条款。强调依据新修订标准对汽轮发电机转子进行金属检测工作。【案例】某 300MW 机组运行中高中压转子振动不断爬升，且与主蒸汽压力和温度变化相关性较高，停机过临界振动幅值明显偏大，转速也比升速过临界时低 200r/min 左右，且在副临界转速时有较高的二倍频幅值，揭缸检查发现高中压转子调节级后应力释放槽位置存在长度覆盖超过 3/4 圆周长度、最深 194mm 的横向裂纹。

2.4 防止设备振动

2.4.1 为新增条款。强调对专业技术人员的基本要求。

2.4.2 为新增条款。强调对专业技术人员的基本要求。

2.4.3 为新增条款。强调电厂应高度重视机组异常振动，厂内没有能力进行振动故障诊断识别时，应及早委托有资质单位开展振动检测分析工作，避免因振动异常导致事故扩大。

2.4.4 为新增条款。强调油膜涡动振动故障预防的基本要求。【案例】2018 年 12 月 6 日，某电厂 5 号机组润滑油温度超出规程下限，油膜振荡，机组振动大保护动作跳机。

2.4.5 为新增条款。增加对轴系不对中引起的振动故障预防的基本要求。

2.4.6 为新增条款。增加对轮螺栓松动导致振动故障预防的基本要求。

2.4.7 为新增条款。增加汽流激振引起振动故障处理的基本要求。

2.4.8 为新增条款。增加动静碰摩振动故障预防的基本要求。

2.4.9 为新增条款。增加叶片断裂振动故障预防的基本要求。

2.4.10 为新增条款。增加转子变形振动故障预防的基本要求。

2.4.11 为新增条款。增加瓦盖松动振动故障预防的基本要求。

2.4.12 为新增条款。增加结构共振振动故障预防的基本要求。

2.4.13 为新增条款。增加发电机转子匝间短路振动故障检测基本要求。

2.4.14 为新增条款。强调电厂慎重对待汽封改造。【案例】2018 年 8 月 12 日，某电厂 2 号机汽封改造后机组启动，动静碰磨导致振动大保护动作。

2.4.15 为新增条款。【案例】2015 年 3 月 13 日，某电厂 2 号汽轮机第 20 级叶轮轮缘处断裂，导致机组剧烈振动，6 号轴瓦处发生氢气爆燃，导致 4 台燃煤机组全停。

2.4.16 为新增条款。【案例】2017 年 10 月 10 日，某电厂 6 号机组振动大保护动作停机。经检查发现 1 号轴瓦油挡处存在积碳，积碳颗粒与轴颈碰磨，造成机组 1 号、2 号轴瓦轴振急剧上涨，机组跳闸。

2.4.17 为新增条款。【案例】2018 年 10 月 8 日，某电厂 2 号机组非停。2 号机组 1*Y* 轴振信号误发，突跳到 325μm，振动大保护动作跳机（振动单点保护）。

2.4.18 为新增条款。【案例】2018 年 5 月 19 日，某电厂 1 号机组保护误动。1 号机组 2 号轴承 *X* 方向振动测量元件故障，运行过程中跳变至 0.250mm，3 号轴承振动一直处于报警值，振动保护动作。

2.4.19 为新增条款。【案例】2013 年，某电厂超临界 600MW 直接空冷机组运行中中低压转子对轮护罩碎裂，护罩与转子发生碰磨，机组振动增大。检查发现对轮护罩刚度不足，焊接工艺差，护罩与轴承箱电焊堆积，且护罩与对轮轴向间隙过小。

2.4.20 为新增条款。增加扭振振动故障预防的基本要求。

2.4.21 为新增条款。强调对机组振动保护的基本要求。国能安全〔2014〕161 号《防止电力生产事故的二十五项重点要求》第 9.4.12 条规定：……汽轮机超速、轴向位移、机组振动、低油压等重要保护装置在机组运行中严禁退出，当其故障被迫退出运行时，应制定可靠的安全措施，并在 8h 内恢复；其他保护装置被迫退出运行时，应在 24h 内恢复。集团公司 Q/HN－1－0000.08.024—2015《火力发电厂热工监督标准》第 4.5.2.4 条规定：锅炉、汽轮机、发电机等配置的热工汽轮机跳闸保护在运行中严禁随意退出，因故确实需要限时退出时，必须办理经生产副厂长或总工程师批准的保护退出申请。

2.5 防止汽缸膨胀不畅或膨胀基准失效

2.5.1 为新增条款。强调运行基础性管理要求，运行部应建立机组启停机分析记录，有利于设备健康状况的可追溯性。

2.5.2 为新增条款。【案例】2019 年 4 月，某电厂 5 号机组（上汽西门子超超临界机型）汽轮机高压缸通流部分发生严重的轴向动静碰摩，高压缸相对转子向发电机侧移动约 5mm。分析为基建安装时高压缸使用错误结构及材质的横销部件、错误的安装工艺，导致高压缸运行中两块电端猫爪横销板脱落，高压缸膨胀死点限位功能失效，通流部分动静碰摩。该机型设计时无高、中压胀差及总胀测点，在极端典型事故工况下，无法有效监视机组膨胀。

2.5.3 为新增条款。【案例 1】2018 年某电厂 2 号机启动过程中，高压缸轴封漏汽大、轴承箱滑动面卡涩，机组膨胀不顺畅，胀差增大导致动静摩擦，机组启动困难。【案例 2】同 2.5.2【案例】。【案例 3】某电厂 2 号汽轮机停机过程中压缸滑销系统存在卡涩及收缩受阻的情况，导致停机后转子与汽缸收缩不同步，引起中压缸负胀差达到报警值，引起碰摩。由于冷态时中压缸无法收缩到位，中压缸负胀差基础值大，同时存在级间漏汽导致中压外缸被加热，中压缸绝对膨胀偏大，导致运行时中压缸负胀差也偏大。【案例 4】2015 年某电厂 2 号 660MW 超临界汽轮机前轴承箱在膨胀收缩过程中存在受阻、不均现象，致使前轴承箱翘头 0.50mm，推力轴承出现偏磨现象，运行过程中 1 号、2 号轴瓦轴振上升。

2.5.4 为新增条款。

2.5.5 为新增条款。DL 5190.3—2012《电力建设施工技术规范　第 3 部分：汽轮发电机组》第 4.4.4.2 条，强调滑销系统检修工艺标准。

2.5.6 为新增条款。DL 5190.3—2012《电力建设施工技术规范　第 3 部分：汽轮发电机组》第 4.4.4.7 条，强调对轴承箱座滑销系统加油孔道的检修维护，防止滑销卡涩。

2.5.7 为新增条款。DL 5190.3—2012《电力建设施工技术规范　第 3 部分：汽轮发电机组》第 4.4.5 条，强调汽缸推拉装置的检修工艺标准。

2.5.8 为新增条款。强调轴封漏汽对滑销系统的影响。【案例】2018 年，某电厂 2 号机启动过程中，2 号轴承箱膨胀不畅，出现蛙跳现象。高压缸轴封漏汽大、轴承箱滑动面卡涩，机组膨胀不顺畅，胀差增大，导致动静摩擦，机组启动困难。

2.5.9 为新增条款。强调汽缸膨胀监测，防止汽缸膨胀异常或滑销系统异常。【案例】同 2.5.2【案例】。

2.5.10 为新增条款。

2.5.11 此条为国能安全〔2014〕161 号《防止电力生产事故的二十五项重点要求》第 8.3.13 条“严格执行运行、检修操作规程，严防汽轮机进水、进冷汽”补充条款。强调防止汽缸变形应关注汽轮机启停机过程中进水或冷蒸汽。【案例】2018 年，某电厂 135MW 机组由于锅炉泄漏，降负荷到 5MW，由于主蒸汽温度下降到 330℃，主蒸汽温度过低，高压缸进冷蒸汽，导致动静碰摩，振动大跳机。

2.5.12 为新增条款。强调快冷和法兰螺栓加热投退的管理，防止汽缸骤冷或应力集中。

2.5.13 为新增条款。

2.6 防止汽轮机汽水泄漏

2.6.1 为新增条款。强调汽轮机轴封供汽母管压力的调整原则和要求。汽轮机轴封供汽压力过高会造成轴封蒸汽外漏，进而使润滑油中带水，影响油质和汽轮机安全。轴封供汽压力过低时，轴封处漏真空。

2.6.2 为新增条款。强调轴封系统监测参数的准确性和自动控制逻辑的可靠性。

2.6.3 为新增条款。强调各缸轴封供、回汽的可调整性。【案例】某电厂已经在轴封供、回汽支管上加装了手动门进行调整。

2.6.4 为新增条款。强调机组检修时应重点检查轴封套，减少漏汽。

2.6.5 为新增条款。强调轴封改造的必要性。【案例】多台机组汽轮机已进行了轴封改造，轴封漏汽治理效果较好。

2.6.6 为新增条款。强调汽水系统应作为阀门检修中的重点检查项目。

2.6.7 为新增条款。强调机组门杆漏汽系统的管道安装要符合设计要求。

2.6.8 为新增条款。螺栓断裂及阀座裂纹、断裂造成汽轮机汽门卡涩、通流部分受损等事故。【案例 1】因上汽同类型机型出现了再热汽阀阀盖螺栓断裂事件，某电厂立即开展了专项隐患排查工作，2016 年 9 月 5 号机组检修期间，检查发现中压调节汽阀阀盖部分螺栓断裂，目视检查确定断裂的共有 5 根，其余经过金属精密检验确定是否存在裂纹。【案例 2】某电厂汽轮机进汽阀阀盖螺栓断裂造成阀盖飞出。【案例 3】某电厂 600MW 超临界汽轮机进汽阀阀座产生裂纹。【案例 4】2019 年 2 月，某电厂 1000MW 超超临界机组汽轮机进汽阀定期活动试验时发现 2 号高调阀无法关闭，遂停止试验。2019 年 5 月，机组停机检修，检查发现汽轮机 2 号高调阀阀座断裂为 4 段。【案例 5】某电厂 600MW 亚临界机组中联门阀套及阀座紧固螺栓断裂。【案例 6】2007 年 11 月投产的某 1000MW 汽轮机，在 2013 年 5 月检修时检查发现中压主汽阀螺栓有 1 根超声检测出缺陷，硬度偏高，总共更换 23 根中压主汽阀螺栓；中压调节阀螺栓有 15 根断裂，检修中更换 21 根。

2.6.9 为新增条款。强调防止导汽管法兰漏汽的重点。【案例】2004 年，某电厂 2 号机组带负荷试运过程中，因高压导汽管法兰热紧工艺不达标，导致漏汽，机组非停。

2.6.10 为新增条款。强调运行参数对汽缸变形后漏汽的影响。

2.6.11 为国能安全〔2014〕161 号《防止电力生产事故的二十五项重点要求》第 8.3.4 条的补充。强调上、下缸温差对汽缸变形导致漏汽的影响。

2.7 防止轴封参数异常

2.7.1 新增条款。强调轴封供汽温度对汽轮机安全的影响。轴封供汽温度低于运行规程规定值较大时会使轴封体遇冷收缩，造成动静碰摩，严重时大轴抱死。【案例 1】 2007 年，某电厂 3 号、4 号机组停机后，在机组真空未破坏的情况下，因轴封供汽温度低于运行规程规定值较多，造成动静碰摩以致大轴抱死。【案例 2】 2017 年，某电厂 6 号机组由于给水泵汽轮机油系统泄漏着火，停机过程中轴封供汽温度偏低，导致大轴抱死。

2.7.2 为新增条款。强调测点安装位置对低压轴封供汽母管温度调整的影响。低压轴封供汽母管温度测点安装位置离喷水减温器较近，会导致减温水投运后低压轴封供汽温度测量不准确。

2.7.3 为新增条款。强调减温水阀门对低压轴封供汽母管温度的影响。低压轴封减温水调节阀阀门特性较差会导致低压轴封供汽母管温度难以调节，减温水调节阀和截止阀内漏会导致低压轴封供汽温度偏低、管道积水等。

2.7.4 为新增条款。强调减温器对低压轴封供汽温度的影响。减温器喷嘴堵塞、孔径偏大、数量偏多均会影响减温效果。【案例 1】某 600MW 哈汽超临界机组的低压轴封减温器喷嘴孔径偏大，造成减温器长期不能投运，低压缸轴封温度一直超限运行。【案例 2】某 350MW 超临界机组哈汽也因低压轴封减温器喷嘴孔径偏大，造成减温器长期不能投运，后利用检修机会将减温器喷嘴孔径改小、封堵部分喷嘴后，该问题得以解决。

2.7.5　为新增条款。强调滤网对轴封供汽温度的影响。低压轴封减温水滤网破损、堵塞会影响低压轴封供汽温度的调节品质；各轴封供汽支管滤网破损、堵塞会影响各汽缸的轴封供汽。【案例】某电厂 6 号机组因轴封供汽支管滤网堵塞，造成 B 低压缸轴封供汽不足，真空下降，机组跳闸。

2.7.6　为新增条款。低压缸内的轴封供汽支管如果未进行隔热处理，轴封蒸汽会被冷却，导致进入轴封体内的蒸汽温度下降。严重时会导致管道积水和轴封体受冷变形、碰摩。【案例】某 600MW 超临界机组，因低压缸内轴封供汽支管未做隔热处理，系统投运过程中，轴封蒸汽被过度冷却，造成管道积水，发生水击。

2.7.7　为新增条款。强调轴封供汽管道的布置对轴封供汽参数的影响。【案例】某电厂 1 号机组给水泵汽轮机轴封供汽管道存在 U 形弯，U 形弯底部疏水采用 U 形水封进行自动疏水。U 形水封疏水管堵塞造成疏水不畅，使给水泵汽轮机轴封供汽 U 形管道积水，造成给水泵汽轮机轴封供汽不足，影响汽轮机真空。

2.8　防止汽轮机保护动作异常

2.8.1　为国能安全〔2014〕161 号《防止电力生产事故的二十五项重点要求》第 9.2.2.1 条。强调两票制度的标准化、规范化管理。

2.8.2　为新增条款。强调保护逻辑中的参数设置应能够避开信号干扰。【案例 1】2015 年 1 月 1 日，某电厂 5 号机组 2*X* 振动幅值因信号振荡跳变至 255μm，同时 2*Y* 振动幅值为 172μm，满足保护动作条件，汽轮机跳闸。【案例 2】2015 年 8 月 26 日，某电厂 5 号机组 4*X* 轴振受外部信号干扰，信号失真导致汽轮机跳闸。整个过程中 4*Y* 轴振保持在 78μm，无波动；4 号轴承温度 1、2 点分别保持在 75℃、76℃，无波动；4 号轴瓦回油温度保持在 60℃，无波动；相邻 3 号轴瓦和 5 号轴瓦的双向振动值均无波动。

2.8.3　为新增条款。强调保护信号取样管和排污管符合安装要求的重要性，避免机组运行过程中发生振动、汽（气）塞、水塞、杂质堵塞、泄漏等，引起保护误动。【案例 1】某 1000MW 超超临界机组 3 号高压加热器的 3 个液位变送器共用一根排污管，且不能相互隔离。检修人员在对其中一个液位变送器进行排污时，导致另外两个变送器显示水位满量程。由于安全措施不完善，触发 3 号高压加热器液位“三取二”保护逻辑，高压加热器解列，造成 3 号高压加热器入口电动门盘根严重泄漏，手动停机消缺。【案例 2】2017 年，某电厂 5 号机组真空低保护开关的取样管 U 形弯积水，堵塞取样管，误发信号造成机组真空低保护动作。

2.8.4　为新增条款。强调定值设置的重要性，避免因定值设置不当造成保护误动。【案例】2011 年，某电厂燃气－蒸汽联合循环供热机组在调试期间多次发生“中压缸排汽压力高”保护跳闸。跳闸原因是中压缸排汽压力报警和保护定值设置不合理，制造厂给定的报警和保护曲线有误。

2.8.5　为新增条款。强调保护定值的准确性和逻辑动作的可靠性。【案例】同 2.8.4【案例】。

2.8.6　为国能安全〔2014〕161 号《防止电力生产事故的二十五项重点要求》第 9.4.9 条。【案例 1】某电厂因无法在线处理抽气供热蝶阀油动机漏油和阀门开度反馈装置故障，被迫停机消缺。后来对 4 台机组的抽气供热蝶阀都增加了机械闭锁装置，使该阀门开度在断油、断信号时实现自保持功能，降低了非停风险。【案例 2】2019 年 10 月 1 日，某电厂 1 号机组抽汽供热蝶阀因就地控制器故障误关闭，使中压缸排汽压力超限，导致抽汽供热母管膨胀节爆裂，被迫停机消缺。该阀门未设置机械闭锁装置，在热控信号失去时不能实现自保持功能是此次非停的次要原因。

2.8.7 为国能安全〔2014〕161 号《防止电力生产事故的二十五项重点要求》第 9.4.13 条。

2.8.8 为新增条款。强调对主保护逻辑和定值的修改必须慎重对待，征求制造厂的书面意见。

2.8.9 为新增条款。强调运行操作的标准化管理，防止人为因素造成保护拒动或退出。

3 防止汽门及调速系统事故编制说明

（一）总体说明

本章主要是防止汽门及调速系统事故，在国能安全〔2014〕161 号《防止电力生产事故的二十五项重点要求》第 8 章基础上，结合近年来集团公司内外汽轮机非计划停运事件、降出力事件、安全事故以及典型的设备消缺和异动、技术监督现场查评服务中发现的汽轮机汽门及调速系统典型问题，从设计、选型、制造、安装、调试、试验、运行、检修、日常监督等角度提出防止汽轮机汽门及调速系统事故的措施和标准要求。本章分为防止汽轮机超速、防止抗燃油油压低、防止汽门卡涩及门杆断裂、防止汽轮机汽门及调节保安装置失控、防止调节保安系统联锁保护异常 5 个部分。

（二）条文说明

3.1 防止汽轮机超速

3.1.1 为国能安全〔2014〕161 号《防止电力生产事故的二十五项重点要求》第 8.1.1、8.1.11 条合并修改。新投产或汽轮机调节系统经重大改造，或已投产但尚未进行甩负荷试验的机组，必须按 DL/T 1270—2013《火力发电建设机组甩负荷试验导则》要求进行甩负荷试验，试验结果不合格应查明原因，消缺后方能启动。调节系统应满足 DL/T 996—2019《火力发电厂汽轮机控制系统技术条件》要求。【案例】2014 年，某电厂汽轮机甩 50%负荷不合格，转速失控，OPC 动作异常。

3.1.2 为国能安全〔2014〕161 号《防止电力生产事故的二十五项重点要求》第 8.1.2 条。各项超速保护传动正常并投入，异常状况时机组禁止启动。就地手动打闸试验正常可靠，危急遮断系统、AST 电磁阀遮断系统、OPC 电磁阀系统、快关电磁阀、机械停机电磁铁等停机保护能够正常动作。AST 电磁阀在线试验按要求定期（参考 DL/T 338—2010《并网运行汽轮机调节系统技术监督导则》为每周）进行。【案例 1】某电厂隔膜阀泄漏强制关闭，机械超速装置无法正常动作。【案例 2】某电厂 1000MW 超超临界机组轴封漏汽量较大，漏出的高温蒸汽将 6 个转速探头全部烧坏（全部安装在相同位置），机组运行过程中没有转速监控信号，超速保护失效。

3.1.3 为国能安全〔2014〕161 号《防止电力生产事故的二十五项重点要求》第 8.1.3 条。【案例 1】同 3.1.2【案例 2】。【案例 2】2015 年，某电厂汽轮机前箱测速小轴整体脱落，转速无法监视。

3.1.4 为国能安全〔2014〕161 号《防止电力生产事故的二十五项重点要求》第 8.1.4 条。抗燃油油质应依据 DL/T 571—2014《电厂用磷酸酯抗燃油运行与维护管理导则》规定进行运行和维护。机组启动前，应检测涡轮机油和抗燃油油质，如涡轮机油和抗燃油“颗粒度”指标，或涡轮机油“水分”等指标不合格，严禁机组启动。补充新抗燃油前，应做混油试验和油质检测，混油试验合格后才能进行补油。【案例 1】某电厂汽轮机抗燃油不合格，系统为半敞开式，空气及杂质、水分漏入系统。【案例 2】部分电厂因汽轮机阀门漏汽大、抗燃油箱电加热投入不当等原因导致油缸抗燃油高温劣化，造成油缸活塞杆与轴套卡涩拒动。

3.1.5　为国能安全〔2014〕161 号《防止电力生产事故的二十五项重点要求》第 8.1.5 条。调节系统的静止试验、仿真试验应按照国能安全〔2014〕161 号《防止电力生产事故的二十五项重点要求》的周期进行，试验应需正常、可靠，试验结果异常的情况下禁止启机，发现调节系统异常应及时停机。【案例】2018 年下半年，某电厂 1000MW 超超临界机组汽轮机停机时阀门拒关，遮断系统异常。主要原因是停机时机械停机电磁铁及遮断电磁阀动作后均未能正确遮断。反映出机组启动前调节系统的静止试验、仿真试验不完整。

3.1.6　为国能安全〔2014〕161 号《防止电力生产事故的二十五项重点要求》第 8.1.6 条。应取消机跳电热工保护，设置并投入逆功率保护和程序逆功率保护。机跳电保护应按照集团要求进行优化。【案例 1】2018 年，某电厂超临界 350MW 机组在停机过程中因主汽阀、调节汽阀卡涩，机组带负荷解列，造成超速至 3800r/min。【案例 2】2018 年，某电厂 1 号汽轮机负荷为 270MW 时跳闸，触发机跳电热工保护，机组带负荷解列，因汽门卡涩汽轮机转速最高飞升至 3376r/min。

3.1.7　为国能安全〔2014〕161 号《防止电力生产事故的二十五项重点要求》第 8.1.7 条，原文未修改。

3.1.8　为国能安全〔2014〕161 号《防止电力生产事故的二十五项重点要求》第 8.1.8 条。超速保护异常、调速系统异常、汽轮机进汽阀门严重内漏或卡涩、抗燃油油质不合格等情况下严禁启动。

3.1.9　为国能安全〔2014〕161 号《防止电力生产事故的二十五项重点要求》第 8.1.9 条。防止设置在同一转子上的转速监测装置失灵。TSI、DEH 两套超速保护转速监测装置应装设在不同的转子上。转速监测装置必须至少有一处装设在汽轮机主轴上，防止因主油泵联轴器失效造成汽轮机转速失去监视。【案例】某电厂 1000MW 机组由于轴封漏汽量较大，转速探头因高温全部损坏（全部安装在相同位置），机组运行过程中没有转速监控信号。

3.1.10　为国能安全〔2014〕161 号《防止电力生产事故的二十五项重点要求》第 8.1.10 条。止回阀及快关阀应确保三断保护（断气、断电、断信号）功能可靠，加强供热机组止回阀的检修维护，确保严密，防止止回阀门杆断裂等事故。抽汽管道应设置快关截止门，关闭时间符合制造厂要求。【案例】某电厂高压排汽及低压再热供热管道未设置快关阀。

3.1.11　为国能安全〔2014〕161 号《防止电力生产事故的二十五项重点要求》第 8.1.12 条的修改，原文“按规程要求”改为“集团公司 Q/HN－1－0000.08.022—2015《火力发电厂汽轮机监督标准》要求”。燃气轮机拖动的汽轮机及部分进口机组，或因锅炉原因无法按照要求进行汽门严密性试验的机组，应尽量创造条件进行试验，密切关注惰走时间、惰走曲线的变化情况。部分电厂操纵座弹簧性能不合格，造成汽门关闭不严、卡涩及关闭时间超标。【案例 1】某电厂因汽门操纵座弹簧性能不合格原因，导致汽门关闭时间、汽门严密性试验、阀门活动试验无法正常开展或试验结果不合格。【案例 2】某电厂 660MW 超超临界机组汽轮机汽门密封面氧化皮引起汽门卡涩，返厂进行汽门密封面司钛立合金喷涂提高抗氧化性。经处理后阀门卡涩情况大为缓解，阀门活动试验逐步正常开展。【案例 3】2019 年，某电厂 1000MW 超超临界机组发电机电气保护动作，解列发电机，汽轮机跳闸，汽轮机因汽门卡涩超速到 3800r/min。反映出机组阀门活动试验未严格按照要求开展，未提前发现隐患。

3.1.12 为国能安全〔2014〕161 号《防止电力生产事故的二十五项重点要求》第 8.1.13 条。

3.1.13 为国能安全〔2014〕161 号《防止电力生产事故的二十五项重点要求》第 8.1.14 条。【案例】某电厂 5 号机为东方汽轮机厂 1983 年生产的 D05 向 D09 过渡型机组，1985 年 12 月 13 日开始试运，1988 年 2 月正式移交生产，1988 年 2 月 12 日 16 时 06 分，在进行 5 号机组提升转速的危急保安器动作转速试验时，发生了轴系断裂的特大事故，轴系 7 处对轮螺栓、轴体 5 处发生断裂，转子共断为 13 截，汽轮机基本损坏。这次提升转速的危急保安器动作试验是在机组于 2 月 12 日与电网解列后，用超速试验滑阀在接近额定主蒸汽参数及一级旁路开启的情况下进行的。由于转速高、升速率高，轴系稳定性裕度偏低，形成突发性油膜振荡，转速飞升过程中油膜振荡加剧，机组产生极其强烈的振动，使某些紧固件（如联轴器、轴瓦把合螺钉）松脱，引起轴系失衡或部分油楔失效或干摩擦自激；某些静动部件摩擦、碰撞（如滑环被砸等）和某些转动件松动，造成部分重要部件损坏，产生大的不平衡力，同时，中低压转子接长轴一阶和发电机二阶临界转速又落在或接近这次飞升转速的范围内。

3.1.14 为国能安全〔2014〕161 号《防止电力生产事故的二十五项重点要求》第 8.1.15 条。数字式电液控制系统（DEH）、机械液压调节系统应设有完善的机组启动逻辑和严格的限制启动条件，并定期进行试验。

3.1.15 为国能安全〔2014〕161 号《防止电力生产事故的二十五项重点要求》第 8.1.16 条。

3.1.16 为国能安全〔2014〕161 号《防止电力生产事故的二十五项重点要求》第 8.1.17 条。【案例】2016 年，某电厂 10 号机组更换 3 号高压调节阀伺服阀后，伺服阀备品本身存在缺陷，在没有开启指令的情况下，3 号高压调节阀突然异常开启到 100%，关闭 3 号高压调节阀进油隔离阀后，造成 3 号高压调节阀快速关闭，引起主蒸汽压力急剧上升，造成给水泵打不上水，最终导致给水流量低，锅炉 MFT。

3.1.17 为国能安全〔2014〕161 号《防止电力生产事故的二十五项重点要求》第 8.1.18 条。防止因主油泵联轴器失效造成汽轮机转速失去监视，超速保护失灵。【案例】2015 年，某电厂汽轮机前箱测速小轴整体脱落，转速无法监视。

3.1.18 为国能安全〔2014〕161 号《防止电力生产事故的二十五项重点要求》第 8.1.19 条。

3.1.19 为新增条款。汽轮机跳闸信号发出后，主汽阀和调节汽阀及各段抽汽管道上的电动门和止回阀均应联锁关闭，而且阀门关闭时间应满足 DL/T 1055—2007《火力发电厂汽轮机技术监督标准》及 DL/T 338—2010《并网运行汽轮机调节系统技术监督导则》的要求，若有阀门因内漏、卡涩、执行机构故障等原因未关闭或未关闭到位，或者关闭时间超过上述标准规定时间，蒸汽很有可能倒流到汽轮机，造成汽轮机惰走时间延长，严重时造成汽轮机超速事故。因此，机组跳闸后，应检查确认各段抽汽的抽汽电动门和止回阀关闭到位，若有缺陷，应立即在本次停机后消缺处理。

3.1.20 为国能安全〔2014〕161 号《防止电力生产事故的二十五项重点要求》第 8.1.12 条的补充。第 8.1.12 条规定：坚持按规程要求进行汽门关闭时间测试、抽汽止回阀关闭时间测试、汽门严密性试验、超速保护试验、阀门活动试验。高压加热器和除氧器抽汽管道上的止回阀为辅助动力驱动，绝大多数为压缩空气驱动的；而低压加热器（布置在凝汽器喉部的低压加热器抽汽管道上没有抽汽止回阀）抽汽止回阀大多数为自由摇摆式，即翻板式，也有采用压缩空气驱动的（某电厂超超临界间接空冷 660MW 机组低压加热器抽汽止回阀是压缩空气驱动的翻板式）。压缩空气驱动的止回阀可以进行关闭时间测试，翻板式止回阀无法测试关闭时间。因此，本条要求是针对加热器抽汽止回阀采用辅助动力驱动的止回阀而言的。

DL/T 338—2010《并网运行汽轮机调节系统技术监督导则》规定，应每月进行一次抽汽止回阀活动试验，且调节系统设备检修或机组大修后启动前必须进行冷态下的阀门关闭时间测试［含汽轮机高中压主汽阀、高中压调节汽阀、抽汽止回阀（含高压排汽止回阀）］，必要时测试热态下的关闭时间，时间不合格时应进行处理或做好防范措施，否则禁止机组启动。汽轮机主汽阀和调节汽阀关闭时间应符合 DL/T 1055—2007《火力发电厂汽轮机技术监督标准》附录 E 规定。抽汽止回阀关闭时间合格值暂按 DL/T 338—2010《并网运行汽轮机调节系统技术监督导则》规定（不大于 1s）。

目前，有相当数量电厂未在机组运行中活动高压排汽止回阀和四段抽汽止回阀，原因是担心高压缸排汽止回阀故障后造成再热器超温和高压排汽压比保护动作，担心四段抽汽止回阀故障造成给水泵汽轮机跳闸和机组非停。每次启停机都应分析、检查高压缸排汽止回阀和四段抽汽止回阀的可靠性。也有不少机组的加热器抽汽止回阀关闭时间超标。

3.1.21　为新增条款。螺栓断裂会造成主油泵轴与大轴脱开，引发汽轮机超速事故。因此，要求每次大修均应对主油泵轴与大轴的连接螺栓进行金属检测。修后回装时，螺栓的紧力应采用专用工具测量。

3.2　防止抗燃油油压低

3.2.1　为新增条款。油管道振动及碰摩等情况引起抗燃油管道泄漏。【案例 1】某电厂给水泵汽轮机抗燃油管道和汽轮机抗燃油管道碰摩，给水泵汽轮机抗燃油管道泄漏。【案例 2】2016 年，某电厂 7 号机 GV5 高压调节阀摆动，油动机进油管振动，进油管道焊口疲劳开裂、漏油，抗燃油压低保护动作，机组跳闸。

3.2.2　为新增条款。服役较久的抗燃油泵性能下降、故障率高，可能引起设备出力不足或损坏，应及时更换或改造。【案例】2018 年，某电厂 8 号机组 1 号抗燃油泵断轴，导致油封漏油退出。2 号抗燃油泵联启，运行 2h18min 后，出现频繁启、停，电流频繁突升突降，电动机热偶保护动作，停运电动机，2 号抗燃油泵彻底停运。两台抗燃油泵工作均不正常，导致抗燃油压力下降，保护动作停机。

3.2.3　为新增条款。近些年发生多起 EH 油管道焊口开裂漏油，EH 油压低保护动作跳机事件。焊口开裂主要原因是焊接工艺和焊接质量不合格。部分电厂抗燃油管道采用了插入式焊接，此种焊接方式在焊接部位会出现结构性应力集中，导致未焊透的先天性缺陷，再加之管道振动的影响，运行中油管道焊口开裂风险极大，因此机组基建安装时抗燃油管道焊接方式应采用安全可靠性更高的对接焊。对于抗燃油管道采用插入式焊接方式的已投运机组，应定期检测并保证插入式焊接焊缝的质量，保证油管道不发生振动，不与旁边设备或管道发生偏磨，并有良好的支撑和固定。【案例 1】2019 年，某电厂 3 号机组左侧中压主汽阀 AST 油管道活接头焊缝未定期检查，焊缝边缘裂开引起 AST 油压低跳机。【案例 2】2017 年，某电厂 3 号机组抗燃油系统管道三通焊口断裂，抗燃油压低保护动作停机。断裂焊口为插入式焊接。【案例 3】2015 年，某电厂 1 号机 4 号中压调节汽阀抗燃油进油管焊口裂呲油严重，机组停运处理。断裂焊口为插入式焊接。【案例 4】2016 年四季度，某电厂 4 号机组给水泵汽轮机低压主汽阀油动机油管插焊改为对焊。

3.2.4　为新增条款。【案例 1】2018 年，某电厂 6 号机抗燃油分配器至 A 侧超高压汽门油动机法兰螺栓由于安装时紧力过大而断裂，抗燃油泄漏停机。【案例 2】2012 年，某电厂 1 号机组 1 号中压调节汽阀油动机关断阀紧固螺栓断裂 3 条，关断阀 O 形密封圈被呲坏，造成大量抗燃油瞬间泄漏，机组抗燃油压低跳闸。

3.2.5 为新增条款。【案例 1】2018 年，某电厂 2 号机组 B 给水泵汽轮机低压主汽阀的电磁阀密封胶圈由于质量及安装原因而损坏，抗燃油泄漏导致油箱油位下降，抗燃油压低保护动作停机。【案例 2】2018 年，某电厂 7 号机组汽轮机左侧主汽阀油动机进油法兰密封胶圈未安装到位，漏油，导致抗燃油压力降低，机组停机。【案例 3】2017 年，某电厂 2 号汽轮机低压调速汽阀抗燃油高压蓄能器与抗燃油管道连接法兰密封圈破裂，抗燃油泄漏，导致抗燃油压低 ETS 保护动作停机。主要原因为检修期间 O 形圈安装不当，导致法兰结合面间隙不均匀，且长时间高温运行，密封圈老化严重破裂，抗燃油泄漏。【案例 4】2015 年，某电厂 2 号机组 OPC 控制油路手动隔离阀呲油严重（门芯密封圈变形、老化，门体入口法兰密封圈断裂），OPC 油压低，机组停运。【案例 5】2013 年，某电厂 2 号机组左侧高压调节汽阀油动机进油管法兰密封圈破损喷油，手动停机。密封 O 形圈破损的主要原因是安装油管法兰时工艺粗糙，O 形圈未安装到位，在紧固法兰时 O 形圈被挤压变形损坏。【案例 6】2013 年，某电厂 2 号机组因 AST 油母管至压力变送器取样管道上一个三通活结漏油，抗燃油压低保护动作跳机。漏油原因是带压堵漏（注胶）过程中，活结受到注胶的侧向挤压而变形，活结结合面间隙变大，中间的 O 形圈被油压冲断。

3.2.6 为新增条款。

3.2.7 为新增条款。

3.2.8 为新增条款。【案例 1】2018 年，某电厂 4 号机组由于人员误停 1 号抗燃油泵，备用泵由于电源虚接没有联启成功，抗燃油压低保护动作停机。【案例 2】2016 年，某电厂 4 号机组由于人员误拉开 4A 及 4B 抗燃油泵电源开关（本应操作 3 号机组抗燃油泵电源开关），抗燃油压低动作停机。【案例 3】2016 年，某电厂 3 号机组检修人员在处理 3 号机组 2 号抗燃油泵油封漏油结束后，清理油污时误碰抗燃油泵再循环门，导致抗燃油安全油压低保护动作，汽轮机跳闸。

3.2.9 为新增条款。【案例 1】2012 年，某电厂 4 号汽轮机主汽阀油动机卸载阀密封面因异物导致安全油泄压，保护动作停机。【案例 2】2016 年，某电厂 7 号机 B 抗燃油泵因入口滤网堵塞，抗燃油油压突然下降，A 油泵联启后也因入口滤网堵塞，出力受限，抗燃油油压低保护动作，机组跳闸。

3.3 防止汽门卡涩及门杆断裂

3.3.1 为新增条款。强调汽阀部分行程、全行程活动性试验的重要性，通过试验提早发现汽阀卡涩并处理，避免汽阀卡涩造成非停。【案例 1】2018 年，某电厂 1 号汽轮机 2 号超高压调节汽阀卡涩，调节汽阀开度突然从 61%降到 26.6%，主蒸汽压力高，水煤比不匹配，高压旁路阀关闭操作过快，引起后烟道后墙入口联箱温度快速上升，“后烟道后墙入口联箱温度高高”保护触发 MFT 动作。【案例 2】2018 年，某电厂 4 号机组由于人员误停 1 号抗燃油泵，备用泵由于电源虚接没有联启成功，抗燃油压低保护动作停机。在机组恢复启动过程中由于高压调节汽阀卡涩，导致轴向推力增加，轴向位移大，保护动作停机。【案例 3】2017 年，某电厂 3 号机在进行汽阀活动试验时，2 号中压主汽阀卡涩在 4.7%，由于投入功率回路、单阀状态，高压调节汽阀迅速开启，油动机耗油量增大，加快了抗燃油压下降速度。在备用泵启动并带上负荷前，抗燃油压已经低于保护值 9.31MPa，触发跳机保护。

3.3.2 为新增条款。强调氧化皮清理的重要性。【案例】2018 年，某电厂超临界 350MW 机组停机过程中因主汽阀、调节阀氧化皮引起卡涩，造成超速至3800r/min。此次事故后，电厂每年逢停机机会即安排汽阀氧化皮清理。

3.3.3 为新增条款。强调汽阀检修要求。

3.3.4 为新增条款。【案例1】哈尔滨汽轮机厂生产的超临界汽轮机存在主汽阀和调节汽阀阀杆断裂的家族性问题。多家电厂的哈汽超临界机组高压主汽阀阀杆断裂。哈汽超临界机组高压主汽阀阀杆断裂主要原因为暖阀孔径偏大，两孔交叉在同一横截面上，导致该处阀杆抗拉强度较差，容易造成运行中阀杆断裂。【案例2】部分电厂AGC及一次调频的调节引起高压调节汽阀的波动较大，甚至诱发高压调节汽阀执行机构连杆断裂。某电厂4号机组3号高压调节汽阀执行机构连杆断裂，连杆断裂部位在变径凸肩处，其制造工艺本身也存在缺陷，过渡圆角过小。

3.3.5 为新增条款。【案例1】某电厂多个主汽阀、调节汽阀操纵座弹簧性能不合格，进行了更换。【案例2】某电厂660MW超超临界机组主汽阀、调节汽阀操纵座弹簧性能不符合制造厂要求，基建期间至投产后，高压调节汽阀1、2及中压主汽阀1、2均多次出现卡涩及打闸后无法关闭。

3.4 防止汽轮机汽门及调节保安装置失控

3.4.1 为新增条款。强调对汽轮机各主汽阀及调节汽阀油动机、AST及OPC电磁阀组、隔膜阀、节流孔、单向阀等检查的重要性和必要性。【案例1】2019年2月，某电厂3号机组C级检修复，装B给水泵汽轮机主汽阀电磁阀时节流件漏装，B给水泵汽轮机执行主汽阀定期活动试验时电磁阀泄油过快，误关B给水泵汽轮机主汽阀，最终引起汽包水位低MFT动作。【案例2】2016年，某电厂ETS通道一试验正常，进行抗燃油压低（LP2）通道二试验时，机组掉闸，首出“抗燃油压低跳闸”。检查发现通道二节流装置脱落，造成抗燃油压低（LP2）通道二试验时因节流装置失去节流作用，泄油量大，无法维持母管油压，通道一、二油压同时降至保护动作值以下，抗燃油压低保护动作，机组跳闸。

3.4.2 为新增条款。增加对汽轮机及给水泵汽轮机遮断电磁阀电源可靠性的要求。【案例】某电厂汽轮机因4个AST电磁阀电源布置在同一电气段，同一电气段失电，造成跳机。部分机组AST电磁阀为常失电、带电跳机，设计不合理。

3.4.3 为新增条款。增加ASP油压、隔膜阀油压模拟量监测的要求。部分电厂更换为活塞式隔膜阀或对阀盖加厚，以避免隔膜阀泄漏。【案例】2012年，某电厂9号机组汽轮机润滑油压突降引起抗燃油系统隔膜阀顶部安全油压突降，瞬时低于关闭动作值（新更换隔膜阀，隔膜阀动作定值未整定），隔膜阀打开，引起AST油压瞬时降低到挂闸油压定值以下，主汽阀关闭信号发出，联跳发电机。

3.4.4 为新增条款。强调危急遮断系统异常造成机组非停，高压启动油泵的试转及联启，造成系统扰动，引起隔膜阀油压低跳机事故较多。【案例1】2018年，某电厂4号机组前箱内高压油母管上泄油螺栓松动，导致隔膜阀上的安全油压大幅下降，高、中压主汽阀关闭，机组跳闸。【案例2】2016年，某电厂汽轮机机械超速保护装置飞锤小轴松动，导致隔膜阀控制油压丧失，汽轮机AST安全油压泄压，汽轮机主汽阀、调节汽阀全关，机组跳闸。【案例3】2016年，某电厂隔膜阀挂闸油压（低压安全油）由0.22MPa下降至0.03MPa，同时4个主汽阀关闭信号发出，汽轮机跳闸。解体检查发现危急遮断器滑套装反，导向滑套外圆与压缩弹簧内孔装配与设备图纸不一致，装配时弹簧未完全套入滑套端面，弹簧两端内径大小不一致。

弹簧变形量减小，造成飞锤动作转速值下降，引起机组 3000r/min 时飞锤击出。【案例 4】2013 年，某电厂 1 号机组汽轮机隔膜调压阀紧固螺栓松动，造成调压阀泄油，隔膜阀开启，安全油压低保护动作，机组停机。分析隔膜阀上部油压调压阀锁紧螺母可能在检修时未紧固到位，加之机组长期运行等原因造成该调压阀锁紧螺母松动。

3.4.5 为新增条款。【案例 1】部分电厂给水泵汽轮机蓄能器充氮压力不符合要求，导致给水泵汽轮机主油泵在切换过程中油压异常波动，润滑油母管压力突降至保护动作值以下，给水泵异常跳闸。【案例 2】2012 年，某电厂 8 号机组汽轮机抗燃油蓄能器底部接口漏油，导致抗燃油大量喷出，抗燃油压低保护动作，汽轮机跳闸。

3.5 防止调节保安系统联锁保护异常

3.5.1 为新增条款。【案例】2017 年，某电厂 6 号机组单阀运行方式下，一次调频信号频繁动作致使 4 个高压调节汽阀同步大幅波动，造成抗燃油系统油压快速下降，抗燃油压低联锁试验电磁阀卡涩，导致抗燃油泵低油压联动开关取样回路不畅，低油压联动开关动作不及时（联泵为单点且位于试验电磁阀模块上），备用油泵未正常联动，运行人员未及时手动启动备用油泵，抗燃油压低保护动作，汽轮机跳闸。

3.5.2 为新增条款。【案例】2018 年 11 月 26 日，某电厂 2 号机组（亚临界直接空冷 330MW 循环流化床锅炉机组）因抗燃油箱油位低跳泵保护误动作，导致抗燃油压低跳机。检查发现：

a）抗燃油箱油位模拟量未发生变化，4 个油位低开关量全部误动作；

b）4 个开关量油位计和 1 个模拟量油位计的取样源头均为磁翻板油位计，其实质是单点取样，不满足三取二逻辑保护要求；

c）机组长期停运，开机前未对磁浮液位计、油管道等整个油系统进行清理；

d）补油前未进行混油试验。

3.5.3 【案例】同 3.5.2【案例】。

3.5.4 为新增条款。强调隐患排查、事故预防预控的重要性。【案例 1】上汽－西门子机型汽轮机的 ATT 试验逻辑不完善，ATT 试验造成抗燃油压低跳机风险较大。某电厂汽轮机 ATT 试验造成抗燃油压低跳机，随后电厂根据上汽厂的优化方案对 ATT 试验逻辑进行了优化。【案例 2】2018 年，某电厂 1 号汽轮机 2 号超高压调节汽阀卡涩，调节汽阀开度突然从 61% 降到 26.6%，主蒸汽压力突然升高，水煤比不匹配，高压旁路阀关闭操作过快，引起后烟道后墙入口联箱温度快速上升，“后烟道后墙入口联箱温度高高”保护触发 MFT 动作。【案例 3】2017 年，某电厂 4 号机 DEH 机柜 9 号 DI 卡件老化故障（该卡件已经连续运行 11 年），同时误发“主汽阀 1 关闭信号、主汽阀 2 关闭信号”1s。DEH 逻辑判断为 4 号机脱扣，将两个高压主汽阀和所有调节汽阀全部关闭。【案例 3】同 3.3.1【案例 3】。【案例 4】同 3.5.1【案例】。

4 防止汽轮机润滑油系统事故编制说明

（一）总体说明

本章主要是防止汽轮机润滑油系统事故，在国能安全〔2014〕161 号《防止电力生产事故的二十五项重点要求》第 2、第 8、第 22 章部分内容基础上，结合近年来集团公司内外汽轮机润滑油系统设备损坏事件、非计划停运事件，以及典型的设备消缺和异动、技术监督现场评价服务中发现的汽轮机润滑油系统典型问题，从设计、选型、制造、安装、调试、试验、运行、检修、日常监督等角度提出防止汽轮机润滑油系统设备损坏及非停事故的措施和标准要求，本章分为防止汽轮机润滑油油压低、防止润滑油系统泄漏、防止冷油器泄漏、防止油系统着火 4 个部分。

（二）条文说明

4.1 防止汽轮机润滑油油压低

4.1.1 为新增条款。尽管润滑油系统装有滤网，但因轴承箱处于微负压环境，仍会有一些杂质进入轴承箱，通过回油窥视窗检查油中是否含有明显的杂物；另外，通过轴承回油窥视窗，可观测各轴承回油量是否符合要求，判断是否断油、进油不足，因此要加强回油窥视窗的清洁维护。透明塑料板或有机玻璃材质的轴承回油窥视窗，由于时间长窥视窗材质会老化，造成漏油。为防止运行中窥视窗老化造成漏油，因此，机组 A 级检修时应更换透明塑料板或有机玻璃材质回油窥视窗。

4.1.2 为国能安全〔2014〕161 号《防止电力生产事故的二十五项重点要求》第 8.4.12 条内容。结合现场发生的事故案例分析，强调应完善油泵、冷油器及滤网定期切换操作票的内容，切换操作时应严格按照运行规程规定的顺序缓慢操作，严密监视润滑油压是否发生变化，操作应在监护下进行，严防由于误操作而引起机组跳机或断油烧瓦事故。

4.1.3 为新增条款。防止运行过程中违禁操作引起润滑油断流、流量不足。

4.1.4 为新增条款。润滑油系统交、直流油泵的联锁定值设置不合理，若运行过程中发生润滑油压低，则不能正常联启交流润滑油泵，甚至不能联启直流事故油泵，造成机组非停甚至断油烧瓦事故。

4.1.5 为国能安全〔2014〕161 号《防止电力生产事故的二十五项重点要求》第 8.4.16 条的修改，增加了交、直流润滑油泵及高压备用密封油泵，交、直流密封油泵等油系统油泵的出口止回阀的检查要求。油泵出口止回阀不严或卡涩，会造成油压低、断油故障。止回阀不严是造成停机过程中断油的主要原因。【案例 1】2017 年 1 月，某电厂 5 号机进行交流润滑油泵硬手操及直流油泵联动试验过程中，运行人员忽视直流油泵出口止回阀动作可靠性，操作票中未规定关闭直流油泵出口手动门，直流润滑油泵停运后，由于其出口止回阀卡涩，导致系统润滑油压低，机组跳闸。【案例 2】2019 年 2 季度，某机组临检，在进行主油箱内部管道法兰垫片更换工作时，发现主油泵出口止回阀阀板脱落重大设备安全隐患。对止回阀阀板挂耳进行了补焊修复（双面补焊），增加了设备可靠性，并举一反三地排查了高压备用油泵出口止回阀，发现阀板挂耳同样存在单面焊接脱焊隐患。

4.1.6 为新增条款。润滑油系统阀门采用明杆阀，并设置清晰、准确的阀门开关状态指示，可以防止对阀门进行误操作，及时对阀门状态进行判断。

4.1.7 为国能安全〔2014〕161 号《防止电力生产事故的二十五项重点要求》第 9.4.12 条部分内容，应按照 DL/T 1056—2007《发电厂热工仪表及控制系统技术监督导则》有关规定，及时正确地处理热工保护装置故障。为保证机组安全，重要保护项目严禁退出运行。保护装置因故障暂时退出运行时，必须及时完成审批手续，故障处理前做好安全措施，在规定时间内消除故障。如果未能在规定时间内消除故障，应立即执行停机、停炉预案。

4.1.8 为新增条款。机组大修后，油质需要循环、净化，油循环时应在各轴承进油管上装临时滤网，可以收集油循环过程中系统里的杂质。油质合格、油循环结束后必须拆除临时滤网，防止滤网破损或堵塞，造成油系统故障。

4.1.9 为新增条款。主油箱内油系统附件的检查是检修工作的薄弱点，以前一直重视不够。

为防止主油箱内润滑油管道焊缝泄漏，引发机组跳闸，检修期间应对机组主油箱内油系统附件（管道支吊架、止回阀、法兰、焊缝）进行全面检查。【案例 1】2016 年 3 月 14 日，某电厂一期 2 号机组超临界 350MW 汽轮机主油泵出口到注油器入口段焊缝部位开裂，主油箱内润滑油压力管道泄漏，润滑油压低，断油烧瓦。【案例 2】2017 年 7 月，某电厂 5 号机启动失败。检查发现 5 号机高压启动油泵出口管至 1 号轴承箱下部连接处焊缝存在 40mm 裂纹。分析认为因 1 号轴承箱膨胀位移产生的应力及管路振动等因素，造成 1 号轴承箱下部管段焊口长期运行后疲劳拉裂，在处理裂纹时因未充分认识到缸胀导致 1 号轴承箱位移及管路振动造成的风险，采用风镐铆堵方案，风镐铆堵时铆固的强度不足，投运后在膨胀位移的应力及管路振动等因素的综合作用下造成再次泄漏，造成机组启动失败。【案例 3】2016 年，某电厂 2 号机组 1 号注油器故障，导致主油泵入口油压异常下跌至 0.03MPa、主油泵工作异常，调速系统不能维持正常供油，致使主汽阀关闭、机组跳闸。解体检查发现主油泵上半部导叶轮防转销断裂，堵塞在供主油泵入口的 1 号注油器喷嘴，造成主油泵入口油压异常下跌。同时检查发现该处导叶轮固定螺钉有断裂，导叶轮有松动，并发现一导叶端部断裂。

4.1.10　为新增条款。为防止汽轮机主油箱回油滤网堵塞影响主油箱油位，回油滤网应开设溢流孔。同时为了及时发现滤网脏污并清理，滤网前后应装设油位计，滤网堵塞时滤网前后油位会有变化，会反映出来。【案例】2015 年 5 月 21 日，某电厂 1 号机组主油箱回油滤网堵塞，造成回油不畅，大量润滑油汇集到回油滤网上部的回油母管内，造成主油箱油位下降。当主油箱油位低于主油泵射油器、辅助油泵、盘车油泵吸入口时，油泵无法正常供油，润滑油压力低导致机组跳闸。

4.1.11　新增条款。为防止误操作，应完善油系统测点，阀门名称和开关状态标示应准确，方便现场人员巡检，也能提高油系统可靠性。

4.1.12　为国能安全〔2014〕161 号《防止电力生产事故的二十五项重点要求》第 8.4.9 条的修改。增加内容为“主油箱油位至少应有一套模拟量测量装置”，保证能够实时直观地远程监视油位。

4.1.13　为新增条款。完善滤油机管理制度，发现漏油及时处理，临时滤油机工作时应专人旁站监护，临时滤油机不应采用橡胶软管连接；滤油机更换滤芯部件时及时隔离；使用年限超过设备制造商规定的有效期部件，以及老化明显的电气元器件等应及时更换，防止临时滤油机电缆着火导致断油。【案例】同 2.1.24【案例】。

4.1.14　为国能安全〔2014〕161 号《防止电力生产事故的二十五项重点要求》第 8.4.7 条内容，由于直流润滑油泵电源不可靠或联动逻辑设计不合理，可能造成断油烧瓦事故，需要电厂引起重视。

4.1.15　为国能安全〔2014〕161 号《防止电力生产事故的二十五项重点要求》第 22.1.5 条内容，发电厂均设计有事故保安电源，可以避免全厂停电事故造成机组失控、设备损坏，事故保安电源分直流和交流两种，直流事故保安电源采用蓄电池，向控制、信号和自动装置等控制电源及直流油泵、交流不停电电源等动力负荷及事故照明负荷供电。交流事故保安电源通常选用能快速启动的柴油发电机组，供给在全厂停电时保证安全停机的盘车、顶轴油泵等交流事故保安负荷。因此，应加强上述保安电源的维护工作，保证事故时能可靠供电。

4.1.16　为国能安全〔2014〕161 号《防止电力生产事故的二十五项重点要求》第 9.4.2 条原文。

4.1.17　为新增条款。建议大修期间对油系统试验模块进行清洗，防止机组运行中发生油路堵塞现象。【案例】2018 年 5 月 10 日，某电厂 1 号机组 1 号轴承低油压试验模块油路堵塞，油压降低引发报警，联启高压备用泵过程中，高压备用泵出口止回阀、润滑油至隔膜阀油路中溢流阀受系统油压冲击开启后，未及时回座，造成隔膜阀上部安全油泄油降压，达到保护动作定值，隔膜阀开启，泄 AST 油压，汽轮机跳闸。

4.1.18　为新增条款。检修过程中应加强对主油泵联轴器工作可靠性的检查。【案例 1】2013 年 9 月 10 日，某电厂 4 号汽轮机主油泵齿套联轴器挡环螺栓全部断裂，挡环脱落，撞击危急遮断油门，导致安全油压失去，机组停机。主油泵齿套联轴器挡环螺栓断裂主要原因是制造厂提供的零部件加工偏差较大，组装后挡环与套齿止口之间存在间隙，且部分螺栓与挡环孔紧贴，螺栓同时受到挡环产生的弹性力和挡环高速旋转产生的离心力直接作用，使该部分螺栓受剪切力作用发生断裂。【案例 2】2014 年 2 月 20 日，某电厂 2 号机组主油泵侧齿联轴器的内齿套筒和外齿轴套磨损严重，无法啮合，继而脱开，导致主油泵失速，润滑油压和低压保安油压急速下降，隔膜阀打开，机组跳闸。停机后检查中未找到侧齿联轴器的硬度检查记录，同时联轴器的供油管道存在焊瘤。【案例 3】2014 年 4 月 5 日，某电厂 2 号机组汽轮机主油泵泵轴的齿形联轴器断开，主油泵出口润滑油压和低压保安油压力迅速下降，导致隔膜阀动作，机组跳闸。主油泵泵轴与齿套的对中不良，以及所应用材质硬度偏软，均造成磨损较大；此外，联轴器的排油孔孔径偏小和油质不合格影响齿轮磨损；检修过程中未加强主油泵联轴器的检查，以上三方面均会造成齿形联轴器一定程度的磨损。【案例 4】2014 年 6 月 1 日，某电厂 2 号机组汽轮机小轴齿形联轴器侧齿面硬度偏软，造成软齿面磨损，随后侧齿面与轴套齿面啮合的轴向摩擦力大大增加，使齿套与齿轮的轴向相对运动受阻，当汽轮机负荷变化时，轴向力直接传递至主油泵侧齿套挡环的 12 个 8mm 合金钢螺栓，螺栓断裂后侧齿套向汽轮机移位并与 1 号危急遮断油门碰磨，引起 1 号危急保安器误动，机组跳闸。

4.2　防止润滑油系统泄漏

4.2.1　为新增条款。润滑油系统的管道要进行酸洗以及防腐处理，严禁各种杂质进入管道，避免整个系统因为各种杂质而引起的清洁问题。同时在管道设计中，要留出足够的用来清洗的接口，对于可拆卸的接口应当采用法兰连接，尽量不用丝扣进行连接。

4.2.2　为新增条款。

4.2.3　为新增条款。主油箱油位低保护动作之前，应通过设置的油位低声光报警，提醒运行人员。

4.2.4　为新增条款。为了保证主油箱油位测量的准确性，防止油位监控仪表存在的缺陷，汽轮机润滑油系统油位开关及变送器应每年进行校验，防止润滑油箱油位低保护误动、拒动，造成机组非停及断油烧瓦事故。

4.2.5　为新增条款。关注润滑油系统中小部件松脱引起润滑油泄漏。

4.2.6　为国能安全〔2014〕161 号《防止电力生产事故的二十五项重点要求》第 2.3.9 条内容。油系统的管路应有必要的支架和吊架，并且不能有蹩劲的地方，以保证油管路在各种工况运行时膨胀畅通。油管路的布置要合理，以便于工作人员的检查、维修和热力管道或其他热体的隔离。油系统的表管应布置整齐，尽量减少交叉，以防止运行中由于振动而磨损。

4.2.7　为国能安全〔2014〕161 号《防止电力生产事故的二十五项重点要求》第 2.3.1 条、第 8.4.3 条部分内容。防止油系统火灾，油系统应尽量使用焊接连接，尽量避免使用法兰连接，法兰连接增加漏点，特别是在热体附近的法兰，漏油遇热容易产生火灾，爆炸。使用法兰时必须安装金属罩壳。金属罩壳的主要作用：一是隔热，防止长时间高温受热引起油质劣化，二是防止法兰漏油喷到邻近的高温热源上，引起火灾。油系统泄漏时，当周围热体比较多，铸铁易吸热蓄热，容易出现着火，使机组被迫停运或危及汽轮机安全；铸铁铸件里面有比较活泼的化学元素，容易和汽轮机油发生反应，尤其是汽轮机油的酸度超标后对阀门的腐蚀较为严重；铸铁比较硬脆，抗拉能力低，油系统停运和运行时温差较大，且安装会有残余应力，容易造成铸铁阀门爆裂，导致漏油危险事故，因此油系统禁止使用铸铁阀门。

4.2.8　为国能安全〔2014〕161 号《防止电力生产事故的二十五项重点要求》第 2.3.2 条内容。《电力设备典型消防规程》第 6.5.3 条规定：汽轮机油系统管道的法兰垫，禁止使用橡胶垫、塑料垫或其他不耐油、不耐高温的垫料。油系统法兰禁止使用塑料垫、橡皮垫（含耐油橡皮垫）和石棉纸垫，以防止老化滋垫，或附近着火时塑料垫、橡皮垫迅速熔化失效，大量漏油。【案例】2013 年 7 月 16 日，某电厂 1 号机组主油泵入口管中的纸质垫片进入主油泵，被主油泵打碎后进入了高压射油器，堵塞了高压射油器的喷油嘴，引起主油泵瞬时失压导致“高压油压力低”，机组跳闸。经检查、分析，发现此纸质垫片是多年前某次机组 A 级检修时遗留在主油泵入口管中的。

4.3　防止冷油器泄漏

4.3.1　为新增条款。润滑油冷却器油侧、水侧密封胶条长期使用后，胶条老化、变形，造成润滑油泄漏。

4.3.2　为新增条款。冷油器水侧、油侧压力超出设计值，长期运行造成管材、管接头、密封件等处因应力集中、密封件老化变形而引起泄漏。

4.3.3　为新增条款。管式冷油器水侧压力应低于油侧压力。

4.3.4　为新增条款。开式冷却水水质相对较差，采用开式冷却水的冷油器，应定期检查换热管的腐蚀、冲刷减薄情况，防止冷油器泄漏。

4.3.5　为新增条款。强调冷油器的运行维护。【案例】2018 年 12 月 6 日，某电厂 5 号机组由于 A、B 冷油器出口润滑油温度低，接近控制值的下限，导致 4 号瓦油膜振荡、失稳，4 瓦 X 向振动保护动作，机组跳闸。

4.4　防止油系统着火

4.4.1　为国能安全〔2014〕161 号《防止电力生产事故的二十五项重点要求》第 2.3.3 条。强调在可能漏油部位附近明火作业时的要求。

4.4.2　为国能安全〔2014〕161 号《防止电力生产事故的二十五项重点要求》第 2.3.4 条。油管道焊接工作的要求。

4.4.3　为国能安全〔2014〕161 号《防止电力生产事故的二十五项重点要求》第 2.3.5 条。强调漏油应及时消除，严禁漏油渗透至容易引起着火的部位。

4.4.4　为国能安全〔2014〕161 号《防止电力生产事故的二十五项重点要求》第 2.3.6 条。强调油系统与热体之间的防护。

4.4.5　为国能安全〔2014〕161 号《防止电力生产事故的二十五项重点要求》第 2.3.7 条。保温材料内有渗油的处理要求。

4.4.6　为国能安全〔2014〕161 号《防止电力生产事故的二十五项重点要求》第 2.3.8、8.4.3 条部分内容。为了防止误操作和在火灾紧急情况下能迅速找到事故放油阀门，要求主要阀门应有明显的标志牌和挂有“禁止操作”警告牌，阀门开关方向应明确，防止运行人员误操作。日常运行检查维护，保证事故放油门严密。

4.4.7 为新增条款。强调油系统漏油，不能与系统隔绝处理的或热力管道已渗入油的，应立即停机处理。

5 防止顶轴油系统事故编制说明

（一）总体说明

本章主要防止汽轮机顶轴油系统事故，在国能安全〔2014〕161 号《防止电力生产事故的二十五项重点要求》第 8 章相关内容基础上，结合近年来集团公司内外电厂汽轮机顶轴油系统设备损坏事件、非计划停运事件，以及典型的设备消缺和异动、技术监督现场评价服务中发现的汽轮机顶轴油系统典型问题，从设计、选型、制造、安装、调试、试验、运行、检修、日常监督等角度提出防止汽轮机顶轴油系统设备事故的措施和标准要求，本章内容主要为防止顶轴油系统泄漏、防止轴瓦损伤。

（二）条文说明

5.1 防止顶轴油系统泄漏

5.1.1 为新增条款。铜质顶轴油管材质硬度偏软，管接头和密封垫容易发生泄漏，管材应更换为同压力标准的不锈钢管或带防磨护套的高压金属缠绕软管，应定期检查管接头、密封垫和带防磨护套的金属缠绕软管，金属软管长度在轴承箱内长度适中，加装固定卡座，顶轴油各瓦调整阀应有防转措施。【案例 1】顶轴油管道为硬连接但未设置减振弯，导致顶轴油管接头断裂。2015 年 3 月 14 日，某电厂 5 号机 4 号轴承金属温度突然从 86℃上涨到 98℃且 4 号轴承油膜压力为零，在 3 月 21 日停机过程中 4 号轴承金属温度最高上涨到 150℃。检查发现 4 号轴承顶轴油管接头硬连接导致断裂，下瓦钨金面碾压损伤。【案例 2】某电厂 6 号机组跳闸，SOE 首出“汽轮机瓦温高跳闸”，检查为 7 号瓦温度达到跳闸值 107℃。检查发现 7 号瓦顶轴油管老化、泄漏，造成 7 号轴瓦润滑油建立的压力油楔受顶轴油管泄漏影响，轴瓦温度异常升高。【案例 3】某电厂 1 号机顶轴油管泄漏，机组停运。运行中 2 号瓦顶轴油管道泄漏，主油箱油位下降明显，停机检查发现 2 号瓦顶轴油球形接头短管材质不合格，出现多处裂纹，造成顶轴油大量泄漏。日常巡检及停备检修中未专项安排检查顶轴油管路的安装质量，隐患排查不够彻底。

5.1.2 为新增条款。当顶轴油系统止回阀泄漏或装反时，造成油膜压力下降或无法建立，引起轴瓦磨损。

5.1.3 为新增条款。顶轴油系统热工测量元件和测量仪表安装符合规范。【案例】某电厂顶轴油系统热工测点渗漏。渗漏导致就地仪表显示不准，运行人员无法确认顶轴油母管油压及各轴瓦油压是否正常，无法投入盘车。

5.2 防止轴瓦损伤

5.2.1 为新增条款。为了远程监视各瓦顶轴油压力，应设置各瓦顶轴油压力变送器并引至 DCS 画面。各瓦油膜压力的取样管位置应在止回阀后。一些电厂误将顶轴油压力变送器（或就地压力表）取样管安装在止回阀前，导致机组运行中监测的轴瓦油膜压力一直为零。机组启停过程中密切监视各瓦油膜压力，可以及早发现并分析处理顶轴油系统的缺陷。【案例 1】2017 年 2 月 16 日，某电厂 5 号机停机过程中，4 号瓦温度急剧升高到 155.2℃且油膜压力大幅波动。调取5号机停机历史曲线，发现停机过程中瓦温最高值为147℃，且惰走时间偏短，分析4号瓦乌金已有损伤。解体5号机4瓦，发现轴瓦乌金严重磨损，顶轴油孔部分堵塞，油囊破坏。事故调查发现相关人员未严密监视各瓦顶轴油压力，导致轴瓦磨损事故扩大。

5.2.2 为新增条款。运行中严禁操作各轴承顶轴油供油手动阀，避免引起顶轴油压变化，进而发生轴瓦磨损事故。轴承顶轴油供油调整门跑位、轴承顶轴油油囊磨损或者顶轴油进油口磨损、轴瓦装配间隙超标，都会造成轴承顶轴油油压无法正常建立，机组低转速时极易发生轴瓦磨损。因此，轴承顶轴油供油调整阀应有防转措施；轴承检修工艺质量应符合检修规程规定。

5.2.3 为新增条款。对于未设置顶轴油泵的机组，应重视机组启停过程中对润滑油压及轴瓦温度、回油温度的监视，防止轴瓦损坏。

5.2.4 新增条款。轴瓦检修时应检查各油囊进油口，确保油囊进口清洁无异物，防止破坏油膜，引起轴瓦磨损。轴颈抬起量应符合制造厂提供的顶轴高度要求，根据测试结果决定对轴承顶轴油油囊是否进行修刮，是否调整顶轴油进油量。【案例1】某电厂6号、7号瓦振动呈现周期波动，油膜压力接近零，且顶轴油压为1MPa～4MPa，小修时对6号瓦进行揭盖检查，发现轴颈表面拉毛严重，下瓦乌金融化。

6 防止发电机附属系统事故编制说明

（一）总体说明

本章重点是防止发电机及其附属系统事故，在国能安全〔2014〕161号《防止电力生产事故的二十五项重点要求》第2章、第8章、第9章以及第10章基础上，针对集团公司近十年来发电机密封油断油、密封油漏油、内冷水断水、氢系统漏氢、氢系统爆燃、定子冷却水电导率超标等问题，导致设备损坏、机组非计划停运的各类案例，结合国家、行业最新标准要求，提出防止发电机及其附属系统事故的措施。本章内容分为防止密封油泄漏、防止发电机漏氢和氢气系统爆炸以及防止发电机断水3部分。

（二）条文说明

6.1 防止密封油泄漏

6.1.1 为国能安全〔2014〕161号《防止电力生产事故的二十五项重点要求》第10.5.4条的补充内容。在第10.5.4条原文基础上依据故障案例强调了检查重点部位。【案例1】2014年4月7日，某220MW机组运行中氢压有所下降，同时密封油箱油位低报警，氢压持续下降，现场检查发现励端氢侧密封油回油视窗喷油，机组紧急停机。停机后检查发现励端氢侧回油视窗的紧固螺栓松动，回油视窗位于发电机铁盖板下方，日常巡检无法发现。

6.1.2 为新增条款。根据国内三大发电机设计的密封油系统配置情况，同时结合案例危险点，强调密封油系统运行维护监测重点项目以及对应的检测周期要求。【案例】某300MW机组，密封油设计为双流环系统，密封油箱由电磁阀依据密封油箱液位高低开关报警信号决定是否对油箱补油或排油，油箱未设计油位监测装置。机组运行中油箱液位高动作后正常联动排油电磁阀，油位高报警消失后排油电磁阀因卡涩未能及时关闭，同时油位低开关未能正常动作，导致补油电磁阀未能及时补油，最终导致密封油失去，氢气系统大量漏氢，紧急停机。

6.1.3 为国能安全〔2014〕161号《防止电力生产事故的二十五项重点要求》第10.2.2.2条原文的引申补充，部分内容是其他内容依据现场运行经验以及故障案例确定，明确了密封油系统应配置的报警测点以及校验周期。【案例】某 1000MW 超超临界机组，在基建调试过程中主油箱油位监视不到位，且密封油消泡箱液位高报警开关和漏液探测器未能正确动作，密封油漏至发电机未及时发现，大量润滑油补油至密封油系统，导致主油箱液位低至油泵吸油口以下，润滑油压低保护动作停机。

6.1.4 为新增条款。依据故障案例，补充完善了密封油冷油器放水系统设计要求，避免了密封油冷油器泄漏后无法及时发现的设计缺陷。【案例】2018 年 2 月 23 日，某机组密封油冷油器泄漏，巡检人员在冷却塔水池表面发现油污，但因为密封油冷油器水侧出口未设计放水门，未能第一时间判断泄漏点，影响缺陷处理过程，密封油泄漏后润滑油补油，导致主油箱油位降低，润滑油箱油位低保护动作，机组跳闸。

6.1.5 为新增条款。依据故障案例，对密封油系统冷油器运行工况以及冷油器密封胶条定期维护提出了明确要求。【案例】2018 年 2 月 23 日，某机组密封油冷油器泄漏，停机后对冷油器进行了解体检查，发现空侧冷油器顶部水室油侧和水侧的密封胶圈有不同程度损伤，机组运行期间密封油运行压力长期超过冷油器设计工作压力，密封胶圈加速老化导致泄漏。

6.1.6 为国能安全〔2014〕161 号《防止电力生产事故的二十五项重点要求》第 10.2.2.2 条和第 2.6.6 条原文的修改，强调了密封油辅助设备应可靠投入，密封油备用油泵应定期进行联动试验，保证备用可靠性。

6.1.7 为国能安全〔2014〕161 号《防止电力生产事故的二十五项重点要求》第 10.5.3 条原文。强调平衡阀、差压阀应确保灵活无卡涩，密封瓦检修工艺和验收标准应符合密封瓦检修文件包以及 DL 5190.3—2012《电力建设施工技术规范　第 3 部分：汽轮发电机组》中第 5.6 节的要求。

6.2 防止发电机漏氢和氢气系统爆炸

6.2.1 为新增条款。国能安全〔2014〕161 号《防止电力生产事故的二十五项重点要求》第 9.4.2 条中提及“涉及机组安全的重要设备应有独立于分散控制系统的硬接线操作回路”，考虑氢气系统的重要性，强调了密封油直流油泵的备用可靠性。

6.2.2 为新增条款。防止机组油氢压差偏大导致发电机进油、油氢压差偏小引起发电机漏氢事故，特强调密封油油氢压差的控制应符合规程要求。

6.2.3 为国能安全〔2014〕161 号《防止电力生产事故的二十五项重点要求》第 10.5.3 条的修改和补充，既对平衡阀和差压阀的可靠性提出了要求，又强调了油箱自动补排油浮球阀（电磁阀）、浮子油箱浮球阀应安全可靠，对备用油源切换过程的可靠性提出明确要求。【案例】某 300MW 机组，密封油箱液位低导致密封油泵出口油压低，正常工作油源无法满足氢气密封需要，备用油源未能及时投入，导致氢气大量外泄，紧急停机。

6.2.4 为新增条款。借鉴国能安全〔2014〕161 号《防止电力生产事故的二十五项重点要求》第 8.4.7 条和第 8.4.8 条要求，强调交流密封油泵、直流密封油泵在电源配置方面的要求。为防止氢气系统爆炸，国能安全〔2014〕161 号《防止电力生产事故的二十五项重点要求》第 10.5 节对于密封油系统部件以及漏氢量（率）提出了要求，对于交流、直流密封油泵的电源配置以及在电源切换过程中的可靠性无明确要求。参考近年来汽轮机及给水泵汽轮机因为润滑油系统交、直流油泵故障及油泵切换异常导致的故障案例，特提出本条款。

6.2.5 为新增条款。国能安全〔2014〕161 号《防止电力生产事故的二十五项重点要求》在第 10.5.1 条及第 10.5.2 条中分别针对不同部位漏氢提出要求，但并未对漏氢监测装置提出要求。国内主流氢冷发电机均在出厂时配置了在线氢气泄漏监测装置，实际运行中部分监测装置维护不当，因此针对监测装置可靠性特提出本条款。

6.2.6 为新增条款。强调了检修结束后开展气密性试验的必要性，规定了试验合格执行的标准。依据氢气系统查漏经验，建议各厂在气密性试验进行的同时也应检查氢气干燥器的严密性。【案例】2018 年，某 600MW 机组在检修中对密封瓦以及氢冷器进行了检查，在设备装复后对发电机进行气密性试验，试验结果不满足 DL/T 607—2017《汽轮发电机的漏水、漏氢的检验》中的规定，因电网规定的并网时间要求，机组未能进一步查漏，并网后漏氢量迅速增大，随后机组解列并对氢气干燥器解体查漏。查漏结束后气密性试验结果合格，并网后运行参数正常。

6.2.7 为国能安全〔2014〕161 号《防止电力生产事故的二十五项重点要求》第 10.5.2 条内容，针对发电机及其附属系统不同部位的漏氢量提出了具体要求。

6.2.8 为国能安全〔2014〕161 号《防止电力生产事故的二十五项重点要求》第 2.6.1 条和第 2.6.2 条内容。

6.2.9 为国能安全〔2014〕161 号《防止电力生产事故的二十五项重点要求》第 2.6.3 条内容。

6.3 防止发电机断水

6.3.1 为新增条款。依据相似系统配置的故障案例提出，考虑到浮球阀以及电磁阀可能出现的故障，强调内冷水箱应设有独立于自动水位调节装置之外的水位控制管路。【案例】2016 年，某 125MW 机组运行中内冷水箱浮球阀连接螺丝松动，浮球掉落并堵塞内冷水泵进水口，内冷水流量低，导致发电机断水保护动作。

6.3.2 为新增条款。依据故障案例提出。强调内冷水系统的测点配置要求、水位监测要求和水泵电源配置要求。【案例】2008 年，某 300MW 机组在调试试运阶段，内冷水箱液位低报警开关整定值较设计值偏低，化验人员在进行水样就地取样后忘记关闭取样阀门，导致内冷水箱液位持续下降，水箱未设计水位连续变化监测，水位持续降低至液位开关动作值并报警后运行人员才采取措施，此时水位已经接近内冷水泵运行最低水位，内冷水流量低保护动作，导致机组停机。

6.3.3 为新增条款。依据其他重要辅助设备的故障案例提出。【案例】2013 年，某 350MW 机组调试试运阶段，给水泵汽轮机运行主油泵因为上级电源母线失电，运行中异常跳闸，备用油泵的电源与运行油泵设计在同一段母线上，母线失电也使得备用泵无法正常联启，给水泵全停，引起给水流量低保护动作，机组停机。

6.3.4 为国能安全〔2014〕161 号《防止电力生产事故的二十五项重点要求》第 10.3.1.2 条的修改条款，针对内冷水供水滤网明确了要求。参考内冷水系统出现的故障案例，强调内冷水供水滤网压差的监测应准确并可靠，规定滤网顶部应设置排气管道，同时也对内冷水精处理系统运行可靠性提出了要求。【案例】某 300MW 机组内冷水系统供水滤网差压未设置远方监测装置，运行人员未能提前发现滤网堵塞，内冷水流量降低后，运行人员现场检查才发现滤网堵塞，在切换滤网的过程中因顶部放气阀为丝堵（不利于操作），导致切换过程中放气不充分，内冷水流量波动大而停机。

6.3.5 为国能安全〔2014〕161 号《防止电力生产事故的二十五项重点要求》第 10.3.1.1 条的引申修改条款，在第 10.3.1.1 条基础上增加了内冷水系统材质要求，同时强调了密封圈的材质以及更换周期。【案例】2016 年，某 300MW 机组运行中内冷水泵出口法兰漏水，切换至备用泵后漏水情况越来越严重，检查发现内冷水泵出口法兰垫片破损漏水且无法隔离，停机后解体发现破损处的垫片材质为石棉纸垫。

6.3.6 为国能安全〔2014〕161 号《防止电力生产事故的二十五项重点要求》第 10.3.1.3 条原文，强调了内冷水流量试验开展的必要性。

6.3.7 为国能安全〔2014〕161 号《防止电力生产事故的二十五项重点要求》第 10.3.2.2 条和第 10.3.2.7 条原文，强调内冷水流量试验开展的必要性以及发电机漏水的严重性。

7 防止主蒸汽、再热蒸汽、旁路蒸汽及减温水系统事故编制说明

（一）总体说明

本章重点是防止主蒸汽、再热蒸汽及其旁路系统事故，在国能安全〔2014〕161 号《防止电力生产事故的二十五项重点要求》第 8 章以及第 9 章基础上，结合 DL/T 438—2016《火力发电厂金属技术监督规程》中的要求，针对集团公司近年来旁路系统油站异常、旁路系统卡涩拒动、安全阀超期异常、高温高压汽水管道爆漏等问题，结合国家、行业最新标准要求，提出防止主再热蒸汽系统以及旁路系统发生非计划停运的措施。本章内容分为防止旁路阀门泄漏、防止高温高压汽水系统爆漏两个部分。

（二）条文说明

7.1 防止旁路阀门泄漏

7.1.1 为新增内容。依据故障案例提出，强调了旁路系统热工监测仪表配置的重点部位。DL/T 438—2016《火力发电厂金属技术监督规程》第 7.2.3.5 条规定，高压旁路调节阀后低温再热管道应更换为合金钢管。从国内机组实际情况来看，亚临界及以下机组，其高压旁路调节阀低温再热管道材质未升级的也占很大一部分，所以提出高压旁路调节阀后增设壁温测点的方式来监测旁路泄漏。【案例】2015 年 1 月 8 日，某 1000MW 超超临界机组高压旁路调节阀管道爆裂。原设计高压旁路调节阀后温度测点距离减温器较远，不能直接反映高压旁路调节阀减温器后管壁温度分布真实情况，同时冷段再热管道材质设计未考虑实际运行中高压旁路调节阀门内漏高压旁路减温水投运异常工况，导致高压旁路调节阀后管道短期超温，加上阀门厂家供货未能完全响应设计院对于阀门布置的要求，高压旁路调节阀泄漏，造成高压旁路调节阀后管道冲刷加剧。在上述因素综合作用下高压旁路调节阀后管道爆漏，造成机组停机。

7.1.2 为国能安全〔2014〕161 号《防止电力生产事故的二十五项重点要求》第 6.5.3.5 条的引申新增条款，依据旁路故障案例以及旁路设备异常案例提出。旁路减温水严密性对于旁路管道安全影响较大，尤其是高压旁路减温水泄漏，不仅容易因冷段蒸汽管道汽水两相流带来严重的管道振动，也可能在某些工况下导致辅助蒸汽压力大幅波动，影响机组运行稳定性。【案例 1】某 350MW 机组，配置二级旁路，高压旁路设计为 35%BMCR 容量，基建试运中首次开展汽门严密性试验，高压旁路减温水泄漏，导致冷段再热管道大幅振动，机组紧急停机。【案例 2】某 300MW 机组，配置二级旁路，高压旁路设计为 40%BMCR 容量，检修后并网带初负荷阶段，辅助蒸汽汽源由冷段再热蒸汽提供，高压旁路减温水泄漏，导致冷段再热蒸汽压力大幅波动，导致机组轴封系统以及汽动给水泵运行参数波动。

7.1.3 为新增条款。依据故障案例以及设备异常提出，强调了旁路液压油站的检修重点要求，明确重要组件的检修周期，并对重要参数提出监视要求。【案例 1】某 660MW 机组，旁路油

站油泵启停设计为就地控制系统控制，运行人员只能监视不能远方操作。油箱油温测点故障并持续下降，触发油温低停油泵保护动作，油泵停止后高压旁路调节阀缓慢开启，导致主蒸汽压力低，继而汽轮机高压调节阀缓慢关闭，高压调节阀全关且低压旁路调节阀全关，触发机组再热器保护动作，机组停机。【案例 2】某 350MW 机组，进行甩 100%负荷试验时高压旁路调节阀卡涩无法开启，导致主蒸汽压力迅速升高，手动开启 PCV 阀避免超压，停机后检查发现旁路油站电磁阀卡涩，导致高压旁路调节阀无法正常动作。

7.1.4 为新增条款。依据故障案例以及国能安全〔2014〕161 号《防止电力生产事故的二十五项重点要求》第 8.1.7 条和第 9.1.6 条内容引申而来。国能安全〔2014〕161 号《防止电力生产事故的二十五项重点要求》第 8.1.7 条要求在启停机以及事故状态下应开启旁路系统，因此旁路系统的动作可靠性成为安全隐患排查重点。国能安全〔2014〕161 号《防止电力生产事故的二十五项重点要求》第 9.1.6 条提出分散控制系统电源应设计有可靠后备手段且电源切换时间应保证控制器不被初始化，旁路控制系统电源配置应能保证各种工况下旁路调节阀灵活可靠。

7.1.5 为新增条款。依据旁路系统故障案例原因分析以及部分电厂经验总结而定。旁路系统调节阀泄漏原因与运行工况、阀门结构以及系统自身部件可靠性密切相关，但密封面夹渣是引起泄漏最主要的因素，强调进一步规范检修过程的工艺控制。

7.1.6 为新增条款。条文内容依据旁路调节阀密封面结构与旁路系统泄漏原因而定，强调运行操作应尽量避免旁路调节阀小开度运行工况，建议电厂运行管理部门应制定旁路调节阀在启动阶段的操作措施，避免调节阀在 5%～10%阶段长时间开启。

7.1.7 为新增条款。依据行业推荐标准中的要求引申而来，强调了管道材质等级的符合性要求，同时也要求旁路管道焊缝列入金属滚动检验计划。DL/T 438—2016《火力发电厂金属技术监督规程》第 7.2.3.5 条规定高压旁路调节阀后低温再热管道应更换为合金钢管，是为了避免高压旁路内漏导致阀后等级偏低的部件长期超温后引发不安全事件。本条内容明确了旁路管道材质应满足实际运行参数要求，同时强调了旁路焊缝的检验要求。

7.1.8 为国能安全〔2014〕161 号《防止电力生产事故的二十五项重点要求》第 8.1.7 条原文。【案例】2018 年 3 月，某电厂亚临界 350MW 机组，在启动过程中因旁路系统检修工作未完成，锅炉提前点火进行升温升压，旁路系统工作完成后，运行人员开启旁路，因为锅炉低压再热器部分管道存在积水，汽水两相流导致管道发生水击，引发强烈振动。

7.1.9 为新增内容。DL/T 438—2016《火力发电厂金属技术监督规程》第 7.2.3.5 条，条文明确了高压旁路阀内漏治理的重要性，避免由内漏引发设备超温等不安全事件。【案例】2016 年，对某 600MW 机组低压旁路调节阀进行了改造。机组低压旁路调节阀的密封面经过历次检修，修后阀门的严密性始终无法达到一个 C 级检修周期内不泄漏要求，电厂技术人员经过多方调研后，进行了密封面结构技术改造，改造后彻底解决了低压旁路调节阀频繁泄漏的问题。

7.2 防止高温高压汽水系统爆漏

7.2.1 为新增条款。依据旁路系统案例，结合 DL/T 438—2016《火力发电厂金属技术监督规程》中对旁路调节阀管道材质等级的要求，针对可能存在超温的汽轮机各段抽汽管道提出材质等级要求。

7.2.2 为国能安全〔2014〕161 号《防止电力生产事故的二十五项重点要求》第 6.5.5.6 条原文。依据历年汽轮机侧金属部件发生的不安全事件归纳总结提出如下建议：制订主再热蒸汽管道、高低压旁路管道、各段抽汽管道、蒸汽疏水管道、高低压加热器正常疏水管道、高低压加热器抽空气管道、高低压加热器危急疏水管道、给水管道（弯头、焊缝、过渡段、三通）的金属检测滚动计划。【案例 1】某 300MW 机组正常运行中，2 号高压加热器至 3 号高压加热器疏水调节阀后的疏水管道弯头因长期冲刷，管壁减薄，导致爆漏，大量水汽泄漏，水汽进入励磁变压器，造成发电机定子接地保护动作。【案例 2】某 600MW 机组正常运行中，2 号高压导汽管疏水的三通管座焊口处开裂，高压蒸汽泄漏，检查后发现三通焊接处存在未焊透情况，长期运行后焊缝出现裂纹，强度减弱后焊口裂开。【案例 3】某 500MW 机组正常运行中，2 号低压加热器水封筒至凝汽器的抽空气管道长期振动，焊口在长期交变应力影响下突然断裂，空气从抽气管进入凝汽器，导致真空低保护动作。【案例 4】某 300MW 机组正常运行，1 号至 2 号高压加热器正常疏水采用自动疏水器，疏水管道距离节流孔最近的一道焊口在长期运行后突然爆裂，大量水汽泄漏，导致发电机励磁电刷处结露，造成转子短路接地。

7.2.3　为新增条款。Q/HN－1－0000.08.054—2015《电力设备技术台账标准化管理实施导则》要求锅炉压力容器监督专责负责归档整理全厂的安全阀技术资料，明确锅炉专业安全阀的台账管理，但是对汽轮机水侧、汽侧安全阀的台账以及技术资料管理未进行明确。强调了汽轮机专业技术管理范围内安全阀的台账规范性以及安全阀放水管道布置的合理性。【案例 1】某 660MW 机组在运行过程中，3 号高压加热器水侧安全阀异常动作，且无法回座，大量高温水通过安全阀排放至有压放水母管，除氧器水位快速下降，机组降负荷停机。【案例 2】某 660MW 机组，全厂个别安全阀存在校验超期现象，在对高压加热器汽侧安全阀进行校验时，发现其动作压力偏低，接近机组满负荷运行压力。【案例 3】某 50MW 机组，机组在运行过程中安全阀动作且压力降低后无法回座，导致机组非计划停运。

8　防止冷却系统与真空系统事故编制说明

（一）总体说明

本章重点是对冷却系统和真空系统提出管理要求，在集团公司 Q/HN－1－0000.08.022—2015《火力发电厂汽轮机监督标准》《优秀节约环保型燃煤发电厂标准》的基础上，针对集团公司近十年来由于真空低导致非停案例，结合国家、行业最新标准要求，对冷却系统和真空系统管理提出了规范性要求。本章分为防止真空降低、防止辅机（真空泵、循环水泵及其变频器）故障跳闸、防止空冷岛和间冷塔冻结及冷却塔结冰、防止冷却塔和凝汽器结垢、防止循环水泄漏（水淹泵房）5 个部分。

（二）条文说明

8.1　防止真空降低

8.1.1　为新增条款。根据非停案例提出。由于循环水泵出口蝶阀及其油站布置在循环水泵房，距离主厂房较远，蝶阀发生事故关闭循化水中断，凝汽器真空下降，导致凝汽器真空低保护动作。建议增加循环水泵出口蝶阀及油站的故障报警信号至 DCS 声光报警，能够及时发现问题并采取措施。【案例】2013 年 5 月 3 日，某超临界 600MW 机组 B 循环水泵变频器和循环水泵出口蝶阀同时故障，低真空保护动作停机。机组变频启动 B 循环水泵时，在出口蝶阀全开 30s 后变频器故障跳闸，出口蝶阀联关到 80° 左右时卡住，1 号机组真空快速下降，低真空保护动作停机。

8.1.2 为新增条款。根据非停案例提出。近年来多次发生循环水泵液控蝶阀反馈装置进水导通，误发蝶阀全关信号，导致循环水泵出口蝶阀关闭。就地反馈装置及接线盒应设有防水装置，防止信号误发。【案例 1】2013 年 7 月 7 日，某超临界 600MW 机组循环水泵 B 出口至蝶阀之间穿墙管密封填料处漏水，积水未及时排出，漫过蝶阀位置反馈开关，反馈开关进水导通，误发蝶阀全关信号，两台循环水泵全停，真空低保护动作。【案例 2】2014 年，某电厂两台 350MW 机组循环水系统采用两机两泵运行方式，循环水泵出口至电动机冷却水母管止回阀爆裂，积水漫过蝶阀位置反馈开关，反馈开关进水导通，误发蝶阀全关信号，循环水泵投备正常联启，启动后相继跳闸，真空低保护动作。

8.1.3 为新增条款。根据非停案例提出。液控蝶阀失电后会自动关闭，循环水流量大量减少，凝汽器真空下降，凝汽器真空低保护动作。【案例 1】2018 年，某电厂亚临界 350MW 机组循环水泵液控蝶阀电源失去，备用电源未能自动投入，机组循环水泵全停，导致停机。【案例 2】2017 年 8 月 12 日，某电厂两台 200MW 机组双停。2 号机组因励磁器误发信号而跳闸，由 2 号机组供电的给水泵汽轮机循环水泵控制柜电源中断。对循环水泵控制柜电源恢复后重置时，循环水各用户电动调节阀全部为关指令，循环水各用户调节阀全部关闭。由于两台 200MW 机组的给水泵汽轮机循环冷却水为公用系统，1 号机组给水泵汽轮机循环水电动蝶阀也随之关闭，给水泵汽轮机循环水中断，低真空保护动作跳闸，电动给水泵联启后给水流量仍供应不上，汽包水位低保护动作，1 号机组跳闸。

8.1.4 为新增条款。根据非停案例提出。各厂 ETS 系统中真空低保护开关至少布置 3 个，且能够做到三取二保护动作。但部分电厂三个压力开关接在一根真空取压管上，违反了重要保护测点应独立布置的原则，当取压管发生泄漏或积水时，导致真空开关全部动作，真空低保护误动。当真空压力管道存在 U 形弯或者向下倾斜管道，则管道内会积水，积水导致压力测点失准，真空低保护误动。【案例 1】2016 年，某电厂 330MW 机组由于真空开关 1 的取压管自凝汽器出来后向下倾斜，导致取压管道内有积水，真空开关 1 达到闭合状态，真空开关 2 偏离定值 13kPa，提前达到保护动作值，导致机组真空低保护动作跳机。【案例 2】2017 年 8 月 11 日，某电厂真空低保护开关的取样表管 U 形弯积水，堵塞取样表管，误发信号，造成机组真空低保护动作。

8.1.5 为新增条款。根据非停案例提出。由于间接空冷的特殊性，分扇区冷却，设计有多个隔离门和进、出水门，并且间接空冷翅片管过多、过细，容易产生泄漏，导致阀门电动机构受潮、短路，阀门异常动作，影响循环水流量，最终导致机组真空发生保护动作。【案例 1】2016 年 4 月 19 日，某电厂 200MW 间接空冷机组，4 号扇区进行排水检修，4 号扇形段回水电动门 A142 阀突然自开，凝汽器水位下降并低于循环水泵保护动作值，继而 2 号循环水泵跳闸、空冷保护动作，机组跳闸。检查发现 4 号阀门室顶部盖板漏水至 A142 阀控制箱顶部，使 A142 阀控制箱进水短路，阀门自动打开。【案例 2】2019 年 4 月 6 日，某电厂 200MW 间接空冷机组，空冷系统安全放水阀 A103 开到位信号误发，1 号循环水泵跳闸，空冷塔 1 号～6 号扇形段同时排水，发“空冷保护故障”信号。就地检查发现 A103 阀行程开关内部有水渍，行程开关受潮使绝缘降低，开到位触点短路闭合，造成 A103 阀开到位信号误发。

8.1.6 为新增条款。根据非停案例提出。集团公司内部分电厂冬季对外供热采用高背压供热方式，热网一次水直接进入凝汽器加热。但由于热网管道大部分不属于电厂管理，且大部分热网管道长埋地下，热力公司对管道检查检修大多不及时，因此近年来由于外网泄漏导致机组真空低保护动作停机屡次发生。针对外网泄漏导致非停，应与热力公司建立积极的协作关系，敦促热力公司对其管道进行检查，并针对外网泄漏制定对应的应急措施，通过补水降低真空下降速率，并及时联系电网调度安全停机。【案例 1】2017 年 1 月 13 日，某电厂 1 号机组高背压供热运行方式，由于供热外网泄漏，高背压机组热网回水压力快速下降，1 号机组真空快速下降至 –35kPa，1 号机组被迫停运。【案例 2】2018 年 2 月 19 日，某电厂机组高背压供热运行方式，供热管道弯头爆漏，循环水失去后机组真空低保护动作停机。

8.1.7 新增条款。部分新建机组未设置循环水泵房，循环水泵电动机、部分辅助设备如液控蝶阀及油站、前池水位开关等都裸露在外，由于电缆受潮导致短路，引起的阀门误动、停机事故时有发生，建议对裸露在外的电缆等采用防水电缆，并对重要设备采取加装防雨罩等措施。

8.1.8 为新增条款。根据非停案例提出。电厂拦污栅和和滤网容易受到填料碎片、垃圾以及海生物等堵塞，导致前池水位下降，循环水流量下降，同时影响开式水系统。设置前池水位报警，及时发现拦污栅和滤网堵塞，并及时进行处理。【案例】2019 年 4 月 21 日，某电厂超临界 600MW 机组清污机和循环水泵入口箅子被水塔填料堵塞，循环水泵吸入口水位降低，循环水流量变小且水中带气，大量空气通过循环水进入开式水系统，最终导致汽轮机冷油器冷却效果下降，造成润滑油回油温度高，手动停机。

8.1.9 为新增条款。多家电厂二次滤网发生堵塞，影响机组真空。开式循环系统多为海生物堵塞，特别是夏季海生物大量繁殖季节；闭式循环系统多为填料碎片、胶球碎片等堵塞二次滤网。

8.1.10 为新增条款。根据非停案例提出。真空破坏门和低压缸防爆门直接连接负压系统和大气，如发生损坏，直接影响机组真空。【案例 1】2012 年 5 月 27 日，某电厂汽轮机排汽缸防爆膜破裂，凝汽器真空低保护动作，机组跳闸。【案例 2】2012 年 2 月 11 日，某电厂超临界 600MW 机组空冷岛排汽管道防爆膜破裂（共 4 只，损坏 1 支）引起机组真空低，手动停机。【案例 3】2015 年 8 月 16 日，某电厂 3 号机组正常运行中真空持续下降，引起真空低保护动作，首出“2 通道真空低”，就地检查发现给水泵汽轮机排汽安全阀破裂。

8.1.11 为新增条款。根据非停案例提出。抽真空管道存在 U 形弯或者向上倾斜的管道，会导致管道积水，阻塞抽真空管道，导致真空降低。【案例】2017 年 4 月 20 日，某电厂运行方式由高背压改为纯凝工况，抽真空管道积水流入真空泵抽气管道水平段并在 U 形弯造成堵塞，真空低保护动作停机。

8.1.12 为新增条款。根据非停案例提出。负压系统管道焊缝一旦拉裂，真空下降速度通常较快，会导致凝汽器真空降低保护动作停机。负压系统管道振动应列入在巡检检查项目，重点检查各疏水管道，对振动大的管道应采取合理的消振措施，并在检修时进行焊缝的无损检测。【案例】2014 年 10 月 23 日，某电厂 1 号机组 2 号低压加热器水封筒抽空气管断裂，空气从抽空气管两侧直接进入凝汽器，导致机组真空急剧下降，真空低保护动作停机。

8.1.13 为新增条款。根据非停案例提出。直接空冷机组在高负荷工况下，若风速和风向短时间快速变化，会对机组真空产生较大影响，电厂应总结风速、风向对真空的影响，并根据风速、风向变化及时进行调整。【案例】2016 年 4 月 16 日，某电厂直接空冷机组，由于突然刮起大风，且风向是炉后风，导致机组背压高保护动作。

8.1.14 为新增条款。根据非停案例提出。近年来时常发生真空低保护开关的动作定值偏离设计值，导致真空低保护误动。【案例 1】2016 年，某电厂由于真空开关 1 的取压管自凝汽器出来后向下倾斜，导致管道内有积水，真空开关 1 达到闭合状态，真空开关 2 因定值偏离设计值 13kPa，提前达到保护动作值，导致机组真空低保护动作。【案例 2】2019 年 4 月 21 日，某电厂 2 号机组 4 号循环水泵变频器故障，循环水泵不出力，循环水泵异常后导致真空下降，凝汽器真空低保护开关提前动作，动作定值与设计值相差 7kPa。

8.1.15 为新增条款。轴封加热器水封和给水泵密封水采用多级或单级水封多由于水封高度不够、运行不当等原因，水封破坏，空气通过水封进入凝汽器，导致凝汽器真空下降。

8.1.16 为新增条款。近年来部分上汽西门子机型的机组真空严密性较差，检查发现高压主汽阀、中压主汽阀门杆漏汽，高压缸 U 形密封环漏汽至凝汽器、中压缸 U 形密封环漏汽至凝汽器、补汽阀 U 形密封环漏汽至凝汽器等较为隐蔽的真空漏点。【案例】某电厂 1000MW 上汽西门子机型的机组真空严密性较差，利用氦质谱检漏仪进行检查，发现高压主汽阀、中压主汽阀门杆处漏汽量大，利用检修机会对门杆漏汽系统进行了改造，改造后真空严密性达到了集团公司节约环保型企业标准的要求。

8.1.17 为新增条款。强调凝补水箱液位对真空的影响。【案例】2018 年 1 月 10 日，某电厂 3 号机组凝补水箱的 DCS 水位测点卡件故障，凝补水箱水位指示无法反映实际水位，一直显示在正常值。因凝补水箱自动补水调节阀自动跟踪水位测量值，导致长时间未补水，造成凝补水箱实际液位低于凝汽器补水调节阀入口，大量空气进入凝汽器，触发机组真空低跳闸。

8.1.18 为新增条款。真空泵进气门与进气止回阀泄漏后真空将降低，因此应利用 C 级检修机会检查、处理阀门泄漏、卡涩等缺陷。真空泵定期切换（启、停）时，应派人就地监视，以防发生真空下降甚至引起跳机。

8.2 防止辅机（真空泵、循环水泵及其变频器）故障跳闸

8.2.1 为新增条款。循环水泵联锁保护逻辑应设置循环水母管压力低联启逻辑，备用泵联启压力测点应至少设置两个以上（分别独立取样），任一点达到联启值就立即联启备用泵，压力低联启备用泵的定值应根据不同季节循环水泵不同运行方式确定。【案例 1】2017 年 11 月 3 日，某电厂循环水泵出口蝶阀卡涩，导致循环水流量和压力降低，但循环水泵未设置母管压力低联启逻辑，备用泵没有联启，真空低保护动作停机。【案例 2】2018 年 11 月 5 日，某电厂循环水泵泵轴断裂，泵出口压力变送器取压管堵塞，泵就地电触点压力表仍在正常值（0.14MPa），导致联泵信号未发出，备用循环水泵未自启，循环水中断，真空低保护动作。【案例 3】2019 年 4 月 21 日，某电厂循环水泵变频器故障，循环水泵不出力，水泵出口压力未达到联启值，同时变频器无任何故障信号输出，备用泵无联启条件，最终凝汽器真空低保护动作，汽轮机跳闸。

8.2.2 为新增条款。近年来循环水泵断轴事故频发，应重视对循环水泵日常监视，应每天对循环水泵振动进行测量。解体后对泵轴、叶轮进行金属检测。【案例 1】2013 年 4 月 18 日，某电厂单台循环水泵运行时叶轮断裂，备用泵未能及时联启，低真空保护动作停机。【案例 2】2014 年 10 月 18 日，某电厂循环水泵泵轴断裂，电流突降，循环水母管压力由 0.14MPa 降至 0.08MPa，循环水蝶阀未及时关闭，机组低真空保护动作，机组跳闸。【案例 3】2018 年 11 月 5 日，某电厂循环水泵泵轴断裂，备用泵联启不成功，造成循环水中断，机组真空低保护动作。

8.2.3 为新增条款。真空泵入口隔离阀、止回阀在关闭时出现卡涩或泄漏，导致空气通过抽真空管道进入凝汽器，引起凝汽器真空降低。真空泵入口应设置手动隔离阀、电动（气动）

隔离阀和止回阀。【案例】2016 年 8 月 23 日，某电厂真空泵入口未设计止回阀，真空泵切换过程中 A 真空泵抽气进口气动阀卡涩及手动阀门关闭不严，造成停泵后 A 真空泵内的循环液被抽掉，B 真空泵工作液水位过高。A、B 真空泵均失去抽真空作用，机组真空低保护动作停机。

8.2.4 为新增条款。夏季，水环真空泵工作液温度高，容易汽化，引起真空泵叶轮汽蚀，应在检修中对设备部件进行检查并及时处理。

8.2.5 为新增条款。真空泵作为保障机组真空的重要设备，联启真空泵逻辑条件应完善，确保真空泵入口压力和凝汽器压力至少一个达到联启值就联启真空泵。【案例】2019 年 2 月 7 日，某电厂水塔冬季防冻，运行人员开启水塔旁路门化冰，引起凝汽器入口循环水温度上升，同时因真空泵工作异常，机组真空下降。在真空下降过程中，测点显示值异常，同时真空泵入口压力开关定值偏离设计值较多，备用真空泵未能及时联动，真空低保护动作停机。

8.2.6 为新增条款。近年由于凝汽器冷却管泄漏导致非停案例较多，冷却管束泄漏原因多见于低压缸隔热罩、末级叶片司太立合金掉落及内焊部件脱落，建议电厂 C 级检修中重点检查低压缸内部关键部位，并进行凝汽器灌水查漏验证严密性。【案例 1】某电厂 B 低压缸隔热罩脱落，砸破凝汽器 2 根钛管，导致凝结水水质恶化，机组停机。【案例 2】某电厂凝汽器泄漏，造成锅水 pH 值降低，采取措施后未好转，机组停机。【案例 3】某电厂凝汽器由于低压缸隔热罩脱落，导致顶部一根钛管断裂，凝结水水质恶化，机组停机。【案例 4】2018 年，某电厂 300MW 机组汽轮机低压缸末级叶片司太立合金镶片掉落，砸伤凝汽器顶部换热管，导致凝结水水质恶化，大量杂质导致精处理混床很快失效，机组停机。

8.3 防止空冷岛、间冷塔冻结，防止冷却塔结冰

8.3.1 为新增条款。直接空冷机组应在冬季启停过程中减少蒸汽和水进入空冷系统。冬季启动初期，空冷散热器不能进汽，严禁打开各管道疏水至排汽装置疏水门。运行中主要防止空冷末端换热单元冻裂翅片管，末端由于蒸汽流量小，蒸汽凝结成水后流速慢，最终导致翅片管结冻。直接空冷机组冬季运行时，应每天对翅片管进行温度检查，对温度偏低的管束及时采取保温措施；积极开展空冷系统优化调整，根据环境温度及时调整空冷风机投运数量和转速，投运反转风机，对末端换热单元进行保温。停机打闸后及时关闭疏水阀，机组停运后及时通过抽真空系统抽尽残存蒸汽。

8.3.2 为新增条款。间接空冷机组防冻首先是防止间接空冷冷却单元泄漏，其次保证换热单元的水流量，部分扇区运行时应保证隔离阀严密。加强对冷却三角的泄漏检查。冬季每天应对冷却三角进行温度检查；应检查百叶窗执行机构活动是否灵活且同步，确保各个扇区进、出口蝶阀严密；冬季应采用大流量、高流速方式运行，开启隔离扇区泄水阀；保证机组背压的情况下尽量高回水温度运行。

8.3.3 为新增条款。湿式冷却塔应重视冬季防冻，由于冷却塔填料多为塑料材质，遇冷脆性增加，导致填料大面积破碎，加上结冰后可能被拉下，填料堵塞循环水泵入口、清污机、凝汽器，导致循环水流量下降、机组出力受限，也影响开式水流量。【案例】2019 年 4 月 21 日，某电厂超临界 600MW 机组，清污机和循环水泵入口箅子被水塔填料堵塞，循环水泵吸入口水位降低，流量变小且水中带气，大量空气通过循环水进入开式水系统，最终导致汽轮机冷油器冷却效果下降，造成润滑油回油温度高，手动停机。

8.4 防止冷却塔和凝汽器结垢

8.4.1 为新增条款。根据集团公司 Q/HN－1－0000.08.025—2015《火力发电厂燃煤机组节能监

督标准》第 4.4.3.2 条要求，胶球收球率应达到 95%以上。胶球系统能够减缓凝汽器的结垢，并清除附着在冷却管内的杂质，保证机组的经济性。应对胶球系统设备（胶球泵、收球网等）进行检查维护，保证收球率在 95%以上，在收球率能够保证的前提下，尽量提高胶球投运时间和频次。

8.4.2 为新增条款。机组长时间运行不可避免凝汽器结垢，导致凝汽器端差升高，应对凝汽器进行高压水冲洗，若端差较高且无停机计划，可考虑低负荷时进行凝汽器半侧清洗。若高压水冲洗效果不佳，可考虑对凝汽器进行酸洗。凝汽器端差应达值达到 DL/T 1052—2016《火力发电厂燃煤机组节能监督导则》规定。

8.4.3 为新增条款。凝汽器端差异常时，应考虑到循环水水质影响。城市周边的热电联产机组由于大量使用城市中水作为循环水补水，更应注意水质对凝汽器端差的影响。

8.4.4 为新增条款。集团公司 Q/HN－1－0000.08.025—2015《火力发电厂燃煤机组节能监督标准》第 4.5.2 条要求。应加强对冷却塔内部填料、喷头、配水槽的清理。某电厂自投产运行 10 多年未对冷却塔内部进行清理，循环水直接从配水槽溢出，未经过喷头喷淋，导致冷却塔换热效果差，影响机组经济性。

8.5 防止循环水泄漏（水淹泵房）

8.5.1 为新增条款。循环水管道放空气阀打开时，易造成循环水喷溅到蝶阀执行机构上，导致蝶阀误关，循环水流量减少。【案例】2011 年 5 月 26 日，某电厂 330MW 机组循环水压力波动，导致 10 号循环水泵出口机械自动放空气阀卡涩，运行中放空气阀呲水，使循环水泵端子箱进水受潮，循环水泵出口蝶阀关闭信号误发，运行循环水泵跳闸，真空快速下降，机组低真空保护动作。

8.5.2 为新增条款。【案例】2013 年 7 月 7 日，某电厂超临界 600MW 机组 B 循环水供水管道至蝶阀间穿墙管密封填料冲出，漏水至循环水泵房，积水未及时排出，漫过蝶阀位置反馈开关，误发蝶阀全关信号，两台循环水泵全停，真空低保护动作。

8.5.3 为新增条款。实时了解循环水泵坑积水情况，水位高应及时报警，提醒运行人员注意，采取措施。【案例】2014 年，某电厂 1 号、2 号机组循环水采用扩大单元制方式运行，循环水泵出口管道至循环水泵电动机冷却水母管止回阀爆裂，排污泵未能及时排出积水，导致蝶阀位置反馈开关误动，误发蝶阀全关信号，运行循环水泵跳闸，备用循环水泵正常联启，启动后跳闸，真空低保护动作。

8.5.4 为新增条款。循环水泵房远离汽轮机厂房，通过视频监控可以实时掌握循环水泵房各设备运行状况，尽早发现问题并进行处理。

8.5.5 为新增条款。机组长期运行，循环水管道内部防腐材料容易脱落，导致循环水管腐蚀穿孔，且循环水管道大部分埋于地下，不易从外部发现。A、B 级检修时应检查循环水管道的内部防腐，并进行修补。

9 防止给水回热系统事故编制说明

（一）总体说明

本章是重点防止给水回热系统事故。在国能安全〔2014〕161 号《防止电力生产事故的二十五项重点要求》基础上，依据 DL/T 338—2010《并网运行汽轮机调节系统技术监督导则》、DL/T 586—2016《电力设备监造技术导则》、DL/T 834—2003《汽轮机防进水和冷蒸汽导则》、DL/T 838—2017《发电企业设备检修导则》、DL/T 1055—2007《火力发电厂汽轮机技术监督标准》、TSG 21—2016《固定式压力容器安全技术监察规程》等标准要求，针对近些年集团公司发生的多起给水回热系统的加热器泄漏、加热器（除氧器）满水、加热器水位计崩裂、回热系统管道爆裂等问题，提出防止给水回热系统事故的措施。本章内容分为防止加热器泄漏、防止加热器（包括除氧器）满水、防止加热器水位计崩裂烫伤事故、防止加热器附属系统泄漏、防止辅机（凝结水泵、给水泵）故障跳闸 5 部分。

（二）条文说明

9.1 防止加热器泄漏

9.1.1 为新增条款。电厂与加热器制造厂签订设备供货合同时，应依据 DL/T 586—2016《电力设备监造技术导则》、TSG 21—2016《固定式压力容器安全技术监察规程》规定，对加热器进行监造，监造的见证项目、见证方式应符合 DL/T 586—2008《电力设备监造技术导则》附录 B2 规定。【案例 1】某电厂热网加热器多次、频繁泄漏，堵管率接近设计使用极限。泄漏位置主要集中在管束上部外侧和管束两端外侧。该热网加热器没有进行监造，进汽口挡汽板设计、制造质量不合格，造成频繁泄漏。【案例 2】某电厂 4 号机组 3 号高压加热器自 2004 年投产至 2017 年 6 月，发生 5 次泄漏。加热器泄漏位置在进汽口正下方的过热段，此处汽水温差最大，换热工况恶劣，汽流折返，极易发生冲击振动，诱发缺陷产生。原因在于基建期间未对高压加热器进行监造。【案例 3】2011 年，某电厂超临界 600MW 直接空冷机组的轴封加热器在机组运行中爆管，由于轴封加热器水位监测且报警不可靠，没有及时发现和处理轴封加热器爆管，轴封加热器满水后汽轮机进水，该轴封加热器没有进行监造。

9.1.2 为新增条款。现阶段，加热器定期检验工作做得不好。为规范加热器定期检验，特提出本条款要求。加热器作为金属压力容器，应按照 TSG 21—2016《固定式压力容器安全技术监察规程》要求进行周期检验。金属压力容器一般于投用后 3 年内进行首次定期检验。以后的检验周期由检验机构根据压力容器的安全状况等级，按照以下要求确定：

a） 安全状况等级为 1、2 级的，一般每 6 年检验一次；

b） 安全状况等级为 3 级的，一般每 3 年～6 年检验一次；

c） 安全状况等级为 4 级的，监控使用，其检验周期由检验机构确定，累计监控使用时间不得超过 3 年，在监控使用期间，使用单位应当采取有效的监控措施；

d） 安全状况等级为 5 级的，应当对缺陷进行处理，否则不得继续使用。

9.1.3 为国能安全〔2014〕161 号《防止电力生产事故的二十五项重点要求》第 7.1.1 条的补充修改。加热器属于压力容器，也是特种设备，应严格执行国家法律、法规、技术规范和行业的技术标准等，必须满足《中华人民共和国特种设备安全法》的要求。严格在设计的压力和温度下运行，是保证加热器安全运行的基础。应制订加热器泄漏应急预案，以确保一旦出现泄漏事故，能够准确、快速、恰当处理。【案例】某电厂 5 号、6 号机组增加高温省煤器后旁路了部分给水流量，一、二段抽汽流量减少，导致进入 3 号高压加热器的抽汽压力和流量增加，高压加热器内部换热管束振动，3 号高压加热器频繁泄漏。

9.1.4 为新增条款。加热器中汽水温度变化时，管材内部产生热应力，温变速度越大，热应力越大，管材因热应力而产生裂纹的风险和概率越高，加热器泄漏的可能性越大，因此，为保证加热器安全和寿命，在机组运行中、机组启停投退加热器过程中，应严格按照运行规程规定控制加热器的温变速率。【案例 1】某电厂 135MW 循环流化床锅炉机组的高压加热器频繁泄漏，经查高压加热器退出时速率过快，温降速率时常达到 3℃/min～4℃/min，超过运行规程和加热器厂家说明书要求。【案例 2】某电厂 4 号机组停运后 4 号低压加热器发生铜管泄漏，该加热器已多次发生泄漏，主要是 4 号机组 4 号低压加热器曾在高温状态下灌冷水加速冷却，对低压加热器设备造成了极大损伤，再加上多次泄漏已造成周围多根管道吹损减薄。【案例 3】某电厂 7 号高压加热器管束泄漏。2019 年 5 月 1 日停机过程中，高压旁路和低压旁路开启。因电磁阀故障导致低压旁路跳闸，再热器压力最高到了 5.28MPa，7 号高压加热器出口温度 4min 内涨了 60℃，温升为 15℃/min，过大的温升产生较大应力使加热器管束泄漏。

9.1.5 为新增条款。加热器水位过低引起疏水带汽，导致加热器下端差变大、危急疏水管道、弯头冲刷泄漏。【案例】某电厂两台机组在投退高压加热器的时候频繁出现高压加热器泄漏。高压加热器疏水器在改造之前，高压加热器水位无法控制在正常范围，高压加热器水位一直偏低，而且曾经出现过因危急疏水阀不严，蒸汽倒流至加热器汽侧，加热器水位高三值动作切除水侧的现象，运行人员未采取干预措施，相当于水侧已经切除但是汽侧一直投入，高压加热器处于过热的危险工况。

9.1.6 为新增条款。加热器换热管泄漏后，泄漏管束周围的汽水混合物会造成周围管束冲刷减薄，在封堵泄漏管束时，应扩大封堵范围，对泄漏管束周边管束做相应封堵，堵管工艺和堵管质量应可靠。【案例 1】某电厂 3 号机组 1 号高压加热器投运初期，一根 U 形换热管泄漏，进水侧钢管加装堵头封堵，由于出水侧空间太小，无法按照标准工艺进行封堵处理，只能临时对管口进行堆焊处理。由于堵管工艺不良，加之高压加热器长期运行管口振动、水流冲刷导致堆焊层脱落，2018 年 1 季度高压加热器不锈钢管二次泄漏。【案例 2】某电厂 8 号机组 3 号高压加热器 2 根管束泄漏，泄漏管束在以前泄漏管束周边，分析是以前管束泄漏时汽水吹损、管束碎片撞击等造成的损伤，机组运行过程中由于工况变化，导致这些曾经受损的管束发生泄漏。【案例 3】某电厂 3 号机组 6 号高压加热器原泄漏钢管闷头脱落，汽水混合物吹损周围钢管，造成 6 号高压加热器钢管泄漏。

9.1.7 为新增条款。加热器泄漏、加热器筒体焊缝开裂，在近几年时常出现，造成多起机组停运。经查，泄漏部位大都没有定期开展焊缝和壁厚的检测。为减少这些设备故障及由此造成的机组停运，特提出本条款要求。高低压加热器、除氧器的汽水管道及其上所有连接的弯头、弯管、三通、小口径管（疏水管、测温管、压力表管、空气管、安全阀、排气阀、充氮、取样、压力信号管等），应按照集团公司 Q/HN－1－0000.08.027—2015《火力发电厂燃煤机组金属监督标准》第 4.4.5 条、第 4.5.5 条要求开展检修中的金属监督工作。A 级检修中加热器的检修项目参考 DL/T 838—2017《发电企业设备检修导则》。【案例 1】2013 年 6 月 20 日，某电厂 1 号机组 2 号高压加热器自动疏水器信号管泄漏，大量的空气经高压加热器危急疏水管道急速进入凝汽器，机组真空低保护动作跳机。经查该自动疏水器信号管从未进行过金属检测。【案例 2】某电厂 1 号机组 3 号高压加热器正常疏水调节阀自动投入状态下，调节阀开度越来越大，达全开状态。检查发现有一处管束与管板焊接处存在泄漏。【案例 3】某电厂 6 号机组 6 号高压加热器泄漏。打开高压加热器人孔后发现分隔板冲刷严重，导致进、出水室短路；管板冲刷严重，部分焊口泄漏，高压加热器无法正常运行。【案例 4】某电厂 6 号机 6 号高压加热器泄漏。解体后检查发现高压加热器泄漏部位在管板焊缝处。【案例 5】2019 年，某电厂检查发现热网加热器进汽口防冲刷挡板存在裂纹、断裂、脱落的情况，挡板下方 U 形管束最上层部分管束断裂，断裂的管束和未断裂管束之间有严重磨损。

9.1.8 为新增条款。加热器水室分程隔板处泄漏，导致加热器进水不经蒸汽加热直接旁路到加热器出口，水室分程隔板泄漏时加热器给水温升很小，达不到温升设计值。【案例】2018年2季度，某电厂3号机3号高压加热器一根管泄漏，水室内部隔板中间部位出现深颜色冲刷痕迹，水室隔板螺栓垫片冲刷泄漏。

9.2 防止加热器（包括除氧器）满水

9.2.1 为新增条款。加热器泄漏后，如继续运行，泄漏部位的汽水会冲刷周边管束，造成加热器泄漏范围扩大和加热器更严重的损伤，而且极有可能因疏水不畅、危急疏水调节阀卡涩等原因造成疏水来不及，进而加热器满水甚至汽轮机进水，因此，加热器一旦泄漏，应立即退出运行，进行查漏和堵漏。加热器泄漏后在线堵漏，可能造成事故扩大或跳机。【案例】2010年6月，某电厂2号机组在进行高压加热器在线检漏工作中，因给水流量波动大，引起汽包水位保护动作停机。

9.2.2 为新增条款。若加热器泄漏且进、出水阀门故障，无法关断进入加热器的凝结水（给水），有可能造成加热器满水甚至汽轮机进水。一旦进、出水阀动作不一致，应果断手动切除加热器。

9.2.3 为新增条款。机组运行中，加热器危急疏水截止阀应保持开启状态，危急疏水调节阀应处于关闭状态。加热器危急疏水调节阀内漏现象比较普遍，一些电厂关闭危急疏水手动阀，这样经济性提高了，但是安全可靠性没有保证，加热器满水和汽轮机进水风险极大。

9.2.4 为新增条款。强调加热器水位测量热工测点和逻辑保护的准确性、可靠性。【案例】同9.1.1【案例3】。轴封加热器水位监测和报警不可靠，轴封加热器爆管没有及时发现和处理，造成轴封加热器满水、汽轮机进水事故。

9.2.5 为新增条款。通过完整规范的加热器水位保护试验，可以及时发现并处理加热器水位保护系统的设备（阀门及其执行机构、检测信号装置如水位变送器和水位开关等、信号线缆等）、保护逻辑、信号发出和通道传输及动作系统等整个控制回路存在的问题，防止加热器水位升高时因水位保护系统动作不正常，或保护系统缺陷，或水位保护系统未投运而发生加热器满水。DL/T 834—2003《防止汽轮机进水和冷蒸汽导则》第6.1节规定：应每月进行一次加热器高水位控制、开关、报警及联锁装置试验。试验方式尽可能接近加热器的实际满水情况而又不会危及汽轮机或其他设备，也不会使汽轮机跳闸（加热器和抽汽系统的设计应具有允许做这种试验的功能）。【案例】2018年1月16日，某电厂600MW超临界直接空冷机组除氧器水位异常升高，由于除氧器水位控制逻辑没有设置水位高强关除氧器上水主、副调节阀的逻辑，也没有设置水位高高强开除氧器溢流阀的逻辑，导致除氧器满水。

9.2.6 为新增条款。加热器疏水调节阀执行机构必须精准调控水位，如有缺陷或达不到要求，应改造更换。

9.2.7 为新增条款。加热器危急疏水接口应低于正常疏水接口，水位高时才能快速放水。个别机组的加热器危急疏水接口高于高一值，起不到危急疏水的作用。【案例】某电厂300MW循环流化床直接空冷机组，其高压加热器危急疏水和正常疏水共用疏水母管，且疏水母管与加热器接口接近于加热器几何中心线，高压加热器疏水不畅。

9.3 防止加热器水位计崩裂烫伤事故

9.3.1 为国能安全〔2014〕161号《防止电力生产事故的二十五项重点要求》第7.3.1条的补充。第7.3.1条规定：火电厂热力系统压力容器定期检验时，应对与压力容器相连的管系进行检查，特别应对蒸汽进口附近的内表面热疲劳和加热器疏水管段冲刷、腐蚀情况进行检查。

防止爆破汽水喷出伤人。加热器水位计接管座焊缝的检测在DL/T 838—2017《发电企业设备检修导则》和国能安全〔2014〕161号《防止电力生产事故的二十五项重点要求》中均未做明确规定，是汽轮机设备监督的盲点和薄弱点。【案例】2017年11月—2018年2月，某电厂2号机6B高压加热器液位筒接管座角焊缝发生两次开裂。该管座生产过程中存在制造缺陷。

9.3.2 为新增条款。2018年7月3日，市场监管总局办公厅颁布了“关于开展电站锅炉范围内管道隐患专项排查整治的通知（市监特函〔2018〕515号）”，明确要求“电站锅炉范围管道在锅炉调试、运行过程中一旦发生泄漏、爆破等情况，应当立即停炉，不允许进行带压堵漏或采取其他临时措施”。此特函虽然禁止的是锅炉范围内的管道设备带压堵漏，实际汽轮机范围内的高温高压汽水管道和设备带压堵漏时同样存在不可预知的安全风险，因此，汽轮机范围内的管道设备也应该禁止带压堵漏。一旦加热器水位计焊缝泄漏，不应继续运行，应停运加热器，然后进行焊缝的修复处理。

9.3.3 为新增条款。加热器水位计是汽轮机范围内的受监督设备，同样也应该作为金属监督的设备，其开孔和焊接工艺方案、焊接过程、焊接质量应该接受金属专业人员的指导、监督和检验。

9.4 防止加热器附属系统泄漏

9.4.1 为新增条款。加热器抽汽膨胀节应按照汽轮机厂家提供的汽轮机热平衡图进行设计选型，通常应该以VWO工况的加热器抽汽压力作为抽汽膨胀节选型的压力依据，即抽汽膨胀节选型压力不应低于VWO工况加热器抽汽压力。若膨胀节设计压力偏低，长期运行中将超压而爆破。【案例1】2013年1月22日，某电厂超临界600MW机组五段抽汽管道不锈钢膨胀节破裂，机组停机。经查，膨胀节焊接工艺不良，设计时耐压偏低。【案例2】2016年，某电厂1000MW超超临界机组检修，发现低压A缸内的六段抽汽管道膨胀节上有裂纹，检修中更换了膨胀节。膨胀节破裂是因为制造工艺有问题。【案例3】2017年1月21日，某电厂4号机组抽汽供热管道压力波动，抽汽供热管道膨胀节爆裂停机。热网加热站故障时，低压缸进汽电动调节阀设计的可调整开度范围较小，造成连通管至抽汽供热电动阀前的管道憋压，抽汽供热管道上的膨胀节因设计压力偏低，在超压情况下发生爆破。【案例4】2018年8月23日，某电厂1000MW机组停机检查发现3号机组五段抽汽、八段抽汽管道上的膨胀节破损，膨胀节碎片砸伤多根钛管。检查发现膨胀节固定拉杆强度不足导致膨胀节破损。【案例5】2016年，某电厂超超临界600MW机组停机检查，发现五段抽汽管道膨胀节的1号低压缸膨胀节损坏，2号低压缸膨胀节被拉长。经查，膨胀节基建安装质量有问题。

9.4.2 为国能安全〔2014〕161号《防止电力生产事故的二十五项重点要求》第7.3.1条的补充。第7.3.1条规定：火电厂热力系统压力容器定期检验时，应对与压力容器相连的管系进行检查，特别应对蒸汽进口附近的内表面热疲劳和加热器疏水管段冲刷、腐蚀情况的检查。【案例1】2013年7月20日，某电厂8号机组2号高压加热器至3号高压加热器正常疏水旁路阀后疏水管道因长期冲刷，管壁减薄泄漏，高压加热器退出但大量的汽水喷至汽轮机发电机平台，汽水进入励磁变压器造成高压侧闪络放电，发电机定子接地保护动作，8号发电机组跳闸。经查泄漏部位近些年未进行壁厚检测。【案例2】2015年10月14日，某电厂1号机1号高压加热器至2号高压加热器正常疏水调节阀后管道爆裂，水汽弥漫至发电机出线软连接及机端电流互感器处，引起发电机–变压器组差动、主变压器差动保护动作，发电机解列。经查泄漏部位近些年未进行壁厚检测。【案例3】2017年，某电厂1号机组8号高压加热器正常疏水管道焊口处爆开，大量蒸汽泄漏，在发电机励磁电刷处结露造成转子短路接地，机组保护动作。

泄漏处为疏水管道上汽液两相流区域的第一道焊口，距离节流孔仅 100mm 左右，断裂后检查发现焊口边缘已减薄至 0.75mm。经查该疏水管道已有 10 多年未安排进行壁厚检测。

9.4.3 为国能安全【2014】161 号《防止电力生产事故的二十五项重点要求》第 7.3.1 条的补充。7.3.1 条规定：火电厂热力系统压力容器定期检验时，应对与压力容器相连的管系进行检查，特别应对蒸汽进口附近的内表面热疲劳和加热器疏水管段冲刷、腐蚀情况的检查。【案例 1】2015 年，某电厂 2 号机组 3 号高压加热器疏水调节阀卡涩，运行人员就地开启过程中，疏水调节阀后管道大小头对接缝处突然爆裂。经查泄漏部位近些年未进行焊缝无损检测，且焊缝为插入式焊接。本次泄漏后焊缝已改造为对接焊。【案例 2】同 9.4.2【案例 3】。

9.4.4 为新增条款。采用汽液两相流自调节水位控制器进行加热器水位调控时，水位稳定，安全可靠。两相流装置传感器信号分别取自加热器的水位上方的蒸汽空间和水位以下的疏水空间。当加热器水位升高时，两相流信号传感器中的水位随之升高，导致发送的调节汽量减少，因而流过调节器的蒸汽量减少、水量增加，加热器水位随之下降；反之亦然。实现了加热器水位的自动调节和控制。两相流装置中始终是汽液两相流（蒸汽、少量不凝结空气、疏水）介质，因此，两相流自调节水位控制装置受冲刷减薄泄漏的风险较大，这是它的缺点。为消除两相流装置的泄漏风险，电厂应定期对两相流装置的信号管、传感器、两相流装置的调节器（喷嘴、孔板）及管路系统的焊缝等所有附件进行解体检查，如果冲刷减薄严重，应立即换新，以免在运行中突然爆破。汽液两相流自调节水位控制器系统示意图如图 1 所示。

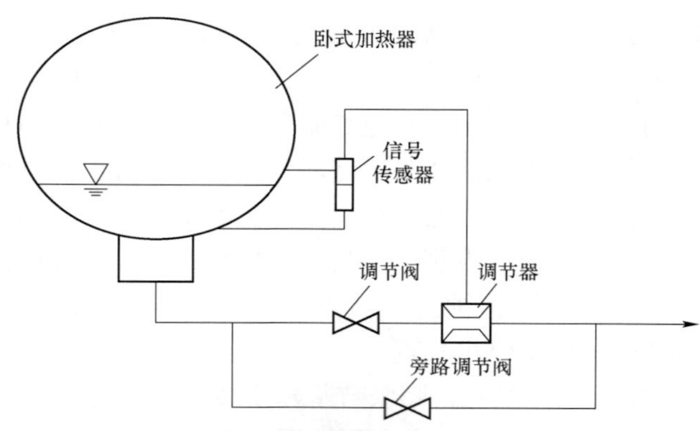

图 1 汽液两相流自调节水位控制器系统示意图

【案例】2013 年 6 月 20 日，某电厂 1 号机组 2 号高压加热器自动疏水器信号管泄漏后，空气经高压加热器危急疏水管道急速进入凝汽器，机组真空低保护动作跳机。经查该两相流装置及其疏水器信号管道从未安排解体检查过。

9.4.5 为新增条款。加热器两相流自动疏水器的管道、弯头、焊缝长期受两相流冲刷，减薄泄漏概率较大，两相流装置传感器的信号管、传感器、调节器中的孔板材质都应该能够承受两相流冲刷。在计划性检修时应抽检加热器的两相流自动疏水器，一个大修期应完成所有加热器两相流装置的解体检查，包括目测冲刷减薄情况、检测壁厚等。

9.4.6 为新增条款。加热器振动时，与加热器相连接的所有管道（抽汽、进出水、疏水、排空气、水位测量和调整装置、充氮）和阀门、焊缝及管道支吊架都可能振松、移位变形、产生裂纹，甚至开裂泄漏。凡是振动的加热器，应检查、分析振动原因，进行振动治理，在加热器振动没有消除前，应加强巡检，在检修中检查支吊架紧固和移位变形情况，检查焊缝的可靠性。【案例】2014 年 10 月 23 日，某电厂 1 号机组 2 号低压加热器水封筒至凝汽器的抽空气管因长期振动导致断裂，空气从抽气管两侧直接进入凝汽器，真空急剧下降至保护动作值，机组跳闸。经查该抽空气管道振动，但是一直没有对焊缝、支吊架进行检查，也没有处理振动。

9.4.7 为新增条款。根据电厂人身伤亡事件提出。强调加热器预留接口封堵、焊接质量的重要性。【案例】2017 年 7 月 12 日，某电厂 5 号机组正常运行中（570MW），由于除氧器预留管口盲板在基建时存在严重安装质量缺陷突然爆开，导致现场正在检查确认轻微呲汽缺陷的 3 名人员受伤，其中两人经抢救无效死亡。

9.5 防止辅机（凝结水泵、给水泵）故障跳闸

9.5.1 为新增条款。强调水泵及其附属设备的定期检修维护和保养项目。给水泵再循环调节阀普遍存在内漏。再循环调节阀内漏后，给水泵出力和效率都会降低，增加了汽轮机运行热耗率和机组发供电煤耗，因此应尽快解体修研。给水泵出口止回阀内漏后，可能会造成给水泵倒转，损坏给水泵，若发现出口止回阀不严应尽快检修处理。【案例 1】2010 年 7 月，某电厂 1 号机组给水泵跳闸，由于出口止回阀不严，导致锅炉给水未能恢复，停磨煤机减负荷过程中，锅炉燃烧波动灭火，停机 5.8h 后恢复运行。【案例 2】2017 年 2 月 17 日，某电厂 4 号机组给水泵切换时，由于给水泵出口止回阀未全开，给水流量不足，造成汽包水位低，机组跳闸。【案例 3】2017 年 1 季度，某电厂 6 号机停机检修给水泵再循环电动阀，发现阀杆 3 处裂纹，分析为阀杆材质原因引起，更换新阀杆阀芯。【案例 4】2016 年 3 季度，某电厂 2 号机组运行期间发现 2 号汽动给水泵再循环气动调节阀卡涩，停机期间解体阀门，发现减压笼套母材有脱落现象。经过与阀门厂家沟通，减压笼套的使用寿命一般为 4～5 年。对阀芯阀笼组件进行了更换处理，机组启动后未发现泄漏。【案例 5】2016 年 3 季度，某电厂 5 号机组 2 号给水泵出口止回阀出现裂纹。给水泵输送高压水，对给水泵出口止回阀冲刷比较严重，加之铸造存有缺陷，造成裂纹出现。对止回阀解体检修，对裂纹处进行挖补。

9.5.2 为新增条款。应将凝结水泵和给水泵组汽水滤网列入 C 级检修标准项目。对滤网的固定螺栓紧力进行检查，对滤网焊接部位进行宏观检测，必要时进行金属无损检测。利用设备停运机会及时清理滤网上的杂质和污物。对滤网材质、强度进行检查核实，如不符合要求应予以更换。凝结水泵进口滤网和前置泵进口滤网应可靠、不破损。机组检修或系统改造后应确保系统的清洁性，防止凝结水泵进口滤网和前置泵进口滤网堵塞。空冷机组排汽装置应每年清扫一次。【案例 1】2014 年，某电厂超临界 600MW 机组投运一年内因凝结水泵进口滤网堵塞，机组带负荷能力受限。【案例 2】2015 年 2 季度，某电厂 2 号机组凝结水泵入口滤网堵塞，凝结水泵跳闸。【案例 3】2015 年 3 季度，某电厂 2 号机组 C 级检修，对排汽装置清扫，有效延长凝结水泵滤网堵塞的维修时间，保证凝结水泵长周期变频运行，节省厂用电。

9.5.3 为新增条款。水泵作为汽轮机的重要辅机，必须保证其运行安全可靠性，因此，机组运行中必须按照运行规程规定和相关标准要求进行定期轮换。DL/T 838—2017《发电企业设备检修导则》规定了水泵检修的标准项目。Q/HN－1－0000.08.002—2013《电力检修标准化管理实施导则（试行）》也要求给水泵组应在 A 级检修中进行检查。【案例】某电厂自机组投运来，多年未对给水泵进行解体检修，给水泵出力不够。

9.5.4 为新增条款。日常应根据给水泵油系统滤网脏污情况定期或及时安排进行滤网的切换、清理工作。为便于运行监视，给水泵润滑油系统滤网应装设模拟量差压信号，若滤网差压增大，应及时安排切换和清理。给水泵润滑油应定期取样、化验，必要时滤油、换油。

9.5.5　为新增条款。对配置电动给水泵的机组而言，为有效备用电动给水泵，备用电动给水泵耦合器勺管应跟踪运行给水泵的勺管开度。【案例】2017 年，某电厂 5 号机组在给水泵切换过程中液力耦合器勺管卡涩，导致给水流量低，锅炉 MFT。

9.5.6　为新增条款。大多数电厂均未利用检修机会对给水泵组油系统视窗进行检查、清理工作。机组运行中巡检时应注意观察油系统视窗有无渗漏，通过视窗观察油管道中的油流是否清晰可见、油流是否稳定、油流颜色是否清亮。机组大修时应清理、检查给水泵及前置泵的油系统视窗，发现视窗密封垫老化变质时应及时更换。【案例】2015 年 2 季度，某电厂汽动给水泵前置泵驱动端径向轴承室 B 列墙侧油视窗处存在隐形裂纹，轴承冷却水通过轴承室油视窗渗入润滑油室，造成润滑油变质乳化，支持轴承油膜建立不良，致使轴承下瓦乌金面与轴颈动静接触，引起轴瓦温度升高，给水泵组跳闸。

9.5.7　防止凝结水泵振动

a）为新增条款。根据集团公司《电力设备技术台账标准化管理实施导则（试行）》的要求。

b）为新增条款。热井水位过高，淹没部分换热管时，减少了凝汽器冷却面积。热井水位过高，淹没到空气冷却区及抽空气管时，凝结器内空气无法抽出，空气在凝汽器内累积，影响到低压缸排汽不能及时凝结。热井水位过低时，凝结水泵进口倒灌高度降低，凝结水泵进口压力降低，凝结水泵汽蚀风险加大。凝结水泵泵体内积存的空气应排出，否则空气会造成凝结水泵汽蚀，因此在运行中应保持泵体排空气阀始终处于开启状态。凝结水泵汽蚀后，叶轮损伤，凝结水泵寿命缩短，凝结水泵出力和效率降低。

c）为新增条款。一些电厂的凝结水泵变频运行时，在一定频率范围发生电动机振动，安全可靠性下降。为保证凝结水泵安全，凝结水泵运行时应避开电动机振动频率范围。凝结水泵组检修时应保证凝结水泵转子的良好同心度、凝结水泵电动机转子与凝结水泵转子的垂直度、电动机与凝结水泵连接支撑体面之间的连接紧力、凝结水泵体结合面水平度、电动机上下部轴承与轴承体的配合紧力值等各部位紧力、泵组各配合部件止口尺寸、结合面间隙等都应该在标准范围内。

d）为新增条款。强调凝结水泵组安装工艺和质量。【案例】2019 年 2 月末开始，某电厂 6 号机组 B 凝结水泵组电动机振动大。电动机转子外送进行动平衡校验，确认电动机转子存在质量不平衡。5 号机组进行 D 级检修，临时将 5 号机组凝结水泵电动机安装在 6B 凝结水泵上面，试运一周内振动数据正常，但经过一段时间运行后，电动机振动再次变大。

9.5.8　为新增条款。对易熔塞结构进行改进，适当加高易熔塞的内螺纹，或者将螺纹孔的内径加工成大于外径，这些措施可以有效防止易熔金属在高速转动中甩出。改变易熔塞材质，可以提高易熔塞熔化温度；保证工作冷油器换热良好，可以有效防止因油温高造成易熔塞高温熔化。给水泵转速额定时，勺管在最低处，勺管中不再进行冷热油的热交换，此时最容易发生易熔塞熔化。易熔塞结构设计不合理、易熔金属熔化温度选择偏低时，易熔塞熔化频繁，此电动给水泵应尽量避免长期带大负荷。耦合器工作点油温实际远高于测量的油温，测量的不是工作点温度，工作点油温由于设备高速转动而无法测量到，一般测量的耦合器工作油温实际滞后。电厂可根据多年给水泵耦合器测量的正常工作油温统计值，设置耦合器油温报警值，偏高于正常监测值时报警做出提示。【案例】某电厂给水泵耦合器易熔塞在正常运行中熔化（查看 DCS 历史趋势，62 号给水泵耦合器当时的工作油温最高在 110℃），高温工作油进入润滑油系统，润滑油温度升高至 72℃，致使给水泵跳闸。正常运行时耦合器工作油温在 110℃以下，易熔塞熔点在 128℃～130℃之间。

9.5.9 为新增条款。日常凝结水泵巡检项目应增加对凝结水泵入口膨胀节的检查，发现膨胀节变形或焊口有裂纹，应及时报检修处理，否则极易因膨胀节处泄漏造成凝结水泄漏和漏真空，机组跳闸风险较大。机组计划性检修项目中应增加对凝结水泵入口膨胀节的检查。【案例】2018 年 11 月，对某电厂进行技术监督现场检查时，发现 1 号机组 A 凝结水泵入口管道膨胀节压缩严重，且有两个拉杆已经断裂，膨胀节随时有爆裂的可能。

9.5.10 为新增条款。除氧器上水主调节阀、旁路副调节阀卡涩、动作不灵活、不可靠时，极易造成除氧器水位波动，影响给水流量的稳定，在给水流量调整过程中由于给水自动调节品质差或人为操作不当等原因发生跳机概率特别大。为防止检修时漏项，应将除氧器上水主调节阀、旁路副调节阀纳入 A 级检修标准项目。【案例 1】2017 年 5 月 20 日，某电厂按照辅机定期切换试验要求，执行 1 号机组 1A 凝结水泵定期工作过程中，除氧器上水主调节阀（为气动调节阀）阀杆脱落，除氧器上水旁路副调节阀（为电动球阀）卡涩，除氧器水位低，导致两台汽动给水泵跳闸，触发汽包水位低 MFT 保护条件，机组跳闸。【案例 2】2015 年 2 季度，某电厂 6 号机组除氧器上水主调节阀执行机构连杆脱落，导致阀门突关。

9.5.11 为新增条款。高压加热器和除氧器人孔门密封损坏后，高温高压汽水喷出，会危及人身和设备安全。为防止检修漏项，应将高压加热器和除氧器人孔门的检修纳入机组 A 级检修项目。【案例】2013 年 11 月 2 日，某电厂超超临界 660MW 机组 8 号高压加热器人孔门端盖密封垫片损坏后漏汽，蒸汽冲进闭式水泵变频室，导致 B 闭式水泵变频器跳闸，立即降负荷退高压加热器。

9.5.12 为新增条款。汽轮机和给水泵汽轮机及引风机汽轮机，其油动机与阀杆的连接应可靠，为此应装设防转销钉，在机组运行中应加强对防转销钉的巡视和检查。【案例】2015 年 12 月 10 日，某电厂 2 号机给水泵汽轮机供汽调节阀反馈在 68%～85%之间频繁摆动，由于给水泵汽轮机进汽调节阀油动机与阀杆连接处脱开，2 号机组给水流量低低，锅炉 MFT 跳闸。

10 防止汽轮机其他系统设备事故编制说明

（一）总体说明

本章是对前面九章内容的补充。在国能安全〔2014〕161 号《防止电力生产事故的二十五项重点要求》基础上，依据 DL/T 838—2017《发电企业设备检修导则》、DL/T 1055—2007《火力发电厂汽轮机技术监督标准》等要求，针对近些年发生的给水泵汽轮机及其附属系统、开式水系统、闭式水系统导致的设备损坏和机组非计划停运的案例，提出相应的防范措施。本章内容分为防止给水泵汽轮机及其附属系统设备事故、防止开式水系统设备事故、防止闭式水系统设备事故 3 部分。

（二）条文说明

10.1 防止给水泵汽轮机及其附属系统设备事故

10.1.1 为新增条款。对给水泵汽轮机抗燃油质的要求应等同汽轮机。若给水泵汽轮机抗燃油质不合格时，同样会造成给水泵汽轮机进汽调节阀油动机伺服阀卡涩和磨损。【案例 1】2013 年 1 月 27 日，某电厂 5 号机组给水泵汽轮机 A 调节阀伺服阀卡涩（不能排除油质的影响），给水泵 A 出力突降，RB 触发模块故障造成 RB 拒动，手动降负荷失败。【案例 2】2013 年 6 月 24 日，某电厂 2 号机组给水泵汽轮机进汽低压调节阀伺服阀卡涩，给水泵汽轮机进汽量降低，给水泵出力下降，造成锅炉汽包水位低保护动作，机组跳闸。

10.1.2 为新增条款。给水泵汽轮机调节保安系统密封圈老化、变形后同样会造成油系统泄漏，处理不及时将跳机。应利用检修机会检查给水泵汽轮机调节保安系统的密封圈，发现老化、损伤、变形或多年未更换的，应更换。【案例】2014 年 3 月 30 日，某电厂 3 号机组正常运行中给水泵汽轮机调节阀油动机安全油管接口密封圈损坏，大量漏油造成安全油压低，导致给水泵跳闸，引起锅炉 MFT 动作，机组跳闸。电厂应核实是否由于密封圈质量不合格，密封圈安装质量不合格，密封圈老化、变形、损伤造成的密封圈泄漏。

10.1.3 为新增条款。给水泵汽轮机除四段抽汽蒸汽供汽外，还设计有辅助蒸汽和冷段再热供汽的备用汽源。若备用汽源管道上的阀门有缺陷、备用汽源管道的疏水不可靠，导致不能可靠暖管备用，或者备用汽源蒸汽管道上未安装温度和压力测点、备用汽源蒸汽管道疏水阀门不能远方控制且没有设置根据蒸汽温度开启疏水门的逻辑，在给水泵汽轮机备用汽源投入时，导致给水泵汽轮机备用汽源无法可靠备用、无法在事故工况无扰切换，失去了备用意义。设置相关测点，一旦发生汽流窜动，可以有效、快速地判断流动方向。【案例】2018 年 11 月 24 日，某电厂给水泵汽轮机进汽压力低，备用汽源开启，由于备用汽源压力不足，造成除氧器压力快速降低，除氧器内部汽化，导致给水流量不足，锅炉 MFT 机组跳闸。

10.1.4 为新增条款。按照 DL/T 338—2010《并网运行汽轮机调节系统技术监督导则》和 DL/T 1055—2007《火力发电厂汽轮机技术监督标准》规定，定期开展止回阀活动试验，通过试验及早发现并处理各止回阀的缺陷，确保抽汽止回阀的可靠性，防止出现汽轮机进冷气、冷水和蒸汽倒流引发的汽轮机超速事故，以及汽轮机出力下降，甚至跳机。【案例】多台机组均发生过由于四段抽汽至除氧器供汽止回阀不严，除氧器内低温蒸汽返流到四段抽汽管道，造成给水泵汽轮机进汽温度偏低，给水泵汽轮机跳闸。

10.1.5 为新增条款。强调备用汽源平稳切换的重要性。

10.1.6 为新增条款。汽轮机和给水泵组的润滑油系统目前普遍采用的是传统的不锈钢丝布滤网，此滤网缺点是容易变形、脱丝，进而造成油系统的堵塞。激光打孔滤网相比传统的不锈钢丝布滤网更加坚固牢靠，不会发生滤网脱丝后堵塞油系统情况。国能安全〔2014〕161 号《防止电力生产事故的二十五项重点要求》第 8.4.3 条明确要求，润滑油管道中原则上不装设滤网，若装设滤网，必须采用激光打孔滤网，并有防止滤网堵塞和破损的措施。因此，汽轮机润滑油系统中的不锈钢丝布滤网应更换为激光打孔滤网。新建机组汽轮机和给水泵组润滑油系统滤网都应该采用激光打孔滤网。【案例】2015 年 2 季度，某电厂 4B 给水泵推力轴承温度高且不稳定，危及安全，经停泵检查，发现给水泵润滑油滤网网布金属丝脱落，堵塞推力轴承进油喷嘴，造成进油减少，推力轴承温度升高。

10.1.7 为新增条款。给水泵汽轮机的进汽阀紧固螺栓、油动机螺栓、油动机托架螺栓的裂纹、断裂等缺陷，会造成高温高压蒸汽泄漏和抗燃油泄漏，危及人身安全，可能跳机。应重视这些紧固螺栓的巡检和定期检测。巡检人员应对螺栓的紧固情况进行检查，发现螺栓松动，及时按缺陷处理程序处理。与油动机相连接部位和设备都应进行检查。应将汽轮机和给水泵汽轮机进汽阀紧固螺栓、各进汽阀执行机构螺栓、油动机托架螺栓的金属检测列入油动机A级检修标准项目。松动、裂纹、年限已久的螺栓及连杆应进行更换。

10.1.8 为新增条款。汽轮机和给水泵汽轮机及引风机汽轮机，其油动机与阀杆的连接应可靠，为此应装设防转销钉，在机组运行中应加强对防转销钉的巡视和检查。【案例】2015年12月10日，某电厂2号超临界间接空冷600MW的机组1号汽动给水泵汽轮机供汽调节阀反馈在68%～85%之间频繁摆动，由于1号给水泵汽轮机进汽调节阀油动机与阀杆连接处脱开，2号机组给水流量低低，造成锅炉MFT，机组跳闸。

10.1.9 为新增条款。抽汽供热蝶阀的安全可靠性关系着电厂对外供热安全，应高度重视其检修维护质量。【案例】2017年11月25日，某电厂4号机组由于供热抽汽蝶阀故障突然关闭，手动开启无效，中压缸排汽压力突升，监视段压力突升，热网供汽管道安全门、除氧器安全门动作，快速降低机组负荷至145MW，调整热网供汽量，稳定机组参数。解体供热蝶阀，发现阀门弹簧外壳内壁为卷板焊接结构，内部焊缝处理工艺较粗糙，焊缝凸起，将弹簧的中间盘滑动四氟圈卡住变形。

10.1.10 为新增条款。强调直流油泵的安全可靠备用，防止冷油器泄漏或滤网破损，导致轴承供油中断。【案例】同2.1.18【案例】。

10.2 防止开式水系统设备事故

10.2.1 为新增条款。强调开式冷却水系统电动旋转滤网差压信号对安全运行的影响。开式冷却水系统电动旋转滤网差压信号不准确会导致电动旋转滤网误投运，开启电动排污门，造成开式冷却水大量外漏。【案例】某电厂1号机组开式冷却水系统电动旋转滤网采用就地PLC控制，DCS不能远方监控；电动旋转滤网排污管道接至凝结水泵泵坑。因滤网差压信号不准确，导致电动旋转滤网一直投运，联锁开启电动排污门，造成开式冷却水大量外漏。凝结水泵坑满水将凝结水泵入口电动门等设备淹没，造成设备损坏。

10.3 防止闭式水系统设备事故

10.3.1 为新增条款。为DL/T 5054—2016《火力发电厂汽水管道设计规范》第9.2.6条的要求。闭式冷却水排气管道设计、布置不合理会导致管道内空气聚集，造成闭式水压力波动和管道振动，严重时会形成气塞，影响辅机设备的安全运行。【案例】某电厂5号机组闭式冷却水至空气压缩机的冷却水母管上有两处凸起布置的管段，两处凸起管段上未设计排气管道，导致凸起管段内空气聚集，形成气塞。空气压缩机因冷却水流量低导致温度升高，最终因温度高保护动作跳闸。

10.3.2 为新增条款。为DL/T 5054—2016《火力发电厂汽水管道设计规范》第10.3.4条的要求。闭式冷却水膨胀水箱设计标高若低于系统中最高冷却设备的标高，会导致膨胀水箱满水、跑水，严重时会导致膨胀水箱承压变形。【案例】某电厂1号机组闭式冷却水膨胀水箱安装在汽轮机运转层，最高冷却设备为锅炉炉水循环泵，其标高比膨胀水箱高出20多米。当炉水循环泵冷却系统投运时，膨胀水箱因溢流不及时导致水箱顶部排气管冒水，汽机房多台设备被淋。

10.3.3 为新增条款。闭式冷却水膨胀水箱溢流管道通常设计接至汽轮机房无压放水母管。如果将闭式冷却水膨胀水箱溢流管道错接至汽轮机房有压放水母管，会导致窜水，引发事故。【案例】某电厂2号机组闭式冷却水膨胀水箱安装在汽轮机运转层，膨胀水箱排气管的排放口正对着发电机励磁机。膨胀水箱溢流管错接至汽轮机房有压放水母管，有压放水母管上还汇接有凝结水冲洗管道等其他管道。机组运行期间，除氧器和凝汽器水位因调整不当，同时发生水位高报警。运行人员开启凝结水冲洗管道放水，凝结水通过有压放水母管、膨胀水箱溢流管窜入膨胀水箱，再从膨胀水箱顶部的排气管喷淋到励磁机上，导致机组非停，励磁机损坏。

10.3.4　为新增条款。闭式冷却水系统管道长期振动，会导致焊缝、膨胀节等开裂，影响闭式冷却水系统和机组的安全运行。应利用检修机会采用调整管道支吊架、增设阻尼支吊架等方法进行消振。【案例】某电厂 2 号机组发电机氢冷器闭式冷却水管道长期振动。2015 年 6 月 18 日，检查发现 B 氢冷器回水管波纹膨胀节破裂漏水，立即降低机组负荷，隔离 B 氢冷器水侧进行处理。闭式冷却水漏到 6.3m 层发电机出口 A 相电流互感器处，造成“发电机定子接地”保护动作，机组跳闸。波纹膨胀节破裂主要原因为管道长期振动，波纹膨胀节疲劳开裂。

Q/HN-1-0000.08.074—2020

技术标准篇

火电厂防止锅炉设备事故重点要求

2020 - 06 - 01 发布

2020 - 06 - 01 实施

目　　次

前　言

为进一步加强电力生产安全风险预防控制，提高电力生产可靠性，有效防止火电厂锅炉设备事故的发生，在国能安全〔2014〕161 号《防止电力生产事故的二十五项重点要求》的基础上，结合中国华能集团有限公司系统内锅炉机组非计划停运案例，编制本标准。

本标准由中国华能集团有限公司生产管理与环境保护部提出。

本标准由中国华能集团有限公司生产管理与环境保护部归口并解释。

本标准起草单位：西安热工研究院有限公司、生产管理与环境保护部、福建分公司、海南分公司、江西分公司。

本标准起草人：党黎军、杨辉、陈锋、张宇博、刘超、党小建、陆军、付龙龙、张海龙、沈植、郭志清、高沛荣、张良平、杨君、聂剑平、王春昌、应文忠、杨小金、邹仁。

本标准审核单位：生产管理与环境保护部、河北分公司、浙江分公司、福建分公司、山东分公司、湖南分公司、黑龙江分公司。

本标准主要审核人：王洋、李晓峰、马晋辉、冯胜波、陈曙、应文忠、刘国刚、陈凯、周斌。

本标准审定：中国华能集团有限公司技术工作管理委员会。

本标准批准人：邓建玲。

本标准为首次制定。

火电厂防止锅炉设备事故重点要求

1 通用要求

1.1 加强设备台账管理。锅炉设备及附属系统应按机组建立设备台账，每次大修、小修、技术改造及异常缺陷处理应有明确记载，掌握设备全寿命周期健康状况，便于后续设备状态评价和检修安排。

1.2 加强文件资料管理。电厂应加强锅炉设备基建阶段技术资料、性能试验及燃烧调整等专项试验报告、运行报告及记录、检修维护报告及记录、缺陷闭环管理及记录、事故管理报告及记录、技术改造报告及记录、监督管理文件、厂家技术说明书等资料档案管理，建立资料目录清册，专人管理，确保档案的完整性和连续性。

1.3 加强锅炉设备运行标准化管理工作。建立健全设备运行管理体系，按照中国华能集团有限公司（以下简称集团公司）《电力设备运行标准化管理实施导则（试行）》的要求进行运行交接班、设备巡回检查、设备定期试验与切换、运行监视操作、运行分析、运行优化、运行技术管理等的标准化管理，提高机组健康水平，确保机组安全、可靠、经济和环保运行。

1.4 加强锅炉定期工作管理。定期工作包括入炉煤化验、飞灰取样化验、炉渣取样化验、煤粉细度化验、燃油速断阀试验、空气预热器漏风试验、定期巡回检查、辅机设备定期切换试验、锅炉压力容器设备定期检验、汽水品质定期化验、仪器仪表定期外观检查及校验等。应保留定期工作的记录。

1.5 重视检修标准化管理工作。建立健全设备检修标准化管理体系，完善检修管理程序和各类技术文件，贯穿于检修策划与准备、检修实施与控制、检修总结与评价等方面，规范推进检修标准化全过程管理，确保机组检修全过程安全、质量可控，修后各项安全、经济性指标达到《中国华能集团公司电力检修管理办法（试行）》和《中国华能集团公司优秀节约环保型燃煤发电厂标准（2017 年版）》的要求。

1.6 重视锅炉设备缺陷标准化管理和技术改造工作。缺陷管理工作包括缺陷登录与确认、缺陷处理、缺陷验收、缺陷管理、评价与考核。对存在缺陷问题的系统及设备，应及时进行检修维护和技术改造工作，避免缺陷未及时处理造成设备损坏及机组非计划停运。

1.7 加强外委单位的管理。明确施工、工艺、维护、验收等要求，统一检修文件包格式，明确奖惩制度。外委单位人员进行现场作业时，电厂应有专业人员监护。外委单位形成检修记录后，电厂应审核数据的完整性和准确性，发现问题及时处理。

2 防止汽水系统故障

2.1 防止锅炉满水、缺水

2.1.1 汽包锅炉应至少配置两只彼此独立的就地汽包水位计和两只远传汽包水位计。水位计的配置应采用两种以上工作原理共存的配置方式，以保证在任何运行工况下锅炉汽包水位的正确监视。汽包水位计的安装应符合国能安全〔2014〕161 号《防止电力生产事故的二十五项重点要求》第 6.4.2 条要求。汽包水位计就地应配置摄像头，并将图像引至集控室。

2.1.2 对于过热器出口压力为 13.5MPa 及以上的锅炉，其汽包水位计应以差压式（带压力修正回路）水位计为基准。汽包水位信号应采用三选中值的方式进行优选。差压水位计（变送器）应采用压力补偿。汽包水位测量应充分考虑平衡容器的温度变化造成的影响，必要时采用补偿措施。汽包水位测量系统，应采取正确的保温、伴热及防冻措施，以保证汽包水位测量系统的正常运行及正确性。

2.1.3 汽包就地水位计的零位应以制造厂提供的数据为准，并进行核对、标定。随着锅炉压力的升高，就地水位计指示值低于汽包真实水位。表 2－1 给出不同压力下就地水位计的正常水位示值与汽包实际零水位的差值（Δh），仅供参考。

表 2－1 就地水位计的正常水位示值与汽包实际零水位的差值

汽包压力 MPa	16.14～17.65	17.66～18.39	18.40～19.60
Δh mm	－51	－102	－150

2.1.4 加强汽包水位自动调节系统设备的检查、巡视工作，发现异常情况及时进行处理。汽包水位应设置有三个差压信号值偏差大报警、汽包水位测点坏质量判断功能。

2.1.5 按规程要求定期对汽包水位计进行零位校验，核对各汽包水位测量装置间的示值偏差，当偏差大于 30mm 时，应立即汇报，并查明原因予以消除。当不能保证两种类型水位计正常运行时，必须停炉处理。

2.1.6 严格按照运行规程及各项制度，对水位计及其测量系统进行检查及维护。机组启动调试时应对汽包水位校正补偿方法进行校对、验证，并进行汽包水位计的热态调整及校核。新机组验收时应有汽包水位计安装、调试及试运专项报告，列入验收主要项目之一。

2.1.7 运行规程中应明确双色水位计的冲洗周期，并严格执行。若水位计出现模糊不清、颜色难辨等影响监视时，应尽快安排冲洗。双色水位计冲洗时应严格按照操作票内容进行，并应注意：

a） 操作人员应在水位计侧面进行操作，防止烫伤。

b） 冲洗前应对管道进行暖管，防止受热不均、温度骤变造成水位计振动、泄漏损坏。

c） 冲洗和投入水位计时一定要操作缓慢，防止钢珠堵塞管口。

2.1.8 当一套水位测量装置因故障退出运行时，应填写处理故障的工作票，工作票应写明故障原因、处理方案、危险因素预告等注意事项，一般应在 8h 内恢复。若不能完成，应制定措施，经总工程师批准，允许延长工期，但最多不能超过 24h，并报上级主管部门备案。

2.1.9 锅炉高、低水位保护应满足以下要求：

a） 锅炉汽包水位高、低保护应采用独立测量的三取二的逻辑判断方式。

当有一点因某种原因须退出运行时，应自动转为二取一的逻辑判断方式，办理审批手续，限期（不宜超过 8h 恢复；当有两点因某种原因须退出运行时，应自动转为一取一的逻辑判断方式，应制定相应的安全运行措施，严格执行审批手续，限期 8h 以内）恢复，如逾期不能恢复，应立即停止锅炉运行。当自动转换逻辑采用品质判断等作为依据时，要进行详细试验确认，不可简单地采用超量程等手段作为品质判断。

b） 锅炉汽包水位保护所用的3个独立的水位测量装置输出的信号均应分别通过3个独立的I/O模件引入分散控制系统的冗余控制器。每个补偿用的汽包压力变送器也应分别独立配置，其输出信号引入相对应的汽包水位差压信号I/O模件。

c） 锅炉汽包水位保护在锅炉启动前和停炉前应进行实际传动校检。用上水方法进行高水位保护试验、用排污门放水的方法进行低水位保护试验，严禁用信号短接方法进行模拟传动替代。

d） 锅炉汽包水位保护的定值和延时值随炉型和汽包内部结构不同而异，具体数值应由锅炉制造厂确定。

e） 锅炉水位保护的停退，必须严格执行审批制度。

f） 汽包锅炉水位保护是锅炉启动的必备条件之一，水位保护不完整严禁启动。

2.1.10 运行人员应注意汽包水位的监视，关注给水自动投入或退出的情况。制粉系统启停、负荷变动大或主蒸汽压力大幅度波动时，应密切关注汽包水位、给水系统参数变化，防止汽包水位未及时监视、给水量大幅度偏离主蒸汽流量及给水泵由自动切为手动造成汽包水位异常。锅炉参数出现大幅波动时应特别注意辅机运行状态和区分汽包“虚假水位”。在给水流量大幅度变化时应特别注意给水泵再循环阀开启的影响。

2.1.11 当在运行中无法判断汽包真实水位时，应紧急停炉。

2.1.12 对于控制循环锅炉，应设计炉水循环泵差压低停炉保护。炉水循环泵差压信号应采用独立测量的元件，对于差压低停泵保护应采用二取二的逻辑判别方式，当有一点故障退出运行时，应自动转为二取一的逻辑判断方式，并办理审批手续，限期恢复（不宜超过8h）。当两点故障超过4h时，应立即停止该炉水循环泵运行。

2.1.13 汽包炉水位采取上水调节阀、给水泵转速进行控制。需要根据设备特性来完善汽包水位控制策略，机组启动或低负荷阶段（20%BMCR以下），可以采取上水调节阀控制汽包水位、给水泵控制给水母管压力；给水切主路运行后，由给水泵转速控制汽包水位同时兼顾最低压头（保证给水系统用户压头需求）。如果给水泵为定速泵，则采取上水调节阀控制汽包水位。

2.1.14 机组启动时应维持给水母管与汽包压力差压的稳定，保证给水母管压力与汽包差压在2MPa以上。

2.1.15 对于直流炉，应设计省煤器入口流量低保护，流量低保护应遵循三取二原则。主给水流量测量应取自三个独立的取样点、传压管路和差压变送器并进行三选中后的信号。

2.1.16 直流炉应严格控制煤水比（燃水比），严防煤水比失调。湿态运行时应严密监视分离器水位，干态运行时应严密监视微过热点（中间点）温度，防止蒸汽带水或金属壁温超温。

2.1.17 高压加热器保护装置及旁路系统应正常投入，并按规程进行试验，保证其动作可靠，避免给水中断。当因某种原因需退出高压加热器保护装置时，应制定措施，严格执行审批手续，并限期恢复。

2.1.18 给水系统中各备用设备应处于正常备用状态，按规程定期切换。当失去备用时，应制定安全运行措施，限期恢复投入备用。应按照定期试验及切换管理制度规定的周期要求开展备用泵切换工作，以确保备用泵处于完好状态，能够随时启动运行。

2.1.19 机组A修后或给水泵更换后应开展给水泵RB（辅机故障快速减负荷）试验，进行汽动给水泵RB试验时注意负荷下降汽源压力下降的问题，以确保RB逻辑和自动调节性能完好。

2.1.20 给水泵及其再循环调节门相关要求如下：

a）给水泵再循环调节门关闭时泄漏流量应尽可能小，再循环调节门开启时速度要快，避免给水泵发生汽蚀，再循环调节门正常运行应投自动，设定值指令应随给水泵转速合理设置，并且与“给水泵流量低”跳闸合理配合，在临界区有报警、联锁及闭锁回路，再循环调节门开启时应设置报警。

b）给水泵应设置防过流（电流、泵入口流量）、防超速闭锁回路功能，正常手动、自动均不应出现给水泵超速保护动作。现场根据调节门的调节特性设置最小流量保护，如果调节门响应速度慢适当将最小流量保护定值提高；如果响应速度快，最小流量保护定值可以按给水泵厂家给定值设定。

c）给水泵汽轮机汽源应稳定，热机操作票中明确给水泵汽轮机汽源切换的时机（包括机组负荷、抽汽参数、给水泵汽轮机转速及进汽调节门开度范围等参数）及操作步骤，防止进汽压力波动造成给水流量波动。

d）应设置给水泵入口流量高、低报警。再循环调节门前设置为电动截止阀的，应合理设置电动截止阀逻辑；如设置为手动截止阀的，运行中应保持全开。

2.1.21 建立锅炉汽包水位、炉水循环泵差压及主给水流量测量系统的维修和设备缺陷档案，对各类设备缺陷进行定期分析，找出原因及处理对策，并实施消缺。

2.1.22 对于循环流化床机组，宜增设紧急补水系统，紧急补水泵应定期试验。

2.1.23 锅炉定期排污时应注意：

a）机组启动后当汽包压力达到 2MPa 时关闭下降管放水门。

b）定期排污时应依次开启下联箱排污阀，每个下联箱排污时间不得超过 30s。

c）下联箱和下降管排污需单个进行，不得同时进行。

d）排污管道或阀门存在泄漏，禁止排污。

e）排污系统相关设备、管道、阀门正在检修且无法隔离时，禁止排污。

2.1.24 直流锅炉储水罐水位应按照制造厂家的要求设置分离器水位高报警值和分离器水位高高保护动作值。煤水比和过热度应设置报警值。

2.1.25 汽动给水泵最低转速下的出口流量应大于锅炉最低给水流量，且有一定的裕量。

2.1.26 直流锅炉干态运行时，锅炉启动疏水阀关闭，应确保省煤器出口至锅炉启动疏水阀的暖管水正常投运，以便在锅炉转湿态运行能够及时打开锅炉启动疏水阀，对储水罐水位进行控制。

2.1.27 当锅炉热负荷大幅下降转湿态运行时，应按照以下原则要求进行处理：

a）在采取措施保证燃烧系统稳定的同时（如快速投油助燃等），安排专人依据燃料量、负荷、过热度（煤水比）等参数调整给水流量在对应的正常范围。调整过程中应防止给水泵再循环调节门打开，导致给水流量低，锅炉 MFT 保护动作。

b）除及时启动炉水循环泵外，当锅炉压力满足要求时（一般为低于 16MPa 左右），尽快开启锅炉启动疏水阀，建立锅炉启动循环系统，保证锅炉启动分离器水位在合理范围内。

c）不能因避免锅炉转湿态运行而大幅减少给水量，造成给水流量低，锅炉 MFT 保护动作。

d） 锅炉转湿态运行时应注意对蒸汽温度的控制，防止蒸汽温度骤降触发汽轮机侧主蒸汽温度低跳机保护。

2.1.28 给水泵汽轮机汽源设计及操作应符合以下要求：

a） 给水泵汽轮机除四段抽汽蒸汽供汽外，还应设计有辅助蒸汽和冷段再热的备用汽源。

b） 给水泵汽轮机备用汽源蒸汽管道疏水阀门应能远方控制，且应设置根据蒸汽温度自动开启疏水门的逻辑，以保证辅助蒸汽至汽动给水泵汽源可靠备用。

c） 给水泵汽轮机汽源如无高压备用汽源，汽源压力低时应设置汽源压力低自动开启辅助蒸汽供汽门的逻辑。

d） 给水泵汽轮机汽源应确保稳定，在汽源切换过程中防止供汽流量、压力变化过大，造成给水流量波动。

2.1.29 运行人员应熟练掌握不同工况下的给水量、煤量、风量的数值及比例，出现异常工况时，迅速调整主要运行参数，使煤水比、风煤比满足锅炉安全稳定运行的需要。当磨煤机跳闸、燃料量大幅度下降时，应安排专人调节给水流量。

2.1.30 手动调节汽动给水泵转速时，应监视汽动给水泵的转速指令和转速反馈的偏差。可减小调节幅度，缩小转速指令和转速反馈的偏差，根据负荷、煤水比等参数，保持给水流量在合理范围内。

2.2 防止锅炉超温超压

2.2.1 严防锅炉缺水和超温超压运行，严禁在水位表数量不足（指能正确指示水位的水位表数量）、安全阀解列的状况下运行。

2.2.2 大型煤粉锅炉受热面使用的材料应合格，材料的允许使用温度应高于计算壁温并留有裕量。应配置必要的炉膛出口或高温受热面两侧烟温测点、高温受热面壁温测点，应加强对烟温偏差和受热面壁温的监视和调整。

2.2.3 锅炉水压试验升降压速率应符合制造厂要求。

2.2.4 锅炉安全阀附属的排汽、排污管道设计及安装应保证安全阀良好的工作环境，防止雨水、排污水等聚集，避免安全阀锈蚀。

2.2.5 在用锅炉的安全阀每年至少校验一次，校验一般在锅炉运行状态下进行；锅炉运行中不允许随意解列安全阀和任意提高安全阀的整定压力或者使安全阀失效；检修、更换安全阀后，应当校验其整定压力和密封性。

2.2.6 锅炉启停过程中，应严格控制蒸汽温度、蒸汽压力变化速率。在启动中应控制入炉总燃料量，加强燃烧调整，防止炉膛出口烟气温度超过规定值。

2.2.7 装有一、二级旁路系统的机组，机组启停时应投入旁路系统，旁路系统的减温水须正常可靠。

2.2.8 严格按照规程规定的负荷点进行干湿态转换操作，并避免在该负荷点长时间运行。

2.2.9 因燃烧原因造成局部受热面管壁超温时，可通过调整反切风摆角、改变磨煤机投运组合方式等手段消除或缓解受热面管壁超温问题。

2.2.10 如经运行优化调整和异物排查仍未解决受热面超温问题，应对受热面水动力等工质流量分配进行校核计算，根据计算结果进行必要的结构调整。

2.2.11 机组调峰及变负荷运行的最大负荷变化率应经过机组负荷变动试验确定。机组在变负荷运行时，负荷变化率应控制在试验所确定的最大负荷变化率以内；应对燃料的阶跃变化量加以控制，严格控制锅炉蒸汽压力、蒸汽温度变化率在锅炉设计范围内。

2.2.12 直流锅炉的蒸发段、分离器、过热器、再热器出口导汽管等应有完整的管壁温度测点，以便监视各导汽管间的温度。

2.2.13 直流锅炉调整时，应控制锅炉水煤比在适当范围内；机组低负荷运行时，应控制分离器出口过热度在合适范围，如过热度偏高时适当提高水煤比。

2.2.14 检修及技术改造时，应对要使用的锅炉受热面管材材质进行核查。

2.2.15 参加电网调峰的锅炉，运行规程中应制定相应的技术措施。按调峰设计的锅炉，其调峰性能应与汽轮机性能相匹配；非调峰设计的锅炉，其调峰负荷的下限应由水动力计算、试验及燃烧稳定性试验确定，并在运行规程制定相应的反事故措施。对于无法满足电网AGC要求的电厂，宜增加储能调峰装置系统，对系统进行解耦，在保证锅炉运行安全的同时，增强对电网AGC调峰的适应性。

2.2.16 高温受热面的壁温报警温度必须合理设定，需要充分考虑合理的高温抗氧化裕量。对出现超温问题的受热面，可适当增加壁温测点。

2.2.17 机组运行中，尽可能通过燃烧调整，结合平稳使用减温水和吹灰，减少烟气温度、蒸汽温度和受热面壁温偏差，保证各段受热面吸热正常，防止超温和温度突变。若经调整不能控制受热面壁温至安全范围，应考虑降低蒸汽参数或降负荷运行。

2.2.18 过热器、再热器、省煤器管发生爆漏时，应及时停运，防止扩大冲刷损坏其他管段。

2.2.19 机组自动方式下，协调控制系统出现异常，或燃料量计量异常导致自动控制系统性能下降，煤种、负荷变化不大的情况下，若煤量、给水量明显偏大，应解除自动，手动控制，防止超温超压。

2.3 防止水汽品质恶化及氧化皮异常

2.3.1 防止水汽品质恶化

2.3.1.1 锅炉启动、运行、停用阶段的给水水质、蒸汽品质应规范监督，水汽品质应在合格范围内，发现水汽品质异常时要及时汇报，以防止受热面管内结垢、腐蚀。

2.3.1.2 锅炉启动过程中严格按照规定进行冷态、热态清洗，炉水、蒸汽品质完全合格后方可继续升温、升压。锅炉湿态运行时发现炉水、蒸汽品质不合格时应停止升负荷，增大给水量和疏水量，待炉水、蒸汽品质合格后方可继续升负荷。

2.3.1.3 凝汽器发生泄漏时，应严格按化学专业水汽质量劣化处理措施进行处理。

2.3.2 防止氧化皮异常

2.3.2.1 锅炉受热面布置时，应采取措施防止氧化皮堆积。600MW及以上等级超超临界机组有条件时可考虑选择塔式锅炉，如采用Π型锅炉应在受热面材质、受热面布置方式、控制燃烧热偏差等方面有针对性措施。

2.3.2.2 高温受热面壁温报警值应依据受热面实际抗蒸汽氧化性能进行设置。

2.3.2.3 对于受热面壁温测点布置不足的机组，应适当增加壁温测点。机组启动、停机过程中严格控制受热面温度、压力的变化率，尽量避免机组频繁启停，运行期间适当控制机组的负荷变化率。过热器、再热器减温水手动调整时应平稳操作，避免减温水量大幅度变化导致过热器、再热器管壁温度剧降，引起氧化皮脱落。

2.3.2.4 对于屏间热偏差较明显、个别管屏壁温在高负荷下易超温的锅炉，应通过调整燃尽风风门的开度、摆角等方式控制炉膛出口烟温偏差，降低高温受热面壁温峰值，以减缓氧化皮的生成。

2.3.2.5　减温水系统截止门应能够隔绝严密，防止停炉后减温水漏入高温受热面内引发受热面壁温突变，氧化皮脱落。

2.3.2.6　对于存在氧化皮问题的锅炉应开展过热器的高温段联箱、管排下部弯管和节流圈的检查，以防止由于异物和氧化皮脱落造成的堵管爆破事故。对弯曲半径较小的弯管应进行重点检查。对氧化皮堆积厚度超标的受热面管应进行割管清理。

2.3.2.7　对于存在氧化皮堆积问题的锅炉，机组启动并网前宜通过旁路对氧化皮剥落物进行蒸汽吹扫。

2.3.2.8　对于存在氧化皮的锅炉，停炉吹扫完成后，应密闭 72h，严禁停炉后强制立即通风快冷。应抢修需要，密闭 72h 后需通风冷却时应控制各处受热面壁温下降速度小于 1℃/min。

2.4　防止受热面磨损

2.4.1　螺旋水冷壁的锅炉检修期间重点检查冷灰斗对角磨损情况，宜考虑在鳍片处增加高出管子的填隙块，以控制炉渣沿冷灰斗斜坡下滑时的速度。

2.4.2　消除炉墙各处的漏风，以防止漏风造成其周围受热面磨损。易出现漏风的区域包括人孔门、观火孔等不严密处，燃烧器墙箱浇注料，冷灰斗斜坡与侧墙交汇处等部位。

2.4.3　循环流化床锅炉炉膛宜设置多阶式防磨梁，以降低贴壁流的灰浓度与速度，减缓水冷壁的磨损速率。

2.4.4　循环流化床锅炉检修期间应对二次风喷口、给煤口、排渣口等部位浇注料进行检查，发现浇注料有脱落的应采取全面拆除方式，重新敷设浇注料，并在敷设过程中注意对浇注料抓钉、销钉焊接，浇注料浇注施工、浇注料烘干保养等工艺质量全程控制。

2.4.5　对于循环流化床锅炉，检修期间重点检查以下区域水冷壁磨损情况：

a）炉膛下部敷设的高温耐磨、耐火材料与光管水冷壁过渡区域的管壁；

b）进料口、旋风分离器进出口处水冷壁管；

c）炉膛密相区浇注料与水冷壁分界四角、让位管部位，密相区炉拱分隔墙前、后墙弯管部位；

d）布风板水冷壁。

2.4.6　高温受热面存在结渣、搭桥现象时，应及时通过调整吹灰频次、升降负荷扰动、控制结渣特性较强的入炉煤掺烧比例等方式控制结渣情况，必要时限负荷运行，防止高温受热面搭桥形成烟气走廊，局部烟气流速升高造成高温受热面磨损。

2.4.7　布置在尾部烟道的受热面，管排间距应均匀，防止形成烟气走廊。尾部受热面磨损部位主要集中在靠近包墙/中隔墙等易产生烟气走廊的位置，尾部烟道最上排管组烟道前后墙处应装设烟气阻流板，最上组迎烟面第一排直管应全部加装防磨罩，其余各管组迎烟面第一排弯头处加装防磨罩。防磨罩与包墙/中隔墙的间距（膨胀间隙）应符合设计要求，防止热态膨胀造成碰磨。检修期间重点对靠近后包墙受热面弯头、每组受热面上部管子表面的磨损情况进行检查，对防磨罩、阻流板变形、歪斜、烧损进行修复或更换，检查蛇形管排卡子是否脱落、错位或被烧损断裂，必要时修复或更换夹板。

2.4.8　检修期间重点对中隔墙过热器下联箱与中隔墙鳍片缝隙进行检查，视其磨损情况加装浇注料，以消除中隔墙下联箱两侧的压力差，防止联箱出现磨损。

2.4.9 检修期间重点检查吊挂管与顶棚管穿墙碰磨情况、蛇形管排穿墙管部位（尤其是穿中隔墙处部位）的磨损情况，并对穿墙管部位炉墙耐火保温脱落情况进行检查修复。

2.4.10 检修期间重点检查管卡与管子碰磨、管子之间碰磨情况，对设计不合理的管卡进行改型，对存在管子间碰磨的地方增加防磨块或防护瓦。

2.4.11 蒸汽吹灰器提升阀后吹灰压力应符合制造厂家要求，应定期开展蒸汽吹灰器吹灰压力的整定工作，并保留吹灰压力的整定记录；宜在吹灰器提升阀后加装压力表，一方面吹灰操作时可监督吹灰压力是否正常；另一方面可监视提升阀是否存在内漏。

2.4.12 蒸汽吹灰疏水管道坡度应符合设计要求，疏水系统应采取温度自动控制，不应采取时间控制策略。疏水温度的设定应符合制造厂家的要求，并高于吹灰器提升阀后蒸汽吹灰压力对应的饱和温度。

2.4.13 蒸汽吹灰器应设置电动机过流报警。吹灰器投运及退出应进行现场确认，以便及时发现吹灰器卡涩、进汽门关闭不严等问题。运行中遇有吹灰器卡涩、不能正常退出时，应维持其汽源正常，及时将吹灰器退出并关闭进汽门，避免吹损受热面。

2.4.14 短式吹灰器检修后，应手动将喷管伸入炉膛测量喷嘴中心与水冷壁的距离，保证距离符合设计规范；短式吹灰器喷管及内管与水冷壁角度应保持垂直。

2.5 防止焊接及膨胀异常

2.5.1 机组投运的第一年内，应对主蒸汽和再热蒸汽管道的不锈钢温度套管角焊缝进行渗透和超声波检测，并结合每次 A 级检修进行检测。

2.5.2 主蒸汽管道、再热蒸汽管道、疏水管道等高温高压管道上的温度和压力测点管座应与管道采用同种材质，检修期间加强对管座裂纹的检查，如管座结构不符合要求，应对管座结构进行改造。

2.5.3 按照 DL/T 438—2016《火力发电厂金属技术监督规程》，对汽包、集中下降管、联箱、主蒸汽管道、再热蒸汽管道、弯管、弯头、阀门、三通等大口径部件及其焊缝进行检查，及时发现和消除设备缺陷。对于不能及时处理的缺陷，应对缺陷尺寸进行定量检测及监督，并做好相应技术措施。

2.5.4 敷设浇注料时，抓钉与受热面管焊接应选用镍基焊接材料，并注意控制熔深不宜过大；流化床锅炉屏式过热器敷设浇注料时，可采用抱箍或 Ω 形抓钉对浇注料进行固定，避免抓钉与换热管之间的焊接。

2.5.5 加强炉外管巡视，对管系振动、水击、膨胀受阻、保温脱落等现象应认真分析原因，及时采取措施。炉外管发生漏汽、漏水现象，必须尽快查明原因并及时采取措施，如不能与系统隔离处理应立即停炉。

2.5.6 深度调峰机组应加大对水冷壁鳍片焊缝的检查，发现问题时可采取鳍片割缝、割缝端部钻止裂孔的措施处理。

2.5.7 对于锅炉水冷壁四角连接位置及其下部水封槽、各让出管、吹灰器附近、联箱管座及引出管焊缝、疏水管焊缝、穿顶棚、密封盒等易产生应力集中位置，检修期间应予以重点检查。

2.5.8 按照 DL/T 616—2006《火力发电厂汽水管道与支吊架维修调整导则》的要求，对支吊架进行定期检查。运行时间达到 100 000h 的主蒸汽管道、再热蒸汽管道的支吊架应进行全面检查和调整。不应将弹簧、吊杆、滑动与导向装置的活动部分包在保温层内。

2.5.9 喷水减温器的联箱与内衬套之间以及喷水管与联箱之间的固定方式，应当能够保证其相对膨胀，并且能够避免产生共振。

2.5.10 锅炉启、停，升降负荷过程中应控制合适的升温、升压、降温、降压速率。锅炉应配备必要充足的膨胀指示器，保证其指示良好；锅炉启停过程中应检查锅炉各部位膨胀情况，做好膨胀指示记录，各部位应当膨胀均匀，并注意监控汽包壁温差。锅炉熄火后的通风和放水应当避免使受压部件快速冷却。

2.5.11 对蒸汽管道做水压试验时，应将弹簧支吊架和恒力支吊架进行锁定。如无法锁定或锁定后其承载能力不足时，应对部分吊架进行临时加固或增设临时支吊架，加固或增设的支吊架要经过计算校核。

2.5.12 当更换管子、管件，或保温材料在重量、尺寸、布置或材质等方面与原设计不同时，应根据实际数据重新进行应力分析、管件强度计算与支吊架更换和载荷调整。

2.6 防止锅炉附件及其他设备故障

2.6.1 加强蒸汽吹灰设备系统的维护及管理。吹灰器检修组装后，应手动将喷管伸入炉膛，复测喷嘴与水冷壁的距离及喷管与水冷壁的垂直度，保证距离和垂直度符合设计要求，并对吹灰器的吹灰压力进行逐个整定，避免吹灰压力过高。投入蒸汽吹灰器前应进行充分疏水，确保吹灰要求的蒸汽过热度。控制合适的吹灰频次，尽量避免长时间连续吹灰。

2.6.2 建立锅炉汽包水位、炉水循环泵差压及主给水流量测量系统的维修和设备缺陷档案，对各类设备缺陷进行定期分析，找出原因及处理对策，并实施消缺。

2.6.3 安全阀排汽管应当直通室外安全地点，排汽管及其附件（包括消声器）应有足够的流通截面积，保证排汽通畅，不应影响安全阀正确动作。安全阀排汽管及其附件宜采用不锈钢材质，排汽管应当予以固定，应避免由于热膨胀或排汽反作用力而影响安全阀正确动作。

2.6.4 锅炉超压水压试验和安全阀整定应严格按 TSG G0001—2012《锅炉安全技术监察规程》、DL/T 612—2017《电力工业锅炉压力容器监察规程》、DL/T 647—2014《电站锅炉压力容器检验规程》、锅炉制造厂家规定执行。

2.6.5 各种压力容器安全阀应定期进行校验。压力容器上使用的压力表，应列为计量强制检验表计，按规定周期进行强检。压力容器安全阀的总排放能力，应能满足其在最大进汽工况下不超压。

2.6.6 运行中的压力容器及安全附件（如安全阀、排污阀、监视表计、联锁、自动装置等）应处于正常工作状态。设有自动调整和保护装置的压力容器，其保护装置的退出应经单位技术总负责人批准。保护装置退出后，实行远控操作并加强监视，且应限期恢复。

2.6.7 单元制的给水系统，除氧器上应配备不少于两只全启式安全门，并完善除氧器的自动调压和报警装置。

2.6.8 定期对喷水减温器进行检查，混合式减温器每隔 1.5 万～3 万 h 检查一次，应采用内窥镜进行内部检查，喷头应无脱落、喷孔无扩大，联箱内衬套应无裂纹、腐蚀和断裂。减温器内衬套长度小于 8m 时，除工艺要求的必须焊缝外，不宜增加拼接焊缝；若必须采用拼接时，焊缝应经 100%探伤合格后方可使用。防止减温器喷头及套筒断裂造成过热器联箱裂纹，面式减温器运行 2 万～3 万 h 后应抽芯检查管板变形，内壁裂纹、腐蚀情况及芯管水压检查泄漏情况，以后每大修检查一次。

2.6.9 每台锅炉装设独立的排污管，排污管尽量减少弯头，保证排污畅通并且接到安全地点或者排污膨胀箱（扩容器）；如果采用有压力的排污膨胀箱时，排污膨胀箱上需要安装安全阀；多台锅炉合用一根排放总管时，需要避免两台以上的锅炉同时排污。

3 防止锅炉燃烧系统故障

3.1 防止锅炉灭火及内爆事故

3.1.1 防止锅炉灭火事故

3.1.1.1 煤粉锅炉炉膛选型应执行 DL/T 831—2015《大容量煤粉燃烧锅炉炉膛选型导则》、JB/T 10440—2004《大型煤粉锅炉炉膛及燃烧器性能设计规范》《中国华能集团公司火电工程设计导则》的有关规定。锅炉炉膛安全监控系统的设计、选型、安装、调试等各阶段都应严格执行 DL/T 1091—2008《火力发电厂锅炉炉膛安全监控系统技术规程》。

3.1.1.2 结合电厂设备的实际状况，依据 DL/T 435—2018《电站煤粉锅炉炉膛防爆规程》中有关防止炉膛灭火放炮的规定，制定防止锅炉灭火放炮的措施，措施应包括煤质监督、混配煤、燃烧调整、深度调峰及低负荷运行等内容，相应措施应严格执行。

3.1.1.3 坚持安全第一，配煤掺烧不能影响机组安全稳定运行，应确保不发生因入炉煤质导致的锅炉灭火事件。

3.1.1.4 建立新煤种和煤质异常报告制度。采购新煤种前，应充分进行调研，并通报有关部门拟定煤质检验、试烧等工作安排，掌握相关煤种特性和掺配规律。加强燃料采购的源头把关，及时发现入厂煤质与该品种常规煤质指标的差异，当差异较大时，应提前通报并对该批次煤进行单独堆放、试烧或调整掺配比例。

3.1.1.5 建立煤场库存双把关和预警制度。燃料采购部门依据机组运行方式、电量计划、季节特点、燃料运输方式和市场供需形势等，合理调整采购计划，原则上保证水运煤电厂库存不低于 7 日用量、车运煤电厂不低于 5 日用量；燃料生产和运行部门要加强库存监控和电量预测，结合所掌握的燃料采购计划，对合理存煤量进行把关。当预判煤场存煤量可能低于以上要求时，有关部门应相互通报并启动预警机制，做好相应预案。对合理存煤量的判断应考虑垫底煤、冻潮煤、劣质煤等因素影响，以实际能够取用和安全配烧的存煤量为依据。

3.1.1.6 加强燃煤监督管理，完善混煤设施。加强配煤管理和煤质分析工作，并及时将煤质情况通知运行人员，做好调整燃烧的应变措施，防止发生锅炉灭火。

3.1.1.7 建立库存结构分析制度，燃料采购和生产部门应对煤场存煤量和结构进行定期分析，当煤场存煤量超过 30 日用量，或夏季褐煤堆放超过 20 日、其他季节存煤堆放超过 30 日，应对出现的原因和合理性进行分析，采取防范存煤自燃和热量损失的有效措施，配煤掺烧领导小组应对煤场存煤量和结构的合理性进行审查，对超量、超期存煤的必要性作出决议并书面记录。

3.1.1.8 配煤时，当不同入厂煤挥发分 V_{daf} 相差大于 15%时，应进行试烧试验。无烟煤与褐煤不应掺配。燃用混煤造成燃烧不稳或锅炉灭火时，应对混煤的煤源情况进行追溯。

3.1.1.9 新炉投产、锅炉改进性大修后或入炉燃料与设计燃料有较大差异时，应进行燃烧调整试验，以确定合理的一/二次风量、一次风风速、过剩空气量、主燃烧器风量与燃尽风量比例、炉膛/风箱差压、配风方式、磨煤机投运方式、风煤比、煤粉细度、燃烧器摆角或旋流强度及不投油最低稳燃负荷等。

3.1.1.10 建立新煤种掺配试烧制度，掺烧新煤种或煤质偏离锅炉设计煤质较大、本厂无燃烧调整经验时，应组织或委托有能力的试验单位进行配煤掺烧试验，确定最佳掺配方案，明确锅炉运行控制指标和操作注意事项，指导运行人员操作调整。

3.1.1.11 应根据燃煤及机组负荷情况进行燃烧调整，控制着火点；着火点控制在燃烧器出口150mm～200mm为宜。燃煤挥发分低时，运行一次风速可按DL/T 831—2015《大容量煤粉燃烧锅炉炉膛选型导则》，选取设计推荐值的低值；燃煤挥发分高时，运行一次风速选取设计推荐值的高值。对于采用旋流燃烧器的锅炉，如燃烧稳定性较差，可通过加强燃烧器二次风旋流强度、适当降低一次风速等方式提高燃烧稳定性。

3.1.1.12 对于深度调峰机组，在制粉系统出力满足负荷要求的前提下，尽可能少投运燃烧器层数、数量，保证燃烧器自身的燃烧稳定性与抗干扰能力，并通过试验确定低负荷下投运燃烧器层数、燃烧器配风方式。

3.1.1.13 掺烧劣质煤时，应设置燃烧器稳燃层，稳燃层宜燃用着火特性较好的煤种以提高炉内燃烧稳定性。当稳燃层燃烧器对应磨煤机检修时，应根据其他投运层燃烧器燃烧状况，适时投入稳燃设施。

3.1.1.14 当燃煤煤质变化较大引起燃烧稳定性变差时，在保证制粉系统安全的前提下，可通过降低一次风速、提高煤粉细度、适当提高风粉混合物温度、提高旋流燃烧器旋流强度等措施稳定燃烧。经过反复调整后燃烧仍不稳定的，应降低劣质煤、难燃煤的掺配比例，或者更换煤种。

3.1.1.15 对于采用干排渣系统的锅炉，应按设计炉底风温和冷却风量对炉底漏风进行控制，炉底进风温度一般不低于 150℃，应尽可能减少从炉底进入炉内冷风量；对于采用水力除渣系统的锅炉，应加强炉底水封巡视检查，防止水封破坏造成冷风大量漏入炉膛。

3.1.1.16 制定防止原煤仓堵煤措施。入厂煤水分过高时，应充分利用筒仓、煤场晾晒等方式进行原煤干燥。上煤加仓应针对煤质及水分差异采取不同加仓方式，如煤中水分较高时，宜采取半仓上煤方式，防止因给煤系统堵塞造成锅炉灭火。对于掺烧煤泥或污泥的电厂应注意对入厂煤泥或污泥的水分进行监测，根据设备实际特性合理控制高水分煤泥或污泥掺烧比例。对于无晾晒设施的电厂应杜绝高水分高黏结煤泥入厂，如确有必要掺烧，应对入厂煤泥最大含水量进行试验测定，并做好相应防范措施。

3.1.1.17 完善原煤防堵设施。检查煤仓设计合理性：双曲线型原煤仓出口段截面收缩率不应小于 0.7，出口直径不宜小于 600mm；锥形原煤仓出口段壁面与水平面的夹角，对于煤粉锅炉不应小于 60°，对于循环流化床锅炉不应小于 70°；煤粉锅炉采用矩形原煤仓时，相邻两壁的交线与水平面的夹角不应小于 55°，壁面与水平面夹角不应小于 60°，对于黏性大、高挥发分或易燃的烟煤和褐煤，相邻两壁的交线与水平面的夹角不应小于 65°，壁面与水平面的夹角不应小于 70°。进仓线料斗、切换装置、原煤仓落煤斗、给煤机出口等部位易发生堵煤的，应经调研后加装新型高效防堵装置或者改造原煤仓结构，如扩大落煤口的小煤斗设计或带给料机的煤仓装置等；进仓线堵煤、粘煤需人工疏通清理的，应通过技术革新加装专用疏通装置。

3.1.1.18 掺烧煤泥的电厂，应对煤泥晾晒烘干和防堵等开展专题研究，短期掺烧时应设置专用场地进行煤泥晾晒，并制定掺配、进仓专项措施；长期掺烧煤泥等高水分、易黏结煤种的，应论证实施煤泥烘干和掺配设施改造。

3.1.1.19 给煤机堵煤、断煤报警信号应引至DCS。

3.1.1.20 完善当班事故预案。当出现以下情况时，集控运行人员和燃料运行人员应互相通报，值长应组织运行人员开展事故预想，明确应对预案。

a） 进仓煤发生自燃、发热，或在煤场堆放超过20日，可能产生热值损失。

b） 进仓煤潮湿易堵或含有冻块、大块和其他杂物。

c） 配煤单所列煤质与现场实际不符，或所取煤种与掺配比例偏离配煤单，以及因设备、操作等原因，在进仓过程中发生掺配不均匀现象。

d） 入厂煤未经完整煤质检验直接进仓或对进仓煤质存在疑问。

e） 从机组接带负荷能力或相关运行参数判断燃用煤质明显偏离配煤单煤质。

f） 制粉系统故障、火焰检测出现晃动、锅炉发生明显结焦、烟气污染物含量明显上升或超标。

3.1.1.21 锅炉低于最低稳燃负荷运行、入炉煤质变差影响燃烧稳定性、断煤时，应及时投入稳燃系统稳燃。

3.1.1.22 加强设备检修管理，重点解决炉膛严重漏风、一次风管不畅、送风不正常脉动、直吹式制粉系统磨煤机堵煤断煤和粉管堵粉、中储式制粉系统给粉机下粉不均或煤粉自流、热控设备失灵等。

3.1.1.23 重视锅炉掉大渣对燃烧稳定性的影响。通过燃烧器切换、负荷扰动、增加结渣区域吹灰频次等运行调整方式控制锅炉结渣，防止锅炉掉焦造成灭火。

3.1.1.24 对于折焰角严重积灰的机组，应结合锅炉特性择机加装蒸汽吹灰器、定向吹灰器或风帽吹灰器等清灰装置，避免机组长期低负荷运行时垮灰。机组检修期间应对折焰角积灰进行清理。对于长期低负荷运行的机组，应加强与调度协调，争取机组带高负荷的机会，对折焰角区域进行吹灰。

3.1.1.25 每个煤、油、气燃烧器都应单独设置火焰检测装置。火焰检测装置应当精细调整，安装位置及角度应符合要求，以保证锅炉在高、低负荷工况下以及各类适用煤种下都能正确检测到火焰。火焰检测装置冷却用气源应稳定可靠。应对火焰检测保护逻辑进行全面梳理与优化，防止火焰检测测量不准确导致的制粉系统跳闸。

3.1.1.26 加强锅炉灭火保护装置的检修、维护与管理，确保锅炉灭火保护装置可靠投用。防止发生火焰探头烧毁、污染失灵、炉膛负压管堵塞等问题。定期对火焰检测探头进行清灰打焦，保证火焰检测探头清洁。

3.1.1.27 火焰检测冷却风压力应在合适范围内，压力降低时及时查明原因并消缺处理。可考虑增加一路取自冷一次风母管的火焰检测冷却风。

3.1.1.28 火焰检测冷却风机电源应取自不同的供电母线。

3.1.1.29 完善火焰检测与保护逻辑。发生火焰检测信号晃动时，应进行现场实际看火，对火焰检测信号的准确性进行判断，优化火焰检测参数设置，提高火焰检测可靠性，杜绝漏看和误看现象。

3.1.1.30 燃油、燃气速断阀应定期试验，确保动作正确、关闭严密；锅炉点火系统应可靠备用。定期开展油枪清理和油枪投入试验、等离子拉弧工作，确保油枪动作可靠、雾化良好，确保在锅炉低负荷或燃烧不稳时能及时投用助燃。

3.1.1.31 100MW及以上等级机组的锅炉应装设锅炉灭火保护装置。该装置应包括但不限于以下功能：炉膛吹扫、锅炉点火、总燃料跳闸、全炉膛火焰监视和灭火保护功能、主燃料跳闸首出等。

3.1.1.32 锅炉运行中严禁随意退出锅炉灭火保护。因设备缺陷需退出部分锅炉主保护时，应严格履行审批手续，并事先做好安全措施。严禁在锅炉灭火保护装置退出情况下进行锅炉启动。

3.1.1.33 炉膛负压等参与灭火保护的热工测点应单独设置并冗余配置。必须保证炉膛压力信号取样部位的设计、安装合理，取样管相互独立，系统工作可靠。应配备 4 个炉膛压力变送器：其中 3 个为调节用，另 1 个作监视用，其量程应大于炉膛压力保护定值。

3.1.1.34 锅炉灭火保护装置和就地控制设备电源应可靠，电源应采用两路交流 220V 供电电源，其中一路应为交流不间断电源，另一路电源引自厂用事故保安电源。当设置冗余不间断电源系统时，也可两路均采用不间断电源，但两路进线应分别取自不同的供电母线上，防止因瞬间失电造成失去锅炉灭火保护功能。

3.1.1.35 优化自动控制策略。完善协调控制策略，避免变负荷时燃料量、风量大幅扰动；提高自动控制水平，保证机组异常工况下汽包水位、炉膛压力、水煤比等重要参数的自动调节；完善制粉系统 RB 功能，建立利用停机机会开展制粉系统 RB 实际动作试验的机制，确保在给煤机、磨煤机或给粉机跳闸时，自动完成锅炉稳燃和重要参数的调整。

3.1.2 防止锅炉内爆事故

3.1.2.1 炉膛设计瞬态压力不应低于±9.8kPa。从送风机出口一直到烟囱所有的风道及烟道，在设计时均应考虑炉膛承受瞬态设计压力时烟道所受到的压力。无论何种原因使引风机选型点超过－9.8kPa，炉膛设计瞬态负压都应考虑予以增加。

3.1.2.2 对进行脱硫、脱硝、烟气余热利用、分级省煤器等改造的机组，应核算尾部烟道负压承受能力，对强度不足部分应进行重新加固。

3.1.2.3 锅炉防内爆保护系统必须配备的联锁参照热工反事故措施相关章节执行，并应符合 DL/T 435—2018《电站锅炉炉膛防爆规程》防内爆的规定。当所有送风机跳闸时，应触发总燃料跳闸，并触发引风机控制装置超驰动作，所有送风机挡板应在开启位置，但其开度应避免由于风机惰走对风道产生较高的风压，并按紧急停炉的要求处理。当所有引风机事故跳闸时，应触发总燃料跳闸及所有送风机跳闸，缓慢全开所有烟、风道挡板，以建立尽可能大的自然通风。但开挡板时，应避免由于引风机隋走对烟道产生较大的负压，并按紧急停炉的要求处理。

3.1.2.4 机组新投产、锅炉检修、风机执行器及风门挡板有重大检修后，应做好系统传动试验。应开展静态试验检查风机联锁条件、风机调节挡板的执行器动作及快速调节性能，MFT、RB 联锁条件及功能、跳闸条件触发风机控制装置超驰动作功能。

3.1.2.5 冷态试验时，应重点检查机组 RB 等异常工况下引风机挡板、动叶调节性能以及锅炉 MFT 炉膛压力偏差大时的风机控制装置超驰动作功能。

3.1.2.6 当引风机挡板、动叶执行机构调节性能及风机控制装置超驰动作功能不满足防止锅炉内爆要求时，应及时进行改造。在执行机构问题设备改造前，应制定防止锅炉内爆的技术措施，并组织实施预防事故演练。

3.1.2.7 如果引风机压头过高，宜采取在引风机入口烟道增加防爆门或引风机烟气再循环旁路等措施，以应对系统负压过大的问题，确保锅炉系统安全。

3.2 防止锅炉爆燃事故

3.2.1 锅炉启动点火或锅炉灭火后重新点火前，必须对炉膛及烟道进行充分吹扫，防止未燃尽物质聚集在尾部烟道造成再燃烧。进行炉膛及烟道吹扫时，吹扫风量应不小于25%锅炉满负荷的空气质量流量，同时不大于40%锅炉满负荷时的空气质量流量；吹扫时间应大于5min。炉膛吹扫时，应将燃烧器风门挡板置于吹扫位。

3.2.2 每个点火燃烧器都应进行运行试验。点火燃烧器运行试验应在锅炉炉膛吹扫后、主燃料投入前进行。在机组大修后或经过重大维修后，点火燃烧器应进行一次运行试验。

3.2.3 将准备点火的燃烧器风门挡板（或调风器）置于点火开度。燃油和燃气锅炉吹扫和点火时，通常将调风器放至正常运行位置，只有准备点火的燃烧器的调风挡板可能需要关小以建立初始点火条件；煤粉锅炉需将所有燃烧器风门挡板（或调风器）开到适中位置（点火位置），利用风箱炉膛差压建立吹扫和点火所需要的湍流度，着火后再逐渐开至正常燃烧位置。

3.2.4 锅炉从启动到带初始负荷，应将所需要的燃烧器的调风器（或二次风）挡板一直处于开启状态，并维持其通风量相当于吹扫风量，直到由于负荷需要而增加风量、燃料量为止，以保证在启动期间炉膛一直处于富空气气氛，并建立一个防止可燃物积聚的最低风速。

3.2.5 点火初期应确认从主燃烧器喷入炉膛的燃料已点燃。主燃料点燃时间应该是考虑了点火滞后时间之后的10s内点燃。当直吹式系统投入的第一台磨煤机（或贮仓式给粉机）的燃烧器点火失败或燃烧器灭火时，则总燃料跳闸应动作。对于直吹式系统，第二台和随后的其他磨煤机投运时，如果任何一个燃烧器不管何种原因点火失败或灭火，如果制造厂原设计可单独停用一个燃烧器，则应停用该燃烧器，在查明原因并消除后，可再启动该燃烧器，但在启动该燃烧器前，应满足所有点火条件，如果制造厂原设计没有措施可单独停用一个燃烧器，则应停该磨煤机，待查明原因并消除后再启动。对于装有等离子无油点火装置或小油枪微油点火装置的锅炉点火时，严禁解除全炉膛灭火保护：当采用中速磨煤机直吹式制粉系统时，任一角在180s内未点燃时，应立即停止相应磨煤机的运行；对于中储式制粉系统任一角在30s内未点燃时，应立即停止相应给粉机的运行，经充分通风吹扫、查明原因后再重新投入。完善煤粉锅炉点火启动系统，在启动初期炉膛稳燃条件达到之前，禁止将无点火枪支持的不燃烧煤粉送入炉膛。

3.2.6 当炉膛已经灭火或已局部灭火并濒临全部灭火时，严禁投助燃油枪、等离子点火枪等稳燃枪。当锅炉灭火后，要立即停止燃料（含煤、油、燃气、制粉乏气风）供给，严禁用爆燃法恢复燃烧。重新点火前必须对锅炉进行充分通风吹扫，以排除炉膛和烟道内的可燃物质。

3.2.7 炉膛压力保护定值应合理，要综合考虑炉膛防爆能力、炉底密封承受能力和锅炉正常燃烧要求。

3.2.8 油枪投用时应就地严密监视油枪雾化和燃烧情况，发现油枪雾化不良应立即停用，并及时检修消缺。

3.2.9 新设备初次启动后，或已运行的设备在经过重大改造或煤质特性有重大变化后，均应对设备的性能进行试验，试验结果应纳入运行规程中，使运行人员能即时掌握设备性能，并正确地操作，从而保证安全经济运行，并为自动调节、安全保护等系统有关参数的整定提供必需的数据。设备性能试验包括下列内容，但不限于下列内容：

a） 各燃烧器之间风、粉分配的调整；

b） 确定合理的煤粉细度；

c） 不同负荷下的最佳过量空气系数；

d） 不同负荷下的一次风、二次风、三次风（热风送粉制粉系统）及燃尽风等的最佳比例及控制方式；

e） 燃烧器风门挡板（或调风器）的最佳开度（或旋流强度）；

f） 燃烧器倾角；

g） 不同负荷下各燃烧器或燃烧器组（投运磨煤机）的最佳组合方式；

h） 不投油最低稳燃负荷。

3.2.10 锅炉运行中，应根据机组调整试验结果，根据负荷的变化调节风、煤量，并保持所要求的比例以及根据不同的负荷按不同的燃烧器组合方式运行。调节风、煤量时，应采取同时增、减的方式，但也不排除在增加负荷时先加风后加煤，在减负荷时先减煤后减风的方式。任何情况下，总风量不许减至小于满负荷时风量的25%。

3.2.11 液态排渣炉的最低负荷应以保持其能连续流渣为准，并应防止有未燃煤粉落入溶渣池引起析铁，破坏炉底及排入粒化箱而引起氢爆事故。

3.2.12 正常停炉时，当锅炉负荷逐渐降低时，应根据燃烧情况投入点火器以保证炉内燃烧稳定。直吹式制粉系统对于停磨煤机运行时，应降低煤量、风量至最低允许的最低值，燃烧器的调风挡板开度放至启动时的位置。确认拟停的各燃烧器存在火焰，把这些燃烧器的点火器投入。当燃烧器煤粉火焰已经熄灭，磨煤机已经抽空并冷却时，停止制粉系统；退出点火燃烧器。当所有燃烧器和点火器均停运后，风量维持在吹扫风量的情况下，对机组进行吹扫。

3.2.13 紧急停炉时，首先触发总燃料跳闸时，应停止所有燃料进入炉膛。电除尘器或其他能发生点火源的设备也应跳闸。总燃料跳闸后，尚在运行的风机应保持继续运行，不要立即用手动或自动去增、减风量，如果风量大于吹扫风量，可缓慢地把它调节到吹扫风量，作灭火后的吹扫，如果总燃料跳闸时风量小于吹扫风量，则必须在这一风量下继续保持5min，然后把风量逐渐增加到吹扫风量，完成灭火后的吹扫。如果是由于失去引风机而导致紧急停炉或引风机已经解列时，则应关闭烟气再循环风机（如有此设备）挡板，并缓慢地把空气和烟气通道上的所有挡板调节到全开位置，以建立尽可能大的自然通风，但风机跳闸后，挡板的开度应加以控制，以免在风机惰走期间，炉膛产生过大的正压或负压，保持这种状态不少于15min。然后按正常启动顺序，启动风机并缓慢地调整风量为吹扫风量，完成对灭火后机组的吹扫工作。

3.2.14 对于循环流化床锅炉，应根据实际燃用煤质着火点情况进行间断投煤操作，禁止床温未达到投煤允许条件连续大量投煤。

3.2.15 对于循环流化床锅炉，锅炉启动前或总燃料跳闸、锅炉跳闸后应根据床温情况严格进行炉膛冷态或热态吹扫程序，禁止采用降低一次风量至临界流化风量以下的方式点火。

3.2.16 循环流化床锅炉压火应先停止给煤机，切断所有燃料，并严格执行炉膛吹扫程序，待床温开始下降、氧量回升时再按正确顺序停风机；禁止通过锅炉跳闸直接跳闸风机联跳总燃料跳闸的方式压火。压火后的热启动应严格执行热态吹扫程序，并根据床温情况进行投油升温或投煤启动。

3.2.17 循环流化床锅炉水冷壁泄漏后，应尽快停炉，并保留一台引风机运行，禁止闷炉；冷渣器泄漏后，应立即切断炉渣进料，并隔绝冷却水。

3.3 防止锅炉尾部再燃烧事故

3.3.1 回转式空气预热器应设有火灾报警装置、入口烟气挡板、出入口风挡板及相应的联锁保护装置。

3.3.2 回转式空气预热器应设有完善的消防系统，在空气及烟气侧应装设消防水喷淋水管，喷淋面积应覆盖整个受热面。如采用蒸汽消防系统，其汽源必须与公共汽源相连，以保证启停及正常运行时随时可投入蒸汽进行隔绝空气式消防。

3.3.3 回转式空气预热器应配套设计完善、合理的吹灰系统，冷热端均应设吹灰器。如采用蒸汽吹灰，吹灰汽源参数应设计合理，吹灰器进汽阀后的蒸汽过热度至少为 110℃，空气预热器吹灰蒸汽应有来自辅助蒸汽联箱的汽源，以满足机组启动和低负荷运行期间的吹灰需要。吹灰疏水管道应有 2/1000 以上的疏水坡度。

3.3.4 油枪采用机械雾化时，燃油系统压力应不低于雾化设计压力；采用压缩空气或蒸汽雾化时，压缩空气或蒸汽压力应不低于油压，蒸汽温度不低于设计值，保证油枪雾化良好。

3.3.5 对于循环流化床锅炉，油燃烧器出口必须设计足够的油燃烧空间，保证油进入炉膛前能够完全燃烧。

3.3.6 锅炉采用少油/无油点火技术进行设计和改造时，必须充分把握燃用煤质特性。少油/无油点火系统设计改造时应有同类煤种的应用业绩，保证锅炉少油/无油点火的可靠性和锅炉启动初期燃尽率以及整体性能。等离子点火系统宜燃用烟煤或褐煤，煤质特性应满足：

a） 烟煤灰分 A_{ar}≤35%，且 M_{ar}≤10%，V_{daf}≥32%；

b） 褐煤灰分 A_{ar}≤30%，且 M_{ar}≤25%，V_{daf}≥40%或灰分 A_{ar}≤17%，且 M_{ar}≤40%，V_{daf}≥42%。

3.3.7 基建机组首次点火前或空气预热器检修后应逐项检查传动火灾报警测点和系统，确保火灾报警系统正常投用。

3.3.8 空气预热器在安装后第一次投运时，应将杂物彻底清理干净，蓄热元件必须进行全面的通透性检查，经制造、施工、建设、生产等各方验收合格后方可投入运行。基建或检修期间，不论在炉膛或者烟风道内进行工作后，必须彻底检查清理炉膛、风道和烟道，并经过验收，防止风机启动后杂物积聚在空气预热器换热元件表面上或缝隙中。

3.3.9 新建机组或改造过的锅炉燃油系统必须经过辅助蒸汽吹扫，并按要求进行油循环，首次投运前必须经过燃油泄漏试验，确保各油阀的严密性。油枪、少油/无油点火系统必须保证安装正确，新设备和系统在投运前必须进行正确整定和冷态调试。冷态调试时应检查油枪的实际雾化效果。

3.3.10 机组基建调试前期和启动前，必须做好吹灰系统、消防系统的调试、消缺和维护工作，应检查吹灰、消防行程、喷头有无死角，有无堵塞问题并及时处理。有关空气预热器的所有系统都必须在锅炉点火前达到投运状态。

3.3.11 锅炉启动点火或锅炉灭火后重新点火前必须对炉膛及烟道进行充分吹扫，防止未燃尽物质聚集在尾部烟道，造成再燃烧。

3.3.12 锅炉启动投入油枪时，应就地观察油枪雾化着火情况。当出现雾化油滴冲刷燃烧器及水冷壁的情况时，应停止油枪运行，并对油枪重新进行定位；当发现油枪雾化不良、出现液态射流时，应停止油枪运行，检查清理油枪雾化片，检查供油压力、雾化介质压力是否正常，防止未燃尽燃油落入除渣系统及油滴聚集在尾部烟道引起火灾。

3.3.13 油燃烧器运行时，必须保证油枪根部燃烧所需用氧量，就地观察油枪火焰应明亮、不发暗，以保证燃油燃烧稳定完全。

3.3.14 锅炉燃用渣油或重油时应保证燃油温度和油压在规定值内，雾化蒸汽参数在设计值内，以保证油枪雾化良好、燃烧完全。

3.3.15 采用少油/无油点火方式启动锅炉机组，应保证入炉煤质，调整煤粉细度和磨煤机通风量在合理范围，控制磨煤机出力和风、粉浓度，使着火稳定和燃烧充分。

3.3.16 采用少油/无油点火方式启动时，点火后应监视蒸汽温度、蒸汽压力、各段壁温和氧量，发现参数不正常变化时，应注意检查和分析燃烧情况和锅炉沿程温度、阻力变化情况。

3.3.17 采用少油/无油方式启动的机组，机组启动初期，锅炉负荷低于25%额定负荷时，空气预热器应连续吹灰；当低负荷煤、油混烧时，空气预热器应连续吹灰；锅炉负荷大于25%额定负荷时至少每8h吹灰一次。

3.3.18 若锅炉较长时间低负荷燃油或煤油混烧，可根据具体情况利用停炉机会对回转式空气预热器受热面进行检查，重点是检查中层和下层传热元件，若发现有残留物积存，应及时组织进行水冲洗。

3.3.19 运行规程应明确省煤器、脱硝装置、空气预热器等部位烟道在不同工况的烟气温度限制值。运行中应加强监视回转式空气预热器出口烟风温度变化情况，当烟气温度超过规定值、有再燃前兆时，应立即停炉，并及时采取消防措施。

3.3.20 安装脱硝系统，在低负荷煤油混烧、等离子点火期间，脱硝反应器内必须加强吹灰，监控反应器前后阻力及烟气温度，防止反应器内催化剂区域有未燃尽物质燃烧，反应器灰斗需要及时排灰，防止沉积。

3.3.21 干排渣系统在低负荷燃油、等离子点火或煤油混烧期间，防止干排渣系统的钢带由于锅炉未燃尽的物质落入钢带二次燃烧，损坏钢带。需要派人就地监控。

3.3.22 新建燃煤机组尾部烟道下部省煤器灰斗应设输灰系统，以保证未燃物可以及时地输送出去。

3.3.23 如果在低负荷燃油、等离子点火或煤油混烧期间电除尘器在投入，电除尘器应降低二次电压电流运行，防止在集尘极和放电极之间燃烧，除灰系统在此期间连续输送。

3.3.24 锅炉运行过程中应保证二次风有效参与炉内燃烧，提高煤粉燃尽率。不同负荷下应保证二次风箱与炉膛差压，使二次风有足够刚性。应注意治理炉底漏风、二次风小风门泄漏、锅炉本体漏风和空气预热器漏风等，切实减少锅炉无组织风量。

3.4 防止锅炉严重结渣

3.4.1 入厂煤应提供灰成分分析报告、灰熔点测试报告。

3.4.2 锅炉设备的选型应根据燃用的设计燃料及校核燃料的燃料特性数据确定。锅炉设计煤种和校核煤种应委托具备相应检验资质的单位按标准进行化验分析。在进行炉膛设计选型前，应对设计煤种煤质分析数据做必要的校验与核算，并分析锅炉投运后煤质可能的变化幅度。锅炉炉膛的设计、选型应参照DL/T 831—2015《大容量煤粉燃烧锅炉炉膛选型导则》的有关规定进行，锅炉炉膛特征参数的选取及燃烧方式的选择应有足够的防结焦能力，对于严重结渣性煤，炉膛容积放热强度q_v、炉膛断面放热强度q_f、燃烧器区壁面放热强度q_b、燃尽区容积放热强度q_m都宜按照DL/T 831—2015《大容量煤粉燃烧锅炉炉膛选型导则》推荐的较小值或最小值选取，而最上层燃烧器至屏底距离则宜选其较大值或最大值。

3.4.3 对于燃用高钾、高钠煤种的锅炉，在设计阶段应采取增大锅炉炉膛尺寸、降低炉膛容积热负荷、增加对流受热面管屏间距、增加最上层燃烧器至屏底距离、增加吹灰器等措施预防锅炉结渣。

3.4.4 在锅炉燃烧器的安装、检修和维护期间，应确认安装角度、燃烧器定位和间隙等尺寸与设计值一致，避免由于安装偏差导致一次风射流偏斜产生贴壁气流。燃烧器改造后、投运前应进行冷态炉膛空气动力场试验，以检查燃烧器安装角度是否正确。

3.4.5 应加强氧量计、一氧化碳测量装置、风量测量装置及二次风门等锅炉燃烧监视调整重要设备的管理与维护，形成定期校验制度，以确保其指示准确，动作正确，避免在炉内形成整体或局部还原性气氛，从而加剧炉膛结焦。

3.4.6 新炉投产、锅炉改进性大修后或入炉燃料与设计燃料有较大差异时，应进行燃烧调整试验，以确定一/二次风量、风速、合理的过剩空气量、主燃烧器风量与燃尽风量比例、炉膛/风箱差压、配风方式、磨煤机投运方式、风煤比、煤粉细度、燃烧器倾角、摆角或旋流强度及不投油最低稳燃负荷等。建立新煤种掺配试烧制度。掺烧新煤种或煤质偏离锅炉设计煤质较大、本厂无燃烧调整经验时，应组织或委托有能力的试验单位进行配煤掺烧试验，确定最佳掺配方案，明确锅炉运行控制指标和操作注意事项，指导运行人员操作调整。

3.4.7 应加强电厂入厂煤、入炉煤的管理及煤质分析，发现易结焦煤质时，应及时通知运行人员。

3.4.8 建立常态化看火、看焦机制。建立以锅炉运行专工为主导、当班运行人员的现场看火、看焦机制，准确掌握不同掺配比例和各负荷下的锅炉着火状况，对燃烧器喷口、水冷壁、底灰斗和烟道各部位结焦状况进行实际观察，掌握煤种配烧规律。在燃用低灰熔点、易结焦煤种时，要制定专门巡检制度，增加观火孔和炉底排渣装置的巡检、观察次数，及时发现和解决问题。

3.4.9 根据受热面积灰沾污情况制定合理的吹灰器运行管理规定，严格按照吹灰器运行管理规定的要求执行吹灰操作。通过精细配煤和燃烧调整减轻锅炉结焦现象，针对看焦结果优化吹灰策略；认真观察吹灰和掉焦时火焰检测变化规律，掺烧劣质煤和易结焦煤种时，应在锅炉降负荷前完成全面吹灰，防范低负荷掉焦引发灭火。

3.4.10 开展制粉与燃烧优化。通过风粉流速、浓度在线检测等手段，着力解决粉管流速、浓度不均问题；通过炉膛各部位温度测试等手段，及时发现和解决燃烧器配风不均问题。加装一氧化碳测点，并引入 DCS 作为燃烧调整的参考。

3.4.11 对于煤灰成分分析中钾、钠金属含量较高的煤种，为避免炉膛出口下游对流受热面结渣，应通过掺烧低钾、低钠煤等措施改善其沾污特性，并通过配煤掺烧试验确定钾、钠金属含量较高的煤种在不同负荷的掺烧比例。对于煤灰碱金属含量高于 4%的煤种，应通过掺烧低钾、低钠煤将碱金属含量降低至 4%以下。运行中应加强汽水系统各段受热面温升情况监视和烟气侧各段受热面烟气阻力监视，并通过加强吹灰、提高吹灰频次、增加吹灰器等方式，必要时适当降低机组负荷，以防止对流受热面出现严重结渣。

3.4.12 对于存在结焦问题的机组，在配煤掺烧控制基础上，应综合运用吹灰、燃烧器切换、缩短负荷扰动周期、峰谷负荷升降等运行措施进行除焦。

3.4.13 对于切圆燃烧锅炉，运行中应杜绝缺角燃烧模式，以防止火焰偏斜冲刷水冷壁造成炉膛结焦。

3.4.14 为防止燃烧器喷口区域严重结焦，对于旋流燃烧器，可采取适度提高一次风速和中心风筒通风量、降低二次风旋流强度等措施；对于直流燃烧器，可采取提高一次风速和二次风速等措施。

3.4.15 切圆燃烧锅炉因火焰刷墙引起锅炉结渣，如通过燃烧调整无法改善，可以通过增加贴壁风、减小假想切圆直径的方法控制结渣。

3.4.16 锅炉排渣系统应正常工作，其出力满足锅炉排渣要求，对于冷灰斗处易堵渣的锅炉可考虑在灰斗处加装水力冲渣装置。

3.4.17 应做好磨煤机定期检修维护工作，保证磨煤机出力和煤粉细度正常。检修期间应检查燃烧器及烟风煤粉管道、调节挡板等设备状况，消除燃烧器及挡板变形、损坏、堵灰等问题。

3.4.18 循环流化床锅炉启动过程中应通过调整一次风量保证锅炉处于临界流化状态以上，运行中应通过风量及循环灰量控制调节床温，及时排渣避免大颗粒物料的堆积，避免炉膛及落煤口处结焦。检修期间对旋风分离器及返料器内部进行检查，对脱落的耐火料及时进行清除和恢复，确保返料正常。

3.4.19 受热面及炉底等部位严重结渣，影响锅炉安全运行时，应立即停炉处理。

3.5 防止锅炉受热面高温腐蚀

3.5.1 锅炉设计时，应根据煤质特性采取必要的防止锅炉受热面高温腐蚀的技术措施。当设计煤质硫分高于 0.7%时，需要考虑改善壁面气氛的配风设计。当设计煤质硫分高于 1.2%时，炉膛水冷壁应设计防腐蚀喷涂层。当燃用煤质硫分较高、灰分的碱金属氧化物含量高于 4%时，应针对过热器、再热器受热面高温腐蚀问题进行专项设计。

3.5.2 锅炉改燃非设计煤种时，应全面分析新煤种高温腐蚀特性，并采取针对性措施。掺烧高硫煤或煤质硫分偏离锅炉设计值较大时，应进行掺配试验，确定最佳掺配比例及掺烧后对锅炉运行的影响，明确锅炉运行控制的主要指标和操作注意事项。

3.5.3 控制入炉煤煤质均匀，具备条件的电厂应控制入炉煤硫分低于 0.7%；掺烧高硫煤时，具备条件的电厂应进行炉外混煤。

3.5.4 合理分配主燃烧区域和燃尽风区域风量，避免主燃烧区域过度缺氧燃烧。对于单个旋流燃烧器配风调整，应降低靠近两侧墙燃烧器外二次风旋流强度，改善侧墙处还原性气氛。

3.5.5 对于直流燃烧器锅炉，在掺烧硫分较高煤种时，应通过适当加大周界风、偏置二次风风量，以及适当降低空气分级程度等措施，改善水冷壁近壁区域还原性气氛。

3.5.6 锅炉采用主燃区过量空气系数低于 1.0 的低氮燃烧技术时应加强贴壁气氛的监视，O_2＞2%且 CO＜2000μL/L，或者水冷壁附近 H_2S 含量低于 100μL/L 时一般不发生水冷壁高温腐蚀。

3.5.7 对于直吹式制粉系统机组，如粉量偏差大于 25%，应通过增加煤粉分配器等必要的技术措施加以改善。

3.5.8 运行人员应根据煤质特性通过改变磨煤机风量、分离器转速、分离器挡板开度等方式控制合适的煤粉细度。

3.5.9 在锅炉检修期间应做好水冷壁高温腐蚀情况检查、测厚和记录，及时更换腐蚀减薄超标的管子。

3.5.10 存在高温腐蚀的锅炉应对严重腐蚀区域进行防腐喷涂。喷涂施工应选择质量可靠、工艺先进的喷涂服务单位，以保证喷涂质量和使用寿命（至少 3 年～5 年）。

3.5.11 检修期间应加强对燃烧器、所有风门挡板等燃烧系统部件的检查维护工作。条件允许时，应重新定位调整燃烧器及导流筒，确保各部位间隙均匀、符合制造厂要求。

3.5.12 对于采用贴壁风技术的锅炉机组，其风源应取自大风箱风门挡板前或一次风。

3.5.13 对于腐蚀严重的切圆燃烧锅炉，采取防腐喷涂不能取得预计效果的，宜采取调整二次风射流偏转角度、设置贴壁风、减小切圆直径等技术措施。

3.5.14 燃用高钾、钠煤的锅炉应控制其掺烧比例，停机期间注意对高温受热面硫酸盐腐蚀情况进行检查。燃用生物质的锅炉，停机期间应对过热器、再热器腐蚀情况进行检查，及时更换腐蚀严重的受热面。

3.6 防止燃烧设备故障

3.6.1 为防止燃烧器烧损，锅炉运行调整过程中，二次风箱与炉膛差压值应保持在合适范围，为燃烧器冷却提供条件。对于切圆燃烧锅炉，燃烧器备用时应保持周界风门合适开度；对于对冲燃烧锅炉，燃烧器备用时应根据风箱风门挡板特性调整合适的风箱风门挡板开度，以提供足够的冷却风量与中心风冷却风量。

3.6.2 煤粉管道一次风速应根据燃煤煤质（主要是挥发分）进行调整，确保煤粉着火距离合适，在任何负荷下一次风速不得低于 18m/s。

3.6.3 重视冷态/热态一次风调平工作，保证粉管风速及风速偏差在标准要求范围内，粉管之间的风速偏差冷态时降低至 5%以下，热态时降至 10%以下。

3.6.4 对冲燃烧锅炉燃用高挥发分烟煤时，应通过适当提高一次风速，降低二次风旋流强度等措施，避免着火距离较近造成燃烧器喷口结渣或烧损。

3.6.5 燃烧器改造后应及时开展制粉系统及燃烧优化调整试验，根据燃烧器特性及燃煤煤质确定合适的配风方式。

3.6.6 燃烧器区域视频监控装置、消防措施应完善，以保证发生火灾初期能及时发现并灭火。

3.6.7 检修期间重视对二次小风门挡板开度的校对，确保开度准确。

3.6.8 检修期间应重点对燃烧器内及燃烧器区域煤粉管道（尤其是弯头及其附近直管段）进行防磨检查，如存在耐磨陶瓷脱落、磨损超标应及时进行修复。

3.6.9 检修期间应对燃烧器喷口扩锥烧损变形情况进行检查，并及时修复。

3.6.10 宜在对冲燃烧锅炉上层燃烧器喷口上增加温度测点。

4 防止制粉系统故障

4.1 防止制粉系统爆炸

4.1.1 机组启动点火时，制粉系统的充惰系统应可靠备用，机组运行中应定期进行维护和试投，确保充惰灭火系统能随时投入。制粉系统配套消防水系统应可靠备用。

4.1.2 制粉系统设计时，除无烟煤外的其他煤种应采取防爆措施，若设计入炉煤为混煤时，防爆设计按照挥发分较高煤种进行设计。制粉系统防爆措施包括提高设备的抗爆压力、采用惰性气氛、装设爆炸泄压装置等。

4.1.3 制粉系统的联锁保护必须正常投入，特别是当磨煤机跳闸时，必须检查给煤机是否正常联跳。

4.1.4 当燃煤 V_{daf} 大于 25%（或煤的爆炸性指数大于 1.5 时），不宜采用中间储仓式制粉系统。

如确有必要采用中间储仓式制粉系统，则宜采用炉烟干燥或者加入惰性气体。燃用高挥发分褐煤的中间储仓式制粉系统运行时磨煤机入口氧含量应该控制在12%以下，排粉机入口氧含量应该控制在14%以下，定期检查治理制粉系统漏风。

4.1.5 中间储仓式制粉系统的粉仓和直吹式制粉系统的磨煤机出口应设置足够的温度测点和温度报警装置，并定期进行校验。每只煤粉仓温度测点不应少于4点，温度测量信号引至控制室。

4.1.6 防爆门应设置在靠近被保护设备或管道上，其爆破口或门板的位置应便于监视和维修。装设在弯管上时，应在弯管的外侧。安装在室内的防爆门不应正对巡检通道、电缆桥架、设备，如爆炸喷出物危及人身安全，或沉落在附近的电缆、油管道和热蒸汽管道上时，应采用引出管引至室内安全场所或室外。当条件限制无法引出时，应采取设置隔火墙、棚盖、隔板或阻火器等保护人身和/或设备安全的措施，使防爆门动作时喷出的气流不危及附近的电缆、油管道和热蒸汽管道及经常有人通行的区域。

4.1.7 条件限制导致防爆门安装在磨煤机出口的，应制定防爆门内部积粉自燃的防范措施。

4.1.8 直吹式制粉系统燃用高挥发分烟煤及褐煤时，特别注意预防启停过程中制粉系统爆炸事故。启停磨煤机时应保证吹扫时间不少于规程规定值（一般不少于10min），确保磨煤机内部无残留煤粉。启停磨煤机操作中增减煤量应平稳，禁止煤量大幅度波动。停磨煤机操作中减小煤量的同时注意控制冷热风比例，以保证磨煤机出口温度在规定范围，并对制粉系统进行充分吹扫。磨煤机着火或爆炸时，立即通入灭火蒸汽并停运磨煤机，关闭其所有的出入口风门挡板、密封风门以隔绝空气，后续定时通入蒸汽直至各处温度能降至环境温度。

4.1.9 制粉系统运行中应控制适宜的煤粉风速，以防止因风速偏低煤粉管道内积粉着火。对于采用热风送粉系统，在锅炉任何负荷下，从一次风箱到燃烧器和从排粉机到乏气燃烧器之间的管道，流速不低于 25m/s；对于采用干燥剂送粉系统和直吹式制粉系统，在锅炉任何负荷下，煤粉管道流速不低于18m/s。

4.1.10 磨煤机出口温度的低限值应能保证煤粉管道内无水分凝结和煤粉黏附，对于燃用高水分煤种时尤其注意磨煤机出口温度低限值的控制，当单独磨制高水分煤种时磨煤机出口低于60℃，可考虑炉外掺混低水分煤种以满足磨煤机出口温度低限值要求。磨煤机出口风粉温度应比其干燥剂中水蒸汽的露点高2℃（直吹式制粉系统）或高5℃（贮仓式制粉系统），否则应限制磨煤机出力。为防止煤粉气流在煤粉管道内黏附，应注意冬季或环境温度较低时煤粉管道的保温情况是否良好，定期安排煤粉管道保温测试。

4.1.11 巡检时，注意对磨煤机本体、防爆门、风粉管道、膨胀节等区域漏粉情况进行检查，及时消除漏粉点，并对相应区域的管道保温进行更换。应在布置集中的一次风粉管道区域加装视频监视。

4.1.12 防范石子煤着火。

a） 设计时应保证磨煤机入口混合风道高于磨煤机石子煤刮板区合理高度。对于入口混合风道与石子煤刮板区高度接近平齐的在役机组，应注意磨煤机启动初期的石子煤排放，防止石子煤在风道内堆积自燃。

b） 运行规程中应明确石子煤排放的周期，并严格执行。定期检查石子煤收联箱的石子煤量，正常运行中即使石子煤收联箱的石子煤量较少时也要定期排放，杜绝长时间不排放石子煤。

4.1.13 磨制高水分、高挥发分煤种时，当磨煤机出口温度快速上升时冷风调节门开启速度慢，无法有效控制磨煤机入口风温时，应对磨煤机入口冷风门进行改造，更换行程较快的磨煤机入口冷风调节门，以便紧急状况下能够及时降低磨煤机进口风温、保证冷风量。

4.1.14 定期检查煤仓、粉仓仓壁内衬钢板，以防衬板磨穿、夹层积粉自燃。煤仓、粉仓大修应清仓，并检查粉仓严密性和有无死角，特别要注意仓顶板－大梁搁置部分有无积粉死角。重点关注磨煤机文丘里装置、落煤管焊缝、煤粉分配器、可调缩孔、抱箍区域的积粉，因流场不均造成积粉时，应开展针对性改造。

4.1.15 磨煤机大修前应烧空煤仓，内部存粉全部清出。重点检查磨煤机内部是否存在死角，并进行清理修复。

4.1.16 严格执行定期降粉制度和停炉前煤粉仓空仓制度。原煤仓不应长期存煤，燃用褐煤或高挥发分印尼煤时，其在原煤仓内的存留时间不应超过 7 天。备用原煤仓应至少每班进行一次测温，原煤仓外壳温度高于 40℃以上时应增加测温频次，以了解其温度变化趋势，发现自燃时及时处理。

4.1.17 重视燃用高挥发分烟煤或褐煤磨煤机关断风门漏风隐患排查，确保磨煤机跳闸时风门能够可靠切断供风。

4.1.18 直吹式制粉系统应确保给煤机上、下煤闸门能够关闭严密。燃用高挥发分烟煤或褐煤时，在磨煤机停运期间检查磨煤机组备用情况，如给煤机处是否有上方煤闸门落煤情况，给煤机皮带是否完好，发现积煤时及时清理，防止给煤机着火；石子煤箱是否清空，发现异常及时处理，防止制粉系统着火。

4.1.19 制粉系统的充惰及灭火系统应设置快速动作阀门。对于蒸汽灭火系统，应严格控制蒸汽喷射时间，并监视磨煤机内部压力不超过设备承压上限，防止超压损坏设备。

4.1.20 制粉系统着火时，禁止使用射水流、灭火器或其他可能引起煤粉飞扬的方法消除或扑灭厂房或设备内部的自燃煤粉层，应用干砂掩埋或用喷雾水来熄灭。

4.1.21 禁止磨煤机运行时进行动火作业。停运磨煤机进行动火作业时，应有可靠的安全隔离措施并且履行相应手续。

4.1.22 制粉系统热风道膨胀节应定期检查，避免因膨胀节开裂、热风泄漏造成附近区域电缆桥架烧损。对制粉系统热风道附近电缆应采取可靠防火措施。对于安装风道燃烧器的机组，应就地确认着火情况，防止风道内油滴沉积发生火灾。

4.1.23 检修期间应注意对煤粉管道焊缝（包括厂家原始焊缝和现场安装焊缝）的检查，重视管道弯头及突扩、突缩等流场突变区域的漏点检查，避免出现粉管泄漏引发自燃。同时，对运行过程中振动较大的磨煤机，应及时消缺处理，或者采取提高出力、调整液压加载压力等措施，避免输粉管道连接法兰螺栓受振失效或膨胀节撕裂出现泄漏。

4.2 防止煤尘爆炸

4.2.1 煤粉仓投运前应做严密性试验，合格后方可投运。煤粉仓开孔必须有可靠的密封装置，进粉和出粉装置必须具有锁气功能。应在煤粉仓的上部设置灭火和惰性介质引入管的固定接口（接口内径大于或等于 25mm）。这些惰性气体应向煤粉仓的上部以平行于煤粉仓顶盖的分散气流方式引入，以避免煤粉飞扬。

4.2.2 应采取喷雾加湿、机械除尘等方式降低输煤系统煤粉浓度。定期检查转运站煤粉浓度，发现煤粉浓度超标时，应对落煤管头部漏粉点进行治理，必要时进行技术改造（如无动力除尘装置)，及时消除输煤系统粉尘泄漏点。大量放粉或清理煤粉时，应采用加湿、接粉(给粉机掏粉时)等方式避免扬尘。

4.2.3 输煤皮带层应有通风装置，严防煤粉积聚、浓度过高引发爆炸。输煤系统运行时，应投运除尘器抑制扬尘；为避免除尘器内部积粉自燃，宜配置远传的温度测点并增加报警提示。

4.2.4 煤粉仓、制粉系统和输煤系统附近应有消防设施，并备有专用的灭火器材，消防系统水源应充足、水压符合要求。消防灭火设施应保持完好，按期进行试验(试验时灭火剂不进入粉仓)。

4.2.5 加强制粉系统检查，防止煤粉管道、阀门连接、磨煤机顶部等部位漏粉，造成煤粉积聚或自燃。发现漏粉，现场做好防火措施，立即清理并进行堵漏消缺。

4.2.6 在微油或等离子点火期间，除灰系统储仓需经常卸料，防止在储仓未燃尽物质自燃爆炸。

4.2.7 在低负荷燃油，微油点火、等离子点火或者煤油混烧期间，电除尘器应限二次电压、电流运行，期间除灰系统必须连续投入。

4.2.8 运煤系统各建筑物(输煤栈桥、地下卸煤沟及转运站、碎煤机室、拉紧装置小室、驱动站、圆筒仓、煤仓间带式输送机层等)的地面宜采用水力清扫。煤仓间带式输送机层不宜水冲洗部位的积尘应采用真空清扫，禁止采用压缩空气吹扫积聚的煤粉和将清扫的煤粉直接倒入未运行的皮带。

4.3 防止断煤、断粉故障

4.3.1 对黏性大、有悬挂结拱倾向的煤，原煤仓的出口段宜采用内衬不锈钢板、光滑阻燃型耐磨材料或不锈钢复合钢板；宜装设预防和破除堵塞的装置。对于频繁发生蓬煤堵煤的机组，宜进行相关改造，如可选择扩大落煤口的小煤斗设计、中心给料机以及回转式清堵机。

4.3.2 上煤加仓时，针对不同煤质及煤中水分等采取不同加仓方式，如煤中水分较高时，宜采取半仓上煤方式，防止给煤系统堵塞。雨雪天气下上煤时应将煤堆上层湿煤推开或转移，晾晒后再进行上煤。不得将冻硬成块的煤进仓，特别是雨雪天气要尽量使用干煤棚中的煤。巡检时加强给煤机皮带上来煤状况的检查，判断原煤是否潮湿或有无冻硬结块现象。

4.3.3 对于掺烧煤泥的电厂应注意对入厂煤泥水分进行监视，根据原煤仓结构特性控制高水分煤泥掺烧比例。对于无晾晒设施的电厂应杜绝高水分黏结性大的煤泥入厂，必要时入厂煤泥最大含水量应经过试验确定。

4.3.4 注意对输煤系统防尘网、原煤仓内衬板牢固性进行检查，防止松脱堵塞落煤口造成断煤。

4.3.5 定期对煤量信号和断煤信号进行检查，防止信号不准确对控制系统的逻辑判断造成影响，给运行人员操作造成误判。

4.4 防止制粉系统设备故障

4.4.1 制粉系统的充惰系统定期进行维护和检查，确保充惰灭火系统能随时投入。

4.4.2 监视磨煤机振动状况，如振动异常时应采取及时调整煤量、液压加载力、分离器，如调整后振动仍偏大应及时停磨检查。

4.4.3 定期抽查磨煤机旋转分离器动叶轮固定螺栓的疲劳情况，对启停频繁的磨煤机，应缩短检查周期。

4.4.4 运行中如发现磨煤机电动机电流明显异常，石子煤量较大时，应及时安排磨煤机停运，并重点对磨辊、衬板磨损情况进行检查。

4.4.5 定期对磨辊的转动情况进行检查，按照厂家说明书规定的周期要求进行磨煤机磨辊油位、油质检查。如润滑油明显呈油泥状，应对磨辊总成裙罩吹损情况、磨辊轴承油封进行检查，防止由于密封效果不佳、油封损坏造成煤粉进入磨辊内部，污染油质；如油质不合格时及时换油，以延长磨辊轴承使用寿命。

4.4.6 重视制粉系统的磨煤机、给煤机、油站等设备电源、电动机、控制箱的检修维护以及保护逻辑排查，防止电控设备故障导致制粉系统异常。

4.4.7 定期更换磨煤机液压油系统接头密封圈，防止密封圈老化造成油系统渗漏。

5 防止风烟系统故障

5.1 防止风机故障

5.1.1 防止风机设备故障

5.1.1.1 风机油站两台油泵电源应取自不同的供电母线。

5.1.1.2 新更换风机叶片验收中除监督厂家提供的原材料质量证明文件外，必要时应增加表面探伤、硬度和金相检测，风机叶片的防磨堆焊层不应有未熔合、裂纹等缺陷。

5.1.1.3 对于采用变频器的风机，应重点巡视变频器冷却风扇、空调系统工作情况。风机变频改造后的机组必须进行相应的 RB 试验。

5.1.1.4 检修期间应对风机油管及连接部位进行检查、紧固。应对风机壳内液压油进油管、回油管、泄油管之间碰磨情况进行检查，发现磨损及时更换；按照风机油站说明书的要求周期对润滑油管、液压油管进行更换。橡胶油管如存在严重龟裂、变硬或鼓包现象，应立即更换。

5.1.1.5 运行中加强对风机执行器连接机构可靠性巡视检查，发现松动时及时对系统进行隔离，对松动部位进行紧固。机组检修期间对风机执行器连接机构处螺母、销钉进行紧固，螺纹旋入长度及锁紧螺母应旋进到位，存在腐蚀的销钉应及时更换成耐磨耐腐蚀材料销钉。风机执行器连接机构检修或更换后，应对螺母、销钉紧固情况进行复查。

5.1.1.6 机组停备期间，对于动叶可调式轴流风机，应定期开展轴流式风机叶片全行程活动工作；对于燃用高硫分的机组，动叶可调轴流式引风机叶片应至少每班开展全行程活动工作。

5.1.1.7 风机外送检修时，应制定质量控制标准及验收项目，并安排人员进行检修过程的质量监督（现场见证、跟踪及验收）。

5.1.1.8 采用上海鼓风机厂生产的动叶可调轴流式风机，检修期间应重点对反馈杆支撑轴承、滑块磨损情况、推杆及铜套磨损情况进行检查、更换。

5.1.1.9 成都电力机械厂生产的静叶可调轴流风机检修时，应注意对轴承箱密封圈磨损情况进行检查，防止因轴承箱密封圈磨损，铁屑进入轴承内部造成轴承磨损，轴承温度高。

5.1.1.10 对于沿海地区的电厂，检修期间应对风机入口消声器腐蚀老化情况进行检查。

5.1.1.11 对于汽动静叶可调轴流式引风机，应重视对风机调频环与叶轮处的焊缝检测，发现焊缝异常及时进行处理。

5.1.1.12 风机就地事故按钮应设置坚固的防误碰防护措施。

5.1.2 防止风机失速故障

5.1.2.1 轴流式风机应设计足够的失速裕量，失速安全系数宜大于 1.3。

5.1.2.2 大型锅炉风机应配备轴承振动、温度和失速（喘振）报警及保护装置，所有监视仪表均应定期校准。轴流风机的喘振保护应及时投入。

5.1.2.3 风机一旦出现失速迹象，应及时调整异常风机的出力，尽快使风机工况点回归稳定区域，必要时降低机组负荷处理。严禁风机长时间在失速区运行，紧急情况下应停运风机，避免事故扩大。

5.1.2.4 运行中加强对烟风系统阻力的监视，利用检修机会及时清灰，防止阻力过大引起风机工作点向失速区移动。

5.2 防止空气预热器故障

5.2.1 回转式空气预热器应设有独立的主辅电动机、盘车装置。停转报警信号应取自空气预热器的主轴信号。

5.2.2 回转式空气预热器电动机电源就地开关柜应设置防误碰操作防护措施。

5.2.3 回转式空气预热器安装时主轴与转子垂直度允许偏差应符合要求。采用中心驱动的转子安装应垂直，在主轴上端面测量，水平段允许偏差为 0.05mm。对于直径小于或等于 6.5m 的空气预热器，主轴与转子的垂直度允许偏差小于或等于 1mm；对于直径大于 6.5m 空气预热器，主轴与转子的垂直度允许偏差小于或等于 2mm。

5.2.4 回转式空气预热器安装完毕后应在冷态下进行不少于 8h 的试运转，每次大修后应进行不少于 4h 冷态试运转，试运转过程中若空气预热器电动机电流摆动幅度较大、就地有明显碰磨刮擦异声时，应检查空气预热器密封装置并进行必要的调整。

5.2.5 如需投入暖风器运行时，应先启动回转式空气预热器确认运行参数及就地运行声音正常后，再投入暖风器系统，防止先投入暖风器造成回转式空气预热器内外部温差大，启动时发生动静摩擦或电动机过载，暖风器系统投运、退出时，应控制回转式空气预热器入口风温的变化速度，防止因风温变化过快造成回转式空气预热器局部不均匀膨胀，发生摩擦。

5.2.6 回转式空气预热器运行期间，入口烟气温度和烟气温度变化速率不应超过正常运行值，否则应及时进行锅炉吹灰或控制升负荷速率，防止因入口烟气温度变化过快造成空气预热器卡涩。

5.2.7 运行期间应对空气预热器支撑轴承、导向轴承的润滑油油质、油位进行检查分析，并注意监视轴承温度、电动机电流变化趋势。

5.2.8 单台空气预热器跳闸后，应迅速将机组负荷降至 45%额定负荷，并严密监视运行侧空气预热器电动机电流和排烟温度的变化趋势，防止运行侧空气预热器因入口烟气流量增大、烟气温度升高发生故障。

5.2.9 大修期间或发现电流波动异常时对空气预热器支撑轴承、导向轴承磨损情况进行检查，对存在问题的轴承部件应及时进行修复或更换。按照空气预热器说明书要求的周期对轴承润滑油质进行化验，发现油质指标异常时应采取措施处理。

5.2.10 重视空气预热器入口烟道内支撑构架的防磨检查，对磨损、腐蚀严重的内支撑进行更换，并在易磨损处加装防磨装置。

5.2.11 检查空气预热器消防水喷淋管防护瓦、内部导向支架轨道是否牢固，对松脱的防护瓦、支架轨道进行加固或补焊。

5.2.12 对于间隙可调的空气预热器密封结构，检修期间应对扇形板位置进行校对，检查扇形板执行机构可靠性，防止运行中扇形板执行机构故障，造成空气预热器卡涩。

5.2.13 检修期间对空气预热器电动机与减速箱的联轴器进行专项检查，应按照检修规程和技术规范要求规范联轴器连接螺栓安装工艺。

5.2.14 对于采用锁紧盘装置的中心驱动空气预热器，应注意在检修期间检查空气预热器减速机与中心轴锁紧盘，防止锁紧盘紧固螺栓等部件发生松动，造成空气预热器停转。

5.2.15 基建调试或机组检修期间应进入烟道内部，就地检查、调试空气预热器各烟风挡板，确保分散控制系统显示、就地刻度和挡板实际位置一致，且动作灵活，关闭严密，能起到隔绝作用。

5.2.16 对于露天或半露天布置的回转式空气预热器，应加强对空气预热器保温及防雨措施的巡视维护，防止外界环境温度骤降或雨水渗入保温层造成外壳收缩，空气预热器动静部件摩擦造成空气预热器卡涩。外界环境温度骤降或雨雪天气时应加强对空气预热器电流波动趋势的监视，必要时加装防雨棚。

5.2.17 对于增加空气预热器蓄热元件面积、改造空气预热器密封装置的机组，应对空气预热器减速箱、支撑轴承进行利旧评估。

5.3 防止烟风道设备故障

5.3.1 抽炉烟管道、烟风道支吊及限位构件布置合理，非金属膨胀节补偿量及设计强度应符合要求。

5.3.2 对于频繁启停的机组，启动初期应加强烟风道膨胀节，尤其是磨煤机入口热风膨胀节的巡视检查，发生破损泄漏的膨胀节及时进行修复。

5.3.3 加强风量测量装置的日常检查维护工作，定期对测量管路进行吹扫，防止测量管路堵塞。

5.3.4 加强对烟风系统挡板门巡视检查及维护，确保挡板门开度正常、指示准确，对存在变形、损坏的挡板门及时进行修复。

5.3.5 对于加装有烟气冷却器的机组，检修期间重视对膨胀节腐蚀情况的检查，对腐蚀严重的膨胀节及时进行更换。

5.4 防止尾部受热面低温腐蚀

5.4.1 SCR 反应器入口烟气温度低于催化剂最低投运温度时，应进行 SCR 低负荷投运评估，必要时进行提温改造。

5.4.2 燃用高灰分、高硫分煤质的机组，存在空气预热器严重堵塞问题时，回转式空气预热器宜为两段式布置，且低温段蓄热元件应镀搪瓷，高度宜为 1m 以上。

5.4.3 空气预热器冷端综合温度应根据入炉煤硫分、机组运行负荷进行设定，空气预热器冷端综合温度设定值应符合 DL/T 750—2016《回转式空气预热器运行维护规程》附录 B 或厂家说明书要求。机组低负荷运行工况下，应通过投运暖风器或热风再循环等方式，提高冷端综合温度的控制值，即在设定值基础上提高 5℃～10℃。

5.4.4 空气预热器出现硫酸氢铵严重堵塞现象时，应进行喷氨优化调整，提高 SCR 顶层催化剂入口截面的 NH_3/NO_x 摩尔比分布均匀性。

5.4.5 空气预热器水冲洗后应采取可靠的干燥措施，保证蓄热元件彻底干燥。

5.5 防止烟气余热利用系统设备故障

5.5.1 烟气换热器设计时，应根据实际燃用煤质条件来计算烟气露点温度和不同负荷下允许烟气出口温度条件。应满足 30%BMCR～100%BMCR 机组负荷条件稳定运行，且出口段受热面壁温不得低于烟气酸露点温度－10℃。

5.5.2 烟气冷却器及烟气再热器应采取再循环或高、低温凝结水混合或辅助加热等系统设计措施，保证在机组启停及低负荷运行时，其进口和出口水温不低于设计要求。

5.5.3 受热面宜采用顺列布置，烟气进口端前三排管子应布置有防磨瓦或假管。烟气进口流速不宜超过 10m/s，对于灰分大于 30%的煤种，烟气进口流速不宜超过 8m/s。烟气侧阻力不得超过 500Pa。管内工质平均流速宜不低于 0.3m/s，不大于 1.5m/s。

5.5.4 对于高灰分、高水分煤种，宜选用大间隙 H 形鳍片布置。

5.5.5 烟气进口段必须设计有均流装置，出口段也应保证气流均匀，不应导致受热面中存在烟气偏斜流动和涡流现象。

5.5.6 在设计上，宜采用分模块设计，并装有隔离门，一旦出现泄漏情况，可以随时隔离。

5.5.7 换热面管束的对接环焊缝应进行 100%射线检测，并在出厂前进行水压试验，水压试验压力为设计压力的 1.5 倍，水温不得低于 5℃和不大于 70℃，环境温度不低于 5℃。管子焊接面不允许有裂纹、气孔、弧坑和夹渣。局部咬边深度不允许大于 0.5mm，咬边连续长度不大于 50mm。

5.5.8 烟气冷却器进、出口须布置有一定数量的烟气温度和介质温度测量装置。

5.5.9 烟气冷却器管箱设计压力和瞬时不变形承载压力取值不低于引风机最大压头。

5.5.10 烟气换热器必须设计有放水装置，放水装置应设计在受热面联箱最低处。在管道和联箱上应设有疏水管，疏水管直径不得小于 19mm，保证疏水通畅，不应出现振动现象。受热面联箱上最高点应设置有排气口和安全阀装置，安全阀整定压力一般为工作压力的 1.1 倍，最低不得低于 1.05 倍。

5.5.11 烟气换热器受热面管束应布置有一定数量的吹灰器。

5.5.12 烟气换热器初次投运之前，应对受热面进行化学清洗。

5.5.13 烟气换热器在天气寒冷地区宜布置在室内，如布置在室外，应有完善的保温与防冻措施。当每次锅炉停运前 3h，换热器解列，应实行带压放水和利用烟气烘干，必要时应用压缩空气吹干。严禁冬天管内积水，出现结冰冻裂损坏管子。在寒冷地区冬季启动前，应实行暖管，且进水温度不得低于 70℃，方能投入运行。

5.5.14 低温省煤器布置在电除尘器入口水平烟道上时，宜在低温省煤器出口的底部烟道上设置防水挡板或灰斗，防止泄漏的水流入电除尘器灰斗，避免造成电除尘器故障。

5.5.15 运行中注意对烟气余热利用装置漏点进行监测，及时隔离发生泄漏的模块，并择机更换。

5.5.16 烟气冷却器宜优先布置在烟气自上而下流动的垂直烟道上，应避免布置在 U 形烟道弯头处；当采用水平布置方式时，宜在烟气冷却器下方设置灰斗及除灰装置。

5.5.17 安装有锅炉暖风器设备的机组，要在检修期间加强暖风器设备的检修检查工作，重点检查管道与联箱连接部位焊缝及暖风器与风道连接部位焊缝，检查暖风器换热管是否有足够膨胀余量；检查暖风器疏水点布置是否合理，避免因冬季暖风器疏水不净造成管子冻结损坏；暖风器运行期间应采取风道定期放水等方式加强泄漏情况监视工作，防止因暖风器长时间泄漏造成空气预热器堵塞、风道积水及风机损坏等事故。

6 防止燃料输送故障

6.1 防止输煤系统故障

6.1.1 燃用易自燃煤种的电厂必须采用阻燃输煤皮带。

6.1.2 输煤皮带停止上煤期间，也应坚持巡视检查，发现积煤、积粉应及时清理。输煤车间积粉清理时，严禁将清理的积粉放置在输煤皮带上。

6.1.3 煤垛发生自燃现象时应及时扑灭，不得将带有火种的煤送入输煤皮带。

6.1.4 应经常检查清扫输煤系统、辅助设备、电缆排架、控制盘柜、除尘装置等各处的积粉，对输煤皮带间、输煤栈桥及其横梁、取样间、配重间以及有关建筑小室的积粉情况进行全面检查及清理。

6.2 防止燃油系统故障

6.2.1 油枪软管、接头垫片、炉前油管道连接软管等燃烧器区域易损件应定期检查维护更换。油系统法兰禁止使用塑料垫、橡皮垫（含耐油橡皮垫）和石棉纸垫。

6.2.2 油枪金属软管长度应合适，软管的裕量应能满足自身活动和锅炉膨胀要求。金属软管的弯曲半径应大于其外径的10倍，接头至开始弯曲处的最小距离应大于其外径的6倍，油枪进退动作时金属软管不应产生扭曲变形。在运行过程中应注意对金属软管进行巡视检查，发现泄漏应及时更换，新更换的金属软管应进行1.25倍设计压力的水压试验；每隔2年应对金属软管进行抽样检查，并对抽样软管进行设计压力的水压试验。

6.2.3 锅炉燃油操作台区域地面应设计为接油槽结构。

6.2.4 燃油操作台及炉前燃油系统的法兰、活接连接面等易发生泄漏部位应增加防飞溅隔离措施。

6.2.5 油管道法兰、阀门的周围及下方，如敷设有热力管道或其他热体，这些热体保温必须齐全，保温外面应包铁皮等金属外护板。检修时如发现保温材料内有渗油时，应消除漏油点，并更换保温材料。

6.2.6 检修期间应对燃油系统管道壁厚进行定点测量，以便掌握燃油系统管道腐蚀减薄趋势，并重点检查弯头部位，发现腐蚀减薄超标的管道应进行更换。

6.2.7 炉前油系统区域应设置视频监控系统，并加强监控画面的切换监视。

6.2.8 巡检人员应定期检查炉前油系统平台处、各油枪处渗油漏油情况，油枪投退时应到现场检查确认，发现渗漏点应及时采取隔离措施，并联系检修人员处理。

6.2.9 炉前油系统区域应有符合消防要求的消防设施，必须备有足够的消防器材，并处于完好的备用状态。炉前油系统区域禁止存放易燃易爆物品。

6.2.10 炉前油系统发生泄漏时，应首先隔离系统，必要时停运燃油泵，待漏点隔离或消除后，方可启动燃油泵运行。炉前油系统管道上的设备、测量元件更换时，应先对该区域系统进行隔离、泄压、排油。炉前油系统设备更换后，系统充压、投入应缓慢进行，出现漏油现象时应立即切除系统，并采取措施消除缺陷。

6.2.11 规范检修维护管理，在炉前燃油系统消缺时，不能损坏连接部件，特别是油系统滤网压盖拆卸时，应防止损坏螺纹，出现损坏应及时更换。检修时应采取燃油防滴漏措施并及时清理滴漏燃油，有条件时，宜将滤网结构改为法兰连接。

6.2.12 禁止在油管道上进行焊接工作。在拆下的油管上进行焊接时，必须事先将管子冲洗干净。

6.2.13 储油罐或油箱的加热温度必须根据燃油种类严格控制在允许的范围内，加热燃油的蒸汽温度应低于油品的自燃点。应重视燃油系统加热或伴热的投停工作。当燃油黏度大或环境温度低于燃油凝固点时，应及时投入加热、伴热等措施；当环境温度高于燃油凝固点时，应及时退出加热、伴热，以防燃油温度高于闪点发生着火。

6.2.14　油区、输卸油管道应有可靠的防静电安全接地装置，并定期测试接地电阻值。

6.2.15　油区、油库必须有严格的管理制度。油区内动火作业时，必须办理动火工作票，并应有可靠的安全措施。对消防系统应按规定定期进行检查试验。

6.2.16　油区内易着火的临时建筑要拆除，禁止存放易燃物品。

6.2.17　严密监视燃油罐区燃油温度，当油温高于规定温度时，应在油罐区上采取喷淋降温措施。

7　防止灰渣系统故障

7.1　防止底渣系统故障

7.1.1　当煤质偏离设计值时，应对除渣系统进行运行安全的分析评估。当入厂煤和入炉煤灰分发生重大变化时，应对除渣系统出力进行校核，根据需要制定防范措施。

7.1.2　加强液压油站设备维护，储备重要部件的备品备件。利用机组检修机会对除渣机磨损的链条等进行更换。

7.1.3　除渣系统故障需要退出运行进行检修时，应降低机组负荷至安全负荷（建议降至机组稳燃负荷），防止炉渣在炉内堆积过多。

7.1.4　完善炉底关断门控制方式，实现各炉底关断门的单独控制。当渣斗及锅炉冷灰斗发生灰渣堆积后，再次投入除渣系统时，应根据除渣系统运行情况，顺序、逐个控制炉底关断门开启，以减少除渣系统再次投入时的炉渣量。

7.1.5　对于清扫链斜坡处易积灰的除渣系统，应降低清扫链系统提升段坡度，消除干式除渣机清扫链提升处的积灰。

7.1.6　运行人员应密切关注锅炉燃煤灰分变化和结渣情况，根据除渣系统出力调整机组负荷。入炉煤灰分过高，出现冷灰斗灰渣堆积迹象时，要及时降低机组负荷。有条件时，应及时调换煤种。

7.1.7　循环流化床锅炉冷渣机冷却水侧应设计安全阀，安全阀与筒体汽水侧之间不应设置隔离门，安全阀应定期校验，保证安全阀动作值准确、泄压管路保持畅通。

7.1.8　循环流化床锅炉冷渣机应设置循环冷却水最小流量保护装置，循环冷却水流量测量应采取性能可靠的元件，并定期校验。投运前应确保各种保护已经正确、有效地投用。保证进/回水阀门有效开启，避免出现循环冷却水闷烧或内、外筒空间严重超压的情况。

7.1.9　循环流化床锅炉冷渣机投运时，应先投入冷却水后排渣，防止冷却水迅速汽化，发生爆炸。运行中若冷渣机发生异常情况，应及时停止排渣，使冷渣机退出运行。

7.2　防止输灰系统故障

7.2.1　锅炉入炉煤煤质宜控制在锅炉设计煤质范围内。当入炉煤的煤质偏离设计值、灰分增加较多时，应对除灰系统进行运行安全的分析评估。当入厂煤和入炉煤灰分发生重大变化时，应对除灰系统出力进行校核，根据需要制定防范措施，必要时，开展除灰系统增容改造。

7.2.2　新建燃煤机组尾部烟道下部省煤器灰斗应设输灰系统，以保证未燃物可以及时地输送出去。

7.2.3　电除尘器灰斗壁应设加热装置，采用电加热器时，其应有故障报警功能，防止灰斗内部灰温下降，受潮凝结，造成堵塞。

7.2.4　电除尘器灰斗应配备合格的高、低料位计，在料位不正常时应有声光报警装置，以提醒运行、检修人员及时处理，保证灰斗料位正常。

7.2.5 对于气力输灰系统，应对空气压缩机干燥器和储气罐定期进行疏水，防止输灰气源带水，造成输灰系统堵灰。

7.2.6 根据输灰管道的压力变化，判断输灰管中灰的流动状况。一旦发生堵灰，应立即进行吹堵或人工处理。

8 防止锅炉环保设备故障

8.1 防止脱硝系统故障

8.1.1 设计时应保证脱硝系统入口烟气流场均匀，顶层催化剂入口烟气速度分布相对标准偏差应小于 15%。应加强对脱硝入口导流板的检修维护，结合脱硝催化剂的检查情况及时调整导流板角度，必要时进行流场优化。

8.1.2 应加强脱硝催化剂吹灰管理，合理控制吹灰蒸汽参数及吹灰周期，防止因吹灰造成脱硝催化剂损坏。当 SCR 反应器（含催化剂模块）出现明显积灰、堵塞或磨损时，应对吹灰系统、吹灰参数和烟气流场进行分析，必要时进行流场优化或吹灰器改造。

8.1.3 SCR 反应器进、出口烟道宜设置灰斗及排灰装置。运行时应加强对进、出口烟道灰斗的除灰运行管理，避免灰斗排灰不畅造成烟道内大量积灰。

8.1.4 锅炉启停阶段，油枪点火、燃油及煤油混烧、等离子投入等工况下，应做好锅炉运行调整，保证尾部烟道吹灰器正常投入，防止催化剂区域可燃物堆积燃烧。

8.1.5 脱硝系统的脱硝效率、投运率应达到设计要求，氮氧化物排放浓度应满足国家和地方的排放标准，同时定期进行催化剂活性检测，掌握催化剂性能状况，跟踪催化剂性能变化情况，不能达到标准要求应及时加装、再生或更换催化剂。

8.1.6 当机组低负荷运行，SCR 入口烟气温度低于最低连续喷氨温度 10℃～20℃时，宜优先通过锅炉运行调整来满足催化剂运行要求。根据催化剂硫酸氢铵失活与升温恢复特性，机组可 4h 内短时间低负荷运行，但之后需在 0.5h 内快速提升机组负荷，使 SCR 入口烟气温度提高到活性运行恢复温度，并至少运行 2h，使沉积的硫酸氢铵挥发以恢复催化剂活性。

8.1.7 机组检修期间应加强对脱硝系统进出口烟道内积灰情况、导流板磨损情况、支撑杆等内部支撑件磨损情况的排查。对于采用尿素为还原剂的脱硝系统，机组每次停运应对裂解炉内部、出口管道内部、尿素喷嘴等部位进行检查，发现问题及时处理。对于采用液氨为还原剂的脱硝系统，机组检修期间应对氨空混合器、烟道内喷氨母管及喷嘴等部位进行检查，发现问题及时处理。

8.1.8 应做好入炉煤的掺配工作，控制燃煤灰分、硫分以满足脱硝系统设计要求，防止因灰分过高堵塞、磨损催化剂，或因三氧化硫过高造成机组尾部受热面的腐蚀、堵塞。

8.1.9 机组 B 级及以上检修后，或者当 SCR 反应器出口与烟囱入口 NO_x 浓度偏差超过 ±15mg/m^3，或者空气预热器、烟冷器等下游设备出现硫酸氢铵严重堵塞现象时，应进行喷氨优化调整试验，保证喷氨均匀性。此外，应加强氨逃逸在线监测仪表的维护，确保其指示的准确性，并在运行中严格控制氨逃逸浓度，防止尾部受热面堵塞，威胁机组安全运行。

8.1.10 加强液氨储罐的运行管理，严格控制液氨储罐充装量，液氨储罐的储存体积不应大于 50%～80%储罐容器，严禁过量充装，防止因超压而发生罐体开裂或阀门顶脱、液氨泄漏伤人。

8.1.11 设有液氨储存设备、采用燃油热解炉的脱硝系统应制定事故应急预案，同时定期进行环境污染的事故预想、防火、防爆处理演习，每年至少一次。

8.1.12 对氨区的降温喷淋系统、消防水喷淋系统和氨气泄漏检测装置，应定期进行试验。储罐区宜设置遮阳棚等防晒措施，每个储罐应单独设置用于罐体表面温度冷却的降温喷淋系统。氨区应设置事故报警系统和氨气泄漏检测装置。氨气泄漏检测装置应覆盖生产区并具有远传、就地报警功能。

8.1.13 氨区应配备完善的消防设施，定期对各类消防设施进行检查与保养，禁止使用过期消防器材。检修时应做好防护措施，严格执行动火工作票审批制度，并加强监护；空罐检修时，应采取措施防止空气漏入罐内形成爆炸性混合气体。

8.1.14 氨区的卸料压缩机、液氨供应泵、液氨蒸发槽、氨气缓冲罐、氨气稀释罐、储氨罐、阀门及管道等应无泄漏。

8.1.15 氨区应具备风向标、洗眼池及人体冲洗喷淋设备，同时氨区现场应放置防毒面具、防护服、药品以及相应的专用工具。

8.1.16 输送液氨车辆在厂内运输应严格按照制定的路线、速度行进，同时输送车辆及驾驶人员应有运输液氨相应的资质及证件等。

8.2 防止脱硫系统故障

8.2.1 脱硫系统运行时必须投入废水处理系统，处理后的废水指标满足国家或电力行业标准。

8.2.2 定期对脱硫系统吸收塔、换热器、烟道等设备的腐蚀情况进行检查，做到逢停必检，防止发生大面积腐蚀。

8.2.3 脱硫系统的上游设备除尘器应保证其出口烟尘浓度满足脱硫系统运行要求，同时加强对进入脱硫系统的吸收剂品质、工艺水水质的控制，避免吸收塔浆液中毒。

8.2.4 脱硫吸收塔出口的低温饱和湿烟气通过烟囱排放应采取避免产生“石膏雨”的措施，如增加烟气换热器抬升排烟温度、净烟道上加装湿式除尘器、加装第三级除雾器、控制合适的浆液密度等。

8.2.5 设置增压风机的脱硫系统应加强对增压风机及其附属系统的运行及检修维护，提高增压风机的可靠性。两台增压风机的电源应分段设置；增压风机油站油泵必须采取双路电源供电，并优化控制逻辑，任一路电源中断不应影响油站的正常运行，机组启动前应进行电源切换试验，确保油系统能够正常切换。

8.2.6 对于脱硫系统单台增压风机配置、已经取消脱硫系统旁路、且无“引增合一”改造计划的机组，应梳理优化脱硫系统增压风机的保护逻辑，避免由于增压风机故障引起不必要的停机；宜进行增压风机加装烟气旁路技术改进，保证增压风机停运后机组仍可低负荷运行。

8.2.7 定期对吸收塔液位计进行校验及检查，保证其指示的准确性。防止液位控制不合理造成吸收塔浆液返流至原烟道威胁机组安全，应在原烟道低点设置疏水管路，当浆液返流时能够及时发现和排出；防止液位计算值突降或突升，应加强与液位计相关的逻辑设置检查。

8.2.8 脱硫系统浆液循环泵电源应分段设置，吸收塔入口应设置事故喷淋系统并定期进行试验，避免高温烟气对塔内设备的冲击。

8.2.9 加强吸收塔浆液循环泵膨胀节的检修和采购管理，保证其可靠性，避免因吸收塔浆液膨胀节突然爆裂造成吸收塔浆液排空被迫停机。

8.2.10 设置 GGH 的脱硫系统应对 GGH 烟气阻力进行监控，定期吹灰，同时加强 GGH 主辅电动机的维护管理，避免因 GGH 堵塞、卡涩、停转等造成的机组不安全事件。

8.2.11 根据烟囱防腐方式和运行条件，定期对烟囱内壁和结构腐蚀情况进行检查，发现明显腐蚀情况时须委托有资质单位进行结构评估。

8.2.12 加强脱硫防腐工程的施工管理，严格执行动火工作票制度，切实做好防火措施，防止脱硫系统着火事故。

8.2.13 加强脱硫系统联锁保护逻辑组态及定值管理。当浆液循环泵全停，且吸收塔出口净烟气温度大于或等于 75℃～80℃，延时 30s～120s，触发锅炉 MFT。

8.2.14 应彻底拆除脱硫吸收塔出口净烟气挡板全部控制及电动执行机构，仅保留就地手动和定位装置，且定位销处于锁定状态，以避免净烟气挡板门误动引起的机组异常停运。

8.3 防止除尘系统故障

8.3.1 机组启动及低负荷投油助燃期间，电除尘器应降低二次电压电流运行，防止未燃尽可燃物在集尘板和放电极之间燃烧。在此期间，电除尘的除灰系统应连续运行。

8.3.2 低（低）温省煤器（烟气冷却器）布置在除尘器前时，应分模块安装，配备可靠的检漏装置和底部疏水系统。发现泄漏时，及时对泄漏模块进行隔离和疏水，防止大量水进入除尘器造成故障。

8.3.3 燃用高灰分煤种或飞灰比电阻高时，应缩短振打周期，加强集尘板和放电极的清灰，防止集尘板积灰过厚产生反电晕，降低除尘效率。

8.3.4 电除尘器入口断面气流分布均匀性应达到设计值或断面气流速度相对均方根值 $\sigma \leqslant 0.25$，同一电除尘器不同室烟气量偏差小于 5%。如不满足要求，应重新进行气流分布试验，对气流分布装置的结构和尺寸进行优化。应保证进气烟箱前直管段长度不小于两倍进气烟箱直管段当量直径。

8.3.5 对于电除尘器前安装低（低）温省煤器（烟气冷却器）的机组，应根据燃用煤质和电除尘器运行情况合理控制低（低）温省煤器（烟气冷却器）的出口烟气温度，防止电除尘器发生严重腐蚀。

8.3.6 湿式电除尘器内部部件优先选用金属材料，非金属材料则应具备阻燃特性并设置事故喷淋系统。

8.3.7 在湿式电除尘器阳极模块吊装完成后进行的动火作业，必须做好阳极模块的隔离措施，避免焊接过程中火星或残渣掉落，引燃阳极模块；在湿式电除尘器防腐作业期间以及玻璃鳞片防腐未完全固化前，应禁止动火作业。

8.3.8 湿式电除尘器空载升压试验宜在风机投运后进行，试验前应清除内部杂物并开启喷淋系统对极板进行冲洗，试验时应控制电场空载升压幅度及时间，试验结束后，应再次对极板进行冲洗。

9 防止运行操作不当造成的故障

9.1 防止锅炉启停操作不当造成的故障

9.1.1 锅炉启动前，当班值长应查收工作票，确保检修工作结束或者不影响锅炉启动。

9.1.2 启动前应依照检查卡或操作票逐项开展锅炉启动前检查，检查范围包括锅炉汽水系统、烟风系统、制粉系统、燃烧系统、燃油系统、吹灰系统、压缩空气系统、除灰渣系统、脱硝系统、脱硫系统、除尘系统等，以确认锅炉具备启动条件。

9.1.3 锅炉启动前，应逐项梳理并投入相关仪表、各种联锁及保护。大、小修后或锅炉停运一个月以上的锅炉启动前应进行联锁及保护试验（含静态、动态试验），联锁及保护试验动作应准确、可靠。严禁无故退出联锁及保护，若因故障需退出时，应履行审批手续，并限期恢复，退出时间一般不超过 8h。联锁及保护退出期间，应采取防护措施，运行人员必须知晓并有预案。

9.1.4 应根据压力温度参数选择合适的启动方式，并按制造厂提供的启动曲线控制升温、升压速率。

9.1.5 锅炉上水时间应符合制造厂规定，如无规定，按夏季不少于 2h、冬季不少于 4h 执行。锅炉冷态上水时应控制锅炉上水温度与水冷壁管壁温度差，省煤器进、出口温差，分离器、汽包等厚壁元件内外壁温差不超过限值；热态启动时应严格控制锅炉上水速率，防止受热面壁温差过大。

9.1.6 锅炉启动点火或锅炉灭火后重新点火前必须对炉膛及烟道进行充分吹扫，防止未燃尽物质聚集在尾部烟道造成再燃烧。启动点火时油枪应对称投运且雾化良好，点火后应加强监视，根据燃烧及温升情况及时切换，并及时投入脱硝装置及空气预热器的吹灰器；采用少油/无油点火时应保证煤质符合设计要求，并强化燃烧以提高煤粉燃尽度，同时保持脱硝装置及空气预热器连续吹灰、输灰系统连续输灰，除灰系统储仓需经常卸料，防止未燃尽物质在储仓内自燃。

9.1.7 锅炉投粉后应严密监视煤粉的着火情况，若发现煤粉气流不着火，应立即停止投粉，待炉膛温度提高后再投。如两次投粉不着火，应停止投粉并分析原因。投粉运行后，应严密监视过热器、再热器各级受热面的金属壁温不超出厂家规定值。在启动初期炉膛稳燃条件达到之前，禁止将无点火枪支持的不燃烧煤粉送入炉膛。如投粉后煤火焰检测不到火焰，应及时停止制粉系统运行，并对磨煤机进行充分吹扫。

9.1.8 升温升压过程中应监视锅炉热膨胀情况。如膨胀异常应立即停止升温升压，并采取相应措施进行消除。

9.1.9 给水系统运行操作中，应根据锅炉升负荷需要确定适宜的给水旁路切换至主路的时机（一般在锅炉负荷为 20%BMCR 前切换），防止切换时机不当造成汽包水位或给水流量大幅波动。

9.1.10 锅炉机组负荷达到 20%BMCR 前，宜投入高压加热器，以提高给水温度，防止锅炉在湿态转干态运行时水煤比严重失调，造成水冷壁超温。

9.1.11 配置汽动给水泵和汽动引风机的锅炉，在机组负荷和抽汽参数满足时，应及时进行给水泵汽轮机及引风机汽轮机低压汽源、高压汽源的切换工作，汽源切换过程中应平稳操作，保证汽动给水泵、汽动引风机的安全稳定运行，满足机组继续升负荷的需要。

9.1.12 循环流化床锅炉启动前或总燃料跳闸、锅炉跳闸后应根据床温情况严格进行炉膛冷态或热态吹扫程序，禁止采用降低一次风量至临界流化风量以下的方式点火。循环流化床锅炉应根据实际燃用煤质着火点情况进行间断投煤操作，禁止床温未达到投煤允许条件连续大量投煤。

9.1.13 应根据停炉目的确定停炉方式和参数。停炉过程中应严格控制降温、降压速率，保证良好的水循环及水动力工况，防止高温厚壁承压部件热应力超限。

9.1.14 锅炉停运过程中注意监视、记录锅炉各部位膨胀情况，各部位应当膨胀均匀，并注意监控汽包壁温差、汽水分离器和对流过热器出口联箱的内外壁温差在允许范围内，发现膨胀异常，应减缓冷却速度或停止降温降压，采取消除措施。锅炉熄火后的通风和放水应当避免使受压部件快速冷却。

9.1.15 锅炉停运时，配中间储仓式制粉系统的锅炉，应根据煤仓煤位和粉仓粉位适时停用部分磨煤机；根据负荷情况停用部分给粉机。停用磨煤机前应将该制粉系统余粉抽净，停用给粉机后将一次风系统吹扫干净，然后停用排粉机或一次风机。配直吹式制粉系统的锅炉根据负荷需要，适时停用部分制粉系统且吹扫干净。

9.1.16 为了防止水冷壁局部超温，直流锅炉在熄火前给水流量应始终大于最小给水流量。

9.1.17 循环流化床锅炉压火应先停止给煤机，切断所有燃料，并严格执行炉膛吹扫程序，待床温开始下降、氧量回升时再按正确顺序停风机；禁止通过锅炉跳闸直接跳闸风机联跳总燃料跳闸的方式压火。压火后的热启动应严格执行热态吹扫程序，并根据床温情况进行投油升温或投煤启动。

9.1.18 锅炉停炉后一般采用自然冷却。炉膛出口烟气温度低于 180℃，可开启引风机出、入口挡板进行自然通风冷却。对于锅炉高温受热面管内壁氧化皮问题严重的机组，应适当延长停炉后闷炉时间。

9.2 防止锅炉启动过程中水塞故障

9.2.1 锅炉启动过程中应严格按照运行规程和启动曲线的要求控制升温、升压速率，逐步增加燃料量，使炉膛均匀受热。锅炉点火期间启动分离器出口蒸汽温度、蒸汽压力变化速率控制在制造厂规定范围内。

9.2.2 锅炉点火过程中，应以保证炉内热偏差最小为原则，对称投运点火器。一般角式布置的燃烧器宜对角成对投入，前后墙布置的燃烧器宜按炉膛左右对称投入。

9.2.3 锅炉启动过程中，应加强过热器、再热器受热面排空、疏水，确保暖管效果，直至各受热面金属壁温均匀，避免水塞。π 型锅炉水压试验后启动时，为烘干受热面内的积水，应延长点火至汽轮机冲转之间温升时间，控制汽温温升率在 0.5℃/min，最大不超 1℃/min。

9.2.4 减温水总门、调节阀应严密。锅炉启动初期减温水未投用时，如发现减温水管道电动截止阀内漏时，应采取就地手动关闭该阀门或临时关闭阀前手动截止阀的方式进行隔离，防止减温水漏入喷水减温器。

9.2.5 锅炉启动初期，应开启旁路。汽轮机冲转前，应通过增加旁路蒸汽流量等方式控制受热面管壁温度，尽量避免采取喷水减温的调节手段控制壁温。如因锅炉主蒸汽温度高，需投减温水时，优先投用一级减温水，机组 10%BMCR 负荷以下时尽量不用（或少用）过热器二级减温水，减温后的蒸汽温度应至少高于对应压力下的饱和温度 20℃。运行中注意监视减温水流量、减温器出口蒸汽温度（不允许接近或低于相同压力下的饱和蒸汽温度）。启动或低负荷运行时，不得投入再热蒸汽减温器喷水。

9.2.6 低负荷投运减温水后应密切监视受热面壁温，壁温变化不宜超过 5℃/min。

9.2.7 每隔 1.5 万～3 万 h 对减温器进行内部检查，喷头应无脱落、喷孔无扩大，联箱内衬套应无裂纹、腐蚀和断裂，发现喷孔堵塞或喷头断裂等异常情况及时消除。

9.2.8 日常做好减温水阀门内漏缺陷的排查，检修期间对存在内漏、调节线性差的减温水调节门进行修复或更换。

9.3 防止设备系统监视及切换不当造成的故障

9.3.1 锅炉设备定期轮换试验工作应执行分级管理制度，应提高对锅炉重要设备定期试验工作的监护等级。

9.3.2 设备切换应征求值长同意，与相关部门联系妥当，并向设备切换执行人交代清楚任务及安全措施，做好危险点分析及预控措施。

9.3.3 设备切换必须填写操作票，认真执行设备运行规程规定，严格遵守操作监护制度，确保设备切换工作顺利进行。

9.3.4 设备切换时主控与就地值班员应保持联系畅通，接到值班员的许可后方可下令操作；操作前主控和就地值班员必须核对停止设备的双重编号，防止人为误操作。

9.3.5 设备切换过程中，发现设备存在缺陷应立即停止切换并保持原设备运行，及时联系检修人员处理；若短时不能消除，不得强行切换，应采取必要的安全措施并加强监视，做好记录。

9.3.6 设备切换时，如果出现机组异常情况，应立即停止切换操作。

9.3.7 具有远方启停功能的设备定期轮换试验工作，必须派人到现场确认设备的启停状态正常，同时必须与控制室保持通信畅通。

9.3.8 每次切换前检查待启设备系统正常、阀门状态正确，切换后应对设备状态认真分析、定时复查，若发现异常应及时切换回正常设备，待原因分析清楚、异常消除后再执行。

9.3.9 进行辅机切换时，启动备用设备后确认设备系统运行正常，方可停运原运行设备，并尽快投入备用联锁。

附　录

防止火电厂锅炉设备事故重点要求编制说明

1　通用要求编制说明

（一）总体说明

为了防止火力发电厂锅炉设备事故，提高锅炉专业人员管理水平，结合集团公司《火力发电厂锅炉监督标准》及设备基建、运行、检修维护、试验、技术监督管理中发现的问题，对电厂设备台账、资料、运行、检修维护、试验、技术改造、外委单位的管理等方面提出通用要求。

（二）条文说明

1.1　为新增条款，规范设备台账管理。
1.2　为新增条款，规范文件资料管理。
1.3　为新增条款，规范运行标准化管理工作。
1.4　为新增条款，规范设备定期工作管理。
1.5　为新增条款，规范检修标准化管理工作。
1.6　为新增条款，规范消缺和改造工作。
1.7　为新增条款，规范现场外委工作管理。

2　防止汽水系统故障编制说明

（一）总体说明

本章主要是针对锅炉汽水系统，在国能安全〔2014〕161 号《防止电力生产事故的二十五项重点要求》第 6 章基础上，结合近年来集团内外非计划停运事件、降出力事件以及典型的设备消缺和异动、技术监督现场查评服务中发现的锅炉本体汽水系统典型问题，从设计、选型、制造、安装、调试、试验、运行、检修、日常监督等角度提出防范锅炉汽水系统设备故障的措施和标准要求，本章分为防止锅炉满水、缺水，防止锅炉超温超压，防止水汽品质恶化及氧化皮异常，防止受热面磨损，防止焊接及膨胀异常，防止锅炉附件及其他设备故障六个部分。

（二）条文说明

2.1　防止锅炉满水、缺水

2.1.1　为国能安全〔2014〕161 号《防止电力生产事故的二十五项重点要求》第 6.4.1 条，有修改，补充了汽包水位计安装应遵循的条款要求、水位计就地摄像头配置要求。

2.1.2　为国能安全〔2014〕161 号《防止电力生产事故的二十五项重点要求》第 6.4.3 条，原文未修改。【案例 1】2016 年 1 月 12 日，某电厂 1 号锅炉因汽包水位低保护动作，锅炉 MFT。经检查发现汽包水位计测量管路蒸汽伴热疏水器堵塞，造成测量管路失去伴热，导致水位测量异常。【案例 2】2016 年 1 月 24 日，某电厂 1 号锅炉因汽包水位高保护动作，锅炉 MFT。经检查汽包水位测量管路伴热带为 15W/m 的加热型耐温恒温电伴热带，伴热带加热取样管的设计热量无法满足当日极寒天气的伴热量，导致管路结冻。

2.1.3 为国能安全〔2014〕161号《防止电力生产事故的二十五项重点要求》第6.4.4条，原文未修改。

2.1.4 为新增条款，增加了测点偏差大报警和测点坏质量预警要求。

2.1.5 为国能安全〔2014〕161号《防止电力生产事故的二十五项重点要求》第6.4.5条，原文未修改。

2.1.6 为国能安全〔2014〕161号《防止电力生产事故的二十五项重点要求》第6.4.6条，原文未修改。

2.1.7 为新增条款，水位计的监视对汽包锅炉运行至关重要，应定期开展就地双色水位计的冲洗工作，冲洗方法应有效，以便对水位进行准确监视。

2.1.8 为国能安全〔2014〕161号《防止电力生产事故的二十五项重点要求》第6.4.7条，原文未修改。

2.1.9 为国能安全〔2014〕161号《防止电力生产事故的二十五项重点要求》第6.4.8条，原文未修改。

2.1.10 为新增条款，强调在机组参数大幅度变化时应密切关注给水自动调节是否正常，主蒸汽压力大幅度波动是造成“虚假水位”的主要原因，应及时做出准确判断，给水流量大幅度偏离主蒸汽流量容易造成汽包水位过调或反调，在水位调整时应避免出现长时间偏离。【案例1】2017年6月2日，某电厂6号机组启动A制粉系统运行，升负荷期间因汽包水位自动调节设定值与实际值偏差大于50mm，1号给水泵控制由“自动”自动切换为“手动”状态，但运行监盘人员未及时发现给水泵切为手动、汽包水位低报警，导致升负荷期间汽包水位持续下降，造成汽包水位低保护动作，机组停机。【案例2】2019年1月10日，某电厂2号锅炉前墙右侧掉焦，B3、B4、C3、C4、D2、D3、D4火焰检测在2.8s内相继失去，造成7只磨煤机出口关断挡板关闭、D磨煤机因失去3只火焰检测信号跳闸，导致机组参数大幅波动。汽包水位快速下降过程中，A汽动给水泵自动提高转速指令，但因其高压调节门升至20%左右时卡涩，实际转速不再上升，但其指令值仍一直增加，造成转速指令值远高于实际转速反馈值，当汽包水位快速上升时，虽然A汽动给水泵自动转速指令一直下调，但仍一直高于实际转速值，因此实际给水量并未降低，导致汽包水位自动调节失灵，水位持续快速上升。水位快速上升过程中，运行人员未能及时发现水位自动调节不正常问题，干预不够及时，导致汽包水位高保护动作，锅炉MFT。【案例3】2012年4月24日，某电厂1号机组一次风机1A变频器无输出，一次风压逐渐下降，但一次风机RB未动作。运行人员立即手动停运制粉系统1E、1D，联锁投入BC层1、3号角油枪，此时一次风压已降低至3.37kPa，为恢复风压，运行人员手动停运一次风机1A，联锁关闭一次风机1A出口风门，一次风压从3.37kPa迅速恢复至6.5kPa，此时锅炉汽包水位由57mm迅速上升，“汽包水位高高”保护动作，1号机组跳闸。【案例4】2017年4月6日，某电厂2号锅炉汽包水位低，锅炉MFT。主要原因是AGC指令突变2号机组汽动给水泵运行中跳出遥控，运行人员未及时发现，水位调整不当。

2.1.11 为国能安全〔2014〕161号《防止电力生产事故的二十五项重点要求》第6.4.9条，原文未修改。

2.1.12 为国能安全〔2014〕161号《防止电力生产事故的二十五项重点要求》第6.4.10条，原文未修改。

2.1.13 为新增条款，强调了上水调节阀和给水泵转速控制汽包水位的策略。

2.1.14 为新增条款，强调了机组启动过程中给水母管与汽包压力差压的监视、调整。

2.1.15 为国能安全〔2014〕161 号《防止电力生产事故的二十五项重点要求》第 6.4.11 条，原文未修改。

2.1.16 为国能安全〔2014〕161 号《防止电力生产事故的二十五项重点要求》第 6.4.12 条，语句进行了调整。

2.1.17 为国能安全〔2014〕161 号《防止电力生产事故的二十五项重点要求》第 6.4.13 条，原文未修改。

2.1.18 为国能安全〔2014〕161 号《防止电力生产事故的二十五项重点要求》第 6.4.14 条，有修改，增加了备用给水泵定期切换要求，一般每月开展一次备用给水泵切换工作。

2.1.19 为新增条款，明确给水泵 RB 试验要求。

2.1.20 为新增条款，强调给水泵及其再循环调节门相关机务、报警、控制要求。【案例】2017 年 12 月 31 日，某电厂 4 号锅炉汽包水位低低保护动作，主要原因是 A、B 给水泵再循环调节门反复动作引起给水流量大幅波动时，监盘人员未及时干预调整。

2.1.21 为国能安全〔2014〕161 号《防止电力生产事故的二十五项重点要求》第 6.4.15 条，原文未修改。

2.1.22 为新增条款，强调紧急补水系统对循环流化床机组的重要性。

2.1.23 为新增条款，规定了定期排污的注意事项。

2.1.24 为新增条款，储水罐水位报警值和保护动作值按照制造厂家给定值进行设定，储水罐水位报警和储水罐水位保护动作应有一定的裕量。

2.1.25 为新增条款，汽动给水泵应设最低转速，最低转速下泵的出口流量应离锅炉给水流量保护值有一定裕量。

2.1.26 为新增条款，强调了直流炉干态运行时，省煤器出口至锅炉启动疏水阀的暖管水正常投运要求。

2.1.27 为新增条款，当锅炉压力高于 16MPa 左右，直流锅炉启动疏水阀前截止阀闭锁，故在锅炉由干态转湿态运行时，应在满足开启条件时及时开启炉水循环泵、锅炉启动疏水阀，应控制储水罐水位在合理范围；防止低负荷给水泵再循环调节门打开，导致给水流量大幅波动。【案例 1】2019 年 6 月 21 日，某电厂 6 号机组负荷为 505MW，B 磨煤机跳闸，总燃料量由 197t/h 降至 128t/h，给水流量设定值从 1347t/h 下降至 1053t/h，实际给水流量下降至 1066t/h 时，单台汽动给水泵入口流量低于 620t/h，联锁开启汽动给水泵再循环调节门。给水流量低低保护动作，锅炉 MFT。【案例 2】2019 年 7 月 5 日，某电厂 4 号机组负荷为 320MW，因 4A、4B、4C 磨润滑油泵跳闸导致对应的磨煤机、给煤机跳闸。因炉水循环泵入口门开启行程时间过长，炉水循环泵未能及时启动，导致分离器水位高高保护动作，触发锅炉 MFT。

2.1.28 为新增条款，防止给水泵汽源压力降低，无备用汽源导致锅炉给水流量低。【案例】2016 年 1 月 28 日，某电厂 6 号机组负荷为 470MW，汽动给水泵运行，风烟系统引风机等故障，造成 6A、6B、6E、6C、6F 磨煤机跳闸，机组负荷迅速下降，导致四段抽汽压力降至 0.21MPa，主给水流量降至 138t/h，给水流量低保护动作，锅炉 MFT。

2.1.29 为新增条款，运行人员应熟练掌握不同工况下给水量、煤量数值及比例，以便在异常工况处理时合理设定控制参数值。

2.1.30 为新增条款，防止汽动给水泵转速指令和转速反馈不一致，导致实际给水流量与控制目标值产生大的偏差。【案例】2016 年 1 月 24 日，某电厂 2 号机组负荷为 180MW，2A 磨煤机断煤，解除给水自动，手动调节给水流量。给水泵汽轮机转速指令从 3585r/min 降至 3462r/min，但实际转速仅从 3596r/min 降至 3555r/min。由于实际转速大于转速指令，给水泵汽轮机低压调节门逐渐关小。给水泵转速指令为 3461r/min，实际转速 3542r/min，低压调节门指令降至 22.56%时，给水流量降至 128t/h，给水流量低低保护动作，锅炉 MFT。

2.2　防止锅炉超温超压

2.2.1　为国能安全〔2014〕161 号《防止电力生产事故的二十五项重点要求》第 6.5.3.1 条，原文未修改。

2.2.2　为国能安全〔2014〕161 号《防止电力生产事故的二十五项重点要求》第 6.5.3.8 条，原文未修改。

2.2.3　为新增条款，强调了锅炉水压试验的升降压速率要求。

2.2.4　为新增条款，强调了安全阀防锈蚀的重要性。【案例】某热电厂一期锅炉安全阀锈蚀严重。检修发现阀体内部锈蚀、阀瓣粘连、上下调整环锈蚀、阀芯阀座表面吹损等共性问题，先后造成 2014 年 2 号锅炉、2016 年 1 号锅炉、2017 年 1 号锅炉发生 3 次超压拒动。例如，1 号锅炉安全阀拒动的直接原因是安全阀阀内组件锈蚀，造成锈蚀的主要原因是安全阀与锅炉其他疏放水（如双色水位计放水、电触点水位计放水、空气门放水、压力表变送器疏水等）共用一根疏水母管，以及安全阀排汽管未安装疏水盘。

2.2.5　为 TSG G0001—2012《锅炉安全技术监察规程》第 6.1.15 条、第 6.1.16 条，原文未修改。

2.2.6　为国能安全〔2014〕161 号《防止电力生产事故的二十五项重点要求》第 6.5.3.6 条，有修改，补充了启停过程中对蒸汽压力变化速率的控制要求和防止烟气温度超过规定值的措施。

2.2.7　为国能安全〔2014〕161 号《防止电力生产事故的二十五项重点要求》第 6.5.3.5 条，原文未修改。

2.2.8　为国能安全〔2014〕161 号《防止电力生产事故的二十五项重点要求》第 6.5.3.7 条，有修改，原文语句进行了调整。

2.2.9　为新增条款，强调了局部受热面壁温超温时的处理方式，如反切风摆角、磨煤机投运组合方式等。

2.2.10　为新增条款，强调了受热面流量分配不合理造成受热面壁温超温问题，应对受热面水动力等工质流量分配进行校核计算及结构调整。

2.2.11　为新增条款，强调负荷变化率要经过负荷变动试验确定，燃料变化应平稳、合理。

2.2.12　为国能安全〔2014〕161 号《防止电力生产事故的二十五项重点要求》第 6.5.3.3 条，原文未修改。

2.2.13　为新增条款，防范直流锅炉低负荷运行或降负荷过程中水冷壁超温问题。

2.2.14　为新增条款，依据 DL/T 748.2—2016《火力发电厂锅炉机组检修导则　第 2 部分：锅炉本体检修》第 6.4.2.6 条、第 6.4.2.7 条内容，强调了检修及技术改造时核查新管材质。

2.2.15　为国能安全〔2014〕161 号《防止电力生产事故的二十五项重点要求》第 6.5.3.2 条，有修改，补充了储能调峰装置系统对 AGC 调峰的支持作用。

2.2.16　为新增条款，强调高温受热面壁温报警温度的设置原则。

2.2.17 为国能安全〔2014〕161 号《防止电力生产事故的二十五项重点要求》第 6.5.7.9 条，有修改，补充了控制受热面壁温至安全范围时的操作要求。

2.2.18 为国能安全〔2014〕161 号《防止电力生产事故的二十五项重点要求》第 6.5.6.2 条，原文未修改。

2.3 防止水汽品质恶化及氧化皮异常

2.3.1 防止汽水品质恶化

2.3.1.1 为新增条款，受热面管内结垢影响换热效果，结垢严重时将导致管内通流能力降低、水动力特性改变而发生超温爆管。

2.3.1.2 为新增条款，依据 DL/T 1683—2017《1000MW 等级超超临界机组运行导则》第 6.3.2.5 条，明确了锅炉启动过程升温升压、锅炉湿态运行时升负荷条件。

2.3.1.3 为新增条款，强调了汽水品质对锅炉运行的重要性。【案例 1】2015 年 7 月 31 日，某电厂 3 号机组凝汽器泄漏，并导致精处理混床穿透，海水进入热力系统，锅炉受热面被迫进行了化学清洗。【案例 2】2019 年 4 月 5 日，某电厂 2 号机组因凝汽器长期泄漏导致给水及炉水水质劣化，且未采取有效处理措施，长期运行导致水冷壁垢下腐蚀，引发氢脆爆管。

2.3.2 防止氧化皮异常

2.3.2.1 为新增条款，强调了锅炉受热面布置时应采取措施，防止氧化皮堆积。

2.3.2.2 为新增条款。部分制造厂仅基于材料持久强度确定炉外壁温报警值，应注意其与抗氧化温度的区别；强调高温受热面壁温报警值应依据受热面实际抗蒸汽氧化性能进行设置。

2.3.2.3 为新增条款，强调了温度变化速率过快对氧化皮脱落的影响。

2.3.2.4 为新增条款，控制高温受热面壁温峰值是减缓氧化皮生成速度的有效措施，针对个别管屏壁温在高负荷下易超温的情况，提出运行调整的方式。

2.3.2.5 为新增条款，受热面壁温突变是引发氧化皮脱落的主要原因，故应防止减温水漏流造成受热面壁温突变的情况。

2.3.2.6 为国能安全〔2014〕161 号《防止电力生产事故的二十五项重点要求》第 6.5.7.13 条，有修改，补充了对氧化皮堆积厚度超标的受热面管应进行割管清理。

2.3.2.7 为新增条款，有条件机组可利用启机蒸汽吹扫清理氧化皮。【案例 1】某电厂机组配有一级大旁路系统，锅炉产生的吹扫蒸汽通过过热器后，经过旁路系统减温减压排入凝汽器。这种系统可以对过热器系统内产生的氧化皮剥落物进行吹扫。【案例 2】某电厂采用高、低压旁路系统，锅炉产生的吹扫蒸汽先通过过热器，再通过再热器后排入凝汽器。这种系统不仅能对过热器系统内产生的氧化皮剥落物进行吹扫，而且对再热器系统内氧化皮剥落物也能进行吹扫。

2.3.2.8 为国能安全〔2014〕161 号《防止电力生产事故的二十五项重点要求》第 6.5.7.10 条，原文未修改。

2.4 防止受热面磨损

2.4.1 为新增条款，采用螺旋水冷壁锅炉，灰渣沿水冷壁管顺前后墙斜坡滑落在落渣口弯曲处、与侧墙交界处，灰渣产生变向，会对水冷壁管产生严重磨损。

2.4.2 为新增条款，对存在漏风的区域应重点检查受热面磨损情况。【案例】某电厂三期锅炉检修期间，对燃烧器水冷套管背火侧进行全面检查，发现 6 根水冷套管磨损严重，及时进行了更换，并对墙箱浇注料重新进行浇灌，消除了燃烧器水冷套管泄漏隐患。

2.4.3 为新增条款，流化床锅炉磨损问题是制约锅炉安全稳定运行的最重要问题，针对流化床锅炉防磨问题，行业内提出了降低贴壁流颗粒浓度及速度的防磨梁技术，对于减缓磨损起到了良好效果。

2.4.4 为新增条款，流化床锅炉密相区浇注料脱落将造成受热面短时间内磨损泄漏，故在检修期间应对浇注料脱落情况进行检查，浇注料修复后应做好烘干保养工作，防止浇注料边缘角部因烘干不均造成非正常裂纹而脱落。【案例 1】2017 年 2 月 27 日，某电厂 5 号锅炉 D 给煤口位置浇注料脱落，造成水冷壁磨损加速发生泄漏，锅炉 MFT。【案例 2】2018 年 1 月 25 日，某电厂 4 号锅炉从南向北数第三个屏式过热器管屏最外圈管发生泄漏，屏式过热器泄漏的原因为屏式过热器每屏过热器管束为 26 根，其中 13 根为低温过热器的来汽加热管，13 根为加热后的过热蒸汽管，26 根管下部迎风面用浇注料固定在一起，由于管束温度不同，膨胀系数不同，屏式过热器中间部位浇注料脱落严重，屏式过热器下部为迎风面，导致屏式过热器管束磨损减薄，造成泄漏。

2.4.5 为新增条款，统计了流化床锅炉水冷壁容易磨损的区域，在检修中需重点检查。

2.4.6 为新增条款，强调了高温受热面烟气走廊的控制。【案例 1】某电厂燃用碱金属含量偏高的煤种，高温受热面沾污结渣严重，形成烟气走廊，造成高温受热面磨损泄漏。【案例 2】某电厂锅炉 2007 年 11 月投产，因折焰角区域严重结焦，燃用褐煤燃烧产生烟气量较多，造成末级再热器管大面积被烟气冲刷磨损减薄泄漏。

2.4.7 为新增条款，强调了尾部受热面阻流板、防磨罩的布置要求。【案例】2018 年某电厂两台锅炉低温再热器、省煤器防磨检查结果发现，尾部受热面靠近后包墙处的部分弯头未加装防护瓦；靠近后包墙处的尾部受热面存在较多磨损问题，尤其是省煤器第三层管排上数第二、第三弯头处部分磨损严重。

2.4.8 为新增条款，中隔墙过热器两侧烟气压力不同，如存在缝隙，则在缝隙处形成烟气走廊，加剧中隔墙联箱的磨损。【案例】某 1025t/h 锅炉中隔墙过热器下联箱与中隔墙鳍片之间留有 5mm 缝隙，运行中由于前后烟道之间的压力差，烟气通过此处流动形成烟气走廊，导致联箱出现大面积磨损。

2.4.9 为新增条款，因炉顶密封结构设计不当，原始安装尺寸定位不当，部分立式高温受热面管与顶棚管发生碰磨，容易造成泄漏事件。

2.4.10 为新增条款，由于运行中管排之间膨胀、晃动的方向、幅度、频率不一致，相互贴近的部位就很容易发生磨损，造成受热面管子因管壁强度不够而爆管。

2.4.11 为新增条款，蒸汽吹灰器提升阀后的压力在机组调试期间进行整定，但随着吹灰器长时间运行后，吹灰器弹簧松弛变形，提升阀开度变化将造成吹灰压力升高，对受热面防磨不利。

2.4.12 为新增条款，吹灰蒸汽带水将造成受热面吹损泄漏，故蒸汽吹灰时应确保充分疏水，然而一些蒸汽吹灰器疏水管道坡度不符合要求、疏水管径较小等原因造成疏水不畅、疏水时间较长，为确保吹灰蒸汽过热度，要求以疏水温度达到设定值作为启吹条件。【案例 1】2016 年二季度，某电厂 1 号锅炉一级再热器中部受热面上部管排（处于该区域吹灰器上部）第一根管防磨瓦普遍减薄，经防磨瓦拆除后对受热面进行了全面测厚检查，发现大量管子管壁异常减薄最低至约 1.7mm。因吹灰母管疏水管路管径偏小，造成吹灰疏水温度一直偏低（要求大于 260℃，1 号锅炉实际仅有 210℃左右，改造后的 2 号锅炉相应疏水温度可达到 270℃左右）。另外，吹灰器前的支管疏水倾斜角度不满足要求，管内积水被蒸汽携带送入炉内冲刷受热面，故吹灰蒸汽带水是此次受热面管壁异常减薄的主要原因。【案例2】2016年四季度，某电厂6号锅炉炉膛短式吹灰器周围水冷壁多处管段存在吹损，吹损点多达250余处。炉膛蒸汽吹灰器疏水管与其他蒸汽吹灰汽源管的疏水连接在同一根管道上，该短式吹灰器在疏水时受到其他吹灰器疏水压力的排挤长时间无法达到规定的蒸汽温度，运行人员就进行了吹灰，造成水冷壁吹损。

2.4.13　为国能安全〔2014〕161号《防止电力生产事故的二十五项重点要求》第6.5.6.4条，原文有修改，强调了吹灰器投运及退出应进行现场确认，并提出了吹灰器卡涩、不能正常退出时的处理措施。【案例1】2012年8月，某电厂L6吹灰器在进枪过程中，因高温再热器管排定距块松脱引起管夹松动，高温再热器管子出列导致吹灰器进枪卡涩，吹灰器较长时间停留在炉内高温再热器出列管子处，吹损51、52屏防磨瓦及下弯头。【案例2】2015年7月8日，某电厂2号锅炉HR4吹灰器吹灰过程中发生卡涩，未能及时发现，吹灰器喷嘴长时间吹扫同一部位，吹损了省煤器管防磨罩及母材，造成省煤器管泄漏。【案例3】2017年12月17日，某电厂5号锅炉省煤器泄漏，省煤器泄漏的原因为蒸汽吹灰器故障，蒸汽长时间冲刷吹损省煤器管壁。

2.4.14　为新增条款，一些电厂炉膛吹灰器附近水冷壁存在吹损减薄，其中一个原因是吹灰器喷嘴与水冷壁距离不符合要求所致。【案例】2017年某电厂1、2号机组检修发现炉膛蒸汽吹灰器周围水冷壁存在吹损减薄，经查吹灰器说明书，吹灰器喷嘴中心线与管束管子外表面距离应不小于13mm，实际个别吹灰器喷嘴中心与管子外表面距离达不到要求，电厂委托吹灰器厂家对吹灰器枪头与水冷壁间距离进行调整，调整后吹灰器周围水冷壁吹损减薄问题消除。

2.5　防止焊接及膨胀异常

2.5.1　为国能安全〔2014〕161号《防止电力生产事故的二十五项重点要求》第6.5.5.9条，原文未修改。

2.5.2　为新增条款。【案例1】2017年6月23日，某电厂1号机组4.5m层乙侧主蒸汽管道上试验温度测点套管断裂脱落，导致泄漏点上方电缆桥架长度12m区域内热控电缆绝缘因高温损坏。该温度套管是2017年4月检修时更换的，主要是由于原温度套管因结构问题存在断裂隐患，电厂在更换套管作业时没有任何焊接方案，焊接时出现了焊缝坡口角度小、焊缝高度不够、焊缝层数少等工艺错误，导致焊缝整体强度不足。运行中蒸汽冲刷测点套管，最终造成焊缝断裂。【案例2】2018年7月15日，某电厂2号机组9m平台主蒸汽管道温度套管角焊缝开裂，原因是：

a）该泄漏管座基建焊接时，几乎未开坡口，焊肉较少，焊缝强度明显不足；

b）该位置异种钢焊接型式不合理，属于GB/T 16507.3—2013《水管锅炉结构设计》禁止的结构型式。

2.5.3　为国能安全〔2014〕161号《防止电力生产事故的二十五项重点要求》第6.5.5.2条，原文未修改。

2.5.4　为新增条款，对浇注料抓钉与换热管间焊接提出要求。【案例】2019年7月，某电厂5号锅炉二级过热器泄漏，泄漏的原因为二级过热器弯管外弧采用焊接方式定位抓钉，且为珠光体与奥氏体钢之间的异种钢焊接，存在热裂纹等缺陷逐步向内壁扩展直至裂透，后续采用抱箍抓钉的方式对浇注料进行固定。

2.5.5 为国能安全〔2014〕161 号《防止电力生产事故的二十五项重点要求》第 6.5.5.1 条，原文未修改。

2.5.6 为新增条款。【案例】2019 年 2 月至 5 月，某电厂 6、7 号机组频繁进行深度调峰，导致锅炉冷灰斗处水冷壁管与鳍片焊缝频繁发生开裂、泄漏问题。

2.5.7 为新增条款。【案例 1】2018 年 7 月 8 日，某电厂 2 号锅炉省煤器左侧出口联箱西侧包覆过热器第二根管子鳍片起始处因结构及焊接原因造成应力集中，运行过程中鳍片根部产生疲劳横向裂纹导致泄漏。【案例 2】2018 年 9 月 19 日，某电厂 2 号锅炉 A 侧主蒸汽管道疏水管焊缝开裂泄漏。原因是焊接时存在强力对口，造成应力集中；热处理工艺不当造成热影响区硬度偏低。

2.5.8 为国能安全〔2014〕161 号《防止电力生产事故的二十五项重点要求》第 6.5.5.5 条、DL/T 616—2006《火力发电厂汽水管道与支吊架维修调整导则》第 3.7.5 条，原文未修改。

2.5.9 为 TSG G0001—2012《锅炉安全技术监察规程》第 3.17 条，原文未修改。

2.5.10 为 TSG G0001—2012《锅炉安全技术监察规程》第 8.2.3 条，对原文进行了补充，增加膨胀指示器内容。

2.5.11 为新增条款，依据 DL/T 616—2006《火力发电厂汽水管道与支吊架维修调整导则》第 3.5.3 条，对水压试验时支吊架的承载进行了强调。

2.5.12 为新增条款，依据 DL/T 616—2006《火力发电厂汽水管道与支吊架维修调整导则》第 3.8.1 条、3.8.2 条，强调了管子、管件、保温材料更换时注意事项。

2.6 防止锅炉附件及其他设备故障

2.6.1 为国能安全〔2014〕161 号《防止电力生产事故的二十五项重点要求》第 6.1.9.1 条、6.5.6.4 条，对原条文内容进行了整合，增加吹灰频次要求。【案例 1】2018 年 5 月 2 日，某电厂 4 号锅炉水冷壁后墙标高约 27m 水冷壁因吹灰器频繁投运，长期受到蒸汽的冲刷、减薄发生泄漏。【案例 2】2018 年 12 月 10 日，某电厂 3 号锅炉 IR21 吹灰器枪管没有退出，导致周边水冷壁管吹损泄漏。

2.6.2 为国能安全〔2014〕161 号《防止电力生产事故的二十五项重点要求》第 6.4.15 条，原文未修改。

2.6.3 为新增条款，依据 DL/T 959—2014《电站锅炉安全阀技术规程》第 7.1 条，对安全阀排汽管布置及材质提出要求。

2.6.4 为国能安全〔2014〕161 号《防止电力生产事故的二十五项重点要求》第 6.5.3.4 条，有修改，补充了锅炉厂家规定内容。

2.6.5 为国能安全〔2014〕161 号《防止电力生产事故的二十五项重点要求》第 7.1.2 条、第 7.1.7 条、第 7.1.11 条，对条文进行了整合。

2.6.6 为国能安全〔2014〕161 号《防止电力生产事故的二十五项重点要求》第 7.1.3 条，原文未修改。

2.6.7 为国能安全〔2014〕161 号《防止电力生产事故的二十五项重点要求》第 7.1.10 条，原文未修改。

2.6.8 为国能安全〔2014〕161 号《防止电力生产事故的二十五项重点要求》第 6.5.5.7 条，原文未修改。

2.6.9 为新增条款，依据 TSG G0001—2012《锅炉安全技术监察规程》第 6.5 条，强调了排污管的相关要求。

3 防止锅炉燃烧系统故障编制说明

（一）总体说明

本章主要针对锅炉燃烧系统，在国能安全〔2014〕161 号《防止电力生产事故的二十五项重点要求》第 6 章基础上，结合 GB 25960—2010《动力配煤规范》、GB 50660—2011《大中型火力发电厂设计规范》、DL 5190.2—2019《电力建设施工技术规范 第 2 部分：锅炉机组》、DL/T 435—2018《电站煤粉锅炉炉膛防爆规程》、DL/T 831—2015《大容量煤粉燃烧锅炉炉膛选型导则》、DL/T 1091—2008《火力发电厂锅炉炉膛安全监控系统技术规程》、DL/T 1127—2010《等离子体点火系统设计与运行导则》、DL/T 1445—2015《电站煤粉锅炉燃煤掺烧技术导则》、DL/T 5145—2012《火力发电厂制粉系统设计计算技术规定》、DL/T 5203—2005《火力发电厂煤和制粉系统防爆设计技术规程》、JB/T 10440—2004《大型煤粉锅炉炉膛及燃烧器性能设计规范》、Q/HN－1－0000.19.009—2016《火电机组低氮燃烧运行优化技术导则》、Q/HN－1－0000.08.023—2015《火力发电厂锅炉监督标准》、《中国华能集团有限公司配煤掺烧管理办法》、《中国华能集团公司火电工程设计导则》、近年来集团内外非计划停运事件、降出力事件以及典型的设备缺陷和异动、技术监督现场查评服务中发现的锅炉燃烧系统典型问题，从设计、选型、制造、安装、调试、试验、运行、检修、日常技术监督等角度提出防范锅炉燃烧系统故障的措施和标准，本章分为防止锅炉灭火及内爆事故、防止锅炉爆燃事故、防止锅炉尾部再燃烧、防止锅炉严重结渣、防止锅炉受热面高温腐蚀、防止燃烧设备故障共六个部分。

（二）条文说明

3.1 防止锅炉灭火及内爆事故

3.1.1 防止锅炉灭火事故

3.1.1.1 为国能安全〔2014〕161 号《防止电力生产事故的二十五项重点要求》第 6.2.1.1 条，有修改，补充了煤粉锅炉炉膛选型应执行 DL/T 831—2015《大容量煤粉燃烧锅炉炉膛选型导则》、JB/T 10440—2004《大型煤粉锅炉炉膛及燃烧器性能设计规范》、《中国华能集团公司火电工程设计导则》的有关规定。

3.1.1.2 为国能安全〔2014〕161 号《防止电力生产事故的二十五项重点要求》第 6.2.1.2 条，有修改，对原文语句进行了调整，并强调锅炉灭火措施应包括深度调峰内容。

3.1.1.3 为《中国华能集团有限公司配煤掺烧管理办法》第三章第十二条，引用了原文中与锅炉灭火相关的内容。

3.1.1.4 为《中国华能集团有限公司配煤掺烧管理办法》第五章第二十条，原文未修改。

3.1.1.5 为《中国华能集团有限公司配煤掺烧管理办法》第五章第二十一条，原文未修改。

3.1.1.6 为国能安全〔2014〕161 号《防止电力生产事故的二十五项重点要求》第 6.2.1.3 条，原文未修改。

3.1.1.7 为《中国华能集团有限公司配煤掺烧管理办法》第五章第二十二条，原文未修改。

3.1.1.8 为新增条款，依据 DL/T 1445—2015《电站煤粉锅炉燃煤掺烧技术导则》第 4.6 条和 GB 25960—2010《动力配煤规范》第 4.2.3 条，强调了混煤中不同煤种掺配要求和煤源追溯要求。

3.1.1.9　为国能安全〔2014〕161号《防止电力生产事故的二十五项重点要求》第6.2.1.4条，有修改，增加了主燃烧器风量与燃尽风量比例、炉膛/风箱差压的调整等内容。【案例1】2018年11月30日，某电厂7号锅炉采用分仓配煤掺烧，运行中C、B、D、F制粉系统因火焰丧失相继跳闸，锅炉MFT保护动作。原因为相邻层燃烧器相互支持和引燃作用减弱，抗干扰能力差，燃烧系统稳燃能力较弱。【案例2】2017年2月10日，某电厂7号锅炉在稳定运行情况下出现炉膛压力波动导致"全炉膛火焰丧失"，锅炉MFT。原因为实际燃用的贫瘦煤与气肥煤掺配混煤燃烧特性与改造后的低氮燃烧器匹配性差，导致炉内可燃性气体积聚，局部发生爆燃，火焰检测短时间内相继发出无火信号，触发锅炉MFT。【案例3】2018年4月10日，某电厂6号锅炉C层火焰检测信号出现闪烁，点火油枪自动投入，燃烧持续恶化，B、D、E、F层火焰检测信号同时消失，炉膛"全炉膛无火"保护动作，锅炉MFT。原因为入炉煤V_{daf}挥发分小于10%，煤质偏差，且燃烧器配风方式与煤质特性不匹配，造成锅炉灭火。

3.1.1.10　为《中国华能集团有限公司配煤掺烧管理办法》第五章第十九条，原文未修改。

3.1.1.11　为新增条款，提出一次风速及燃烧配风方式的要求，以提高燃烧稳定性。【案例】2019年5月4日，某电厂1号锅炉因"炉膛负压低"保护动作，锅炉MFT。原因为锅炉燃烧器可调旋流二次风旋流叶片开度为0，旋流强度不足，煤粉气流卷吸高温烟气的能力变差，导致燃烧器出口着火稳定性变差。

3.1.1.12　为新增条款，强调低负荷下应保证单个燃烧器煤粉浓度，提高燃烧稳定性与抗干扰能力。【案例】2019年5月4日，某电厂1号机组负荷为196MW（额定负荷为360MW），锅炉共配置18台给粉机，运行中投运17台给粉机，投运给粉机台数偏多，造成低负荷时燃烧稳定性变差，火焰强度降低，锅炉灭火。

3.1.1.13　为新增条款，针对配煤掺烧提出相应的炉内稳燃手段。【案例】2014年12月24日，某电厂1号对冲燃烧锅炉因D磨煤机燃用煤质差，低位发热量仅为18.34MJ/kg，导致后墙最下层的D层燃烧器燃烧不稳，D层火焰检测丧失，D磨煤机跳闸，随后B、E层燃烧器相继失去火焰，引发"所有燃料丧失"，锅炉MFT动作。

3.1.1.14　为新增条款，强调锅炉对煤种的适应性要求。【案例1】2017年1月24日，某电厂5号机组负荷为90MW，供热抽汽量为30t/h，运行无操作，炉膛负压突然由－50Pa升至+320Pa，3s后降至－700Pa，"失去全部火焰"信号发出，锅炉MFT。原因为锅炉燃用煤质挥发分偏离设计值较多，着火不稳，同时炉膛负压波动，火焰检测丧失。【案例2】2017年1月25日，某电厂6号机组负荷为90MW，供热抽汽量为30t/h，运行无操作，炉膛负压突然由－50Pa升至+239Pa，5s后降至－822Pa，2s后又突升至+2047Pa，"炉膛压力高"保护动作，锅炉MFT。原因为燃用煤质挥发分偏离设计值较多，燃烧不稳导致炉膛负压波动，采取投油稳燃措施时，炉膛局部煤粉爆燃，造成锅炉"炉膛压力高"保护动作。

3.1.1.15　为新增条款，强调炉底漏风对燃烧稳定的影响。【案例1】2014年6月2日，某电厂2号锅炉捞渣机箱体检查孔压杆断裂，造成炉底水封破坏，且未及时关闭液压关断门，造成炉底严重漏风，在处理事故过程中仅投入一只1t/h油枪进行稳燃，炉膛温度迅速降低，全火焰丧失，锅炉灭火。【案例2】2018年9月17日，某电厂1号机组捞渣机跳闸，在清除炉渣过程中捞渣机水封破坏，B、C、A层火焰检测相继丧失，导致制粉系统跳闸，锅炉灭火。

3.1.1.16　为新增条款，强调原煤仓堵煤对锅炉燃烧稳定性的影响。【案例1】2014年7月15

日，某电厂 2 号锅炉 A 给煤机频繁断煤，造成炉膛压力波动大，“炉膛压力低低”保护动作，锅炉 MFT。【案例 2】2016 年 5 月 31 日，某电厂 4 号锅炉 42、43 号原煤斗掺配泥煤偏多，导致原煤斗蓬煤，两台磨煤机因断煤跳闸，“失去所有燃料”保护动作，锅炉 MFT。【案例 3】2017 年 11 月 20 日，某电厂 2 号锅炉 B、C 磨煤机因入炉煤冻结同时断煤，B、C、D、E 火焰检测大幅度摆动，“全炉膛无火”保护动作，锅炉 MFT。【案例 4】2018 年 3 月 11 日，某电厂 2 号锅炉因煤矿疏干水水量大，煤矿上煤时将部分湿煤上到机组原煤斗，造成 6 台给煤机同时蓬煤，机组参数大幅波动，蒸汽温度快速下降，机组被迫紧急停运。【案例 5】2018 年 4 月 7 日，某电厂 1 号锅炉 2、4、3 号磨煤机因给煤机堵塞断煤，其中 4、3 号磨煤机相继跳闸，造成炉内燃烧不稳，1、5 号磨煤机因火焰检测信号丧失跳闸，锅炉 MFT。原因为锅炉入炉煤全水分达到 27%～29%，且含部分煤泥块，致使 1 号锅炉短时间出现多台磨煤机原煤斗蓬煤断煤。【案例 6】2018 年 4 月 17 日，某电厂掺烧煤泥，1 号锅炉 C、E 磨煤机间歇断煤，A、B、D 煤层运行，锅炉燃烧不稳，炉膛负压在 –334Pa 至 178Pa 之间波动，火焰检测信号失去，导致全炉膛无火保护动作，锅炉 MFT。

3.1.1.17　为 GB 50660—2011《大中型火力发电厂设计规范》第 6.3.5 条、《中国华能集团有限公司配煤掺烧管理办法》第五章第二十九条，对条文内容进行了整合补充，补充了原煤仓结构改造的两种方案。【案例】2018 年 4 月 7 日，某电厂 1 号锅炉因燃煤水分大（全水分为 27%～29%），且含部分煤泥块，原煤斗内衬板结较厚煤泥层，原煤斗有效容积减小，堵塞下部锥体部分，致使短时间出现多台磨煤机原煤斗蓬煤断煤，燃烧不稳，火焰检测信号丧失，锅炉 MFT。

3.1.1.18　为新增条款，提出了掺烧煤泥的防堵措施。

3.1.1.19　为新增条款，依据 DL/T 5203—2005《火力发电厂煤和制粉系统防爆设计技术规程》第 4.9.4 条，增加了给煤机堵煤报警信号应引至 DCS。

3.1.1.20　为《中国华能集团有限公司配煤掺烧管理办法》第五章第二十四条，原文部分引用。

3.1.1.21　为国能安全〔2014〕161 号《防止电力生产事故的二十五项重点要求》第 6.2.1.19 条，有修改。强调断煤时应采取稳燃措施。

3.1.1.22　为国能安全〔2014〕161 号《防止电力生产事故的二十五项重点要求》第 6.2.1.13 条，原文未修改。【案例】2015 年 2 月 17 日，某电厂 5 号锅炉 2 号密封风机跳闸，1 号密封风机联启正常，但入口电动挡板未联开，就地手动开启过程中机械卡涩；2、3、4、5 号磨煤机全部跳闸，锅炉 MFT。

3.1.1.23　在《中国华能集团有限公司配煤掺烧管理办法》第五章第二十六条基础上修改，针对锅炉掉焦造成灭火的案例，强调了控制锅炉结渣问题的重要性。【案例 1】2014 年 4 月 2 日，某电厂 3 号锅炉掉焦扰动，造成 D1、D3 燃烧器灭火，大量煤粉进入炉膛遇高温爆燃，炉膛压力高保护动作，锅炉 MFT。【案例 2】2015 年 5 月 21 日，某电厂 8 号锅炉主燃烧器上部至 SOFA 风区域、SOFA 风上部四面墙严重结渣，大量焦块掉落，导致炉膛压力高高保护动作，锅炉 MFT。【案例 3】2018 年 11 月 23 日，某电厂 7 号机组供热期间长期高负荷运行，锅炉结渣严重，掉焦造成炉膛压力波动，“炉膛压力高”保护动作，锅炉 MFT。

3.1.1.24　为新增条款，提出防范折焰角积灰措施。【案例 1】2018 年 6 月 14 日，某电厂 1 号机组深度调峰运行，炉内燃烧强度较弱，折焰角积灰发生塌落，火焰检测信号失去，锅炉 MFT。【案例 2】2019 年 5 月 4 日，某电厂 1 号锅炉斜坡墙垮灰，捞渣机发生明显冒灰，炉膛四角 8 点温度出现下降趋势，炉内燃烧不稳、部分燃烧器灭火，“炉膛压力极低”保护动作，锅炉 MFT。

3.1.1.25　为国能安全〔2014〕161 号《防止电力生产事故的二十五项重点要求》第 6.2.1.11 条、《中国华能集团有限公司配煤掺烧管理办法》第五章第二十六条，有修改。补充了火焰检测安装位置及角度的要求。【案例】2018 年 5 月 17 日，某电厂 1 号锅炉掉焦引发炉本体晃动，造成二次风箱内大量落灰，浮灰遮挡火焰检测窥视口，火焰检测信号丧失，引发 A、C、D 磨煤机先后跳闸，锅炉 MFT。

3.1.1.26　为国能安全〔2014〕161 号《防止电力生产事故的二十五项重点要求》第 6.2.1.10 条，有修改，补充了对火焰检测探头定期清理的要求。

3.1.1.27　为新增条款，强调火焰检测冷却风风压的重要性。【案例】2016 年 11 月 14 日，某电厂 4 号锅炉由于火焰检测冷却风压低导致机组跳闸，原因为两台火焰检测冷却风机入口被彩条布遮挡，造成火焰检测冷却风压低。

3.1.1.28　为新增条款，强调火焰检测冷却风机电源的配置要求。

3.1.1.29　为《中国华能集团有限公司配煤掺烧管理办法》第五章第二十六（二）条，原文未修改。

3.1.1.30　为国能安全〔2014〕161 号《防止电力生产事故的二十五项重点要求》第 6.2.1.14 条、第 6.2.1.15 条，有修改，补充了等离子拉弧定期工作。【案例】2018 年 1 月 2 日，某电厂 7 号机组点火温态启动，因 B 磨煤机 3 号角等离子断弧、2 号角等离子正在检修，触发“等离子点火模式下任意两角等离子发生断弧停磨煤机”保护动作，导致炉膛全部火焰信号消失，锅炉 MFT。

3.1.1.31　为国能安全〔2014〕161 号《防止电力生产事故的二十五项重点要求》第 6.2.1.6 条，原文未修改。

3.1.1.32　为国能安全〔2014〕161 号《防止电力生产事故的二十五项重点要求》第 6.2.1.12 条，原文未修改。

3.1.1.33　为国能安全〔2014〕161 号《防止电力生产事故的二十五项重点要求》第 6.2.1.8 条，原文未修改。

3.1.1.34　为国能安全〔2014〕161 号《防止电力生产事故的二十五项重点要求》第 6.2.1.7 条，原文未修改。

3.1.1.35　为新增条款，依据《中国华能集团有限公司配煤掺烧管理办法》第五章第二十六（三）条，强调了与锅炉灭火相关的控制策略的完善。

3.1.2　防止锅炉内爆事故

3.1.2.1　为 DL/T 435—2018《电站锅炉炉膛防爆规程》第 5.1.2 条、5.1.3 条，原文有修改，将 8.7kPa 改为 9.8kPa。

3.1.2.2　为国能安全〔2014〕161 号《防止电力生产事故的二十五项重点要求》第 6.2.3.2 条，有修改，增加了烟气余热利用和分级省煤器等改造时应核算尾部烟道负压承受能力的要求。

3.1.2.3　为新增条款，强调内爆保护系统必须配备的联锁要求。

3.1.2.4　为新增条款，强调了风机执行器及风门挡板的传动试验、相关静态试验的重要性。

3.1.2.5　为新增条款，强调了锅炉 MFT 时风机控制装置的超驰动作功能。

3.1.2.6　为新增条款，强调风机超驰功能不满足防止锅炉内爆要求时应及时进行更换的重要性。【案例】2017 年某电厂 660MW 机组在满负荷运行时，因发电机故障跳闸，锅炉 MFT 联锁保护动作，一次风机、磨煤机、给煤机全停，送、引风机维持运行，锅炉 MFT 触发时炉膛负压为－24Pa，送风机、引风机均在自动控制状态。因引风机静叶开度关小较慢，锅炉 MFT 16s 后，炉膛压力降至－4000Pa，导致除尘器出口烟箱向内变形、除尘器出口烟道膨胀节处撕裂。

3.1.2.7　为新增条款，提出防范系统负压过大的改造方案。

3.2　防止锅炉爆燃事故

3.2.1　为国能安全〔2014〕161 号《防止电力生产事故的二十五项重点要求》第 6.1.7.3 条，根据 DL/T 435—2018《电站煤粉锅炉炉膛防爆规程》第 3.3.2.2 条关于炉膛吹扫的规定补充了吹扫风量和吹扫时间的要求。

3.2.2　为新增条款，强调点火燃烧器运行试验要求。

3.2.3　为 DL/T 435—2018《电站锅炉炉膛防爆规程》7.3.1.2（i）条，强调了调风挡板控制要求。

3.2.4　为 DL/T 435—2018《电站锅炉炉膛防爆规程》7.3.1.2（g）条，强调了启动到带初始负荷期间调风挡板控制要求。

3.2.5　为国能安全〔2014〕161 号《防止电力生产事故的二十五项重点要求》第 6.2.1.17 条，有修改。根据 DL/T 435—2018《电站锅炉炉膛防爆规程》7.3.1.2（m）条对燃烧器投运提出要求，强调了禁止将无点火枪支持的不燃烧煤粉送入炉膛。【案例】2011 年 5 月 30 日，某电厂 2 号锅炉在启动点火过程中，由于点火油枪缺陷导致进入炉膛的煤粉未被点燃并在炉膛内聚集，且在点火过程中由于煤火焰检测不参与全炉膛灭火保护，导致积粉浓度达到临界点，发生爆燃，炉膛压力突升至 5644Pa，炉膛压力高保护动作，锅炉 MFT。

3.2.6　为国能安全〔2014〕161 号《防止电力生产事故的二十五项重点要求》第 6.2.1.5 条，原文未修改。【案例 1】2012 年 1 月 7 日，某电厂 1 号锅炉因入炉煤质较差，炉内存在不完全燃烧的情况，运行人员在对炉内燃烧状况判断不明的情况下投入大油枪稳燃。投入大油枪后炉膛压力突升，造成炉膛压力高保护动作，锅炉 MFT。【案例 2】2012 年 1 月 20 日，某电厂 1 号锅炉掉焦，炉内燃烧不稳，运行人员投油助燃，造成炉内发生爆燃，炉膛压力突升至 4.2kPa，锅炉 MFT。

3.2.7　为国能安全〔2014〕161 号《防止电力生产事故的二十五项重点要求》第 6.2.1.9 条，原文未修改。

3.2.8　为国能安全〔2014〕161 号《防止电力生产事故的二十五项重点要求》第 6.2.4.2 条，有修改。强调了油枪雾化的就地监视。

3.2.9　为 DL/T 435—2018《电站锅炉炉膛防爆规程》第 4.4.1 条、第 4.4.2 条，强调新设备启动后性能试验要求。

3.2.10　为新增条款，强调了负荷变动期间风煤的调整策略。

3.2.11　为 DL/T 435—2018《电站锅炉炉膛防爆规程》第 7.3.2.14 款条，强调了液态排渣锅炉防爆燃运行注意事项。

3.2.12　为新增条款，依据 DL/T 435—2018《电站锅炉炉膛防爆规程》第 7.4.1.2 条、第 7.4.2.4 条，强调了正常停炉后的运行调整策略。

3.2.13　为 DL/T 435—2018《电站锅炉炉膛防爆规程》7.3.5.6（a）、（b）条，强调了紧急停炉后的运行调整策略。

3.2.14 为国能安全〔2014〕161号《防止电力生产事故的二十五项重点要求》第6.2.4.3条，原文未修改。

3.2.15 为国能安全〔2014〕161号《防止电力生产事故的二十五项重点要求》第6.2.4.1条，原文未修改。

3.2.16 为国能安全〔2014〕161号《防止电力生产事故的二十五项重点要求》第6.2.4.4条，原文未修改。

3.2.17 为国能安全〔2014〕161号《防止电力生产事故的二十五项重点要求》第6.2.4.5条，原文未修改。

3.3 防止锅炉尾部再燃烧

3.3.1 为国能安全〔2014〕161号《防止电力生产事故的二十五项重点要求》第6.1.2.1条，有修改，强调了回转式空气预热器火灾报警装置、对应的烟风挡板、联锁保护的配置。

3.3.2 为国能安全〔2014〕161号《防止电力生产事故的二十五项重点要求》第6.1.2.4条，原文未修改。

3.3.3 为国能安全〔2014〕161号《防止电力生产事故的二十五项重点要求》第6.1.2.5条，有修改。依据DL 5190.2—2019《电力建设施工技术规范　第2部分：锅炉机组》第6.5.1条，增加了对吹灰疏水管道坡度的要求。

3.3.4 为新增条款，明确了保证油枪雾化良好的要求。

3.3.5 为国能安全〔2014〕161号《防止电力生产事故的二十五项重点要求》第6.1.3.3条，原文未修改。

3.3.6 为国能安全〔2014〕161号《防止电力生产事故的二十五项重点要求》第6.1.3.4条，有修改。根据DL/T 1127—2010《等离子体点火系统设计与运行导则》第4.1条，增加了少油/无油点火系统设计改造时对煤质的具体要求。

3.3.7 为国能安全〔2014〕161号《防止电力生产事故的二十五项重点要求》第6.1.5.3条，原文未修改。

3.3.8 为国能安全〔2014〕161号《防止电力生产事故的二十五项重点要求》第6.1.6.1条、第6.1.6.2条，原文未修改。

3.3.9 为国能安全〔2014〕161号《防止电力生产事故的二十五项重点要求》第6.1.7.1条、第6.1.7.2条，有修改，强调了油枪实际雾化效果的检查要求。

3.3.10 为国能安全〔2014〕161号《防止电力生产事故的二十五项重点要求》第6.1.5.2条，原文未修改。

3.3.11 为国能安全〔2014〕161号《防止电力生产事故的二十五项重点要求》第6.1.7.3条，原文未修改。

3.3.12 为新增条款，提出防范油枪雾化、着火不良的相关措施。

3.3.13 为国能安全〔2014〕161号《防止电力生产事故的二十五项重点要求》第6.1.8.1条，有修改。强调了就地观察油枪火焰情况。

3.3.14 为国能安全〔2014〕161号《防止电力生产事故的二十五项重点要求》第6.1.8.2条，原文未修改。

3.3.15 为国能安全〔2014〕161号《防止电力生产事故的二十五项重点要求》第6.1.8.3条，

原文未修改。

3.3.16　为国能安全〔2014〕161 号《防止电力生产事故的二十五项重点要求》第 6.1.8.5 条，有修改，补充了点火后对重要运行参数变化情况监视的要求。

3.3.17　为国能安全〔2014〕161 号《防止电力生产事故的二十五项重点要求》第 6.1.9.2 条、第 6.1.9.3 条，对条文进行了整合。

3.3.18　为国能安全〔2014〕161 号《防止电力生产事故的二十五项重点要求》第 6.1.10.2 条、第 6.1.10.3 条，对条文进行了整合。

3.3.19　为国能安全〔2014〕161 号《防止电力生产事故的二十五项重点要求》第 6.1.11.1 条，原文未修改。

3.3.20　为国能安全〔2014〕161 号《防止电力生产事故的二十五项重点要求》第 6.1.13.1 条，原文未修改。

3.3.21　为国能安全〔2014〕161 号《防止电力生产事故的二十五项重点要求》第 6.1.13.2 条，原文未修改。

3.3.22　为国能安全〔2014〕161 号《防止电力生产事故的二十五项重点要求》第 6.1.13.3 条，原文未修改。

3.3.23　为国能安全〔2014〕161 号《防止电力生产事故的二十五项重点要求》第 6.1.13.4 条，原文未修改。

3.3.24　为新增条款，相关措施是为了保证炉内有良好的空气动力场，以满足煤粉充分燃烧的要求。

3.4　防止锅炉严重结渣

3.4.1　为新增条款，加强对入炉煤的管理。

3.4.2　为国能安全〔2014〕161 号《防止电力生产事故的二十五项重点要求》第 6.2.2.1 条，有修改。根据 DL/T 831—2015《大容量煤粉燃烧锅炉炉膛选型导则》第 6.3 条、Q/HN-1-0000.08.023—2015《火力发电厂锅炉监督标准》第 4.1.1.2 条，补充了燃用严重结渣煤质炉膛特性参数的选取原则。

3.4.3　为新增条款，规定了燃用高钾、高钠煤种的锅炉的防结渣设计要求。

3.4.4　为国能安全〔2014〕161 号《防止电力生产事故的二十五项重点要求》第 6.2.2.2 条，有修改，补充了燃烧器定位和间隙等尺寸与设计值一致要求。

3.4.5　为国能安全〔2014〕161 号《防止电力生产事故的二十五项重点要求》第 6.2.2.3 条，原文未修改。

3.4.6　为国能安全〔2014〕161 号《防止电力生产事故的二十五项重点要求》第 6.2.1.4 条、《中国华能集团有限公司配煤掺烧管理办法》第五章第十九条，原文未修改。

3.4.7　为国能安全〔2014〕161 号《防止电力生产事故的二十五项重点要求》第 6.2.2.5 条，原文未修改。

3.4.8　为国能安全〔2014〕161 号《防止电力生产事故的二十五项重点要求》第 6.2.2.7 条，有修改。根据《中国华能集团有限公司配煤掺烧管理办法》第五章第二十六条（一）补充了建立常态化看火、看焦机制要求。

3.4.9　为《中国华能集团有限公司配煤掺烧管理办法》第五章第二十六（四）条，原文未修改。

3.4.10　为《中国华能集团有限公司配煤掺烧管理办法》第五章第二十六（五）条，原文未修改。

3.4.11　为新增条款，规定了燃用高钾、钠煤种时的掺烧方式及运行控制要求，强调通过提高吹灰频次、增加吹灰器、适当降低机组负荷的方式控制锅炉结渣和沾污程度。【案例】2019 年 5 月 15 日，某电厂开始分别掺烧印尼的商人煤、澳洋煤以及菲律宾煤。燃用掺烧煤种后，1 号锅炉和 4 号锅炉高温再热器管屏出现挂渣现象，最终 1 号锅炉高温再热器的烟气差压增加到 3000Pa 左右。事后对燃煤煤样化验分析，印尼商人煤的氧化钠含量为 3.36%，氧化钾含量为 1.45%；澳洋煤的氧化钠含量高达 11.09%，氧化钾含量为 0.72%；菲律宾海洋煤氧化钠含量达到 9.19%，氧化钾含量为 0.82%，三种煤均属于强结渣、强粘污性的煤种。

3.4.12　为新增条款，强调了应对锅炉结焦问题的运行调整措施。

3.4.13　为新增条款，强调了切圆燃烧锅炉杜绝缺角燃烧方式的重要性。

3.4.14　为新增条款，强调了防止直流、旋流燃烧器喷口区域结焦的调整措施。

3.4.15　为新增条款，补充了结焦严重时的处理措施。

3.4.16　为新增条款，对锅炉排渣系统提出了改善措施。【案例 1】2018 年 9 月 17 日，某电厂 1 号机组负荷为 280MW，捞渣机跳闸，除渣系统退出运行后，机组负荷过高，造成炉渣在炉内及渣斗堆积过多，导致除渣系统无法恢复运行。在进行排渣处理过程中，炉底水封破坏，冷空气串入，3 台磨煤机煤火焰检测信号丧失，“全炉膛无火焰”保护动作，锅炉 MFT。【案例 2】2018 年 12 月 12 日，某电厂 3 号锅炉因捞渣机链条断裂，事故处理时间长，机组负荷高，炉内积渣较多，捞渣机液压关断门无法关闭，导致炉内积渣喷出，被迫申请停炉处理。

3.4.17　为新增条款，提出制粉、风烟系统及燃烧器检修期间的具体要求。

3.4.18　为新增条款，提出了循环流化床锅炉的防结焦措施。

3.4.19　为国能安全〔2014〕161 号《防止电力生产事故的二十五项重点要求》第 6.2.2.9 条，原文未修改。

3.5　防止锅炉受热面高温腐蚀

3.5.1　为新增条款，设计煤质硫分较高时，锅炉设计时应采取防止高温腐蚀的技术措施。

3.5.2　为国能安全〔2014〕161 号《防止电力生产事故的二十五项重点要求》第 6.5.4.9 条，有修改，明确了掺配试验要求。

3.5.3　为新增条款，提出了燃用高硫煤应采取的混煤措施。

3.5.4　为新增条款，补充了对旋流燃烧器配风调整的要求。

3.5.5　为新增条款，提出了掺烧高硫分煤种的运行调整措施。

3.5.6　为国能安全〔2014〕161 号《防止电力生产事故的二十五项重点要求》第 6.5.4.9 条，有修改，补充了对贴壁气氛监测的具体要求。

3.5.7　为新增条款，提出了对制粉系统粉管偏差的要求。

3.5.8　为新增条款，强调了煤粉细度控制要求。

3.5.9　为新增条款，提出了检修期间对水冷壁高温腐蚀的检查要求。

3.5.10　为新增条款，提出了高温防腐喷涂改造的具体要求。【案例】2019 年 5 月 21 日，某电厂 5 号锅炉炉膛乙侧墙前数第 49 根水冷壁管爆管，机组停机。水冷壁爆管原因为高温腐蚀壁厚减薄。锅炉历次检修中发现水冷壁高温腐蚀问题，对壁厚减薄超标的水冷壁管进行了更换，但未开展防磨喷涂工作。

3.5.11　为新增条款，强调了检修期间燃烧系统部件的检查维护要求。

3.5.12　为新增条款，提出了贴壁风改造的风源选择要求。

3.5.13　为新增条款，提出了对切圆燃烧锅炉应对严重高温腐蚀的技术措施。

3.5.14　为新增条款，增加了高碱煤和生物质锅炉高温硫酸盐腐蚀情况的检查要求。

3.6　防止燃烧设备故障

3.6.1　为新增条款，强调了保持二次风箱与炉膛差压以及燃烧器备用时冷却风门开度控制的要求。【案例 1】2016 年 3 月，某电厂 2 号锅炉燃烧器喷口的扩散器脱落，原因是冷却风量不足。【案例 2】2017 年，某电厂 6 号锅炉 E 层燃烧器烧损，原因为备用时间较长，备用期间冷却风量不足。【案例 3】2018 年，某电厂 C 修检查中发现两台锅炉 F 层燃烧器喷口烧损、变形严重。原因为 C 修前运行期间，F 层燃烧器周界风和 EF 辅助风开度较小，导致备用期间冷却风量不足。

3.6.2　为新增条款，强调了一次风速应根据煤质不同进行调整，防止煤粉流速偏低造成燃烧器喷口结渣、烧损问题。

3.6.3　为 Q/HN－1－0000.19.009—2016《火电机组低氮燃烧运行优化技术导则》第 5.4.1 条，有修改，补充了粉管之间的风速偏差冷态时降低至 5%以下，热态时降至 10%以下的要求。

3.6.4　为新增条款，强调了旋流燃烧器配风方式调整的要求。【案例】2015 年 10 月，某电厂 3 号锅炉检修发现前墙 B 层燃烧器区域结焦情况严重，4 个燃烧器附近区域存在明显结焦，且结焦区域已连接成片。原因为入炉煤为高挥发分印尼煤，低氮燃烧器与燃煤煤质匹配性较差，造成燃烧器喷口结渣、烧损。

3.6.5　为 Q/HN－1－0000.19.009—2016《火电机组低氮燃烧运行优化技术导则》第 5.6.3 条，有修改，强调了依据燃烧器特性、燃煤煤质特性进行配风方式调整的要求。【案例】2016 年 10 月 29 日，某电厂 1 号锅炉 A5 燃烧器及煤粉管道弯头部分烧损，主要原因是低氮燃烧器改造后，燃烧器改造后配风方式与燃煤煤质特性不匹配，外二次风旋流强度较强，卷吸高温烟气量较大。

3.6.6　为新增条款，强调了燃烧器区域视频监控、消防喷淋设备的配置要求。【案例】2016 年 5 月 20 日，某电厂 3 号锅炉 A4 燃烧器二次风管烧损严重，由于未及时发现，受其影响，与其临近的 A5 燃烧器二次风管也部分烧损，A4、A5 燃烧器二次风风道烧损变形。

3.6.7　为国能安全〔2014〕161 号《防止电力生产事故的二十五项重点要求》第 6.2.2.3 条，有修改，氧量、CO 表计校对不属于本节内容，故未列出。

3.6.8　为新增条款，防止燃烧器区域煤粉管道漏粉造成着火事故。【案例】2018 年 11 月 22 日，某电厂 3 号锅炉 D42 燃烧器与中心风连接位置发红，现场检查分析确认为燃烧器与中心风位置磨穿，引起漏粉着火，导致燃烧器本体着火。

3.6.9　为新增条款，强调对燃烧器扩锥的检修、维护工作。【案例】2017 年 7 月 24 日，某电厂 2 号锅炉 D 层燃烧器二次风箱温度突升，且就地闻到烧煳味，检查发现 D3 煤火焰检测探头烧坏。原因为 2016 年 2 号锅炉进行低氮燃烧器改造，更换的新型燃烧器喷口出口面积设计狭窄，同时由于气流旋流强度较大加快了燃烧器烧损变形，导致喷口出口更为狭窄、甚至出现堵塞等现象。燃烧器喷口堵塞，喷口焊缝开裂导致煤粉流窜入二次风箱自燃引起风箱温度高。

3.6.10　为新增条款，上层燃烧器备用期间容易发生烧损问题，增加壁温测点以监视燃烧器状况。

4 防止制粉系统故障编制说明

（一）总体说明

本章主要针对锅炉制粉系统，在国能安全〔2014〕161 号《防止电力生产事故的二十五项重点要求》第 6 章基础上，结合 DL/T 831—2015《大容量煤粉燃烧锅炉炉膛选型导则》、《中国华能集团有限公司配煤掺烧管理办法》、DL/T 1445—2015《电站煤粉锅炉燃煤掺烧技术导则》、GB/T 25960—2010《动力配煤规范》、DL/T 5203—2005《火力发电厂煤和制粉系统防爆设计技术规程》、近年来集团内外非计划停运事件、降出力事件以及典型的设备消缺和异动、技术监督现场查评服务中发现的锅炉制粉系统典型问题，从设计、选型、制造、安装、调试、试验、运行、检修、日常监督等角度提出防范制粉系统故障的措施和标准要求，本章分为防止制粉系统爆炸、防止煤尘爆炸、防止断煤、断粉故障、防止制粉系统设备故障四个部分。

（二）条文说明

4.1 防止制粉系统爆炸

4.1.1 为国能安全〔2014〕161 号《防止电力生产事故的二十五项重点要求》第 6.3.1.24 条，有修改。强调了制粉系统的充惰系统和消防水应可靠备用。

4.1.2 为新增条款，DL/T 5203—2005《火力发电厂煤和制粉系统防爆设计技术规程》第 4.1.4 条、第 4.1.5 条，规定了防爆措施内容。

4.1.3 为新增条款，强调联锁保护的重要性。

4.1.4 为国能安全〔2014〕161 号《防止电力生产事故的二十五项重点要求》第 6.3.1.2 条，有修改，依据 DL/T 466—2017《电站磨煤机及制粉系统选型导则》第 8.1 条，将“煤的爆炸性指数大于 3.0”改为“煤的爆炸性指数大于 1.5”。

4.1.5 为国能安全〔2014〕161 号《防止电力生产事故的二十五项重点要求》第 6.3.1.3 条，DL/T 5203—2005《火力发电厂煤和制粉系统防爆设计技术规程》第 4.9.2 条，有修改，规定了煤粉仓温度测点设置情况。

4.1.6 为新增条款，依据 DL/T 5203—2005《火力发电厂煤和制粉系统防爆设计技术规程》第 4.10.9 条，明确了防爆门的安装位置和其他安全设置要求。

4.1.7 为新增条款，强调了防爆门内部积粉自燃的防范要求。

4.1.8 为国能安全〔2014〕161 号《防止电力生产事故的二十五项重点要求》第 6.3.1.20 条，磨煤机启停时伴随着煤粉浓度的变化，磨煤机内部煤粉浓度容易进入爆炸浓度范围，发生爆燃的机会高于磨煤机正常运行工况，故强调了直吹式制粉系统磨煤机的启停操作要求。

4.1.9 为新增条款，依据 DL/T 5121—2000《火力发电厂烟风煤粉管道设计技术规程》第 9.4.9 条，强调一次风粉气流速度是重要运行参数，应保证不小于煤粉输送下限。特别是煤粉管道未保温机组冬季运行时，风粉气流降温后体积流量下降，风速降低易造成煤粉堆积自燃、着火。一次风粉管道宜安装可靠的风粉气流速度测量装置，以便监测一次风速。【案例】2014 年 10 月 6 日，某电厂 5 号机组由于运行人员调整操作不规范，采取关小一次风门调整磨煤机通风出力和长时间降低磨煤机出力的运行方式，造成一次风管中积存煤粉，积粉发生自燃，引起制粉系统爆炸，爆炸造成煤粉喷出至磨煤机上方电缆上引发着火，信号电缆着火短路造成炉膛压力低信号发出，保护动作，锅炉 MFT。2017 年四季度某电厂备用磨煤机煤粉管靠近炉膛处发生着火，因燃烧产生烟雾较大，为保证周边设备安全，打闸停机。经检查分析本次着火的原因为制粉系统停运时吹扫风量和吹扫时间不足，造成煤粉管道积粉，在炉内高温辐射热引燃作用下发生着火。

4.1.10　为新增条款，根据 DL/T 5203—2005《火力发电厂煤和制粉系统防爆设计技术规程》第 4.1.9 条，针对磨制高水分煤质时磨煤机出口温度偏低的问题，提出炉外掺混低水分煤的建议；强调煤粉管道的保温要求，防止水分凝结和煤粉黏附造成煤粉聚集进而自燃或爆炸。干燥剂中水蒸气的露点计算公式详见 DL/T 5145—2012《火力发电厂制粉系统设计计算技术规定》中 5.4.3 节所述。

4.1.11　为新增条款，强调了巡检时漏粉检查的要求。

4.1.12　为国能安全〔2014〕161 号《防止电力生产事故的二十五项重点要求》第 6.3.1.23 条，有修改，强调了磨煤机入口风道的布置要求和石子煤定期排放要求。

4.1.13　为新增条款，磨制高水分、高挥发分煤种时，为保证磨煤机干燥出力，磨煤机入口冷风调节门开度一般都较小。在磨煤机出口温度快速升高，需要控制磨煤机入口风温时，冷风门由较小开度开大过程中如果耗时较长，将无法满足控制要求，故对于磨制高水分、高挥发分煤质时，应对行程耗时较长冷风门进行改造。

4.1.14　为国能安全〔2014〕161 号《防止电力生产事故的二十五项重点要求》第 6.3.1.15 条，有修改，强调了应重点关注的积粉区域，防止磨内流场不均造成积粉。【案例】2014 年某电厂 4D 磨煤机连续发生 4 次爆燃，检查发现缩孔内部存有煤粉，煤粉着火燃烧。某电厂 3 号锅炉 C 磨煤机顶部分离器的文丘里装置被磨穿 4 个洞眼，在文丘里装置外部长时间积煤、自燃，引起局部爆燃。

4.1.15　为新增条款，重视磨煤机内部死角的排查，杜绝积粉自燃。

4.1.16　为国能安全〔2014〕161 号《防止电力生产事故的二十五项重点要求》第 6.3.1.17 条、DL/T 5203—2005《火力发电厂煤和制粉系统防爆设计技术规程》第 5.3.5 条和第 5.3.6 条，有修改，补充了备用原煤仓的测温测试工作。

4.1.17　为新增条款，补充关断风门防漏对于杜绝磨煤机爆炸的重要性。

4.1.18　为新增条款，强调了燃用高挥发分烟煤或褐煤时给煤机的积粉检查要求。【案例】2019 年 2 月 24 日某电厂 2 号机组启动过程中，A 磨煤机运行，B 磨煤机及其他各层磨煤机处于停运状态，当天 23 时 30 分左右，运行人员就地检查发现 B 给煤机内部有黑烟冒出，进一步确认为内部着火。给煤机着火原因为原煤挥发分高，2 号锅炉 B 原煤仓原煤局部自燃，自燃的原煤通过给煤机上闸板门板前端间隙掉落至皮带，引起给煤机皮带着火。

4.1.19　为新增条款，依据 DL/T 5203—2005《火力发电厂煤和制粉系统防爆设计技术规范》第 4.2.9 条、第 4.2.10 条，明确了充惰及灭火系统控制阀门的要求，强调了蒸汽灭火时应注意蒸汽喷射时间防止超压。

4.1.20　为新增条款，依据 DL/T 5203—2005《火力发电厂煤和制粉系统防爆设计技术规程》第 5.4.3 条，规定了制粉系统着火时的处理方式。

4.1.21　为新增条款，明确制粉系统动火要求。

4.1.22　为新增条款，强调了制粉系统热风道膨胀节的定期检查；风道燃烧器内油枪点火时应进行监视，防止风道内油滴沉积发生火灾。【案例】2018 年 3 月 16 日，某电厂 1 号锅炉左侧风道燃烧室至 1 号磨煤机热风道上金属膨胀节开裂，热风将附近电缆烧损，机组紧急停运。

4.1.23 为新增条款，强调对煤粉管道焊缝的监督检查。【案例】2017 年 2 月 3 日，某电厂 5 号机组 F 磨煤机出口 3 号角粉管在炉后约 18m 处水平段前中部的异型内衬陶瓷弯头焊缝完全断开，煤粉向上飘至高温的二次风道（314℃）膨胀节发生自燃，将相邻的炉侧电缆桥架内的部分电缆烤焦，引发炉膛全火焰丧失信号出现，造成锅炉 MFT 保护动作。2017 年 3 月 30 日，某电厂 7 号锅炉 B 磨煤机分离器出口法兰螺栓断裂，造成大量漏粉，被迫停磨处理。

4.2 防止煤尘爆炸

4.2.1 为国能安全〔2014〕161 号《防止电力生产事故的二十五项重点要求》第 6.3.2.3 条，DL/T 5203—2005《火力发电厂煤和制粉系统防爆设计技术规程》第 4.7.4 条，有修改，补充了煤粉仓的抑尘措施。

4.2.2 为国能安全〔2014〕161 号《防止电力生产事故的二十五项重点要求》第 6.3.2.1 条，有修改，补充了输煤系统防止煤尘具体措施和对转运站的重点检查。

4.2.3 为新增条款，强调输煤系统应避免扬尘和粉尘积聚。

4.2.4 为国能安全〔2014〕161 号《防止电力生产事故的二十五项重点要求》第 6.3.2.2 条，原文未修改。

4.2.5 为新增条款，重视制粉系统漏粉隐患排查和消除。

4.2.6 为国能安全〔2014〕161 号《防止电力生产事故的二十五项重点要求》第 6.3.2.4 条，原文未修改。

4.2.7 为国能安全〔2014〕161 号《防止电力生产事故的二十五项重点要求》第 6.3.2.5 条，原文未修改。

4.2.8 为新增条款，依据 DL/T 5203—2005《火力发电厂煤和制粉系统防爆设计技术规程》第 4.8.2 条、DL/T 5187.2—2004《火力发电厂运煤设计技术规范 第 2 部分：煤尘防治》内容，明确了输煤系统各建筑物的地面清扫方式和注意事项。

4.3 防止止断煤、断粉故障

4.3.1 为新增条款，在 DL/T 5203—2005《火力发电厂煤和制粉系统防爆设计技术规程》第 4.4.3 条基础上，补充了防止堵煤的技术改造方案。蓬煤堵煤对锅炉燃烧、蒸汽温度和蒸汽压力稳定影响较大，原煤仓设计时一般都布置有液压疏松机、空气炮、仓壁振动设备等清堵装置，一些频繁堵煤的原煤仓后期改造为如虾米形一体化清堵煤斗、中心给料机装置，应用效果良好。

4.3.2 为新增条款，入炉煤水分较高时应当少上煤，勤上煤，防止上仓煤位较高压实堵塞；重视冻煤对制粉系统的影响。

4.3.3 为新增条款，掺烧煤泥的电厂原煤仓容易发生堵煤情况，应根据电厂煤场条件、原煤仓结构等通过试验确定煤泥的掺烧比例。【案例】2019 年 2 月 15 日，某电厂 2 号锅炉 4、5、6 号制粉系统因降雪造成入炉煤湿度较大，燃烧不稳失去火焰检测跳闸，汽包水位快速下降，处理过程中汽包水位上升至+300mm，“汽包水位高高”保护动作，锅炉 MFT。

4.3.4 为新增条款，注重对煤中异物的清理，防止异物造成给煤机下煤不畅。【案例 1】2018 年 7 月 5 日某电厂 5 号机组 A 给煤机入口卡有一块钢板，给煤机皮带上也掉落有钢板，煤仓内衬板脱落，导致给煤机皮带卡死。【案例 2】2019 年 3 月 20 日，某电厂 1 号机组负荷为 215MW，稳定运行，因 C 原煤仓中落入防尘网，造成 C 给煤机下降管堵煤跳闸，

C 磨煤机出力迅速下降。事故处理期间，汽包水位调整不及时，造成水位高保护动作，机组跳闸。

4.3.5 为新增条款，强调了煤量信号和断煤信号的定期检查，防止出现假断煤信号。【案例 1】2018 年 11 月 25 日，某电厂 1 号机组 CCS 方式下运行，因 1A 给煤机称重传感器信号线松脱，出现虚假煤量现象，给运行人员操作调整造成误导，且在操作给水再循环旁路门时出现卡塞，造成触发“汽动给水泵入口流量低于 270t/h 且汽动给水泵再循环调节门开度小于 20%”保护条件，汽动给水泵主保护动作，锅炉 MFT。【案例 2】2008 年 11 月 29 日，某电厂 3 号机组试运过程中，负荷为 671MW，3D 给煤机称重计量信号失准，导致水煤比失调，汽水分离器出口温度高，锅炉 MFT。

4.4 防止制粉系统设备故障

4.4.1 为国能安全〔2014〕161 号《防止电力生产事故的二十五项重点要求》第 6.3.1.24 条，原文未修改。

4.4.2 为新增条款，磨煤机振动偏大与磨盘煤层厚度偏薄、煤层沿圆周方向不均匀程度偏大等因素有关。磨煤机低煤量运行时容易出现振动，故应合理确定磨煤机运行台数，确保单台磨煤机出力在最小煤量以上。

4.4.3 为新增条款，分离器动叶轮固定螺栓在启停过程中易受到冲击，对于频繁启停的磨煤机，该螺栓容易因疲劳剪切断裂。

4.4.4 为新增条款，磨煤机运行中磨辊卡涩、磨煤机电动机电流明显异常、石子煤量突增情况，此时应及时停运磨煤机进行检查，防止磨辊轴承损坏。

4.4.5 为新增条款，磨辊轴承室油质对于轴承使用寿命至关重要，应通过开展油质化验及时发现油封损坏等异常。

4.4.6 为新增条款，强调了制粉系统设备电源部分的定期检查。【案例】2018 年 3 月 26 日，某电厂 2 号机组负荷为 350MW，炉 PC A 段至炉保安 MCC 段进线开关 B1239 跳闸，炉 PC B 段至炉保安 MCC 段进线开关 B1249 联合，所有磨煤机油泵跳闸未重启，所有运行磨煤机跳闸，经检查发现，在电源切换过程中 2、3、4、5、6 磨煤机油泵跳闸，磨煤机油系统电动机保护器设置了失压重启动功能，但由于电动机保护器采集精度低，没有采集到失压，失压重启动没有动作，延时 30s，所有运行磨煤机失去润滑油跳闸，锅炉“失去所有燃料”MFT 动作。

4.4.7 为新增条款，应定期检查磨煤机油站油箱油位，油位异常时及时进行漏点检查，重点对油管路接头处漏油进行检查。【案例】2012 年 4 月 17 日，某电厂 6 号机组负荷为 200MW，4 号磨煤机液压油压力由 8.3MPa 降至 5.0MPa，DCS 操作员站液压油系统故障报警发出。就地检查发现 4 号磨煤机液压油管路接口处喷油，磨煤机磨辊不在加载位置，后因主蒸汽、再热蒸汽温度急剧下降，机组被迫打闸停机。经解体确认为液压油系统接头 O 形密封圈老化，造成喷油。

5 防止风烟系统故障编制说明

（一）总体说明

本章主要是针对锅炉风烟系统，在国能安全〔2014〕161 号《防止电力生产事故的二十五项重点要求》第 6.1、第 6.5 节基础上，根据 Q/HN－1－0000.08.023—2015《火力发电厂锅炉监督标准》，结合 DL/T 468—2004《电站锅炉风机选型和使用导则》、DL/T 750—2016《回转式空气预热器运行维护规程》、近年来集团内外非计划停运事件、降出力事件以及典型的设备消缺和异动、技术监督现场查评服务中发现的锅炉烟风系统典型问题，从设计、选型、制造、安装、调试、试验、运行、检修、日常监督等角度提出防范锅炉风烟系统设备故障的措施和标准要求，本章分为防止风机故障、防止空气预热器故障、防止烟风道设备故障、防止尾部受热面低温腐蚀、防止烟气余热利用系统设备故障五个部分。

（二）条文说明

5.1　防止风机故障

5.1.1　防止风机设备故障

5.1.1.1　为新增条款，强调了风机油站两台油泵电源配置原则。【案例 1】2014 年 3 月 24 日，某电厂 3 号机组增压风机 A 油泵跳闸，增压风机润滑油压下降至 50kPa 且两台油泵均没有启动，增压风机保护动作跳闸联动机组 MFT。由于增压风机油泵 A/B 电源均取自脱硫保安Ⅲ段母线上，因该段母线失电，导致 A 油泵（工作油泵）失电停用、B 油泵（备用油泵）无法自启动。【案例 2】2019 年 7 月 11 日，某电厂 7 号机组送风机 1 号润滑油泵跳闸，润滑油供油母管压力由 0.25MPa 降至 0.05MPa，送风机跳闸，锅炉 MFT。原因为设备厂家设计不合理，两台油泵控制电源由同一路空气断路器控制，润滑油站控制电源失电，导致 1、2 号润滑油泵控制回路同时失电，运行的 1 号润滑油泵跳闸，备用的 2 号润滑油泵联启不成功，导致润滑油压低，送风机跳闸。

5.1.1.2　为新增条款，强调风机叶片材质质量对风机运行安全的重要性。【案例】2017 年 10 月 8 日，某电厂 7 号机组负荷为 495MW，A 引风机单侧运行（B 引风机因叶片断裂返厂检修），因 7A 引风机振动大保护动作，锅炉 MFT，首出“引风机全停”。事后检查发现 A 引风机一叶片断裂，与 B 引风机叶片断裂情况类似。叶片断裂主要原因为叶片质量存在问题，表面存在浅层裂纹，运行中逐渐发展导致断裂。

5.1.1.3　为新增条款，规定了风机变频器需注意的事项。【案例 1】2014 年 11 月 15 日，某电厂 1 号机组 A 引风机变频器冷却风扇失电，A 引风机变频器跳闸，联跳同侧 A 送风机。机组 RB 动作期间，B 送风机电动机过负荷保护动作跳闸。两台送风机全停，触发锅炉 MFT 保护动作。【案例 2】2018 年 8 月 8 日，某电厂 1 号机组因变频小室多台空调故障导致 A 引风机跳闸，联跳 A 送风机，机组 RB 动作。引风机变频室温度高导致变频器功率柜温度高，A 引风机变频器功率柜出口温度达到 55℃，温度开关动作，导致 A 引风机跳闸。

5.1.1.4　为新增条款，针对系统内因风机油管路问题造成风机停运甚至机组停机的事件，强调了风机油管路检查的重点区域、风机油管路更换要求。【案例】2018 年 5 月 24 日，某电厂巡检发现 4A 引风机液压油管进液压缸处大量漏油，经风机开盖检查发现液压油系统进、回油管及泄油管之间存在碰磨，液压缸进油管磨穿，导致漏油。

5.1.1.5　为新增条款，强调风机执行器连接机构可靠性对风机运行安全的重要性。【案例】2017 年 3 月 26 日，某电厂 1 号锅炉一次风机（风机为单系列布置）动叶执行器拐臂连接锁紧螺母松动，造成拐臂脱落，一次风机动叶失控，全炉膛灭火，锅炉 MFT。

5.1.1.6　为新增条款，强调动叶可调轴流式风机叶片全行程活动工作的重要性。

5.1.1.7　为新增条款，强调风机外送检修的质量控制要求。

5.1.1.8　为新增条款，强调风机液压缸对风机运行安全的重要性，针对上海鼓风机厂生产的动叶可调轴流式风机应注意反馈杆支撑轴承的检查。【案例 1】2015 年 12 月 25 日，某电厂 2 号锅炉因“总风量低低”保护动作，锅炉 MFT。检查发现 A 送风机液压缸反馈杆连接轴承损坏，A 送风机动叶失去定位能力，无法中停，A 送风机动叶关指令发出后，动叶全关，失去出力。【案例 2】2016 年 8 月 13 日，某电厂热一次风母管压力由 9.17kPa 突降至 3.36kPa，因磨煤机进口一次风量低于 50t/h，1D、1F、1A、1C 磨煤机依次跳闸，4 台磨跳闸后一次风压为 3.7kPa，1B 磨煤机运行，处理过程中炉膛负压高保护动作，锅炉 MFT。热一次风母管压力下降的原因是 1B 一次风机动叶调节装置动调头反馈轴承损坏，导致 1B 一次风机突然降出力。【案例 3】2018 年 12 月 13 日，某电厂 4 号机组 B 一次风机电流为 326A，动叶执行机构反馈 0%。5s 后 A 一次风机电流为 51A，动叶执行机构指令及反馈均为 0%，一次风母管压力为 11kPa，随后 B 一次风机 6kV 开关反时限保护动作跳闸。因入口一次风量低，A、B、C 磨煤机跳闸，锅炉 MFT，首出为全燃料丧失。事件原因为 B 一次风机液压缸反馈轴承损坏，6kV 开关反时限流保护动作跳闸，所有磨煤机因一次风流量低跳闸，全燃料丧失导致锅炉 MFT。

5.1.1.9 为新增条款，针对成都风机厂故障案例，强调对轴承箱密封圈磨损情况进行检查。

5.1.1.10 为新增条款，强调了沿海地区环境对风机入口消声器的腐蚀影响。

5.1.1.11 为新增条款，针对采用汽动静叶可调轴流式引风机，强调了调频环与叶轮处的焊缝检测。【案例】2018 年 12 月 1 日，某电厂 1 号机组 1B 引风机汽轮机轴承振动大保护动作，汽动引风机跳闸，揭开叶轮上盖检查发现 1B 引风机叶轮中一叶片发生断裂，其余叶片端部存在不同程度的扭曲变形。观察断口形貌，断口裂源位于叶片进气侧调频环与叶片焊接处（与叶根间距离约为叶片长度的 1/3）。

5.1.1.12 为新增条款，强调风机就地事故按钮应设置防误碰防护措施的重要性。【案例】2018 年 12 月 18 日，某电厂 1 号锅炉运行过程中，维护人员不慎将手电钻从高空坠落，手电钻将送风机（单列布置）事故按钮塑料保护罩砸烂，砸压到送风机事故按钮，导致送风机跳闸，锅炉 MFT。

5.1.2 防止风机失速故障

5.1.2.1 为新增条款，依据 DL/T 468—2004《电站锅炉风机选型和使用导则》第 7.1.2 条，对语句进行了简练。

5.1.2.2 为新增条款，依据 Q/HN－1－0000.08.023—2015《火力发电厂锅炉监督标准》第 4.1.2.2 条 b)，对防止风机失速的保护装置提出了具体要求。

5.1.2.3 为新增条款，提出了风机发生失速时的处理措施和要求。【案例】2014 年 8 月 22 日，某电厂 4 号锅炉 A 引风机动叶开度由 80%突增至 92.49%，导致 A 引风机失速，流量和压力突降。手动将 A 引风机动叶开度关小至约 66%时风机脱离失速区，风机流量和压力恢复正常，整个失速时间约为 1min。

5.1.2.4 为新增条款，强调了烟风道阻力增加对风机失速的影响。【案例】2014 年 8 月 22 日、8 月 23 日，某电厂 4 号锅炉 A 引风机发生两次失速，A 引风机失速的原因是 A 侧烟气系统阻力大于 B 侧，因而在机组高负荷时，A 引风机工况点更接近失速区，特别是当动叶角度达到 8° 以上（开度 80%以上）时，压力的失速裕量偏小，当系统阻力增大时，A 引风机易发生失速问题。

5.2 防止空气预热器故障

5.2.1 为国能安全〔2014〕161 号《防止电力生产事故的二十五项重点要求》第 6.1.2.1 条、第 6.1.2.2 条。有修改，强调与空气预热器跳闸有关的设计，删除部分无关设计要求。

5.2.2 为新增条款，强调回转式空气预热器电源就地开关柜应设置防误碰防护措施。【案例】2018 年 5 月 17 日，某电厂 2 号机组运行中因吹灰工作人员误断两台空气预热器电动机电源控制柜内空气断路器，导致两台空气预热器电动机的控制、动力电源失电，造成两台空气预热器全停，锅炉 MFT。

5.2.3 为新增条款，依据 DL 5190.2—2019《电力建设施工技术规范 第 2 部分：锅炉机组》第 6.2.2 条，强调了主轴与转子垂直度安装质量要求，安全偏差不符合要求时将严重影响轴承寿命。

5.2.4 为新增条款，在 DL/T 750—2016《回转式空气预热器运行维护规程》第 8.1 条基础上，补充了试转过程中空气预热器异常情况的处理措施。【案例】2017 年 12 月 26 日，某电厂 4 号机组并网初期 A、B 侧空气预热器电动机电流摆动幅度较大，后 B 空气预热器减速机易熔塞熔化，造成空气预热器电动机空转；A 空气预热器因卡涩造成电动机跳闸，两台空气预热器全停，机组停机。原因为临修期间空气预热器三向密封片间隙调整不当，启动后由于空气预热器碰磨卡涩、转动不畅，造成两台空气预热器先后停运。

5.2.5 为新增条款，依据 DL/T 750—2016《回转式空气预热器运行维护规程》第 8.3 条、第 8.4 条，强调暖风器投入时的注意事项。

5.2.6 为新增条款，依据 DL/T 750—2016《回转式空气预热器运行维护规程》第 8.9 条，强调空气预热器入口烟气温度变化速率，防止入口烟气温度变化过快造成空气预热器卡涩。【案例】2018 年 12 月 7 日，某电厂 4 号锅炉炉膛内结焦严重，导致相同负荷下炉膛的烟气温度明显升高，空气预热器因入口烟气温度高变形卡涩，运行电动机电流摆动幅度逐渐增大，最终导致两台空气预热器相继停运，机组被迫停机。

5.2.7 为新增条款，强调空气预热器运行期间对运行参数监视和油质监督。【案例 1】2015 年 10 月，某电厂 5 号锅炉 B 空气预热器运行中发现电流增大、波动，放油检查发现铜末，后停运检查支撑轴承损坏。【案例 2】2017 年，某电厂由于支撑轴承损坏，导致空气预热器卡涩，主电动机跳闸，RB 动作。

5.2.8 为新增条款，单台空气预热器跳闸后，运行侧空气预热器工况发生改变，应严密监视其电流和排烟温度的变化情况。

5.2.9 为新增条款，因空气预热器轴承故障造成空气预热器停运事件较多，再次强调大修期间或异常时轴承的检查。因空气预热器轴承检查不便，故应重视油质监督，及时发现轴承是否存在异常。【案例 1】2018 年 2 月 2 日，某电厂 1 号锅炉 2 号空气预热器电动机电流值波动一次（峰值为 63A），电动机电流值稳定至 22A，略偏高，推力轴承内声音异常。停机检查轴承发现保持架脱落变形，滚动体磨损严重，轴承严重损坏。【案例 2】2015 年 12 月 25 日，某电厂 6 号锅炉 1 号空气预热器主电动机电流突升，电流在 17A～47A 之间摆动（正常电流为 9.3A），就地检查 1 号空气预热器转子停转，手动盘车不动，申请机组停机。1 号空气预热器转子停转的原因是空气预热器支持轴承上滑道断裂，碎块落入滚柱保持架造成保持架损坏，滚柱脱落与轴承内外圈卡死，致使空气预热器转子无法转动。【案例 3】2013 年 9 月 12 日，某电厂 7 号机组 B 空气预热器电流由 15.5A 突升至 18.8A。就地检查导向轴承异声较大，确认 B 空气预热器导向轴承损坏，检查发现导向轴承保持架碎裂，滚珠脱落。【案例 4】2017 年 8 月 21 日，某电厂 4 号机组 A 空气预热器运行中电动机电流从 16A 波动到 36A，随后 A 空气预热器电动机电流升至 65A 不变，A 空气预热器出口烟气温度升高至 185℃，就地检查空气预热器停转，事后检查发现 A 空气预热器下轴承存在损坏，轴承滚珠体内部存在质量缺陷，长时间运行，导致滚珠体碎裂。【案例 5】2019 年 4 月 3 日，某电厂 3 号锅炉 A 空气预热器导向轴承损坏，空气预热器跳闸。【案例 6】2018 年 4 月 18 日，某电厂 7 号锅炉 B 侧空气预热器跳闸，停机检查发现空气预热器转子存在明显的偏斜，支承轴承内圈、外圈、滚珠存在严重磨损，润滑油中存在大量的铁屑，查看轴承润滑油化验报告发现，最近一次化验时间为 2012 年 7 月，轴承润滑油并未进行定期化验，没有及时发现轴承磨损脱落铁屑问题。

5.2.10 为新增条款，强调检修期间对空气预热器入口烟道内支撑的磨损检查。【案例】2013 年 12 月 21 日，某电厂 2 号机组 B 空气预热器运行中电动机电流由 7.8A 突增至 14.8A 跳闸，原因是烟气中的飞灰冲刷磨损，造成烟气侧支撑管被磨穿跌落，卡住空气预热器。

5.2.11 为新增条款，强调对消防水喷淋管防护瓦、内部导向支架轨道的检查。

5.2.12 为新增条款，强调扇形板执行机构可靠性的检查。【案例】2015 年 7 月 19 日，某电厂 5 号机组 A 空气预热器“停转”报警信号发出，随即手动启动辅助电动机，电动机启动 15s 后即跳闸，随后联跳 A 侧引、送风机，B 引风机动叶由 45%自动开至 87%、电动机电流由 206A 快速升至 487A，电动机过流跳闸，两台引风机全停，触发锅炉 MFT。检查发现 A 空气预热器一、二次风之间扇形板与 10 道径向密封片有明显刮擦现象，导致空气预热器卡涩停转。

5.2.13 为新增条款，集团公司电厂因电动机与减速箱的联轴器松脱导致空气预热器停转案例较多，故在此强调联轴器可靠性检查。【案例 1】2015 年 5 月 15 日，某电厂 5 号锅炉 B 空气预热器主电动机联轴器螺栓断裂，空气预热器停转，就地启动辅电动机、气动马达均无效，立即快速降低机组负荷，但由于排烟温度快速上升，最高超过 250℃，机组手动打闸。【案例 2】2016 年 3 月 20 日，某电厂 1 号机组 B 侧空气预热器鼓形齿式联轴器齿套脱落，空气预热器停运。【案例 3】2016 年 3 月 23 日，某电厂 3 号锅炉 1 号空气预热器换向器对轮向减速机方向发生串轴，造成主电动机的对轮联轴器与减速机的对轮联轴器脱落，3 号锅炉 1 号空气预热器停运。

5.2.14 为新增条款，强调了空气预热器减速机与中心轴锁紧盘紧固性检查。

5.2.15 为国能安全〔2014〕161 号《防止电力生产事故的二十五项重点要求》6.1.5.4 条，原文未修改。

5.2.16 为新增条款，依据 DL/T 750—2016《回转式空气预热器运行维护规程》第 8.11 条，强调露天或半露天布置的回转式空气预热器保温及防雨措施的重要性。【案例】2017 年 6 月，某电厂 2 号锅炉露天布置的 B 侧空气预热器在大雨天气时，因大风造成雨水渗入保温内部，导致空气预热器外壳收缩卡涩，空气预热器停转。

5.2.17 为新增条款，空气预热器蓄热元件面积增加或空气预热器密封装置改造后将对空气预热器减速箱、支撑轴承寿命造成影响，故在此强调改造前的利旧评估工作。

5.3　防止烟风道设备故障

5.3.1　为新增条款，烟风道支吊及限位构件需布置合理，防止烟风道膨胀受阻造成变形撕裂。【案例】某电厂 1 号、2 号锅炉 10m 平台上部抽炉烟管道膨胀节处变形错位、撕裂，造成此处漏风。抽炉烟管道变形错位与膨胀节上方炉烟管道膨胀受阻有关，其次弹簧吊架作用力与炉烟管道膨胀力方向不一致也是造成膨胀节错位的原因。

5.3.2　为新增条款，启停阶段烟风道膨胀节温度变化大，变形量大，频繁启停的机组膨胀节容易发生损坏，强调启动初期应加强对膨胀节的巡视检查。【案例 1】2018 年 3 月 16 日，某电厂 1 号锅炉左侧 7m 小燃烧室至 1 号磨煤机入口热风道上金属膨胀节开裂，将附近电缆桥架上的电缆烧损，导致 1 号机组停运。【案例 2】2018 年 7 月 15 日，某电厂 7 号机组 A 空气预热器出口热一次风膨胀节破损，一次风膨胀节蒙皮全部撕裂，热风外漏。

5.3.3　为新增条款，强调风量测量装置的定期吹扫。【案例 1】2016 年 5 月 11 日，某电厂 2 号机组空气预热器出口热一次风、热二次风量测点取样管路堵塞，测量的风量值降低，总风量低低保护动作，锅炉 MFT。【案例 2】2018 年 4 月 4 日，某电厂 4 号锅炉掉焦，引发炉膛负压波动，当时机组负荷较低，二次风箱压力较低，因测量管路堵塞导致二次风量测量值大幅波动，锅炉总风量低保护动作，锅炉 MFT。

5.3.4　为新增条款，强调烟风系统挡板门的检修维护工作。【案例】2016 年某电厂机组的两台引风机出口挡板门在运行中由于卡涩等原因，造成挡板门未能开到位，导致引风机振动偏大。

5.3.5　为新增条款，烟气冷却器后烟气温度较低，容易造成低温腐蚀，强调对膨胀节腐蚀情况的检查。

5.4　防止尾部受热面低温腐蚀

5.4.1　为新增条款，脱硝反应器入口烟气温度低于催化剂最低投运温度时，容易造成催化剂活性降低，喷氨量过大，进而导致尾部受热面的腐蚀堵塞。

5.4.2　为新增条款，针对燃用高灰分、高硫分煤质的机组，提出防止空气预热器堵灰的主要措施。【案例】2015 年某电厂 2 号锅炉检修时发现空气预热器中温段堵灰严重，原因为硫酸氢铵在空气预热器中低温段沉积，造成烟气中飞灰大量附着在蓄热元件上，导致空气预热器堵塞。之后，电厂利用超低排放改造机会，将原有三段式空气预热器结构更换为两段式，且低温段采用镀搪瓷的蓄热元件，运行后空气预热器堵灰情况明显好转。

5.4.3　为新增条款，规定了机组运行时，尤其是低负荷工况下空气预热器冷端综合温度的控制要求。【案例】2018 年 3 月，某电厂 1 号锅炉在 300MW 负荷下，A 侧空气预热器差压为 1.6kPa～1.8kPa，B 侧则达到 2.6kPa～2.8kPa。1 号锅炉冷端综合温度设定为不随负荷变动的固定值，且自采用此方式以来一直未更改过冷端综合温度设定值。因锅炉实际燃煤的含硫量较设计值偏高，且机组低负荷运行时间较长，导致空气预热器发生较为严重的低温腐蚀堵灰现象。

5.4.4　为新增条款，依据 Q/HN－1－0000.19.010—2016《火电机组 SCR 烟气脱硝设备运行优化技术导则》第 5.1 条，强调了喷氨优化调整工作重要性。

5.4.5　为新增条款，强调空气预热器水冲洗后的干燥，防止二次堵灰。【案例】2016 年 11 月，某电厂 1 号锅炉检修启机后因空气预热器未彻底干燥造成局部堵灰，导致锅炉炉膛负压周期性波动。

5.5 防止尾部受热面低温腐蚀

5.5.1 为新增条款，强调了烟气换热器出口温度与烟气露点温度的差值要求。

5.5.2 为新增条款，依据 Q/HPI－1－003—2016《燃煤电厂烟气冷却器及烟气再热器技术规定》第 7.3.9 条，强调了进口水温的要求。

5.5.3 为新增条款，依据 Q/HPI－1－003—2016《燃煤电厂烟气冷却器及烟气再热器技术规定》第 8.1.2 条、第 8.1.3 条，提出了烟气冷却器受热面布置方式、烟气和工质流速的设计要求。

5.5.4 为新增条款，强调利用大间隙 H 形鳍片防止堵塞。

5.5.5 为新增条款，强调流场均匀性对积灰、磨损的影响。

5.5.6 为新增条款，强调模块设计对便于隔离部分受热面的重要性。

5.5.7 为新增条款，强调焊缝焊接质量和水压试验的要求。

5.5.8 为新增条款，规定了烟气冷却器的温度测点布置。

5.5.9 为新增条款，考虑了烟气冷却器防内爆要求，规定了烟气冷却器管箱设计压力和瞬时不变形承载压力的取值。

5.5.10 为新增条款，强调了疏水、排气及安全阀等附件的设置要求。

5.5.11 为新增条款，规定了吹灰器的设置要求。

5.5.12 为新增条款，强调了化学清洗的必要性。

5.5.13 为新增条款，规定了烟气冷却器冬季启停的操作要求。

5.5.14 为新增条款，提出装设防水挡板或灰斗防止烟冷器泄漏导致电除尘故障。

5.5.15 为新增条款，强调要加强烟气冷却器泄漏监测。

5.5.16 为新增条款，强调水平布置方式烟气冷却器下方布置灰斗及除灰装置的必要性。

【案例】某电厂 2 号锅炉低低温省煤器布置在空气预热器至电除尘间水平烟道内，低低温省煤器布置空间有限，烟气流场不均匀，且其下部未设置灰斗，造成低低温省煤器堵灰严重。

5.5.17 为新增条款，提出了暖风器的运行和检修要求。

6 防止燃料输送故障编制说明

（一）总体说明

本章主要是针对燃料输送系统，在国能安全〔2014〕161 号《防止电力生产事故的二十五项重点要求》第 2、6 章基础上，根据 GB 26164.1—2010《电业安全工作规程　第 1 部分：热力和机械》、Q/HN－1－0000.08.023—2015《火力发电厂锅炉监督标准》，结合 DL/T 748.2—2016《火力发电厂锅炉机组检修导则　第 2 部分：锅炉本体检修》、近年来集团内外非计划停运事件、降出力事件以及典型的设备消缺和异动、技术监督现场评价服务中发现的燃料输送系统典型问题，从设计、选型、制造、安装、调试、试验、运行、检修、日常监督等角度提出防范燃料输送故障的措施和标准要求，本章分为防止输煤系统故障和防止燃油系统故障两个部分。

（二）条文说明

6.1 防止输煤系统故障

6.1.1 为国能安全〔2014〕161 号《防止电力生产事故的二十五项重点要求》第 2.7.3 条，原文未修改。

6.1.2 为国能安全〔2014〕161 号《防止电力生产事故的二十五项重点要求》第 2.7.1 条。有修改，补充了积粉的后续处理措施。

6.1.3 为国能安全〔2014〕161 号《防止电力生产事故的二十五项重点要求》第 2.7.2 条，原文未修改。

6.1.4 为国能安全〔2014〕161 号《防止电力生产事故的二十五项重点要求》第 2.7.4 条。有修改，增加了控制盘柜、除尘装置、取样间、配重间和有关建筑小室的积粉检查清扫要求。【案例 1】2012 年 2 月 22 日，某电厂 C9A 皮带导料槽内部除尘器吸粉管内积粉自燃，自燃煤粉落到 C9A 皮带上，引起皮带着火，输煤栈桥消防水幕喷淋系统和预作用水喷淋系统未联动投入。C9A 皮带烧断后滑落至栈桥下部拉紧装置处堆积燃烧，引燃相邻的 C9B 皮带着火。【案例 2】2012 年 7 月 31 日，某电厂皮带机槽钢内侧积粉自燃，冲水后积粉飞扬，发生明火爆燃，引燃周边的积粉、皮带。廊道内窜风使火势迅速扩大，造成顶部钢梁钢性退化变形，失去框架结构的支撑作用，底部弯曲变形，钢梁从混凝土结构的支撑柱上滑落。【案例 3】2012 年 8 月 4 日，某电厂 C－5B 皮带尾部拉紧装置滚筒处积粉过多，发生自燃，引发皮带着火。【案例 4】2016 年 6 月 13 日，某电厂 T11 转运站 C11A 皮带配重间积粉自燃，引燃皮带。

6.2 防止燃油系统故障

6.2.1 为国能安全〔2014〕161 号《防止电力生产事故的二十五项重点要求》第 2.3.2 条。有修改，补充了对燃烧器区域油系统法兰垫片的具体要求。【案例】2017 年 5 月 18 日，某电厂 4 号锅炉炉前燃油系统 1 号角进油手动阀与快关阀之间的活接头泄漏，燃油喷淋到炉本体、风箱的保温上，并迅速引发明火，引燃炉前泄漏的燃油，造成炉前燃油系统泄漏扩大，蔓延至 4 号角，烧损微油系统设备、燃油压力阀、控制柜及电缆等，同时烧损汽包水位 3 值的补偿温度点补偿导线，引起锅炉水位保护动作。

6.2.2 为国能安全〔2014〕161 号《防止电力生产事故的二十五项重点要求》第 2.4.7 条，DL/T 748.2—2016《火力发电厂锅炉机组检修导则　第 2 部分：锅炉本体检修》第 10.3.1 条。有修改，规定了燃油系统软管定期检查更换的具体要求，依据 DL/T 748.2—2016《火力发电厂锅炉机组检修导则　第 2 部分：锅炉本体检修》第 10.3.1 条明确了水压试验压力，并将“必要时应对软管进行设计压力的水压试验”改为“对抽样软管进行设计压力的水压试验”。

6.2.3 为新增条款，对锅炉燃油操作平台区域提出了具体要求，防止燃油泄漏时事故扩大化。

6.2.4 为新增条款，强调了增设防飞溅隔离措施的必要性。

6.2.5 为国能安全〔2014〕161 号《防止电力生产事故的二十五项重点要求》第 2.3.6、2.3.7 条。有修改，增加保温外护板材料种类。【案例】2017 年 2 月 8 日，某电厂 1 号机组渣室流渣不畅，投油枪化焦，但因 23 燃烧器供油管路弯头内侧有一长约 25mm 的裂纹，燃油泄漏至下方二次风管道上，着火并烧损 20、40 侧部分控制电缆，机组停机。

6.2.6 为新增条款，依据 DL/T 748.2—2016《火力发电厂锅炉机组检修导则　第 2 部分：锅炉本体检修》第 19.3 条，对检修期间燃油系统的检查作出了具体要求。

6.2.7 为新增条款，提出了对炉前油系统视频监控画面切换频次的要求。

6.2.8　为新增条款，提出了炉前油系统发生漏油的预防巡检和处理措施。

6.2.9　为新增条款，在 GB 26164.1—2010《电业安全工作规程　第 1 部分：热力和机械》第 6.1.6 条基础上，补充了炉前油系统区域禁止存放易燃易爆物品的要求。

6.2.10　为新增条款，提出了发生泄漏时的处理措施。

6.2.11　为新增条款，提出了对炉前燃油系统检修维护的相关要求。【案例】2018 年 5 月 13 日，某电厂 5 号机组清洗炉前燃油系统滤网后的投运过程中滤网的筒形外压盖崩出严重漏油，造成捞渣机上方电缆槽架内约 4m 宽的电缆烧损，其中包含火焰检测信号电缆，引发“炉膛全火焰丧失”信号发出，锅炉 MFT。

6.2.12　为国能安全〔2014〕161 号《防止电力生产事故的二十五项重点要求》第 2.3.4 条，原文未修改。

6.2.13　为国能安全〔2014〕161 号《防止电力生产事故的二十五项重点要求》第 2.4.2 条，有修改，规范了燃油系统加热或伴热的投停条件。

6.2.14　为国能安全〔2014〕161 号《防止电力生产事故的二十五项重点要求》第 2.4.3 条，原文未修改。

6.2.15　为国能安全〔2014〕161 号《防止电力生产事故的二十五项重点要求》第 2.4.4 条，GB 26164.1—2010《电业安全工作规程　第 1 部分：热力和机械》第 6.5.3 条。有修改，依据 GB 26164.1—2010《电业安全工作规程　第 1 部分：热力和机械》第 6.5.3 条将“明火工作票”改为“动火工作票”。

6.2.16　为国能安全〔2014〕161 号《防止电力生产事故的二十五项重点要求》第 2.4.5 条，原文未修改。

6.2.17　为新增条款，强调了喷淋降温措施。

7　防止灰渣系统故障编制说明

（一）总体说明

本章主要是针对灰渣系统，在国能安全〔2014〕161 号《防止电力生产事故的二十五项重点要求》第 6 章基础上，根据 Q/HN－1－0000.08.023—2015《火力发电厂锅炉监督标准》，结合 DL/T 514—2017《电除尘器》、DL/T 894—2018《锅炉除灰除渣系统导则》、近年来集团内外非计划停运事件、降出力事件以及典型的设备消缺和异动、技术监督现场查评服务中发现的锅炉灰渣系统典型问题，从设计、选型、制造、安装、调试、试验、运行、检修、日常监督等角度提出防范锅炉灰渣系统设备故障的措施和标准要求，本章分为防止底渣系统故障、防止输灰系统故障两个部分。

（二）条文说明

7.1　防止底渣系统故障

7.1.1　为新增条款，强调了关注煤质变化对除渣能力的影响。【案例 1】2018 年 2 月 6 日，某电厂 1 号锅炉煤质差，机组高负荷运行，造成灰渣量异常大，多次大面积结焦，结焦经炉底挤压装置挤压后产生大量大焦块，进入碎渣机后堵塞在下料口，致使碎渣机下料不畅，拥堵满料。【案例 2】2018 年 2 月，某电厂入厂煤质急剧下降，5 号锅炉排渣系统细渣量明显增多，超出清扫链出力，在钢带提升段转角处形成堆积，致使钢带机部件损坏，经反复修复处理，无法正常除渣，机组被迫停机。

7.1.2 为新增条款，强调除渣系统重要备件的储备和检修维护。

7.1.3 为新增条款，强调除渣系统故障时机组负荷的调整原则。【案例 1】2018 年 9 月 17 日，某电厂 1 号锅炉捞渣机跳闸，就地检查发现链条连接件断裂，刮板倾斜，捞渣机缺陷处理完毕启动正常；但由于落入渣池的渣量太大，捞渣机再次跳闸；后采取放水方式排出炉渣，炉底水封破坏，冷空气窜入炉膛，磨煤机组火焰检测信号丧失，触发锅炉 MFT。【案例 2】2018 年 12 月 12 日，某电厂 3 号锅炉因捞渣机链条断裂，事故处理时间长，机组负荷高，炉内积渣较多，捞渣机液压闸板门无法关闭，导致炉内积渣喷出，被迫申请停炉处理。

7.1.4 为新增条款，强调除渣系统恢复投入时炉底关断门的运行操作要求。

7.1.5 为新增条款，提出消除清扫链斜坡处积灰的一种方式。【案例】某电厂干排渣系统清扫链水平段与提升段过渡处存在积灰，积灰磨损清扫链条，影响干排渣系统安全运行。电厂进行了干排渣系统改造工作，将清扫链在过渡处水平引出，并设置专门的仓泵，解决了清扫链水平段与提升段过渡处积灰问题。

7.1.6 为新增条款，强调根据除渣系统出力控制机组负荷，冷灰斗出现灰渣堆积时应及时进行负荷调整。

7.1.7 为新增条款，强调冷渣机冷却水侧设置安全阀的必要性。

7.1.8 为新增条款，强调冷渣机设置循环冷却水最小流量保护装置的必要性。

7.1.9 为新增条款，规定了冷渣机的投运方式。【案例】2019 年 4 月 18 日，某电厂 1 号锅炉 1 号冷渣机因循环冷却水流量低，本体内、外筒间压力上升造成筒体断裂、位移，并造成 6kV 开关室内设备损坏，全厂失电。

7.2 防止输灰系统故障

7.2.1 为新增条款，强调锅炉入炉煤煤质偏离设计煤质较大时应采取的措施。【案例 1】某新投产机组实际燃煤灰分比设计煤质灰分增加一倍，产生的实际灰量超出原除灰系统设计能力；电厂通过增加一条除灰管线的方式解决了煤质发生重大变化后除灰系统出力不足的问题。【案例 2】某电厂因燃用煤质恶化，煤中矸石量大、灰分较设计值成倍增加，造成除灰系统严重堵灰，机组被迫停运；后通过加强入厂、入炉煤管理考核力度，有效地将入炉煤灰分控制在除灰系统设计范围，避免了事故的重复发生。

7.2.2 为国能安全〔2014〕161 号《防止电力生产事故的二十五项重点要求》第 6.1.13.3 条，原文未修改。

7.2.3 为新增条款，依据 DL/T 514—2017《电除尘器》第 6.3.2 条，强调保证灰斗内灰温的重要性。

7.2.4 为新增条款，强调灰斗安装高、低料位计和声光报警装置的必要性。

7.2.5 为新增条款，强调保持气力输灰系统气源干燥的重要性。

7.2.6 为新增条款，依据 DL/T 894—2018《锅炉除灰除渣系统导则》第 7.2.2 条，强调了输灰管道堵灰判断方法及处理方式。

8 防止锅炉环保设备故障编制说明

（一）总体说明

本章主要是针对锅炉环保设备，在国能安全〔2014〕161 号《防止电力生产事故的二十五项重点要求》第1、6、25章基础上，根据国能安全〔2014〕328号《燃煤发电厂液氨罐区安全管理规定》、Q/HN－1－0000.08.023—2015《火力发电厂锅炉监督标准》，结合Q/HN－1－0000.19.011—2018《燃煤机组 SCR 烟气脱硝低负荷运行导则》、DL/T 514—2017《电除尘器》、近年来集团内外非计划停运事件、降出力事件以及典型的设备消缺和异动、技术监督现场查评服务中发现的锅炉环保设备典型问题，从设计、选型、制造、安装、调试、试验、运行、检修、日常监督等角度提出防范锅炉环保设备故障的措施和标准要求，本章分为防止脱硝系统故障、防止脱硫系统故障、防止除尘系统故障三个部分。

（二）条文说明

8.1 防止脱硝系统故障

8.1.1 为新增条款，依据Q/HN－1－0000.19.010—2016《火电机组SCR烟气脱硝设备运行优化技术导则》第6.5.1条，增加了对导流板检修维护、调整的要求。【案例】2017年某电厂5号机组检修期间发现，脱硝催化剂靠近炉前区域存在局部磨损问题，经分析与烟气流场、局部灰浓度不均有关，后经对脱硝入口导流板调整后，消除了烟气流场不均问题，催化剂局部磨损问题得以解决。

8.1.2 为新增条款，依据Q/HN－1－0000.19.010—2016《火电机组SCR烟气脱硝设备运行优化技术导则》第5.4条，当SCR反应器（含催化剂）出现明显积灰、堵塞或磨损时，脱硝催化剂性能下降，影响脱硝系统正常运行。【案例】2016年12月某电厂8号机组在机组检修期间发现SCR催化剂模块局部区域出现磨损，严重区域发生坍塌、穿透，催化剂层靠反应器前墙部分堵塞严重，整个水平截面30%～40%区域发生板结性堵塞，烟气无法流通。经对在役催化剂样品性能检测，发现催化剂表面SiO_2含量高于基体含量2%左右，即催化剂表面发生了粉尘沉积；同时外来物质SO_3及Al_2O_3在催化剂表面的含量较基体有所增加，造成催化剂性能劣化。

8.1.3 为国能安全〔2014〕161号《防止电力生产事故的二十五项重点要求》第6.1.13.1条。有修改，强调了灰斗及排灰装置的设置要求，加强灰斗除灰的运行管理。【案例】某电厂1号机组因长期维持低负荷运行，烟气流速低，省煤器后尾部烟道及脱硝入口灰斗积灰较多，加之设计、施工缺陷，导致锅炉脱硝底部烟道垮塌。

8.1.4 为国能安全〔2014〕161号《防止电力生产事故的二十五项重点要求》第25.6.12条，有修改，增加了对运行调整和吹灰器投入的要求。

8.1.5 为国能安全〔2014〕161号《防止电力生产事故的二十五项重点要求》第25.6.2条。有修改，增加了定期进行催化剂活性检测，掌握催化剂性能状况，跟踪催化剂性能变化情况。【案例】某电厂因催化剂失活，脱硝效率降低，氮氧化物排放浓度不能满足排放标准，被迫紧急停机，更换催化剂。

8.1.6 为新增条款，依据Q/HN－1－0000.19.011—2018《燃煤机组SCR烟气脱硝低负荷运行导则》第5.2.4条、第5.2.4.4条，强调了机组全负荷脱硝运行应防止催化剂硫酸氢铵失活。

8.1.7 为新增条款，及时发现、消除脱硝系统隐患。

8.1.8 为新增条款，防止发生因煤质问题引起的脱硝系统及其下游设备的故障。【案例】2018年2月2日，某电厂1号机组因燃煤灰分、硫分偏高，脱硝系统氨逃逸量大，且低低温省煤器烟气出口侧未安装吹灰器，导致低低温省煤器堵塞严重（A、B 侧阻力分别达到 2.32kPa、2.96kPa），两台引风机出力达到上限，机组被迫停运。

8.1.9　为新增条款，机组大修启动后应进行喷氨优化调整。当脱硝入口氨浓度分布与氮氧化物浓度匹配性较差时，不但不利于提高脱硝性能，且还会引起局部氨逃逸率升高，增大空气预热器冷段、烟冷器等下游设备的硫酸氢铵堵塞风险。【案例】2016 年 2 月 7 日，某电厂 4 号机组乙侧空气预热器冷段堵塞严重，其主辅电动机均过载跳闸，导致机组停运。主要原因是机组运行时甲侧烟气阻力比乙侧高约 700Pa，造成乙侧烟气流量大，使乙侧空气预热器更容易积灰堵塞；同时脱硝装置的氨逃逸率超标加剧了空气预热器堵塞，尤其机组在 AGC 方式下运行时，负荷波动大，氨逃逸率也随之增大，由此导致空气预热器冷段堵塞严重。

8.1.10　为国能安全〔2014〕161 号《防止电力生产事故的二十五项重点要求》第 1.8.3 条，原文未修改。

8.1.11　为国能安全〔2014〕161 号《防止电力生产事故的二十五项重点要求》第 25.6.3 条，原文未修改。

8.1.12　为国能安全〔2014〕161 号《防止电力生产事故的二十五项重点要求》第 25.6.6 条、国能安全〔2014〕328 号《燃煤发电厂液氨罐区安全管理规定》第十四条、第十六条，部分语句进行了调整。

8.1.13　为国能安全〔2014〕161 号《防止电力生产事故的二十五项重点要求》第 25.6.9 条、第 1.8.6 条，部分语句进行了调整。

8.1.14　为国能安全〔2014〕161 号《防止电力生产事故的二十五项重点要求》第 25.6.5 条，未修改，部分语句进行了调整。【案例 1】2013 年 6 月 3 日，某公司因主厂房部分电气线路短路，引燃周围可燃物，燃烧产生的高温导致氨设备和氨管道发生爆炸，事故共造成 121 人遇难，76 人受伤。【案例 2】2013 年 8 月 31 日，某公司因厂房内液氨管路系统管帽脱落，导致发生液氨泄漏事故，造成 15 人死亡、25 人受伤。【案例 3】2015 年 11 月 28 日，某公司 2 号液氨储罐备用液氨进料口由于盲板螺栓不符合设计要求，发生陈旧性断裂，液氨泄漏，造成 3 人死亡、8 人受伤。

8.1.15　为国能安全〔2014〕161 号《防止电力生产事故的二十五项重点要求》第 25.6.7 条，原文未修改。

8.1.16　为国能安全〔2014〕161 号《防止电力生产事故的二十五项重点要求》第 25.6.11 条，原文未修改。

8.2　防止脱硫系统故障

8.2.1　为国能安全〔2014〕161 号《防止电力生产事故的二十五项重点要求》第 25.5.3 条，原文未修改。

8.2.2　为国能安全〔2014〕161 号《防止电力生产事故的二十五项重点要求》第 25.5.5 条，有修改，强调了逢停必检。

8.2.3　为国能安全〔2014〕161 号《防止电力生产事故的二十五项重点要求》第 25.5.9 条。有修改，强调了对吸收剂品质、工艺水水质的控制。【案例】2018 年 1 月，某电厂由于进入脱硫系统工艺水 Cl^- 含量高达 3000mg/L，导致吸收塔浆液 Cl^- 含量达到 44 000mg/L，生成的石膏呈流体状，且脱硫效率低下。

8.2.4　为新增条款，依据 HJ 179—2018《石灰石石灰－石膏湿法烟气脱硫工程通用技术规范》第 6.10.4 条，提出“石膏雨”控制措施。

8.2.5　为新增条款，强调了增压风机及其附属系统的运行及检修维护。【案例 1】2014 年 5 月 19 日，某电厂 2 号机组脱硫 400V 保安Ⅱ段母线事故电源自合闸开关跳闸、常用进线开关自合闸成功，但增压风机的两台电动机润滑油泵自切换失败，造成增压风机跳闸。【案例 2】2018 年 5 月 15 日，某电厂 2 号机组 6kV 脱硫Ⅱ段电源进线一和电源进线二的单相接地保护动作跳闸，2 号机组 6kV 脱硫Ⅱ段失电，该段两台增压风机全跳，联锁两台引风机跳闸，触发锅炉 MFT。

8.2.6　为新增条款，强调了增压风机检修维护、逻辑梳理和技术改进。目前仍有部分电厂脱硫系统为单台增压风机运行。脱硫系统为单台增压风机配置的机组，在原设计的脱硫系统旁路拆除后，存在增压风机跳闸导致机组非计划停运的隐患。已发生多起由于增压风机跳闸导致机组非停的事故，造成了较大的经济损失。

8.2.7　为新增条款，强调了吸收塔液位计指示的准确性。【案例 1】2013 年 11 月 17 日，某电厂 1 号机组脱硫吸收塔由于液位计算公式未考虑氧化空气起泡引起的虚高液位的影响，提升液位过程中，DCS 显示 19.2m 时实际液位已超过 21m，从而导致浆液倒灌至烟道，引起增压风机跳闸，机组停运。【案例 2】2018 年 6 月 12 日，某电厂 1 号机组运行人员投入吸收塔密度计顺控冲洗过程中，由于密度计取样管内发生堵塞，浆液密度计算值由 1104.31kg/m^3 跳到－65.38kg/m^3，其参与计算的吸收塔液位计算值由 8.75m 左右突变至－120m 左右，吸收塔液位低，触发浆液循环泵全停，锅炉 MFT 保护动作，机组解列。

8.2.8　为新增条款，强调了避免高温烟气对塔内设备的冲击。

8.2.9　为新增条款，强调了浆液循环泵膨胀节的可靠性。【案例 1】2014 年 7 月 2 日，某电厂 4 号机组 4C 浆液循环泵出口膨胀节漏浆，运行人员未能正确判断出泄漏的浆液循环泵，且操作不当，浆液循环泵全停，触发锅炉 MFT 保护动作。【案例 2】2014 年 8 月 7 日，某电厂 6 号机组吸收塔液位由 7.5m 迅速下降至 5m，1、2、3 号浆液循环泵联动跳闸，4 号浆液循环泵出口管道处大量漏浆，停运 4 号浆液循环泵，“浆液循环泵全停”触发锅炉 MFT 保护动作。

8.2.10　为新增条款，强调了烟气换热器 GGH 的运行维护管理。

8.2.11　为新增条款，强调了烟囱的检查及维护。【案例】某电厂 5、6 号机组合用一座高 120m 钢筋混凝土结构烟囱，2015 年脱硫装置改造后，烟气由干烟气变为饱和湿烟气，且因为排烟温度降低（由原来 160℃降低至 60℃左右），烟囱中凝结出大量强酸性、强腐蚀性、强渗透性冷凝液，电厂于 2016 年 5 月委托某建筑科学研究院对烟囱的结构安全性进行检测评估，其中烟囱筒壁安全性等级评为 D 级（D 级为极不符合国家现行标准规范的可靠性要求，已严重影响整体安全，必须立即采取措施），而且现场烟囱混凝土筒壁外表面局部存在混凝土保护层腐蚀脱落、钢筋裸露锈蚀现象。

8.2.12　为新增条款，强调了脱硫防腐工程的施工管理。【案例】2017 年 11 月 28 日，某公司正在建设的 5 号机组脱硫吸收塔进行防腐施工过程中出现明火，导致吸收塔着火。

8.2.13　为新增条款，强调了脱硫系统联锁保护逻辑组态及定值管理。【案例 1】2013 年 11

月 21 日，某电厂 5 号机组由于脱硫浆液循环泵全停判断逻辑存在缺陷，“任一浆液循环泵运行”信号由网络传输后取反作为保护判据，当网络通信受干扰后易造成信号跳变，致使“脱硫浆液循环泵全停”信号误发，锅炉 MFT 动作，机组跳闸。【案例 2】2017 年 5 月 6 日，某电厂 4 号机组脱硫系统运行人员根据机组工况，调整为 4E 浆液循环泵单泵运行，该泵为超低排放改造中增设的新泵，但脱硫浆液循环泵逻辑未能及时更新完善，“4E 浆液循环泵运行”信号在 4 号 DPU 的逻辑中未设为上网点，造成“浆液循环泵全停”信号发出，触发“脱硫跳闸请求 MFT”。【案例 3】2019 年 7 月 7 日，某电厂因运行人员误操作，将 2 号机组脱硫系统正在运行中的 2B、2D 浆液循环泵远方操作停运，造成 4 台浆液循环泵全停，引起“4 台浆液循环泵全停（无延时）灭火保护动作停炉”，导致机组停运。

8.2.14 为新增条款，强调了净烟气挡板门的可靠性。【案例】2019 年 9 月 20 日，某电厂 1 号机组脱硫吸收塔出口净烟气挡板运行中突然关闭，且电动执行器无法正常运行，引起锅炉烟气通道堵塞，造成炉膛压力高，被迫手动停机。

8.3 防止除尘系统故障

8.3.1 为国能安全〔2014〕161 号《防止电力生产事故的二十五项重点要求》第 6.1.13.4 条，原文未修改。

8.3.2 为新增条款，强调低（低）温省煤器（烟气冷却器）故障对除尘器的影响和预防措施。

8.3.3 为新增条款，强调电除尘在燃用高比电阻煤种时应采取的运行措施。

8.3.4 为新增条款，依据 DL/T 514—2017《电除尘器》第 10.1.2 条。增加烟气量偏差要求，规定气流分布均匀性不合格时应采取的措施。

8.3.5 为新增条款，强调在电除尘器前配置低低温省煤器时应注意电除尘器的腐蚀。

8.3.6 为新增条款，强调了湿式电除尘器的材料选取及防火措施。【案例】2018 年 9 月 24 日，某电厂 2 号机组准备启动时，因湿式电除尘器电场闪络击穿引燃阳极导电玻璃钢模块，由此发生着火事故，造成设备损坏。

8.3.7 为新增条款，强调了湿式电除尘器施工期间的动火作业要求。

8.3.8 为新增条款，强调了湿式电除尘器空载升压试验时的防火措施。【案例】2018 年 4 月 28 日，某电厂 1 号机组湿式电除尘器进行长时间空载升压试验后，引燃可燃物导致着火事故。

9 防止运行操作不当造成的故障编制说明

（一）总体说明

本章主要针对运行操作，在国能安全〔2014〕161 号《防止电力生产事故的二十五项重点要求》第 6 章基础上，依据 Q/HN－1－0000.08.023—2015《火力发电厂锅炉监督标准》、Q/HN－1－0000.08.050—2015《电力设备运行标准化管理实施导则（试行）》，结合 DL/T 611—2016《300MW～600MW 级机组煤粉锅炉运行导则》、近年来集团内外非计划停运事件、降出力事件以及技术监督现场查评服务中发现的锅炉运行操作突出问题，提出防范锅炉运行操作不当造成事故的措施和标准要求，本章分为防止锅炉启停操作不当造成的故障、防止锅炉启动过程中水塞故障、防止设备系统监视及切换不当造成的故障三部分。

（二）条文说明

9.1 防止锅炉启停操作不当造成的故障

9.1.1 为新增条款，强调检修工作结束的验收，确保锅炉启动连续及安全。

9.1.2 为新增条款，明确要求启动前的检查范围和启动条件确认，避免因设备不具备启动条件引起的故障。

9.1.3 为新增条款，在 DL/T 611—2016《300MW～600MW 级机组煤粉锅炉运行导则》第3.1.5.4 条基础上，补充了联锁及保护试验周期及对运行人员的要求。本条款对锅炉启动前的联锁及保护提出了要求，明确了联锁及保护试验周期，提出了对运行人员的要求。

9.1.4 为新增条款，依据 DL/T 611—2016《300MW～600MW 级机组煤粉锅炉运行导则》第3.2.1.2 条，强调了合理选择启动方式和严格按照厂家要求控制升温升压速率。

9.1.5 为新增条款，依据 DL/T 611—2016《300MW～600MW 级机组煤粉锅炉运行导则》第3.2.2.3、3.2.2.5、3.2.2.6 条，明确了上水要求，防止上水操作不当导致锅炉部件热应力损坏、水冷壁振动等异常事件。

9.1.6 为新增条款，在 DL/T 611—2016《300MW～600MW 级机组煤粉锅炉运行导则》第3.2.3.3 条、第 3.2.3.4 条基础上，补充了吹扫要求。明确了点火前后的相关要求，主要用以防止尾部烟道再燃烧事故。

9.1.7 为新增条款，在 DL/T 611—2016《300MW～600MW 级机组煤粉锅炉运行导则》第3.2.4.2 条、第 3.2.4.6 条基础上，补充了禁止投粉要求。规定了启动中投粉注意事项，预防受热面超温和爆燃事故。

9.1.8 为新增条款，依据 DL/T 611—2016《300MW～600MW 级机组煤粉锅炉运行导则》第3.2.5.2 条，规定了启动过程中应监视锅炉热膨胀情况，防止锅炉膨胀异常引起受热面、炉墙变形等。

9.1.9 为新增条款，强调了给水旁路切换至主路的时机。

9.1.10 为新增条款，强调了高压加热器投入的时机。

9.1.11 为新增条款，强调了给水泵汽轮机汽源切换对机组安全稳定运行的影响，避免汽源切换操作不当引起的机组异常。

9.1.12 为新增条款。规定了循环流化床锅炉吹扫和投煤操作注意事项，防止爆燃和点火不成功。

9.1.13 为新增条款，提出了停炉方式及停炉过程中的安全原则。

9.1.14 为新增条款，提出了停炉冷却控制和膨胀监视要求。

9.1.15 为新增条款，依据 DL/T 611—2016《300MW～600MW 级机组煤粉锅炉运行导则》第 5.4.3、5.4.4 条，强调停炉时制粉系统的停用和走空要求，避免积粉、积煤带来的隐患。

9.1.16 为新增条款，强调直流锅炉熄火前给水流量的控制。

9.1.17 为国能安全〔2014〕161 号《防止电力生产事故的二十五项重点要求》第 6.2.4.4 条，原文未修改。

9.1.18 为新增条款，在 DL/T 611—2016《300MW～600MW 级机组煤粉锅炉运行导则》第5.2.44 条基础上，提出了停炉后冷却的具体要求，防止冷却不当引起锅炉受热面及厚壁部件损伤。

9.2 防止锅炉启动过程中水塞故障

9.2.1 为国能安全〔2014〕161号《防止电力生产事故的二十五项重点要求》第6.5.3.6条。对原条文进行了修改，增加了升压速率要求。

9.2.2 为新增条款，依据DL/T 1683—2017《1000MW等级超超临界机组运行导则》第5.5.6.3条，强调了对称投运点火器的要求。

9.2.3 为新增条款，强调了π型锅炉水压试验后首次启动时，要烘干受热面内的积水。

9.2.4 为新增条款，强调了减温水系统阀门的严密性，防止减温水阀门内漏造成受热面水塞。

9.2.5 为国能安全〔2014〕161号《防止电力生产事故的二十五项重点要求》第6.5.3.5条、第8.3.3.9条。原条文内容进行了补充，增加了启动初期受热面壁温控制方式及减温水投运的原则。【案例】2015年1月11日某电厂8号锅炉末级过热器短时过热爆管，原因为8号机组检修后点火启动过程中，由于高压旁路及减温水操作不当，致使二级减温水流量4min内从11t/h上升到39t/h、主蒸汽温度3min内从380℃下降至266℃、机组负荷从15MW突升至40MW。大量喷入的减温水未能完全汽化，水滴进入末级过热器进口联箱三通下部的管屏而造成水塞爆管。2016年8月22日，某电厂5号锅炉后屏过热器短时过热爆管，原因为机组启机过程中，投运B磨煤机运行后分隔屏壁温超过460℃且上涨较快，运行人员随即投入减温水（减温水调节门最大开到9%，流量最大达到13t/h），导致后屏过热器第15屏3号管发生水塞。2017年7月2日，某电厂5号锅炉后屏过热器因短时过热泄漏，原因为机组启机升负荷过程中，机组负荷为215MW时汽轮机高压调节汽阀开度由30%关至24%，随后逐渐关至21%，致使机组负荷降至170MW，运行人员误判为煤量不足，立即增加了煤量，在煤量增大、主蒸汽流量减少的情况下，主蒸汽温度急剧升高，随即运行人员大量投入减温水致使第9屏第4根管产生水塞。

9.2.6 为新增条款，依据DL/T 611—2016《300MW～600MW级机组煤粉锅炉运行导则》第3.2.5.9条，强调了低负荷下投减温水时的壁温变化控制要求。

9.2.7 为国能安全〔2014〕161号《防止电力生产事故的二十五项重点要求》第6.5.5.7条，原文未修改。

9.2.8 为新增条款，减温水调节门因工作条件恶劣，应加强对减温水调节门的检修，防止启机过程中内漏造成水塞。

9.3 防止设备系统监视及切换不当造成的故障

9.3.1 为新增条款，提出了对锅炉设备定期轮换试验分级管理制度的要求。

9.3.2 为新增条款，提出了对安全及危险预控等相关要求。

9.3.3 为新增条款，强调设备切换应严格执行操作票和监护制度。

9.3.4 为新增条款，提出了对设备切换操作时主控与就地值班员的工作要求。【案例1】2015年6月16日，某电厂3号机组在切换B一次风机润滑油站备用冷油器时，因人员操作不当，误将运行冷油器出入口油门关闭，造成B一次风机润滑油中断跳闸，机组RB动作，因A一次风机动叶开大，炉膛负压迅速下降，锅炉MFT。【案例2】2015年11月11日，某电厂4号锅炉B、C磨润滑油双联滤网切换不当，磨煤机跳闸，炉膛热负荷突降，虚假水位严重，导致汽包水位高保护动作，锅炉MFT。

9.3.5 为新增条款，提出了设备切换过程中发现设备缺陷处理措施和要求。【案例】2015年

5 月 17 日，某电厂 6 号锅炉在进行 A、B 给水泵切换过程中，由于 B 给水泵出口止回阀卡涩，出口压力降至小于 A 给水泵出口压力时，造成高压给水通过出口管路循环倒流，冲动 B 给水泵倒转，使汽包水位急剧下降，导致锅炉 MFT。

9.3.6 为新增条款，提出了机组异常情况的处理要求。

9.3.7 为新增条款，对具有远方启停功能的设备轮换试验工作提出了具体要求。

9.3.8 为新增条款，对设备切换前后的工作提出了异常应对措施。

9.3.9 为新增条款，提出了对备用联锁的具体要求。

火电专业反事故措施标准汇编

（下 册）

中国华能集团有限公司 编

内 容 提 要

本书主要结合中国华能集团有限公司2005年—2019年千余起机组非计划停运、设备损坏事件，梳理出火力发电厂电气一次、电气二次、汽轮机、锅炉、热控、化学、金属、供热等专业反事故措施，并结合案例对反事故措施条款进行解释说明。火力发电专业反事故措施以防范机组非计划停运、主设备一般故障和子设备损坏事件为主，形成事故及异常事件预防的设备配置标准、专业工作标准与规范工作要求，指导设备选型、系统设计、保护设置和运行、检修、维护、试验与技术管理等工作。

本书共分九章，主要包括火电厂防止电气一次设备事故重点要求、火电厂防止电气二次设备事故重点要求、火电厂防止汽轮机设备事故重点要求、火电厂防止锅炉设备事故重点要求、火电厂防止热控设备及系统事故重点要求、火电厂防止化学事故重点要求、火电厂防止金属部件及锅炉压力容器事故重点要求、火电厂防止供热系统事故重点要求、中国华能集团有限公司反事故措施管理办法等内容。

本书可操作性强，案例丰富，可作为从事火力发电厂运行、检修及生产管理工作的人员参考用书。

图书在版编目（CIP）数据

火电专业反事故措施标准汇编：全2册 / 中国华能集团有限公司编. —北京：中国电力出版社，2020.5（2021.6重印）

ISBN 978-7-5198-4663-3

Ⅰ. ①火… Ⅱ. ①中… Ⅲ. ①火电厂–锅炉–事故预防–安全措施–标准–汇编–中国 Ⅳ. ①TM621.2–62

中国版本图书馆CIP数据核字（2020）第078824号

出版发行：中国电力出版社
地　　址：北京市东城区北京站西街19号（邮政编码100005）
网　　址：http://www.cepp.sgcc.com.cn
责任编辑：孙　芳
责任校对：黄　蓓　李　楠　郝军燕
装帧设计：赵姗姗
责任印制：吴　迪

印　　刷：三河市百盛印装有限公司
版　　次：2020年5月第一版
印　　次：2021年6月北京第六次印刷
开　　本：787毫米×1092毫米　16开本
印　　张：31.25
字　　数：765千字
印　　数：7001—8000册
定　　价：120.00元（上、下册）

《火电专业反事故措施标准汇编》

编 审 委 员 会

序

中国华能集团有限公司严格贯彻安全生产和高质量发展要求，高度重视国家能源局发布的国能安全〔2014〕161 号《防止电力生产事故的二十五项重点要求》，围绕二十五项重点要求开展了交流培训、隐患排查、反措落实等一系列工作，同时不断完善安全生产管理体系，注重体系标准的落地执行，多措并举确保发电机组及供热系统安全稳定运行。华能集团坚持问题导向，以“降缺陷、控非停”为抓手，加强技术监督管理，建立了完善的技术监督标准体系；强化设备标准化管理和状态监测诊断，构建了设备标准化管理体系，带动设备规范化、精细化和常态化管理。在《防止电力生产事故的二十五项重点要求》、技术监督标准体系、设备标准化管理体系的指导下，近年来华能集团机组非计划停运次数、设备重大事故数量明显下降。

在总结成绩与经验的基础上，华能集团结合生产技术管理面临的问题，将建立完整的专业反措体系作为继续提升设备技术管理水平的突破口，使专业反措与《防止电力生产事故的二十五项重点要求》互为补充，在“十三五”期间构建起技术监督标准体系、设备标准化管理体系和反事故措施体系三位一体的生产技术管理体系，实现公司发电设备可靠性的进一步提升。

2018 年，华能集团建立了火电、水电、风电、光伏反事故措施体系框架。2018 年 8 月开始，组织西安热工研究院有限公司、各电力产业公司、区域公司和部分发电企业专业人员，依据现行有效的国家标准、行业标准、企业标准和国能安全〔2014〕161 号《防止电力生产事故的二十五项重点要求》，结合华能集团 2005 年—2019 年千余起机组非停及设备损坏事件、系统外相关典型事件，共梳理出 2253 条反事故措施（电气一次 430 条，电气二次 314 条，汽轮机 367 条，锅炉 440 条，热控 185 条，化学 226 条，金属 152 条，供热 139 条），形成了电气一次、电气二次、汽轮机、锅炉、热控、化学、金属、供热等 8 项专业反事故措施标准，汇编成中国华能集团有限公司《火电专业反事故措施标准汇编》（简称《火电反措汇编》）。《火电反措汇编》是发电行业火电专业成体系的系列化反事故技术标准，将进一步提高技术管理工作的针对性和系统性，促进火力发电设备可靠性提升，为集团公司火电厂安全可靠运行奠定坚实基础。

在《火电反措汇编》即将出版之际，谨对所有参与和支持反事故措施编写、出版工作的单位和同志们表示衷心的感谢！

邓建玲

2020 年 3 月

前　言

近年来，受外部煤炭市场环境变化、可再生能源装机规模不断增加等方面的影响，火电机组运行环境发生较大变化；在深化能源供给革命的背景下，调峰辅助、耦合生物质发电及供热改造技术得到应用，火电机组面临升级转型。

为满足新形势下火电机组的安全生产需要，进一步完善生产技术管理体系，中国华能集团有限公司生产管理与环境保护部组织西安热工研究院有限公司，召集公司系统各专业技术骨干，以技术监督工作为依托，梳理总结 2005 年—2019 年公司千余起机组非停及设备损坏事件、系统外相关典型事件经验教训，编制完成了《火电专业反事故措施标准汇编》。

《火电专业反事故措施标准汇编》包括火电厂电气一次、电气二次、汽轮机、锅炉、热控、化学、金属、供热等八个专业反事故措施标准，分为上、下两个分册，涵盖了火力发电厂安全生产的主要专业，标准以防范机组非停、主设备一般故障和辅助设备损坏事件为主，编写人员从各专业安全生产管理经验、技术监督等角度对各类案例进行了深入剖析，总结教训，梳理提炼形成反事故措施条款，力求突出重点、强化认识，指导设备选型、系统设计、保护设置和运行、检修、维护、试验与技术管理等工作。

《火电专业反事故措施标准汇编》切合火电厂生产实际，针对性和应用性强，是国能安全〔2014〕161 号《防止电力生产事故的二十五项重点要求》的重要补充。本汇编历时近两年编写完成，在编制、审核过程中得到了中国华能集团有限公司各电力产业公司、区域公司、发电企业的大力支持，在此一并感谢。

由于编者水平有限，书中难免有疏漏之处，敬请读者批评指正。

编　者

2020 年 5 月

目　　录

中国华能集团有限公司火电专业反事故措施标准汇编
Q/HN-1-0000.08.075—2020

技术标准篇

火电厂防止热控设备及系统事故重点要求

2020 - 06 - 01 发布

2020 - 06 - 01 实施

目　　次

前　言

为进一步加强电力生产安全风险预防控制，提高电力生产可靠性，有效防止火电厂热控设备及系统事故的发生，在国能安全〔2014〕161 号《防止电力生产事故的二十五项重点要求》的基础上，结合中国华能集团有限公司系统内热控设备及系统故障引起的机组非计划停运案例，编制本标准。

本标准由中国华能集团有限公司生产管理与环境保护部提出。

本标准由中国华能集团有限公司生产管理与环境保护部归口并解释。

本标准起草单位：西安热工研究院有限公司、华北分公司、生产管理与环境保护部、安徽分公司、河南分公司、江西分公司、江苏公司、重庆分公司、东北分公司、陕西公司、浙江分公司、山东分公司、华东分公司。

本标准起草人：任志文、段四春、李辉、赵志丹、张靖、刘孝国、曲广浩、冯铭、杨佰臻、冷静、陈满园、吴连军、宋庆、肖永国、李佳东、李捍华、周昭亮、王邦行、王浩森、李杰、马浩、张震坤、文怀周、刘欢、靳虎、郑冬浩、李辉（南通）。

本标准审核单位：生产管理与环境保护部、江西分公司、浙江分公司。

本标准主要审核人：李辉、刘胜清、郑卫东。

本标准审定：中国华能集团有限公司技术工作管理委员会。

本标准批准人：邓建玲。

本标准为首次制定。

火电厂防止热控设备及系统事故重点要求

1 基本要求

1.1 分散控制系统（Distributed Control System，DCS）配置应能满足机组任何工况下的监控要求（包括紧急故障处理），控制站及人机接口站的中央处理器（Central Processing Unit，CPU）负荷率、系统网络负荷率、DCS与其他相关系统的通信负荷率、控制处理器周期、系统响应时间、事件顺序记录（Sequence Of Event，SOE）分辨率、抗干扰性能、控制电源质量、卫星时钟等指标应满足相关标准的要求。

1.2 DCS的控制器、系统电源、输入/输出（Input/Output，I/O）模件电源、通信网络等均应采用完全独立的冗余配置，且具备无扰切换功能；采用浏览器/服务器（Browser/Server，B/S）、客户端/服务端（Client/Server，C/S）结构的DCS的服务器应采用冗余配置，服务器或其供电电源在切换时应具备无扰切换功能。机组C级及以上检修期间应对DCS电源、控制器、通信模件进行切换试验，切换过程系统数据不得丢失、通信不得中断、热控设备故障报警正确，除模件故障和切换触发等相关报警外，系统应无其他任何异常。

1.3 涉及机组安全的重要设备应配备必要的、可靠的、独立于DCS的后备硬接线操作手段，包括汽轮机跳闸、总燃料跳闸、发电机或发电机-变压器组跳闸、锅炉安全门（机械式可不装）开、汽包事故放水门开、汽轮机真空破坏门开、直流润滑油泵启动、交流润滑油泵启动、发电机灭磁开关跳闸、柴油发电机启动、燃气轮机跳闸、余热锅炉跳闸、直流密封油泵启动等，以确保安全停机停炉。

1.4 影响机组安全运行的锅炉、汽轮机和发电机保护系统不宜在现场仪表和设备层采用总线通信技术。停炉、停机动作命令不应通过通信总线传送。主要辅机的保护和联锁信号宜采用硬接线传输方式。

1.5 制定DCS控制器、网络、电源等故障情况下切实可操作的应急处理预案，并定期（原则上不超过一年）进行反事故演习。必要时及时启动相应处理预案并根据执行情况修改、完善预案。

1.6 热控报警系统应正确反映设备运行状况，按运行实际要求及重要程度对报警信号进行合理分级。报警信息描述准确清晰，避免误报、漏报和次要报警信息的频报。

1.7 热控逻辑设计时应执行“保护优先”原则，热控保护系统输出的操作指令应优先于其他任何指令，并直接作用于被控对象驱动装置的控制回路。

1.8 所有重要的主、辅机保护都应采用“三取二”的逻辑判断方式，具备条件时炉膛压力应采用“四取二”逻辑判断方式。保护信号应遵循从取样点到输入模件全程相对独立的原则，确因系统原因测点数量不够，应有防止因单一测点、回路故障而导致保护误动的技术措施。

1.9 重要的模拟量调节信号应采用“三选中”的逻辑判断方式，如果只有两个信号，则采用“二取均”的逻辑判断方式；取值运算应设置信号坏质量剔除功能。

1.10 热工仪表及控制设备标识应正确、清晰、齐全。用于热工保护的就地一次检测元件以及可能造成机组跳闸的就地元部件，应有明显的颜色标识。

1.11 热控保护装置应随主设备准确可靠地投入运行，不应设置供运行人员投退保护的任何操作手段。热控重要保护系统的投入和退出应有“状态指示”画面。因设备故障需退出保护时，必须严格履行保护投退审批制度，解除相关设备的自动、保护联锁条件，安全措施执行到位后，方可进行缺陷处理。

2 防止热控保护失灵

2.1 锅炉保护

2.1.1 对于取信采用压力开关的炉膛压力保护系统应设置 2s～3s 指令延时，采用压力变送器检测的应设置 2s～3s 的阻尼时间，炉膛压力保护测点应分布在锅炉两侧，以防炉膛掉焦或局部爆燃等短时间特殊工况造成保护误动。

2.1.2 锅炉汽包水位高、低保护应采用独立测量的“三取二”的逻辑判断方式。当有一点因某种原因须退出运行时，应自动转为“二取一”的逻辑判断方式，办理审批手续，限期（不宜超过 8h）恢复；当有两点因某种原因须退出运行时，应自动转为“一取一”的逻辑判断方式，应制定相应的安全运行措施，严格执行审批手续，限期（8h 以内）恢复，如逾期不能恢复，应立即停止锅炉运行。当自动转换逻辑采用品质判断等作为依据时，要进行详细试验确认，不可简单地采用超量程等手段作为品质判断。

2.1.3 取消火焰检测器冷却风机全停触发锅炉总燃料跳闸（Master Fuel Trip，MFT）逻辑。根据火焰检测器耐热特性，适当延长冷却风母管压力低 MFT 保护延时时间，并将冷却风母管压力低报警级别提高至最高级。

2.1.4 脱硫控制系统的主要联锁及保护应充分考虑锅炉和脱硫运行的相互影响。在吸收塔出口烟气温度高时事故喷淋系统能迅速联启且喷淋有效的情况下，宜取消脱硫浆液循环泵全停 MFT 保护条件。

2.1.5 回转式空气预热器应设有可靠的停转报警装置，停转报警信号应取自空气预热器的主轴，而不能取自空气预热器的电动机。

2.1.6 加强引风机、脱硫增压风机等设备的日常维护工作，定期对入口调节装置进行试验，确保动作灵活可靠和炉膛负压自动调节特性良好，防止机组运行中设备故障时或锅炉灭火后产生过大负压。

2.1.7 每个煤、油、气燃烧器都应单独设置火焰检测器。火焰检测器应当精细调整，保证锅炉在高、低负荷以及适用煤种下都能正确检测到火焰。火焰检测器冷却用气源应稳定、可靠。

2.1.8 配有等离子点火装置或小油枪微油点火装置的锅炉点火时，严禁解除全炉膛灭火保护：当采用中速磨煤机直吹式制粉系统时，任一角在 180s 内未点燃时，应立即停止相应磨煤机的运行；对于中储式制粉系统任一角在 30s 内未点燃时，应立即停止相应给粉机的运行，经充分通风吹扫、查明原因后再重新投入。

2.2 汽轮机保护

2.2.1 机组停机时，应先将发电机有功、无功功率减至零，检查确认有功功率到零，电能表停转或逆转以后，再将发电机与系统解列，或采用汽轮机手动打闸或锅炉手动总燃料跳闸联跳汽轮机，发电机逆功率保护动作解列。严禁带负荷解列。

2.2.2 应设置主油箱油位低跳机保护，必须采用测量可靠、稳定性好的液位测量方法，并采取“三取二”的方式，保护动作值应考虑机组跳闸后的惰走时间。

2.2.3 汽轮机润滑油压力低信号应由就地直接送入事故润滑油泵电气启动回路，确保在没有DCS控制的情况下能够自动启动，保证汽轮机的安全。

2.2.4 汽轮机紧急跳闸系统跳机继电器应设计为失电动作，硬手操设备本身要有防止误操作、动作不可靠的措施。手动停机保护应具有独立于DCS或可编程逻辑控制器（Programmable Logic Controller，PLC）装置的硬跳闸控制回路。

2.2.5 优化给水泵最小流量控制系统，如根据给水泵入口流量函数构造再循环门开度下限、提高再循环门的开关响应速度，从而适应机组深度调峰运行要求，防止给水泵因入口流量低保护动作停运或锅炉因给水流量低跳闸。

2.2.6 优化二次再热机组低负荷状态运行的给水流量调节逻辑：

a） 水煤交叉控制策略中，低负荷工况时的磨煤机跳闸应尽可能维持正常的水煤配比设定回路。如果机组采用水跟煤控制方式，应考虑此工况下将水煤比调节器的输出归“零”；

b） 增加锅炉主控输出指令与机组实际负荷偏差大报警逻辑，并在运行中及时修正燃烧发热值校正回路（British Thermal Unit，BTU）输出，维持锅炉主控输出指令与机组实际负荷间的平衡；

c） 低负荷时磨煤机跳闸应触发相应的辅机故障减负荷（Run Back，RB）逻辑，确保锅炉燃烧稳定，便于给水的自动调节。

2.2.7 凝汽器应有高水位报警并在停机后仍能正常投入。除氧器应有水位报警及高水位自动放水联锁逻辑。

2.3 燃气轮机保护

2.3.1 在设计天然气参数范围内，调节系统应能维持燃气轮机在额定转速下稳定运行，甩负荷后能将燃气轮机组转速控制在超速保护动作值以下。

2.3.2 燃气轮机组电超速保护动作转速一般为额定转速的108%～110%。运行期间电超速保护必须正常投入。超速保护不能可靠动作时，禁止燃气轮机组运行。燃气轮机组电超速保护应进行实际升速动作试验，保证其动作转速符合有关技术要求。

2.3.3 燃气轮机中修时，对叶片通道热电偶、排气热电偶进行校验或更换。运行中发现单点叶片通道温度、排气温度元件故障后应及时进行更换元件等处理。

2.3.4 机组检修时，应将保护联锁的测量与控制信号电缆绝缘、电磁阀阻值测量列入检修计划，建立台账并与上次测量记录进行比较，以便提前发现电缆绝缘、电磁阀阻值下降趋势。

2.3.5 应做好燃气轮机控制系统的定期检修工作，包括卡件清灰、控制器和通信网络冗余切换试验工作，确保控制系统稳定、可靠运行。对用于机组负荷控制逻辑的信号，可考虑通过增加硬接线连接方式提高信号的可靠性。

2.3.6 梳理控制系统设备模件和电源共用配置的情况，应将重要下挂设备进行分电源回路处理。

3 防止DCS硬件事故

3.1 控制器配置

3.1.1 DCS控制器应严格遵循机组重要功能分开的独立性配置原则，各控制功能应遵循任一组控制器或其他部件故障对机组影响最小的原则。

3.1.2 冗余服务器、控制器、电源故障或故障后复位时，应采取解除自动、控制设备切为就地位等必要措施，确认保护和控制信号的输出处于安全位置。

3.1.3 DCS 运行时间达到 5 年以上应随检修机会检查控制器、电源等非封闭模件上的电子元器件外观是否完好，若电容有鼓包或漏液现象，应尽快更换模件。DCS 运行时间达到 8 年以上应进行系统诊断，便于有针对性的系统维护，以后随 C 级及以上检修进行全面复检。

3.2 I/O 配置

3.2.1 重要参数测点、参与机组或设备保护的测点应冗余配置，冗余 I/O 测点应分配在不同分支的不同模件上。

3.2.2 新华控制技术有限公司的 XDPS－400/400+/400E 控制系统的家族性问题，其汽轮机数字式电液控制系统（Digital Electro-Hydraulic Control System，DEH）存在 3 个汽轮机挂闸信号和 3 个电气来的主开关合闸（并网）信号均由唯一一块 SDP 端子板接入的问题，应加强对 SDP 端子板及其供电电源、接插件的检查维护。如物理空间允许，应通过升级改造增加端子板实现 3 个汽轮机挂闸和 3 个电气并网信号的独立配置。

3.2.3 艾默生过程控制有限公司的 Ovation 控制系统，数字量输出（Digital Output，DO）卡/继电器卡上所有通道必须定义在相同任务区；模拟量输出（Analog Output，AO）卡/DO 卡/继电器卡的扫描超时（Timeout）应根据要求配置为保持或复位；热电偶（Thermocouple，TC）测点的冷端补偿点须选择本卡的第 9 通道点；硬件点改为中间点，相关硬件点参数需要清空，如该点不再使用应删除；SOE 卡的 I/O 测点任务区扫描时间应不大于 100ms，并且广播频率设为 FAST。

3.3 通信网络配置

3.3.1 对重要的交换机以及光电转换器等网络设备进行寿命评估，连续出现故障时应考虑选用 DCS 厂家测试认可的网络设备、操作系统版本及配置文件，并成对更换。对远程站、DCS 环网等光纤进行衰减率检查测试，防止光纤老化引起通信中断。

3.3.2 远程控制柜与主系统的两路通信电（光）缆应要分层敷设。

3.3.3 艾默生过程控制有限公司的 Ovation 控制系统，冗余配置的串口通信（Link Controller，LC）卡应成对更换并保证型号一致，LC 通信数据较多时，逻辑页应配置在执行周期较长的单独任务区。Ovation 系统禁止将不同的网络高速通道（Highway）直接相连。

4 防止 DCS 软件事故

4.1 控制系统应用软件

4.1.1 对于多台机组 DCS 网络互联的情况，以及当公用 DCS 的网络独立配置并与两台单元机组的 DCS 进行通信时，应采取权限管理、人员监护、增加网关等措施，防止人为误操作。单元机组 DCS 与公用 DCS 之间通信时宜采取纵向加密措施。

4.1.2 规范 DCS 软件和应用软件的管理：

a） 严禁使用、安装非正版软件或系统无关软件，只能使用由供货商提供的通用/专用操作系统软件、控制系统组态软件以及其他应用软件；

b） 拟安装到 DCS 中使用的软件必须严格履行测试和审批程序，必须建立有针对性的 DCS 防病毒措施；

c） 做好计算机 USB 端口、光驱等的封闭管理工作（包括软件封闭和硬隔离封闭）；

d） 软件的修改、更新、升级必须履行审批授权及责任人制度。在修改、更新、升级软件前，应对软件进行备份。

e） 系统软件补丁更新须经 DCS 厂家兼容性测试合格后，才可更新。

4.1.3 运行机组应尽量避免逻辑组态修改，必须修改时应充分做好相应的技术措施及防误动措施，组态修改时应设专人监护，并做好修改记录。机组运行中，公用系统应按单元机组系统一样对待。

4.1.4 对于新华控制技术有限公司的 DCS 系统，机组运行中禁止采用拷贝方式进行逻辑修改。

4.1.5 DCS 逻辑页扫描周期、运算时序应符合工艺及控制要求，防止保护联锁系统因指令执行时序紊乱而失效。

4.1.6 点组态时确保组态程序中测点设置与就地测点量程、测量方向设置一致。

4.1.7 在应用比例积分微分（Proportional-Integral-Derivative，PID）功能模块时，应正确设置模块参数（如增益系数，积分时间，微分时间偏差、上限、下限等），保证相同物理意义变量的量纲、量程分别一致，且与目标调节速率相匹配。

4.1.8 应正确设置模拟量二选、三选模块的参数，防止特殊条件下输出值不恰当保持或阶跃切换引发联锁或调节异常事件。对于和利时系统工程有限公司的 MACS 系统，模拟量三选模块（AI3sel）的参数 DB 值不得采用默认值（0），以免触发偏差大输出值保持功能。如该模块模拟量输入值参与偏差大切除自动逻辑，DB 值应大于切为手动的偏差定值。新华控制技术有限公司 DCS 的二选模块应防备输入值坏品质引发的输出值阶跃切换扰动。

4.2 逻辑设计

4.2.1 除特殊要求的设备外（如紧急停机电磁阀控制），其他所有设备都应采用脉冲信号控制，防止 DCS 失电导致停机停炉时，引起该类设备误停运，造成重要主设备或辅机的损坏。

4.2.2 跨系统/控制器传输的保护信号逻辑应遵循以下原则：

a） 跨系统/控制器模拟量信号三重化判断逻辑。先在模拟量信号输入的系统控制器中分别进行质量和高/低限值判断后，通过开关量输出（DO）通道分别送至对应的另一个系统的控制器，然后再进行“三取二”判断（如 DCS 至 PLC），如图 1 所示。

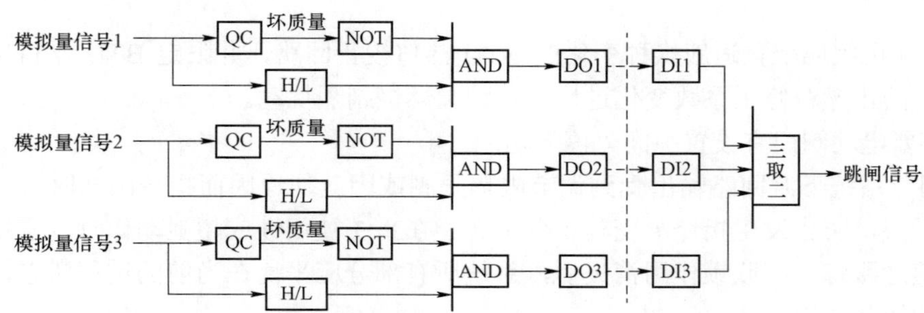

图 1 跨系统/控制器模拟量信号三重化判断逻辑

b） 跨系统/控制器开关量信号三重化判断逻辑。开关量信号分别通过 DO 通道送至对应的控制器，然后再进行“三取二”判断，如图 2 所示。

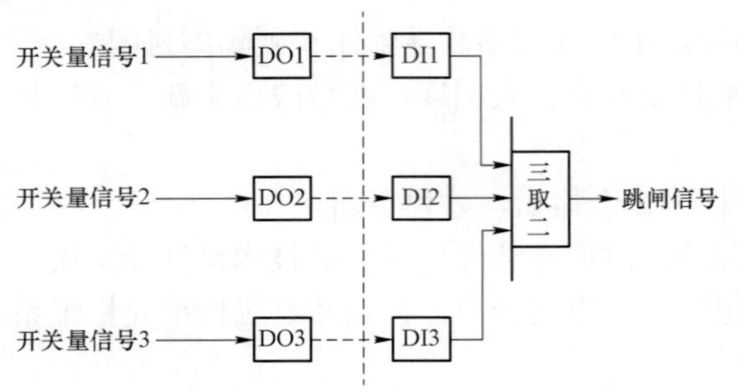

图 2　跨系统/控制器开关量信号三重化判断逻辑

4.2.3　触发停炉、停机保护信号的开关量或模拟量仪表应单独设置，当确有困难而需与其他系统合用时，其开关量信号应首先进入保护系统，然后再通过隔离设施引至其他系统。

4.2.4　RB 触发及重要的保护、联锁、设备启停允许等逻辑条件应避免因单一测点回路故障导致逻辑信号误发或拒发，尽可能采取冗余信号判断，若确实难以获取直接的冗余信号，应根据工艺相关性构筑冗余信号判断，保证逻辑输出的可靠性。如对于重要电动机设备的“停运”信号，若电气不能送出 3 个“停运”状态信号，可采用停止反馈、运行反馈取非、电动机电流小于定值构成“三取二”停运判断，如图 3 所示。

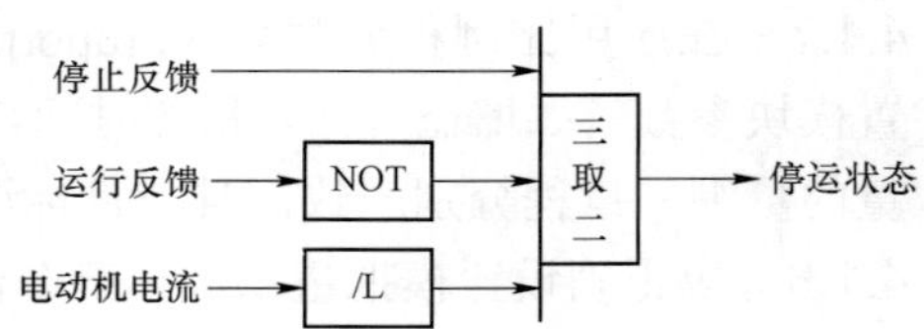

图 3　辅机状态“三取二”判断

4.2.5　参与汽包水位、主蒸汽流量、主给水流量等重要信号补偿运算的温度、压力信号应采取冗余配置、质量判断、设置上下限幅等措施，防止补偿信号故障导致被补偿信号失真。

4.2.6　报警、保护定值应与设备厂家资料及定值清册相符。

4.2.7　延时参数应与设备厂家资料及定值清册相符。与燃烧有关的信号，如二次风压、炉膛负压、送风流量、出口烟气压力等，不应在变送器内设置延时。应取消火焰检测器内对火焰丧失信号的延时或设置为最小值，可在保护逻辑中适当设置火焰丧失信号的延时时间。

4.2.8　炉膛压力、机组负荷、给水泵转速、汽包水位、风机调节等由运行人员设置目标值的控制回路，应对设定值设置上、下限幅和速率限制，防止设定值变化过大、过快造成扩大化事件。

4.2.9　对于重要辅机及辅助油泵的启停，重要电气开关分合闸，会造成系统介质中断的汽、水、风、烟、煤、油等系统阀门开关操作，为防止误操作，需设置操作指令二次确认功能，避免在人员出现手误时，因操作一次即接受指令造成设备误动。

4.2.10　对不会造成辅机损坏，但会对系统产生较大扰动的辅机跳闸保护，可将保护改为报警。

4.2.11　单元机组应配置适应煤种变化的 BTU 热值校正回路，并限定 BTU 燃料修正系数的变化速率，防止燃料修正系数变化过快引发炉膛燃烧剧烈扰动。

4.2.12　重要电动阀门宜设置中间“停”功能。

4.2.13　调节系统下游回路输出受到调节限幅限制或因其他原因而指令阻塞时，上游回路指令应同步受限，防止发生指令突变与积分饱和。在系统被闭锁或超弛动作时，系统受其影响的部分应随之跟踪，在联锁作用消失后，系统所有部分应平衡在当前的过程状态，并立即恢复其正常的控制作用。

4.2.14　对于停炉不停机运行模式机组，在低负荷（60%负荷以下）锅炉跳闸应直接联跳汽轮机；锅炉汽包水位高三值也应立即联锁汽轮机跳闸。

4.2.15　汽轮机和重要辅机轴承温度高保护，应避免单点保护；已采用单点温度高跳闸相关设备的，应采用越限判断、速率限制、品质判断，并设置适当的延时时间等措施，避免误动。

4.2.16 送风机、引风机、一次风机、磨煤机、循环水泵等重要辅机的电动机线圈及轴瓦温度的检测宜选用热电偶测量元件；若已选用 Pt100 等热电阻元件，则应根据温度信号变化率进行检测信号的质量判断，为防止保护误动、拒动，温度信号变化率宜在 5℃/s～10℃/s 之间选择，并将保护信号设置 1s～2s 的延时。

4.2.17 对于热电阻接线松动或接触不良等表现为温度快速大幅跳变的故障，可增加速率超限切除保护报警，并增加光字牌报警提醒运行人员。当温度恢复到正常范围内，且温度变化速率正常并延迟一段时间后，保护自动投入，防止保护长时间退出，如图 4 所示（定值仅供参考）。

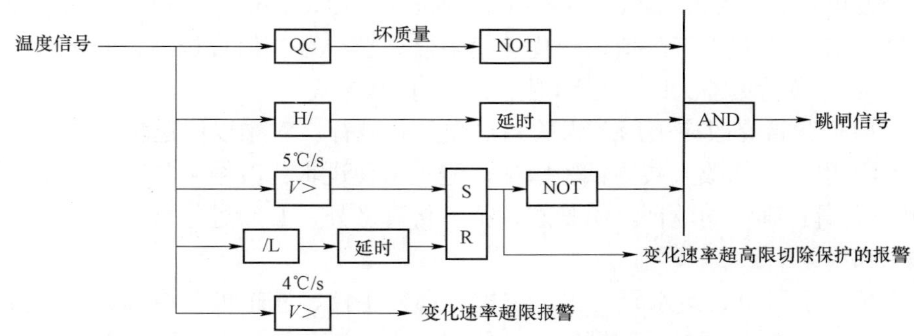

图 4 辅机单温度测点保护判断逻辑

4.2.18 炉膛负压控制宜设方向闭锁，在炉膛压力低时，应闭锁引风机叶片（或入口挡板）开度进一步增大；在炉膛压力高时，应闭锁引风机叶片（或入口挡板）开度进一步减小，闭锁条件消失时控制指令无扰动。

4.2.19 当炉膛压力高时，应闭锁送风机叶片（或入口挡板）开度进一步增大；炉膛压力低时，应闭锁送风机叶片（或入口挡板）开度进一步减小，闭锁条件消失时控制指令无扰动。

4.2.20 涉及主路工质断流的重要阀门/挡板应设有预防或处置阀门/挡板误关的安全措施，如设置防关定位插销并纳入操作卡、运行期解除阀门/挡板的控制信号、经审核把重要阀门/挡板改为就地手动控制仅远传开关反馈并纳入操作卡、设置主回路执行器与旁路的电动门/气动门的联锁以防止主回路突关而介质断流等。

4.2.21 汽水、风烟等系统重要设备联锁信号应避免采用阀门/挡板单一反馈信号，防止重要设备误动或拒动。

4.2.22 为提高循环水泵出口蝶阀 15° 反馈信号的可靠性，宜采用双行程开关或同等逻辑判断。

4.2.23 优化汽动给水泵和汽动引风机控制策略：

a） 根据低压调节阀流量特性，增加调节器输出上限来减小调节死区，如给水泵汽轮机低压调节阀在 60%位置为最大出力，设置输出上限为 60%；
b） 正向控制偏差较大时（如正常运行时转速偏差大于 150r/min），设置闭锁增逻辑；
c） 根据汽源参数变化，构造变参数控制；
d） 设置加速度判断逻辑，当给水泵汽轮机转速大于一定值且加速度较大时，前馈联关一定开度的低压调节阀，条件消失后前馈信号应缓慢归零。

4.2.24 采用液压调节的风机，应设置液压油失去闭锁控制指令输出的功能。

4.2.25 对于自动调节回路中所有手动/自动切换条件、方式切换条件应考虑条件的合理性，应检查自动回路中有无判断输入信号异常、故障时切除自动功能，有无过程变量与设定值（曲线）偏差大切除自动功能，有无指令与反馈偏差大切除自动功能，有无控制系统电源和气源故障报警及切除自动功能等，防止出现调节发散失控或反向调节，切除时应立即报警。

4.2.26 汽包水位、除氧器水位的供水自动调节应有单冲量、三冲量调节模式画面显示，单冲量、三冲量模式应按条件相互自动切换。

4.2.27 炉膛压力保护信号、凝汽器真空保护信号的检测可选用压力变送器，便于随时观察取样管路堵塞和泄漏情况。

4.2.28 自动发电控制（Automatic Generation Control，AGC）信号应根据电网调度批准的调节范围和调节速率，设置上下限值、变化速率限值。当 AGC 信号越限、变化速率越限、信号故障以及与实际负荷偏差大时，自动退出 AGC 控制方式。

4.2.29 联锁保护逻辑修改应采用逻辑关系框图形式进行。对难以用逻辑框图描述的复杂逻辑修改，应由提出人、修改人共同试验验证，避免出现逻辑修改结果与审批方案不一致的情况。对于组态逻辑正确性的验证，除静态模拟、仿真之外，必须进行一次完整的带实际设备的动态传动试验。

4.2.30 送风机、引风机、给水泵、锅炉主控、燃料主控、汽轮机主控等重要的自动控制回路方向闭锁时应在操控画面显示闭锁方向和闭锁原因，避免运行人员误诊断、误处理。

4.2.31 锅炉汽包水位信号的处理不应采用“三个测量信号两两均偏差大时保持当前值”的逻辑。

4.2.32 抽汽止回阀应增加电磁阀带电/失电指示画面，应增加抽汽止回阀电磁阀失电报警。

4.2.33 循环水泵应增加断轴保护逻辑，可设置为：

a） 相应循环水泵运行；

b） 循环水泵电流低（定值：正常运行电流的 70%）；

c） 出口压力低。

以上条件同时具备，循环水泵断轴保护逻辑触发。

4.3 辅机故障减负荷功能设计

4.3.1 100MW 及以上单元机组均应设计和投入 RB 功能，以使机组在 RB 工况下能迅速自动降至辅机允许的出力并维持机组安全稳定运行。

4.3.2 按照不同的辅机配置情况，RB 功能通常涉及磨煤机、送风机、引风机、一次风机、空气预热器、给水泵、炉水循环泵、高压加热器等主要辅机设备，进行相关试验时应根据辅机的运行情况（主要是出力）进行风险分析，避免出现衍生故障。

4.3.3 新投产机组必须完成全部试验项目。机组改造后，如引增合一、辅机增容等涉及 RB 逻辑变更的，需要进行相应项目的试验。机组 A 修后，宜按设计的功能进行全部 RB 动态试验，也可根据现场条件选择部分项目，但 RB 功能模拟试验应全部进行。

4.3.4 风机 RB 过程中，应采取限制措施避免运行风机过电流，尤其避免风机变频器过电流。限制措施包括设定调节挡板或变频器指令速率限值，使 DCS 变频器指令增减速率与变频器出力变动速率限定值一致，依据试验数据设定风机调节挡板或变频调节器的输出限值、风机或风机变频器电流高的声光报警。

4.3.5 工业供热机组应考虑 RB 发生供热退出后 DEH 控制方式的切换问题；采暖供热机组 RB 逻辑应充分考虑 RB 发生后抽汽供热调节阀、供热首站给水泵汽轮机用汽源、供热加热器汽源等运行方式切换问题，避免造成汽源中断。对于高背压供热机组，应考虑邻机 RB 动作后对热网循环水温度的影响，避免造成高背压机组真空异常。RB 触发负荷应以锅炉热负荷为判据。

4.3.6 RB 目标负荷值应根据运行的单台辅机对应的机组出力设置，尽可能减小锅炉主控指令的变化幅度。

4.3.7 RB 发生后应将汽轮机主控、给水泵、送风机、引风机、一次风机等自动控制系统偏差大切除自动的逻辑功能暂时取消，保证在 RB 降负荷过程中主要调节系统一直保持自动。

4.4 报警设计

4.4.1 应配置如下越限类和设备故障类声光报警：

a） 重要参数偏离正常运行范围时，应有越限报警功能。如主蒸汽压力、主蒸汽温度、主变压器油温、NO_x 及 SO_2 浓度等参数越限。

b） 参与保护的缓变参数，应设置信号变化速率越限报警且保护自动切除功能，信号恢复时保护应自动复归、报警信号应手动复归。

c） 设备异常报警。如执行器指令与反馈偏差大、测量信号故障、冗余开关量信号不一致、冗余模拟量信号偏差大等。

d） 主、辅机跳闸报警。如汽轮机跳闸，MFT 动作，送风机、引风机、一次风机跳闸，空气预热器跳闸，凝结水泵跳闸等。

e） 热控系统电源故障报警。如热控就地控制柜电源、DCS 机柜电源、火焰监视系统电源等任意一路电源故障。

f） 重要自动切除报警。如给水自动、炉膛压力自动状态切除。

4.4.2 应配置如下故障诊断类报警：

a） DCS 主控通信网络画面上，应能显示设备状态和故障诊断信息，故障时报警。

b） 控制器诊断画面，应能显示各 I/O 模件状态（宜显示各 I/O 通道的状态），异常时报警。

c） 采用现场总线仪表和设备的系统，应能显示其提供的状态和诊断信息，异常时报警。

d） 所有重要 I/O 信号应设置有短路、断路、断偶、过量程等情况时的故障诊断报警功能，且参与保护与控制的 I/O 信号还应设置保护切除功能，信号恢复时报警信号应手动复归，保护功能应自动复归。

4.4.3 应配置如下冗余信号处理声光报警：

a） 双重冗余配置的自动调节用测量回路中，当两测量信号之间偏差超出偏差允许范围时应报警，相应的调节系统应由自动切至手动，并可由运行人员手动任选一信号用于显示或控制。

b） 控制信号采用“三取中”逻辑判断配置的自动调节用测量系统中，任一信号值越限时应报警，但相应的调节系统应不受影响；任两信号值偏差越限时除报警外，相应的控制系统运行方式应由自动切至手动。

c） 用于保护联锁的测量信号，“三取中”逻辑应在任一信号坏质量或偏差越限时，发出声光报警，并自动转为另外两路信号“二取一”逻辑。“二取一”逻辑要求：当两信号均未故障且两者间偏差也未超限时，输出取平均值或高值、低值；当两信号任一故障，此时输出应为另一非故障信号；当两信号均未故障但两者间偏差超限时，按照逻辑设定选择高值或低值，或者手动选择输出，同时输出偏差大声光报警信号。

d） 用于保护联锁的测量信号，应有坏质量信号保护剔除功能并报警，信号正常后应自动恢复保护功能。控制信号采用“三取二”逻辑判断配置的，任一信号越限时应报警，信号正常后应自动复归。

e） 用于保护联锁的冗余3个（或两个）开关量信号“不一致”时应报警。

4.4.4 声光报警信号应至少分为2级，不宜超过3级；若分为2级，重要报警发生时为红色光字闪烁，一般报警发生时为黄色光字闪烁，同时根据报警级别发出不同的声音（或语音）提示。

a） 应列入一级报警的信号包括机组跳闸、重要控制系统的任一路电源失去或故障、气源故障、主重要参数越限、重要自动信号在联锁保护信号作用时的自动切为手动，以及可能引起机组跳闸的其他故障信号。

b） 应列入二级报警的信号包括测量值与设定值偏差大、主要参数的设备故障、控制系统输出与执行器位置的偏差大、控制系统设备故障、控制参数越限/偏差大/故障、故障减负荷、主要辅机跳闸、一般联锁保护等影响机组正常运行控制的信号。二级报警宜提供运行人员进一步分析故障原因的诊断链接。

c） 应列入三级报警的信号包括对机组安全经济运行影响较小且未列入一、二级报警的各故障信号。

4.4.5 在机组正常运行时，由于设备或系统的停备、检修会触发相关参数报警，为了不干扰运行人员的正常监视，应对报警信息进行条件判断处理。如在磨煤机入口风量低报警中增加磨煤机运行条件，以防止磨煤机停备或检修时磨煤机入口风量低触发报警；辅机油系统压力低报警增加辅机运行信号等。

4.4.6 能读取控制器、网络等故障信息的DCS系统，可直接引用其故障信息进行报警。

4.4.7 热控报警及保护联锁定值应每两年修订一次。热控定值应定期核查，正确率达到100%。

5 防止热控独立装置事故

5.1 汽轮机、给水泵汽轮机数字式电液控制系统

5.1.1 停机后检查测试电液伺服阀、线性差动电压位移传感器（Linear Variable Differential Transformer，LVDT）反馈线圈及信号电缆，确认无开路、短路、接地、破损现象。

5.1.2 艾默生过程控制有限公司 Ovation 控制系统，汽轮机调速汽门宜采用双阀位（Valve Position，VP）卡及双LVDT反馈冗余配置方式（新机组设计及DCS系统改造时应重视），避免由于单个VP卡或LVDT反馈故障对机组运行造成影响。VP卡等易发热卡件应定期进行红外热成像检查，及时发现温度过高情况。

5.2 汽轮机监视装置

5.2.1 汽轮机轴向位移、胀差、轴瓦振动、轴振动、转速及偏心等测量元件A级检修必须送至有资质的单位进行检定，合格后方可继续使用，并出具检定合格证书，存档备查。

5.2.2 对服役时间超过 1.5 个～2 个大修期的汽轮机监视装置（Turbine Supervisory Instruments，TSI）的测量模块以及信号回路进行整体校准，以确保TSI系统测量的准确性、报警与保护动作的可靠性。

5.2.3 TSI 探头及其预制延伸电缆应优先选用不带中间接头的整体化产品，探头、延长电缆

与前置器应配对成套使用。

5.2.4 机组调停或检修时，应对汽轮机、重要辅机等旋转设备的监测装置及信号电缆的绝缘、屏蔽和接地进行检查。

5.2.5 TSI各传感器的报警/跳闸参数如无特殊要求应设置为自动复位，如有报警复归迟滞（死区）功能的应将其设置最小或0，避免报警、保护输出保持。

5.2.6 “测量模件及回路故障”“某路电源故障”信号应作为报警信号在操作员画面显示，但不允许将上述信号直接引入TSI的保护跳闸回路。MMS6300测速模件需合理设置超速保护动作的输出条件，防止因测速回路、模件故障及超速模件底板失电，导致超速保护信号误发。

5.2.7 测量瓦振的压电（晶体）介质的速度（加速度）传感器，不宜应用于汽轮机、汽动给水泵的振动主保护，宜使用惯性磁电式速度传感器。在用的压电（晶体）介质的速度（加速度）传感器，应在模件中设置频率高通功能（建议大于5Hz），避免窜入人为或其他因素等低频振动干扰信号。

5.2.8 转速信号宜安装备用传感器和信号引线电缆。

5.2.9 对于安装在盘车齿上方的转速传感器，检修时应检查盘车齿边缘是否完好，必要时及时修整；机组启动前仔细检查调整探头与齿轮盘的安装间隙至符合标准。

5.2.10 转速探头的安装间隙不论是否带前置器，应以实测安装间隙为准，不以前置器电压为准，电压值仅作为参考；位移量探头安装位置以汽轮机转子实际位置确定；振动探头安装以间隙电压为准。TSI测量探头应采取有效的防松动措施。本特利前置器存在接线端子弹片弹性不足导致接触不良情况，需定期进行检查。

5.2.11 TSI探头的延长电缆应绑扎牢固，探头尾部的延长电缆绑扎时应留有足够的拉伸裕量，防止汽缸膨胀时电缆被动拉伸受限而破损或断裂。缸内延伸电缆应避开旋转部件和回油口。汽轮机轴承箱内的TSI传感器延长电缆接头处应做好密封和绝缘，宜采用双层热缩或环氧树脂方式处理。

5.2.12 机组检修期间对TSI系统进行可靠性试验，内容包括电源切换、电磁干扰、延长电缆晃动、信号回路绝缘及接地电阻检查、带电拔插卡件、瞬间停送电、模拟电源电压波动等测试。

5.2.13 TSI传感器延长电缆穿过轴承箱金属壁时应做好密封与绝缘措施，防止润滑油沿着延长线渗漏（或虹吸）到缸外，引起火灾等事故。

5.2.14 TSI信号转接端子箱应远离振动源、热源，接线端子宜采用带防松自锁功能的O形冷压端子，并定期检查紧固。

5.3 汽轮机紧急跳闸系统

5.3.1 MFT继电器应送出三路独立的开关量信号至汽轮机紧急跳闸系统（Emergency Trip System，ETS）。

5.3.2 应取消BRAUN超速卡的内部定期自检功能，在机组启、停期间手动检测。

6 DCS网络安全及抗干扰措施

6.1 网络安全管理

6.1.1 按照单元机组配置的重要设备（如循环水泵、空气冷却系统的辅机）应纳入各自单元控制网，避免由于公用系统中设备事故扩大为两台或全厂机组的重大事故。

6.1.2　DCS 与管理信息大区之间必须设置经国家指定部门检测认证的电力专用横向单向安全隔离装置。DCS 与其他生产大区之间应当采用具有访问控制功能的设备、防火墙或者相当功能的设施，实现逻辑隔离。DCS 与广域网的纵向交接处应当设置经过国家指定部门检测认证的电力专用纵向加密认证装置或者加密认证网关及相应设施。DCS 禁止采用安全风险高的通用网络服务功能。DCS 的重要业务系统应当采用认证加密机制。

6.1.3　布置态势感知或者多级网络安全管理平台的系统，应通过单向隔离装置设置报警信号送出，系统管理、查询指令输入应设置严格的过滤、审查策略，避免因布置安全管理平台（系统）引入的系统互连隐患。

6.1.4　加强 DCS 网络通信管理，运行期间严禁在控制器、人机接口网络上进行不符合相关规定许可的较大数据包的存取，防止通信阻塞。

6.1.5　DCS 侧的实时数据库以及历史数据库必须定期进行备份，备份的数据必须存储在两种不同的可靠介质中并与系统分开存放。

6.1.6　严格管理各终端设备的接口使用，对相关电力监控系统终端设备的 USB 接口和光驱接口采用拆除、贴封条等方式，禁止无关人员使用；必须要进行接口连接作业的，要登记记录，并对外连设备经杀毒确认后才可进行。

6.1.7　对终端设备的用户登录口令加强管理，禁止有弱口令和空口令的现象；禁止电力监控系统设备终端之间有物理上的连接。

6.2　抗干扰措施

6.2.1　为满足机柜和相关控制设备的要求，热控电子设备间应采取隔热、防尘、防火、防水、防振、防噪声和防静电等措施。

a）定期核查电子间温湿度仪测量准确度，避免温度、湿度急剧变化引起控制设备结露。宜将 DCS 电子间的环境温度、湿度信号引入 DCS 画面，并设置报警。

b）定期检查电子间空调运行情况，定期更换或清理电子间中央空调滤网，减小粉尘对元件运行及散热产生的不良影响。

c）电子设备间不应有 380V 及以上动力电缆及产生较大电磁干扰的设备。机组运行时，禁止在电子间使用无线通信工具，避免移动运行中的操作站、显示器等，避免拉动或碰触设备连接电缆和通信电缆等。

6.2.2　DCS（或 PLC）控制系统中要做好防止强电串入或防干扰的措施，与电气系统连接的数字量输入（Digital Input，DI）卡件宜采用中间继电器隔离。

7　防止热控就地设备事故

7.1　取源部件及敏感元件

7.1.1　应避免选用温度开关信号实现温度超限跳闸保护。

7.1.2　高温高压介质测温元件的插座及保护套管，其材质应与母材一致，不应有弯曲、压偏、扭斜、裂纹、沙眼、磨损和显著腐蚀等缺陷。应在热力系统压力试验前安装并参加主设备的严密性试验。应督促金属监督人员定期进行探伤检查。保护套管内不应有杂质，元件应能顺利地从中取出和插入，其插入深度应与保护套管深度匹配。

7.1.3　DCS 机柜内用于热电偶信号冷端补偿的热电阻应冗余配置，组态中应设置上下限，避免因热电阻信号故障导致所有被补偿的热电偶信号失真。

7.1.4 压力开关在使用安装前必须按规定进行外观检查和参数整定，保证定值准确。

7.1.5 润滑油压低报警、联启油泵、跳闸保护、停止盘车定值及测点安装位置应按照制造商要求整定和安装，整定值应满足直流油泵联启的同时必须跳闸停机。对各压力开关应采用现场试验系统进行校验，润滑油压低时应能正确、可靠地联动交流、直流润滑油泵。

7.1.6 一次元件、取样管、传输电缆、输入模件均应满足全程冗余独立。信号取源应具有代表性，如炉膛压力、汽轮机润滑油压不允许集中取源。炉膛压力测点不应集中布置在炉膛单侧，压力测量宜采用模拟量变送器替代开关量检测装置。

7.1.7 测量凝汽器真空或风压的仪表应安装在取样点的上方，整体管路应朝取样点的方向倾斜且中间不能留有向下再向上的U形弯曲，以防止出现凝结水塞影响测量；凝汽器真空测量仪表管路不得装设排污阀。特殊情况下，用于保护的多个冗余测量仪表公用一个取样点时，应通过足够大的扩展管配置各自的取样阀门和测量表管，以满足全程独立、互不干扰的冗余要求。

7.1.8 油系统及高温高压的汽水系统就地压力表计宜微开取样门。

7.1.9 汽轮发电机组及燃气轮机组轴系应安装两套转速监测装置，并分别装设在不同的转子上。

7.1.10 加强对燃气泄漏探测器的定期维护，每季度进行一次校验，确保测量可靠，防止因测量偏差拒报而导致的火灾爆炸事故。

7.1.11 定期检查维护火焰检测器、LVDT、自动遮断跳闸（Automatic Shift Trip，AST）电磁阀、继电器、接触器、DCS电源等重要设备，消除端子松动、线缆破损、探头污染、连杆松脱、接地不良、触点氧化等缺陷，其中AST电磁阀、继电器、接触器、DCS电源等重要设备还应定期进行红外测温，以便于提前发现、处理异常。定期吹扫锅炉炉膛压力、风量等取样管路。对振动剧烈环境中的接线采取紧固、增加垫片、安装备用螺母、涂抹螺纹紧固剂等措施。

7.2 执行机构

7.2.1 重要控制回路的执行机构、阀门应具有“三断保护”（断气、断电、断信号）功能，根据机组实际运行需要，保证在断气、断电、断信号或DCS失灵的情况下，能够向安全方向动作或保持原位；特别重要的执行机构，还应设有可靠的机械闭锁措施。机组停机期间应对执行机构“三断保护”功能进行测试，记录阀门动作情况，对断气、断电、断信号或DCS失灵的情况下无法正常动作或动作方向不满足系统工艺要求的执行机构、阀门，应更改设置或换型。

7.2.2 对于重要工艺系统中单个配置且运行中不需经常开关的电动（或气动）阀门应在阀门开关到位后采取停电、断气、机械限位、联锁等安防措施。

7.2.3 高温、振动等环境恶劣区域电动执行机构宜采用分体式结构。

7.2.4 选用的电动执行机构应能使阀门在任何位置不漂移或抖动，且力矩适合于阀门要求并留有适当的设计裕量。

7.2.5 液控蝶阀开关反馈信号的电缆线芯应独立，禁止用同一根公共线。其他类似设备参照执行。

7.2.6 定子冷却水压力调节阀应设置机械式限位块，保证执行机构故障时通过管道的流量不低于发电机断水保护定值。

7.2.7 燃气关断阀和燃气控制阀（包括燃气压力和燃气流量调节阀）应能关闭严密，动作过程迅速且无卡涩现象。自检试验不合格，燃气轮机组严禁启动。

7.2.8 有条件的情况下，应在超速保护控制（Overspeed Protection Control，OPC）和AST管路中增加油压变送器，实时监视油压，及时发现处理异常现象。

8 防止热控线缆及管路故障

8.1 信号线缆

8.1.1 机组检修时应将热控电源及重要保护系统电缆的绝缘测量、接头紧固、光缆弯曲半径检查等列入检修项目并验收建档，信号电缆在盘柜、接线盒、槽盒倒角处应做好防磨措施。

8.1.2 重要信号电缆不应有中间接头，如出现中间接头，应采用焊接连接，不能承受机械应力，并保证原有的绝缘水平，禁止直接扭接处理。

8.1.3 变送器引线应有防止振动磨擦、过热破坏绝缘，或导致断线、接线松脱开路的措施；电缆和接线头标志齐全，电缆绝缘应合格，接线正确、牢固。TSI 系统各保护信号电缆应采用单独的屏蔽电缆，各电缆屏蔽须单独接地。

8.2 仪表管路

8.2.1 仪表取样管伴热电缆应注意对测量介质的影响，尤其差压式测量仪表管路必须采取隔热措施，避免因加热不均对测量结果产生影响。

8.2.2 仪表应独立取样，不得与其他设备共用仪表管路。仪表接头、管路及阀门应无泄漏，管路走向合理，固定卡子安装完好，避免存在振动、碰磨等现象。

9 防止热控电源/气源系统事故

9.1 热控电源系统

9.1.1 每年对热控专用的不间断电源（Uninterruptible Power Supply，UPS）进行一次核对性放电试验，若放充电达不到额定容量的 80%，可判定使用年限已到，应更换。

9.1.2 DCS 应接受两路冗余配置的外部电源，任何一路电源失去不应引起控制系统任何部分的故障、数据丢失或异常动作。其中一路应为 UPS，另一路引自厂用事故保安电源。当设置冗余 UPS 时，也可两路均采用 UPS，但两路进线应分别取自不同 UPS 的供电母线。辅网控制系统电源配置参照执行。

9.1.3 热控交、直流电源开关和接线端子应分开布置，直流电源开关和接线端子应有明显的标示。各级电源开关容量和熔断器熔丝应匹配，每 5 年更换熔断器，防止故障越级跳闸。严禁照明、风扇、插座等其他用电设备接到 DCS 的电源装置上。

9.1.4 布置在主厂房外的 DCS 远程柜优先取自 DCS 供电电源，也可采用车间供电方式，由相应辅助车间的动力配电母线不同段供电，其中一路宜配置独立的 UPS 电源。公用 DCS 电源，应分别取自两台机组 DCS 供电电源，经无扰切换后供给。

9.1.5 各操作员站应单独配置电源切换装置，切换装置接受来自 DCS 配电柜的两路冗余电源，各操作员站正常工作电源不能为同一路电源。任何一路电源故障，应能保证操作员站正常运行。工程师站、历史站、操作员站电源应使用抗浪涌装置，以减小启动时对电源的冲击。

9.1.6 交换机应按照冗余分组的原则，分别接受来自 DCS 配电柜的两路电源。

9.1.7 MFT、ETS、给水泵汽轮机数字式电液控制系统（Micro-Electro-Hydraulic Control System，MEH）、TSI、火焰检测器系统等独立子控制系统电源均应双路供电，至少一路为 UPS 电源。当 MFT、ETS 跳闸回路采用直流供电时，应取自两路不同直流段的供电电源（220V DC 或 110V DC）。

9.1.8 用于 ETS 等重要保护系统的 24V 直流电源采用二极管并联输出方式供电时，要求其电源系统应能承受 4 倍额定电流的冲击（包含并联电路），二极管散热性能应良好，避免出现二极管短路后一个模块故障拖垮另一个模块。

9.1.9 以新华控制技术有限公司的 XDPS-400/400+/400e 构建的 DEH 系统，应至少配置两对 24V DC 冗余电源，一对只用于汽轮机主汽门、调节汽门等重要设备的控制馈电，另一对用于其他设备的控制馈电，避免因其他设备故障时强电串入 24V DC 冗余电源系统，造成对汽轮机调节汽门控制的影响。

9.1.10 采用交流电源的 AST 电磁阀电源应取自不同段，分别提供给冗余的两个跳闸回路。一路应为 UPS，另一路可引自保安电源。当采用冗余 UPS 时，分别取自不同 UPS 的供电母线。

9.1.11 对于 AST 电磁阀应将不同来源的两路电源交叉布置（即 AST1、AST3 电磁阀采用一路，AST2、AST4 电磁阀采用另一路）。

9.1.12 空气压缩机、循环水泵、给煤机、给粉机等类似设备的动力电源及控制电源应按照分组的原则分别引自不同段。

9.1.13 重要仪表及控制设备的供电电源应设置电源监视及故障报警。

9.1.14 重要辅机的就地电控箱电源要增加电源监视，互为备用的油泵要有独立电源，油压保护要考虑备用油泵事故联启时的切换差，防止设备误动。就地控制宜改为远方 DCS 控制。

9.1.15 DEH、模拟量控制系统（Modulating Control System，MCS）的电功率变送器电源应分散布置，同时设置功率变送器信号突变，切除功率自动逻辑。

9.2 热控气源系统

9.2.1 气源装置提供的仪表与控制气源必须经过除油、除水、除尘、干燥等空气净化处理，气源品质应满足以下要求：

a） 供气压力为 0.5MPa～0.8MPa。

b） 露点：工作压力下的露点温度应比工作环境的下限值低至少 10℃。

c） 含尘直径不大于 3μm，含尘量不大于 1mg/m^3；含油量不大于 10mg/Nm^3。供气母管上应配置空气露点检测装置。

9.2.2 气源装置宜选用无油空气压缩机。仪用压缩空气供气母管及分支配气母管应采用不锈钢管，至仪表及气动设备的配气支管管路宜采用不锈钢管或紫铜管。

9.2.3 仪表与控制气源装置的运行总容量应能满足仪表与控制气动仪表和设备的最大耗气量。当气源装置停用时，仪表与控制用压缩空气系统的贮气罐的容量应能维持不小于 5min 的耗气量。

9.2.4 每个功能独立的用气设备前应安装空气过滤减压阀，各空气过滤减压阀应尽量靠近供气点。对用气点集中的场合，可采用有互为备用的大容量集中过滤减压装置。过滤减压装置和空气过滤减压阀应定期排水，储气罐底部排水阀应为自动控制。

9.2.5 多台空气压缩机的启停应设计压力联锁功能，以保持空气压力稳定。

10 热控系统检修维护

10.1 管理要求

10.1.1 检修机组启动前或机组停运 15 天以上，应对机、炉主保护及其他重要热控保护装置进行静态模拟试验，确认跳闸逻辑、报警及保护定值的正确性。

10.1.2 应编制热控保护联锁试验操作卡，明确试验方法，规范试验行为，减少试验操作的随意性。

10.1.3 联锁保护传动试验应进行各个动作条件组合的试验和坏点模拟试验，以验证特殊工况下组态逻辑的准确性和保护联锁动作的正确性。

10.1.4 高/低压加热器、凝汽器等液位测量装置投入前，应对取样管路充分冲洗，将气体完全排空。液位越限保护应待设备运行正常、液位监测信号经检查确认准确后再投入，防止保护误动。

10.1.5 定期进行保护定值的核实检查和保护的动作试验，在役的锅炉炉膛安全监视保护装置的动态试验（指在静态试验合格的基础上，通过调整锅炉运行工况，达到 MFT 动作的现场整套炉膛安全监视保护系统的闭环试验）间隔不得超过 3 年。

10.1.6 DCS 的主要模件及网络设备应有必需的备件，设备更换应有完善的安全技术措施，以便故障时能快速替换。

10.1.7 随机组检修对 DCS 网络设备及接口检查处理，日常维护中应对空置的网络接口进行封堵，防止部件接触不良引起通信异常。

10.1.8 加强 DCS 检修技术管理工作，应依据 DL/T 774—2015《火力发电厂热控自动化系统检修运行维护规程》要求，编写 DCS 标准化检修作业指导书，完善 DCS 检修内容；规范 DCS 检修过程，保证检修效果。

10.1.9 加强 DCS 巡检工作，每日巡检时重点查看 DCS 系统故障报警、控制器运行状态、控制器负荷率等，发现问题及时处理。

10.2 防误操作

10.2.1 控制柜内应放置最新版接线图，工作前应对照图纸确认并经监护人核对，避免误操作。

10.2.2 工程师站、操作员站等人机接口系统应做好硬件、软件隔离，分级授权使用，并有明显标识，防止误操作。

10.2.3 机组运行中禁止在工程师站设置设备操作权限，禁止非当值运行人员在操作员站翻看画面、操作设备。如条件允许，宜设置一台无操作权限的操作员站，用于非当值运行人员查看机组实时数据。

10.2.4 DCS 逻辑组态修改、保护投退、重要信号模拟、典型缺陷处理等工作，宜提前编写操作卡，对工作流程进行详细要求，使相关工作在操作、内容等方面标准化、规范化，杜绝由于人员因素带来的不规范操作行为。

10.3 就地设备维护

10.3.1 重要控制/保护信号、执行机构根据所处位置和环境，取样装置和元件设备应有防堵、防振、防漏、防冻、防高温、防雨、防抖动、防腐、隔热等措施。

10.3.2 热控测点取样二次门、排污门的材质应符合测量介质的要求，应采用对接焊或卡套连接方式。高温高压排污门应串接两个。油系统、氢系统、氨系统的取样二次门应尽量避免使用锁母接头连接。

10.3.3 进入燃气系统区域前应先消除静电，必须穿防静电工作服，严禁携带火种、通信设备和电子产品。

10.3.4 对长期处于高温下运行的热控设备，如汽轮机主汽门行程开关、LVDT、伺服阀、电磁阀及连接电缆应有防高温措施。

10.3.5 针对寒冷气候，应重点检查取样管路、仪表保温柜等的伴热效果，及时消除过热或不加热故障，风口部位应增加必要挡风措施。伴热电源必须专用，不能取自控制电源、检修电源、照明电源。

附　录
电厂防止热控设备及系统事故重点要求编制说明

1　基本要求编制说明

（一）总体说明

为有效防止热控设备及系统事故的发生，在国能安全〔2014〕161 号《防止电力生产事故的二十五项重点要求》的基础上，依据 Q/HN–1–0000.08.024—2015《火力发电厂燃煤机组热工监督标准》的要求，对热控系统硬件配置、软件设计及组态等方面提出基本要求。

（二）条文说明

1.1　为国能安全〔2014〕161 号《防止电力生产事故的二十五项重点要求》第 9.1.1 条，对原文有文字校订。DCS 的 CPU 负荷率应满足所有控制站不大于 60%，操作员站、服务站不大于 40%的要求。通信总线负荷率应满足以太网不大于 20%，其他网络不大于 40%的要求。系统操作时间不应超过 2.0s。事件顺序（Sequence Of Event，SOE）记录测点分辨率应不大于 1ms。【案例】某电厂 1 号机组 DCS 多对控制器负荷率接近 60%。2018 年 9 月 6 日，控制器故障引起通信堵塞、控制器脱网并重启，引风机及送风机动叶指令突降，“炉膛压力高”保护动作，锅炉 MFT。

1.2　为国能安全〔2014〕161 号《防止电力生产事故的二十五项重点要求》第 9.1.2 条，有修改，依据 DL/T 774—2015《火力发电厂热控自动化系统检修运行维护规程》第 4.2.1.1.2 项，明确了机组 C 级及以上检修期间应进行切换试验以确保切换过程中系统无异常的要求。【案例 1】2012 年 11 月 19 日，某电厂 6 号机组 DEH 控制器进行主备切换时，控制器与汽轮机阀门控制模件通信短暂中断，导致汽轮机阀门指令和反馈均置零且该控制器内 30 多个信号状态改变，所有高压调节汽门和中压调节汽门全关，机组负荷急剧下降。【案例 2】2013 年 12 月 2 日，某电厂 1 号机组 DCS 14 号主控制器发生故障，切换至备用控制器过程中离线、数据异常，导致“汽包水位高”信号误发，锅炉跳闸。【案例 3】2015 年 6 月 20 日，某电厂 2 号机组锅炉汽水控制柜 BA1 主控制器故障，未能自动切换至备用控制器，引起汽包水位、主蒸汽流量、给水流量等信号异常，锅炉 MFT。

1.3　为国能安全〔2014〕161 号《防止电力生产事故的二十五项重点要求》第 9.1.8 条、第 9.4.2 条，有修改，根据 GB 50660—2011《大中型火力发电厂设计规范》第 15.9.8 条，明确了应设置后备硬手操手段的具体设备。针对燃气轮机机组提出增加燃气轮机跳闸、余热锅炉跳闸、直流密封油泵启动硬手操按钮。

1.4　为新增条款。依据 Q/HPI–1–023—2018《华能国际电力股份有限公司企业标准火电厂热控逻辑可靠性评估技术导则》“4 热控逻辑可靠性评估基本原则（3）”提出，强调主要辅机的保护和联锁信号宜采用硬接线传输方式。【案例】2018 年 6 月 4 日，某电厂 2 号机组 DCS 14 号控制器下 4 块基金会现场总线（FF）卡件内部通信丢失，省煤器给水流量、炉侧主再热压力等保持通信丢失前数值，引起机组减负荷时汽动给水泵过调，给水流量快速下降，触发主蒸汽压力低限制回路动作，汽轮机主、再热蒸汽调节汽门逐渐关闭，机组再热器保护动作。

1.5 为国能安全〔2014〕161 号《防止电力生产事故的二十五项重点要求》第 9.3.1 条、第 9.3.6 条，有修改，明确了需制定应急处理预案的故障类型及反事故演习周期。

1.6 为新增条款。针对热控报警系统存在的漏报、误报、频报现象提出，强调对报警信号的分级管理。【案例】2014 年 8 月 4 日，某电厂 6 号机真空取样二次门先后关闭，压力开关 LV3、LV4 动作，“真空低”信号发出，汽轮机跳闸。真空压力开关状态没有送至 DCS 进行指示报警，导致运行人员未及时干预。

1.7 为国能安全〔2014〕161 号《防止电力生产事故的二十五项重点要求》第 9.4.4 条，原文未修改，本条款重点强调了保护优先的原则。

1.8 为国能安全〔2014〕161 号《防止电力生产事故的二十五项重点要求》第 9.4.3 条，有修改，强调了对于单点保护应有相应的防误动技术措施。【案例 1】某电厂 2 号机轴承温度高保护为单点保护。2015 年 11 月 5 日，2 号瓦轴承温度元件电缆接地导致温度测量值突变，超过保护动作值，“轴瓦温度高”保护动作，汽轮机跳闸。【案例 2】某电厂 2 号发电机用于内冷水保护的 3 个差压低开关正压测由一个取样母管引出，不符合取样独立性原则。2013 年 2 月 27 日，正压侧取样母管排污门误开，导致 3 个差压低开关误动，30s 后“发电机断水保护”动作。

1.9 为新增条款。依据 Q/HPI–1–023—2018《华能国际电力股份有限公司企业标准火电厂热控逻辑可靠性评估技术导则》第 4.3 节，强调了坏质量信号剔除功能，取消了信号突变时信号闭锁要求。【案例】2018 年 5 月 10 日，某电厂 1 号机组高压给水泵因给水泵出口母管压力（仅配置 1 个压力变送器）发生干扰，误发出口母管压力高，给水泵勺管突关，引起给水流量低，锅炉 MFT。

1.10 为新增条款。强调了现场测量取样管、电缆和一次设备，要有明显的名称、去向的标识牌。现场设备标识牌应通过颜色区分其重要等级。所有进入热工保护的就地一次检测元件以及可能造成机组跳闸的就地元部件，其标识牌都应有明显的高级别的颜色标志，以防止人为原因造成热工保护误动。

1.11 为国能安全〔2014〕161 号《防止电力生产事故的二十五项重点要求》第 9.4.4 条、第 9.4.12 条，有修改。依据 DL/T 5428—2009《火力发电厂热工保护系统设计技术规定》第 5.2.8 条、GB 50660—2011《大中型火力发电厂设计规范》第 15.6.1 条，提出热控保护都不应设置供运行人员投退保护的任何操作手段。依据 Q/HN–1–0000.08.024—2015《火力发电厂燃煤机组热工监督标准》第 4.5.2.2 款，补充了对热控保护投退监视画面的要求，增加了处理设备缺陷前应解除所有相关自动、保护联锁条件，做好安全措施的要求。【案例】2019 年 9 月 20 日，某电厂 1 号机组进行热力性能试验，在拆除给水流量测点时仅对 DCS 给水流量测点进行了强制，未解除汽包水位自动，引起汽包水位自动调节异常，导致“汽包水位高”保护动作，锅炉 MFT。

2 防止热控保护失灵编制说明

（一）总体说明

本章在国能安全〔2014〕161 号《防止电力生产事故的二十五项重点要求》的基础上，针对中国华能集团有限公司（以下简称集团公司）火电厂近年来热控保护系统误动、拒动造成机组非计划停运或设备损坏案例，结合国家、行业最新标准要求，从信号的检测处理，逻辑优化，检修维护等方面提出了提高热控保护系统可靠性的措施。本章内容分为锅炉保护、汽轮机保护、燃气轮机保护三部分。

（二）条文说明

2.1 锅炉保护

2.1.1 为新增条款，防止炉膛单侧掉焦或局部爆燃等短时间特殊工况造成保护误动。【案例 1】2016 年 4 月 20 日，某电厂 4 号机组炉膛一氧化碳聚集爆燃，引起炉内正压，各层一次风瞬时阻滞，造成炉内燃烧能量降低，4 台给粉机熄火，期间引风机调整速率偏低（变频调整速率慢），炉膛压力由正常突升至+512Pa，又降至－2025Pa，达到“炉膛负压低”保护动作值且无延时，锅炉 MFT。【案例 2】锅炉炉膛压力高、低保护无延时，易造成保护误动。2018 年 11 月 23 日，某电厂 7 号锅炉掉焦，引起炉膛压力摆动突升，炉膛压力高 I 值报警，炉膛压力继续升高，达到“炉膛压力高”保护动作值且无延时，锅炉 MFT。

2.1.2 为国能安全〔2014〕161 号《防止电力生产事故的二十五项重点要求》第 6.4.8.1 条，原文未修改，其他重要保护也应按此要求设计。【案例】某电厂 1 号机组 DCS 汽包水位保护逻辑设置为“当有一点汽包水位保护信号故障时，‘三取二’逻辑自动转为‘三取一’”，但无“坏点剔除”功能。2014 年 1 月 14 日，汽包水位 C 因汽侧管路泄漏导致变送器内部进水，汽包水位 C 测点异常跳变超量程，DCS 判断发出“C 汽包水位测点品质坏”和“C 汽包水位高高”信号，保护逻辑“三取二”自动转为“二取一”，但由于无“坏点剔除”功能，直接导致“汽包水位高”保护动作，锅炉 MFT。

2.1.3 为新增条款。优化火焰检测器冷却风压力低 MFT 跳闸逻辑，完善其报警功能。【案例】2017 年 3 月 26 日，某电厂 1 号机组 A 火焰检测器冷却风机就地控制柜内主接触器辅助触点接触不良，风机运行信号消失。但由于 A 风机未发出就地跳闸信号导致 B 火焰检测器冷却风机联启失败，3s 后“两台火焰检测器冷却风机全停”保护动作，锅炉 MFT。

2.1.4 为新增条款。针对因脱硫系统浆液循环泵全停引发 MFT 事件提出。浆液循环泵全停会自动启动事故喷淋系统和除雾器冲洗水系统，短时停运不会引起温度过高，对脱硫吸收塔造成危害。因此，宜取消脱硫浆液循环泵全停触发 MFT 保护条件，采用脱硫吸收塔出口温度高作为触发 MFT 的条件。【案例 1】2018 年 6 月 12 日，某电厂 1 号机组脱硫吸收塔浆液密度计故障，吸收塔液位计算值由 8.75m 突变至–120m，吸收塔液位低触发浆液循环泵 A、B、C 跳闸，浆液循环泵全停保护动作，锅炉 MFT。【案例 2】2019 年 7 月 7 日，某电厂运行人员进行脱硫运行优化调整工作，操作 1 号锅炉浆液循环泵的停运时，误将 2 号锅炉 2B、2D 浆液循环泵停运，2 号 4 炉台浆液循环泵均停运，浆液循环泵全停保护动作，锅炉 MFT。

2.1.5 为国能安全〔2014〕161 号《防止电力生产事故的二十五项重点要求》第 6.1.2.2 条，对原文有文字校订。【案例】某电厂采用“空气预热器主电动机运行状态消失”作为空气预热器停运信号。2016 年 6 月 2 日，1 号机组 A 空气预热器主电动机运行状态就地信号触点引出线松动，“运行信号消失”信号误发，引发联锁反应，锅炉 MFT。

2.1.6 为国能安全〔2014〕161 号《防止电力生产事故的二十五项重点要求》第 6.2.3.4 条，原文未修改。【案例】2014 年 8 月 6 日，某电厂 1 号机组 1 号增压风机动叶执行机构故障，风机出力受限，炉膛压力突增至 1520Pa，炉膛压力高保护动作，锅炉 MFT。

2.1.7 为国能安全〔2014〕161 号《防止电力生产事故的二十五项重点要求》第 6.2.1.11 条，

原文未修改。

2.1.8　为国能安全〔2014〕161 号《防止电力生产事故的二十五项重点要求》第 6.2.1.17 条，原文未修改。

2.2　汽轮机保护

2.2.1　为国能安全〔2014〕161 号《防止电力生产事故的二十五项重点要求》第 8.1.6 条，原文未修改。【案例 1】1993 年 11 月，某电厂 25MW 机组有功功率发生摆动，减负荷不成功，带负荷解列，调速汽门拒动，主汽门卡涩，蒸汽继续进入汽轮机，引起汽轮机转速飞升至 4300r/min。【案例 2】2018 年 5 月 25 日，西北某电厂 2 号机组准备正常停运，机组减至最低负荷，运行人员手动打闸发电机，发电机跳闸同时联跳汽轮机、汽轮机安全油压失去，但是主汽门、调速汽门卡涩，蒸汽继续进入汽轮机，引起汽轮机转速飞升至 3800r/min。

2.2.2　为国能安全〔2014〕161 号《防止电力生产事故的二十五项重点要求》第 8.4.9 条，原文未修改。【案例 1】某电厂 1000MW 机组断油烧瓦事故。该机组启动过程中润滑油漏入发电机，导致润滑油箱油位低，但汽轮机未能及时跳闸。等到润滑油压低跳闸后，虽然交流、直流润滑油泵先后联启，但因润滑油箱油位低，油泵均不能正常工作，造成汽轮发电机组断油烧瓦。【案例 2】2006 年 10 月 17 日，某电厂 4 号机组（600MW）满负荷运行时，汽轮机冷油器切换阀阀杆出现渗油缺陷。该厂设备专责在仅办理了一张风险预控票而未办理工作票，也没有隔离系统的情况下，就允许检修人员作业。检修人员在处理渗油缺陷过程中，拆掉切换阀转动手轮，松开阀杆小端盖 6 个螺栓，然后取出其中两个，在取出其他螺栓时，小端盖突然被顶开，阀杆套飞出，大量润滑油喷出。虽然设备专责立即通知集控室紧急停机，但主油箱油位还是从 1670mm 很快下降到直流润滑油泵吸入口以下，润滑油系统供油中断，各轴瓦温度急剧上升，最高到 222℃，造成机组断油烧瓦。【案例 3】2015 年 5 月 21 日，某电厂 1 号机主油箱回油滤网堵塞，大量润滑油汇集到回油滤网上部的回油母管内，造成主油箱油位下降。当主油箱油位低于主油泵射油器、辅助油泵、盘车油泵吸入口时，油泵无法正常供油，润滑油压力低，导致机组跳闸。

2.2.3　为国能安全〔2014〕161 号《防止电力生产事故的二十五项重点要求》第 9.4.2 条，强调必须设置汽轮机润滑油压力低直接联启直流油泵的电气硬接线回路。直流润滑油泵在没有 DCS 控制的情况下也能够自动启动，以保证汽轮机安全。

2.2.4　为国能安全〔2014〕161 号《防止电力生产事故的二十五项重点要求》第 9.4.8 条，原文未修改。

2.2.5　为新增条款。根据集团公司内外多个电厂出现的因给水泵再循环门调节效果不佳引起给水泵入口流量低保护动作、给水泵跳闸的事故提出。同时应注意防止再循环门开度增加过快引起总给水流量突降。【案例 1】2018 年 9 月 2 日，某电厂运行人员手动调整过热度时，增加 2 号机组 2A、2B 给水泵转速，主蒸汽压力上升，2A 汽动给水泵入口流量由 200t/h 降至 171t/h，2A 汽动给水泵再循环调节门联开，但仅从 14%开到 17%，入口流量未能增加。入口流量小于 175t/h 且再循环调节门开度小于 30%，15s 后 2A 汽动给水泵跳闸，给水流量低保护动作，锅炉 MFT。【案例 2】2018 年 11 月 25 日，某电厂 1 号机组 1A 给煤机称重传感器信号线松脱，1A 给煤机煤量波动，1A 磨煤机出口风温由 60.7℃快速上升，最高温度升至 99.3℃，停止 A 磨煤机运行。汽动给水泵再循环门由于自身汽缸特性，从指令发出到门实际开始动作需要 11s。汽动给水泵入口流量低于 270t/h 且汽动给水泵再循环门开度小于 20%，2s 后汽动给水泵跳闸，“汽动给水泵停止”保护动作，锅炉 MFT。

2.2.6 为新增条款。提出了针对二次再热机组低负荷状态时给水流量调节逻辑的优化策略。【案例】2019 年 6 月 21 日，某电厂 6 号机组 B 润滑油泵跳闸，因加载油泵与润滑油泵控制电源取自润滑油泵动力电源，控制电源失去，加载油泵与润滑油泵跳闸，B 磨煤机跳闸。总燃料量由 197t/h 降至 128t/h，根据给水自动控制逻辑中水煤比计算函数，15s 内给水流量由 1347t/h 降至 1066t/h。为确保锅炉燃烧稳定，运行人员将燃料主控切手动，给水泵转速下降至 3480r/min，保持不变，锅炉给水压差降至 0.7MPa（正常值不低于 1.2MPa），导致给水流量继续下降，再循环门联开后给水流量仍降至 481.8t/h，“给水流量低低”保护动作，锅炉 MFT。

2.2.7 为国能安全〔2014〕161 号《防止电力生产事故的二十五项重点要求》第 8.3.12 条，有修改，强调了应完善除氧器水位高联锁逻辑。【案例】2018 年 1 月 16 日，某电厂 6 号机组除氧器水位控制系统没有设置水位高联锁关闭除氧器上水主、副调节阀及水位高高联锁开启除氧器溢流阀逻辑，在大幅度变工况时造成除氧器水位高三值，联关四段抽汽电动门和止回阀，锅炉 MFT。

2.3 燃气轮机保护

2.3.1 为国能安全〔2014〕161 号《防止电力生产事故的二十五项重点要求》第 8.5.1 条，原文未修改。

2.3.2 为国能安全〔2014〕161 号《防止电力生产事故的二十五项重点要求》第 8.5.8 条，原文未修改。

2.3.3 为新增条款。由于燃气轮机叶片通道温度、排气温度热电偶安装在透平排气通道内，长期受高温气流冲刷，易造成护套磨损热偶断裂。另外，当机组启停动过程中，燃气轮机排气扩散段振动频率高，易导致热电偶引线连接处过度疲劳，当超过引线所允许的极限时会造成引线连接处松动或断裂、温度测量回路开路失准。针对此类情况，应完善测量设备和保护逻辑来提高保护系统可靠性。【案例】2019 年 2 月 1 日，某燃气轮机电厂的第 11 点排气温度热电偶金属引出线因机组频繁启停，该温度点长期受到高频振动，金属疲劳，出现裂纹断裂并损伤内部元件，温度测点故障，引起燃气轮机停机。

2.3.4 为新增条款。高温区域应按要求使用耐高温信号和控制电缆，由于燃气和燃气轮机本体周围处于高温区域，测量和控制信号电缆、电磁阀因老化而引起电缆绝缘和电磁阀的阻值下降，容易造成信号误发、电磁阀误动而引起机组非停。因此，在检修中需要对信号和控制电缆、电磁阀进行全面绝缘紧固检查，梳理电缆、电磁阀配置情况，去除废弃电缆和阻值较低的电磁阀。【案例】2016 年 1 月 8 日，某燃气轮机电厂的燃气轮机天然气辅助截止阀 VS4－1 电磁阀因长期处于高温环境运行，导致线圈损坏，电磁阀关闭，致使辅助截止阀 VS4－1 后天然气压力低，燃气压力低保护动作，3 号燃气轮机跳闸，4 号燃气轮机联跳。

2.3.5 为新增条款。由于环境温度偏高、设备积灰会影响控制器和交换机的寿命，所以应加强系统工作环境的维护，严格控制电子间机柜温湿度，做好定期的设备巡查和检修工作。【案例】2007 年 3 月 25 日，某电厂燃气轮机机组因交换机故障而引起静态启动器（Load Commutated Inverter，LCI）画面数据变黑，无显示，发 MARK VI 网络故障报警。经检查，发现用于挂接操作员站的一只交换机指示灯无显示，其供电电源正常，判断交换机故障。进一步检查发现其电压部分有部分元件有烧损迹象。该交换机位于柜内最底层，散热较差，积灰多，加上本身产生的热量较大，设备长期工作在高温下而影响使用寿命。

2.3.6　为新增条款。系统中一些重要设备公用电源（如防喘抽气阀等供电回路），一个回路出现接地或者短路现象，很有可能会引起熔丝熔断而扩大故障范围，因此提出了将重要下挂设备进行分电源回路处理。【案例】2011 年 5 月 28 日，某电厂 3 号燃气轮机现场远程机柜由于 30CPA22.F5 熔丝熔断，卡件失去电源，五级底部及顶部防喘放气阀失电打开，燃烧不稳跳机。

3　防止 DCS 硬件事故编制说明

（一）总体说明

本章在国能安全〔2014〕161 号《防止电力生产事故的二十五项重点要求》的基础上，针对集团公司火电厂近年来 DCS 硬件故障造成机组非计划停运案例，结合国家、行业最新标准要求，明确了 DCS 控制器、I/O 通道、通信网络配置的原则，同时提出了提高 DCS 硬件可靠性的维护措施。本章内容分为控制器配置、I/O 配置、通信网络配置三部分。

（二）条文说明

3.1　控制器配置

3.1.1　为国能安全〔2014〕161 号《防止电力生产事故的二十五项重点要求》第 9.1.3 条，原文未修改。【案例】2012 年 8 月 7 日，某电厂 6 号机组 DCS 13 号控制器切换时，两台控制器全部离线。重启后，位于 13 号控制器的冗余差压信号全部清零，而不处于 13 号控制器的汽包压力值仍正常采集，计算后汽包水位输出值为 1050mm，汽包水位高三值（+220mm）保护动作，锅炉 MFT。

3.1.2　为国能安全〔2014〕161 号《防止电力生产事故的二十五项重点要求》第 9.3.5 条，有修改，增加了服务器故障或故障后复位的措施。【案例 1】2013 年 9 月 16 日，某电厂 2 号机组 DCS 8 号控制站主备控制器死机，该控制站所有受控设备失去监控。8 号控制器重新启动后指令清零，导致主给水气动调节门关闭，造成锅炉断水，“汽包水位低三值”保护动作，锅炉 MFT。【案例 2】2014 年 12 月 25 日，某电厂 5 号机组 7 号控制器离线，切换备站 57 号控制器，57 号控制器发离线故障，2min 后故障复位，7 号、57 号控制器相继重启，引起总风量等相关参数置 0，锅炉 MFT。

3.1.3　为新增条款。电容器件是控制器模件最容易出现故障点，本条强调要重点检查。长期运行的 DCS，应委托专业技术人员定期进行性能测试、消缺和维护。【案例 1】2013 年 7 月 20 日，某电厂 2 号机组 5 号控制器离线，25 号控制器切换不成功处于初始状态，5 号控制器重启后继续处在主控位，数据清零造成控制器数据异常，控制循环水泵出口蝶阀的关阀 DO 指令发出，A 循环水泵出口蝶阀关闭，A 循环水泵跳闸，机组真空低保护动作，汽轮机跳闸。检查发现控制器主机板上电容有鼓泡甚至漏液现象，电容损坏引起主机板电压波动，导致主控制器故障离线、辅控制器切换失败。【案例 2】2015 年 9 月 8 日，某电厂 6 号机组 DCS 28 号控制器（主控）故障自动切换至 8 号控制器时，由于 DCS 运行已超过 12 年，控制器主机板芯片工作不稳定，发生数据跳变，误发 MFT，机组跳闸。【案例 3】某电厂 4 号机组 DCS 运行超过 15 年。2018 年 12 月 21 日，DEH 控制站 2－2 及 2－3 DO 模块输出通道故障，指令信号失去，导致汽轮机主汽门关闭，锅炉 MFT。

3.2 I/O 配置

3.2.1 为国能安全〔2014〕161 号《防止电力生产事故的二十五项重点要求》第 9.1.4 条，有修改，针对艾默生过程控制有限公司 Ovation 控制系统单列分支上公用同一路电源和同一路熔断器的情况，增加了冗余测点应分配在不同分支上的要求。【案例】2018 年 1 月 30 日，某电厂 1 号机组脱硫 CRL1/51 机柜的 D1P1B3L4 卡件所在分支的底座紧固螺栓松动，导致分支电源电压瞬时波动，使得该分支卡件上的“原烟气挡板开信号 2”“原烟气挡板开信号 3”状态由 1 变为 0，脱硫增压风机跳闸，锅炉 MFT。

3.2.2 为新增条款。对于新华控制技术有限公司的 XDPS－400/400+/400E 的 DEH 系统家族性设计缺陷提出。【案例】某电厂 2 号机组 DEH 采用 XDPS－400 系统，3 个汽轮机挂闸信号由一块 SDP 端子板接入。2018 年 9 月 7 日，由于端子板故障引起挂闸信号同时丢失，主汽门、调节汽门全部关闭。

3.2.3 为新增条款。依据《艾默生 DCS Ovation 系统维护手册》提出。【案例 1】某厂 DO 卡的 Timeout Action 设置为 RESET（该卡并不包含需要失电跳闸保护的测点），Timeout Selection 选择了 125ms。检修期间进行控制器切换试验时发现该卡上的原来指令为 1 的继电器在控制器切换时复位动作。【案例 2】某厂 DCS 内事件顺序（Sequence Of Event，SOE）记录点配置在 Task2 的 1000ms 任务区，且 SOE 卡对应的 RM 模件的 Event Tag Enable 设置没有与实际配置的 SOE 点完全匹配。每次有 SOE 点触发时，控制器均有报警，提示“SOE 时间戳无法保证时间正确”。当大量 SOE 点触发时，部分 SOE 信号没有收到。将 SOE 点修改到 100ms 任务区，且将通道配置与 RM 的 Event Tag Enable 完全匹配后，清零控制器并重新下装，以上问题解决。

3.3 通信网络配置

3.3.1 为新增条款。依据《艾默生 DCS Ovation 系统维护手册》提出。【案例】2018 年 12 月 7 日，某电厂 4 号机组 DCS 网络光电转换器开关故障及发光二极管老化，信号衰减造成收发故障，大量数据流在网络中传输失败并反复重发，网络不畅，导致炉膛压力所在的主控制器 DROP 12 故障，备用控制器 DROP 62 重启，所有信号和逻辑重新初始化运算，炉膛压力降至－3kPa，炉膛压力低低保护动作，锅炉 MFT。

3.3.2 为国能安全〔2014〕161 号《防止电力生产事故的二十五项重点要求》第 9.1.11 条，原文未修改。

3.3.3 为新增条款。依据《艾默生 DCS Ovation 系统维护手册》提出。【案例】某电厂 Ovation 控制系统将所有通信逻辑与其他所有逻辑均配置在扫描周期 200ms 的 Task3 任务区。机组检修期间该控制器由原单路通信改为双路冗余通信方式，且新增了大量通信点。程序下装后，该控制器 Task3 任务区运行时间严重超时，平均执行时间由原来的 150ms 变为 300ms，控制器报警且无法复位。将所有通信逻辑删除后，重新导入到新配置的 1000ms 任务区 Task4 后，该控制器运行正常。

4 防止 DCS 软件事故编制说明

（一）总体说明

本章在国能安全〔2014〕161 号《防止电力生产事故的二十五项重点要求》的基础上，针对集团公司火电厂近年来 DCS 软件故障或软件设计缺陷造成机组非计划停运案例，结合国家、行业最新标准要求，提出了 DCS 软件设计合理性措施。本章内容分为控制系统应用软件、逻辑设计、辅机故障减负荷功能设计、报警设计四部分。

（二）条文说明

4.1 控制系统应用软件

4.1.1 为国能安全〔2014〕161 号《防止电力生产事故的二十五项重点要求》第 9.1.12 条，有修改，根据集团公司内多个电厂现况补充了具体的防人为误操作措施。【案例】某电厂 1 号、2 号机组脱硫 DCS 为两台机组公用。2016 年 6 月 27 日，2 号机组检修进行“烟气脱硫（Flue Gas Desulfurization，FGD）异常锅炉 MFT”传动试验，错误登录 1 号机组控制器，误强制 1 号机组“FGD 异常锅炉 MFT”信号，导致 1 号机组 MFT 动作。

4.1.2 为国能安全〔2014〕161 号《防止电力生产事故的二十五项重点要求》第 9.3.7 条，有修改，对软件管理工作进行了细化。【案例】2004 年 8 月 28 日，某电厂 4 号机组操作员站对操作指令有数秒反应滞后。检查发现该机组所有操作员站和工程师站均感染了同一种计算机病毒，病毒挤占计算机内存，使操作员站反应迟缓。4 号机组设有一台与全厂管理信息系统（Management Information System，MIS）相连的专用通信站，病毒由此进入 DCS。对所有操作员站杀毒后，运行速度恢复正常。暂将 DCS 与厂 MIS 隔离，计划加装硬件防火墙。

4.1.3 为新增条款。集团公司内多家电厂出现运行机组进行 DCS 逻辑修改时发生问题，本条强调了机组运行中控制逻辑修改工作的规范性。同时明确公用系统应与单元机组系统同等要求。【案例】2016 年 10 月 27 日，某电厂 1 号机组进行一次调频同源装置至 DCS 接线工作时，高/中压调节汽门突然快速关闭，负荷突降，主蒸汽压力突升至 20.3MPa，锅炉安全阀动作，汽包水位快速下降，“汽包水位低”保护动作，锅炉 MFT。当时热工人员正在进行增加 I/O 点组态工作，7 号控制器模件备用点增加为同源系统“机组负荷指令（调频前）”信号时，拷贝了同一块 AO 模件上“协调控制系统（Coordinated Control System，CCS）至 DEH 负荷指令”信号组态，造成输出指令混乱跳变。

4.1.4 为新增条款。新华控制技术有限公司的 DCS 组态功能快捷方便，但也容易误操作。组态中拷贝原有功能块，会将动态地址也一块拷贝，极易引起连接逻辑的混乱。因此运行中应禁止采用拷贝方式修改组态。【案例】某电厂 5 号、6 号机组脱硫 DCS 为两台机组公用。2013 年 11 月 21 日，6 号机组检修进行脱硫 DCS 逻辑修改工作，在制作“浆液循环泵全停”逻辑时，拷贝了 5 号机脱硫相关逻辑，复制到 6 号机脱硫控制器中。5 号机组“浆液循环泵全停”信号为网络通信点，而 4 台浆液循环泵合闸信号为控制器内部点，拷贝到 6 号机脱硫控制器后，4 台浆液循环泵合闸信号均已采集不到，状态由“1”变为“0”，逻辑判断产生 5 号机组“浆液循环泵全停”信号，“FGD 故障”信号发出，锅炉 MFT。

4.1.5 为新增条款。依据 Q/HPI–1–023—2018《华能国际电力股份有限公司企业标准火电厂热控逻辑可靠性评估技术导则》4 热控逻辑可靠性评估基本原则（10）提出了防止保护逻辑时序异常、保护联锁时间配合不合理的措施。【案例 1】2015 年 10 月 12 日，某电厂 2 号机组 DCS 41 号控制器运算块执行时序颠倒，“发电机出口开关分闸启动 OPC”与“发电机出口开关分闸‘三取二’”逻辑判断未遵循从上到下，从左到右的基本原则，造成 OPC 信号误发、汽轮机跳闸。【案例 2】某电厂 1 号机组 B 循环水泵联启逻辑为“A 循环水泵出口蝶阀开 20%与 B 循环水泵备用且未运行”，但逻辑执行时序不合理，先进行“与”判断，再进行“A 循环水泵蝶阀 20%位置反馈”信号判断。2017 年 11 月 9 日，A 循环水泵出口蝶阀失电关闭，造成 A 循环水泵跳闸。由于逻辑页扫描周期较长（480ms），“A 循环水泵蝶阀 20%”信号发出时间较短（0.5s 后消失），B 循环水泵联启逻辑未动作，未能实现联启，真空快速下降，“真空低”保护动作，汽轮机跳闸。

4.1.6 为新增条款。针对组态中易出现的变送器量程与实际变送器量程、热电偶分度号与实际热电偶不一致情况提出。【案例 1】某电厂 4 号汽轮机 5 级抽汽压力 DCS 侧逻辑量程设置与就地压力变送器的量程设置相反。2018 年 5 月 18 日，升负荷时使得 5 级抽汽压力测量值与高缸排汽压力测量值之差逐渐减少，汽轮机 A5/A6 压比值达到保护动作值，汽轮机跳闸。【案例 2】某电厂 1 号机组 DCS 改造后高压加热器水位 3 测点组态量程与实际变送器量程设置反向，且高压加热器水位调节仅采用该单一测点，造成水位自动调节方向错误。2019 年 4 月 29 日，1 号机组运行时，高压加热器水位高解列，使得汽包水位快速下降；运行人员干预过程中，汽包水位高保护动作，锅炉 MFT。

4.1.7 为新增条款。【案例】2016 年 10 月 6 日，某电厂 4 号机组汽包水位自动控制给水公用指令减小，A 循环水泵转速指令快速下降，但调节阀开度、给水泵汽轮机转速下降过慢，汽包水位高高，锅炉 MFT。经查给水泵汽轮机 PID 调节回路存在逻辑缺陷，输入值、设定值的增益系数及偏差未适配设定，转速偏差在 PID 中以原始值运算，导致输入变量饱和，比例环节保持当前输出而不再关小，仅靠积分环节来减小输出，调节速度过慢。

4.1.8 为新增条款。和利时系统工程有限公司 MACS 系统模拟量三选块（AI3sel）DB 参数值极易忽略设置，采用默认值易触发偏差大输出值保持功能，造成测量值不能实时刷新。【案例 1】2019 年某电厂 1 号机组改造为和利时系统工程有限公司 MACS－6 系统。4 月 29 日，1 号机组负荷突降 20MW，真空值降至－81kPa，备用泵未联启（定值为－87kPa）。运行人员紧急手动启动备用泵，真空恢复正常。经检查备用真空泵联启信号采用了 3 个真空变送器测点“三取中”输出信号，而三选块（AI3sel）的参数 DB 值设为默认值（0），3 个测点值存在差值，触发了偏差大输出值保持功能，造成输出值保持不变，真空测量值不能刷新，未能达到联启定值发出联启信号，导致备用泵未及时联启。【案例 2】某电厂 1 号机组 DCS 为上海新华控制技术有限公司 XDC－800 系统。2018 年 3 月 22 日，对 B 侧一级过热器减温水调节阀进行停电消缺，阀反馈成坏点，坏点品质传递至给水流量设定“二选高值”模块，自动以另一个好的检测点输出，导致给水流量设定值由正常时的 1336t/h 切换至 538t/h，A、B 给水泵指令、反馈快速下降，给水流量低低保护动作，锅炉 MFT。

4.2 逻辑设计

4.2.1 为国能安全〔2014〕161 号《防止电力生产事故的二十五项重点要求》第 9.4.1 条，原文未修改。【案例】某电厂 5 号机组循环水泵液控蝶阀控制电磁阀为单线圈电磁阀，开门指令为长信号。2017 年 8 月 15 日，该机组循环水泵控制柜电源模块故障，导致循环水泵控制器失电。在控制器失电后重新启动过程中，液控蝶阀开指令消失，导致循环水泵液控蝶阀全关，1 号循环水泵跳闸，真空低保护动作，汽轮机跳闸。

4.2.2 为 Q/HPI–1–023—2018《华能国际电力股份有限公司企业标准火电厂热控逻辑可靠性评估技术导则》第 4.6 节，原文未修改。

4.2.3 为国能安全〔2014〕161 号《防止电力生产事故的二十五项重点要求》第 9.4.11 条，有修改，明确了触发停炉、停机保护的开关量信号与其他系统合用时的设计要求。【案例】2007 年 6 月 28 日，某厂 4 号汽轮机跳闸，首出为“凝汽器真空低”。检查发现为旁路用真空压力开关锁紧螺母松动所致。该真空压力开关与主保护用的真空压力开关安装于同一测量管路上。事后确认，检修人员在安装压力开关时，空气由锁紧螺母垫片处被抽入真空状态的测量管路中，使得测量管路真空急剧下降，“真空低二值”开关动作，汽轮机跳闸。

4.2.4　为新增条款。依据 Q/HPI–1–023—2018《华能国际电力股份有限公司企业标准火电厂热控逻辑可靠性评估技术导则》第 4.8.1 条，强调了 RB 触发及重要的保护、联锁、设备启停允许等逻辑条件都应采取冗余信号判断。【案例 1】2018 年 10 月 7 日，某电厂 3 号机组一次风机润滑油压力低开关（单点）误动，造成 A 一次风机跳闸，一次风母管压力突降，3 台磨煤机火焰检测信号不稳相继跳闸，锅炉燃烧恶化，机组转入湿态运行，燃烧波动且水位调整较困难，主给水流量低保护动作，锅炉 MFT。【案例 2】2019 年 2 月 8 日，某电厂 1 号机组 D/I 卡件故障使 B 引风机运行信号消失，联锁引风机动叶关闭且无法恢复，运行人员手动打闸 B 引风机，触发引风机 RB 动作。这次事件为引风机动叶联锁逻辑采用单点信号判断引发。

4.2.5　为新增条款。提出了保证参与汽包水位、主蒸汽流量、主给水流量等重要信号补偿运算的补偿温度、压力信号可靠性的措施。【案例 1】2015 年 8 月 9 日，某电厂某机组用于主蒸汽流量补偿运算的主蒸汽压力信号突变，主蒸汽流量信号快速降低，导致给水泵转速快速下降，最小流量保护动作，给水泵跳闸，“给水泵全停”保护动作，锅炉 MFT。【案例 2】2016 年 5 月 29 日，某电厂 6 号机组用于汽包水位补偿运算的汽包压力突升至 23MPa，导致补偿后汽包水位达到低低跳闸值，锅炉 MFT。

4.2.6　为 Q/HPI–1–023—2018《华能国际电力股份有限公司企业标准火电厂热控逻辑可靠性评估技术导则》第 5.1.8 条，原文未修改。

4.2.7　为新增条款。依据 Q/HPI–1–023—2018《华能国际电力股份有限公司企业标准火电厂热控逻辑可靠性评估技术导则》第 5.1.9 条提出，火焰检测放大器内延时无法设置为 0 时，应设置为最小值。

4.2.8　为 Q/HPI–1–023—2018《华能国际电力股份有限公司企业标准火电厂热控逻辑可靠性评估技术导则》第 5.2.3 条第“（9）”项，有修改，防止运行人员误操作。【案例】2015 年 10 月 17 日，某电厂 1 号机组由于操作面板设计不合理，导致运行人员不能直观地判断输入 BTU 数据的正确性，运行人员在设置 BTU 系数时发生错误。同时控制逻辑中的 BTU 速率设置过快，引起燃料量大幅波动，导致烟道后墙入口联箱金属温度超温，锅炉 MFT。

4.2.9　为 Q/HPI–1–023—2018《华能国际电力股份有限公司企业标准火电厂热控逻辑可靠性评估技术导则》第 5.2.3 条第“（8）”项，原文未修改。

4.2.10　为 Q/HPI–1–023—2018《华能国际电力股份有限公司企业标准火电厂热控逻辑可靠性评估技术导则》第 5.2.2 条第“（1）”项，原文未修改。

4.2.11　为新增条款。依据 DL/T 261—2012《火力发电厂热工自动化系统可靠性评估技术导则》第 6.2.4.3 条“f）”项的第“（3）”分项，提出了限定 BTU 燃料修正系数变化速率的要求。

4.2.12　为 Q/HPI–1–023—2018《华能国际电力股份有限公司企业标准火电厂热控逻辑可靠性评估技术导则》第 5.2.3 条第“（10）”项，原文未修改。

4.2.13　为《火电厂热控系统可靠性配置与事故预控》2010 版第 6.5 条，原文未修改。【案例】2018 年 5 月 8 日，某电厂 6 号机组 2 号渣室渣口出现正压喷火现象，运行人员处理过程中炉膛压力目标值设定过低，经炉膛压力 PID 自动调节，引风机变频指令逐渐增大，炉膛压力下降，至炉膛压力闭锁增值－300Pa，引风机变频操作器闭锁增。炉膛压力闭锁增条件只作用在引风机变频操作器，而没有对炉膛压力 PID 调节同时进行闭锁增，PID 继续调节，输出增大至最大值。在炉膛燃烧、送风机调节的作用下炉膛压力升高，高于－300Pa，操作器闭锁增消失，PID 输出指令 50Hz 置入操作器，导致引风机出力突然加大，炉膛压力由－293Pa 降到－2000Pa，"炉膛压力低低"保护动作（小于－1500Pa），锅炉 MFT。

4.2.14 为新增条款。不提倡此种运行方式。负荷较低工况下锅炉跳闸切为停炉不停机运行方式时，由于没有燃料供给，主蒸汽温度的快速下降会威胁到汽轮机运行安全。机组停炉不停机运行，主蒸汽参数较低，汽包水位过高会引起蒸汽带水。

4.2.15 为新增条款。强调了主机和重要辅机轴承温度高保护的防误动措施。【案例】2014 年 3 月 31 日，某电厂 1 号机组 A 循环水泵电动机上导瓦温度测点高高，A 循环水泵保护动作（单点保护）跳闸。A 循环水泵跳闸，B 循环水泵因出口碟阀卡涩联启失败。运行人员手动打闸 A 磨煤机，快速降低机组负荷，凝汽器压力升到 30kPa，汽轮机跳闸。

4.2.16 为 QHN–1–0000.08.024—2015《中国华能集团有限公司火力发电厂燃煤机组热工监督标准》第 4.1.2.25 条，有修改。温度元件断线时信号变化率判断有时会晚于温度高信号发出，不能及时闭锁保护误动信号发出。因此增加"保护信号设置 1s～2s 的延时"要求。【案例 1】2017 年 7 月 20 日，某电厂 2 号汽轮机跳闸，首出为"汽轮机轴承温度高"。查阅历史数据，1 号轴承右前上部温度 2、3 同时发生跳变，分别跳变至–114℃和 248℃，导致 1 号轴承右前上部温度任一温度高且温度两两偏差大（大于 10℃）信号发出，轴承温度高保护动作。检查发现 1 号轴承右前上部温度 2 所在端子板屏蔽线全部接错端子，未接在 SH 端子上，不能对干扰信号进行有效隔离，汽轮机轴承温度均采用热电阻元件测量，且未根据信号变化率进行质量判断。【案例 2】2017 年 7 月 24 日，某电厂 1 号机组 B 汽动给水泵筒体下端温度大幅波动，汽动给水泵 B 筒体上下端温差大于 35℃，3s 后 B 汽动给水泵跳闸，给水流量突降，给水流量低保护动作，锅炉 MFT。汽动给水泵筒体上下温差大为单点保护，采用热电阻元件测量，且未根据信号变化率进行质量判断，保护可靠性较差。

4.2.17 为 Q/HPI–1–023—2018《华能国际电力股份有限公司企业标准火电厂热控逻辑可靠性评估技术导则》第 4.8.2 条，原文未修改。

4.2.18 为新增条款。依据 DL/T 5175—2003《火力发电厂热控控制系统设计技术规定》第 5.1.10 条提出，增加了"闭锁条件消失时控制指令无扰动"的要求。【案例】参见 4.2.13 案例。

4.2.19 为新增条款。依据 DL/T 5175—2003《火力发电厂热控控制系统设计技术规定》第 5.1.11 条提出，增加了"闭锁条件消失时控制指令无扰动"的要求。

4.2.20 为新增条款。依据 Q/HPI–1–023—2018《华能国际电力股份有限公司企业标准火电厂热控逻辑可靠性评估技术导则》第 5.2.2 条第"(6)"项，针对涉及主路工质断流的重要阀门/挡板误关事件提出预控措施。【案例】2019 年 9 月 20 日，某电厂 1 号机组脱硫吸收塔出口净烟气挡板电动执行器控制板腐蚀烧损，使该烟气挡板突然关闭，烟气流通阻断致炉膛压力持续正压，炉底喷烟，紧急打闸停机。就地检查，出口净烟气挡板防关定位销未锁定，为净烟气挡板误关埋下了隐患。

4.2.21 为新增条款。强调提高保护判据的可靠性，防止联锁、保护误动。【案例 1】2019 年 2 月 19 日，某电厂 3 号机组因给水泵汽轮机主汽门全关信号误发联关出口电动门，引起给水流量下降，汽包水位降至保护值，汽包水位低保护动作，机组 MFT。【案例 2】某电厂 4 号机空冷系统放水阀开保护为单点保护（A103、A104 任一开到位信号发出）。2019 年 4 月 6 日，由于日常空气冷却冲洗时水渗入放水阀开行程开关内部，开到位触点短路闭合，开到位信号误发，“空气冷却保护故障”信号发出，汽轮机跳闸。【案例 3】2019 年 5 月 29 日，某电厂 7 号机汽动给水泵进汽门内阀位传感器故障，阀门开状态信号突然由开翻转为关，给水泵联锁跳闸，锅炉 MFT。【案例 4】2019 年 9 月 23 日，某电厂 1 号机组因四段抽汽止回阀误关，联关四段抽汽至 A、B 给水泵汽轮机进汽电动门、止回阀，造成汽动给水泵转速快速下降，汽包水位下降至保护值，“炉水循环不正常”信号发出，机组跳闸。

4.2.22 为新增条款。对于工作环境恶劣的重要行程开关，应设置冗余逻辑。在就地 15° 位置安装双行程开关，在 DCS 中进行“或”逻辑输出，如图 5 所示。全关行程开关可在 DCS 中设置动态判断，自动剔除故障情况，可靠联锁循环水泵跳闸，保障启动安全，如图 6 所示。【案例】2009 年 6 月 12 日，某电厂 3A 循环水泵启动过程中，15° 反馈信号故障，导致启动失败停泵。

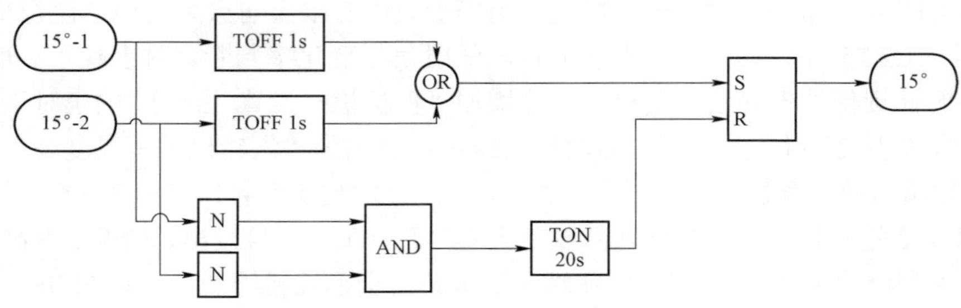

图 5 循环水泵出口蝶阀双 15° 逻辑判断

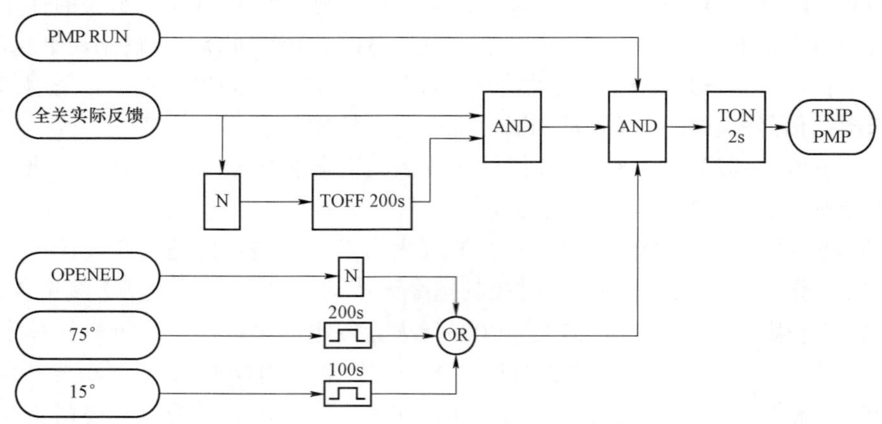

图 6 出口蝶阀关闭联锁循环水泵跳闸

4.2.23 为新增条款。汽动给水泵供汽一般来自汽轮机四段抽汽或辅助蒸汽母管，不同汽源切换时的压力波动会引起给水泵汽轮机转速改变。针对集团公司内多起汽动引风机汽源切换引起的跳机事件，提出汽动给水泵和汽动引风机控制策略的优化方案。【案例 1】2018 年 10 月 12 日，某电厂 1 号机组四段抽汽至中压辅助蒸汽联箱供汽电动门后止回阀不严，四段抽汽至中压辅助蒸汽联箱供汽电动门全关时，中压辅助蒸汽联箱压力由 0.61MPa 急剧升至 1.09MPa，造成汽动给水泵汽源压力突增，给水泵转速升高，给水流量由 390t/h 急剧增加至

590t/h。此时，两台汽动给水泵汽源调门开度为 19%，给水流量波动较大。稍开四段抽汽至中压辅助蒸汽供汽电动门，中压辅助蒸汽联箱压力急速降至 0.47MPa，给水流量降至 160t/h，“给水流量低”保护动作，锅炉 MFT。【案例 2】2019 年 6 月 16 日，某电厂 7 号机组单列汽动引风机汽源有两路：一路由辅助蒸汽联箱供汽，另一路由四段抽汽供汽。引风机汽轮机并汽操作，四段抽汽至汽轮机供汽电动阀门开启过快，导致进汽流量突增，引风机汽轮机超速保护动作跳闸，机组跳闸。该引风机汽轮机进汽调节门在 60%以上开度时调节特性较差，进汽调节门全开状况下，若进行进汽汽源并汽或汽源切换，操作不当时会导致引风机汽轮机进汽流量波动较大，从而导致汽轮机转速较难控制。

4.2.24 为 Q/HPI–1–023—2018《华能国际电力股份有限公司企业标准火电厂热控逻辑可靠性评估技术导则》第 5.2.3 条第“（14）项”，原文未修改。

4.2.25 为新增条款。依据 Q/HPI–1–023—2018《华能国际电力股份有限公司企业标准火电厂热控逻辑可靠性评估技术导则》第 5.2.2 条第“（6）”项，提出了自动调节回路中手自动切换、控制方式切换的可靠性要求。

4.2.26 为新增条款。提出汽包水位、除氧器水位单冲量、三冲量调节模式相互转化的要求，防止单冲量、三冲量迟滞切换引起汽包水位、除氧器水位剧烈波动，严重时演化为锅炉 MFT 事故。【案例】某电厂 1 号锅炉给水自动调节设有单冲量、三冲量模式切换按钮，未设计两种模式的自动切换逻辑，事故前锅炉给水长时间采用单冲量控制模式，高负荷下多次汽包水位调节品质差却一直未切换调节模式。2018 年 9 月 6 日，高负荷下汽包水位再次大幅波动，给水调节趋于发散，给水泵再循环门全开后又全关（给水泵再循环门是关断门，不是调节门），给水自动因锅炉水位低增加变频输出使给水流量恢复且大幅增加，给水变频指令和反馈偏差大造成给水泵切手动，保持高指令大流量供水，汽包水位持续上升，运行人员未及时干预，汽包水位高保护动作，锅炉 MFT。

4.2.27 为新增条款。运行中炉膛压力开关、真空开关取样畅通情况、泄漏情况无法查看，存在一定隐患。【案例】某电厂 6 号机真空取样二次门检修后未完全开启。2014 年 8 月 4 日，压力开关 LV3、LV4 动作，真空低信号发出，汽轮机跳闸。

4.2.28 为新增条款。针对 AGC 信号异常情况提出，防止 AGC 信号异常导致机组负荷大幅扰动。【案例】2016 年 12 月 15 日，某电厂 6 号机组因 RTU 通道故障，AGC 指令信号由 620MW 快速降至 320MW，导致机组参数大幅波动。

4.2.29 为新增条款。依据 Q/HPI–1–023—2018《华能国际电力股份有限公司企业标准火电厂热控逻辑可靠性评估技术导则》第 5.2.3 条第“（7）”项，强调了联锁保护逻辑修改应严格按程序执行，以保证逻辑修改的准确性、正确性。【案例】某电厂 4 号机组增压风机电动机油压低保护逻辑存在错误，油泵运行信号只接入 A 油泵而未接入 B 油泵。2017 年 4 月 13 日，增压风机电动机油站滤网差压高进行滤网切换过程中，A 备用油泵联启，增压风机跳闸，锅炉 MFT。经查，B 油泵运行期间，切换滤网时润滑油压低低瞬间发出，逻辑判断 B 油泵未运行，联启 A 油泵的同时，增压风机跳闸。

4.2.30 为新增条款。提出了重要自动控制回路的方向闭锁显示要求。

4.2.31 为新增条款。该逻辑特殊工况下易造成汽包水位突变，应予取消。【案例】2017 年 9 月 11 日，某电厂 3 号机组降负荷过程中，汽包水位 3 个信号两两偏差大（均大于 80mm），汽包水位输出强制保持不变。当水位 1、3 点的偏差恢复正常范围后（小于 80mm），水位保持功能释放，水位瞬间变为262mm，10s后锅炉MFT。

4.2.32 为新增条款。DCS画面中缺少抽汽止回阀电磁阀带电/失电指示，缺少抽汽止回阀电磁阀失电报警，运行人员无法监视抽汽止回阀电磁阀状态，容易造成抽汽止回阀误动。同时将止回阀电磁阀带电状态列入机组启动后的重点检查项目并做好记录，定期对运行中的电磁阀带电状况进行监测并记录。【案例】2019年9月23日，某电厂1号机组因四段抽汽止回阀误关，联关四段抽汽至A、B给水泵汽轮机进汽电动门、止回阀，造成汽动给水泵转速快速下降，汽包水位下降至保护值，“炉水循环不正常”信号发出，机组跳闸。

4.2.33 为新增条款。循环水泵未设置断轴保护逻辑，在循环水泵断轴的情况下，出口蝶阀不能及时关闭，造成循环水倒流，进入凝汽器的循环水流量降低，机组真空降低。【案例】2019年8月3日，某电厂6号机组C循环水泵轴断裂，出口蝶阀未及时关闭，造成循环水倒流，进入凝汽器的循环水流量降低，机组真空低保护动作，汽轮机跳闸。

4.3 辅机故障减负荷功能设计

4.3.1 为新增条款。明确了设计RB功能的机组容量。

4.3.2 为新增条款。确定了RB项目。

4.3.3 为新增条款。提出了RB功能试验要求。【案例】2013年1月7日，某电厂1号机组1A引风机因润滑油泄漏故障跳闸，触发引风机RB，由于RB逻辑中1B引风机静叶执行器开指令被错误赋值为0%，导致1B引风机静叶关闭，炉膛压力高保护动作，机组跳闸。

4.3.4 为新增条款。对于双列配置的引风机、送风机、一次风机等重要辅机，应通过限速、限值的方法，防止单侧辅机跳闸后另一侧辅机出力过大，触发风机过流保护动作。【案例1】2016年11月2日，某电厂1号机组1号引风机因变频器故障跳闸，联跳1号送风机，2号引风机变频器自动增加出力，电流由280A增至397A，变频器过流保护动作，2号引风机跳闸。两台引风机全停，锅炉MFT。【案例2】2018年8月8日，某电厂1号锅炉引风机变频小室空调故障，引风机A变频器温度高跳闸，联跳送风机A，触发RB后，送风机B动叶迅速开至最高限位值80%，电动机电流在10s内迅速升至105A（1.36倍额定电流），然后在70s内逐渐上升到115A（1.5倍额定电流），过流保护动作，送风机B跳闸，“两台送风机跳闸”保护动作，锅炉MFT。

4.3.5 为新增条款。指出供热机组在RB工况下的特殊逻辑设计。

4.3.6 为新增条款。提出尽可能维持较高RB目标负荷，降低RB控制风险。【案例】2016年8月24日，某电厂4号机组给水泵RB发生后，热工人员进行RB复位操作时，锅炉主控输出指令瞬间由360MW增加至700MW，给水调节指令突增，机组负荷由371MW快速升至476MW。机组主要参数大幅波动，给水控制严重失调，给水流量低，锅炉MFT。

4.3.7 为新增条款。指出在RB工况下主要控制调节系统应保持自动。

4.4 报警设计

4.4.1 为新增条款。依据Q/HPI–1–023—2018《华能国际电力股份有限公司企业标准火电厂热控逻辑可靠性评估技术导则》附录A 声光报警配置，提出了应配置的越限类和设备故障类声光报警项目。

4.4.2 为Q/HPI–1–023—2018《华能国际电力股份有限公司企业标准火电厂热控逻辑可靠性评估技术导则》附录A 声光报警配置，对原文有文字校订。

4.4.3 为Q/HPI–1–023—2018《华能国际电力股份有限公司企业标准火电厂热控逻辑可靠性

评估技术导则》附录 A 声光报警配置，原文未修改。

4.4.4 为新增条款。依据 Q/HPI–1–023—2018《华能国际电力股份有限公司企业标准火电厂热控逻辑可靠性评估技术导则》附录 A 报警级别设置提出。

4.4.5 为 Q/HPI–1–023—2018《华能国际电力股份有限公司企业标准火电厂热控逻辑可靠性评估技术导则》附录 A 报警信息设置，原文未修改。

4.4.6 为新增条款。依据 Q/HPI–1–023—2018《华能国际电力股份有限公司企业标准火电厂热控逻辑可靠性评估技术导则》附录 A 报警信息设置提出。

4.4.7 为新增条款。热控报警及保护联锁定值表应全面、细致、清晰：

a） 应包括单元机组所有的主辅机热工报警、联锁、保护条件，如机组主保护、RB 触发/复位条件、主辅机模拟量/开关量报警保护条件、主辅机硬接线保护条件等。

b） 应既能详实记录逻辑组态，又便于查阅。宜按控制系统记录报警及保护联锁条件；同一子控制系统内，保护条件和报警联锁条件宜独立记录；宜分列单独记录报警保护名称、测点编号、测量元件类型、报警/联锁/保护定值、逻辑关系、延时时间、动作结果、定值来源等。

c） 热控定值或保护联锁逻辑条件变化时应及时标注，与现场组态始终保持一致，两年期满经全面审核后重新发布。

5 防止热控独立装置事故编制说明

（一）总体说明

本章针对集团公司火电厂近年来热控独立装置故障造成机组非计划停运案例，结合国家、行业最新标准要求，提出了热控独立装置安装、参数设置、运行维护、检修消缺等环节重点注意事项。本章内容分为汽轮机、给水泵汽轮机数字式电液控制系统、汽轮机监视装置、汽轮机紧急跳闸系统三部分。

（二）条文说明

5.1 汽轮机、给水泵汽轮机数字式电液控制系统

5.1.1 为新增条款。由于电液伺服阀、LVDT 反馈线圈参与控制，如果发生开路、短路、接地及信号电缆破损等现象，会发生控制阀门不稳定或误动，影响机组稳定运行，所以在停机时，要彻底检查测试，必要时整改。【案例】2016 年 4 月 5 日，某电厂 7 号机组因 GV5 阀门 LVDT 反馈线松动引起高压调节汽门大幅剧烈摆动（100%～90%），造成高压调节汽门油动机进油管锁紧螺母根部油管焊缝因疲劳开裂而泄漏。

5.1.2 为新增条款。针对 Ovation 控制系统普遍存在的单 VP 卡及单 LVDT 反馈配置问题提出。

5.2 汽轮机监视装置

5.2.1 为新增条款。强调了对 TSI 检测元件的检定要求。【案例】2015 年 7 月 1 日，某电厂 1 号机组给水泵汽轮机前轴承 *Y* 向振动测点波动，导致测点振动大报警信号和跳闸信号误发，给水泵汽轮机跳闸，锅炉给水流量低，MFT 动作。给水泵振动测量装置采用德国申克品牌（BKV），将给水泵汽轮机振动探头送厂家进行检测，该批振动探头中多个探头灵敏度不合格。

5.2.2 为新增条款。通过校准及参数设置消除系统误差造成的测量失真。【案例】2016 年 11 月 8 日，西安热工研究院计量所对某电厂 1 号机组 TSI 进行了系统性校准服务，发现了大机

部分轴振、轴位移测点未远传至DCS画面、轴振测点量程设置过小、B给水泵汽轮机两个轴振测点接线错误、A给水泵汽轮机一个轴振测点接线端接触不良等重要问题，这些问题直接影响TSI系统测量的报警功能、准确性及动作可靠性。

5.2.3 为新增条款。避免中间接头松动、进入杂物等造成接触不良，或受干扰引发测量失准甚至保护误动。【案例】2019年1月3日，某电厂2号汽轮机1号轴承Y向振动测点频繁坏质量且示值波动大，汽轮机轴承振动大保护（单点保护）动作，2号汽轮机跳闸。检查2号汽轮机1号轴承Y向振动探头延长线接头，发现金属转换接头处松动，判断这一缺陷引发轴振波动大，保护动作。

5.2.4 为新增条款。强调对监测装置及回路的隐患排查。【案例1】某电厂风机振动监测盘接地不符合厂家要求，标准接地方式为3个接地点连在一起，通过一个统一的接地线接地，另外屏蔽线不能在现场及DCS侧接地。而实际风机振动监测盘内直流接地线接至邻柜内太细太长，中间还经过一个接线柱转接到另一侧的柜内交流接地排，再经多道中转才到直流接地母排，抗干扰能力不足。2014年7月5日出现干扰，使信号公共端电平变化，引起送风机振动信号突变跳闸。风机振动采用压电陶瓷速度探头，多次发生误动，原因不明，抗干扰能力较差。【案例2】2015年12月17日，某电厂1号汽轮机1号～7号瓦振突然异常升高，5号瓦两点振动均大于11.8mm/s，保护动作，汽轮机跳闸。汽轮机轴系监测系统VM600多个输入卡件报警灯有闪烁现象，VM600系统CPU模件上显示测量值在报警灯闪烁的同时有大幅变化，最大值达到20mm/s（瓦振量程范围为0～20mm/s）。检查瓦振隔离栅的“0”V母线端子排对地电压，发现对地电压不太一致。判断TSI VM600装置的地线跨接线接触不良，抗干扰能力下降，致使热控电源故障，1号～7号瓦振测量值异常升高，最终导致5号瓦振大于11.8mm/s，振动保护动作，机组跳闸。

5.2.5 为新增条款。明确对本特利3500和epro 6000系统的参数设置，避免因设置不当引发事故。对于本特利3500系统，在alarm mode设置框内的“alert”和“danger”选项中，如无特殊要求应选择“non latching”，不应选择“latching”。对于epro 6000系统，英文版组态软件的“latching activ”选项框，如无特殊要求应选择“no activ”；中文版组态软件的选项框应选择“闭锁”。【案例】2019年3月4日，某电厂1号机组TSI控制系统采用本特利3500装置，C修期间进行了DO卡件升级，升级后振动报警动作后锁定功能被重新开放，报警后振动小于254μm不自动复归。2019年1月1号机组调峰停机时，1号轴承Y向振动达到跳机值后输出锁定，运行期间1号轴承X向振动大于报警值后，“轴振大”保护误动，汽轮机跳闸。TSI系统升级后未按要求进行联锁保护试验，未及时发现TSI输出模块参数设置错误。

5.2.6 为新增条款。避免该信号引起保护误动作。针对集团公司内多家电厂单个6300测速模件故障导致机组超速保护动作停运提出措施：1）重新逻辑组态自TSI超速模件送出转速大于6380r/min的DO信号到DCS，在DCS中实现超速保护，不再采用目前TSI模件内TRIP回路参与保护方案；将原参与TSI跳闸回路的3个TRIP开关量信号作为报警点在DCS中保留，并送画面显示。【案例1】2015年5月8日，某电厂1号机组跳闸，SOE首出原因为“轴承振动大”停机。查看历史趋势，4瓦X向振动值为191μm（报警值为150μm），4瓦Y向振动值由110.16μm跳变至0.06μm。4瓦X向振动值大于报警值，4瓦Y向振动测点故障，满足了保护逻辑“一点振动大于报警值，同时另一点振动测点故障即动作”的内置固化逻辑条件。【案例2】2017年5月12日，某电厂6号机组9号轴承A、B两个瓦振信号超量程同时发坏点报警，通过 ETS 逻辑判断发出轴瓦振动大保护，汽轮机跳闸。TSI 装置瓦振探头采用 CA202 加速度传感器，信号传输使用电荷输出，信号灵敏度高，易受外界干扰。【案例 3】2017 年 7 月 23 日，某电厂 2 号机组 5 号、6 号轴承绝对振动探头和前置器受信号干扰，"通道 1 OK""通道 2 OK"信号同时消失 12s，汽轮机轴承振动大保护动作。检查轴承绝对振动保护逻辑，跳闸逻辑为同一轴（A 绝对振动高或品质坏）与（B 绝对振动高或品质坏），其中品质坏为（模拟量品质坏或通道 OK 取非），当两个通道 OK 信号消失后，本轴绝对振动高保护动作。【案例 4】2018 年 8 月 25 日，某电厂 6 号机首出"B 给水泵汽轮机 TSI 超速"跳闸。6B 给水泵汽轮机 TSI 转速 3 个模拟量信号同时坏质量，10s 后 TSI 转速 1 和 2 测点恢复正常，转速 3 仍故障，同时 TSI 模件上跳闸开关量信号未保持，判断 6B 给水泵汽轮机 TSI 转速 3 模件电源回路故障造成同一框架内另外 2 个模件同时重启，转速 3 模件同时故障，导致跳闸信号发出。

5.2.7 为新增条款。防止压电（晶体）介质的速度（加速度）传感器受干扰，引发保护误动。【案例 1】某电厂 2 号汽轮机轴振振动测量采用速度传感器。2013 年 6 月 1 日，8 号轴承测量系统故障，信号误发导致汽轮机跳闸。停机后，校验 8 号轴振探头、前置器、延伸电缆，发现探头不合格。【案例 2】2017 年 5 月 12 日，某电厂 6 号机组 TSI 装置瓦振探头采用 CA202 加速度传感器，信号传输使用电荷输出，信号灵敏度高，易受外界干扰。9 号轴承 A、B 两个瓦振信号超量程，同时发坏点报警，通过 ETS 逻辑判断发出轴瓦振动大保护，汽轮机跳闸。

5.2.8 为新增条款。依据转速信号是汽轮发电机组中最重要的测量信号（无论是控制或保护用），运行中一旦某一传感器或电缆及接头处出现问题（包括传感器固定不牢，连接接头及引线绝缘不良等）很难解决，一般只有在停机时才能更换或处理。因此，建议汽轮发电机组宜安装两套以上备用的传感器和信号引线电缆，这样在某个传感器或线路信号测量异常时，可快速以备用传感器及信号电缆代之。现在一般的机组控制或超速信号都分别由 3 个独立传感器测量构成，再以模拟量取中值或开关量"三取二"进行逻辑运算，无论哪种方式，只要在每个测量支架位置安装 2 个以上备用传感器，将其信号电缆引至前箱外即可。【案例】某电厂二期机组在投产初期，因施工质量原因机组前箱及发电机盘车处测速传感器发生多起信号中断或转速异常事件。因没有第二套备用传感器及信号电缆，缺陷处理困难。

5.2.9 为新增条款。针对集团公司内多家电厂相继发生的汽轮机盘车处转速异常事件提出，防止机组启动过程中转子上浮特别是轴系过临界时，盘车齿与转速传感器发生碰磨引起的转速波动，甚至超速保护误动。【案例】某电厂二期机组 110%超速磁阻式传感器安装在汽轮机转轴盘车齿轮上方，由于盘车电动机齿与汽轮机转轴上的盘车齿经常发生撞击，使汽轮机转轴上的盘车齿出现了机械损伤，产生了较大"毛刺"，致使机组启动时，尤其轴系过临界时，转子上浮，传感器前端与测速齿上的毛刺间歇性接触，造成 3 个测速传感器测量的转速值大幅跳变，由此多次发生因超速及转速偏差大或个别转速信号超保护值引起的跳机事件。

5.2.10 为新增条款。强调了 TSI 探头安装的规范性。推荐转速探头安装间隙在 0.8mm～1.2mm 之间，振动探头参考电压在 10V～12V 之间；推荐有效措施：测量探头配两颗螺帽，一颗定位用、一颗锁紧用，以防止探头松动。本特利公司生产的前置器接线端子存在隐患，应注意定期检查。

5.2.11 为新增条款。防止 TSI 探头延长电缆破损或断裂。绑扎宜用耐油材料，如白布带或单股铜芯线等。当机组润滑油中带水时，若传感器与延长电缆接头处密封不好，会造成接头处绝缘下降，间隙电压绝对值下降，引起测量误差甚至保护拒动或误动。若用热缩管作密封或绝缘时，宜使用2层以上热缩管做绝缘处理并在热缩管两端做好密封，防止热缩管遇油老化变形及破损。【案例1】2017年7月10日，某电厂1号汽轮机跳闸，跳闸首出记录为：轴瓦振动大保护动作。查阅历史曲线，5号轴承绝对振动5A、5B最高达33.07mm/s，导致机组绝对振动（瓦振）大跳机，其余1号、3号、4号、6号轴承绝对振动也有波动。前置器所在接线盒全部安装在汽轮机轴承两侧，最近的离转子不到1m，长期承受高温及振动，发生设备损坏及接线松动。且瓦振延长线现场安装不符合要求，5 号瓦振探头至前置器处电缆中间有接头且部分线缆未固定牢固。【案例2】某电厂二期机组投产后，4台给水泵汽轮机均因润滑油中带水，造成给水泵汽轮机前箱内轴位移传感器传感器与延长电缆接头处绝缘下降，继而间隙电压下降、给水泵汽轮机轴位移保护误动跳闸，后将上述传感器引线与延长电缆接头全部移到前箱外后得以彻底解决。

5.2.12 为新增条款。提出了TSI系统进行可靠性试验内容。

5.2.13 为新增条款。金属铠装电缆密封不严密，特别是穿过轴承箱金属壁时，润滑油易从铠装处流出，遇高温会有火灾风险，此处宜选用非铠装电缆传感器，若选用铠装电缆传感器，电缆穿过轴承箱金属壁时，应去除穿壁处的铠装电缆外壳，采用密封胶或橡胶圈对延长线缝隙紧缩密封。

5.2.14 为新增条款。提出了TSI信号转接端子箱的安装环境及端子接线的紧固性要求。

5.3 汽轮机紧急跳闸系统

5.3.1 为新增条款。根据DL/T 261—2012《火力发电厂热控自动化系统可靠性评估技术导则》第6.2.3.4款提出。【案例】2014年7月9日，某电厂ETS保护动作，首出为“MFT动作”。检查发现锅炉MFT跳闸信号发送到汽轮机保护ETS系统的触点信号仅有一路，误发信号，造成“炉跳机”保护动作。

5.3.2 为新增条款。ETS中使用BRAUN超速装置时，任意一个转速传感器故障或超速时，BRAUN 超速卡输出的跳闸触点会由闭合变为断开状态，会触发相对应的超速跳闸继电器动作。若BRAUN超速装置卡设置为定期自检，在卡件自检时也会模拟触发相对应的超速跳闸继电器动作。如果上述两种情况同时发生，会触发超速保护“三取二”动作，造成保护误动，安全隐患较大。

6 DCS网络安全及抗干扰措施编制说明

（一）总体说明

本章强调了国能安全〔2014〕161号《防止电力生产事故的二十五项重点要求》中对DCS网络安全的规定，并结合集团公司火电厂近年来DCS网络故障造成机组非计划停运案例，提出了DCS网络安全管理要求及DCS网络抗干扰措施。本章内容分为网络安全管理和抗干扰措施两部分。

（二）条文说明

6.1 网络安全管理

6.1.1 为国能安全〔2014〕161号《防止电力生产事故的二十五项重点要求》第9.1.5条，原文未修改。【案例】某电厂1号、2号机组A、B循环水泵出口蝶阀工作电源取自水工I段，失电后通过KA5继电器切换至2号机组UPS供电。2017年7月5日，2号工业水泵电动机端部线圈烧损，水工 400V 失电，循环水泵出口蝶阀关闭，联停循环水泵，汽轮机真空快速下降，2 号、1 号机组因真空低保护动作先后跳闸。

6.1.2 为国能安全〔2014〕161 号《防止电力生产事故的二十五项重点要求》第 9.1.9 条，原文未修改。

6.1.3 为新增条款。避免因布置安全管理平台（系统）引入的系统互连隐患。

6.1.4 为国能安全〔2014〕161 号《防止电力生产事故的二十五项重点要求》第 9.3.8 条，原文未修改。

6.1.5 为新增条款。明确了 DCS 数据备份的基本要求。

6.1.6 为新增条款。明确了 DCS 外设端口的使用要求。

6.1.7 为新增条款。强调了 DCS 密码管理。

6.2 抗干扰措施

6.2.1 为国能安全〔2014〕161 号《防止电力生产事故的二十五项重点要求》第 9.1.10 条，有修改。依据 Q/HN-1-0000.08.024—2015《火力发电厂燃煤机组热工监督标准》第 4.6.2.2 款、DL/T 5516—2016《火力发电厂集中控制室及电子设备间布置设计规程》第 4.1.2 条补充了电子间环境的具体要求。【案例】2013 年 4 月 13 日，某电厂 2 号机组脱硫 UPS 电源内部积灰严重，造成主工作电源接地放电，越级跳闸脱硫保安段，导致脱硫 DCS 系统失电，脱硫系统跳闸，锅炉 MFT。

6.2.2 为新增条款。防止强电串入损坏 PLC。【案例 1】某电厂 6 号机组 DEH 硬件系统采用的是 GE 公司 PLC。2016 年 12 月 8 日，干扰信号窜入 PLC 背板，造成 BC1 控制器故障离线，BC2 控制器所带 speed2 转速卡故障，控制器电源消失、离线。机组 P320 系统发“控制系统故障”，汽轮机跳闸。【案例 2】某电厂 7 号机组 ETS 系统采用上海汽轮机厂配套的莫迪康 PLC 系统。2017 年 6 月 28 日，受雷电天气影响，ETS 信号输入端串入强干扰信号，“油开关跳闸（207 开关）”信号误发，ETS 动作，汽轮机跳闸。

7 防止热控就地设备事故编制说明

（一）总体说明

本章在国能安全〔2014〕161 号《防止电力生产事故的二十五项重点要求》的基础上，针对取源部件、敏感元件及执行机构等缺陷多发实际情况，结合近年来集团公司火电厂机组非计划停运相关案例，提出了对就地热控设备安装、运行维护的要求。本章内容分为取源部件及敏感元件、执行机构两部分。

（二）条文说明

7.1 取源部件及敏感元件

7.1.1 为新增条款。温度开关无法监视被测温度实时值。

7.1.2 为新增条款。用于高温高压介质测温的热电偶，其配套的保护套管在安装后即成为承温承压设备的一部分，该部件涉及热控和机务两个专业，易出现两个专业都忽视的情况，对此特别提出要求。安装前必须对其材质、有无机械损伤和腐蚀情况进行检查确认，安装后应随本体设备进行承压和严密性试验合格，投运后应定期对保护套管及焊缝进行探伤检查，确保其可靠的承温承压强度，防止运行中保护套管发生泄漏或破损，造成危害；同时，热控专业应对热电偶元件与保护套管间的配合进行检查，确保元件正常的插入深度和可靠的接触面，保证测温的准确性。【案例 1】2013 年 9 月 18 日，某电厂 6 号机组主蒸汽管道保温有汽水漏出，拆保温检查发现汽轮机侧主蒸汽管道热电偶温度导管（ϕ36×6mm，材质为 316L；主蒸汽母管 ID457.2×47，材质为 A335P91）焊缝开裂，致使高温高压蒸汽泄漏，运行人员打闸停机。热电偶温度导管焊缝泄漏的主要原因是三期蒸汽管道生产厂家焊接质量问题，在焊接温度导管时，异种钢焊接工艺差，局部层间未熔合，经过一定时间运行，导致焊缝开裂，最终发生爆漏。【案例 2】2018 年 7 月 15 日，某电厂 4 号机组因甲侧主蒸汽管道上主蒸汽测温热电偶套管焊缝开裂，致使高温高压蒸汽泄漏，机组停运。

7.1.3　为新增条款。对热电偶冷端补偿温度设置上下限，可有效避免因补偿用热电阻及其接线的故障造成补偿温度虚高，导致所有被补偿温度信号超限，造成相关联锁设备的误动。【案例】2009 年 5 月，某电厂 6 号机组运行中，因热控检修人员在消缺过程中误动了 DCS 机柜内用于热电偶冷端补偿的热电阻接线端子，造成冷端补偿温度虚高，导致所有被补偿的磨煤机出口温度超限，联锁运行中的所有磨煤机跳闸，导致“锅炉失去燃料”保护动作，MFT 发信，机组跳闸。

7.1.4　为新增条款。强调了压力开关安装前的整定，防止定值失准。【案例】2019 年 4 月 3 日，某电厂 3 号机组 A 空气预热器主电动机跳闸，辅电动机联启失败，A 送风机、A 引风机、A 一次风机联跳，炉膛压力越限，锅炉 MFT。对 3 个压力保护用压力开关进行校验，动作值分别为 1.45kPa、1.65kPa 和 2.1kPa，定值严重失准。

7.1.5　为国能安全〔2014〕161 号《防止电力生产事故的二十五项重点要求》第 8.4.6 条，原文未修改。【案例】某厂 2 号机跳闸，发出 EH 油压低、EH 油泵 C 泵跳闸、发电机失磁、汽轮机和发电机跳闸等信号。运行人员抢合汽轮机、给水泵汽轮机直流事故油泵和发电机密封直流油泵，均启动正常。电气人员抢合 062a 开关成功，投入交流润滑油泵，停直流润滑油泵。电气人员抢合 062b 开关时，2 号发电机启动/备用变压器差动保护误动，1 号机组失去厂用电跳闸，全厂停电。2 号机交流润滑油泵失压，直流润滑油泵没有及时投入而使部分轴瓦断油烧损。事故后检查发现 2 号机组 1 号、2 号、5 号、6 号下瓦和推力瓦损坏严重。

7.1.6　为新增条款。依据 Q/HPI–1–023—2018《华能国际电力股份有限公司企业标准火电厂热控逻辑可靠性评估技术导则》第 4.4 节，强调了信号取源的冗余性和独立性。

7.1.7　为新增条款。强调了真空或风压仪表安装的规范性。【案例 1】2016 年 6 月 7 日，某电厂 3 号机组汽轮机跳闸，首出“低真空保护遮断”，跳闸前 3 号机背压 32kPa。就地检查 3 个压力开关管路，发现从汽轮机排气装置引出的长约 1.2m 水平管路向下倾斜，然后管路垂直向上至 12m 平台与压力开关对接。由于取样管路向下倾斜造成管路内积水，使仪表实测值偏小，影响了真空测量的准确性，造成保护开关误动。【案例 2】某燃气轮机电厂 3 号汽轮机凝汽器真空的相互冗余 3 个压力开关信号都取自一个取样管道上，每个开关装有排污阀并与两端封堵的排污集管连通。2017 年 8 月 2 日，机组启动时由于凝汽器真空低，开关 1、2 取样一次门关闭，开关 3 取样一次门微开，排污阀全开，与排污集管形成一个小真空系统。之后再机组运行过程中系统真空逐渐降低，凝汽器真空低开关 1、2 动作，3 号汽轮机跳闸。

7.1.8　为新增条款。避免仪表损坏时，油、汽泄漏。

7.1.9　为国能安全〔2014〕161 号《防止电力生产事故的二十五项重点要求》第 8.1.9 条、第 8.5.4 条，原文未修改。

7.1.10　为国能安全〔2014〕161 号《防止电力生产事故的二十五项重点要求》第 8.7.4 条，

原文未修改。

7.1.11　为新增条款。防范就地设备松动、老化、腐蚀、破损、堵塞、发热等异常情况发生。【案例 1】2012 年 11 月 3 日，某燃气轮机电厂 3 号燃气轮机入口导向叶片（IGV）连杆两端锁紧螺母松动，使得 IGV 连杆变长，导致燃气轮机控制系统发出的指令与反馈偏差大，引发保护跳机。【案例 2】2013 年 12 月 19 日，某电厂 5 号机组给水泵汽轮机低压调节阀位移传感器 LVDT1 固定螺栓松动，导致反馈变大，MEH 在自动调节时，发出逐渐关小低压调节阀指令，最终导致给水流量低，锅炉 MFT。

7.2　执行机构

7.2.1　为国能安全〔2014〕161 号《防止电力生产事故的二十五项重点要求》第 9.4.9 条，有修改，依据 DL/T 5512—2016《火力发电厂热控检测及仪表设计规程》第 5.2.2、5.2.3 条补充了执行机构在失去仪用气源、失去电源或失去控制信号时的动作要求。【案例】某电厂 6 号机组供热压力调节阀 LV1（进口阀门）卡件中设置有“反馈断线阀门关闭”的功能。2015 年 12 月 10 日，由于 6 号机组供热压力调节阀反馈电缆线虚接，造成该阀门全关，机组甩负荷，致使供热压力、供热流量快速升高，导致供热抽汽管道端部补偿器泄漏，运行人员打闸停机。

7.2.2　为新增条款。针对引风机出口门、真空泵入口门、循环水泵入口门等设备运行中不需经常开关的阀门。【案例 1】2016 年 10 月 4 日，某电厂 1 号机组发电机氢冷器冷却水调节阀前电动截止阀因执行器工作不稳定自动全关，发电机氢温高 48℃报警。运行人员手动开启氢气冷却器冷却水旁路电动截止阀，但冷氢温度快速上升至保护值 53℃，延时 1s 后汽轮机跳闸。氢气冷却器冷却水调节阀前电动截止阀两次发生自关现象。【案例 2】2019 年 9 月 20 日，某电厂 1 号机组脱硫吸收塔出口净烟气挡板电动执行器控制板腐蚀烧损，烟气挡板突然关闭，烟气流通阻断致炉膛压力持续正压，炉底喷烟，紧急打闸停机。就地检查，净烟气挡板防关定位销未锁定全开位。

7.2.3　为新增条款。防止高温、振动造成设备受损。

7.2.4　为新增条款。强调了电动执行机构的选型要求。【案例 1】2013 年 10 月 4 日，某电厂 2 号机组 B 引风机静叶调节机构电动头由于电动头电池电压低发生漂移，指示开度为全关，而静叶实际开度在 0°处（静叶行程为 $-75°\sim+30°$，0°对应叶片开度百分比约为 70%），B 引风机静叶实际开度在 67%情况下启动，锅炉进出风量差过大引发锅炉炉膛负压低 MFT 动作。【案例 2】2017 年 8 月 4 日，某电厂 2 号机组脱硝系统烟气加热器改造后，烟气加热器入口、出口及旁路执行机构力矩为 300Nm，小于阀门动作力矩，导致电动执行机构无法动作。更换大力矩电动执行机构，并加装压力平衡管路后动作正常。

7.2.5　为新增条款。强调公用的反馈信号电源线只能在控制柜端子排的上口并排短接，端子排下口出线必须是独立的，且电源正负线应冗余配置成环线。

7.2.6　为新增条款。设置机械限位块以满足定子冷却水最小流量要求。【案例】2013 年 5 月 21 日，某电厂 4 号机组因发电机定子冷却水压力调节阀定位器故障，定子冷却水压力调节门全关，发电机定子冷却水流量低保护动作，汽轮机跳闸。

7.2.7　为国能安全〔2014〕161 号《防止电力生产事故的二十五项重点要求》第 8.5.2 条，原文未修改。

7.2.8　为新增条款。加装模拟量变送器便于实时监视油压变化。【案例】2015 年 11 月 23 日，某电厂 2 号机组进行“AST 通道动作”实验。实验前，现场 ASP 油压表指示为 13MPa（正常油压值为 7MPa，报警油压值为 9.8MPa），其他运行参数正常。因未设计有 ASP 中间点油压远传变送器，运行人员未能及时发现中间点 ASP 油压异常工况，仍然进行 ASP 通道试验，导致汽轮机安全油压丢失，汽门关闭，汽轮机跳闸。

8 防止热控线缆及管路故障编制说明

（一）总体说明

本章在国能安全〔2014〕161 号《防止电力生产事故的二十五项重点要求》的基础上，针对热控线缆及管路常见故障，结合近年来集团公司火电厂机组非计划停运相关案例，提出了热控线缆及管路在安装阶段的故障预控措施、在检修阶段的改造措施。本章内容分为信号电缆、仪表管路两部分。

（二）条文说明

8.1 信号线缆

8.1.1 为新增条款。强调电缆的绝缘、防磨损措施。【案例 1】2015 年 5 月 24 日，某电厂 6 号锅炉脱硫原烟气挡板执行机构关指令信号线在阀门进线孔处磨损、虚接，误发关指令，造成原烟气挡板关闭，导致“锅炉压力升高”保护动作，锅炉 MFT。【案例 2】2018 年 8 月 18 日，某电厂 1 号机组灰库脉冲吹灰电磁阀电源电缆破损，经电缆桥架转角处接地打火，引燃电缆绝缘外皮，造成除灰室外 10m 平台电缆槽盒处着火，烧损槽盒内的两台引风机入口挡板控制电缆，误关入口挡板，两台引风机相继跳闸，“引风机全停”保护动作，锅炉 MFT。

8.1.2 为国能安全〔2014〕161 号《防止电力生产事故的二十五项重点要求》第 2.2.10 条，有修改。依据 Q/HN–1–0000.08.024—2015《火力发电厂燃煤机组热工监督标准》第 4.2.11 条，强调了“控制和信号电缆不应有中间接头，如必需则应按工艺要求对电缆中间接头进行冷压或焊接连接，经质量验收合格后再进行封闭；补偿导线敷设时，不允许有中间接头”。【案例 1】2012 年 3 月 22 日，某电厂 1 号机组 12 汽动给水泵主汽门热控电缆在电缆槽盒内有一接头绝缘老化，造成错误发出 12 汽动给水泵主汽门关闭信号，联关汽动给水泵出口门、12 汽动给水泵电动主汽门、联开了汽动给水泵再循环门，导致 12 汽动给水泵转数下降，轴向推力增大至 1.2mm，串轴保护动作，汽轮机跳闸。【案例 2】2014 年 6 月 24 日，某电厂 1 号汽轮机中排蝶阀反馈到 0 位，汽轮机跳闸，跳闸首出为“DEH 打闸”。经检查，发现中压缸排汽蝶阀控制箱 24V DC 电源线中间接头虚接，造成电源负端电源失去，使得蝶阀反馈变为 0。DEH 逻辑中设有纯凝工况的低压缸保护逻辑，即在纯凝工况下，中压缸排汽蝶阀开度小于 15%，120s 后汽轮机跳闸。

8.1.3 为 Q/HPI–1–02 3—2018《华能国际电力股份有限公司企业标准火电厂热控逻辑可靠性评估技术导则》第 5.1.6 条，原文未修改。

8.2 仪表管路

8.2.1 为新增条款。高温型伴热电缆加热温度可达 500℃以上，直接敷设在仪表取样管上极易将工艺介质加热，如两侧受热不均，将会影响到测量结果。集团公司内多个电厂均曾遇到此问题。【案例】某电厂 5 号机组给水流量取样管伴热更换为高温型伴热电缆后，给水流量经常发生异常跳变。经检查是差压取样管受热不均所致。将仪表管增加一层保温后，重新敷设伴热电缆，恢复外层保温投运后，再未出现测点跳变问题。

8.2.2 为 Q/HPI–1–023—2018《华能国际电力股份有限公司企业标准火电厂热控逻辑可靠性

评估技术导则》第 5.1.5 条，原文未修改。

9 防止热控电源/气源系统事故编制说明

（一）总体说明

本章在国能安全〔2014〕161 号《防止电力生产事故的二十五项重点要求》的基础上，针对集团公司火电厂近年来热控电源及气源系统故障造成机组非计划停运案例，结合国家、行业最新标准要求，强调了热控电源系统的冗余配置原则和报警功能的完善内容，提出了保证热控气源质量品质的具体措施。本章内容分为热控电源系统和热控气源系统两部分。

（二）条文说明

9.1 热控电源系统

9.1.1 为新增条款。依据 DL/T 774—2015《火力发电厂热控自动化系统检修运行维护规程》第 6.1.1.2.4 项、DL/T 261—2012《火力发电厂热控自动化系统可靠性评估技术导则》第 6.5.1.2 款提出。【案例 1】2016 年 8 月 7 日，某电厂 1 号机组 UPS 供电电源发生扰动，切至蓄电池供电后未能维持电压，造成 DCS 电源失去，锅炉 MFT。1 号机组 DCS 供电电源为两路 UPS 电源，两路 UPS 电源均取自 380V 电源的同一段母线，且 UPS 蓄电池带载能力不足。【案例 2】2018 年 12 月 22 日，某电厂 3 号机组 6kV 及 380V 厂用电电压突降，UPS 启动蓄电池组供电，电池组瞬间接带电流达 90A。电池组性能不佳，造成 UPS 输出电压瞬间降低，该 UPS 上所带的 4 个 AST 电磁阀动作，汽轮机跳闸。

9.1.2 为新增条款。依据 DL/T 774—2015《火力发电厂热控自动化系统检修运行维护规程》第 6.1.1 条、DL/T 5455—2012《火力发电厂热控电源及气源系统设计技术规程》第 3.4.3 条提出。【案例 1】2015 年 6 月 9 日，某电厂 4 号机组精处理 PLC 电源线松动，引起 PLC 短暂失电，精处理阀门失控，1 号、2 号精处理过滤器出入口门全关，电动旁路门未打开，造成凝结水中断，除氧器水位降低，给水泵振动大跳闸，导致汽包水位低，锅炉 MFT。【案例 2】参见 9.1.1 中【案例 1】。

9.1.3 为国能安全〔2014〕161 号《防止电力生产事故的二十五项重点要求》第 9.1.6 条、第 9.1.13 条，原文未修改。【案例 1】2016 年 11 月 23 日，某电厂 4 号机组检修调试中，由于“捞渣机摄像头 220V 电源”空气断路器短路，其短路瞬间电流大，越级引起上级 UPS 配电柜内至热工 220V 动力电源分配柜的空气断路器故障跳闸，UPS 主机柜“短路报警”，逆变器关断，UPS 失电，致使热控电子间 220V 电源失去，DCS 失电，DCS 操作员站和大屏幕黑屏。【案例 2】2017 年 11 月 8 日，某电厂集控楼自动消防系统发除灰楼电子间火灾报警。检查发现除灰控制系统 2 号程序控制电源柜内散热风扇电源线短路，导致程序控制电源柜供 PLC 的电源开关失电，PLC 系统掉电。

9.1.4 为新增条款。依据 DL/T 5455—2012《火力发电厂热控电源及气源系统设计技术规程》第 3.4.3.5 条、DL/T 261—2012《火力发电厂热控自动化系统可靠性评估技术导则》第 6.5.1.1 款提出。【案例】某电厂 1 号、2 号机组汽动给水泵的冷却水系统为公用系统，共 3 台循环水泵。循环水泵控制柜电源为两路电源（1 号机组化学 PCA 段和 2 号机组化学 PCB 段），两路电源手动切换。2017 年 8 月 12 日，2 号发电机失磁保护动作，机组跳闸，厂用电切换至启动备用变压器供电，化学 PCB 段（循环水泵控制柜的正常工作电源）短时断电，致使循环水泵控制器重置，循环水各调节汽门全部关闭，1 号机组汽动给水泵循环冷却水中断，汽动给水泵跳闸，最终导致汽包水位低保护动作。

9.1.5 为新增条款。依据 DL/T 261—2012《火力发电厂热控自动化系统可靠性评估技术导则》第 6.5.1.1 款提出，强调了操作员站配置电源的可靠性要求。电气侧电源已经具备抗浪涌功能的可不再单独配备抗浪涌装置。【案例 1】2016 年 4 月 9 日，某电厂二期 UPS 至 CEMS 电源变压器故障，引起 UPS 输出电压异常低至 63V，操作员站的两台电源切换装置均未切换至备用保安电源，导致二期脱硫 3 台操作员站计算机自动关机，机组失去监控。【案例 2】2018 年 11 月 17 日，某电厂 4 号机组 UPS 电压在 214V～217V 之间波动，使操作员站电源切换装置处于主、备用电源来回切换过程，输出电压瞬时失电，由于操作员站计算机电源切换装置主路电源均取同路 UPS 电源，导致 4 号机组集控室所有操作员站失电。

9.1.6 为新增条款。DCS 通信网络为完全独立的冗余配置，强调了交换机配置电源的可靠性要求。【案例】某电厂 3 号机组 DCS 交换机柜两路电源分别来自 UPS 和保安段，该两路电源经电源切换装置后送至 DCS 的 A 路通信交换机和 B 路通信交换机。2013 年 5 月 12 日，3 号机组交换机柜电源切换装置短路，造成 DCS 交换机柜失电，集控室所有运行操作员站同时出现 DCS 控制系统数据中断故障现象，运行人员紧急手动停机。

9.1.7 为新增条款。依据 DL/T 5455—2012《火力发电厂热控电源及气源系统设计技术规程》第 3.4.3.2、3.5.1.5 款，Q/HN–1–0000.08.024—2015《火力发电厂燃煤机组热工监督标准》第 4.1.4.8e）项提出。【案例 1】2014 年 4 月 10 日，某电厂 1 号机组汽轮机调速装置 505E 电源未冗余，供电不稳定、接地不良，造成芯片异常，汽轮机调速装置重启正常，汽轮机跳闸。【案例 2】2015 年 7 月 15 日，某电厂 7 号机组因电气 UPS 电源工作异常，输出电压瞬间降低，造成火焰检测器工作电压降低，发出“火焰分析单元故障”信号，火焰信号丧失，MFT 动作。火焰检测柜的两路电源分别来自 UPS 和保安段，该两路电源经电源切换装置后送至火焰检测柜装置。

9.1.8 为新增条款。根据集团公司内部分电厂 ETS 电源配置情况提出，西门子公司、艾默生过程控制有限公司、施耐德电气有限公司、菲尼克斯电气有限公司、魏德米勒公司等厂家电源并联均采用二极管。【案例 1】2012 年 9 月 6 日，某电厂 1 号汽轮机危急遮断系统 24V DC 电源装置其中一路故障，致使另一路输出电压降低，汽轮机危急遮断 PLC 因供电电压低运行异常，AST 电磁阀失电，汽轮机跳闸。【案例 2】2018 年 4 月 1 日，某电厂 2 号机组 ETS 的 B 路 24V DC 电源装置电感线圈烧损，输出二极管损坏，将 A 路 24V 电压拉低至 4.5V，导致 AST 电磁阀失电，主汽门关闭。【案例 3】2018 年 6 月 23 日，某电厂 9 号机组 DEH 两路 24V DC 电源装置先后出现带载能力下降，引起 DEH 控制柜电源中断，SDP 转速卡失电引起“110% 超速”保护动作，汽轮机跳闸。

9.1.9 为新增条款。目前，以新华控制技术有限公司的 XDPS–400/400+/400e 构建的 DEH 系统存在家族性问题，其控制机柜一般只配置了一对 24V DC 冗余电源，该电源既用于开关量输入信号，又用于汽轮机调节汽门的 LVDT 信号测量回路。当某一外部设备因故障造成强电沿开关量输入信号电缆窜入时，产生的干扰会通过 24V DC 冗余电源影响到 LVDT 信号测量回路，从而造成对汽轮机调节汽门控制的影响。增加一对 24V DC 冗余电源，专门用于汽轮机调节汽门设备的控制，可有效避免此类故障的发生。【案例】2018 年 1 月 6 日，某电厂 4 号机组有强感应电经送入 DEH 机柜的“汽轮机高压缸真空疏水阀电动执行器故障”信号电缆串入 24V DC 冗余电源系统，导致汽轮机高压、中压调节汽门闭环控制出现异常（晃动），影响机组正常运行。

9.1.10 为新增条款。强调 AST 电磁阀供电电源冗余配置。【案例 1】2017 年 4 月 4 日，某电厂 1 号机组 UPS 整流控制板故障，导致 UPS 主路电源进线开关跳闸，UPS 切至自动旁路运行。由于 UPS 电源切换装置切换值设置不合理，当电压降低至 187V 时给水泵汽轮机 METS 电磁阀瞬间失电打开泄油，同时电源切换装置动作。1A、1B 给水泵汽轮机 EH 油压建立的开关量信号消失，MEH 发出关闭给水泵汽轮机主汽门和调节汽门指令，给水泵汽轮机转速下降，电动给水泵联锁启动，勺管指令自动跟踪为 57%，给水流量低低，15s 后锅炉 MFT。【案例 2】2017 年 8 月 4 日，某电厂 4 号机组 UPS 装置输出板电解电容失效，发出“逆变器关机状态”告警，切至旁路电源过程中瞬时断电，AST 电磁阀失电，机组跳闸。

9.1.11 为新增条款。防止电源切换装置故障造成 AST 电磁阀同时失电动作，引起汽轮机跳闸。【案例 1】2016 年 12 月 8 日，某电厂 1 号机组 AST 电磁阀直流 220V 电源在热控侧为两路电源，在电气侧实为同一段母线出两路电源。该电气段母线上 220V 蓄电池组第 29 号蓄电池内部开路故障，导致整个蓄电池组无法供电，母线电压瞬间降低至零，AST 电磁阀失电，汽轮机危急遮断，锅炉 MFT。【案例 2】2019 年 5 月 3 日，某电厂 2 号机组因人员误操作造成热控直流电源消失，AST 电磁阀由该路电源单路供电，AST1、AST2、AST3、AST4 电磁阀线圈失电打开，汽轮机跳闸。

9.1.12 为新增条款。强调给煤机、给粉机电源的分组配置。【案例 1】2017 年 6 月 10 日，某电厂 6 号机组因电缆短路，引起锅炉 MCC B 段母线电压低，导致炉 MCC B 段所接带 4 台给煤机变频器低电压跳闸，锅炉燃烧急剧减弱，汽轮机主蒸汽阀入口温度低于 480℃，汽轮机跳闸。【案例 2】2017 年 11 月 23 日，某电厂 1 号机组锅炉电子间及工程师站中央空调换热器盘管堵头焊缝开裂，换热器水漏入 UPS 配电室，致使 UPS 逆变器主板故障。UPS 装置切至旁路运行方式，给煤机控制电源全部由 UPS 供电，未能实现无扰切换，导致 A、D、E 给煤机控制电源瞬间失电，给煤机跳闸，“失去主燃料”保护动作，锅炉 MFT。【案例 3】2019 年 8 月 22 日，某电厂除灰 DCS 控制柜 DI 卡件窜入 220V 交流电，造成该卡件烧损，引起该柜内其他卡件电源异常，导致由除灰 DCS 控制的空气压缩机 MCC 段电源开关的跳闸指令误发，空气压缩机 MCC 段工作电源开关跳闸。由于 9 台空气压缩机 PLC 控制电源全部由空气压缩机 MCC 段接带，空气压缩机 MCC 段故障失电后导致全部空气压缩机同时跳闸。压缩空气系统压力无法维持，最终 1 号、2 号机组手动停机。【案例 4】2019 年 8 月 28 日，某电厂 1 号机组 UPS 装置输出电压异常，造成给煤机控制器控制电源短时不正常，引起运行的 B、C、D、E 给煤机跳闸，触发锅炉“失去全部燃料”条件，制粉系统全停，锅炉 MFT。6 台给煤机控制电源全部取自同一 UPS 馈线屏，给煤机控制电源未冗余配置。

9.1.13 为新增条款。依据 DL/T 5455—2012《火力发电厂热控电源及气源系统设计技术规程》第 3.7.1 条提出，任意一路供电电源丢失、电源切换装置任一路电源丢失、查询电压电源故障等均应自动报警。【案例 1】某电厂 1 号机组 A、B 循环水泵出口蝶阀控制电源为水工 IA、IB 段切换后输入，电磁阀备用电源为 UPS 电源，每个蝶阀的电磁阀电源设计为两路 24V 直流电源模块冗余切换后分别供电。2017 年 11 月 9 日，1 号机组水工 400V I 段失电，电源冗余切换继电器动作正常，但由于 UPS 提供的 24V 直流电源柜内的接线端子松动，造成 A 循环水泵出口蝶阀液压油电磁阀 YV1、YV2 带电不正常，导致出口蝶阀关闭，循环水泵跳闸。B 循环水泵因逻辑时序问题未联启，造成循环水中断，真空低保护动作。【案例 2】2018 年 4 月

16 日，某电厂运行人员进行“循环水 400V 工作 B 段母线由联络倒至正常方式运行”操作时，循环水远程 I/O 柜电源由 B 路切至 A 路 MCC 供电。但由于 A 路 24V 电源模块输出端子接线松动、实际电源未输出，导致远程 I/O 控制柜失电，造成 2A、2B 循环水泵出口蝶阀控制电磁阀失电、2B 循环水泵未联启，循环水中断，凝汽器真空低，汽轮机跳闸。

9.1.14 为 Q/HPI–1–023—2018《华能国际电力股份有限公司企业标准火电厂热控逻辑可靠性评估技术导则》第 5.2.2 条第“(3)”项，原文未修改。【案例 1】2019 年 6 月 21 日，某电厂 6 号机组运行人员执行 B 磨煤机油站油泵切换定期工作，A、B 两台润滑油泵同时运行，运行中 B 润滑油泵堵转造成上级开关脱扣器动作跳闸，接在同一电源的两台润滑油泵动力电源消失，B 磨煤机跳闸，最终锅炉 MFT。【案例 2】2019 年 7 月 11 日，某电厂 7 号机组送风机两台润滑油泵控制电源总开关“K6”发生机械脱扣，造成润滑油站控制电源消失，送风机 1 号、2 号润滑油泵控制回路同时失电，运行的 1 号润滑油泵跳闸，备用的 2 号润滑油泵联启不成功，导致润滑油压低，送风机跳闸，锅炉 MFT。【案例 3】2019 年 9 月 22 日，某电厂 8 号机组 2 号给水泵引线盒处 B 相电缆击穿跳闸，1 号给水泵联启后造成 10kV 母线电压降低，两台引风机油站正在工作的主电源电压均降低，电源切换装置动作，引风机润滑油主泵跳闸备用泵联启。母线电压恢复后，引风机油站电源装置由备用切为主电源过程中，油站电源装置短时失电，两台已运行的备用泵跳闸，造成两台引风机所有润滑油油泵跳闸，两台引风机全停，锅炉 MFT。

9.1.15 为 Q/HPI–1–023—2018《华能国际电力股份有限公司企业标准火电厂热控逻辑可靠性评估技术导则》第 5.2.2 条第“(7)”项，原文未修改。【案例】2017 年 1 月 9 日，某电厂 2 号发电机 1TV 第一组二次小开关 B、C 相跳闸，造成 6 个有功功率变送器 B、C 相电压同时失去，导致送到 DCS 系统的发电机有功功率（71MW）与实际功率（220MW）有较大偏差，DCS 逻辑判断锅炉转湿态运行，储水罐液位保护投入，此时因压差为 0，判定储水罐满水，锅炉 MFT。

9.2 热工气源系统

9.2.1 为新增条款。依据 DL/T 5455—2012《火力发电厂热控电源及气源系统设计技术规程》第 4.1.2 条提出，增加了气源品质监视的要求，干燥塔出口至储气罐之间母管设在线露点仪。【案例 1】2014 年 9 月 28 日，某电厂 3 号机组汽动给水泵再循环气动调整门压缩空气减压阀堵塞，导致压缩空气压力偏低，再循环气动调整门开启，给水流量降为 0，汽包水位保护动作。【案例 2】2016 年 7 月 22 日，某电厂氨站蒸汽总管进汽调节阀定位器气源带油带杂质，导致定位器存在断气的现象，造成阀门全关。

9.2.2 为新增条款。依据 DL/T 5455—2012《火力发电厂热控电源及气源系统设计技术规程》第 4.2.6 条提出，增加了气源装置选型要求。

9.2.3 为新增条款。依据 DL/T 5455—2012《火力发电厂热控电源及气源系统设计技术规程》第 4.1.3、4.1.4 条提出。

9.2.4 为新增条款。依据 DL/T 5455—2012《火力发电厂热控电源及气源系统设计技术规程》第 4.2.4 条提出，补充增加了过滤减压装置和过滤减压阀应定期排水要求。【案例】2015 年 1 月 16 日，某电厂 3 号机组 A 磨煤机出口门就地误动磨煤机跳闸。检查发现空气过滤器过滤效果较差，仪用气品质不高，未过滤合格的仪用气进入磨煤机出口门先导阀回路，引起电磁阀误动作，磨煤机跳闸。

9.2.5　为新增条款。提出了空气压缩机的启停联锁要求。

10　热控系统检修维护编制说明

（一）总体说明

本章在国能安全〔2014〕161 号《防止电力生产事故的二十五项重点要求》的基础上，针对集团公司火电厂机组非计划停运相关案例，结合国家、行业最新标准要求，强调了热控检修工作的标准化、规范性管理要求，提出了设备维护及消缺过程中防止人为误操作的措施。本章内容分为管理要求、防误操作、就地设备维护三部分。

（二）条文说明

10.1　管理要求

10.1.1　为国能安全〔2014〕161 号《防止电力生产事故的二十五项重点要求》第 9.4.13 条，有修改，删除了热控保护联锁试验的要求。【案例 1】2013 年 3 月 25 日，某电厂 3 号机组启动前未进行循环水泵保护联锁试验，未及时发现 3B 循环水泵出口门关闭保护逻辑错误引用为 3A 循环水泵出口门状态。3A 循环水泵启动时出口门开启至 13.5°后自动关闭，10s 后出口门关闭保护动作，引起 3A 和 3B 循环水泵均跳闸，“真空低”保护动作，汽轮机跳闸。【案例 2】2015 年 5 月 24 日，某电厂 1 号锅炉 1 号增压风机在脱硫系统检修后未进行增压风机保护联锁试验，未及时发现保护定值设置错误（增压风机前轴承温度跳闸保护定值为 100℃，而实际保护跳闸值设置为 80℃）。7 月 16 日，1 号增压机电动机前轴承温度升高到 80.4℃，增压风机跳闸，锅炉 MFT。【案例 3】2017 年 3 月 20 日，某电厂 6 号机组因启动前只进行了开关短接试验，未进行实际传动试验，未及时发现压力开关取样回路上试验电磁阀卡涩。一次调频信号频繁动作时致使 4 个 GV 调节门同步大幅波动，造成 EH 油系统油压快速下降，油压降至 11.2MPa 时压力开关未动作，造成 2 号 EH 油泵未联启，“EH 油压低”保护动作，汽轮机跳闸。

10.1.2　为新增条款。规范热控联锁保护试验行为，避免试验操作的随意性。

10.1.3　为 Q/HPI–1–023—2018《华能国际电力股份有限公司企业标准火电厂热控逻辑可靠性评估技术导则》第 5.2.3 条第“（16）”项，原文未修改。

10.1.4　为新增条款。规范液位测量平衡容器及装置的投运操作，避免重要液位信号失真造成保护误动。【案例】2019 年 7 月 23 日，某电厂 1 号机消缺时未认真按《热控设备检修规程》中久停未用的液位开关投运前应“进行管路冲洗，直至管道冒出干净水且无气泡为止”的相关规定操作，没有对变送器取样管路充分注水冲洗。开启三段抽汽至 6 号高压加热器进汽阀时，瞬间进汽对差压式液位变送器正压侧压力产生扰动，导致液位测量值严重失真，加热器液位升至 6462mm、4768mm，高压加热器液位保护动作（大于 4870mm），汽轮机跳闸。

10.1.5　为国能安全〔2014〕161 号《防止电力生产事故的二十五项重点要求》第 9.4.6 条，原文未修改。

10.1.6　为新增条款。强调储备 DCS 应急备件、制定完善的设备更换安全技术措施。【案例】2019 年 9 月 23 日，某电厂 6 号机组 DCS 服务器、交换机故障，更换时引起 AP606 主、辅控制器同时停运。由于未考虑到控制器重启时输出指令可能清零，引起烟冷器系统调节门关闭，导致凝结水水量减少，除氧器水位低，汽动给水泵跳闸，给水流量低保护动作，锅炉 MFT。

10.1.7　为新增条款。依据 DL/T 774—2015《火力发电厂热控自动化系统检修运行维护规程》

第 4.1.2.5 款提出。【案例】2013 年 12 月 4 日，某燃气轮机电厂 3 号机组 TCS 小室中负责汽轮机控制系统与余热锅炉控制系统数据交换的 AP375 光电转换器上一个网络接头接触不良，产生大量错误代码，使得与之有通信数据交换的公用系统网络数据陡增，进一步造成了 1 号、2 号机组控制系统网络阻塞，出现“红屏”，最终导致 3 号机组跳闸。

10.1.8 为新增条款。针对 DCS 检修工作中存在的缺项、漏项问题提出检修质量要求。

10.1.9 为新增条款。DCS 巡检工作内容要求不一，不注重故障信息查看、不注意控制器切换等异常情况，会延误问题的及时处理。

10.2 防误操作

10.2.1 为新增条款。对照图纸进行盘内作业可有效避免误操作。【案例】2009 年 4 月 13 日，某电厂 4 号机组因滤网差压高开关动作造成 B 汽动给水泵跳闸。检查发现汽动给水泵两个滤网差压开关的实际接线与改造时设计图纸不一致，报警开关与保护开关线接反，当滤网差压达到报警值时，发出跳闸信号，汽动给水泵跳闸。

10.2.2 为新增条款。依据 Q/HN–1–0000.08.024—2015《火力发电厂燃煤机组热工监督标准》第 4.3.7 条提出，强调了人机接口系统的隔离、授权使用及标识。

10.2.3 为新增条款。为避免运行中发生工程师站误动设备、查看数据人员误动设备等问题，从管理上予以禁止防范。

10.2.4 为新增条款。机组运行中，DCS 逻辑组态修改、信号模拟、保护投退等工作是不可避免的，热工人员误操作问题仍时有发生。为避免误操作，建议在分级授权管理的基础上，编写相应操作卡，详细规定操作步骤、模拟/修改逻辑信号的页码和块号等，工作时按照操作卡步骤，一人操作一人监护，可有效杜绝人员误操作事件。【案例 1】2017 年 6 月 12 日，某电厂进行 5 号机组 10 号循环水泵电动机更换后的保护联锁试验时，误将 9 号循环水泵的保护定值修改，造成 9 号循环水泵跳闸，循环水母管压力低至 0.04MPa，手动停机。【案例 2】2017 年 8 月 27 日，某电厂 5 号机组停机前申请解除部分保护。热工人员解除主保护“锅炉给水流量低于 97kg/s”时，误将“给水流量低输入信号”置“1”，导致给水流量低保护动作，机组跳闸。【案例 3】2017 年 9 月 23 日，某电厂 1 号机组检修后进行机、炉、电大联锁试验时，热工人员误将 2 号机组两个主汽门关闭，导致 2 号机组跳闸。

10.3 就地设备维护

10.3.1 为国能安全〔2014〕161 号《防止电力生产事故的二十五项重点要求》第 9.4.11 条，强调了重要控制、保护信号应有充分的就地防护措施。【案例 1】2014 年 1 月 3 日，某电厂 4 号机组高压下缸温度取样法兰漏汽，在高温的作用下 4 号机高压遮断电磁阀电缆线芯绝缘融化，造成电缆短路，4 号机高压遮断电磁阀失电，主汽门关闭，发电机跳闸。【案例 2】2014 年 6 月 29 日，某电厂 5 号机组汽机房屋顶漏雨严重，AST 遮断电磁阀线圈与接线端子为分体结构（类似航空插头），无防水功能。雨水滴落在 AST 遮断电磁阀内，造成电磁阀线圈短路，ETS 系统失电，汽轮机跳闸。【案例 3】2015 年 7 月 3 日，某电厂 5 号机组空冷系统水轮机导叶限位开关因长期处于潮湿环境，触点虚接，导致“水轮机导叶关到位”信号误发。运行人员发现水轮机解列后，为防止水轮机超速损坏，紧急关闭水轮机入口电动门，造成循环水回水流量急剧下降，真空快速下降，低真空保护动作，汽轮机跳闸。【案例 4】2017 年 2 月 3 日，某电厂 5 号机组 F 磨煤机出口的 3 号角粉管一处焊缝断开，煤粉向上飘至高温的二次风道（314℃）膨胀节发生自燃，将相邻的炉侧电缆桥架内的部分电缆烤焦，引发炉膛全火焰丧失信号误发，锅炉 MFT。【案例 5】2017 年 2 月 16 日，某电厂燃气轮机除冰阀电缆经长时间高温烫损，绝缘老化造成信号线接地，1 号、2 号卡件供电开关跳闸，燃油回油阀关反馈丢失（两个关反馈分别接入到 1 号、2 号卡件中，开反馈接入 5 号卡件取反），引起合成气紧急关断阀、隔离阀关闭，1 号燃气轮机跳闸。【案例 6】2017 年 5 月 26 日，某电厂 1 号机组中压联合汽阀全关活动试验操作时，A 侧中压主汽门全关信号行程开关拐臂弹簧锈蚀未复位，A 侧中压主汽门在全开位时全关信号仍存在，与实际状态相反，B 侧中压调节汽门接近全关时，“再热器保护”动作，锅炉 MFT。【案例 7】2018 年 10 月 7 日，某电厂 3 号机组一次风机润滑油压力低压控开关进线口使用绝缘胶带密封，存在缝隙。夏季天气热，潮气进入压控开关，造成触点锈蚀，触点短接，开关误动，A 一次风机跳闸。A 一次风机跳闸后，一次风母管压力突降，3 台磨煤机火焰检测信号不稳，相继跳闸，锅炉燃烧急剧恶化，负荷快速降低，机组进入湿态运行。由于储水箱容积较小，水位调整困难，而燃烧波动较剧烈，造成储水箱水位低跳炉水循环泵，最终主给水流量低保护动作，锅炉 MFT。【案例 8】2019 年 4 月 6 日，某电厂 4 号机组空冷系统安全放水阀开到位信号误发，1 号循环水泵跳闸，空冷系统 1 号～6 号扇形段同时排水，发“空冷保护故障”信号，主汽门、调节汽门关闭，汽轮机跳闸。安全放水阀行程开关环境潮湿、通风不畅、温度偏高湿度大，日常空冷冲洗时水渗入开关内部，行程开关受潮使绝缘降低，开到位触点短路闭合，造成安全放水阀开到位信号误发。

10.3.2　为新增条款。防止高温高压隔离门因焊接方式不当造成泄漏，并提出了防止排污门、取样二次门泄漏的措施。【案例】2012 年 8 月，某电厂 2 号锅炉过热蒸汽压力变送器取样一次门泄漏。检查发现该一次门采用承插焊接，焊接处没有坡口且焊肉较少，长期高压运行后发生泄漏。

10.3.3　为国能安全〔2014〕161 号《防止电力生产事故的二十五项重点要求》第 8.7.10 条，原文未修改。

10.3.4　为新增条款。防止设备高温损坏。【案例】2016 年 1 月，某燃气轮机电厂因天然气辅助截止阀的电磁阀长期处于高温环境运行，导致线圈损坏电磁阀关闭，致使天然气压力低，3 号机跳闸，4 号机联跳。

10.3.5　为新增条款。提出了伴热系统运行、维护要求。【案例 1】2016 年 1 月 24 日，某电厂环境温度低于－10℃，风力 9 级以上，取样管的电伴热效果较差。2 号机组省煤器入口给水流量 3 组独立取样管有两组负压侧冻住，导致给水流量显示值突升，给水泵 2B、2A 先后因入口流量低而跳闸，“所有给水泵停”保护动作，锅炉 MFT。【案例 2】2016 年 1 月 25 日，某电厂 2 号机组除氧器层环境温度为－19.3℃，西北风 4 级，导致除氧器水位冷凝筒体结冻。除氧器水位测点下降，低于除氧器水位低保护定值（1500mm），A、B 给水泵汽轮机跳闸，C 给水泵联启失败，“汽包水位低”保护动作，锅炉 MFT。

中国华能集团有限公司
CHINA HUANENG GROUP CO., LTD.
中国华能集团有限公司火电专业反事故措施标准汇编
Q/HN-1-0000.08.076—2020

技术标准篇

火电厂防止化学事故重点要求

2020 - 06 - 01 发布
2020 - 06 - 01 实施

目　次

前　言

为进一步加强电力生产安全风险预防控制，提高电力生产可靠性，有效防止火电厂水汽系统热力设备及化学设备事故的发生，在国家能源局《防止电力生产事故的二十五项重点要求》的基础上，结合中国华能集团有限公司系统内水汽系统热力设备及化学设备事故案例，编制本标准。

本标准由中国华能集团有限公司生产管理与环境保护部提出。

本标准由中国华能集团有限公司生产管理与环境保护部归口并解释。

本标准起草单位：西安热工研究院有限公司。

本标准起草人：柯于进、曹松彦、杨俊、陈浩、刘炎伟、李鹏、宋飞

本标准审核单位：生产管理与环境保护部、浙江分公司、南方分公司、华东分公司、东北分公司、福建分公司、安徽分公司。

本标准主要审核人：陈戎、陈裕中、林心光、沈保中、庞胜林、曹士海、何文斌、何高祥、张兴仁、吴善森、张美英。

本标准审定：中国华能集团有限公司技术工作管理委员会。

本标准批准人：邓建玲。

本标准为首次制定。

火电厂防止化学事故重点要求

1 通用要求

1.1 加强设备台账管理。应建立水汽循环系统主要热力设备及化学系统的主要设备台账，并写明主要附属设备信息。每次化学设备缺陷处理，备品备件更换、主要热力设备化学清洗及结垢、积盐、腐蚀状态检查等主要工作应有明确记载，掌握设备状态，便于后续设备状态评价和检修安排，实现动态管理。

1.2 加强文件资料管理。应加强水汽质量查定记录台账，电力用油油质分析记录台账，水质全分析记录台账，循环水水质分析记录台账，化学运行设备进、出水水质分析记录台账，机组检修热力设备结垢、积盐和腐蚀化学检查台账，机组冷态启动水汽质量分析记录台账，大宗材料验收记录台账，化学清洗报告，水汽优化试验报告以及循环水动态模拟试验报告等文件资料的管理，应安排专人管理，确保资料的完整性和连续性。

1.3 应建立实验室仪器仪表清单及维护、检验检定台账。应定期对实验室水、煤、油、气的分析仪器进行检定和校验，分析天平、分光光度计、便携式氢气纯度仪、便携式氢气湿度仪、工业分析仪、测硫仪应每年至少定期检验检定一次；量热仪的检定包括热容量重复性和热值误差以及燃烧氧弹安全性能检验，应每 2 年至少检验检定一次；所有检验检定应要求出具检验检定报告，并归档管理。

2 防止原水混凝、澄清、石灰预处理效果不佳，导致后续膜系统设备污堵、循环水系统结垢

2.1 应根据电厂水源和原水水质（浊度、悬浮物、有机物、碳酸盐硬度、铁、锰等）及处理水量，选择适宜的预处理工艺和设备。地表水和海水宜采用混凝澄清+机械过滤处理工艺；城镇中水、循环水排污水作为化学补给水水源时，宜优先选择石灰混凝澄清+机械过滤工艺，并另设备用水源；若原水中的铁、锰含量不满足后续水处理工艺进水要求时，应设置除铁、除锰设施。

2.2 预处理系统水源若为低浊度水，澄清池（包括絮凝沉淀池，下同）宜设置污泥回流或污泥添加系统。澄清池进水为循环水排水时，为避免因机组负荷变化导致水温波动引起的翻池，澄清池进水可考虑使用多路水源。此外，运行中还应防止因进水流量短期波动过大而导致翻池。

2.3 运行人员应每天对澄清池进行定期巡检，或安装摄像头进行实时监控，并手工分析澄清池的进、出水浊度和反应区泥渣沉降比，总结出水浊度与澄清池流量、混凝剂加药量、进水浊度之间的规律，及时调整澄清池的运行工艺，包括混凝剂加药量、排泥时间等。澄清池的出水浊度宜控制在 5NTU 以下。

2.4 澄清池中损坏或塌陷的斜板应及时更换，斜板上方沉积的污泥应及时清理，以保证分离区的泥水分离效果。同时预处理系统应采取必要的杀菌灭藻措施以防止微生物滋生。后续工艺如采用膜法处理，澄清池中不宜投加助凝剂聚丙烯酰胺。

2.5 采用石灰处理时，运行人员应每天手工分析澄清池进、出水酚酞碱度，甲基橙碱度，总硬度，pH 值，并根据原水碳酸盐硬度的去除率及时调整石灰加药量，避免因石灰处理效果不佳导致出水碱度、硬度偏高，增加后续循环水系统的结垢风险。澄清池反应区应安装在线 pH 表，pH 值的参考控制标准为 10.1～10.3。石灰处理系统出水若用于循环水系统，应加酸调节 pH 值至 7.5～8.3；若用于锅炉补给水系统，应调节 pH 值满足膜系统进水要求。

2.6 应选用优质石灰，质量标准需满足 HG/T 4120—2009《工业氢氧化钙》合格品的要求，石灰纯度应达到 90%以上。石灰系统应采取必要的措施防止粉仓、给料机等处发生板结，如加装防潮、振打设备等。石灰加药系统宜设置单独的石灰配药箱和加药箱，保证每次石灰乳的配药浓度基本恒定。石灰系统的所有加药管路应配备水冲洗系统，石灰系统停运前应对管路进行冲洗，防止系统停运后石灰乳的堵塞。石灰药箱也要及时排污，避免砂粒、杂质等污堵管路及磨损加药泵。

2.7 应做好预处理系统设备的日常维护和检修工作，保证污泥脱水系统和石灰加药系统正常投运，澄清池正常排泥。

3 防止过滤和超滤设备异常运行，导致出水水质劣化和出力下降，影响后续设备运行

3.1 加强过滤设备滤料的质量控制

3.1.1 无烟煤和石英砂入厂验收时应进行酸性、碱性和中性溶液的化学稳定性试验。大理石和白云石应进行碱性和中性溶液的化学稳定性试验。用于离子交换器、活性炭过滤器垫层的石英砂，应符合以下要求：

1） 纯度：二氧化硅不小于 99%；

2） 化学稳定性试验合格。

3.1.2 活性炭应进行物理性能指标、有机物吸附性能指标和余氯的吸附性能指标检验。

3.2 超滤进水

3.2.1 超滤膜过滤进水宜为砂滤出水。

3.2.2 应采用预处理合格的水，压力式超滤进水浊度应小于 5NTU，其他超滤进水水质应满足膜厂家的设计要求，防止超滤进水浊度高，引起超滤膜的快速污堵。

3.2.3 水源为中水、循环水排污水或海水时，宜优先选用浸没式、不会断丝、抗污染能力强和使用寿命长的陶瓷超滤膜。

3.3 加强过滤设备的运行维护

3.3.1 过滤设备应避免超设计最大出力运行，防止出水水质变差或设备损坏。

3.3.2 过滤设备的压差或出水水质达到反洗条件时，应及时进行反洗。

3.3.3 超滤应有防止膜断丝的措施，超滤应装设虹吸破坏阀、母管排气阀等防水锤的设施。

3.3.4 超滤化学加强反洗时，根据产品手册选择酸、碱和杀菌剂的种类及药量，反洗入口和反洗出口的药品浓度，应符合产品手册的要求。采用海水水源，超滤化学加强反洗时应避免钙、镁离子结垢导致污堵。

3.3.5 超滤压差达到化学清洗条件时，应及时进行化学清洗。化学清洗前编写化学清洗方案，满足清洗质量要求。化学清洗过程中应全程监督清洗时的水温、流量、药品浓度及 pH 值等指标。

3.4 加强反渗透保安过滤器运行压差的控制

保安过滤器运行压差快速增长，滤元更换频次高时，应及时分析原因，检查超滤至保安过滤器管道、水箱防腐层是否脱落，检查超滤膜是否有断丝、损坏，优化调整混凝澄清预处理运行方式，必要时投加杀菌剂，防止保安过滤器压差快速增长。

4 防止反渗透、电除盐及离子交换设备异常运行，导致出水水质劣化、出力下降，不能保证除盐水的正常供应

4.1 电除盐系统应设计防止氢气爆炸的安全设施

4.2 防止反渗透膜被氧化、脱盐率严重下降

4.2.1 在预处理系统投加氧化性杀菌剂后，应计算和杀菌剂反应所需的还原剂量，在超滤出口投加过量的还原剂，确保反渗透入口余氯为0mg/L。

4.2.2 不应单纯根据反渗透进水的在线氧化还原电位仪表数值自动加入还原剂，应手工取样分析余氯含量，并定期校验氧化还原电位仪表，找出氧化还原电位仪表和所用水源中各种不同药剂及不同余氯的对应关系，作为监测余氯含量的参考，并在上位机设置报警。

4.2.3 反渗透与超滤系统公用化学清洗装置时，在反渗透清洗入口门处加堵板，防止清洗隔断阀门不严，氧化性杀菌剂漏到反渗透系统。

4.2.4 二级反渗透浓水应回收至超滤水箱顶部，防止反渗透浓水止回门不严，超滤水箱中氧化性水经过回水管进入反渗透系统。

4.3 防止反渗透膜快速污堵、运行压差快速增长

4.3.1 反渗透进水水质应满足反渗透膜元件的进水要求，采用超滤或微滤工艺，正常运行时污染指数值小于3；常规过滤，污染指数值小于5。

4.3.2 应根据反渗透进水水质，选用合适的阻垢剂种类和药量，按要求投加阻垢剂，防止反渗透膜结垢后引起压差增大、脱盐率下降的问题。

4.3.3 更换阻垢剂前，应向阻垢剂供应商提供水质全分析报告和预处理所使用的混凝剂种类，供应商应提供阻垢方案和类似水质的应用证明。

4.3.4 反渗透系统应调整合适的产水回收率。

4.3.5 阻垢剂、还原剂和非氧化杀菌剂的加药量应根据投用的反渗透装置单元数量和单元进水量进行调整。应在自控程序中设计和实现自动调整功能。

4.4 防止电除盐被氧化，造成不可逆性能损坏

4.4.1 电除盐进口余氯应为0mg/L。

4.4.2 电除盐与超滤系统公用化学清洗装置时，在电除盐清洗入口门处加堵板，防止清洗隔断阀门不严，氧化性杀菌剂漏到电除盐系统。

4.5 加强反渗透和电除盐设备的运行维护

4.5.1 反渗透和电除盐设备应避免超设计最大出力运行，防止出水水质变差或设备损坏。

4.5.2 电除盐流量必须高于最低值时才能通电，流量低于设定的最低值时，应紧急保护停运设备。

4.5.3 反渗透和电除盐在压差、出水水质等指标达到化学清洗条件时，应及时进行化学清洗。化学清洗前编写化学清洗方案，满足清洗质量要求。化学清洗时，药品选择及清洗参数控制应符合反渗透和电除盐厂家推荐的要求，清洗过程中应全程监督清洗时的水温、流量、药品

浓度及 pH 值等指标。

4.5.4 应保证反渗透和电除盐设备的仪表正常运行，能准确监控反渗透和电除盐设备的运行压力、压差、流量、水质、回收率和脱盐率等参数。

4.6 离子交换设备的运行要求

4.6.1 离子交换设备应在设计的出力范围内运行，防止出水水质变差或设备损坏。

4.6.2 应加强对离子交换树脂再生用盐酸、氢氧化钠和硫酸等药品的验收，确保质量满足设计要求。阳树脂再生用盐酸应为工业合成盐酸。

4.6.3 加强树脂的性能检测，定期对进酸、碱装置和配水装置进行检查，防止进酸、碱装置和配水装置损坏造成树脂跑漏的问题。

5 防止因凝结水精处理系统及附属设备运行异常导致水汽品质劣化、非计划停机

5.1 防止单级粉末树脂覆盖过滤器粉末树脂和纤维粉漏入凝结水系统导致水汽品质劣化、后续给水前置泵滤网堵塞、非计划停机。

5.1.1 避免凝结水泵由变频切换为工频运行过程中，因凝结水量突增造成过滤器粉末树脂、纤维粉漏入凝结水系统，引起非计划停机。宜采用以下措施避免事故发生。

a） 优化凝结水泵从变频到工频的切换过程，防止出现瞬时流量突增导致过滤器压差超标。

b） 增设或完善过滤器压差联锁保护逻辑和定值，当过滤器压差超过 0.175MPa（或根据设备厂家、滤元厂家的规定），延时 1s～3s，开启旁路门后关闭过滤器进水门，或在凝结水泵切换前提前旁路过滤器。

c） 过滤器铺膜时，应再循环充分，并取循环回水检查，要求无粉末树脂、纤维粉。

d） 过滤器投运前，执行低压满水步序，液位开关动作后，应延时 30s 或现场检查确认过滤器为满水状态，过滤器升压过程中当进水母管和过滤器内部压差满足要求时，再开启进水门。

e） 宜在过滤器出口加装检漏装置，当发现装置中有粉末树脂、纤维粉时，应立即解列该台过滤器，并安排检查。

5.1.2 避免过滤器因单次爆膜效果差而反复爆膜导致滤元损坏、松动等引起粉末树脂、纤维粉泄漏，应采用以下措施优化过滤器爆膜效果。

a） 爆膜过程中压缩空气的压力应达到设计值；进气爆膜前应检查过滤器进气门前压缩空气压力。

b） 进气爆膜前应确认水位达到设计高度。

5.1.3 应关注过滤器投运初期水汽品质的变化，当出现炉水 pH 值降低、氢电导率升高，蒸汽氢电导率升高等现象时，应立即解列该台过滤器，并安排检查。

5.2 当粉末树脂覆盖过滤器运行周期异常缩短时，宜采用下列措施延长过滤器的运行周期。

a） 设置 2×100%凝结水量过滤器的机组，正常运行时宜投运全部 2 台过滤器，设置 3×50%凝结水量过滤器的机组，正常运行时宜投运全部 3 台过滤器。

b） 若压差过大，且通过爆膜不能恢复滤元性能时，应对滤元进行化学清洗或更换。

c） 通过增加过滤器导流筒、优化铺膜参数等方式，改善过滤器铺膜效果。

5.3 加强对新入厂粉末树脂的质量验收；更换粉末树脂厂家前，应对粉末树脂的溶出物含量

进行检测，防止因溶出物含量大，导致粉末树脂覆盖过滤器投运后水汽品质出现异常。

5.4 应对过滤器用滤元的质量进行入厂验收。

5.5 应根据单台过滤器进、出水铁含量及压差或运行经验确定前置过滤器反洗周期；机组冷态启动，应加强前置过滤器反洗，一般不超过一周。通过反洗无法恢复前置过滤器除铁性能时，应对滤元进行化学清洗或更换。

5.6 每周对过滤除铁装置进、出水铁含量检测一次，若连续出现出水铁含量明显大于进水铁含量时，应安排开罐检查，查看滤元底部端盖和接头是否有损坏或松动、滤元表面是否有明显破损等现象，并更换损坏滤元。

5.7 机组正常运行时，过滤装置应投入运行，不应旁路。

5.8 防止凝结水精除盐系统运行、再生控制不当导致水汽品质劣化。

5.8.1 凝结水精除盐设备应能正常运行，精除盐设备阳树脂应氢型方式运行。高速混床出水电导率应不大于 0.1μS/cm；串联阳床+阴床（阳床+阴床+阳床）系统，控制一级阳床出水电导率应不大于 0.3μS/cm，末级设备出水电导率应不大于 0.1μS/cm。

5.8.2 运行中应准确统计混床的实际周期制水量，按照给水加氨量、阳树脂工作交换容量、设计装填体积，估算混床设计周期制水量，若实际周期制水量明显低于设计周期制水量时，应分析原因予以解决。

5.8.3 宜采用下列措施提高精除盐设备的周期制水量，避免精除盐设备阳树脂铵化运行。

a） 通过窥视孔查看精除盐设备运行时树脂面的平整情况，若存在运行偏流现象及时处理。

b） 对于阳、阴树脂设计比例为 1:1 的高速混床，可根据再生设备具体情况适当提高阳、阴树脂比例至 3:2～2:1。树脂比例改变后，应相应改变树脂输送程序及参数。

5.8.4 高速混床投运前，应严格执行低压满水、高压升压程序，运行人员宜到现场确认，防止混床投运中进水分配装置受“水锤”冲击而损坏。

5.8.5 树脂再生时，应采取如下优化措施提高树脂再生度，确保精除盐设备出水水质优良。

a） 体外再生应保证气、水的输送压力和流量达到设计值，同时定期检查树脂输送效果，确保失效树脂完全输出。

b） 应充分反洗，确保阴、阳树脂的完全分离。

c） 树脂分离时，锥体、高塔法输送阳树脂，中抽法输送混脂应现场或视频确认，以控制好输送终点，保证分离树脂正确、定量输送至再生塔。

d） 树脂进酸碱前、后应充分擦洗。

e） 高速混床控制阴树脂正洗出水电导率小于 1μS/cm、阳树脂正洗出水电导率小于 2μS/cm、混合树脂正洗出水电导率小于 0.1μS/cm；串联阳床+阴床（阳床+阴床+阳床）系统，控制阴、阳树脂在再生设备中单独正洗至电导率小于 1μS/cm，投运前设备串联正洗至末级出水电导率小于 0.1μS/cm。

5.8.6 再生药剂质量以及再生水平应满足设计要求。阳树脂再生剂可为工业用盐酸或硫酸，再生水平不宜小于 150kg（100%HCl）/m^3 树脂或 200kg（100%H_2SO_4）/m^3 树脂；盐酸浓度不小于 31%，杂质铁含量应不大于 0.008%；硫酸浓度为 92.5%或 98.0%，杂质铁含量应不大于 0.010%。阴树脂再生剂应为离子膜法制造的高纯度液态氢氧化钠，再生水平不宜小于 150kg（100%NaOH）/m^3 树脂，氢氧化钠含量应不小于 32%，杂质氯化钠含量应不大于 0.007%。

5.8.7 对于直接空冷机组，为避免夏季高温期间因凝结水水温超过设定值而长时间旁路精除盐设备应采取如下措施。

a） 在树脂选型时，选择耐温性能较高的精处理阴树脂。

b） 宜对现用的阴树脂进行耐温性实验，根据检测结果适当调整精除盐设备的运行温度上限。

5.9 防止设备缺陷导致树脂泄漏。

5.9.1 确认再生系统中废水树脂捕捉器的筛管安装到位，不应旁路捕捉器；树脂输送和再生过程中注意观察捕捉器有无树脂泄漏；中压凝结水精处理系统中，树脂输送管道上应有带滤网的安全泄放阀，防止再生系统超压而损坏设备，同时防止树脂泄漏。

5.9.2 应在阳、阴再生塔排空门加装滤网，防止树脂从排空门泄漏。

5.9.3 阳再生塔内部关键金属装置、部件（中部排水装置和底部水帽）的材质应采用耐酸腐蚀的哈氏合金。

5.9.4 机组检修时，应对精处理混床、再生设备中水帽的间隙、垫片的完整性和严密性（尤其是底部水帽）以及树脂捕捉器筛管的间隙进行检查和消缺。

5.9.5 在正常运行时，加强监督树脂捕捉器的压差；精除盐设备投运前，应观察树脂捕捉器排水是否有树脂排出，发现问题及时处理。

6 防止热力设备腐蚀、结垢、积盐

6.1 加强水汽品质监督，防止水汽品质劣化导致锅炉受热面腐蚀、结垢及汽轮机腐蚀、积盐。

6.1.1 严格执行 GB/T 12145—2016《火力发电机组及蒸汽动力设备水汽质量》、Q/HN-1-0000.08.028—2015《火力发电厂燃煤机组化学监督标准》、Q/HN-1-0000.08.036—2015《联合循环发电厂化学监督标准》，加强水汽品质监督。当运行机组水汽质量劣化时，严格按集团监督标准要求执行三级处理原则。

6.1.2 应依靠在线化学仪表实现水汽品质的实时监督，应保证在线化学仪表投入率不低于98%，机组水汽系统主要在线化学仪表准确率不低于 98%。主要在线化学仪表信号应送至化学辅网和集控 DCS，并增加声、光报警。主要在线化学仪表如下：凝结水、给水、主蒸汽、热网疏水、凝汽器检漏装置氢电导率表，锅炉补给水、精处理高速混床出水、精处理阳床出水、精处理阴床出水、给水、炉水、发电机内冷水电导率表，炉水 pH 表，湿冷机组凝结水钠表，主蒸汽钠表。

6.1.3 应检查确认炉水取样代表性，炉水取样点应设置在连续排污手动截止阀及电动调节阀前垂直管或水平管的下半部，距离弯头、阀门 5 倍内径，或接自某一下降管或下联箱。

6.1.4 联合循环余热锅炉无铜系统，给水应优先采用 AVT（O）工艺，加氨位置应选择在凝结水泵出口或精处理母管出口管道，以凝结水流量和给水电导率控制加氨量，控制给水电导率在 8.5μS/cm～17.0μS/cm，高、中、低压给水 pH 值在 9.5～9.8。对外供汽机组宜在除盐水供水母管管道或除盐水补水支管管道上增加加氨点。

6.1.5 联合循环余热锅炉，应对高压、中压、低压汽包分别设置固体碱化剂加药泵，不应使用同一加药泵。当低压汽包炉水作为高、中压给水时，低压汽包炉水不应加固体药剂处理。

6.1.6 汽包炉炉水氯离子含量应至少每周检测一次，氯离子检测方法应采用硫氰酸汞分光光度法或离子色谱法。

6.1.7 应对入厂氨水杂质氯离子进行检验，氯化物含量（以 Cl 计）应不大于 0.000 1%，不合格时应拒收。采用脱硝系统液氨或瓶装液氨配氨水时，每年抽检或发现异常时检测所配氨水中杂质氯离子、硫酸根离子含量，氨计量箱中氯离子、硫酸根离子含量应低于 0.1mg/L。

6.1.8 确保凝结水精处理设备正常运行，出水水质合格。

a） 精除盐设备按 5.8.1 要求运行。

b） 机组冷态启动，除氧器上水时应投运凝结水精处理过滤和除盐设备。

c） 直流锅炉机组，温度和压差指标正常时，精除盐设备不应退出运行；当温度或压差超过厂家及运行规程设定值时，严格按规程要求执行。

6.1.9 凝结水水质劣化时，有凝结水精除盐设备的应关严旁路门，确保凝结水全部经过精除盐设备处理。下述为防止凝结水水质异常及凝结水水质异常处理措施。

a） 湿冷机组凝汽器泄漏时，应执行第 6.2 节“防止湿冷机组凝汽器泄漏导致水汽品质劣化，锅炉受热面腐蚀、结垢及汽轮机腐蚀、积盐”处理措施。

b） 汽动引风机凝汽器凝结水应安装在线氢电导率表，并将信号引至化学辅网及集控 DCS，并设置声、光报警。

c） 化学补水水质差影响凝结水水质时，应对补给水处理系统进行优化处理，确保供给机组的水质合格。

d） 脱硝尿素溶解系统、热媒水管式烟气加热器热媒水系统、脱碳系统与凝结水补水系统使用同一除盐水母管补水时，应安装止回阀，补水至水箱顶部，避免工艺水污染凝结水。

e） 生产返回水的水质影响凝结水水质，同时影响给水水质时，应部分或全部排放。

f） 应排除凝汽器负压系统管道、接头存在泄漏或疏水、放水管阀门不严将生水、空气抽入凝汽器导致凝结水水质异常的现象。

g） 凝结水泵密封水应采用凝结水自密封，不应使用闭式冷却水或工业水密封。

6.1.10 给水水质劣化时，应按给水水质异常三级处理原则进行处理。宜避免使用给水对过热器、再热器进行减温。当凝结水精处理出口母管氢电导率大于 0.10μS/cm，并且直流锅炉给水氢电导率大于 0.15μS/cm 或汽包炉给水氢电导率大于 0.20μS/cm 时，给水采用加氧的机组，应停止给水加氧，同时提高凝结水精处理出口加氨量，提高给水 pH 值，给水采用只加氨的全挥发处理工况运行。当生产返回水、热网疏水回收至除氧器导致给水水质异常时，应回收至凝汽器或排放。

6.1.11 防止炉水水质不合格导致热力设备腐蚀、结垢、积盐。

a） 当炉水 pH 值低于 7.0 时，应立即停炉。

b） 炉水水质异常时，应立即调整炉水处理方式和加药量，并加大排污，以维持炉水 pH 值、氢电导率、电导率满足标准要求。

c） 冬季供热机组炉水宜采用低磷酸盐+氢氧化钠处理方式。

d） 炉水水质异常时，应加强对炉水氯离子含量的检测，确保其满足标准要求。

e） 炉水磷酸盐处理炉水水质异常处理值见表 1、表 2。

当炉水 pH 值小于 9.0 时，炉水应采用磷酸盐+氢氧化钠处理，以提高炉水 pH 值，同时应加大炉水排污，确保电导率、pH 值满足标准要求。

表 1　燃煤机组炉水磷酸盐处理炉水水质异常时的处理值

锅炉汽包压力 MPa	pH（25℃） 标准值	异常处理等级		
		一级	二级	三级
3.5～5.8	9.0～11.0	＜9.0 或＞11.0	＜8.5 或＞11.5	＜8.0
5.9～10.0	9.0～10.0	＜9.0 或＞10.0	＜8.5 或＞10.5	＜8.0
10.1～12.6	9.0～9.8	＜9.0 或＞9.8	＜8.5 或＞10.0	＜8.0 或＞10.5
12.7～15.8	9.0～9.7	＜9.0 或＞9.7	＜8.5 或＞10.0	＜8.0 或＞10.3
15.9～19.3	9.0～9.7	＜9.0 或＞9.7	＜8.5 或＞9.9	＜8.0 或＞10.2

表 2　联合循环机组炉水磷酸盐处理高、中、低压炉水水质异常时的处理值

锅炉汽包压力 MPa	pH（25℃） 标准值	处理等级		
		一级	二级	三级
＜2.5	9.0～11.0	＜9.0 或＞11.0	＜8.5	＜8.0
2.5～5.8	9.0～10.5	＜9.0 或＞10.5	＜8.5 或＞11.0	＜8.0 或＞11.5
＞5.8～12.6	9.0～10.0	＜9.0 或＞10.0	＜8.5 或＞10.5	＜8.0 或＞11.0
＞12.6	9.0～9.7	＜9.0 或＞9.7	＜8.5 或＞10.2	＜8.0 或＞10.5

f）　炉水氢氧化钠处理炉水水质异常处理值见表 3、表 4。

当确认是生水漏入系统并导致炉水氢电导率达到一级处理值时，炉水应改为磷酸盐+氢氧化钠处理，并增大氢氧化钠和磷酸盐的加入量，维持炉水 pH 值合格；同时应加大炉水排污，确保炉水电导率、pH 值满足标准要求。应控制磷酸根含量小于 1.0mg/L。

表 3　燃煤机组炉水氢氧化钠处理炉水水质异常时的处理值

锅炉汽包压力 MPa	项目	标准值	处理等级		
			一级	二级	三级
12.7～15.8	pH（25℃）	9.0～9.7	＜9.0 或＞9.7	＜8.5 或＞10	＜8.0 或＞10.3
	氢电导率（25℃） μS/cm	≤10	＞10	＞15	＞22.5
15.9～19.3	pH（25℃）	9.0～9.6	＜9.0 或＞9.7	＜8.5 或＞10	＜8.0 或＞10.3
	氢电导率（25℃） μS/cm	≤4	＞4	＞6	＞9

表 4 联合循环机组炉水氢氧化钠处理高、中、低压炉水水质异常时的处理值

锅炉汽包压力 MPa	项目	标准值	处理等级		
			一级	二级	三级
<2.5	pH（25℃）	9.0～10	<9.0 或>10.0	<8.5 或>10.2	<8.0 或>10.5
	氢电导率（25℃）μS/cm	≤25	>25	>35	>50
2.5～5.8	pH（25℃）	9.0～9.8	<9.0 或>9.8	<8.5 或>10.0	<8.0 或>10.2
	氢电导率（25℃）μS/cm	≤20	>20	>30	>40
5.9～12.6	pH（25℃）	9.0～9.8	<9.0 或>9.8	<8.5 或>10.0	<8.0 或>10.2
	氢电导率（25℃）μS/cm	≤15	>15	>20	>30
12.7～15.9	pH（25℃）	9.0～9.7	<9.0 或>9.7	<8.5 或>9.9	<8.0 或>10.1
	氢电导率（25℃）μS/cm	≤10	>10	>15	>20

g） 炉水全挥发处理炉水水质异常处理值见表 5、表 6。

1） 当炉水水质达到一级处理值时，应加大炉水排污，确保其在 72h 合格。

2） 当炉水水质达到二级处理值时，若为生水漏入系统导致，应将炉水处理方式改为氢氧化钠+磷酸盐处理，磷酸盐应控制小于 1.0mg/L；若由于精除盐装置漏氯离子引起，应将炉水处理方式改为氢氧化钠处理，退出失效精除盐设备；加大炉水排污，确保炉水 pH 值、电导率满足标准要求。

3） 当炉水水质达到三级处理值时应立即改为氢氧化钠+磷酸盐处理，并加大磷酸盐、氢氧化钠的加入量，同时加大锅炉的排污，确保炉水 pH 值尽快恢复正常，电导率满足标准要求。

表 5 燃煤机组炉水全挥发处理炉水水质异常时的处理值

锅炉汽包压力 MPa	项目	标准值	处理等级		
			一级	二级	三级
>15.9	pH（25℃）	9.0～9.8	<9.0	<8.5	<8.0
15.9～18.3	氢电导率（25℃）μS/cm	≤1.2	>1.2	>1.8	>2.7
>18.3		≤1.0	>1.0	>1.5	>2.3

表 6　联合循环机组炉水全挥发处理炉水水质异常时的处理值

锅炉汽包压力 MPa	项目	标准值	处理等级		
			一级	二级	三级
—	pH（25℃）	9.0～9.8	＜9.0	＜8.5	＜8.0
＜2.5	氢电导率（25℃） μS/cm	≤15	＞15	＞20	＞30
2.5～5.8		≤6.0	＞6	＞9	＞12
5.8～12.6		≤3.0	＞3	＞4.5	＞6
12.6～15.9		≤1.5	＞1.5	＞2	＞3

6.2　防止湿冷机组凝汽器泄漏导致水汽品质劣化，锅炉受热面腐蚀、结垢及汽轮机腐蚀、积盐

6.2.1　湿冷机组检修后冷态启动，应进行凝汽器汽侧灌水查漏，长期备用机组冷态启动宜进行凝汽器汽侧灌水查漏。机组冷态启动过程中，应加强对凝结水氢电导率和钠含量的监督。

6.2.2　海水冷却或循环冷却水电导率大于2000μS/cm的机组宜安装并连续投运凝汽器检漏设备，检漏设备应能同时在线检测每侧凝汽器凝结水的氢电导率，并设置手工取样，该氢电导率信号应引至化学辅网及集控 DCS，并设置声、光报警。

6.2.3　凝汽器采用海水冷却或循环冷却水电导率大于2000μS/cm的亚临界及以上参数的机组应安装全流量凝结水精除盐设备。凝结水精除盐设备阳树脂应氢型方式运行。

6.2.4　凝汽器泄漏导致凝结水水质异常时，应按凝结水异常三级处理原则进行处理，并采取以下有效措施：关严凝结水精除盐旁路门使全部凝结水经过精处理、查漏、堵漏、隔离、降负荷、汽包锅炉排污、直流锅炉转湿态、凝结水大量换水、直接向除氧器上除盐水等，使给水、炉水、蒸汽品质合格。当因凝结水水质异常导致给水氢电导率上升并接近给水水质异常一级处理值时，给水采用加氧处理的机组，应停止给水加氧，同时提高凝结水精处理出口加氨量，提高给水 pH 值，给水采用只加氨的全挥发处理工况运行。

燃煤机组凝结水水质异常三级处理值见表 7，联合循环机组凝结水水质异常三级处理值见表 8。

表 7　燃煤机组凝结水水质异常时的处理值

锅炉过热蒸汽压力 MPa	精处理设备	项目	标准值	处理等级		
				一级	二级	三级
≤5.8	无精除盐	氢电导率（25℃）μS/cm	≤0.50	＞0.50	＞0.75	＞1.0
5.8～ 亚临界压力	无精除盐	氢电导率（25℃）μS/cm	≤0.30	＞0.30	＞0.40	＞0.65
		钠 μg/L	≤5	＞5	＞10	＞20
	有精除盐	氢电导率（25℃）μS/cm	≤0.30	＞0.30	＞1.0	＞2.0
		钠 μg/L	≤10	＞10	—	—
超临界压力	有精除盐	氢电导率（25℃）μS/cm	≤0.15	＞0.15	＞0.30	＞0.50
		钠 μg/L	≤10	＞10	＞20	＞30

表 8　联合循环机组凝结水水质异常时的处理值

锅炉过热蒸汽最高压力 MPa		项目	标准值	处理等级		
				一级	二级	三级
＜2.5		氢电导率（25℃） μS/cm	≤0.50	＞0.50	＞0.75	＞1.0
≥2.5	无精除盐	氢电导率（25℃） μS/cm	≤0.30	＞0.30	＞0.40	＞0.65
		钠 μg/L	≤5	＞5	＞10	＞20
	有精除盐	氢电导率（25℃） μS/cm	≤0.30	＞0.30	＞1.0	＞2.0
		钠 μg/L	≤10	＞10	—	—

6.2.5　无凝结水精除盐装置汽包锅炉，凝汽器泄漏处理措施。

a）　发现凝汽器泄漏，凝结水氢电导率或钠含量达到一级处理值时：

1）应观察检漏装置显示的氢电导率和手工分析两侧检漏水样相应钠含量，分析判断哪侧凝汽器泄漏，并通过加锯末等办法进行堵漏。

2）同时加大炉水磷酸盐加入量，必要时混合加入氢氧化钠，以维持炉水 pH 值；加大锅炉排污，确保炉水电导率和 pH 值合格。

b）　凝结水氢电导率或钠含量达到二级处理值时，并且凝汽器检漏装置检测某一侧凝汽器氢电导率大于 1.0μS/cm（联合循环机组氢电导率大于 1.5μS/cm），应申请降负荷凝汽器半侧隔离查漏，同时宜避免使用给水进行过热、再热蒸汽减温。

c）　凝结水氢电导率或钠含量达到三级处理值时，应立即降负荷凝汽器半侧隔离查漏。

d）　通过降负荷，加大凝汽器补除盐水或直接向除氧器上除盐水（稀释、排放）措施提高给水、炉水和蒸汽品质。

e）　海水或电导率大于 5000μS/cm 的苦咸水冷却的机组，当凝结水中的钠含量大于 400μg/L 或氢电导率大于 10μS/cm，并且炉水 pH 值低于 7.0，应紧急停机。

6.2.6　有凝结水精除盐装置汽包锅炉，凝汽器泄漏处理措施。

a）　一旦发现凝结水氢电导率和钠含量异常，凝汽器泄漏时，应确认凝结水精处理旁路门全关，全部凝结水经过精除盐设备进行处理，阳树脂应氢型方式运行，确保给水氢电导率满足标准值。

b）　凝结水氢电导率或钠含量达到一级处理值时，应观察检漏装置显示的氢电导率和手工分析两侧检漏水样相应钠含量，分析判断哪侧凝汽器泄漏，并通过加锯末等办法进行堵漏。

c）　凝结水氢电导率或钠含量达到二级处理值时，并且凝汽器检漏装置检测某一侧凝汽器氢电导率大于 2.0μS/cm，应申请降负荷凝汽器半侧隔离查漏。同时加大炉水磷酸盐加入量，必要时混合加入氢氧化钠，以维持炉水的 pH 值；加大锅炉排污，确保炉水电导率和 pH 值合格。

d） 凝结水氢电导率或钠含量达到三级处理值时，凝汽器检漏装置检测某一侧凝汽器氢电导率大于 4.0μS/cm，应立即降负荷凝汽器半侧隔离查漏。当给水氢电导率超过 0.5μS/cm 时，宜避免使用给水进行过热、再热蒸汽减温。

e） 通过切换备用混床、更换备用树脂，降负荷，加大凝汽器补除盐水或直接向除氧器上除盐水（稀释、排放）等措施提高给水、炉水和蒸汽品质。

f） 海水或电导率大于 5000μS/cm 的苦咸水冷却的机组，当凝结水中的钠含量大于 400μg/L 或氢电导率大于 10μS/cm，并且炉水 pH 值低于 7.0，应紧急停机。

g） 处理过泄漏凝结水的精处理树脂，应该采用双倍剂量的再生剂进行再生。

6.2.7 直流锅炉凝汽器泄漏处理措施。

a） 一旦发现凝汽器泄漏，应确认凝结水精处理旁路门全关，全部凝结水经过精处理进行处理，阳树脂应氢型方式运行，确保给水氢电导率满足标准值。

b） 凝结水氢电导率或钠含量达到一级处理值时，应观察检漏装置显示的氢电导率和手工分析两侧检漏水样相应钠含量，分析判断哪侧凝汽器泄漏，并通过加锯末等办法进行堵漏。

c） 凝结水氢电导率或钠含量达到二级处理值时，并且凝汽器检漏装置检测某一侧凝汽器氢电导率大于 1.0μS/cm，应申请降负荷凝汽器半侧隔离查漏。

d） 凝结水氢电导率或钠含量达到三级处理值时，应立即降负荷凝汽器隔离半侧查漏。

e） 通过切换备用混床、更换备用树脂，降负荷、降压力分离器转湿态排水至凝汽器或外排，加大凝汽器补除盐水或直接向除氧器上除盐水（稀释、排放）等措施提高给水和过热蒸汽品质。

f） 海水或电导率大于 5000μS/cm 的苦咸水冷却的机组，当凝结水中的钠含量大于 400μg/L 或氢电导率大于 10μS/cm，并且给水氢电导率大于 0.5μS/cm 时，应紧急停机。

g） 处理过泄漏凝结水的精处理树脂，应该采用双倍剂量的再生剂进行再生。

6.3 防止热网加热器泄漏导致水汽品质劣化，锅炉受热面腐蚀、结垢及汽轮机腐蚀、积盐。

6.3.1 新供热机组或改造为供热机组在设计时，热网疏水回水应设计回收至除氧器、凝汽器和排放。在回收至凝汽器时应考虑增加热网回水冷却换热器，以保证凝汽器附加热负荷满足要求。

6.3.2 每台热网换热器疏水应设计取样检测装置，取样检测装置应包含冷却器、人工取样点、在线氢电导率表，氢电导率表信号应引至化学辅网和集控室 DCS，并设置声、光报警。因疏水压力偏低导致无法取到水样时，宜增加取样管道增压泵，或将取样装置设置在就地零米层，确保仪表连续取样监测。

6.3.3 机组供热前应对每台热网换热器进行查漏消缺。

6.3.4 热网疏水回收至除氧器（或低压汽包）时，应以不影响给水水质为前提，疏水母管的控制指标见表 9、表 10。

表 9　燃煤机组热网疏水回收至除氧器时水质控制指标

炉型	锅炉过热蒸汽压力 MPa	氢电导率（25℃）μS/cm	硬度 μmol/L	钠离子 μg/L	二氧化硅 μg/L	全铁 μg/L
汽包锅炉	3.8～5.8	≤0.50	≤2.0	—	—	≤50
	5.9～12.6	≤0.30	0	—	—	≤30
	12.7～15.6	≤0.30	0	—	—	≤20
	＞15.6	≤0.15[a]	0	—	≤20	≤15
直流炉	5.9～18.3	≤0.15	0	≤5	≤15	≤10
	超临界压力	≤0.10	0	≤2	≤10	≤5
[a] 没有凝结水精处理除盐装置的机组，给水氢电导率应不大于 0.30μS/cm。						

表 10　联合循环机组热网疏水回收至除氧器时水质控制指标

炉型	最高过热蒸汽压力 MPa	氢电导率（25℃）μS/cm	硬度 μmol/L	钠离子 μg/L	全铁 μg/L
汽包锅炉	＜2.5	≤0.50	≤5.0	—	≤75
	2.5～5.8	≤0.30	≤2.0	—	≤50
	＞5.8	≤0.30	0	—	≤30
直流炉	—	≤0.15	0	≤5	≤5

6.3.5　热网换热器疏水水质劣化处理措施。

a）回收至除氧器，当热网换热器有渗漏，并且导致汽包炉炉水氯离子含量、氢电导率上升时，炉水应选择低磷酸盐+氢氧化钠处理，并加强排污；给水采用加氧处理的机组，应停止加氧。

b）当热网换热器疏水质量超过表 9、表 10 的要求时，疏水应回收至凝汽器，回收至凝汽器的热网疏水水质应满足表 11，并且凝结水应全部经过精除盐装置进行处理，精除盐的阳树脂以氢型方式运行，确保给水水质合格。无精除盐系统回至凝汽器时应满足凝结水水质要求。

表 11　热网疏水回收至凝汽器时水质控制指标

项目	氢电导率（25℃）μS/cm	硬度 μmol/L	钠离子 μg/L	全铁 μg/L
标准值	≤1.0	≤2.5	≤35	≤100

c）热网疏水因加热器泄漏被污染时，应手工分析钠含量、硬度、判断存在泄漏的加热器。当热网疏水母管氢电导率大于 1.0μS/cm、钠含量大于 35μg/L 时，应停运泄漏加热器进行堵漏处理。

d）当全部热网疏水回收至凝汽器导致凝汽器热负荷超过要求时，应部分排放，并调整供热热负荷。

e） 当热网疏水回收至凝汽器导致凝结水精处理水量超过设计要求；或化学补水量无法满足机组运行要求，需要回收至除氧器时，回收至除氧器的水量应满足给水水质要求。

f） 当热网疏水回收至凝汽器经精除盐后仍然不能满足给水水质要求时，应全部或部分排放。

g） 当热网疏水中腐蚀产物导致给水铁含量不合格时，应在疏水进入热力系统前加装除铁器。

6.4 防止锅炉受热面腐蚀、结垢，汽轮机叶片腐蚀、积盐。

6.4.1 加强凝汽器泄漏的监督，凝汽器泄漏时，执行第 6.2 节“防止湿冷机组凝汽器泄漏导致水汽品质劣化，锅炉受热面腐蚀、结垢及汽轮机腐蚀、积盐”处理措施。

6.4.2 加强供热机组热网疏水水质的监督，当热网疏水水质不合格时，执行第 6.3 节“防止热网加热器泄漏导致水汽品质劣化，锅炉受热面腐蚀、结垢及汽轮机腐蚀、积盐”处理措施。

6.4.3 应确保凝结水精除盐装置阳树脂氢型方式运行，不应铵化运行。

6.4.4 应重视给水、炉水优化处理；水汽品质异常时，应加强监督，及时分析总结原因并处理。

6.4.5 有凝结水精除盐的汽包锅炉，炉水宜采用氢氧化钠处理或全挥发处理；无凝结水精除盐系统，炉水采用低磷酸盐+氢氧化钠处理或氢氧化钠处理；对于采用粉末树脂过滤器的直接空冷机组，给水的 pH 值应控制在 9.6～10.0，机组运行 1～3 年后，炉水硅含量不高时，炉水宜采用全挥发处理。炉水采用全挥发处理、氢氧化钠处理时应设置在线氢电导率表；炉水采用低磷酸盐处理时，宜设置在线氢电导率表。

6.4.6 防止机组启动过程中水汽净化和监督程序不到位导致锅炉受热面腐蚀、结垢，汽轮机腐蚀、积盐。

a） 除氧器上水时，应投运凝结水精处理过滤和除盐设备。

b） 锅炉冷态冲洗结束，宜投运凝结水、给水氢电导率表，给水 pH 表、电导率表；锅炉点火时，宜投运炉水电导率表、汽水分离器氢电导率表；热态冲洗结束，锅炉开始升压时，应投运主蒸汽氢电导率表；机组带负荷后 4h 内，所有在线化学仪表应投运，以及时在线监督水汽品质。

c） 机组启动过程中各重要节点水汽品质应满足表 12～表 17 的要求。

表 12 燃煤机组锅炉点火时省煤器入口给水质量

炉型	锅炉过热蒸汽压力 MPa	硬度 μmol/L	氢电导率 μS/cm（25℃）	pH	铁	二氧化硅
					μg/L	
汽包炉	3.8～5.8	≤10.0	—	含铜系统 8.8～9.3； 无铜系统 9.2～9.6	≤150	—
	5.9～12.6	≤5.0	—		≤100	—
	＞12.6	≤5.0	≤1.00		≤75	≤80
直流炉	—	0	≤0.50		≤50	≤30
注：凝汽器为铜合金时，给水 pH 值为 9.1～9.4。						

表 13　余热锅炉通烟气启动时高、中、低压给水质量

炉型	锅炉最高过热蒸汽压力 MPa	硬度 μmol/L	pH[a]（25℃）	氢电导率（25℃），μS/cm	铁	二氧化硅
					μg/L	μg/L
汽包炉	＜2.5	≤10.0	9.5～9.8	≤5.00	≤150	—
	2.5～5.8	≤5.0	9.5～9.8	≤3.00	≤100	—
	＞5.8	≤2.0	9.5～9.8	≤1.00	≤75	≤80
直流炉	—	≈0	9.5～9.8	≤0.50	≤50	≤30

[a] 轴封加热器为铜管时，pH 值应为 8.8～9.3。

表 14　燃煤机组锅炉启动时炉水（分离器排水）质量（热态冲洗结束）

炉型	汽包压力 MPa	外观	硬度 μmol/L	pH（25℃）	电导率（25℃）μS/cm	铁 μg/L	二氧化硅 mg/L
汽包锅炉	＞5.9～10	澄清	≤5.0	9.0～10.5	≤100	≤200	≤2
	＞10～12.6	澄清	≤5.0	9.0～10	≤50	≤200	≤1.2
	＞12.6～15.8	澄清	≤2.0	9.0～9.7	≤30	≤200	≤0.40
	＞15.8	澄清	0	9.0～9.7	≤20	≤200	≤0.20
直流锅炉	—	澄清	0	—	—	≤100	≤0.03

表 15　余热锅炉启动时高、中、低压汽包（分离器）炉水质量（热态冲洗结束）

炉型	汽包	汽包压力 MPa	外观	硬度 μmol/L	pH（25℃）	电导率（25℃）μS/cm	铁 μg/L	二氧化硅 mg/L
汽包锅炉	低压[a]	＜2.5	澄清	≤10.0	9.0～11	≤100	≤500	≤7.5
	中压	2.5～5.8	澄清	≤5.0	9.0～10.5	≤80	≤300	≤5
	高压	＞5.8～12.6	澄清	≤2.0	9.0～10	≤50	≤200	≤2
	超高压	＞12.6	澄清	≤2.0	9.0～10	≤30	≤200	≤2
直流锅炉			澄清	≤2.0	9.2～10	≤20	≤100	≤0.1

[a] 低压汽包兼作除氧器时，其炉水质量应与给水一致，不应加固体碱化剂。

表 16　燃煤机组汽轮机冲转前主蒸汽标准

炉型	锅炉过热蒸汽压力 MPa	氢电导率（25℃）μS/cm	二氧化硅	铁	铜	钠
			μg/kg			
汽包炉	3.8～5.8	≤3.00	≤80	—	—	≤50
	＞5.8	≤1.00	≤60	≤50	≤15	≤20
直流炉	—	≤0.50	≤30	≤50	≤15	≤20

注：无铜给水系统，铜不作为控制指标，可不检测。

表 17 联合循环机组汽轮机并汽前的蒸汽质量

炉型	锅炉最高过热蒸汽压力 MPa	氢电导率（25℃） μS/cm	二氧化硅	铁	铜	钠
			μg/kg			
汽包炉	<2.5	≤5.00	≤100	—	—	≤80
	2.5～5.8	≤3.00	≤80	—	—	≤50
	>5.8～12.6	≤1.00	≤60	≤50	≤15	≤20
	>12.6	≤1.00	≤30	≤50	≤15	≤20
直流炉	—	≤0.50	≤30	≤50	≤15	≤20

6.4.7 做好机组停用保养，防止停用保养不当，导致锅炉受热面腐蚀、结垢。

a） 机组停运时，应采用合适的停用保养措施，进行机组停用保养，保养期间进行监督记录；并依据检修检查，机组启动冲洗水量、水质合格时间等评价停用保养效果；根据保养效果优化停用保养措施。

b） 机组停用保养应执行操作票制度。

c） 无铜给水系统，优先选择提高 pH 值碱化烘干法；根据机组停用时间长短，控制不同的 pH 值：短期（小于 1 个月，D 级检修）停机，提高 pH 值至 9.6～10.0；中长期停机提高 pH 值至 9.8～10.5。锅炉不需要放水时，锅炉充满 pH 值为 9.6～10.0 的除盐水。含铜给水系统应根据 DL/T 956—2017《火力发电厂停（备）用热力设备防锈蚀导则》选择合适的停用保养方法。

d） 锅炉放水结束后，宜利用凝汽器抽真空系统和启动一、二级旁路，抽真空除去过热器、再热器和汽轮机内的湿蒸汽。

6.4.8 机组检修时应仔细检查汽包内壁及汽水分离装置，有汽包夹层裂纹或汽水分离装置脱落、损坏时应及时修复。

6.4.9 防止发生水冷壁垢下腐蚀、氢脆爆管及水冷壁垢量过高爆管。

a） 锅炉水冷壁发生垢下腐蚀氢脆爆管时，应尽快安排化学清洗。

b） 给水水质异常，酸性水或大量生水或海水进入水汽系统，为防止水冷壁发生“氢脆”爆管的风险，应尽快安排化学清洗。

c） 锅炉水冷壁发生因结垢导致爆管或蠕胀时，应立即安排化学清洗。

d） 无精除盐装置的汽包炉机组，凝汽器或热网加热器长期泄漏且导致汽水品质超标，应加强水冷壁结垢和腐蚀状态监督，并及时进行化学清洗。水冷壁管垢下腐蚀严重时，应扩大范围检查，对存在“氢脆”裂纹及垢量大于化学清洗要求的水冷壁管应进行更换，更换水冷壁管后，对锅炉水冷壁系统进行化学清洗，化学清洗应采用复合有机酸（羟基乙酸+甲酸），以避免可能存在微裂纹水冷壁管的裂纹扩大。

6.4.10 防止超临界机组结垢速率过高。

a） 超临界机组投产运行后，水质条件满足给水加氧处理条件时，塔式锅炉应及时采用给水加氧处理，Π 型锅炉宜及时进行给水加氧处理。已经运行，并存在过热器、再热器氧化皮脱落风险的机组，给水采用 AVT（O）时，应在精处理出口加氨，给水 pH 值控制在 9.3～9.6。

b） 直接空冷机组应将给水 pH 值控制在上限 9.4～9.8；给水采用加氧处理时，不应降低给水 pH 值，应维持给水 pH 值在 9.4～9.6。宜在排气装置安装磁性除铁装置，机组停运期间应对空冷系统进行人工清理。

6.4.11 防止汽轮机固体颗粒侵蚀。

过热器、再热器氧化皮脱落严重且有汽轮机旁路的机组，每次机组启动时，应确保汽轮机旁路的正常投运，宜根据机组旁路特性，维持某一主蒸汽参数保持旁路运行 1h 以上，尽可能将机组停运时脱落的氧化皮冲洗到凝汽器，利用旁路进行蒸汽系统净化。化学专业应重点监督凝结水泵出口的铁含量，投运前置过滤器并及时擦洗，确保凝结水泵出口的铁含量小于 1000μg/L；当投运前置过滤器和高速混床不能满足给水质量时，应停机清理凝汽器。给水品质、主蒸汽品质不合格，锅炉不能升压、汽轮机不应进行冲转程序。

7 防止电力用油、六氟化硫质量不合格导致事故发生

7.1 应结合机组实际情况，制（修）订电厂油、六氟化硫质量监督实施细则，规范变压器油、涡轮机油、抗燃油、密封油、液压油、辅机用油和六氟化硫的监督项目、监督周期、分析方法、异常处理和跟踪监督，加强油、六氟化硫质量监督，监督应涵盖油、六氟化硫的验收、投运前、运行中、机组启动前和必要时等全过程。

7.2 应配备运动黏度、闪点、水分、酸值、抗乳化性、空气释放值、颗粒度、体积电阻率和油中溶解气体等项目的油质分析仪器。

7.3 定期取样检测运行油质时，变压器油不应在雨天取样；涡轮机油检验项目中，杂质和水分应从油箱底部取样，其他项目从冷油器出口取样；抗燃油应从油箱底部取样。

7.4 应对变压器油在投运前、新投运、运行中以及必要时的油中溶解气体和油质进行检测，尤其应关注乙炔含量的变化。发现变压器油中溶解气体或其他油质指标不合格时，应缩短检测周期，书面通知并督促电气等相关专业人员及时排查原因和消除缺陷，必要时应采取停电措施进行检修以消除故障，对变压器油进行滤油脱气处理，化学应跟踪监测，直至油质合格。对于已投运的在线油色谱监测装置应保证其正常运行，每季度与人工取样检测结果进行比对，使用标气的装置应定期更换标气。

7.5 330kV～1000kV 电压等级的变压器和电抗器等设备应每年至少检测一次油中含气量，超标时应跟踪检测；500kV～1000kV 电压等级的变压器油中含气量超过 5%时应安排机组停运、检修、消除缺陷和真空脱气处理。

7.6 110kV 及以上电压等级的变压器应在投运 1 年内、运行中每 5 年以及必要时检测油中糠醛含量。

7.7 500kV 及以上电压等级的交流变压器应在注油前、热油循环后（含大修）、投运 1 年内、运行中每 3 年以及必要时检测颗粒度。当颗粒度有明显的增长趋势时，应缩短检测周期，加强监测。

7.8 变压器油、涡轮机油、抗燃油和辅机用油在补油前应符合油的相容性要求。

7.9 应对涡轮机油和抗燃油在新油验收、投运前、运行中、机组启动前、补油后、换油后以及必要时的油质进行检测，应对密封油和辅机用油（含液压油、齿轮油和空气压缩机油）在新油验收、运行中以及必要时的油质进行检测。发现油质不合格时，应缩短检测周期，书面通知并督促汽轮机等相关专业人员及时排查原因、消除缺陷及滤油处理，化学专业跟踪监测，

直至油质合格。

7.10　应充分利用机组检修时间，对涡轮机油、抗燃油和辅机用油等油系统的滤网、油箱底部和死角等容易沉积油泥和杂质的重要部位进行人工机械清理。采用化学清洗时，药品应与运行油有良好的相容性；应对药品进行检验，确认其不含对系统与运行油有害的成分；不应使用含氯离子的清洗介质。化学专业应参与对油泥清理、新油冲洗和补（换）油等过程的现场监督和油质检测监督。

7.11　冷态启动时，涡轮机油和抗燃油的水分和颗粒度指标不合格，机组不应启动；油系统进行过检修时，涡轮机油和抗燃油的运动黏度、颗粒度、水分和酸值等指标不合格，机组不应启动。

7.12　应对六氟化硫在新气验收、投运前、交接时、运行中、大修后以及必要时进行检测，应关注湿度。当电气设备出现异常时，应进行湿度和气体分解产物等指标的检测。

8　防止循环水系统设备结垢、腐蚀导致设备换热效率下降、换热管（板）泄漏

8.1　循环水系统的运行控制方案应通过动态模拟试验确定，试验应参照 DL/T 300—2011《火电厂凝汽器管防腐防垢导则》附录 B.2 规定的方法进行，以ΔA 或ΔB＞0.2 为试验终点。有下列情形时，应重新进行循环水动态模拟试验：

a）　更换阻垢缓蚀剂厂家；

b）　水源变更或原水源水质发生重大变化；

c）　因节水需求，需要较大程度提高浓缩倍率运行。

当情形 b）、c）发生时，还应注意循环水的氯离子含量需满足 DL/T 712—2010《发电厂凝汽器及辅机冷却器管选材导则》要求，具体见表 18，防止氯离子含量过高对不锈钢管造成点蚀。

表 18　常用不锈钢管适用氯离子标准

不锈钢牌号	氯离子 mg/L
304、304L	＜200
316、316L	＜1000
317、317L	＜2000

8.2　若循环水补充水由多路水源组成，或循环水经旁流石灰、弱酸、反渗透处理时，由于各路补水（回水）的水质可能相差很大，而且水量也不固定，在进行循环水动态模拟试验时，对试验水样的配制应充分考虑现场可能出现的最差水质，保证循环水系统在各种补水条件下的阻垢、缓蚀需求。

8.3　实验室应每天检测一次补充水及循环水的碱度、硬度、钙硬度、氯离子含量、pH 值，并计算浓缩倍率。运行中通过加酸、排污等方式控制循环水的各项指标不超过动态试验确定的控制值。若循环水系统因水源复杂导致浓缩倍率无法准确核算时，应通过控制碱度、硬度、钙硬度防止系统发生结垢。另外，如果在冷却塔塔池直接投加次氯酸钠、氯锭或二氧化氯，由于在循环水中额外引入了氯离子，若以此计算浓缩倍率可能出现较大偏差，此时应控制碱

度、硬度、钙硬度任一指标的浓缩倍率均不超过控制值。

8.4 循环水采用加酸处理时，应防止因管道泄漏、阀门关闭不严等原因造成硫酸过量加入或加入量不足。正常加酸时，应控制循环水的 pH 值不低于 8.0，以防止循环水系统设备发生严重腐蚀。

8.5 循环水系统应采取必要的杀菌灭藻措施防止微生物滋生，尤其是针对海水冷却机组可能出现的海生物大量滋生导致系统污堵的情况。若机组在停用阶段，开式水冷却设备（凝汽器、闭式水冷却器等）海生物滋生严重，则应在循环水泵停运前，进行一次大剂量杀菌剂加药处理。

8.6 采用电解海水制氯时，应定期对电解槽的极板进行酸洗，防止阴、阳极板因结垢导致电耗增加甚至发生短路。若电解海水制氯设备为室内布置，必须进行强制通风并配备氢气检漏装置及报警装置，次氯酸钠储罐也应设置排风扇，防止室内、储罐氢气含量超标，发生着火、爆炸事故。在海水制氯间进行动火作业时，应办理动火工作票。

8.7 应按照 DL/T 806—2013《火力发电厂循环水用阻垢缓蚀剂》要求，对每批次入厂的阻垢缓蚀剂进行质量验收。

8.8 阻垢缓蚀剂应保证连续、均匀加入，不应冲击式倒药，阻垢剂加药管的末端管口应引至可视位置并远离冷却塔塔池排污口。日常巡检时，应注意观察药剂是否正常加入，以防加药管道破裂或其他设备故障，导致药剂未能加入循环水中。

8.9 应采用阴极保护（牺牲阳极法）或涂刷防腐涂料等方式防止凝汽器水室内发生严重腐蚀。

8.10 机组运行及检修中，应采取防范措施防止凝汽器管发生机械损伤，检修后不应有异物存留。对于已出现因换热管损伤导致凝汽器泄漏的机组，应在检修时对上层和外层管进行涡流探伤，并对发现的损伤管进行完全封堵。

8.11 对于凝汽器仍采用铜管的机组，若换热管腐蚀较为严重或泄漏频繁，应通过添加铜缓蚀剂或镀膜等方式减缓铜管腐蚀。在条件允许时，应尽快更换为不锈钢管。

9 防止发电机内冷却水质劣化引起电导率超标，绝缘不合格，导致跳机，pH 值不合格，导致空芯导线内部腐蚀、铜沉积及堵塞

9.1 发电机内冷却水系统投入运行前应使用除盐水进行彻底冲洗。冲洗水的流量、流速应大于正常运行下的流量、流速。当冲洗至排水清澈无杂质颗粒，进、排水的 pH 值基本一致，电导率小于 2μS/cm 时，冲洗结束。

9.2 发电机内冷却水离子交换器应设置进水端除盐水进水管及出水端排污管，并设置电导率测点，用于树脂正洗；出水管应安装树脂捕捉器，防止树脂漏入内冷水箱。

9.3 发电机内冷却水旁路离子交换器处理（混床、分床等形式）的树脂再生后或新树脂在加装进离子交换器前应使用合格除盐水进行充分冲洗至电导率小于 1.0μS/cm。

9.4 离子交换器投运前，应采用除盐水正洗树脂，出水电导率不大于 2.0μS/cm，pH 值不大于 9.0 时并入系统。

9.5 机组运行过程中防止发电机内冷却水系统冷却器的泄漏以及冷却器投运前未经冲洗或冲洗不彻底等导致生水中的杂质进入内冷却水系统，造成内冷却水系统腐蚀、堵塞以及电导率过高，影响发电机的安全运行。

9.6 加强对供货商物资采购和验收管理，对新到厂的发电机内冷却水旁路离子交换器用树脂应

对其产品型号、外观、游离水分、出厂形态及相关技术指标进行验收，不应使用不合格产品。

9.7 发电机内冷却水采用分床处理装置，应调整钠型与氢型离子交换器出水配比，控制出水电导率及 pH 值。在电导率合格的前提下 pH 值应尽量按照标准范围的高限控制，以降低铜含量至期望值。

9.8 当发电机内冷却水离子交换树脂失效未能及时更换时，应旁路离子交换器并加大内冷水的换水，补水时可向发电机内冷却水系统补充凝结水+除盐水，控制内冷水的电导率在 0.25μS/cm～0.35μS/cm，以提高内冷水的 pH 值至 8.0 左右，以减缓铜腐蚀，降低铜含量至期望值范围内。若补充水采用凝结水，应控制凝结水氢电导率不大于 0.15μS/cm，防止凝汽器泄漏或微漏时，循环水中的杂质随凝结水补充到发电机内冷却水中而造成污染。

9.9 发电机内冷却水采用精处理混床出口母管加氨前后水样配比的智能型碱化装置，机组启、停过程以及凝汽器泄漏导致内冷水水质劣化时，应切换至除盐水补水。

9.10 发电机内冷却水补水系统宜独立设置，防止外水源进入内冷却水系统，导致内冷却水劣化。

9.11 应加强机组长期停备用期间发电机内冷却水系统的停用保护工作。机组停备用期间，若发电机内冷却水系统维持运行状态，其水质指标应满足内冷却水正常运行要求。

10 防止热网系统发生结垢、腐蚀和泄漏

10.1 热网换热器设计选材应充分考虑热网循环水补水水质变化对不锈钢材质换热器的影响。

10.2 对于不锈钢材质的热网换热器，应严格控制热网循环水及其补水中的氯离子含量，不应超过换热器最高运行温度下的耐点蚀允许值。

10.3 应每周对热网循环水氯离子、pH 值、电导率、钙硬、总硬、碱度和浊度等指标进行分析检测。

10.4 热网循环水系统运行中宜添加磷酸三钠或氢氧化钠控制 pH 值 8.5～9.5。不宜加氨控制热网循环水 pH 值。停运前一周，提高热网循环水 pH 值至 9.5 以上。热网循环水系统处于停运期间未放水时，当 pH 值低于要求时应启动循环泵，添加碱化剂，循环均匀。

10.5 在运行和停用的热网循环水系统中添加防腐阻垢专用药剂前，应进行小型试验，以确定是否适用于热网系统的设备材质和温度。

10.6 热网停运后，应对热网系统特别是热网换热器、管道、过滤器滤网及其他有泄漏隐患处进行检查、清洗、清理、更换和恢复。必要时对热网系统进行整体化学清洗、水冲洗和钝化处理，钝化结束后，恢复热网系统循环水，并加入碱化剂保护。

10.7 热网停运后，可考虑分别对热网换热器水侧门前和本体汽侧门前加堵，在未放水前，对热网换热器水侧和汽侧均进行充氮保护，要求氮气纯度达到 99.5%以上，当氮气含量大于 98%时，关闭排气门，继续充氮至表压为 0.03MPa～0.05MPa。定期检查压力，不足时补充氮气。

10.8 热网停运后，可考虑将添加氨水调节 pH 值至 9.5～10.0 的除盐水加入热网换热器汽侧进行湿法保护，满水保持压力 0.03MPa～0.05MPa。

11 防止氢气系统泄漏导致着火、爆炸等事故发生

11.1 严格执行 GB 26164.1—2010《电业安全工作规程 第 1 部分：热力和机械》中“氢冷

设备和制氢、储氢装置运行与维护”的有关规定。

11.2　制氢站、供氢站运行值班人员应经过岗位培训、考试合格后方可上岗；特种作业人员应经过专业培训，持有特种作业资格证。

11.3　氢站或氢气系统附近进行明火作业时，应有严格的管理制度，并应办理一级动火工作票。

11.4　制氢、供（储）氢场所应按规定配备消防器材，并定期检查和试验。

11.5　制氢站应采用性能可靠的压力调整器，并加装液位差越限联锁保护装置和氢侧氢气纯度仪表，在线氢中氧量、氧中氢量监测仪表，防止制氢设备系统爆炸。

11.6　氢气使用区域空气中氢气体积分数应不超过1%，氢气系统动火检修，系统内部和动火区域的氢气体积分数应不超过0.4%。

11.7　氢系统（包括储氢罐、电解装置、干燥装置、充（补）氢汇流排）中的安全阀、压力表、减压阀等应按压力容器的规定定期进行检验。

11.8　供（制）氢站和氢冷系统配备的在线氢气纯度仪、露点仪和检漏仪表、便携式氢气纯度仪和露点仪，每年应由相应资质的单位进行一次检定，便携式氢气纯度仪还应根据仪表说明书的要求进行定期校准，采用校准后的便携式氢气纯度仪对在线氢气纯度仪的检测值进行比对，超出偏差时，应分析原因，进行处理，并做好检定报告、校准报告和比对数据的归档管理。

11.9　各类制氢系统中，设备及其管道内的冷凝水，均应经各自的专用疏水装置或排水水封排至室外。水封上的气体放空管，应分别接至室外安全处。

11.10　寒冷地区氢气罐底部排污管应采取防冻措施。

11.11　制氢站、供氢站、氢气罐区有爆炸危险房间的上部空间均应设置漏氢检测装置及事故排风机，且可联锁启动。

11.12　氢气系统应保持正压状态，不应负压或超压运行。同一储氢罐（或管道）不应同时进行充氢和送氢操作。

11.13　当发电机内氢气纯度超标时，应及时对发电机内氢气进行排补等处理。当发电机漏氢量超标时，应对发电机氢气相关系统进行检查处理。

11.14　制氢设备中的氢气纯度应不低于99.8%，含氧量应不高于0.2%；氢冷系统氢气纯度应不低于96%，含氧量应不高于2%。

11.15　制氢系统及氢罐检修应进行可靠隔离。

11.16　水电解制氢系统投运前或检修后，应进行气密性试验，其介质应选用氮气。

11.17　电解制氢系统的气体置换应使用氮气，储氢罐的气体置换宜采用水、氮气或二氧化碳，供氢母管的气体置换宜采用氮气。

11.18　发电机的充氢和排氢均应使用二氧化碳作为中间介质进行置换，置换时系统压力应不低于最低允许值。

12　防止液氨系统泄漏、着火等事故发生

12.1　氨区应建立液氨管理制度，作业人员应经过专业培训，熟悉系统，熟悉液氨物理、化学特性和危险性，并经考试合格，按照政府部门的规定持证上岗。

12.2　氨区作业人员实施操作时，应按规定佩戴个人防护品。

12.3 氨区应设置警示标志，进入氨区不应携带手机、火种，不应穿带铁掌的鞋，并在进入氨区前应进行静电释放。

12.4 氨储罐的新建、改建和扩建工程项目应进行安全性评价，其防火、防爆设施应与主体工程同时设计、同时施工、同时验收投产。

12.5 氨储罐区及使用场所，应按规定配备消防器材、氨泄漏检测器和视频监控系统，并定期检查和试验。

12.6 液氨储罐区应设置风向标，发生事故时，应及时撤离影响范围内的工作人员。

12.7 在氨罐区或氨系统附近进行明火作业时，必须严格执行动火工作票制度，办理一级动火工作票；氨系统动火作业前、后应置换排放合格；动火结束后，及时清理火种；氨区内不应明火采暖。

12.8 电厂应与液氨运输公司签订专项液氨运输协议。

12.9 进入液氨区的机动车辆应安装阻火器。

12.10 槽车卸车作业时应严格遵守操作规程，卸车过程应有专人监护。

12.11 液氨区应安装泄漏自动检测报警装置、自动喷淋系统、防雷防静电装置、相应的消防设施、储罐安全附件、急救设施设备和泄漏应急处理设备等。

12.12 液氨系统所涉及的储罐、管道等应定期试压，压力表和压力变送器、安全阀、液位计、液位变送器、温度计、紧急切断装置等安全附件，应按规定进行定期校验。

12.13 不应使用软管卸氨，应采用金属万向管道充装系统卸氨。

12.14 氨压缩机启动控制设备、氨泵及空气冷却器（冷风机）等动力装置的启动控制设备不应布置在氨压缩机房中。库房温度遥测、记录仪表等不应布置在氨压缩机房内。

12.15 氨区内应使用防爆型电器、热工设备，且照明良好，室内应设通风。

12.16 液氨设备、系统的布置应便于操作、通风和事故处理，同时应留有足够宽度的操作空间和安全疏散通道。

12.17 严格控制液氨储罐充装量，液氨储罐的储存体积不应大于80%储罐容器，不应过量充装，防止因超压而发生罐体开裂或阀门顶脱、液氨泄漏伤人。

12.18 液氨储罐四周应安装水喷淋装置，当储罐罐体温度高于38℃，压力大于1.8MPa时自动启动淋水装置，防止液氨储罐意外受热、暴晒或罐体温度过高而致使饱和蒸汽压力显著增加。

12.19 氨储存箱、氨计量箱的排气应设置氨气吸收装置。

12.20 充装液氨的罐体上不应实施焊接，防止因罐体内液面以上部位达到爆炸极限的混合气体发生爆炸。

12.21 巡回检查发现问题应及时处理，避免因外环境腐蚀发生液氨泄漏。

12.22 由于液氨泄漏后与空气混合形成密度比空气大的蒸气云，为避免人员穿越“氨云”，氨区控制室和配电间出入门口不应朝向装置间，应制定应急救援预案，并定期组织演练。

12.23 氨区所有电气设备、远传仪表、执行机构、热控盘柜等均应选用相应等级的防爆设备，防爆结构应选用隔爆型（Ex－d），防爆等级应不低于IIATI。

12.24 液氨储罐组四周应设置高度为1m的防火堤，并设置不少于2个通往大门及逃生门方向的台阶。液氨储罐外壁至防火堤内侧基脚线的水平距离应不小于3m。

13 防止凝汽器换热管为不锈钢、循环水管道为碳钢、散热器为铝管的表面式凝汽器间接空冷系统铝管的快速腐蚀损坏

13.1 设计时，应考虑控制间冷循环水的 pH 值，宜增设间冷循环水旁路净化系统和加药系统。

13.2 设计时，应考虑间接空冷系统膨胀节冷却三角进水管半径与水平面夹角大小，防止此处水流状态变化太急加剧铝管的冲刷腐蚀。

13.3 检查检测空冷冷却器铝冷却三角进口膨胀节－哈夫法兰电绝缘情况，确保不锈钢膨胀节与铝冷却三角间不会发生电偶腐蚀。

13.4 循环水管道、地下储水箱安装好后应进行彻底清理。

13.5 机组调试、冷态启动期间，应加强间冷循环水水质监督，严格控制间冷循环水 pH 值在 7.5～8.5，浊度不大于 20NTU。

13.6 正常运行时，宜控制循环水 pH 值在 7.5～8.5 之间，不应大于 9.0。具体控制及监督指标见表 19。

表 19 散热器为铝管的表面式间接空冷系统间冷循环水水质控制指标

项目	电导率（25）℃ μS/cm	pH	铝 μg/L	铁 μg/L
控制值	＜10	7.5～8.5	＜200	＜500
期望值	＜5	7.5～8.2	＜100	—
检测周期	连续	连续	每周 1 次	每周 1 次
注：铝含量的检测方法可参考 DL/T 502.10—2006《火力发电厂水汽分析方法　第 10 部分：铝的测定（铝试剂分光光度法）》。				

13.7 当间冷循环水 pH 值高限超标时，可向循环水加入少量磷酸或 CO_2 气体，控制 pH 值在合格范围内；当加磷酸或 CO_2 气体无法维持 pH 值上升趋势时，应采用阳床+混床旁路处理系统进行处理，并加大换水；必要时采取补充酸性水（阳床出水或一级反渗透出水）等措施降低循环水的 pH 值在合格范围内。

14 防止化学清洗不当引起机组启动水汽质量长时间不合格，锅炉爆管，凝汽器、热网加热器及辅机冷却器腐蚀泄漏

14.1 电厂应严格依据 Q/HN-1-0000.08.028—2015《火力发电厂燃煤机组化学监督标准》及 Q/HN-1-0000.08.036—2015《联合循环发电厂化学监督标准》要求对锅炉本体、过热器、再热器、凝汽器、热网加热器及辅机冷却器化学清洗进行全过程的质量监督。包括：化学清洗小型模拟试验监督，清洗药品的抽检分析和验收，清洗临时系统安装质量监督和验收，清洗系统的隔离，清洗过程清洗剂浓度、pH 值、Fe^{3+}、Fe^{2+}等参数的分析和监督，化学清洗效果评价和监督，清洗废液的处理和监督。

14.2 化学清洗单位应具有电力行业电力锅炉压力容器安全监督管理委员会颁发的“发电厂热力设备化学清洗资质证书”。选择化学清洗单位时，应特别注意其业绩，避免选择已经在公司内电厂造成不良清洗效果的单位。

14.3 清洗单位的项目负责人、技术负责人和化验人员应经过专业培训，考核合格后持证上岗，不应无证操作。

14.4 应根据锅炉系统特点、受热面结垢量、材料和小型模拟试验确定清洗工艺条件，制定详细的化学清洗方案，化学清洗方案应进行审核、批准，并报上级公司备案。

14.5 过热器、再热器化学清洗时，应防止发生堵管、气塞、晶间腐蚀。

14.6 锅炉水冷壁发生氢脆爆管或酸性腐蚀时，应选用有机酸化学清洗。

14.7 高压加热器与锅炉本体同时化学清洗时，应考虑高压加热器垢量和清洗介质。

14.8 辅机冷却器、热网加热器等解体清洗前，宜先检查腐蚀损坏情况。若腐蚀损坏严重造成穿孔泄漏的，不宜再进行化学清洗，应进行更换。化学清洗时，不应使用草酸、未知成分的清洗剂进行化学清洗，宜采用氨基磺酸+缓蚀剂作为清洗介质。

14.9 锅炉本体及过热器、再热器化学清洗钝化结束后，应用加氨调整 pH 值至 10.0 左右的除盐水彻底冲洗，至排水铁含量小于 1mg/L。冲洗合格后，再对与化学清洗相连的阀门隔离的系统进行充分水冲洗，确保可能与清洗液接触系统全部冲洗干净。

14.10 应制备充足的除盐水，以保证锅炉化学清洗后，机组启动过程冲洗大量用水。

14.11 因海水泄漏，导致过热器和再热器内有盐类沉积时，宜在机组检修结束启动时或水压时，经过一、二级旁路或疏水系统进行水冲洗。采用加氨调整 pH 值大于 10.5 的除盐水进行冲洗，冲洗时应采取措施防止气塞，确保过热器和再热器冲通，冲洗时应监督出水 pH 值、钠含量、氢电导率，直至主蒸汽和再热蒸汽水样氢电导率小于 0.50μS/cm，钠含量小于 10μg/L。

15 防止机组大修期间化学专业漏检重要项目

15.1 机组检修化学检查应满足 DL/T 1115—2019《火力发电厂机组大修化学检查导则》、Q/HN-1-0000.08.028—2015《火力发电厂燃煤机组化学监督标准》及 Q/HN-1-0000.08.036—2015《联合循环发电厂化学监督标准》的规定。机组检修前，应根据上述标准并结合生产现场的实际情况制定机组检修化学监督计划，经分管生产的厂领导或总工程师批准后发至相关岗位执行。

15.2 应建立热力设备结垢、腐蚀和积盐台账。台账中应记录详细的锅炉受热面割管位置。

15.3 机组 A、B 级检修时，燃煤机组应对水冷壁、省煤器进行割管检查垢量和腐蚀情况，根据测量结果判断是否进行化学清洗，垢量接近化学清洗要求时，在 C、D 级检修时应安排水冷壁割管检查。对于采用 AVT（O）工况的超临界机组，在每次 C 级及以上检修时，宜安排锅炉水冷壁、省煤器入口割管检测垢量。

15.4 机组 A、B 级检修时，联合循环机组余热锅炉受热面上下联箱应割开手孔进行目视和内窥镜检查；高、中、低压蒸发器，省煤器有条件割管时应进行割管检查，以测定垢量、检查腐蚀情况，确定化学清洗时机；高、中、低压蒸发器，省煤器无法割管时，宜用内窥镜进行检查。余热锅炉的低压省煤器出口、低压蒸发器上部、中压省煤器进口等易发生流动腐蚀的区域，检修时应重点检查，宜用内窥镜进行检查，发现问题，割管检查。

15.5 热力设备解体后，化学专业应第一时间对主要热力设备汽轮机、汽包、凝汽器（汽侧、水侧）、除氧器、主油箱等进行检查，并做好记录；检修完毕后应及时通知化学专业参与检查、验收。

15.6 汽轮机通流部件积盐时，应刮取、收集一定面积最严重部位沉积物（叶片、隔板处），检测沉积量，计算沉积速率；沉积量达到二类及以上时，应对沉积物进行成分分析，宜采用水溶方法分析氯离子、钠离子等，不能水溶部分采用酸溶或碱融的方式溶样，然后进行分析；X－射线衍射仪（物相分析）和X－荧光光谱仪（元素分析）分析结果作为参考。

15.7 应对联合循环机组燃机排气扩散段、余热锅炉进烟侧受热面高温烟气腐蚀或停用腐蚀，余热锅炉排烟气侧受热面低温腐蚀或停用腐蚀情况进行检查，并做好记录。

16 防止废水系统异常导致环境污染事件

16.1 新建电厂应严格执行环保“三同时”原则，严格按照环评报告及批复意见设计、建设和投运。

16.1.1 新建电厂应按照环评报告批复的要求对全厂废水系统进行设计。新建电厂灰水设施投运前必须做灰管压力试验。

16.1.2 灰场应做无渗漏设计，防止污染地下水。

16.2 加强脱硫废水和灰水的运行维护管理

16.2.1 加强对脱硫废水和灰水系统运行参数和污染物排放情况的监测分析，发现问题及时采取措施。

16.2.2 定期巡查灰场喷淋水输水管路，防止管路泄漏。

16.3 加强废水处理，防止超标排放

16.3.1 根据全厂节水和废水综合治理技术改造路线，做到废水分类收集、分级梯度利用。按电厂排污许可证的要求，不允许排放的废水不应外排，允许排放的废水不应超标外排，避免对环境造成污染。

16.3.2 对电厂废水处理设施应制定严格的运行维护和检修制度，加强对废水处理设备的维护、管理，确保废水处理系统设施运转正常。废水处理设施故障时，应及时检修处理，防止在水量、水质异常时，可能通过溢流、下渗、地表径流、地下径流污染周围环境或地下水。

16.3.3 应保证各废水系统中的仪表正常运行，在线监测 pH 值、浊度和流量等表计指示准确，定期校验。电厂排污许可证允许排放的排污口在线表计，应满足地方环保局的要求，有明确的管理制度。

16.3.4 热力设备进行化学清洗和水冲洗时应有废水处理方案，根据电厂排污许可证对特殊废水的要求做好方案设计及审批工作。

16.3.5 应做到雨污分离，清污分离，各类废水分类处理。煤场周边排水与雨水隔离，沉煤池容积满足设计需求，防止悬浮物含量高的煤水进入到地表水系统，导致环境污染事件。

16.4 加强环境污染应急管理

应制订环境污染应急预案，防止有害物质流入雨排水系统，衍生重大环境污染事故。

17 加强实验室、危险化学品安全管理，防止发生人身伤害

17.1 应制定本单位的《危险化学品管理规范》《化学实验室安全管理规范》。

17.2 应建立本单位《危险化学品清单》、化学品安全技术说明书（MSDS）；应制定危险化学品安全技术操作措施及应急处理措施，并定期组织演练。

17.3 应建立危险化学品入库验收、库存、领用和报废台账。

17.4 从事管理、储存、使用、处置废弃危险化学品的人员应进行厂内危险化学品安全管理、

安全技术操作措施及应急处理措施培训，并经考试合格后上岗。其中危险化学品仓库保管人员、储罐区管理人员应取得安监局颁发的培训合格证，持证上岗。

17.5 剧毒和易制毒危险化学品应实行“双人收发、双人保管”制度，并装设电子监控设备，领取必须有登记和消耗记录，且要注明用途、用量、日期，并有负责人与使用人签名。

17.6 卸酸、碱时，操作人员必须戴好防护面具、橡胶手套，穿好耐酸碱服、靴子；安全淋浴和眼睛冲洗器完好，水源充足。否则不应操作。

17.7 各种高压气瓶应存放在通风避雨防晒的房间，远离火源，并设置固定装置。各类高压气瓶及堆放必须有明显标志，房内配有灭火器材，存放符合安全规定。气瓶应悬挂标签，注明满、使用中或空瓶的状态。高压气瓶内的气体不应用尽，必须保持 0.5MPa 以上。领换高压气瓶应检查气瓶标志是否符合规定，阀门、防震圈（上下两个）是否完好。气瓶连接后应检查各连接点是否有泄漏。

17.8 氢气瓶、乙炔瓶、氧气瓶不能混放；氢气瓶和氧气瓶间距不应小于 8m，乙炔瓶与氧气瓶间距不应小于 5m；氢气瓶与乙炔瓶应分别存放，相隔距离不应小于 20m。氧气瓶不应沾染油脂，不应使用带油脂工具及手套开关氧气阀门。乙炔气瓶减压器出口应加装回火防止器。

17.9 化学实验室应设置通风橱、急救用护眼装置，自来水系统，应配备消防器械、急救药箱（备有药棉、医用酒精、碘酒、医用胶带等）、肥皂、毛巾等，应配制急救时中和用 2%的硼酸和 0.5%的碳酸氢钠溶液等，每位化验分析人员应熟记酸、碱烧伤急救措施。

17.10 使用玻璃器皿时，宜佩戴防护手套。使用前应检查是否有裂纹或损坏，不应使用有裂纹或已破碎的玻璃器皿。

17.11 高温操作时，应戴隔热手套；无人看管的高温物体附近应放置“高温”标识牌。

17.12 不应将食物及餐具带入实验室，不应将分析无关的物品带入实验室。不应用口尝和正对瓶口用鼻嗅的方法来鉴别性质不明的药品，应用手在容器上轻轻扇动，在稍远的地方去闻发散出来的气味。

附　录

防止化学设备事故重点要求编制说明

1　通用要求编制说明

（一）总体说明

为了防止火力发电厂化学设备及热力设备事故，提高化学专业人员管理水平，结合中国华能集团有限公司（以下简称集团公司）Q/HN－1－0000.08.028—2015《火力发电厂燃煤机组化学监督标准》、Q/HN－1－0000.08.036—2015《联合循环发电厂化学监督标准》，设计、基建、运行、检修维护、试验及技术监督管理中发现的问题，对电厂设备台账、实验数据记录台账、资料、计量等方面提出通用要求。

（二）条文说明

1.1　为新增条款，规范设备台账管理。

1.2　为新增条款，规范实验数据记录台账及文件资料管理。

1.3　为新增条款，规范实验室水、煤、油等仪器仪表计量检定工作。

2　防止原水混凝、澄清、石灰预处理效果不佳，导致后续膜系统设备污堵、循环水系统结垢编制说明

（一）总体说明

本章重点是防止澄清池（沉淀池）混凝、澄清处理效果不佳，出水水质较差，导致后续膜系统设备污堵；并防止石灰处理效果不佳，出水碱度、硬度偏高，导致循环水系统发生结垢。本章主要从预处理工艺选择、预处理系统运行控制、设备维护管理等方面列举了反事故措施。

（二）条文说明

2.1　为新增条款。对 DL 5068—2014《发电厂化学设计规范》第 3.1、3.2 条的重点内容进行了总结，说明了不同水源水质适用的预处理工艺。

2.2　为新增条款。针对目前普遍存在的低浊水混凝、澄清处理难题，提出了污泥回流（添加）处理工艺。温度和流量是造成澄清池翻池的两个重要因素，对此提出了防止进水温度及流量激烈波动的控制措施。【案例】某电厂预处理系统采用絮凝沉淀池，冬季时期补水取自海水循环水排水。受机组负荷变化影响，循环水水温也随之波动，导致沉淀池经常性出现翻池，严重影响出水水质。之后电厂进行了大流量污泥回流改造，不仅有效地减轻了进水水温波动，使翻池情况得到缓解，而且由于进水中污泥的加入，也提高了原水的混凝、澄清处理效果。

2.3　为新增条款。对预处理系统的日常水质检测、混凝剂加药、排泥控制等工作内容进行了说明。

2.4　为新增条款。强调了澄清池斜板的维护，以及杀菌剂、助凝剂加药相关事宜。

2.5　为新增条款。提出了石灰处理时，澄清池的石灰加药方案及水质控制标准。石灰处理效

果的主要考核指标为原水碳酸盐硬度（暂时硬度）去除率。【案例】某电厂预处理系统采用石灰处理，由于澄清池的设备缺陷以及石灰加药控制不当等因素，导致石灰处理对原水碳酸盐硬度的去除率很低，澄清池出水的碱度、硬度均偏高。机组投运尚不足一年时间，凝汽器即发生结垢。

2.6　为新增条款。对石灰质量提出了要求，并针对石灰加药系统普遍存在的石灰乳堵塞、板结等问题，提出了相应的防范措施。部分电厂还存在石灰配药浓度不均，导致澄清池出水水质控制不稳定的情况，对此提出了石灰配药方面的要求。

2.7　为新增条款。预处理设备中与泥渣、石灰接触的部件多为易损件，强调了应做好相关设备的维护、检修工作，保证系统的正常运行。【案例】某电厂污泥脱水系统采用板框式压滤机，运行中出现过压滤机无法正常压制泥饼，并且污泥输送泵经常自动跳泵的情况，导致污泥脱水系统运行异常，澄清池也因此无法正常排泥，出水水质严重下降。后查明是因为污泥泵定子选材不当，导致泵在运行中卡涩严重，不但造成污泥流量降低，而且因工作电流增大触发过载保护，因此跳泵。

3　防止过滤和超滤设备异常运行，导致出水水质劣化和出力下降，影响后续设备运行编制说明

（一）总体说明

本章重点是过滤和超滤设备异常运行事故防范措施，针对集团公司近年来过滤和超滤设备异常运行，导致出水水质劣化和出力下降，影响后续设备运行的案例，结合国家、行业最新标准要求，从设计配置、运行、检修、维护、试验等方面提出过滤和超滤设备异常运行反事故措施。本章内容分为加强过滤设备滤料的质量控制、超滤进水、加强过滤设备的运行维护、加强反渗透保安过滤器运行压差的控制四个部分。

（二）条文说明

3.1.1　为新增条款。无烟煤和石英砂验收要求引用 DL 5190.6—2012《电力建设施工技术规范第 6 部分：水处理及制氢设备和系统》。强调对无烟煤和石英砂的验收要求，防止因质量不合格，影响过滤系统和除盐系统的出水水质。

3.1.2　为新增条款。活性炭验收要求引用 DL/T 582—2016《发电厂水处理用活性炭使用导则》。强调对活性炭的验收要求，防止因质量不合格，影响过滤系统的出水水质。

3.2.1　为新增条款。超滤进水为混凝澄清出水时，超滤膜易污堵、出力下降，因此宜为砂滤出水。【案例】某滨海电厂超滤膜进水为混凝澄清出水，超滤膜污堵快、出力下降快。

3.2.2　为新增条款。依据 DL 5068—2014《发电厂化学设计规范》第 3.2.6 条，澄清池出水水质不稳定，翻池后引起出水浊度较高，大于 5NTU，超滤膜会经常发生污堵。该问题在电厂较为普遍，强调对超滤进水水质的要求。

3.2.3　为新增条款。水源为中水、循环水排污水或海水时，超滤膜压差增长快，化学清洗频繁，影响到超滤膜的使用寿命。【案例】集团公司电厂在采用中水（某电厂）、循环水排污水（某电厂）、海水（某电厂）时超滤膜均存在上述问题。因此在使用这三种水源时，建议优先选用浸没式、不会断丝、抗污染能力强和使用寿命长的陶瓷超滤膜。

3.3.1　为新增条款。过滤设备出力超过最大设计值，会导致水质变差的问题，以及产生过滤设备损坏的风险。

3.3.2　为新增条款。过滤设备的压差或出水水质达到反洗条件而未进行反洗，会造成过滤

设备污堵严重，不易反洗干净，影响过滤设备的运行出力和出水水质。强调过滤设备的反洗要求。

3.3.3 为新增条款。超滤在运行中，因反洗管道虹吸作用，以及进、出水母管无排气措施，易引起“水锤”进而产生膜断丝的问题。目前超滤厂商在供货时要求超滤装置设计虹吸破坏阀和母管排气阀。

3.3.4 为新增条款。超滤化学加强反洗时，未及时加药或者加药浓度不符合要求，导致化学加强反洗效果差，未能有效降低膜的运行压差。强调对超滤化学加强反洗的要求。

3.3.5 为新增条款。超滤化学清洗时，清洗时的水温、流量、药品浓度及 pH 值等指标不符合要求，导致化学清洗效果差，未能有效降低膜的运行压差。强调对超滤化学清洗的要求。

3.4 为新增条款。反渗透保安过滤器运行压差快速增长的主要原因是保安过滤器进水水质差、混凝澄清预处理运行方式不合理。【案例】在较多电厂均出现过反渗透保安过滤器运行压差增长快，滤元更换频繁的问题，甚至不到一周就要更换。

4 防止反渗透、电除盐及离子交换设备异常运行，导致出水水质劣化、出力下降，不能保证除盐水的正常供应编制说明

（一）总体说明

本章重点是反渗透、电除盐及离子交换设备异常运行事故防范措施，针对集团公司近年来反渗透、电除盐及离子交换设备异常运行，导致出水水质劣化、出力下降，不能保证除盐水正常供应的案例，结合国家、行业最新标准要求，从设计配置、运行、检修、维护、试验等方面提出反渗透、电除盐及离子交换设备异常运行反事故措施。本章内容分为电除盐系统应设计防止氢气爆炸的安全设施、防止反渗透膜被氧化和脱盐率严重下降、防止反渗透膜快速污堵和运行压差快速增长、防止电除盐被氧化，造成不可逆性能损坏、加强反渗透和电除盐设备的运行维护、离子交换设备的运行要求六个部分。

（二）条文说明

4.1 为新增条款。电除盐在运行时会产生氢气，因此电除盐系统应设计防止氢气爆炸的安全设施。

4.2.1 为新增条款。依据 DL 5068—2014《发电厂化学设计规范》第 4.1.3 条。反渗透进口余氯超标，会导致反渗透膜被氧化。【案例】在某电厂出现过反渗透进口余氯超标的问题，导致反渗透膜的脱盐率下降。

4.2.2 为新增条款。【案例】某电厂出现过按在线氧化还原电位仪表显示数值投加还原剂，反渗透进口余氯超标的情况。

4.2.3 为新增条款。【案例】某电厂出现过反渗透与超滤系统公用化学清洗装置，超滤化学清洗时隔离不严，氧化性杀菌剂进入反渗透系统。

4.2.4 为新增条款。【案例】某电厂出现过少量氧化剂从超滤水箱进入二级反渗透系统。

4.3.1 为新增条款。污染指数值越高，表征反渗透进水水质越差，膜污堵的速度越快，因此需要控制超滤或微滤出水污染指数值小于 3，有利于减轻反渗透膜的污染。强调对反渗透进水水质的要求。

4.3.2 为新增条款。阻垢剂加药不及时或投加量不符合要求时，会导致反渗透膜迅速结垢。

强调对反渗透投加阻垢剂的要求。

4.3.3 为新增条款。较多电厂更换阻垢剂后，出现反渗透进水压力迅速增长，或压差迅速增长的问题。要求阻垢剂供应商根据水质和混凝剂的使用情况，开展阻垢剂试验并提供合适的阻垢剂投加方案。强调对反渗透阻垢剂选用的要求。

4.3.4 为新增条款。反渗透回收率过低，会造成浓水排放量大，浪费用水；反渗透回收率过高，会导致反渗透运行压差高，且反渗透有结垢的风险。

4.3.5 为新增条款。阻垢剂、还原剂和非氧化杀菌剂不能及时准确投加，会导致反渗透膜污堵和氧化的问题。

4.4.1 为新增条款。【案例】在较多电厂出现过氧化剂进入反渗透的情况，进而透过反渗透膜后进入电除盐，使电除盐中的树脂被氧化，电除盐无法运行。

4.4.2 为新增条款。强调对电除盐与超滤系统公用化学清洗装置时的要求。

4.5.1 为新增条款。反渗透和电除盐设备出力超过最大设计值，会导致水质变差的问题，以及产生设备损坏的风险。

4.5.2 为新增条款。电除盐运行手册中规定电除盐必须在有水流过且流量高于最低值时才能通电，否则电除盐有被烧毁风险。

4.5.3 为新增条款。反渗透和电除盐化学清洗时，清洗时的水温、流量、药品浓度及 pH 值等指标不符合要求，导致化学清洗效果差，未能有效降低反渗透和电除盐的运行压差。强调对反渗透和电除盐化学清洗的要求。

4.5.4 为新增条款。反渗透和电除盐设备进出口压力、流量和电导率的正常监控，影响反渗透和电除盐运行时的参数控制。强调对反渗透和电除盐设备仪表的运行要求。

4.6.1 为新增条款。离子交换设备出力超过最大设计值，会导致水质变差的问题，以及产生设备损坏的风险。

4.6.2 为新增条款。依据 GB 320—2006《工业用合成盐酸》、GB/T 11199—2006《高纯氢氧化钠》和 GB/T 534—2014《工业硫酸》。再生用盐酸、氢氧化钠和硫酸的质量不符合标准要求，会影响树脂的再生效果，进而影响混床的出水水质。

4.6.3 为新增条款。新树脂和运行中树脂性能指标不符合要求，会导致除盐水水质不合格。除盐设备的进酸、碱装置和配水装置易损坏，损坏后会出现树脂跑漏现象，影响除盐设备的周期制水量。

5 防止因凝结水精处理系统及附属设备运行异常导致水汽品质劣化、非计划停机编制说明

（一）总体说明

本章重点是防止凝结水精处理系统及附属设备运行异常导致水汽品质劣化，锅炉发生腐蚀、结垢，汽轮机发生积盐、腐蚀事故，在国能安全〔2014〕161 号《防止电力生产事故的二十五项重点要求》第 6.5.4 条基础上，针对集团公司近年来精处理系统泄漏粉末树脂、纤维粉以及精除盐设备运行异常等问题，导致设备损坏、水质超标、机组非计划停机的各类案例，结合国家、行业最新标准要求，从材料入厂验收、设备运行、树脂再生、设备检修、设备维护等方面提出的防止发生凝结水精处理系统及附属设备事故的措施。

（二）条文说明

5.1.1　为新增条款。根据非停案例，针对凝结水泵变频到工频切换过程中造成过滤器泄漏粉末树脂和纤维粉事故，对凝结水泵以及过滤器的运行方式提出了要求。【案例】2018 年 12 月 15 日，某电厂凝结水泵由变频切换为工频运行过程中，出现了 2 台水泵同时运行的情况，凝结水流量瞬时突增至 1323m³/h，远超过粉末树脂覆盖过滤器允许的最大出力 925m³/h，使过滤器的罐体压力突增，造成绕线式滤元的流量远远超过了其额定通量，粉末树脂和纤维粉在瞬间穿透了滤元，随出水进入到给水前置泵滤网前。短时间内泄漏的粉末树脂、纤维粉及其他杂质（如腐蚀产物等）造成滤网严重堵塞，导致给水泵流量迅速降低、锅炉汽包水位低，机组非停。

5.1.2　为新增条款。目前，粉末树脂覆盖过滤器普遍存在单次爆膜不彻底，电厂运行人员为求滤元良好的爆膜效果而反复执行爆膜步序，从而导致滤元损坏、松动而泄漏粉末树脂、纤维粉，为此根据现场运行经验，提出了改善过滤器爆膜效果的措施。

5.1.3　为新增条款。结合现场故障案例，强调应重点关注过滤器投运初期水汽品质的变化情况，并对导致水汽品质异常情况提出了对应措施。【案例】2016 年 3 月 12 日，某厂（2×330MW 亚临界直接空冷机组）1 号机组 1 号过滤器在投运 15min 后，省煤器、炉水、再热蒸汽、过热蒸汽和饱和蒸汽氢电导均上涨，其中炉水氢电导率由 1.15μS/cm 迅速升高至 4.26μS/cm，随后通过停用 1 号机组 1 号过滤器、投运备用过滤器、加大锅炉排污等方式，2h 后才使得炉水氢电导率降至 1.50μS/cm。

5.2　为新增条款。根据现场经验，针对电厂存在的过滤器运行周期短的问题，提出了相关优化措施。

5.3　为新增条款。根据现场经验，针对因粉末树脂溶出物含量大而导致过滤器投运后出现水汽品质异常的情况，提出了对应措施。

5.4　为新增条款。强调应对过滤器用滤元的质量进行入厂验收，以确保滤元质量满足运行要求。新购入厂的过滤器滤元应满足 DL/T 1866—2018《发电厂水处理用折叠式滤元验收导则》和 DL/T 1357—2014《发电厂凝结水精处理用绕线式滤元验收导则》的要求。

5.5　为新增条款。针对前置过滤器通过运行调整无法恢复滤元性能的问题，提出了对应措施。

5.6　为新增条款。根据运行经验，对前置除铁过滤器进、出水铁含量的检测周期提出具体要求，明确了过滤器铁含量指标出现异常时的对应措施。

5.7　为新增条款。根据运行经验，对过滤器的运行提出了明确要求。

5.8.1　为国能安全〔2014〕161 号《防止电力生产事故的二十五项重点要求》第 6.5.4.2 条。为确保水汽品质满足机组运行要求，进一步明确了精处理精除盐装置运行方式以及退出运行的条件。详见第 6.1.8 条条文说明。

5.8.2　为新增条款。强调应重点关注精处理混床实际周期制水量与设计周期制水量的差距，当实际周期制水量明显较低时，应从设备、运行、树脂再生等方面分析原因，并采取针对性措施加以解决。

5.8.3　为新增条款。根据现场经验，针对电厂普遍存在的精除盐设备运行周期短的问题，提出了相应优化措施。

5.8.4　为新增条款。结合现场故障案例，对混床开启进、出口阀门前设备的状态以及确认方式提出了具体要求。【案例】2009 年某电厂混床在运行时存在明显偏流现象，在随后的检修中发现，混床进水分配装置严重变形，板与板之间的连接部位产生了最大约 5mm 的缝隙，混床运行时缝隙处产生高流速的水流，其垂直冲击到树脂层面上，形成偏流。经过对混床设备本身结构、精处理系统配置和操作步序等多方面考察分析，查明进水分配装置损坏的原因是“水锤”冲击所致。形成“水锤”的原因为：混床出水测试仪表取样阀为手动阀，在现场处于常开状态。混床升压后，升压门关闭，程控设置 20s 后开启进水阀，这时取样管就成为一个卸压点。通过试验证明，由于取样管卸压，在不到 10s 的时间高速混床压力就从 2.4MPa 下降到常压状态，而此时打开了进水阀，2.4MPa 压力的水冲入混床，形成“水锤”，由“水锤”产生的瞬时压强可达正常工作压强的几十倍甚至于数百倍，直接作用于进水分配装置上而造成装置的变形与损坏。

5.8.5 为国能安全〔2014〕161 号《防止电力生产事故的二十五项重点要求》第 6.5.4.3 条。依据现场运行经验，进一步明确了保证树脂完全分离、防止再生过程交叉污染的方法，同时依据 DL/T 333.1—2010《火电厂凝结水精处理系统技术要求第 1 部分：湿冷机组》第 10.1 条和第 10.2 条，明确了再生各阶段树脂正洗的指标，防止树脂混合污染以及树脂中的残留再生液带入系统。

5.8.6 为新增条款。依据 DL/T 333.1—2010《火电厂凝结水精处理系统技术要求第 1 部分：湿冷机组》第 10.1.4 条、第 10.2 条，明确了再生剂的种类和树脂再生水平参数，依据 DL 5068—2014《火力发电厂设计规范》表 J－5，明确了各种再生液主要成分的含量以及主要杂质可允许的最小含量。

5.8.7 为新增条款。根据运行经验，针对某些直接空冷机组在夏季高温期间因凝结水水温高而长期旁路精处理的问题，提出了相应的优化措施。

5.9.1 为新增条款。根据现场经验，对废水树脂捕捉器的安装和运行提出要求，强调应加强巡检，可通过废水树脂捕捉器中的树脂量及时判断有无树脂泄漏。同时为防止树脂泄漏，对中压系统树脂输送管道的安全泄压阀提出具体要求。

5.9.2 为新增条款。针对集团内普遍存在的树脂从再生塔排空门泄漏的现象，提出了对应措施。

5.9.3 为新增条款。鉴于集团某些电厂曾经因阳再生塔中排、底部水帽腐蚀，间隙变大，发生树脂泄漏，对阳再生塔关键金属装置及部件的材质提出具体要求。

5.9.4 为国能安全〔2014〕161 号《防止电力生产事故的二十五项重点要求》第 6.5.4.4 条。根据现场经验，增加了需检查的设备，同时明确了检查的内容。

5.9.5 为新增条款。根据现场经验，强调可通过加强巡查，及时发现混床树脂泄漏现象。

6 防止热力设备腐蚀、结垢、积盐编制说明

（一）总体说明

本章重点是防止锅炉受热面发生腐蚀、结垢，防止汽轮机发生腐蚀、积盐，在国能安全〔2014〕161 号《防止电力生产事故的二十五项重点要求》第 6.5.4 条“防止设备大面积腐蚀”基础上，针对 2010 年以来，集团公司各发电企业现场技术监督检查提出的重要问题、季报中提出的重要问题、督办问题、预警问题及机组非停案例，结合国家、行业最新标准要求，从设计、制造、运行、停用保养、检修检查、化学清洗等阶段提出防止热力设备发生大面积腐

蚀、结垢或积盐的措施。

（二）条文说明

6.1.1 为国能安全〔2014〕161 号《防止电力生产事故的二十五项重点要求》第 6.5.4.1 条、第 6.5.4.6 条、第 6.5.7.11 条的合并。

第 6.5.4.1 款为“严格执行 GB/T 12145—2008《火力发电机组及蒸汽动力设备水汽质量》、DL/T 912—2005《超临界火力发电机组水汽质量标准》、DL/T 246—2006《化学监督导则》、DL/T 561—2003《火力发电厂水汽化学监督导则》、DL/T 889—2004《电力基本建设热力设备化学监督导则》、DL/T 712—2000《火力发电厂凝汽器管选材导则》、DL/T 956—2005《火力发电厂停（备）用热力设备防锈蚀导则》、DL/T 794—2012《火力发电厂锅炉化学清洗导则》等有关规定，加强化学监督工作”。

第 6.5.4.6 款为“当运行机组发生水汽质量劣化时，严格按 DL/T 561—1995《火力发电厂水汽化学监督导则》中的 4.3 条、DL/T 805.4—2004《火电厂汽水化学导则第 4 部分：锅炉给水处理》中的 10 条处理及 DL/T 912—2005《超临界火力发电机组水汽质量标准》中的 9 条处理，严格执行“三级处理”原则”。

第 6.5.7.11 款为“加强汽水监督，给水品质达到 DL/T 912—2005《超临界火力发电机组水质质量标准》”。

将上述三款合并，仅保留了主要参考标准，并修改异常处理措施参考标准为集团公司 2015 年颁布的标准，此标准内容更具有可操作性。由于主要指标和异常处理指标比较繁多，所以正文中没有列出具体指标控制值，仅把主要参考标准列出。同时删除了参考标准的修（制）订年份，表示应参考相应标准编号的最新标准执行。其中 DL/T 912—2005《超临界火力发电机组水质质量标准》与 GB/T 12145—2016《火力发电机组及蒸汽动力设备水汽质量》部分内容重复，DL/T 912—2005《超临界火力发电机组水质质量标准》已经于 2015－01－14 废止。

6.1.2 为新增条款，根据现场经验编写。结合现场在线化学仪表维护和校验情况及核心在线化学仪表的重要性，提出应重视在线化学仪表投入率和主要在线化学仪表准确率，并详细列举了水汽系统中主要的在线化学仪表。【案例 1】某电厂炉水 pH 实际值低于 8.3，但在线 pH 表测量值偏高，测量显示 pH 值始终大于 9.0，结果水冷壁管发生酸性腐蚀，造成重大损失。【案例 2】某电厂凝汽器换热管为黄铜管，仪表测量给水 pH 值在 8.8～9.3 的合格范围内，由于在线 pH 表的显示值比实际值偏低约 0.5pH，未及时发现，而实际运行水汽 pH 值超过 9.5，导致凝汽器铜管汽测发生严重的氨腐蚀穿孔。【案例 3】某电厂两台 600MW 亚临界机组，2004 年底相继投产，因汽包汽水分离装置缺陷使饱和蒸汽中大量带水，由于在线钠表和电导率表测量不准确，一直未能及时发现该问题，导致汽轮机高压缸严重积盐，汽轮机效率降低。机组满负荷运行时的蒸汽流量从投运初期的 1790t/h（额定蒸发量），增加到 1900t/h 以上，两台机组每年多烧煤 140 万吨。【案例 4】某电厂装机容量 4×300MW 亚临界汽包炉机组，凝结水精处理再生系统为锥斗法再生。该电厂凝结水精处理系统取样装置因冷却水无水，精处理系统仪表未投，一台混床再生完毕后投入运行，该混床因再生原因投入后开始释放强酸阴离子，给水氢电导率开始上升，运行人员误以为仪表在消缺，没有进行必要的核查和采取措施，4h 后炉水 pH 值降至 6.0，达到 GB/T 12145—2016《火力发电机组及蒸汽动力设备水汽质量》及集团监督标准中的炉水 pH 值小于 7.0 时，应立即停炉的规定，化学运行采取紧急处理后，炉水 pH 值才恢复正常。【案例 5】某电厂 1 号机组为 600MW 超临界直流炉机组，水汽系统各取样点在线氢电导率均满足 GB/T 12145—2016《火力发电机组及蒸汽动力设备水汽质量》标准值要求，2017 年 8 月发现凝结水、精处理出口（母管）、除氧器入口、省煤器入口、主蒸汽氯离子均超标，之后委托在线化学仪表校验时，个别取样点的实际氢电导率超标，在线化学测量准确性差，一直未引起电厂的重视，2019 年 4 月停机大修，检查发现 1 号机组汽轮机叶片积盐、腐蚀严重。

6.1.3 为新增条款，根据现场经验编写。结合集团公司现场检查情况及现场故障案例提出应重视炉水取样代表性。若取样管连接在连续排污管水平段的上部，可能造成部分蒸汽进入取样管，导致取得的水样与真实炉水不同，炉水取样无代表性，特别是接近蒸汽品质时，在炉水水质劣化时（pH 值异常高或低，氯离子含量高）不能发现，可能造成锅炉水冷壁管的严重腐蚀损坏。【案例】某电厂，2013 年 8 月 15 日 2：00 1 号机组负荷 202MW，炉水氢电导率为 0.41μS/cm；4:00 机组负荷 241MW，炉水氢电导率为 0.30μS/cm；6:00 机组负荷 264MW，炉水氢电导率为 0.15μS/cm。按一般规律机组负荷越高，炉水浓缩越严重，其氢电导率应该越高，但是在 1 号机组负荷为 264MW 时，炉水氢电导率为 0.15μS/cm，接近蒸汽的氢电导率，同时 1 号锅炉炉水加氢氧化钠量比 2 号锅炉炉水大，其 pH 值反而较低，1 号锅炉炉水的二氧化硅含量也非常低，这都表明 1 号锅炉炉水无代表性；现场查看炉水取样管接在连排母管的上部，之后将取样管改在了连排母管的下部。

6.1.4 为新增条款，根据现场经验编写。（1）依据 DL/T 1717—2017《燃气－蒸汽联合循环发电厂化学监督技术导则》及 Q/HN-1-0000.08.036—2015《联合循环发电厂化学监督标准》规定，联合循环余热锅炉为汽包炉、无铜系统时，应控制给水 pH 值在 9.5～9.8，以有效抑制水汽系统的流动加速腐蚀，降低热力系统的腐蚀产物的产生、迁移和沉积，以达到消除因化学因素造成机组可利用率降低的目的；同时有些联合循环机组运行模式为早起晚停，同样应控制给水高 pH 值运行，以抑制停用腐蚀。加药位置选择应根据实际情况，越接近除盐水箱越好。【案例】某燃机电厂：两台机组给水的加氨位置为低压汽包（原设计为加联氨）；高、中压给水泵进水母管公用一台加氨泵。这种设计不合理：1 号机组从凝汽器热井至低压汽包给水入口的设备和管道都是碳钢材料，在机组启动或对外供汽时，因为大量补除盐水，这些设备和管道都没有氨，中性或微酸性除盐水将对将这些设备造成严重腐蚀，特别是凝结水加热器（低压省煤器模块，其壁厚不到 3mm）将会很快腐蚀损坏；由于中压给水、高压给水进水母管两点压力不同，碱化剂氨可能只加在中压或高压给水泵入口一点。建议改造为：将目前两台机组低压汽包加氨位置（核实低压汽包加氨泵的压力）从低压汽包改为凝结水泵出口；将目前一台机组高、中压给水加氨泵改为向除盐水供水母管加氨；或两台机组高、中压给水加氨泵分别改为加到两台机组除盐补水支管，在加氨点后（超过 3m）安装一台电导率表（加除盐水补水支管时则是二台电导率表），用电导率来控制高、中压加氨泵（改造后为除盐补水加氨泵）的加氨量，电导率的目标值设置在 10μS/cm；改造完成后，高、中压给水入口停止加氨。

6.1.5 为新增条款，根据现场经验编写。因为余热锅炉高、中、低压汽包压力不同，炉水使用同一加药泵加固体碱化剂时往往导致加药不均匀，所以应根据汽包压力不同分别设置炉水加药泵。同时若低压汽包炉水作为高中压给水时，因为给水作为减温水，所以不能加固体碱化剂。

6.1.6　为新增条款，根据现场经验编写。水冷壁垢下酸性腐蚀是锅炉水冷壁管失效的常见问题，主要是炉水中氯离子等腐蚀性阴离子含量偏高引起，根据现场检查情况，部分电厂炉水没有氢电导率或采用磷酸盐处理无法有效监督氯离子含量，且没有采取正确的氯离子检测手段，导致不能发现氯离子超标的问题，有可能导致锅炉垢下酸性腐蚀及汽轮机叶片腐蚀、积盐。

6.1.7　为新增条款，根据现场经验编写。【案例 1】某电厂汽包炉，投运精处理混床导致炉水 pH 值偏低、氢电导率升高，查明原因为氨水质量不合格，更换为分析纯氨水后，炉水水质恢复正常。【案例 2】某电厂，超临界机组使用的氨水质量不合格，离子色谱检测水汽中阴离子时，给水中始终含有 0.5μg/L～1.0μg/L 的氯离子，影响水汽品质，更换氨水后，水汽品质得到提高。

6.1.8　为国能安全〔2014〕161 号《防止电力生产事故的二十五项重点要求》第 6.5.4.2 条"凝结水的精处理设备严禁退出运行。机组启动时应及时投入凝结水精处理设备（直流锅炉机组在启动冲洗时即应投入精处理设备），保证精处理出水质量合格"的修改版，根据现场运行经验进行修改，增删。将"凝结水的精处理设备严禁退出运行"改为"直流锅炉机组，温度和压差指标正常时，精除盐设备不应退出运行；当温度或压差超过厂家及运行规程设定值时，严格按规程要求执行"，并强调精除盐设备的阳树脂应氢型方式运行，不应铵化运行；将启动冲洗投运精处理设备补充具体到"除氧器上水阶段应投运前置过滤器和精除盐设备"。

精处理除盐设备用于净化水汽中的杂质离子，同时阳树脂还将水汽中的铵根离子去除，在亚临界汽包炉除盐水水质良好，凝汽器不泄漏的情况下，不投运精处理或精处理旁路 50% 均能满足水汽品质要求，而在水质劣化时，及时投运再生好的备用精除盐设备，能更充分的保障汽水品质，从安全、经济、环保角度都是可行的。

精除盐设备的阳树脂应氢型方式运行。实践及理论均证明，在凝汽器不泄漏的情况下，精处理混床在漏铵的过程中，也是漏氯离子、钠离子量最大的时候，而要满足精处理混床出水水质，铵型运行要求的再生度非常高，具体见表 20、表 21（DL/T 333.1—2010《火电厂凝结水精处理系统技术要求　第 1 部分：湿冷机组》），目前国内极少有电厂达到要求，铵型运行的电厂，大部分机组大修检查时能够发现低压缸第 3 级～5 级叶片上均存在不同程度的点腐蚀现象。

表 20　混床氢型方式运行不同出水水质所要求的树脂再生度（pH：7.0）

要求达到的出水钠含量 μg/L	阳树脂应达到的再生度 %	要求达到的出水氯含量 μg/L	阴树脂应达到的再生度 %
10	13	10	3
5	23	5	6
1	61	1	24
0.1	94	0.1	76

表 21　铵型混床允许的不同出水水质所要求的树脂再生度

进水 pH 值	允许出水的钠含量 μg/L			允许出水氯含量 μg/L
	＜1	＜3	＜5	＜1
	要求阳树脂的再生度 %			要求阴树脂的再生度 %
8.4	＞98.72	＞96.25	＞93.90	88.98
8.6	＞99.19	＞97.60	＞96.06	92.75
8.8	＞99.48	＞98.47	＞97.48	95.30
9.0	＞99.67	＞99.03	＞98.39	96.99
9.2	＞99.80	＞99.39	＞98.99	98.09
9.4	＞99.87	＞99.61	＞99.35	98.77
9.6	＞99.92	＞99.76	＞99.59	99.23

【案例 1】某电厂，在 2016 年加氧调试期间，2 号机组精处理混床出水电导率仅 0.1μS/cm 时，氯离子含量超过 1.0μg/L。【案例 2】某电厂，给水 AVT（O）方式运行时，检测某台精处理混床电导率为 0.31μS/cm，氢电导率为 0.078μS/cm，氯离子含量为 0.28μg/L，累计制水量为 80 046m^3；电导率为 0.93μS/cm，氢电导率为 0.080μS/cm，氯离子含量为 0.71μg/L，累计制水量为 87 766m^3；电导率为 1.78μS/cm，氢电导率为 0.082μS/cm，氯离子含量为 1.46μg/L，累计制水量为 95 662m^3，可以看出，在漏铵的过程中，氯离子含量不断升高，已经超过 1μg/L。【案例 3】某电厂，超临界直流炉，精处理混床铵型方式运行，精处理混床高塔法再生，再生系统程序已经优化得很好，且定期跟踪混床漏铵过程中钠离子、氯离子含量均低于 1.0μg/L，但机组大修过程中检查，汽轮机低压缸叶片仍然有点腐蚀现象。【案例 4】某电厂，2006 年 6 月 21 日～7 月 18 日，跟踪监督 5 号机组精处理混床，混床从氢型方式向铵型方式转化时，混床出水钠离子含量明显升高然后降低，5 号机组凝汽器严密，无泄漏，所以混床完全铵型运行时，出水的钠离子与凝结水相当，在 0.2μg/L～0.3μg/L；混床从氢型向铵型转化过程中，氯离子也明显升高，并维持在 3μg/L～4μg/L，远大于凝结水中氯离子含量，这是再生后的混床中含有较多氯型阴树脂的现象，说明再生度不满足铵型运行方式的要求。【案例 5】某超临界机组精处理混床出水随着氨的泄漏，氯离子随之明显增加，并导致水汽氢电导率上升，检测氢电导率接近 0.1μS/cm 时，氯离子含量约 6μg/L。【案例 6】某亚临界汽包炉凝结水精处理混床运行监测，随着精处理混床铵化运行，炉水（氢氧化钠处理）氢电导率升高，由精处理氢型方式运行时的小于 1.00μS/cm 升高至大于 3.00μS/cm。

6.1.9　为国能安全〔2014〕161 号《防止电力生产事故的二十五项重点要求》第 6.5.4.6 条“当运行机组发生水汽质量劣化时，严格按 DL/T 561—1995《火力发电厂水汽化学监督导则》中的 4.3 条、DL/T 805.4—2004《火电厂汽水化学导则第 4 部分：锅炉给水处理》中的 10 条处理及 DL/T 912—2005《超临界火力发电机组水汽质量标准》中的 9 条处理，严格执行‘三级处理’原则”的修改版，本反措中将此条具体划分为凝结水、给水、炉水异常处理三条“6.1.9、6.1.10、6.1.11”，将问题发生的可能原因和有效处理措施具体化。

6.1.10 为国能安全〔2014〕161 号《防止电力生产事故的二十五项重点要求》第 6.5.4.6 条"当运行机组发生水汽质量劣化时，严格按 DL/T 561—1995《火力发电厂水汽化学监督导则》中的 4.3 条、DL/T 805.4—2004《火电厂汽水化学导则第 4 部分：锅炉给水处理》中的 10 条处理及 DL/T 912—2005《超临界火力发电机组水汽质量标准》中的 9 条处理，严格执行'三级处理'原则"的修改版，本反措中将此条具体划分为凝结水、给水、炉水异常处理三条"6.1.9、6.1.10、6.1.11"，将问题发生的可能原因和有效处理措施具体化。

6.1.11 为国能安全〔2014〕161 号《防止电力生产事故的二十五项重点要求》第 6.5.4.6 条"当运行机组发生水汽质量劣化时，严格按 DL/T 561—1995《火力发电厂水汽化学监督导则》中的 4.3 条、DL/T 805.4—2004《火电厂汽水化学导则第 4 部分：锅炉给水处理》中的 10 条处理及 DL/T 912—2005《超临界火力发电机组水汽质量标准》中的 9 条处理，严格执行'三级处理'原则"的修改版，本反措中将此条具体划分为凝结水、给水、炉水异常处理三条"6.1.9、6.1.10、6.1.11"，将问题发生的可能原因和有效处理措施具体化。

6.2 为国能安全〔2014〕161 号《防止电力生产事故的二十五项重点要求》第 6.5.4.5 条"加强循环冷却水系统的监督和管理，严格按照动态模拟试验结果控制循环水的各项指标，防止凝汽器管材腐蚀结垢和泄漏。当凝结器管材发生泄漏造成凝结水品质超标时，应及时查找、堵漏。"的部分内容，另一部分内容在第 8 章节编写。凝汽器泄漏，冷却水漏入凝结水进入锅炉。给水质量劣化导致汽水品质超标，给水长时间超标或大量冷却水进入系统，将导致锅炉水冷壁严重结垢，产生垢下腐蚀，水冷壁管发生氢脆爆管，并且导致蒸汽品质不良，大量积盐，使汽轮机阀门、通流部分严重积盐，不仅通流面积减少影响汽轮机效率，而且自动主汽门、调节汽门严重积盐结垢，在甩负荷后极易卡涩造成机组超速。多年来，凝汽器泄漏造成严重后果的事故时有发生，尤其是海水冷却或循环冷却水电导率大的湿冷机组凝汽器泄漏，是导致水汽品质劣化，机组非停的一个主要因素，因此本节详细编写了凝汽器发生泄漏后的处理措施，以保证在发生凝汽器泄漏后将损失减少到最低化。【案例 1】20 世纪 70 年代某电厂两台 100MW 机组循环水采用地下水加河水开式冷却。由于平时河水浑浊，且上游造纸厂废水排入河道，导致凝汽器铜管内壁附着粘状物，影响真空下降，为提高真空，电厂曾多次在循环水泵入口加砂子冲刷粘状物，加砂冲刷后真空有所提高，但不能维持。多次加砂以及洪水期间泥沙的磨损、河水的腐蚀，使凝汽器铜管减薄而频繁小量泄漏，累加起来，长时间小量泄漏造成锅炉水冷壁管结垢厚达数毫米，产生垢下腐蚀、鼓包频繁爆管；汽轮机大修解体后，叶轮、隔板表面积有大量盐垢和携带物，呈土黄色，叶片、导叶通流部分积结得更多。该厂全部更换了凝汽器铜管，全部改用地下水供循环水并对锅炉水冷壁进行了酸洗换管，才得到根治。【案例 2】某电厂，1994 年 300MW 机组采用海水作循环冷却水，运行中凝汽器钛管断裂，大量海水漏入系统，由于监测手段不完善，停机处理不及时，使汽水品质严重劣化，后停机解体检查，汽轮机通流部分严重积结盐垢，喷嘴及调速级叶片的积盐，几乎堵满了通流面。【案例 3】某电厂超临界直流炉，采用海水冷却，2015 年 7 月 31 日，机组启动后，3 号机组凝汽器泄漏，凝汽器 A 侧共三处泄漏点，上部有 2 根，下部有 1 根，未停机进行处理，处理时间前后共 15h，导致水汽品质劣化严重，至 8 月 5 日 3 号给水和 3 号主蒸汽氢电导下降至 0.10μS/cm，水汽品质合格，主蒸汽品质不合格时间近 5 天。从 3 号机组事后变负荷运行，主蒸汽、凝结水钠含量和氢电导率升高，表明过热器、汽轮机通流部件存在积盐问题，2015 年 10 月机组停机进行了全面化学清洗。

6.2.1 为新增条款。根据 Q/HN-1-0000.08.028—2015《火力发电厂燃煤机组化学监督标准》及现场运行经验编写。

6.2.2 为新增条款，依据 Q/HN-1-0000.08.028—2015《火力发电厂燃煤机组化学监督标准》、Q/HN-1-0000.08.036—2015《联合循环发电厂化学监督标准》及现场运行经验编写。【案例 1】某电厂，3 号机组 320MW 亚临界汽包炉，于 1998 年 3 月 12 日投运，锅炉型号为 DG1025/18.2－Ⅱ4，2017 年 12 月 27 日，12:30 水汽值班员发现凝结水钠离子含量、氢电导率均超量程报警，凝汽器泄漏；12:58 3 号机组负荷 185MW，隔离 3 号机组乙侧凝汽器；13:06 凝泵出口钠含量 8000μg/L、给水钠含量 4000μg/L，炉水 pH 值接近 7，13：07 3 号机组负荷 166MW，打闸停机，防止事故进一步扩大。由于此次海水泄漏量大（低压缸隔热罩断裂，掉落三块钢板砸裂乙侧 1 根换热管，泄漏管裂口宽），投加锯末毫无作用，虽然化学发现及时，但没有检漏装置，无法快速判断是甲侧还是乙侧凝汽器泄漏，无法及时隔离，只能快速停机。【案例 2】某电厂，2017 年 11 月 10 日，2 号机组检修完毕，冷态启动，11 月 19 日 18：02，2 号机组凝汽器检漏装置氢电导率由 0.10μS/cm 升至 2.98μS/cm，凝结水氢电导率由升至 0.60μS/cm，给水电导率 0.37μS/cm，化学专业通过检漏装置查漏，确认 22 号凝汽器南侧水室发生泄漏，检修、运行立即采取相关措施，解列 2 号凝汽器，在 22 号凝汽器南侧水室顶部堵管一根，20 日 0：01，检漏装置、凝结水、给水电导率分别降至 0.24μS/cm、0.18μS/cm、0.10μS/cm，逐步恢复至正常水平，从发现凝汽器泄漏到堵漏，水质恢复正常，共持续 6h。

6.2.3 为新增条款，根据 Q/HN-1-0000.08.028—2015《火力发电厂燃煤机组化学监督标准》、Q/HN-1-0000.08.036—2015《联合循环发电厂化学监督标准》、DL 5068—2014《发电厂化学设计规程》及现场运行经验编写，规范设计凝结水精处理设备。凝结水精处理除盐设备，在凝汽器微量泄漏期间，能够在机组运行的情况下，保证水汽品质合格，待机组计划停机检修时，进行查漏堵漏；在凝汽器泄漏严重的情况下，能够短时间内保证给水水质，争取查漏和停机时间，在此期间应严格控制精处理混床出水电导率，防止腐蚀性离子进入水汽系统。

6.2.4 为新增条款，参照 Q/HN-1-0000.08.028—2015《火力发电厂燃煤机组化学监督标准》、Q/HN-1-0000.08.036—2015《联合循环发电厂化学监督标准》及现场运行经验编写。

6.2.5 为新增条款，参照 Q/HN-1-0000.08.028—2015《火力发电厂燃煤机组化学监督标准》、Q/HN-1-0000.08.036—2015《联合循环发电厂化学监督标准》及现场运行经验编写。

6.2.6 为新增条款，参照 Q/HN-1-0000.08.028—2015《火力发电厂燃煤机组化学监督标准》、Q/HN-1-0000.08.036—2015《联合循环发电厂化学监督标准》及现场运行经验编写。凝汽器有泄漏时，有精除盐装置的机组，凝结水必须经过凝结水精除盐装置 100%处理，旁路门必须严密。【案例】山西某电厂 1 号锅炉为东方锅炉厂制造的亚临界参数自然循环汽包炉，型号为 DG-1025/18.2-Ⅱ7，1996 年 11 月投产，设计炉水采用全挥发处理，从 1997 年 8 月 15 日至 1998 年 9 月 9 日，1 号锅炉陆续发生 10 次水冷壁爆管事故。主要原因是凝汽器泄漏时，精处理旁路门关闭不严，导致炉水中有硬度，而炉水仍然采用全挥发处理方式运行，炉管内容易产生沉积物，同时氯离子含量超标，炉水 pH 值和碱度低，沉积物下局部浓缩导致发生氢脆爆管。

6.2.7 为新增条款。参照 Q/HN-1-0000.08.028—2015《火力发电厂燃煤机组化学监督标准》、Q/HN-1-0000.08.036—2015《联合循环发电厂化学监督标准》及现场运行经验编写。凝汽器有泄漏时，有精除盐装置的机组，凝结水必须经过凝结水精除盐装置 100%处理，旁路门必须严密。

6.3.1 为新增条款，参照 Q/HN-1-0000.08.028—2015《火力发电厂燃煤机组化学监督标准》、Q/HN-1-0000.08.036—2015《联合循环发电厂化学监督标准》及现场运行经验编写。热网疏水水质不合格时，回收到凝汽器热井，经过精处理装置进行净化处理，能够确保水汽品质满足标准要求，但应该考虑到热网疏水回收至凝汽器时附加的热负荷影响。

6.3.2 为新增条款，参照 Q/HN-1-0000.08.028—2015《火力发电厂燃煤机组化学监督标准》、Q/HN-1-0000.08.036—2015《联合循环发电厂化学监督标准》及现场运行经验编写。每台热网加热器疏水增加在线氢电导率表，能够及时发现泄漏的热网加热器，及时处理，避免影响机组水汽品质。

6.3.3 为新增条款。根据现场经验，每年冬季供暖期间，各供热机组的热网加热器大部分会存在不同程度的泄漏，为保证冬季长周期供暖，应根据前一年热网加热器运行情况，在机组供热前，应对热网加热器进行查漏消缺。【案例】某电厂，2017 年～2018 年供热期间，3 号、4 号加热器相继发生管束泄漏问题，2018 年 10 月涡流探伤 3 号加热器管束，壁厚减薄大于 50%的换热管 49 根，壁厚减薄 25%～50%的换热管 10 根，已堵管束 302 根，管束堵探头无法通过 11 根，对泄漏管束及壁厚减薄 25%以上的均进行封堵，对探头无法通过的进行疏通并再次探伤，如不能疏通进行封堵，对加热器顶部上三排管束进行封堵，堵管率接近 10%。涡流探伤 4 号加热器管束，壁厚减薄大于 50%的换热管 44 根，壁厚减薄 25%～50%的换热管 34 根，已堵管束 222 根，管束堵探头无法通过 7 根，对泄漏管束及壁厚减薄 25%以上的均进行封堵，对探头无法通过的进行疏通并再次探伤，如不能疏通进行封堵，对加热器顶部上三排管束进行封堵，堵管率接近 10%。

6.3.4 为新增条款，参照 Q/HN-1-0000.08.028—2015《火力发电厂燃煤机组化学监督标准》、Q/HN-1-0000.08.036—2015《联合循环发电厂化学监督标准》及现场运行经验编写。

6.3.5 为新增条款，参照 Q/HN-1-0000.08.028—2015《火力发电厂燃煤机组化学监督标准》、Q/HN-1-0000.08.036—2015《联合循环发电厂化学监督标准》及现场运行经验编写。

6.4.1 为新增条款，根据现场运行经验编写。

6.4.2 为新增条款，根据现场运行经验编写。

6.4.3 为新增条款，根据现场运行经验编写。凝结水精处理混床漏铵和铵化运行过程中均可能导致杂质氯离子、钠离子的升高而影响水汽品质，易导致汽包炉炉水 pH 值偏高或偏低，导致直流炉机组汽轮机低压缸叶片第 3 级～5 级积盐腐蚀。精处理阳树脂铵化运行后，已无除去凝结水中钠离子、氯离子的作用，在凝汽器泄漏或其他生水漏入凝汽器时，无法达到应有的除盐效果，会导致水汽品质劣化，增加锅炉受热面腐蚀、结垢，汽轮机叶片腐蚀、积盐的风险。

6.4.4 为新增条款，根据现场运行经验编写。

6.4.5 为新增条款，根据现场运行经验编写。氢电导率表示炉水中总阴离子含量，其中主要包含氯离子、硫酸根离子、磷酸根离子等，氢电导率的变化能够及时反应杂质阴离子的变化，及时掌握锅炉炉水水汽品质；电导率表示炉水中含盐量的多少，电导率、氢电导率及氯离子含量超标均易导致锅炉水冷壁发生垢下腐蚀。

6.4.6 为新增条款，依据 Q/HN-1-0000.08.028—2015《火力发电厂燃煤机组化学监督标准》、Q/HN-1-0000.08.036—2015《联合循环发电厂化学监督标准》及现场经验编写。根据现场运行经验编写。机组启动过程中，水汽质量不合格易导致锅炉水冷壁结垢速率升高，汽轮机积盐，甚至造成给水泵滤网污堵等事件。【案例】某热电厂调试过 168h 后，停备用约 4 个月后再次启动，机组启动水汽净化措施不当，导致机组启动过程中，大量腐蚀产物堵塞给水泵滤网，导致机组无法正常启动。

6.4.7 为国能安全〔2014〕161 号《防止电力生产事故的二十五项重点要求》第 6.5.4.7 条“按照 DL/T 956—2005《火力发电厂停（备）热力设备防锈蚀导则》进行机组停用保护，防止锅炉、汽轮机、凝汽器（包括空冷岛）等热力设备发生停用腐蚀”，依据 Q/HN-1-0000.08.028—2015《火力发电厂燃煤机组化学监督标准》、Q/HN-1-0000.08.036—2015《联合循环发电厂化学监督标准》、DL/T 956—2017《火力发电厂停（备）用热力设备防锈蚀导则》及现场经验进行补充性修改。机组停用保养不到位，易导致机组启动冲洗时间延长、用水量大，锅炉水冷壁结垢速率升高，汽轮机积盐等问题。【案例】某电厂 1 号机组为超临界直流锅炉，1998 年 11 月 9 日投产，2001 年 1 号机组一级对流再热器（12Cr1MoV）下弯头在机组启动过程中发生爆管。割取爆管管样观察，下弯头有明显的腐蚀坑，属于典型的停用期间的溶解氧腐蚀。检查机组的停机参数，发现热炉放水温度过低，不能用余热烘干再热器，导致下弯头严重积水，由于停用时间过长，氧腐蚀比较严重。解决措施：一是加强精处理的运行管理，混床出水电导率控制在小于 0.15μS/cm，保证给水质量；二是在过热器、再热器疏水门后引一路管道到凝汽器，在停机后利用凝汽器的负压系统将残余的蒸汽抽干。

6.4.8 为新增条款，根据 DL/T 1115—2019《火力发电厂机组大修化学检查导则》、现场运行及检修经验编写。【案例】某电厂 2018 年 1 号机组 A 修检查，汽轮机中、低压缸叶片沉积了大量的白色盐类，经化验分析主要为碳酸钠，还含有少量的硅酸钠。形成原因有两点：主要是汽包内部存在缺陷［汽包内部环形通道（内壁夹层结构）内壁焊接处有 7 处砂眼，另经过超声检测，还有 1 处理裂纹，汽包内裂纹及砂眼已经修复完毕；汽包内部环形通道内壁存在砂眼会导致汽包汽水分离效果变差］，导致汽水分离效果变差；其次是炉水为氢氧化钠处理，炉水加药量有时过高导致炉水钠离子含量超标，增加蒸汽携带。

6.4.9 为国能安全〔2014〕161 号《防止电力生产事故的二十五项重点要求》第 6.5.4.10 条“锅炉水冷壁结垢量超标时应及时进行化学清洗，对于超临界直流锅炉必须严格控制汽水品质，防止水冷壁运行中垢的快速沉积”中部分条款，并做修改，仅列出特殊情况下如在水汽品质异常、锅炉水冷壁发生腐蚀或结垢量太高时，锅炉水冷壁化学清洗的要求。水冷壁垢量太高时，不但影响换热效率，而且当炉水水质差时，极易发生垢下浓缩腐蚀，导致锅炉发生垢下腐蚀爆管等事故。对已经发生凝汽器泄漏或热网加热器泄漏且未及时处理的机组，应在检修过程中及时针对性处理，防止发生垢下腐蚀。【案例】某电厂因 2018 年凝汽器长期泄漏，且炉水处理措施不当，停机时间未进行相应处理，导致 2019 年 4 月供热期间连续发生两次氢脆爆管事件。

6.4.10 为国能安全〔2014〕161 号《防止电力生产事故的二十五项重点要求》第 6.5.4.10 条“锅炉水冷壁结垢量超标时应及时进行化学清洗，对于超临界直流锅炉必须严格控制汽水品质，防止水冷壁运行中垢的快速沉积”中部分条款，并根据现场运行及检修经验作补充性修改。

6.4.11 为新增条款，根据现场运行及检修经验编写。主要用于防止锅炉过热器、再热器氧化皮大面积脱落，堵管爆管事件。

7 防止电力用油、六氟化硫质量不合格导致事故发生编制说明

（一）总体说明

本章重点是防止电力用油、六氟化硫质量不合格导致事故发生，在国能安全〔2014〕161号《防止电力生产事故的二十五项重点要求》第8条、第10条、第12条和第13条的基础上，针对集团公司近几年来油质未定期检测、油质异常等问题导致设备损坏、机组非计划停运的各类案例，结合国家、行业最新标准要求，从验收、投运前、运行中、检修后、启动前等阶段提出防止电力用油、六氟化硫质量不合格导致事故发生的措施，本章内容主要涉及变压器油、涡轮机油、抗燃油、密封油、辅机用油和六氟化硫。

（二）条文说明

7.1 为新增条款，结合生产实际情况，强调了规范油气质量监督规章制度和对油、六氟化硫质量的全过程监督。

7.2 为新增条款，结合生产实际情况，根据油质指标的检测周期，强调了常用油质检测仪器的重要性。【案例】某电厂实验室2019年上半年仍然未配备检测油质电阻率、水分指标的相关仪器，采用外委单位检测的方式，然而外委检测数据返回电厂需要3个月以上甚至半年时间，严重不符合相关指标的检测周期，油质质量定期检测监督工作严重滞后，导致不能及时发现隐患。

7.3 为新增条款，结合生产实际情况，根据GB/T 7597—2007《电力用油（变压器油、汽轮机油）取样方法》、DL/T 571—2014《电厂用磷酸酯抗燃油运行维护导则》进行了修改和补充，强调了油样取样的注意事项。【案例】2014年12月11日，某电厂6号机组抗燃油在正常取样检测中未发现系统油动机油路存在杂质，杂质引起ATT试验时中压调门1的跳闸电磁阀1的滑阀及单向控制阀活塞卡涩，控制油模块内的单向控制阀无法关闭，控制油大量内泄，引起控制油母管压力降低，控制油压无法维持，最终导致机组跳闸。

7.4 为国能安全〔2014〕161号《防止电力生产事故的二十五项重点要求》第12.2.9条、第12.2.13条、第12.2.19条、第12.8.1.14条，结合生产实际情况，并根据GB 2536—2011《电工流体变压器和开关用的未使用过的矿物绝缘油》、GB/T 7595—2017《运行中变压器油质量》、GB/T 14542—2017《变压器油维护管理导则》、DL/T 722—2014《变压器油中溶解气体分析和判断导则》进行了修改和补充，强调了变压器油油中溶解气体和油质检测的重要性。【案例1】某电厂在2017年12月至2018年1月进行了更换1号主变高压侧A、B相套管等工作，后连续运行监测油中溶解气体均正常，直到2018年2月7日1号主变运行第10日开始至2月10日检测出乙炔且呈现快速上升趋势，电厂调停检查潜油泵均无异常；2月19日～22日滤油，2月24日～25日进行电气相关试验，无异常发现；3月1日启机并网，化学跟踪检测，3月16日开始油中溶解气体乙炔含量突增至1.42μL/L，3月18日达到5.11μL/L，超过变压器乙炔注意值，为保证设备安全，3月20日电厂将1号机组调停，对变压器进行检查。发现AB相均压罩通过套管尾端外螺纹连接保持与引线同电位，但C相均压罩脱落后其变为悬浮电位，随着变压器运行中油流晃动，均压罩与高压引线之间产生间歇性放电。这与高压引线绝缘上的故障点以及油色谱异常基本吻合。均压罩掉落原因为安装质量问题（2015年进行的C相高压套管更换工作），扭转均压罩安装时，没有对齐螺纹造成错位，导致安装人员认为已经紧固，后在运行中掉落。【案例2】某电厂在2015年1月发现2号主变压器油中溶解气体出现乙炔，

化学缩短检测周期，重点跟踪监测，至 7 月 21 日，累计取样 8 次，发现油中间歇性出现 C_2H_2，最高为 0.18μL/L，最低为 0，总烃无异常增大现象。电厂在当年 2 号机 C+检修中安排对 2 号主变压器进行大修检查。发现变压器 A 相调压开关动触头有三只明显松动，A 相多只动触头的弹簧已断裂，导致触头处压紧力不够，存在严重的安全隐患，检修中采用短接变压器 A 相调压开关的方案进行处理。本次检修安排非常及时，避免了变压器继续运行可能导致设备烧损事故的发生。【案例 3】某电厂在 2015 年 1 月 20 日检测 1 号主变油中溶解气体，总烃 528.96μL/L（标准为不大于 150μL/L），氢气含量 115.16μL/L（标准为不大于 150μL/L），较上次化验大幅提高，乙炔含量 0.88μL/L（标准为不大于 5μL/L），总烃含量超注意值。电厂于 2 月 3 日对变压器进行电气检查判断可能存在变压器分接开关的缺陷，待择机进行主变压器吊罩检修。11 月，电厂对 1 号主变压器吊罩检修，更换其 B 相分接开关，后续运行稳定无异常。

7.5　为新增条款，结合生产实际情况，并根据 GB/T 7595—2017《运行中变压器油质量》、GB/T 14542—2017《变压器油维护管理导则》、DL/T 596—1996《电力设备预防性试验规程》进行了修改和补充，强调了变压器油油中含气量的重要性。【案例】2016 年～2017 年对某集团公司各电厂 330kV 及以上等级变压器共 336 台进行油中含气量的统计调研，发现运行油油中含气量不合格的变压器有 122 台（330kV～500kV 要求不大于 3%，750kV～1000kV 要求不大于 2%），其中含气量超过 5%的变压器达到了 43 台，含气量严重超标的问题很突出。含气量超标说明变压器设备密封不严密，设备存在漏气缺陷，存在严重安全隐患。

7.6　为国能安全〔2014〕161 号《防止电力生产事故的二十五项重点要求》第 12.2.13 条，结合生产实际情况，并根据 GB/T 14542—2017《变压器油维护管理导则》、DL/T 596—1996《电力设备预防性试验规程》、DL/T 984—2018《油浸式变压器绝缘老化判断导则》进行了修改和补充，强调了变压器油糠醛含量的重要性。

7.7　为新增条款，结合生产实际情况，并根据 DL/T 1096—2018《变压器油中颗粒度限值》进行了修改和补充，强调了变压器油颗粒度的重要性。

7.8　为新增条款，结合现场故障案例，并根据 GB/T 14541—2017《电厂用矿物涡轮机油维护管理导则》、GB/T 14542—2017《变压器油维护管理导则》、DL/T 571—2014《电厂用磷酸酯抗燃油运行维护导则》、DL/T 290—2012《电厂辅机用油运行及维护管理导则》进行了修改和补充，强调了补油前油的相容性要求。

7.9　为国能安全〔2014〕161 号《防止电力生产事故的二十五项重点要求》第 8.1.4 条、第 8.4.5 条、第 8.5.6 条、第 8.5.7 条、第 10.2.2.2 条，结合现场故障案例，并根据 GB 11120—2011《涡轮机油》、GB/T 7596—2017《电厂运行中矿物涡轮机油质量》、GB/T 14541—2017《电厂用矿物涡轮机油维护管理导则》、DL/T 571—2014《电厂用磷酸酯抗燃油运行维护导则》、DL/T 705—1999《运行中氢冷发电机用密封油质量标准》、DL/T 290—2012《电厂辅机用油运行及维护管理导则》进行了补充和修改，强调了涡轮机油、抗燃油、密封油和辅机用油的各阶段质量检测。【案例 1】2017 年 7 月 4 日，某电厂 5 号机组 A 给水泵偶合器 B 滤网堵塞，造成供给水泵各轴承的润滑油量减少，润滑油温上升至报警值，“润滑油压低低”保护动作，A 给水泵跳闸；同时由于差压开关正压取样管堵塞、B 给水泵勺管在 10%开度卡涩，造成倒泵过程中“汽包水位低低”，锅炉 MFT 动作，机组跳闸。【案例 2】2015 年 5 月 21 日，某电厂 1 号机组主油箱回油滤网因为粉尘、杨絮、尘土等短时间堵塞，主油箱油位下降，油泵无法正常供油，润滑油压力低导致机组跳闸。1 号机组涡轮机油颗粒度长期不合格，机组大修后、启动前未对主机润滑油进行油质全分析，未能及时发现油中杂质、颗粒度等指标异常的情况。【案例 3】2015 年 4 月 16 日，某电厂 2 号机汽轮机控制油故障报警，汽轮机控制油泵 3B 运行中接收到跳闸指令（当时 DCS 显示油压，油温，油位均正常），同时汽轮机控制油泵 3A 自启动，但是 3A 泵出口油压仅从 0.007MPa 升至 0.135MPa，油压未成功建立，4s 后保护跳汽轮机控制油泵 3A，造成汽轮机控制油泵全跳。查阅 2014 年底 3 号机 EH 油油质报告中发现，该台机组的 EH 油泡沫特性超标，油中存在含有气泡的可能，而该种情况会产生油泵吸油口处的油液存在含有空气的情况，应该是致使备用控制油泵 3A 启动后油压建立未成功的原因。

7.10　为新增条款，结合现场故障案例，并根据 GB/T 14541—2017《电厂用矿物涡轮机油维护管理导则》、DL/T 571—2014《电厂用磷酸酯抗燃油运行维护导则》、DL/T 290—2012《电厂辅机用油运行及维护管理导则》进行了修改和补充，强调了油系统的清理检查和油系统化学清洗的监督。【案例 1】2013 年 7 月 16 日，某电厂 1 号机组由于主油泵入口管中的纸质垫片进入主油泵被打碎后进入高压射油器，堵塞了高压射油器的喷油嘴引起主油泵瞬时失压导致“高压油压力低”，机组跳闸。纸质垫片为 BELPA 品牌 CSA90 型，该厂已数年未使用此型号纸质垫片，且 2013 年机组检修中未涉及主油泵管路系统，仅清洗了主油箱及滤网。此纸质垫片应是多年前某次机组 A 修时遗留在主油泵入口管中的。【案例 2】某电厂 2011 年 1 月～5 月陆续将 3 号～6 号机抗燃油系统的油动机送制造厂检修，返回电厂后，油动机的奎克油与当时各自使用的抗燃油混合，导致 4 台机组的抗燃油酸值升高并严重超标，之后电厂分别在 2012 年 4 月、2012 年 3 月、2011 年 12 月和 2012 年 12 月对 3 号～6 号机抗燃油进行了更换，但由于系统冲洗不佳等导致 4 台机组抗燃油酸值在之后 1 年内迅速升高，虽然采用离子交换树脂并增加除酸树脂滤芯进行滤油降低酸值，但 4 台机组抗燃油酸值始终处于标准值上限并偶有超标。

7.11　为国能安全〔2014〕161 号《防止电力生产事故的二十五项重点要求》第 8.1.4 条、第 8.4.5 条、第 8.5.6 条，结合现场故障案例，并根据 GB/T 14541—2017《电厂用矿物涡轮机油维护管理导则》、DL/T 571—2014《电厂用磷酸酯抗燃油运行维护导则》进行了补充和修改，强调了机组启动前涡轮机油和抗燃油的油质质量。【案例】2015 年 5 月 21 日，某电厂 1 号机组主油箱回油滤网因为粉尘、杨絮、尘土等短时间堵塞，主油箱油位下降，油泵无法正常供油，润滑油压力低导致机组跳闸。1 号机组涡轮机油颗粒度长期不合格，机组大修后、启动前未对主机润滑油进行油质全分析，未能及时发现油中杂质、颗粒度等指标异常的情况。

7.12　为国能安全〔2014〕161 号《防止电力生产事故的二十五项重点要求》第 12.8.2.13 条、第 13.1.20 条，结合现场故障案例，并根据 DL/T 595—2016《六氟化硫电气设备气体监督细则》、DL/T 596—1996《电力设备预防性试验规程》、GB/T 8905—2012《六氟化硫电气设备中气体管理和检测导则》进行了修改和补充，强调了六氟化硫的各阶段质量检测。【案例】2015 年 10 月 23 日某电厂 500kV GIS Ⅰ母故障跳闸，5011、5021、5031、5041、5051 断路器跳闸。立即现场检查无异常，检测六氟化硫湿度均合格。后联系电科院进行六氟化硫气体分解产物测试，发现 50311 隔离开关所属的 GMM031A 气室内部氟化氢、二氧化硫含量明显超标，初步判定为该气室内部存在故障导致 500kV Ⅰ母故障跳闸。解体后确定为 50311 隔离开关 A 相气室一支撑绝缘子故障所致。从电弧痕迹和破坏情况初步分析认为，支柱绝缘子炸裂应为支柱绝缘子内部击穿导致，支柱绝缘子故障可能是从其内部局部缺陷、绝缘子与金属嵌件交接面缝隙等部位发展而来。

8 防止循环水系统设备结垢、腐蚀导致设备换热效率下降、换热管（板）泄漏编制说明

（一）总体说明

本章重点是防止循环水系统的结垢与腐蚀。根据现场经验及相关国家、行业标准，结合集团近年来发生的凝汽器结垢和腐蚀案例，从动态模拟试验、循环水水质控制、循环水加药等方面列举了反事故措施。

（二）条文说明

8.1 为国能安全〔2014〕161 号《防止电力生产事故的二十五项重点要求》第 6.5.4.5 条。补充了循环水动态模拟试验的方法及适用条件，并列举了不同牌号不锈钢管适用的氯离子标准。氯离子是造成凝汽器不锈钢管发生点蚀的主要因素，因此应重点予以控制。【案例】某电厂一期凝汽器为 304 不锈钢管，循环水的氯离子含量按标准应控制在 200mg/L 以下。但电厂迫于废水排放的压力，只能提高浓缩倍率运行，循环水的氯离子含量最高超过 1000mg/L，最终导致一期机组凝汽器管发生较为严重的腐蚀泄漏。

8.2 为新增条款。针对部分电厂补充水水源复杂的情况，提出了循环水动态模拟试验水样配制的要求。

8.3 为新增条款。说明了循环水系统的日常检测项目和检测周期，并强调如因水源复杂或循环水加氯等原因造成浓缩倍率难以准确核算时，循环水水质的控制方式。

8.4 为新增条款。对循环水的加酸控制提出了要求。

8.5 为新增条款。说明了循环水系统杀菌灭藻处理的必要性，并针对海水冷却系统可能出现的停机阶段海生物大量滋生的情况，提出了解决措施。

8.6 为新增条款。电解海水制氯设备在工作时，会产生氢氧化钙、氢氧化镁等沉淀物使极板结垢，因此应定期酸洗。由于电解反应副产物为氢气，提出了防止氢气着火、爆炸的措施。

8.7 为新增条款。对循环水阻垢剂的质量验收进行了规定。

8.8 为新增条款。对循环水阻垢剂的加药进行了规定。无磷阻垢剂在循环水中的浓度不易监测，因此需目视观察药剂是否正常加入。【案例】某电厂循环水系统采用无磷阻垢剂，加药管道布置于地沟中，曾因为管道破裂造成阻垢剂泄漏，但日常运行中又无法察觉，最终导致循环水系统发生结垢。

8.9 为新增条款。提出了防止凝汽器水室发生严重腐蚀的措施。

8.10 为新增条款。凝汽器泄漏是造成汽水品质劣化的重要原因之一，对于不锈钢管和钛管，多是由于机械损伤而造成泄漏，对此提出了相应的防范措施。【案例】某电厂 4 号机组在启动过程中，凝汽器不锈钢管因异物砸伤而造成泄漏，导致汽水品质严重劣化，最终手动停机。后分析异物来源可能为低压转子末级叶片背弧处司太立合金镶片，也可能为机组检修后留下的检修工具。

8.11 为新增条款。提出了防止凝汽器铜管发生严重腐蚀的方法。若想彻底解决凝汽器管频繁腐蚀泄漏的问题，应尽快更换铜管为不锈钢管。

9 防止发电机内冷却水质劣化引起电导率超标，绝缘不合格，导致跳机，pH 值不合格，导致空芯导线内部腐蚀、铜沉积及堵塞编制说明

（一）总体说明

本章重点是防止发电机内冷水污染事故。针对发电机内冷水系统投运前的冲洗、发电机内冷却水离子交换器树脂失效未及时更换应采取的措施及树脂更换后的正洗、防止内冷水系统水冷器的泄漏、发电机内冷却水质量控制等问题，导致发电机定子绕组内冷水电阻值低，引起发电机定子接地保护动作的案例，结合国家、行业最新标准要求，从设计、运行、检修等阶段提出防止发电机内冷水污染等事故的措施。本章分为系统设计及冲洗、离子交换器树脂失效更换及正洗、内冷水系统水冷器泄漏、其他四个部分。

（二）条文说明

9.1 为新增条款，依据 DL/T 1039—2016《发电机内冷水处理导则》，规范内冷却水系统投入运行前冲洗过程中流量、流速的要求，强调冲洗终点的水质标准。

9.2 为新增条款，依据 DL/T 1039—2016《发电机内冷水处理导则》，规范树脂正洗工艺设计。

9.3 为新增条款，依据 DL/T 1039—2016《发电机内冷水处理导则》，规范不同类型的树脂加装前的冲洗终点标准。

9.4 为新增条款，依据 DL/T 1039—2016《发电机内冷水处理导则》，规范离子交换器并入系统前，正洗出水水质要求。【案例】2018 年 3 月，某电厂 5 号机组发电机更换内冷水旁路小混床树脂，投运前未用除盐水进行冲洗而直接投入运行。所更换混合树脂（钠型：氢型：氢氧型=50:1:51）中的阴树脂由于降解产生了大量三甲胺，在小混床刚投运时，大量三甲胺溶于水中，水解形成三甲胺阳离子（mg/L 数量级）和氢氧根离子，三甲胺阳离子同时置换出阳树脂中的钠离子（mg/L 数量级），导致定冷水电导率瞬间急剧升高，既而导致定子绕组内冷水电阻值低引发保护动作跳闸。

9.5 为新增条款，强调防止内冷水系统水冷器泄漏，导致内冷水水质劣化。

9.6 为新增条款，依据 DL/T 519—2014《发电厂水处理用离子交换树脂验收标准》，规范发电机内冷却水旁路离子交换器用树脂的采购与验收。

9.7 为新增条款，强调发电机内冷却水采用 Na—H—OH 分床处理装置时，出水水质调节方法及控制方式。

9.8 为新增条款，规范发电机内冷却水采用分床处理装置，树脂失效再生或者更换新树脂过程中以及树脂失效未能及时更换树脂时应采取的措施及注意事项。

9.9 为新增条款，规范发电机内冷却水采用智能型碱化装置，投运过程中的注意事项及相关措施。

9.10 为新增条款，规范内冷水补水水源管道设计及水质控制。

9.11 为新增条款，依据 DL/T 801—2010《大型发电机内冷却水质及系统技术要求》及 DL/T 956—2017《火力发电厂停（备）用热力设备防锈蚀导则》，规范机组长期停备用期间发电机内冷水系统的停用保护方法及水质控制要求。

10 防止热网系统发生结垢、腐蚀和泄漏编制说明

（一）总体说明

本章重点是防止热网系统发生结垢、腐蚀和泄漏，针对集团公司近几年来热网系统在运

行中发生结垢和腐蚀、在停用时发生腐蚀以及热网换热器在运行中发生腐蚀泄漏等问题导致热网设备大面积损坏、机组炉内水汽质量劣化、非计划停运的各类案例，结合国家、行业最新标准要求，从设计选材、投运补水、运行保护和定期检测、停运保护等阶段提出防止热网系统发生结垢、腐蚀和泄漏的措施。

（二）条文说明

10.1 为新增条款，结合现场故障案例，强调了热网换热器设计选材的要求。【案例】2016年1季度的6家供热电厂和2017年1季度的某电厂均出现了因热网加热器腐蚀泄漏造成机组水汽品质出现不同程度的劣化问题。

10.2 为新增条款，结合现场故障案例，强调了热网循环水和补充水的水质要求。【案例1】2017年8月17日，某电厂打开热网换热器进行检查，发现1A、1B和1C换热器端头、换热管均有不同程度的结垢和垢下腐蚀。分析主要是由于2016年采暖季热网循环水补水为化学澄清池出水（设计补水为一级反渗透出水）、未加药进行阻垢缓蚀保护，且未采用相关停用保护措施等多种因素共同作用导致的。【案例2】某电厂在2017年上半年发现某换热站换热器结垢，进行化学清洗后又发现换热板泄漏。分析是由于热网换热器二次水侧未进行定期水质检测，导致硬度、氯离子等指标含量高而未及时发现。硬度含量高导致结垢，而氯离子含量高同时在垢下高温进一步浓缩，破坏保护膜形成闭塞电池导致点蚀，结垢物质又将点蚀覆盖，正常运行中尚未发生泄漏，但是当化学清洗将换热板表面垢层清除后，点蚀孔暴露，换热板发生泄漏。

10.3 为新增条款，结合现场故障案例，强调了热网循环水运行中的水质检测，防止结垢和腐蚀。【案例1】某电厂在2017年上半年发现某换热站换热器结垢，进行化学清洗后又发现换热板泄漏。分析是由于热网换热器二次水侧未进行定期水质检测，导致硬度、氯离子等指标含量高而未及时发现。硬度含量高导致结垢，而氯离子含量高同时在垢下高温进一步浓缩，破坏保护膜形成闭塞电池导致点蚀，结垢物质又将点蚀覆盖，正常运行中尚未发生泄漏，但是当化学清洗将换热板表面垢层清除后，点蚀孔暴露，换热板发生泄漏。【案例2】2017年6月，对某电厂检查，发现1号～4号热网换热器水侧有明显的锈皮堵管、管内有黏泥沉积情况，了解到补充水中有生水、未进行热网循环水水质监督、未进行严格的停用保护工作，且在2016～2017年的采暖季，1号机组在运行期间，电厂未能及时发现1号机组B换热器腐蚀泄漏问题，未能及时发现泄漏问题，造成机组给水和蒸汽质量超标问题，污染炉内水汽质量。【案例3】2016年1季度的6家供热电厂和2017年1季度的某电厂均出现过由于热网加热器腐蚀泄漏造成机组水汽品质出现不同程度的劣化问题。

10.4 为新增条款，结合现场故障案例，强调了热网系统水侧在运行中和停运后添加碱化剂的防腐措施。【案例1】2018年2月19日14：16和14：17，某电厂6号机组和5号机组因供热分支管网内外壁发生严重腐蚀导致热网循环水泄漏造成供热循环水流量快速下降，先后均出现首出“真空低”保护动作，机组跳闸。且电厂提供的资料显示，截止到2018年2月25日，2017年～2018年供热季，热网管道共发生泄漏6次，已知腐蚀导致泄漏的2次；2016年～2017年供热季，热网管道共发生泄漏5次。【案例2】2017年8月17日，某电厂打开热网换热器进行检查，发现1A、1B和1C换热器端头、换热管均有不同程度的结垢和垢下腐蚀。分析主要是由于2016年采暖季热网循环水补水为化学澄清池出水（设计补水为一级反渗透出水）、未加药进行阻垢缓蚀保护，且未采用相关停用保护措施等多种因素共同作用导致的。【案例 3】2017 年 6 月，对某电厂检查，发现 1 号～4 号热网换热器水侧有明显的锈皮堵管、管内有黏泥沉积情况，了解到补充水中有生水、未进行热网循环水水质监督、未进行严格的停用保护工作，且在 2016 年～2017 年的采暖季，1 号机组在运行期间，电厂未能及时发现 1 号机组 B 换热器腐蚀泄漏问题，未能及时发现泄漏问题，造成机组给水和蒸汽质量超标问题，污染炉内水汽质量。

10.5　为新增条款，结合现场故障案例，强调了热网系统水侧在运行中和停运后添加防腐阻垢专用药剂的试验要求。【案例】2018 年 12 月 7 日及 12 月 9 日某电厂分两次添加热网循环水高温缓蚀阻垢剂。12 月 9 日，某电厂热网值班人员反映在 9 日上午 7:00 发现投运的加热器出力降低，同时反映凝汽器端差增大，供热管网过滤网堵塞，停运热网 4 号加热器，清理出的杂物中碳酸钙和铁化合物占较大比例，碳酸钙约占 65%，铁化合物约占 20%，泥沙类不溶物约占 10%。4 号换热器水室管板和管端有一层白色的垢。12 月 19 日～23 日再次向热网加入配方调整后的阻垢剂，凝汽器端差（凝汽器循环水即为热网循环水）仍然呈明显上涨趋势。热网循环水高温缓蚀阻垢剂加入热网后，热网水 pH 值大幅度提高，该药剂在目前的热网补充水水质和热网水温度条件下，无法满足热网水的阻垢要求。阻垢剂配方调整后，热网水 pH 值已降至 9.0 左右，仍然无法满足热网水的阻垢要求。

10.6　为新增条款，结合现场故障案例，强调了热网系统的停运检查和对应处理措施。【案例 1】2018 年 2 月 19 日 14:16 和 14:17，某电厂 6 号机组和 5 号机组因供热分支管网内外壁发生严重腐蚀导致热网循环水泄漏造成供热循环水流量快速下降，先后均出现首出“真空低”保护动作，机组跳闸。且电厂提供的资料显示，截止到 2018 年 2 月 25 日，2017 年～2018 年供热季，热网管道共发生泄漏 6 次，已知腐蚀导致泄漏的 2 次；2016 年～2017 年供热季，热网管道共发生泄漏 5 次。停运检查不彻底。【案例 2】某电厂在 2017 年上半年发现某换热站换热器结垢，进行化学清洗后又发现换热板泄漏。分析是由于热网换热器二次水侧硬度含量高导致结垢，而氯离子含量高同时在垢下高温进一步浓缩，破坏保护膜形成闭塞电池导致点蚀，结垢物质又将点蚀覆盖，正常运行中尚未发生泄漏，但是当化学清洗将换热板表面垢层清除后，点蚀孔暴露，换热板发生泄漏。停运检查和化学清洗前检查不彻底。

10.7　为新增条款，结合生产实际情况，根据 DL/T 956—2017《火力发电厂停（备）用热力设备防锈蚀导则》进行了修改，强调了热网系统在停运后水侧和汽侧的充氮保护。

10.8　为新增条款，结合生产实际情况，根据 DL/T 956—2017《火力发电厂停（备）用热力设备防锈蚀导则》进行了修改，强调了热网系统在停运后汽侧的湿法保护。

11　防止氢气系统泄漏导致着火、爆炸等事故发生编制说明

（一）总体说明

本章重点是防止氢气系统着火、爆炸等事故，针对氢气系统运行、使用、控制及管理中的相关问题，导致氢气系统泄漏引起的着火、爆炸隐患的案例，结合国家、行业最新标准要求，从设计、运行、检修、维护等阶段提出防止氢气系统泄漏引起着火、爆炸的措施。本章分为运行控制、停运维护、相关仪表检定、其他四个部分。

（二）条文说明

11.1　为国能安全〔2014〕161 号《防止电力生产事故的二十五项重点要求》第 2.6.1 条原文。

11.2　为新增条款，依据 DL/T 1928—2018《火力发电厂氢气系统安全运行技术导则》，规范

氢站工作人员上岗、操作资格。

11.3 为国能安全〔2014〕161号《防止电力生产事故的二十五项重点要求》第2.6.3条原文。

11.4 为国能安全〔2014〕161号《防止电力生产事故的二十五项重点要求》第2.6.4条原文。

11.5 为国能安全〔2014〕161号《防止电力生产事故的二十五项重点要求》第7.2.1条原文。

11.6 为新增条款。依据Q/HN-1-0000.08.028—2015《火力发电厂燃煤机组化学监督标准》第4.9.1.3.10条及GB 4962—2008《氢气使用安全技术规程》第4.1.5条、第4.3.2条，强调不同氢气区域动火时氢气含量的要求。

11.7 为新增条款。依据Q/HN-1-0000.08.028—2015《火力发电厂燃煤机组化学监督标准》第4.9.1.3.11条，规范氢系统压力相关仪表的检定。

11.8 为新增条款。依据GB 4962—2008《氢气使用安全技术规程》，规范氢气系统相关设备的管理。

11.9 为新增条款。依据GB 50177—2005《氢气站设计规范》，强调制氢系统冷凝水的排放要求。【案例】某电厂储氢间多个储氢罐底部排污管接至室内地沟母管，经母管外排室外，当储氢罐排污后，排污母管（室内）内残存部分氢气，当空气进入排污母管并以一定比例混合后易引起爆炸等安全事故。

11.10 为新增条款。依据DL/T 1928—2018《火力发电厂氢气系统安全运行技术导则》第5.11条，强调寒冷地区氢气罐的防护。

11.11 为新增条款。依据DL/T 1928—2018《火力发电厂氢气系统安全运行技术导则》第9.2条，强调易产生氢气聚集区域的防范措施。

11.12 为新增条款。依据Q/HN-1-0000.08.028—2015《火力发电厂燃煤机组化学监督标准》第4.9.1.3.3条，规范氢气系统运行压力及充、送氢操作要求。

11.13 为新增条款。依据Q/HN-1-0000.08.028—2015《火力发电厂燃煤机组化学监督标准》第4.9.1.3.9项，强调发电机内氢气纯度及漏氢量超标时，应及时处理。

11.14 为新增条款。依据Q/HN-1-0000.08.028—2015《火力发电厂燃煤机组化学监督标准》第4.9.1.1项，规范制氢设备及氢冷系统中氢气、氧气的含量要求。

11.15 为国能安全〔2014〕161号《防止电力生产事故的二十五项重点要求》第7.2.2条原文。

11.16 为新增条款。依据DL/T 1928—2018《火力发电厂氢气系统安全运行技术导则》第5.1条，强调制氢系统投运前或检修后应进行气密性试验，并规范气密性试验介质的选用。

11.17 为新增条款。依据Q/HN-1-0000.08.028—2015《火力发电厂燃煤机组化学监督标准》第4.9.1.3.7条，规范电解制氢系统的置换介质。

11.18 为新增条款。依据Q/HN-1-0000.08.028—2015《火力发电厂燃煤机组化学监督标准》第4.9.1.3.8条，规范发电机的充、退氢操作。

12 防止液氨系统泄漏、着火等事故发生编制说明

（一）总体说明

本章重点是防止液氨系统泄漏及尿素制氨系统设计问题引发的事故，在国能安全〔2014〕161号《防止电力生产事故的二十五项重点要求》第1章的基础上，针对液氨区域的设备配置及管理、液氨相关设备的运行控制、尿素制氨系统的设计工艺等相关问题，结合国家、行

业最新标准要求，从设计、运行、检修、维护等阶段提出防止液氨及尿素制氨系统事故的措施。本章分为液氨设备的配置、运行控制管理、其他三个部分。

（二）条文说明

12.1 为新增条款。依据国能安全〔2014〕328 号《火电厂液氨罐区安全管理暂行规定》第十一条，规范氨区管理制度及作业人员要求。

12.2 为国能安全〔2014〕161 号《防止电力生产事故的二十五项重点要求》第 1.8.15 条，强调氨区作业人员防护品的佩戴。

12.3 为国能安全〔2014〕161 号《防止电力生产事故的二十五项重点要求》第 2.9.2 条原文，未修改。

12.4 为国能安全〔2014〕161 号《防止电力生产事故的二十五项重点要求》第 2.9.8 条原文，未修改。

12.5 为国能安全〔2014〕161 号《防止电力生产事故的二十五项重点要求》第 2.9.7 条原文，未修改。

12.6 为国能安全〔2014〕161 号《防止电力生产事故的二十五项重点要求》第 1.8.14 条原文，略有删减。

12.7 为国能安全〔2014〕161 号《防止电力生产事故的二十五项重点要求》第 2.9.6 条原文，未修改。

12.8 为国能安全〔2014〕161 号《防止电力生产事故的二十五项重点要求》第 1.8.17 条原文，略有删减。

12.9 为国能安全〔2014〕161 号《防止电力生产事故的二十五项重点要求》第 1.8.13 条原文，略有删减。

12.10 为国能安全〔2014〕161 号《防止电力生产事故的二十五项重点要求》第 1.8.12 条原文，未修改。

12.11 为新增条款，依据 HJ 562—2010《火电厂烟气脱硝工程技术规范选择性催化还原法》第 6.3.2.7 款，强调液氨区应设置的安全设施及设备。

12.12 为国能安全〔2014〕161 号《防止电力生产事故的二十五项重点要求》第 1.8.1 条，增加“压力表和压力变送器、安全阀、液位计、液位变送器、温度计、紧急切断装置等安全附件”，强调液氨系统安全附件应定期校验。

12.13 为国能安全〔2014〕161 号《防止电力生产事故的二十五项重点要求》第 1.8.8 条，略有删减。

12.14 为国能安全〔2014〕161 号《防止电力生产事故的二十五项重点要求》第 2.9.5 条原文，未修改。

12.15 为国能安全〔2014〕161 号《防止电力生产事故的二十五项重点要求》第 2.9.3 条原文，未修改。

12.16 为国能安全〔2014〕161 号《防止电力生产事故的二十五项重点要求》第 2.9.4 条原文，未修改。

12.17 为国能安全〔2014〕161 号《防止电力生产事故的二十五项重点要求》第 1.8.3 条，将“液氨储罐的储存体积不应大于 50%～80%储罐容器”改为“液氨储罐的储存体积不应大于 80%储罐容器”，明确液氨储罐的储存体积要求。

12.18 为国能安全〔2014〕161号《防止电力生产事故的二十五项重点要求》第1.8.4条，将“储罐罐体温度过高时”改为“储罐罐体温度高于38℃，压力大于1.8MPa时”，明确储罐罐体温度、压力的控制值。

12.19 为国能安全〔2014〕161号《防止电力生产事故的二十五项重点要求》第1.8.9条原文，未修改。

12.20 为国能安全〔2014〕161号《防止电力生产事故的二十五项重点要求》第1.8.10条，略有删减。

12.21 为国能安全〔2014〕161号《防止电力生产事故的二十五项重点要求》第1.8.11条原文，未修改。

12.22 为国能安全〔2014〕161号《防止电力生产事故的二十五项重点要求》第1.8.18条原文，未修改。

12.23 为国能安全〔2014〕161号《防止电力生产事故的二十五项重点要求》第1.8.19条原文，未修改。

12.24 为新增条款。依据GB 50351—2014《储罐区防火堤设计规范》，规范液氨储罐的防火措施。

13 防止凝汽器换热管为不锈钢、循环水管道为碳钢、散热器为铝管的表面式凝汽器间接空冷系统铝管的快速腐蚀损坏编制说明

（一）总体说明

本章针对少数的含铝、碳钢、不锈钢材质凝汽器的腐蚀泄漏问题，编写相应的反措条款。目前集团公司采用此种冷却系统的机组为：魏家峁电厂1号、2号机组，西宁热电1号、2号机组，大坝电厂7号、8号机组，轮胎电厂1号、2号机组。

（二）条文说明

13.1 为新增条款，根据现场运行及检修经验编写。间冷系统运行过程中会出现间冷水pH值升高的现象，仅通过补水换水可能效果不明显，且浪费大量除盐水，提出设计时应考虑增加加药装置或考虑增加间冷水净化装置。

13.2 为新增条款，根据现场运行及检修经验编写。

13.3 为新增条款，根据现场运行及检修经验编写。【案例】某电厂1号机组投运约3个月空冷散热器铝管管口出现腐蚀泄漏问题。

13.4 为新增条款，根据现场调试、运行及检修经验编写。间冷系统安装完成后，应进行彻底清理，防止残留的泥沙、金属等机械杂质对换热管的冲刷、磨损。

13.5 为新增条款，根据现场调试、运行及检修经验编写。【案例】某电厂2号机组为表面式间接空冷机组，在机组调试期间发生间冷散热器铝管泄漏现象，直接原因是部分铝管端口遭到冲刷腐蚀发生破损（发生端口破损现象的铝管在冷却三角中的相对位置具有很强的规律性）；集水箱特殊的结构导致散热器部分铝管容易受到较强的冲击；投运初期间冷循环水pH值升高至9.5与冲刷腐蚀产生协同效应是导致此次铝管快速腐蚀失效的根本原因；循环水中存在悬浮物也在一定程度上加速了这一失效过程。

13.6 为新增条款，根据现场运行及检修经验编写。

13.7 为新增条款，根据现场运行及检修经验编写。

14 防止化学清洗不当引起机组启动水汽质量长时间不合格、锅炉爆管，凝汽器、热网加热器及辅机冷却器腐蚀泄漏编制说明

（一）总体说明

本章为国能安全〔2014〕161 号《防止电力生产事故的二十五项重点要求》第 6.5.4.1 条“严格执行 GB/T 12145—2008《火力发电机组及蒸汽动力设备水汽质量》、DL/T 912—2005《超临界火力发电机组水汽质量标准》、DL/T 246—2006《化学监督导则》、DL/T 561—2003《火力发电厂水汽化学监督导则》、DL/T 889—2004《电力基本建设热力设备化学监督导则》、DL/T 712—2000《火力发电厂凝汽器管选材导则》、DL/T 956—2005《火力发电厂停（备）用热力设备防锈蚀导则》、DL/T 794—2012《火力发电厂锅炉化学清洗导则》等有关规定，加强化学监督工作”中的要求之一。全国各电厂因化学酸洗工艺不当、酸洗药剂配方不当引起的锅炉水冷壁、过热器、再热器爆管的事例很多，主要表现为因酸洗工艺操作不当，化学清洗液进入过热器；采用柠檬酸清洗因药剂浓度不足产生柠檬酸铁的沉淀，引起局部垢量高；因化学清洗选用的配方不当，清洗过热器引起合金钢、不锈钢材料敏化腐蚀等。本节根据结合 DL/T 794—2012《火力发电厂锅炉化学清洗导则》、T/CEC 144—2017《过热器和再热器化学清洗导则》、DL/T 957—2017《火力发电厂凝汽器化学清洗及成膜导则》、Q/HN-1-0000.08.028—2015《火力发电厂燃煤机组化学监督标准》、Q/HN-1-0000.08.036—2015《联合循环发电厂化学监督标准》及现场实际经验，编写了化学清洗应注意的问题和要求。

（二）条文说明

14.1 为国能安全〔2014〕161 号《防止电力生产事故的二十五项重点要求》第 6.5.4.1 条“严格执行 GB/T 12145—2008《火力发电机组及蒸汽动力设备水汽质量》、DL/T 912—2005《超临界火力发电机组水汽质量标准》、DL/T 246—2006《化学监督导则》、DL/T 561—2003《火力发电厂水汽化学监督导则》、DL/T 889—2004《电力基本建设热力设备化学监督导则》、DL/T 712—2000《火力发电厂凝汽器管选材导则》、DL/T 956—2005《火力发电厂停（备）用热力设备防锈蚀导则》、DL/T 794—2012《火力发电厂锅炉化学清洗导则》等有关规定，加强化学监督工作”中的要求之一。本节依据 Q/HN-1-0000.08.028—2015《火力发电厂燃煤机组化学监督标准》、Q/HN-1-0000.08.036—2015《联合循环发电厂化学监督标准》、DL/T 794—2012《火力发电厂锅炉化学清洗导则》、T/CEC144—2017《过热器和再热器化学清洗导则》、DL/T 957—2017《火力发电厂凝汽器化学清洗及成膜导则》、现场经验进行具体编写。【案例 1】某电厂，2015 年 5 月对 2 号锅炉进行了化学清洗之后，至 2015 年 8 月份相继出现了 3 次水冷壁过热胀管和爆管问题（其中 1 次主动停炉消除胀管、1 次过热爆管），分析原因，羟基乙酸加甲酸化学清洗过程中：酸洗温度控制过低，不能依据小型试验来确定现场实际情况，最低温度不能低于 85℃；酸洗过程酸洗腐蚀速率控制不好，Fe^{3+}达到 800mg/L，导则要求不高于 300mg/L；冲洗排酸时间长达 10h 之久，时间太长，不应超过 30min；酸洗不彻底，除垢率未达到 DL/T 794—2012《火力发电厂锅炉化学清洗导则》的要求（大于 90%）；业主监督力度不够，关键节点没有全过程参与跟踪。【案例 2】某电厂 2 号锅炉为日本三菱株式会社生产的汽包锅炉，配有 350MW 汽轮发电机，2005 年 5 月大修期间，某酸洗公司使用柠檬酸介质进行化学清洗，机组大修结束后启动运行两个月，于 7 月 31 日发生水冷壁爆管。

14.2 为新增条款，依据 Q/HN-1-0000.08.028—2015《火力发电厂燃煤机组化学监督标准》、

Q/HN–1–0000.08.036—2015《联合循环发电厂化学监督标准》、DL/T 794—2012《火力发电厂锅炉化学清洗导则》、T/CEC 144—2017《过热器和再热器化学清洗导则》、现场经验编写。

14.3 为新增条款，依据 Q/HN–1–0000.08.028—2015《火力发电厂燃煤机组化学监督标准》、Q/HN–1–0000.08.036—2015《联合循环发电厂化学监督标准》、DL/T 794—2012《火力发电厂锅炉化学清洗导则》、T/CEC 144—2017《过热器和再热器化学清洗导则》、现场经验编写。

14.4 为新增条款，依据 Q/HN–1–0000.08.028—2015《火力发电厂燃煤机组化学监督标准》、Q/HN–1–0000.08.036—2015《联合循环发电厂化学监督标准》、DL/T 794—2012《火力发电厂锅炉化学清洗导则》、T/CEC 144—2017《过热器和再热器化学清洗导则》、现场经验编写。

14.5 为新增条款，依据 Q/HN–1–0000.08.028—2015《火力发电厂燃煤机组化学监督标准》、Q/HN–1–0000.08.036—2015《联合循环发电厂化学监督标准》、T/CEC 144—2017《过热器和再热器化学清洗导则》、现场经验编写。【案例】某电厂一期 2×500MW 捷克产直流炉，1 号机组 1991 年 11 月并网发电。1991 年 8 月进行投运前酸洗，捷克厂方提供酸洗配方：（1.5%～2.0%）HF+0.3%F–1025 咪唑啉系列缓蚀剂，酸洗温度 50℃。酸洗后进行整体水压试验时发现三级过热器的 CSN417341 钢弯头频繁泄漏。原因分析认为：CSN417341 钢弯头泄漏属于 Cr–Ni 奥氏体不锈钢的敏化太晶界应力腐蚀破裂，钢管内外壁存在严重的材料缺陷，酸洗前三级过热器弯头已经存在晶界应力腐蚀裂纹，酸洗使裂纹进一步扩大，最终导致水压试验时大量弯头泄漏。此机组在 2000 年检修时，因水冷壁和部分过热器沉积量已经严重超标，2001 年 11 月委托某酸洗公司进行化学清洗，清洗范围包括省煤器、水冷壁、汽水分离器、内部悬吊管、过热器、再热器；酸洗工艺：氨基磺酸 2%、硫酸 3%、硫脲 0.2%、氟化氢胺 0.2%，缓蚀剂 LAN–826 0.3%，温度（50±5）℃、封闭循环；11 月 1 日 16:25 加完硫酸，17:50 因三根高温再热器管泄漏被迫进行酸洗排放。酸洗后进行水压试验发现有 128 根再热器管泄漏，泄漏管均为 CSN417341 钢管。机组累计运行 57000h。原因分析：

a） 高温再热器 CSN417341 钢管泄漏的性质属于酸洗液诱发的敏化态晶界腐蚀破裂。

b） 经长期运行，高温再热器 CSN417341 钢管材料中 $Cr_{23}C_6$ 呈条状和链状在晶界析出，使材料处于敏华状态。

c） 化学清洗液对材料具有晶界腐蚀能力，在去除内壁氧化皮的过程中萌生晶界腐蚀裂纹。该清洗液配方不适宜对已有敏化的不锈钢管清洗。

d） 清洗后，所有的 CSN417341 钢管均有敏化现象。

14.6 为新增条款，根据现场经验编写。

14.7 为新增条款，根据现场经验编写。

14.8 为新增条款，根据现场经验编写。【案例】某热电厂供热机组，2017 年小区热网加热器结垢严重，采用市面上购买的清洗剂进行化学清洗，结果冷却器换热板（TP304 材质）大面积腐蚀穿孔。事后化验酸洗剂有效成分为 HCl，含量超过 20%。

14.9 为新增条款，根据现场经验编写，降低锅炉化学清洗后机组启动冲洗时间和用水量。

14.10 为新增条款，根据现场经验编写。

14.11 为新增条款，依据 Q/HN–1–0000.08.028—2015《火力发电厂燃煤机组化学监督标准》、Q/HN–1–0000.08.036—2015《联合循环发电厂化学监督标准》和现场经验编写。

15 防止机组大修期间化学专业漏检重要项目编制说明

（一）总体说明

本章重点是编写机组大修化学检查应注意的事项，确保化学检查工作发挥其重要意义。机组检修化学检查是掌握发电设备的腐蚀、结垢或积盐等状况；评价机组在运行期间所采用的给水、炉水处理方法是否合理，监控是否有效；评价机组在基建和停（备）用期间所采取的各种保护方法是否合适有效手段，是化学监督最重要的手段之一。因此机组检修期间，应保证化学检查的管样、垢样、设备内部状态具有代表性，分析结果准确性，并建立相关结垢、积盐台账，便于总结分析热力设备腐蚀、结垢、积盐发展规律，针对问题，及时采取有效处理措施。

（二）条文说明

15.1 为新增条款。依据 DL/T 1115—2019《火力发电厂机组大修化学检查导则》、DL/T 246—2015《化学监督导则》、DL/T 1717—2017《燃气－蒸汽联合循环发电厂化学监督技术导则》、Q/HN-1-0000.08.028—2015《火力发电厂燃煤机组化学监督标准》、Q/HN-1-0000.08.036—2015《联合循环发电厂化学监督标准》及现场机组停机检修化学检查经验编写。

15.2 为新增条款。根据现场机组停机检修化学检查经验编写。

15.3 为新增条款。依据 DL/T 1115—2019《火力发电厂机组大修化学检查导则》、DL/T 246—2015《化学监督导则》、DL/T 1717—2017《燃气－蒸汽联合循环发电厂化学监督技术导则》、Q/HN-1-0000.08.028—2015《火力发电厂燃煤机组化学监督标准》及现场机组停机检修化学检查经验编写。

15.4 为新增条款。参考 DL/T 1115—2019《火力发电厂机组大修化学检查导则》、DL/T 246—2015《化学监督导则》、DL/T 1717—2017《燃气－蒸汽联合循环发电厂化学监督技术导则》、Q/HN-1-0000.08.036—2015《联合循环发电厂化学监督标准》及现场机组停机检修化学检查经验编写。

15.5 为新增条款。参考 DL/T 1115—2019《火力发电厂机组大修化学检查导则》、DL/T 246—2015《化学监督导则》、DL/T 1717—2017《燃气－蒸汽联合循环发电厂化学监督技术导则》、Q/HN-1-0000.08.028—2015《火力发电厂燃煤机组化学监督标准》、Q/HN-1-0000.08.036—2015《联合循环发电厂化学监督标准》及现场机组停机检修化学检查经验编写。

15.6 为新增条款。参考 DL/T 1115—2019《火力发电厂机组大修化学检查导则》、DL/T 246—2015《化学监督导则》、DL/T 1717—2017《燃气－蒸汽联合循环发电厂化学监督技术导则》、Q/HN-1-0000.08.028—2015《火力发电厂燃煤机组化学监督标准》、Q/HN-1-0000.08.036—2015《联合循环发电厂化学监督标准》及现场机组停机检修化学检查经验编写。

15.7 为新增条款。参考 DL/T 1115—2019《火力发电厂机组大修化学检查导则》、DL/T 246—2015《化学监督导则》、DL/T 1717—2017《燃气－蒸汽联合循环发电厂化学监督技术导则》、Q/HN-1-0000.08.036—2015《联合循环发电厂化学监督标准》及现场机组停机检修化学检查经验编写。

16 防止废水系统异常导致环境污染事件编制说明

（一）总体说明

本章重点是废水系统异常导致环境污染事件的防范措施，在国能安全〔2014〕161 号《防止电力生产事故的二十五项重点要求》第25章基础上，结合国家、行业最新标准要求，从系统设计、运行管理、检修维护、应急预案编制等方面提出废水系统异常导致环境污染事件反事故措施。本章内容分为新建电厂应严格执行环保“三同时”原则、加强脱硫废水和灰水的运行维护管理、加强废水处理，防止超标排放、加强环境污染应急管理四个部分。

（二）条文说明

16.1.1 为国能安全〔2014〕161号《防止电力生产事故的二十五项重点要求》第25.1.2条。增加了按照环评报告批复的要求对全厂废水系统进行设计。

16.1.2 为国能安全〔2014〕161号《防止电力生产事故的二十五项重点要求》第25.1.5条原文，未修改。

16.2.1 为国能安全〔2014〕161号《防止电力生产事故的二十五项重点要求》第25.2.3条。增加了脱硫废水。

16.2.2 为国能安全〔2014〕161号《防止电力生产事故的二十五项重点要求》第25.4.4条，强调灰场喷淋水输水管路的要求。

16.3.1 为国能安全〔2014〕161号《防止电力生产事故的二十五项重点要求》第25.3.1条。增加了根据全厂节水和废水综合治理技术改造路线，以及电厂排污许可证的要求。

16.3.2 为国能安全〔2014〕161号《防止电力生产事故的二十五项重点要求》第25.3.2条。增加了废水处理设施故障时，应及时检修处理，防止在水量、水质异常时，可能通过溢流、下渗、地表径流、地下径流污染周围环境或地下水。

16.3.3 为新增条款。各废水系统出口表计的及时、准确投运，可以有效监控排放水水质是否满足排放废水要求。强调对各废水系统中仪表的运行要求，防止仪表监测不准，排放不合格废水。

16.3.4 为国能安全〔2014〕161号《防止电力生产事故的二十五项重点要求》第25.3.4条。有修改，原文为废液经处理达标后尽量回用，降低废水排放量，改为根据电厂排污许可证对特殊废水的要求做好方案设计及审批工作。

16.3.5 为新增条款。做到雨污分离，各类废水分类处理。避免各类废水未经处理，直接排放至自然环境中，导致环境污染事件。

16.4 为新增条款。编制应急预案，出现不合格废水外泄时，能及时处理。强调环境污染应急预案的要求。

17 加强实验室、危险化学品安全管理，防止发生人身伤害编制说明

（一）总体说明

本章重点是防止危险化学品事故、防止化学实验室人身伤害。在国能安全〔2014〕161号《防止电力生产事故的二十五项重点要求》第1.9.5条、第1.9.6条有简单介绍，第1.8条为防止液氨储罐泄漏、中毒、爆炸伤人事故，第2.6条为防止氢气系统爆炸事故，在本反措第10、11章有单独编写。其中第1.9.5条为“危险化学品专用仓库必须装设机械通风装置、冲洗水源及排水设施，并设专人管理，建立健全档案、台账，并有出入库登记。化学实验室必须装设通风和机械通风设备，应有自来水、消防器械、急救药箱、酸（碱）伤害急救中和用药、毛巾、肥皂等”，第1.9.6条为“有毒、致癌、有挥发性等物品必须储藏在隔离房间和保险柜内，保险柜应装设双锁，并双人、双账管理，装设电子监控设备，并挂‘当心中毒’

警示牌”。本章结合相关国家法规、标及行业、企业标准和现场经验总结编写。

（二）条文说明

17.1　为新增条款，危化品及实验室的管理，应首先编制相应的管理规范。

17.2　为新增条款，根据现场经验编写。危险化学品均应编写相应的安全技术操作措施及应急处理措施，并定期组织演练。

17.3　为国能安全〔2014〕161 号《防止电力生产事故的二十五项重点要求》第 1.9.5 条“危险化学品专用仓库必须装设机械通风装置、冲洗水源及排水设施，并设专人管理，建立健全档案、台账，并有出入库登记。化学实验室必须装设通风和机械通风设备，应有自来水、消防器械、急救药箱、酸（碱）伤害急救中和用药、毛巾、肥皂等。”的修改、补充，并参考一些电厂的危化品管理经验，及 GB 26164.1—2010《电业安全工作规程　第 1 部分：热力和机械》、Q/HN-1-0000.08.012—2014《电力安全工作规程》（热力和机械部分）、华能国际电力股份有限公司 SHEO O-010—2016《危险化学品管理规范》编写。

17.4　为新增条款，依据中华人民共和国国务院令〔2011〕第 591 号《危险化学品安全管理条例》及现场经验编写。中华人民共和国国务院令〔2011〕第 591 号《危险化学品安全管理条例》第一章第四条规定“危险化学品单位应当具备法律、行政法规规定和国家标准、行业标准要求的安全条件，建立、健全安全管理规章制度和岗位安全责任制度，对从业人员进行安全教育、法制教育和岗位技术培训。从业人员应当接受教育和培训，考核合格后上岗作业；对有资格要求的岗位，应当配备依法取得相应资格的人员”。

17.5　为国能安全〔2014〕161 号《防止电力生产事故的二十五项重点要求》第 1.9.6 条“有毒、致癌、有挥发性等物品必须储藏在隔离房间和保险柜内，保险柜应装设双锁，并双人、双账管理，装设电子监控设备，并挂‘当心中毒’警示牌”的补充、修改。并参考中华人民共和国国务院令〔2011〕第 591 号《危险化学品安全管理条例》、华能国际电力股份有限公司 SHEO O-034—2016《化学试验室安全管理规范》等相关标准、现场经验编写。中华人民共和国国务院令〔2011〕第 591 号《危险化学品安全管理条例》第二章第二十四条规定“危险化学品应当储存在专用仓库、专用场地或者专用储存室（以下统称专用仓库）内，并由专人负责管理；剧毒化学品以及储存数量构成重大危险源的其他危险化学品，应当在专用仓库内单独存放，并实行双人收发、双人保管制度。危险化学品的储存方式、方法以及储存数量应当符合国家标准或者国家有关规定”。

17.6　为新增条款，根据 GB 26164.1—2010《电业安全工作规程　第 1 部分：热力和机械》、Q/HN-1-0000.08.012—2014《电力安全工作规程》（热力和机械部分）等标准及现场经验编写。

17.7　为新增条款，根据 GB 26164.1—2010《电业安全工作规程　第 1 部分：热力和机械》、Q/HN-1-0000.08.012—2014《电力安全工作规程》（热力和机械部分）等标准及现场经验编写。

17.8　为新增条款，根据现场经验及 GB 26164.1—2010《电业安全工作规程　第 1 部分热力和机械》、Q/HN-1-0000.08.012—2014《电力安全工作规程》（热力和机械部分）、GB 4962—2008《氢气使用安全技术规程》等相关标准编写。其中 GB 4962—2008《氢气使用安全技术规程》第 6.3.5 条“因生产需要在室内（现场）使用氢气瓶，其数量不应超过 5 瓶，室内（现场）的通风条件符合第 4.1.5 条要求，且布置符合如下要求：

a）　氢气瓶与盛有易燃易爆、可燃物质及氧化性气体的容器和气瓶的间距不应小于 8m；

b）　与明火或普通电气设备的间距不应小于 10m；

c） 与空调装置、空气压缩机和通风设备（非防爆）等吸风口的间距不应小于 20m；

d） 与其他可燃性气体储存地点的间距不应小于 20m”。

GB 26164.1—2010《电业安全工作规程　第 1 部分：热力和机械》第 14.4.9 条规定“使用中的氧气瓶和乙炔气瓶应垂直放置并固定起来，氧气瓶和乙炔气瓶的距离不得小于 5m。”

17.9　为国能安全〔2014〕161 号《防止电力生产事故的二十五项重点要求》第 1.9.5 条“危险化学品专用仓库必须装设机械通风装置、冲洗水源及排水设施，并设专人管理，建立健全档案、台账，并有出入库登记。化学实验室必须装设通风和机械通风设备，应有自来水、消防器械、急救药箱、酸（碱）伤害急救中和用药、毛巾、肥皂等。”的修改、补充，并根据现场经验及华能国际电力股份有限公司 SHEO O-034—2016《化学试验室安全管理规范》等相关标准编写。

17.10　为新增条款，根据 GB 26164.1—2010《电业安全工作规程　第 1 部分：热力和机械》、Q/HN-1-0000.08.012—2014《电力安全工作规程》（热力和机械部分）等标准及现场经验编写。

17.11　为新增条款，根据 GB 26164.1—2010《电业安全工作规程　第 1 部分：热力和机械》、Q/HN-1-0000.08.012—2014《电力安全工作规程》（热力和机械部分）等标准及现场经验编写。

17.12　为新增条款，根据 GB 26164.1—2010《电业安全工作规程　第 1 部分：热力和机械》、Q/HN-1-0000.08.012—2014《电力安全工作规程（热力和机械部分）》等标准及现场经验编写。

中国华能集团有限公司
CHINA HUANENG GROUP CO., LTD.

中国华能集团有限公司火电专业反事故措施标准汇编
Q/HN-1-0000.08.077—2020

技术标准篇

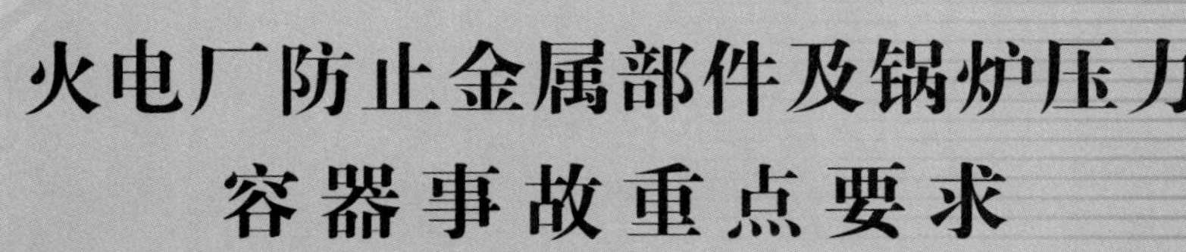

火电厂防止金属部件及锅炉压力容器事故重点要求

2020 - 06 - 01 发布

2020 - 06 - 01 实施

目　　次

前　　言

为进一步加强电力生产安全风险预防控制，提高电力生产可靠性，有效防止火电厂金属部件及锅炉压力容器事故的发生，在国家能源局《防止电力生产事故的二十五项重点要求》的基础上，结合中国华能集团有限公司系统内金属部件及锅炉压力容器相关非计划停运案例，编制本标准。

本标准由中国华能集团有限公司生产管理与环境保护部提出。

本标准由中国华能集团有限公司生产管理与环境保护部归口并解释。

本标准起草单位：西安热工研究院有限公司。

本标准起草人：张志博、马翼超、范志东、刘承鑫、牛坤、董红年、杨光锐、马剑民。

本标准审核单位：生产管理与环境保护部、甘肃公司、南方分公司、浙江分公司、河南分公司、河北分公司。

本标准主要审核人：王洋、冯琳杰、胡木林、熊伟、姜世凯、王华龙、邹智成。

本标准审定：中国华能集团有限公司技术工作管理委员会。

本标准批准人：邓建玲。

本标准为首次制定。

火电厂防止金属部件及锅炉压力容器事故重点要求

1 通用要求

1.1.1 加强设备台账管理，应确认各部件技术台账的第一责任部门及相关人员。金属部件及锅炉压力容器应分别建立设备台账，每次大、小修及异常缺陷处理应有明确记载，掌握设备全寿命周期健康状况，便于后续设备状态评价和检修安排。

1.1.2 加强文件资料管理。电厂应加强金属部件及锅炉压力容器各类出厂资料、交接资料、监造报告、安装前检验报告、监检报告、检修检验记录、设备台账、厂家技术说明书等资料档案管理，建立资料目录清册，专人管理，确保档案的完整性和连续性。

1.1.3 加强受监金属部件材质的监督。电厂应按照国家、行业、集团公司企业标准的规定，在设计、制造、安装、检验、技术改造等全过程，做好受监金属部件材质的监督。避免材质未经确认，质量不合格或存在超标缺陷的材质投入使用。

1.1.4 加强受监金属部件焊接全过程的监督。电厂应按照国家、行业、集团公司企业标准，在设计、制造、安装、检验、技术改造全过程中，做好受监金属部件焊接全过程的监督。确保焊接及热处理人员资格、焊接材料的选用、焊接及热处理工艺、焊接及热处理过程执行、焊后焊工自检、焊后无损检测等全过程，均符合标准规定。

1.1.5 加强受监金属部件的监督检验。电厂应按照国家、行业、集团公司企业标准，参照国内同类型机组案例，结合本单位受监金属部件的实际运行状况，开展对本单位受监金属部件的检验。

1.1.6 加强锅炉压力容器定期检验的管理。电厂应按照特种设备相关法律法规，办理特种设备使用登记证，联系有资格的单位，定期开展锅炉压力容器的检验。特殊情况需调整部件检验周期、增删检验项目，改变检验方法，应履行审批程序。对已超过设计使用年限的设备，应按照检验单位的结论，适当缩短检验周期。

1.1.7 加强外委单位的焊接、热处理、检验检测管理。明确施工、工艺、检验、验收等要求。外委单位人员现场焊接及检验过程，应做好原始记录，电厂应有专业人员见证。外委单位提交检验报告后，电厂专业人员应及时核对检验报告与原始记录数据的一致性，审核报告的完整性、准确性。加强设备监造、出厂验收等检验报告、技术文件内容及数据的审核，发现问题应及时联系制造厂家核实处理。

1.1.8 重视设备缺陷处理和技术改造工作。避免设备长时间带缺陷运行，对于因设计或制造原因所造成的设备隐患，应及时进行处理或改造。对可靠性存在问题的老旧设备，应提早进行检查评估，避免因未及时停运或改造导致机组非停。

2 防止锅炉部件事故

2.1 锅炉登记注册管理

2.1.1 锅炉安装前，应按特种设备管理规定，办理相关手续。

2.1.2 发电锅炉和启动锅炉投入使用前，必须按照《特种设备安全法》、TSG 08—2017《特种设备使用管理规则》及相关法律法规的规定，办理登记注册手续，领取使用证。不按规定申报注册、检验的锅炉，严禁投入使用。

2.1.3 使用单位对锅炉的管理，不仅要满足特种设备的法律法规技术性条款的要求，还要满足有关特种设备在法律法规程序上的要求。定期检验有效期届满前 1 个月，应向锅炉检验机构提出定期检验要求。由于机组检修周期等原因不能按期进行锅炉定期检验时，锅炉使用单位在确保安全运行（或者停用）的前提下，经过使用单位技术负责人审批后，可以适当延长检验周期，但是不得连续延期。同时向锅炉登记地质监部门备案，注明采取的措施以及下次检验的期限。锅炉拟停用 1 年以上的，使用单位应做好锅炉停炉保养工作；重新启用前应参照定期检验的有关要求进行检验，并办理启用手续。

2.1.4 在役锅炉结合检修开展锅炉定期检验。锅炉检验项目和程序按 TSG G7002—2015《锅炉定期检验规则》、TSG G0001—2012《锅炉安全技术监察规程》和 DL/T 647—2004《电站锅炉压力容器检验规程》等相关规定进行。锅炉定期检验前，电厂应认真核对锅炉检验机构的检验计划书，确保其检验内容、比例、方法等符合标准规定和本厂锅炉设备实际情况。

2.2 防止锅炉承压部件失效事故

2.2.1 各单位应成立防止锅炉爆漏工作小组，加强专业管理、技术监督管理和专业人员培训考核，健全各级责任制。

2.2.2 规范锅炉制造、安装和调试期间的监检、监造、监理工作。锅炉在制造阶段、安装阶段必须分别进行法定的安全性能监督检验（制造监检、安装监检）。具备资格的检验机构必须派遣具备相应资格的检验人员到制造、安装现场进行现场见证、文件见证和制造质量抽检。

2.2.3 管屏制造阶段，管子对口时，内壁机加工区域壁厚应满足强度要求，同时应对内壁机加工区域进行表面处理，无肉眼可见宏观车痕。

2.2.4 防止超温超压。

a） 严防锅炉缺水和超温超压运行，严禁在水位表数量不足（指能正确指示水位的水位表数量）、安全阀解列的状况下运行。

b） 直流锅炉的水冷壁、分离器、过热器、再热器及出口导汽管等应有完整的管壁温度测点，以便监视各部件的温度，防止超温爆管。

c） 锅炉超压水压试验和安全阀整定应严格按照 TSG G0001—2012《锅炉安全技术监察规程》、DL/T 612—2017《电力行业锅炉压力容器安全监督规程》、DL/T 647—2004《电站锅炉压力容器检验规程》和 TSG ZF001—2006《安全阀安全技术监察规程》的规定执行。锅炉安全阀排放量及整定压力的选取，无特殊规定时，应符合 DL/T 612—2017《电力行业锅炉压力容器安全监督规程》中的规定。

d） 锅炉承压部件使用的材料应符合 DL/T 715—2015《火力发电厂金属材料选用导则》的规定，材料的允许使用温度应高于计算壁温并留有裕度。应配置必要的炉膛出口或高温受热面两侧烟气温度测点、高温受热面壁温测点，应加强对烟气温度偏差和受热面壁温的监视和调整。现有壁温测点无法满足需要时，及时增加超温管段的壁温测点。

e） 对于存在超温的受热面管，检修期间应对超温的受热面管及其周围管屏进行重点检查。首先应排查是否由异物堵塞造成，并分析是否由其他原因造成，其次对发生超温及其周边的管子进行外观检查及蠕胀测量，根据测量结果，决定是否现场进行硬度及金相组织检查，或者割管取样对其老化情况进行进一步分析评定。

2.2.5 防止锅炉受热面爆漏。

a）加强锅炉受热面和联箱监造、安装阶段的监督检查，必须确保用材正确，受热面内部清洁、无杂物。重点检查原材料质量证明书、入厂复检报告和进口材料的商检报告，并存档。对管子进行化学成分分析抽查，并与该炉批次的材料质量证明书中元素成分进行甄别比对。

b）建立锅炉受热面防磨防爆设备台账，制定和落实防磨防爆检查计划，完善防磨防爆检查、考核制度。

c）依据受热面泄漏事故记录台账，统计多次发生泄漏的受热面区域及产生的原因，掌握受热面泄漏的规律、重点防治的部位。检修期间对多次发生泄漏的受热面区域、上次检查发现问题的区域进行重点检查。

d）在有条件的情况下，应采用泄漏监测装置。水冷壁、过热器、再热器、省煤器管发生爆漏时，应及时停运，防止事故扩大，损坏其他部件。

e）检修前，管子表面的积灰应进行清理。清焦时，不得损伤管子外表，对渣斗上方的斜坡和弯头应加以保护，以防砸伤。

f）定期检查水冷壁刚性梁四角连接及燃烧器悬吊机构，发现问题及时处理。防止因水冷壁晃动或燃烧器与水冷壁鳍片处焊缝受力过载拉裂而造成水冷壁泄漏。

g）入炉煤硫分 S_{ar} 含量大于 0.7%，采用低氮燃烧方式的亚临界及以上锅炉，应对水冷壁、高温受热面高温腐蚀进行重点检查，根据受热面壁厚、高温腐蚀速率、防腐涂层状况等综合开展换管工作。通过对比以往喷涂层防腐蚀能力和现场检查情况，实时调整喷涂方案。

h）加强蒸汽吹灰设备系统的维护及管理。在蒸汽吹灰系统投入正式运行前，应对各吹灰器蒸汽喷嘴伸入炉膛内的实际位置及角度进行测量、调整，并对吹灰器的吹灰压力进行逐个整定，避免吹灰压力过高。运行中遇有吹灰器卡涩、进汽门关闭不严等问题，应及时将吹灰器退出并关闭进汽门，避免受热面被吹损，并通知检修人员处理。在吹灰器投运及退出期间应进行旁站监督。蒸汽吹灰器投运频次与以往相比偏高、吹灰疏水温度未达到运行规程要求、吹灰器提升阀存在内漏、吹灰器提升阀后压力超过设计要求时，检修中应对吹灰器周围受热面防护瓦、受热面吹损情况进行重点检查。对烧损或减薄的吹灰器套管端头部位及时进行更换，对于因吹灰器套管刚度不足，宜造成偏吹的，应及时进行更换，并扩大对吹灰器周边管子的检查范围。

i）锅炉发生受热面爆漏后，必须尽快停炉。在对锅炉运行数据和爆口位置、数量、宏观形貌、内外壁情况等信息作全面记录后方可进行割管和检修。应对发生爆漏的管子进行失效分析，根据分析结果采取相应措施。

j）运行时间接近设计寿命或频繁发生泄漏的锅炉过热器和再热器管，应对管子进行寿命评估，并根据评估结果进行更换或在寿命期内有条件下监督运行。

k）机组启停过程中温度/压力升降速率超出规程要求、AGC 指令频繁波动时，锅炉受热面及管道应力变化剧烈，容易发生疲劳泄漏。检修期间应增加针对易产生应力集中位置，如锅炉联箱管座角焊缝、大包内水冷壁管子和鳍片端部焊接部位、水冷壁中间联箱及下联箱宽鳍片部位、水冷壁四角连接位置及其下部水封槽、鳍片焊缝、各让出管、吹灰器附近、穿顶棚、密封盒等位置的专项检验工作，对于可疑部位应采用无损检测方法进行检查。同时进一步梳理应力拉裂部件的位置特点，对于频繁泄漏位置可增加膨胀缝或优化该位置的刚性约束，尽可能使该位置部件在其伸缩方向上留有较大的伸缩空间，优化对其自由度的限制。

l） 对于存在横向裂纹的水冷壁管，检修中应加强对易产生横向裂纹区域的检查。对于超（超）临界锅炉，应重点对相变区域、传热恶化的部位或高热负荷区域的水冷壁管进行宏观及表面检测。对于“W”型锅炉，当火焰中心下移时，应开展对冷灰斗区域管子的宏观检查，必要时进行表面检测。对于“L”型锅炉，应加强对水冷壁后墙和侧墙后部的宏观检查，必要时进行表面检测。

m） 对于超（超）临界等级的锅炉，联箱整体较长，联箱与受热面管子间存在较大膨胀应力时，应重点检查联箱角焊缝，鳍片上、下两端与受热面管子焊缝，受热面管与管座对接焊缝的开裂问题。检修结束后，保温应按设计要求进行恢复。

n） 对于循环流化床锅炉，当流化风速增大或者煤粉颗粒尺寸增大时，应加大对炉膛内受热面管、风帽等部位的防磨检查力度。应重点关注炉膛四角、顶棚管、浇注料或防磨梁与水冷壁管交接位置、进料口、返料口、布风板、旋风分离器入口、焊缝余高凸起等部位的磨损问题。

o） 应开展对燃烧器喷口、水冷壁、屏式过热器、高温过热器、高温再热器结渣情况的检查。运行期内锅炉存在结渣掉渣问题时，应重点对冷灰斗水冷壁机械损伤、积渣及磨损情况进行排查，并进行壁厚测量。高温受热面存在局部结渣时，应重点对结渣周围区域的高温受热面管磨损、材质老化情况进行检查，亚临界参数等级及以上的机组，还应对高温受热面弯头处氧化皮堆积情况进行检测。当锅炉掉渣严重，造成捞渣机内冷却水飞溅时，应对周边管子的疲劳损伤情况进行检查。

p） 对于亚临界等级的机组，在高温段大量使用 TP304H、TP347H、T91、G102 或 T23 材质管子的锅炉，应根据机组运行情况和历次检查情况，对管子下弯头内壁氧化层剥落堆积情况进行检查。尤其对于运行时间较长的机组，应加大检查力度，并进行录像和拍照记录。

q） 对于检查发现的母材原始缺陷，如管子直道缺陷、不锈钢弯头未固溶处理、材质性能异常等，应扩大检查范围，对同批次管材类似部位进行检查。对于同一制造厂或同一安装单位焊接的焊缝，如发现存在超标缺陷，应扩大对该单位所焊接焊缝的检查比例。

r） 塔式炉过热器穿膜式壁部位密封焊缝应无裂纹等超标缺陷，必要时进行无损检测。对于塔式炉中水平或垂直布置的受热面管，应对管子应力集中部位如异种钢焊缝、截面突变等部位进行检查。

s） 对于联箱管座采用 T23 材质的锅炉，检修中应加强对该材质管座角焊缝的检查。

t） 锅炉运行 5 万 h 后，对管壁温度高于或等于 450℃的过热器管和再热器管应取样检测管子的壁厚、管径、硬度、内壁氧化层厚度、拉伸性能、金相组织及脱碳层。取样在管子管壁温度较高区域，割取 2 根～3 根管样。10 万 h 后每次 A 级检修取样，后次的割管尽量在前次割管的附近管段或具有相近温度的区段。

u） 割管宜采用机械加工的方法，管子断开后，应对下方端口进行封堵，避免异物落入。焊接时需进行充氩的受热面管子，应用水溶纸进行封堵。水溶纸在使用前，应进行相应的测试。表面已进行喷涂的管子，在施焊前，应将喷涂层打磨干净，方可进行施焊。检查发现壁厚减薄并进行补焊的区域，必须打磨圆滑处理，并进行表面检测合格，同时应录入检修设备台账，便于后续的检修中进行跟踪复查。

v） 当发现锅炉受热面存在减薄现象时，应先按照锅炉厂强度计算书中的最小需要壁厚进行核对。水冷壁、省煤器、低温段过热器和再热器管的壁厚减薄量不应超过设计壁厚的30%；对于高温段过热器管，壁厚减薄量不应超过设计壁厚的20%。同时，壁厚应满足按 GB/T 16507 计算的管子最小需要厚度。

2.2.6 防止超（超）临界锅炉高温受热面管内氧化皮大面积剥落。

a） 超（超）临界锅炉受热面设计必须尽可能减少热偏差，各段受热面必须布置足够的壁温测点，测点应定期检查校验，确保壁温测点的准确性。

b） 高温受热面管材的选取应考虑合理的抗高温蒸汽氧化裕度，并了解该管材生产厂家的管材实际运行业绩。

c） 必须准确掌握各受热面多种材料拼接情况，合理制定管壁温度报警值；管壁温度报警值的确定依据除考虑材料组织老化和高温持久性能外，还应考虑其内壁抗蒸汽氧化性能，可参照华能国股生〔2008〕233 号文《关于印发“锅炉蒸汽侧高温氧化皮专题研讨会会议纪要”的通知》内的相关要求，见表 1。

表 1　受热面金属材料内壁抗氧化许用温度及炉外测点控制温度

材料	内壁金属抗氧化许用温度 ℃	炉外测点控制温度 ℃
TP304H	620	589
TP347H	620	589
TP347HFG	640	610
Super304H	640	620
HR3C	670	630
T91	600	570
12Cr1MoV	580	550
T22	580	550
T23	580	550
X20CrMoV121	600	570
X8CrNiNb1613	620	589
12X18H12T	620	589

d） 必须重视试运中酸洗、吹管工艺质量。吹管完成后，高温受热面联箱和节流孔必须进行内部检查、清理工作，确保联箱及节流圈前清洁、无异物。

e） 不论是机组启停过程，还是运行中，都必须建立严格的超温管理制度，认真落实，严格执行规程，减少烟气温度、蒸汽温度和受热面管壁温度偏差，保证各段受热面吸热正常，杜绝超温。启停过程中，采用蒸汽吹扫时，应制定蒸汽吹扫措施，经审批后，方可实施。

f） 严格执行厂家设计的启动、停止方式和变负荷、变温速率，重点监测调峰负荷变化期间变温速率。氧化皮剥落现象较严重或可能产生氧化皮剥落的锅炉，应严格控制停炉速度。瞬时温降速度不宜超过 1℃/min。机组非计划停运，不允许进行强制通风冷却，应闷炉处理（约 72h）。

g） 新投产的超（超）临界锅炉，必须在第一次检修时对高温段受热面的管内壁氧化情况进行检查。对于频繁发生蒸汽温度和管壁温度超温的锅炉，必须利用检修机会对不锈钢管弯头及水平段内壁氧化皮堆积情况进行检查，对于在高温段大量使用 T91、T23、G102 材质的锅炉，也应不定期对管子内壁氧化皮堆积情况进行检查。

h） 加强对超（超）临界机组锅炉过热器和再热器的高温段联箱、管排下部弯管和节流圈的检查，以防止由于异物和氧化皮剥落造成的堵管爆破事故。对弯曲半径较小的弯管应进行重点检查。水压试验前发现有大量氧化皮剥落的机组，在水压试验后，还应对氧化皮的剥落情况进行检查。长时间停运的机组，启炉前应对奥氏体不锈钢管内壁氧化皮的剥落情况进行检查。

2.2.7 奥氏体不锈钢管的监督。

a） 奥氏体钢备件在运输、存放、保管、使用过程中应按下述条款执行：

1） 奥氏体钢应单独存放，严禁与碳钢或其他合金钢混放接触。电厂备用的奥氏体耐热钢管，特别注意钢管的硬度检验。若发现硬度明显偏高或偏低时，应检查金相组织是否正常。

2） 奥氏体钢的运输及存放应避免材料受到盐、酸及其他化学物质的腐蚀，且避免雨淋。对于沿海及有此类介质环境的发电厂应特别注意。

3） 奥氏体钢存放应避免接触地面，管子端部应有堵头。其防锈、防蚀应按 DL/T 855—2004《电力基本建设火电设备维护保管规程》相关规定执行。

4） 奥氏体钢材在吊运过程中不应直接接触钢丝绳，以防止其表面保护膜损坏。

5） 奥氏体钢打磨时，宜采用专用打磨砂轮片。

6） 应定期检查奥氏体钢备件的存放及表面质量状况。

b） 弯曲半径小于 1.5 倍管子公称外径的小半径弯管宜采用热弯；若采用冷弯，当外弧伸长率超过工艺要求的规定值时，弯制后应进行回火处理。弯曲半径小于 2.5*D* 或接近 2.5*D*（*D* 为钢管直径）的奥氏体不锈钢管冷弯后宜进行固溶处理，热弯温度应控制在要求的温度范围内，否则热弯后也应重新进行固溶处理。

c） 设计阶段，受热面穿墙（或顶棚）附近的奥氏体钢和铁素体钢异种钢焊缝不应设在炉内。

d） 锅炉运行 5 万 h 后，应对过热器管、再热器管及与奥氏体耐热钢相连的异种钢焊接接头取样检测管子的壁厚、管径、焊缝质量、内壁氧化层厚度、拉伸性能、金相组织。取样在管子管壁温度较高区域，割取 2 根～3 根管样。10 万 h 后每次 A 级检修取样检验，后次割管尽量在前次割管的附近管段或具有相近温度的区段。

e）锅炉运行 5 万 h 后，检修时应对炉膛内与奥氏体耐热钢相连的异种钢焊缝按 10%进行无损检测，对于大包内与奥氏体耐热钢相连的异种钢焊缝，应加大检查比例，并适时缩短检验周期。

3 防止汽轮发电机金属部件事故

3.1 防止紧固件损坏事故

3.1.1 螺栓与螺母的选材应符合 DL/T 715—2015《火力发电厂金属材料选用导则》和 DL/T 439—2018《火力发电厂高温紧固件技术导则》的规定，对于汽轮机厂家自行研制的材质的螺栓或螺母，应符合厂家的相关标准或技术规范。争气钢材质的螺栓、1Cr5Mo 材质的螺母，不宜在 566℃下长周期运行。

3.1.2 螺母强度宜比螺栓材料低一级，硬度低 20HBW～50HBW。12%Cr 材质的螺栓可选用相同温度等级的螺母材质。

3.1.3 高温紧固件安装前和运行期间的检验、更换及报废按 DL/T 439—2018《火力发电厂高温紧固件技术导则》中的相关条款执行。每次大修中，应对高温螺母进行硬度检验，尤其是 1Cr5Mo 材质的螺母。

3.1.4 凡在安装或拆卸过程中，使用加热棒对螺栓中心孔加热的螺栓，应对其中心孔进行宏观检查，必要时使用内窥镜检查中心孔内壁是否存在过热和烧伤。

3.1.5 IN783、GH4169 合金制螺栓，应缩短检验周期，对该种材质螺栓进行硬度检验、内窥镜检验以及超声检验。检测时应特别注意加热孔底部附近，若硬度超过 370HB 时，应对光杆部位进行超声检测，螺纹部位推荐采用相控阵进行检测。

3.1.6 对国外引进材料制造的螺栓，若无国家或行业标准，应按照制造厂企业标准，明确螺栓强度等级。

3.1.7 对于 20Cr1Mo1VNbTiB（争气 1 号）、20Cr1Mo1VTiB（争气 2 号）钢制螺栓，入厂验收时应对该材质螺栓的晶粒度进行检查，机组每次 A 级或 B 级检修时，应进行 100%的硬度检查、20%的金相组织抽查；在亚临界及以上等级机组服役 5 万 h 后，应对法兰和阀门上应用该材质的螺栓进行冲击性能测试，当发现冲击性能明显劣化时，应对同批次的该材质螺栓全部进行更换。安装时，应严格按照既定安装工艺执行，避免预紧力过大。

3.1.8 汽轮机/发电机大轴联轴器螺栓安装前应进行外观质量、光谱、硬度检验和无损检测，机组每次检修应进行外观质量检验，并进行 100%超声检测。

3.2 防止汽轮机轴系断裂及损坏事故

3.2.1 建立转子技术档案，包括制造商提供的转子原始缺陷和材料特性等原始资料；历次转子检修检查资料；机组主要运行数据、累计运行时间、主要运行方式、冷热态启停次数、启停过程中的汽温汽压负荷变化率、超温超压累计运行时间、主要事故情况及原因分析和处理措施。

3.2.2 运行 10 万 h 以上的机组，每次揭缸检修时，应对转子进行一次检查。运行时间超过 15 年、转子寿命超过设计使用寿命、低压焊接转子、承担调峰启停频繁的转子，应适当缩短检查周期。高中压转子调速级叶轮根部的变截面 R 处和前汽封槽，叶轮、轮缘小角及叶轮平衡孔部位以及高、中、低压转子套装叶轮键槽，焊接转子焊缝等部位应进行重点检查。

3.2.3 新机组投产前、已投产机组每次大修中，必须进行转子表面和中心孔的无损检测。按照 DL/T 438—2016《火力发电厂金属技术监督规程》相关规定对高温段应力集中部位进行金相和无损检测，选取不影响转子安全的部位进行硬度试验。

3.2.4 不合格的转子绝不能使用，已经过主管部门批准并投入运行的有缺陷转子应进行技术评定，根据机组的具体情况、缺陷性质制定运行安全措施，并报主管部门审批后执行。

3.2.5 机组进行超速试验时，转子大轴的温度不应低于转子材料的脆性转变温度。

3.3 防止汽轮机动、静叶片断裂及损坏事故

3.3.1 新机组投产前和大修中应对焊接隔板静叶进行检测，隔板主焊缝（包括隔板内环及外环焊缝）也应进行宏观检查，怀疑部位进行无损检测，隔板主焊缝的检测采取表面检测与内部检测相结合的方法。

3.3.2 每次 A 级或 B 级检修应对叶片、叶片拉筋、拉筋孔和围带、司太立合金等部件，喷嘴、隔板、隔板套等部件进行宏观检查，应无裂纹、严重划痕、碰撞痕印。有疑问时进行表面检测。

3.3.3 每次 A 级或 B 级检修应对低压转子末一级至末三级（必须包括干、湿蒸汽交替区）、高压和中压转子末一级和调速级的叶轮、叶片叶身、叶根进行无损检测。叶轮、叶片叶身、叶根检测时应采用超声检测与表面检测相结合的方法，必须根据叶根型式选取具有针对性的检测方法。应对各级抽汽口正对的两级和正对两级的左右两侧各一级共四级叶轮制定滚动计划，择机进行检查。

3.3.4 “反 T 型”结构的叶根轮缘槽，运行 10 万 h 后的每次 A 级或 B 级检修，应首选相控阵技术或超声检测技术对轮缘槽 90° 角等易产生裂纹部位进行检查。

3.4 防止轴瓦损坏事故

3.4.1 每次 A 级或 B 级检修时，对各级推力瓦及轴瓦进行宏观检查及无损检测，无损检测方法应采用渗透检测及超声检测相结合的方法。

3.4.2 在对轴瓦的运行状况有怀疑时，应在下次检修中进行超声检测及渗透检测。特别是轴颈存在划伤所对应的轴瓦，应加强监督检验。

3.4.3 返厂的轴瓦，在现场安装前必须经第三方检验合格后方可使用。

3.5 防止大型铸件损坏事故

3.5.1 加强大型铸件的监督检查，以宏观检查为主，对可疑部位进行无损检测，包括各级内外缸、高中压主汽阀、调节阀、缸体排汽导流板、缸体加强筋结合面、和汽缸铸造一体的导流板、螺栓孔部位、平衡环等。每次 A 级检修应对汽缸进行重点检查，检查的主要内容包括汽缸各抽汽、疏水、热工测点等内外侧附近区域，汽缸水平结合面，上、下缸喷嘴弧段附近，上、下缸外侧圆角过渡区，汽缸补焊区，平衡环，高压内缸高温区段的内表面，其他温度变化剧烈、截面尺寸突变、曲率大的部位。

3.5.2 根据部件的表面质量状况，确定是否对部件进行超声检测。

3.6 防止燃气轮机轴系断裂及损坏事故

3.6.1 严格按照燃气轮机制造商的要求，定期对燃气轮机进行孔探检查，定期对转子进行宏观检查或无损检测。

3.6.2 不合格的转子绝不能使用，已经过制造商确认可以在一定时期内投入运行的有缺陷转

子应对其进行技术评定，根据燃气轮机组的具体情况、缺陷性质制定安全运行措施，并报上级主管部门备案。

3.6.3 燃气轮机热通道主要部件更换返修时，应对主要部件焊缝、受力部位进行无损检测，检查返修质量，防止运行中发生断裂等异常事故。

3.6.4 燃气轮机进行超速试验时，转子大轴的温度不得低于转子材料的脆性转变温度。

3.6.5 燃气轮机运行过程中应加强监视和巡检，当发生振动超标、超速情况时，应及时停机查明原因并处理，防止燃气轮机金属部件发生损伤。

3.6.6 燃气轮机停机期间（非计划检修期间），应根据机组运行周期和状态，采用孔探方法对压气机叶片、火焰筒、透平静叶和动叶的表面状态进行检查。

3.6.7 加强对燃气轮机排气温度、排气分散度、轮间温度、火焰强度等运行数据的综合分析，及时找出设备异常的原因，防止局部过热燃烧引起设备开裂、涂层脱落、燃烧区位移等损坏。

3.6.8 建立燃气轮机组事故档案，记录事故名称、性质、原因和防范措施。

3.6.9 建立转子技术档案，包括制造商提供的转子原始缺陷和材料特性等原始资料，转子历次检修检查资料；燃气轮机组主要运行数据、累计运行时间、主要运行方式、冷热态启停次数、启停过程中的负荷变化率、主要事故情况的原因和处理措施；有关转子金属监督技术资料；根据转子档案记录，定期对转子进行分析评估，把握转子寿命状态；建立燃气轮机热通道部件返修使用记录台账。

3.7 防止发电机部件损坏事故

3.7.1 机组每次A级检修，应对转子大轴（特别注意变截面位置）、护环、风冷扇叶等部件进行表面检验，应无裂纹、严重划痕、碰撞痕印，有疑问时进行无损检测；对表面较浅的缺陷应磨除；转子若经磁粉检测应进行退磁。在对风冷扇叶进行检查时，应对风冷扇叶叶根螺纹根部进行无损检测。

3.7.2 护环拆卸时应对内表面进行渗透检测，应无表面裂纹类缺陷；护环不拆卸时进行超声检测。

3.7.3 机组运行10万h后的第一次A级检修，应视设备状况对转子大轴的可检测部位进行无损检测。以后的检验为2个A级检修周期。

3.7.4 对存在超标缺陷的转子，按照DL/T 654—2009《火电机组寿命评估技术导则》用断裂力学方法进行安全性评定和缺陷扩展寿命估算；同时根据缺陷性质和严重程度，制定相应的安全运行监督措施。

3.7.5 机组运行10万h后的第一次A级检修，对护环进行无损检测。以后的检验为2个A级检修周期。

3.7.6 对18Mn18Cr系钢制护环，在机组第三次A级检修时开始进行无损检测和晶间裂纹检查（通过金相检查），此后每次A级检修进行无损检测和晶间裂纹检验，金相组织检验完后应对检查点多次清洗；对18Mn5Cr系钢制护环，在机组每次A级检修时，应进行无损检测和晶间裂纹检查（通过金相检查）；对存在晶间裂纹的护环，应作较详细的检查，根据缺陷情况，确定消缺方案或更换。

3.7.7 机组超速试验时，转子大轴的温度不应低于材料的脆性转变温度。

4 防止机炉外管及连接部件泄漏事故

4.1 防止机炉外汽水管道及连接部件泄漏事故

4.1.1 支吊受压元件用的受力构件与受压元件的连接焊缝宜采用全焊透型式。

4.1.2 管接头的焊接管孔应尽量避免开在焊缝上，并避免管接头的连接焊缝与相邻焊缝的热影响区相互重合。如果不能避免，在焊缝或其热影响区上开孔时，应满足管孔周围60mm（如果管孔直径大于 60mm，则取孔径值）范围内的焊缝经过射线或超声检测合格；管接头连接焊缝焊后应热处理消除应力。在弯头和封头上开孔应满足强度要求。

4.1.3 分析锅炉本体整体膨胀、受力状态。分析膨胀方向异常、膨胀量偏大或偏小对设备的影响。重点记录锅炉限位导向装置的膨胀情况，疏放水管道存在疏水不畅或阀门内漏的部位；加强机炉外管巡视，对管系振动、水击、膨胀受阻、保温脱落等现象应认真分析原因，及时采取措施。机炉外管发生漏汽、漏水现象，必须尽快查明原因并及时采取措施，如不能与系统隔离处理应立即停炉。

4.1.4 按照 DL/T 438—2016《火力发电厂金属技术监督规程》、Q/HN-1-0000.08.027—2015《火力发电厂燃煤机组金属监督标准》，对汽包、集中下降管、汽包上升管、汽水分离器、联箱、主蒸汽管道、再热蒸汽管道、主给水管道、导汽管、汽水联络管等部件及其接管进行检查，及时发现和消除设备缺陷。对于不能及时处理的缺陷，应对缺陷尺寸进行定量检测及监督，并做好相应技术措施。

4.1.5 机组每次 A 级检修，应对管道支吊架进行检查。根据检查结果，在第一次或第二次 A 级检修期间，对管道支吊架进行调整；此后根据每次 A 级检修检查结果，确定是否再次调整。管道支吊架检查与调整按 DL/T 616—2006《火力发电厂汽水管道与支吊架维修调整导则》执行。

4.1.6 定期对喷水减温器进行检查，混合式减温器每隔 1.5 万～3 万 h 检查一次，应采用内窥镜进行内部检查，喷头应无脱落、喷孔无扩大，减温器内衬套应无裂纹、腐蚀和断裂。减温器内衬套长度小于 8m 时，除工艺要求的焊缝外，不宜增加拼接焊缝；若必须采用拼接时，焊缝应经 100%检测合格后方可使用。防止减温器喷头及套筒断裂造成筒体开裂，面式减温器运行 2 万～3 万 h 后应抽芯检查管板变形、内壁裂纹、腐蚀情况及芯管水压检查泄漏情况，以后每次大修检查一次。当喷管根部断裂或存在裂纹时，应增加对喷管附近筒体内壁的检查。

4.1.7 在检修中，应重点检查可能因膨胀和机械原因引起的承压部件爆漏的缺陷。

4.1.8 对于高温高压管道焊缝附近存在变截面或结构突变的位置，如与三通、堵阀、主汽阀、调节阀、汽缸等相连接的焊缝，应加强检查，特别是由于结构原因造成常规检测效果不佳时，应采用几种检测方法相结合的手段，保障设备安全性。

4.1.9 高温高压承压管道的材质选择应充分考虑其实际运行状态，尤其在一些异常工况下，防止其在高于许用温度下长期运行，如内漏阀门后管道、中压缸第一段抽汽管道、高温蒸汽管道的疏水管、吹灰蒸汽汽源管等。

4.1.10 加强新型高合金材质管道和锅炉蒸汽连接管的使用过程中的监督检验，每次检修均应对焊缝、弯头、三通、阀门等进行抽查，尤其应注重对焊接接头中危害性缺陷（如裂纹、未熔合等）的检查和处理，存在超标缺陷未按规定及时消除或未采取任何措施的设备不允许投入运行，以防止泄漏事故发生；对于记录缺陷也应加强监督，掌握缺陷在运行过程中的变化规律及发展趋势，对可能造成的隐患提前作出预判。

4.1.11 对于热挤压成型的 P91、P92 三通，应不定期对三通肩部内壁进行超声检测，对三通腹部进行表面检测。不定期对堵阀阀体进行表面检测。

4.1.12 加强新型高合金材质管道和锅炉蒸汽连接管运行过程中材质变化规律的分析，定期对 P91、P92、P122 等材质的管道和管件进行硬度和金相组织定点跟踪抽查，积累试验数据并与国内外相关的研究成果进行对比，掌握材质老化的规律，一旦发现材质劣化严重应及时进行更换。对于应用于高温蒸汽管道的 P91、P92、P122 等材质的管道，如果发现硬度低于 180HB，且不小于 160HB，金相组织为回火马氏体+铁素体时，检修中应加强对此类管道的跟踪检查。对于硬度值低于 160HB 的管段，应对其进行更换。焊缝硬度超出控制范围，首先在原测点附近两处和原测点 180°位置再次测量；其次在原测点可适当打磨较深位置再次进行测量，打磨后的管子壁厚不应小于管子的最小需要厚度。

4.1.13 达到设计使用年限的机组和设备，必须按规定对主设备特别是承压管路进行全面检查和试验，组织专家进行全面安全性评估，经主管部门审批后，方可继续投入使用。

4.2 防止机炉外小管泄漏事故

4.2.1 加强对汽水系统中的高中压疏水、排污、减温水等小径管的管座角焊缝、内壁冲刷和外表腐蚀现象的检查，发现问题及时更换。对于发生内漏的阀门，以及管段内径突然增大后的管道，应对阀门后及内径增大后的管道进行测厚检查。户外易受雨水侵蚀，以及管子内部易形成积水的部位，应对管子外壁和内壁的腐蚀减薄情况进行检查。特别是对于长期冲刷导致频繁更换的管道，在分析冲刷原因的同时，可以考虑更换为壁厚较厚或耐冲刷能力更强的材料。

4.2.2 对于易引起汽水两相流的疏水、空气等管道，应重点检查其与母管相连的角焊缝、母管开孔的内孔周围、弯头、直管等部位的开裂和冲刷减薄情况，其管道、弯头、三通和阀门，运行 10 万 h 后，宜结合检修全部更换。

4.2.3 排汽或疏水管等水平段较长，易引起冷凝水回流的部位，应加强对其角焊缝的无损检测。对于运行中发生振动的管道或者膨胀不畅导致局部应力集中的部位，应结合检修，对管道振动和膨胀受阻问题进行治理，并对应力集中点进行无损检测。

4.2.4 汽包、管道和联箱上小口径接管（疏水管、测温管、压力表管、空气管、安全阀、排气阀、充氮、取样管等）应采用与母管相同的材料；如存在异种钢焊缝，应在检修期间加强检查，对于焊缝熔深较浅、运行期间易发生晃动的管座，应择机更换为与母管相同材质的加强管座，机组取样管的设计结构应避免接管在运行期间发生晃动，同时焊缝应有足够的强度。

4.2.5 额定工作压力大于或等于 3.8MPa 的锅炉，外径小于 32mm 的排气、疏水、排污和取样管等管接头与汽包、联箱、管道相连接时，应当采用底部加强型管接头。汽包、联箱、管道与管子的焊接管接头应满足强度要求，管接头外径大于 76mm 时，应采用全焊透的型式；管接头外径小于或等于 76mm 时，宜用全焊透型式，考虑应力集中对强度的影响时，可采用部分焊透的型式。排污管、疏水管应有足够的柔性，以降低小管与锅炉本体相对膨胀而引起的管座根部局部应力。

4.2.6 与汽包、联箱相接的省煤器再循环管、给水管、加药管、排污管、减温水管、蒸汽加热管等，在其穿过筒壁处应加装套管。

4.2.7 应按华能安函〔2017〕468 号《关于禁止发电企业承压设备带压堵漏等相关工作的通

知》的要求，开展对汽包、管道、压力容器、联箱及其支管上封头结构型式、厚度、焊接质量等进行排查，确保其结构型式符合 GB/T 16507—2013《水管锅炉》的要求。

4.3 机炉外管的监督管理

4.3.1 锅炉水压试验结束后，应严格控制泄压速度，并将炉外蒸汽管道存水完全放净，防止发生水击。

4.3.2 焊接工艺、质量、热处理及焊接检验应符合 DL/T 869—2012《火力发电厂焊接技术规程》和 DL/T 819—2019《火力发电厂焊接热处理技术规程》的有关规定。

4.3.3 建立机炉外管台账及普查计划。台账内容中应包括：管道名称、位置示意图、材质和规格、实际服役工况（温度和压力）、历次检修情况等。对于存在冲刷减薄的管道，检修时应做到定点测厚以掌握其减薄趋势。

5 防止危险介质源管道泄漏事故

5.1 防止液氨（氨气）管道泄漏、中毒、爆炸伤人事故

5.1.1 储罐、管道、阀门、法兰等必须严格把好质量关，并定期检验、检测、试压。对于基建期间未进行抽查的管道焊缝，应优先进行检测。与氨储罐相连的管道、法兰、阀门、仪表等应按表 2 选择，并考虑相应的防腐措施。

表 2 氨储罐连接管道、法兰、阀门、仪表选用

序号	名称	最低设计温度	
		>−20℃	≤−20℃
1	管道	20 号钢或不锈钢	不锈钢
2	法兰	20 号钢或不锈钢，带颈对焊突面法兰	不锈钢，带颈对焊突面法兰
3	氨用阀门	不锈钢	
4	密封垫片	不锈钢缠绕石墨或聚四氟乙烯垫片	
5	螺栓螺母	35CrMo 或不锈钢	
6	仪表	氨专用仪表	

5.1.2 液氨（氨气）管道安装前，应按特种设备管理的规定，办理相关手续。

5.1.3 液氨（氨气）管道应按照特种设备的相关规定进行管理，办理使用登记证，并定期进行检验。

5.1.4 在液氨（氨气）管道上进行焊接作业，应按照一级动火作业标准执行。

5.1.5 建立液氨（氨气）管道技术台账，制定监督检验计划。

5.2 防止油系统管道泄漏、着火事故

5.2.1 油系统应尽量避免使用法兰连接，禁止使用铸铁阀门。

5.2.2 在油管道上进行焊接作业，应按照一级动火作业标准执行。

5.2.3 油管道法兰、阀门的周围及下方，如敷设有热力管道或其他热体，这些热体保温必须齐全。油管道的外壁与蒸汽管道保温层外表面的净距离不应小于 150mm，距离不满足要求时

应加隔热板，应防止油管道紧贴蒸汽管道保温层或将油管道直接包在蒸汽管道保温层中的情况发生，运行中存有静止油的油管与蒸汽管道保温层外表面的净距离不应小于 200mm，在主蒸汽管道及阀门附近的油管道上不宜设置法兰和活接头。

5.2.4 油管道要保证机组在各种运行工况下自由膨胀，应定期检查和维修油管道支吊架，并建立相应记录。

5.2.5 汽轮机侧的油系统管道焊缝，安装阶段安装焊缝未进行 100%射线检测的或焊缝质量不明的，应利用检修机会，对安装焊缝进行 20%的射线检测；当发现存在超标缺陷情况时，应扩大抽查比例，如仍然发现存在超标缺陷的焊缝，则应对油管道安装焊缝进行 100%的射线检测；对存在超标缺陷的焊缝应及时安排进行返修处理，焊缝的返修应全部割除原焊缝。对于锅炉侧油系统管道应关注管道内壁的腐蚀减薄情况。

5.2.6 机组运行过程中，应加强对油管路的巡检，对有振动现象的油管道，应及时查明原因，消除振动问题，并开展对振动油管的检查，以避免管道疲劳开裂引起的油液泄漏和火灾事故的发生。当油管路由于疲劳或腐蚀发生泄漏修复时，新更换管道、管件的质量和焊接工作应严格按 Q/HN–1–0000.08.027—2015《火力发电厂燃煤机组金属监督标准》4.17.1 部分执行。

5.3 防止天然气管道泄漏、着火事故

5.3.1 天然气管道安装前，应按特种设备管理的规定，办理相关手续。

5.3.2 天然气系统管道应按照特种设备的相关规定进行管理，办理使用登记证，并定期进行检验。

5.3.3 天然气系统中设置的安全阀，应做到启闭灵敏，每年至少委托有资格的检验机构校验一次。压力表等其他安全附件应按其规定的校验周期定期进行校验。

5.3.4 建立天然气管道技术台账，制定监督检验计划。

6 防止压力容器设备事故

6.1 压力容器登记注册管理

6.1.1 在订购压力容器前，应对设计单位和制造厂商的资格进行审核，其供货产品必须附有“压力容器产品质量证明书”和制造厂所在地锅炉压力容器监检机构签发的“监检证书”。要加强对所购容器的质量验收，特别应参加容器水压试验等重要项目的验收见证。

6.1.2 压力容器安装前，应按特种设备管理的规定，办理相关手续。

6.1.3 压力容器投入使用前须按照《特种设备安全法》、TSG 08—2017《特种设备使用管理规则》的规定，办理登记注册手续，申领使用证。不按规定检验、申报注册的压力容器，严禁投入使用。

6.1.4 对其中设计资料不全、材质不明及经检验安全性能不良的老旧容器，应安排计划进行更换。

6.1.5 使用单位对压力容器的管理，不仅要满足特种设备的法律法规技术性条款的要求，还要满足有关特种设备在法律法规程序上的要求。定期检验有效期届满前 1 个月，应向压力容器检验机构提出检验要求。因情况特殊不能按期进行定期检验的压力容器，由使用单位提出书面申请报告说明情况，经使用单位主要负责人批准，征得上次承担定期检验或者承担基于风险检验（RBI）的检验机构同意（首次检验的延期除外），向使用登记机关备案后，可以延

期检验。对无法进行定期检验或者不能按期进行定期检验的压力容器，使用单位应当采取有效的监控与应急管理措施。

6.2 防止压力容器超压

6.2.1 各种压力容器安全阀应定期进行校验。

6.2.2 运行中的压力容器及其安全附件（如安全阀、排污阀、监视表计、联锁、自动装置等）应处于正常工作状态。设有自动调整和保护装置的压力容器，其保护装置的退出应经单位技术总负责人批准。保护装置退出后，实行远控操作并加强监视，且应限期恢复。

6.2.3 压力容器上使用的压力表，应列为计量强制检验表计，按规定周期进行强检。

6.2.4 压力容器的耐压试验参考 TSG 21—2016《固定式压力容器安全技术监察规程》进行。

6.2.5 压力容器安全阀的总排放能力，应能满足其在最大进汽（气）工况下不超压。

6.3 严格执行压力容器定期检验制度

6.3.1 压力容器定期检验前，电厂应认真核对检验机构的检验计划书，确保其检验内容、比例、方法等符合标准 TSG 21—2016《固定式压力容器安全技术监察规程》的规定。火电厂热力系统压力容器定期检验时，应对与压力容器相连的管系进行检查，特别应对蒸汽进口附近的内表面热疲劳和加热器疏水管段冲刷、腐蚀情况进行检查。防止爆破汽水喷出伤人。

6.3.2 禁止在压力容器上随意开孔和焊接其他构件。若涉及在压力容器筒壁上开孔或修理等改造时，须按照 TSG 21—2016《固定式压力容器安全技术监察规程》的规定执行。

6.3.3 停用超过 2 年以上的压力容器重新启用时要进行再检验，耐压试验确认合格才能启用。

6.3.4 运行 10 年的氢罐，应该重点检查氢罐的外形，尤其是上下封头不应出现鼓包和变形现象。

6.3.5 高压加热器等换热容器，应防止因水侧换热管泄漏导致的汽侧容器筒体的冲刷减薄。全面检查时应增加对水位附近的筒体减薄的检查内容。在机组突然甩负荷时，检修中应加强对容器内部连接部位的检查。

6.3.6 液氨储罐定期检验前，对内部氨气进行置换操作时，应严格按照液氨储罐置换安全技术措施执行。

附　录
火电厂防止金属部件及锅炉压力容器事故重点要求编制说明

1　通用要求编制说明

（一）总体说明

为了防止火力发电厂受监金属范围内的锅炉、汽轮机、发电机部件及压力容器事故，提高专业人员管理水平，结合 Q/HN-1-0000.08.027—2015《火力发电厂燃煤机组金属监督标准》、Q/HN-1-0000.08.029—2015《火力发电厂锅炉压力容器监督标准》及设备设计、制造、安装、运行、检修维护及技术监督管理中发现的问题，对电厂设备台账、资料、检验、技术改造等方面提出通用要求。

（二）条文说明

1.1.1　为新增条款。强化台账管理的制度化、连续性，明确台账归口管理部门及人员。

1.1.2　为新增条款。规范文件资料管理，加强设备原始资料的可追溯性。

1.1.3　为新增条款。规范金属部件使用材质管理。【案例】2018 年 12 月 8 日，某电厂 1 号锅炉乙侧后屏过热器出口至二级减温器联箱从乙侧数第一根联络导汽管（ϕ159×14mm）在后屏联箱出口上方 1.2m 高度弯头部位爆裂，管道撕裂面积约 240cm^2，爆裂后蒸汽大量泄漏。经材质分析该弯头材质为 20G，与设计 12Cr1MoV 材质不符。该导管在机组运行时温度为 460℃～480℃，超温幅值为 10℃～30℃。机组投运至 2018 年 12 月 8 日事发时间，1 号机组累计运行 43 742.16h，长期超温运行，材料老化严重，并最终发生爆裂。

1.1.4　为新增条款。规范金属部件焊接全过程管理。【案例】2018 年，某电厂 2 号机组检修中，部分新旧管子对焊时，管口未对齐，出现错口现象，新管之间采用钢筋填充作为鳍片，鳍片焊接成型质量较差；几乎所有新焊接鳍片均出现裂纹，长度为 30mm～100mm，对前墙 11 号吹灰器新焊接鳍片进行多次打磨并进行磁粉检测，发现鳍片几乎裂透且裂纹延伸接近管子。

1.1.5　为新增条款。规范金属监督部件的监督检验。

1.1.6　为新增条款。规范特种设备定期检验的管理。【案例】多数电厂在对部分压力容器进行定期检验时，检验单位只进行了宏观和测厚检查，未对容器筒体焊缝和接管座角焊缝进行表面检测，不符合 TSG 21—2016《固定式压力容器安全技术监察规程》中的规定。

1.1.7　为新增条款。规范现场外委工作管理，加强设备监造、出厂试验报告数据审核。【案例 1】某电厂高温蒸汽管道（壁厚 55mm）超声检测报告中，使用检测标准为 NB/T 47013.3—2015《承压设备无损检测　第 3 部分：超声检测》，检测面为单面双侧，选择 1 种 *K* 值探头，但 NB/T 47013.3—2015《承压设备无损检测　第 3 部分：超声检测》附录 N 规定，壁厚大于 40mm，当检测面为单面双侧时，应使用 2 种 *K* 值的探头。在超声检测报告中使用的探头数量与标准不符，易导致缺陷漏检。【案例 2】某电厂 1～4 号机组四大管道使用的是美国 WT 公司的产品，但美国 WT 公司为杜撰的假冒公司，实际为泰州市申工重机钢管有限公司。

1.1.8 为新增条款。规范消缺和改造工作管理。【案例】2016 年 8 月 11 日，某电厂 2 号锅炉蒸汽出口处主管道流量计阀门焊缝突然裂开，大量高温高压蒸汽从管道中向外喷出，造成主控室内死亡 22 人、受伤 4 人。事故前两天，已经发现该焊缝发生泄漏，现场技术人员正在研究处理方案，对事故隐患处理不及时。

2 防止锅炉部件事故编制说明

（一）总体说明

本章重点是防止锅炉金属部件失效事故，在国能安全〔2014〕161 号《防止电力生产事故的二十五项重点要求》第 6、7 章相关条款基础上，针对集团公司近年来锅炉承压部件爆漏事故，结合国家、行业最新标准要求，从设计、制造、安装、运行、检修、特种设备管理等阶段提出防止锅炉承压部件爆漏事故的措施。本章内容分为锅炉登记注册管理和防止锅炉承压部件失效两个部分。

（二）条文说明

2.1 锅炉登记注册管理

2.1.1 为新增条款。规范锅炉在安装前应开展的工作，如办理告知手续、安装前监检等。

2.1.2 为国能安全〔2014〕161 号《防止电力生产事故的二十五项重点要求》第 6.5.5.12 条，有修改，语句进行调整。原依据标准为国质检锅〔2003〕207 号《锅炉压力容器使用登记管理办法》，更新为《特种设备安全法》、TSG 08—2017《特种设备使用管理规则》。特种设备登记注册为法律规定条款，为强制性条款。

2.1.3 为国能安全〔2014〕161 号《防止电力生产事故的二十五项重点要求》第 7.4.3 条，有修改，依据 TSG G 7002—2015《锅炉定期检验规则》，增加锅炉定期检验延期相关规定。部分电厂因检修周期等原因，暂时无法开展锅炉的定期检验工作，增加了锅炉定期检验延期的规定。新增锅炉停用方面的规定。

2.1.4 为新增条款。部分电厂在开展锅炉定期检验时，检验机构在检验时存在漏项问题，或检验方法不当的问题。【案例】某电厂 2016 年与某特种设备检验机构签订（1 号锅炉定期检验）合同书，合同规定质量检验按 TSG G0001—2012《锅炉安全技术监察规程》、DL/T 647—2004《电力工业锅炉压力容器检验规程》、TSG G7002—2015《锅炉定期检验规则》等国家法律法规及相关标准组织检验。但查阅 1 号锅炉检验检测报告发现，检验单位的检验依据仅包含 TSG G0001—2012《锅炉安全技术监察规程》和 TSG G7002—2015《锅炉定期检验规则》，未包含 DL/T 647—2004《电力工业锅炉压力容器检验规程》，不符合合同中规定的技术条款。检验单位所开展的检验项目，依据 TSG G7002—2015《锅炉定期检验规则》中的规定，仍存在漏项或检验比例偏低的问题。

2.2 防止锅炉承压部件失效事故

2.2.1 为国能安全〔2014〕161 号《防止电力生产事故的二十五项重点要求》第 6.5.1 条，无修改。

2.2.2 为国能安全〔2014〕161 号《防止电力生产事故的二十五项重点要求》第 6.5.2 条，有修改，语句修改。对标准进行更新，删除压力容器相关标准。明确规定各厂应加强制造、安装阶段的监督检验。【案例】2019 年 2 月 11 日，某电厂 7 号锅炉高温再热器发生爆管泄漏，泄漏部位为高温再热器入口段下部第一个弯头（后屏 14－1 和 14－2，材质为 HR3C）。5 月

11 日再次发生爆管泄漏，泄漏点为高温再热器后屏第 27 排下部第 2 弯头。对炉内高温再热器 HR3C 材料管子弯头表面进行宏观检查和渗透检测，结果发现有 5 根弯头外弧表面开裂（19－1、22－1、37－1、58－1、60－1），许多 HR3C 材料弯头外孤表面有凹坑或直道拉伤痕迹（直管也有）；对备品弯头外弧表面检查，发现弯头外弧表面有弯管时留下的凹坑，直管段和弯头处有机械划伤、划痕等。

2.2.3 为新增条款。部分管子在对口时，在管子内壁进行了车削，由于车削刀痕太深，易形成应力集中，长期运行后在刀痕处开裂失效。【案例】2019 年，某电厂 2 号锅炉第 15 排后屏再热器夹屏管发生开裂泄漏。钢管开裂部位位于焊接接头热影响区近熔合线处，裂口沿周向开裂。裂口平直，开口较小，长度约 1/4 周长。裂口侧钢管内壁存在一处车削加工退刀槽，刀痕粗糙，沿退刀槽处有一条裂纹缺陷，裂纹深度 2mm，长度 25mm。

2.2.4 防止超温超压。

a） 为国能安全〔2014〕161 号《防止电力生产事故的二十五项重点要求》第 6.5.3.1 条，无修改。

b） 为国能安全〔2014〕161 号《防止电力生产事故的二十五项重点要求》第 6.5.3.3 条，有修改，语句修改。

c） 为国能安全〔2014〕161 号《防止电力生产事故的二十五项重点要求》第 6.5.3.4 条，有修改，对标准进行更新。补充了安全阀排放量及整定压力的要求。【案例 1】2014 年 1 月 29 日，某电厂 2 号机组运行中因 2 号瓦 X 向轴振大保护动作跳机，主蒸汽压力升至 16.05MPa，应动作的三级过热器、汽包（共三台）安全阀均未动作，后对三级过热器安全阀由检验单位进行检查校验，未发现异常。后期设备解体检查安全阀各零部件，未发现异常情况，但发现内部积灰较多，分析现场粉尘量大可能是造成安全阀不能起跳的原因。后期回装时，采取阀杆密封处抹铅粉同时用塑料布整体包裹措施，防止污染。【案例 2】2017 年 3 月 8 日 8 时 36 分，某电厂 1 号发电机跳机，8 时 44 分主蒸汽压力升至 14.91MPa，汽包压力升至 14.99MPa，三级过热器安全阀未正常起跳（A、B 侧过热器安全阀起跳值分别为 14.09MPa，14.56MPa）。3 月 10 日会同安全阀校验厂家现场对照查看一、二期安全阀结构，初步分析原因为安全阀排汽管未设计疏水结构（疏水盘），雨水易进入阀体内部产生锈蚀，造成阀瓣座和导套间摩擦力过大，导致安全阀不能正常起跳。

d） 为国能安全〔2014〕161 号《防止电力生产事故的二十五项重点要求》第 6.5.3.8 条，有修改。增加设计选材应具体参考的标准，个别电厂发生锅炉受热面超温爆管后，但由于发生爆管管段无管壁温度测点，无法确定爆管管段的实时管壁温度情况，可根据超温爆管情况增加管壁温度测点。【案例】2019 年，某电厂 1 号锅炉一级过热器 B 处炉内泄漏声音较大，停炉后检查确认为一级过热器 B 水平管段屏式过热器处泄漏。检查发现爆口管胀粗明显，爆口不大，爆口边沿较钝，符合长时过热特征。但由于该爆管位置无管壁温度测点，无法反映该管子在运行过程中的温度变化情况，不便于电厂及时开展相应的检查与预防工作。

e） 为新增条款。对于运行期间频繁发生超温的管子，增加对超温管子的具体检查项目。【案例 1】2016 年，某电厂利用 2 号机组调停机会，对运行过程中频繁发生超温的高温再热器 68－2 管子及附近管子进行了宏观检查。检查发现高温再热器 68－3 管子

（T91）下弯头处存在一定的老化迹象，下弯头外壁有纵向氧化皮裂纹，检测发现管子胀粗超标，老化 3.5 级，硬度明显下降，电厂及时对存在异常的 68－2 和 68－3 管子进行了更换，确保了机组安全运行。【案例 2】2010 年 10 月 31 日某电厂运行人员发现 4 号锅炉四管泄漏检测系统越限报警，11 月 2 日检查发现顶棚管从右往左数第 14、15 根管泄漏、高温过热器 34 屏出口从后往前数第 1 根在异种钢焊缝（T91 与 TP347H）向上 100mm 处蠕胀胀粗后泄漏，第 3、4、5 根管在顶棚管处吹损泄漏、第 6、7、8 根管均有不同程度的吹损。2010 年 11 月 7 日 4 号锅炉爆管，造成机组紧急停运，11 月 8 日检查发现高温过热器左数第 12 屏向火侧外圈第一根管爆裂，爆口部位在向火侧弯头起弧点往上 200mm 处，材质为 TP347H。2010 年 11 月 16 日 4 号锅炉高温过热器再次爆管，11 月 17 日检查发现高温过热器左数第 16 屏向火侧下部弯头往上 200mm 直管部位爆裂，材质为 TP347H。2010 年 11 月 20 日对高温过热器左侧出、入口联箱手孔割开检查，发现高温过热器入口联箱内部有一块长 140mm×宽 60mm×厚 6mm 的弧形钢板，经过分析并与图纸比对发现该异物是三级减温器定位销加强衬板，因焊接不牢固脱落，随汽流进入高温过热器入口联箱。同时在高温过热器入口左数第 18 屏前数第 7 根管管口处发现一块长约 70mm 异物。

2.2.5 防止锅炉受热面爆漏。

a） 为国能安全〔2014〕161 号《防止电力生产事故的二十五项重点要求》第 6.5.7.3 条，有修改。增加存档的规定，部分电厂原材料资料缺失严重，不便于后续问题的追溯。为便于对收到备品管材的甄别，增加对同批次管子进行化学成分分析抽查。

b） 为国能安全〔2014〕161 号《防止电力生产事故的二十五项重点要求》第 6.5.6.1 条，有修改，删除防磨防爆预案，因现场没有专门防磨防爆预案，电厂的应急处理预案，运行规程中已包含相关内容，不专门要求。

c） 为新增条款。对于多次发生泄漏的区域，应做好相应的统计分析，总结规律，检修时应做到重点检查。

d） 为国能安全〔2014〕161 号《防止电力生产事故的二十五项重点要求》第 6.5.6.2 条，有修改，增加了水冷壁泄漏，也应及时停运。【案例】2016 年 4 月 16 日，某电厂 8 号锅炉右墙水冷壁发生泄漏，5 月 24 日左右才停机，机组在水冷壁泄漏的情况下运行超过 1 个月，水冷壁管子之间相互吹损较为严重，无法判断最先泄漏的位置，同时造成爆口上方水冷壁管子长期处于介质流量不足的情况下，进而导致爆口上方水冷壁管子多处发生了开裂。

e） 为新增条款。增加检修前对管子清理的规定。

f） 为国能安全〔2014〕161 号《防止电力生产事故的二十五项重点要求》第 6.5.6.3 条，无修改。【案例】某电厂 1 号机组试运行以及生产期间，1 号锅炉在 24 天之内，先后有水冷壁四角的 5 根管子被拉裂造成 3 次停机。主要是因为连接刚性梁的型板焊于膜式管壁上，同时由于水冷壁 13.5m 四周刚性梁晃动，在管子应力集中区产生疲劳裂纹，造成泄漏。

g） 为新增条款，针对近几年低氮燃烧改造后，水冷壁高温硫腐蚀加剧的问题。【案例】2019 年，某电厂 5 号锅炉灭火，6 层甲侧（标高 37m）泄漏声音明显，停机检查发现漏点位于炉膛乙侧墙中部，前数第 49 根水冷壁管爆管，漏点周边水冷壁管管壁减薄严重。该爆口外形呈喇叭口状，管壁减薄严重。相邻区域水冷壁管表面有黏性酥灰，清理表面积灰发现水冷壁管表面泛蓝光，初步判断为高温腐蚀导致管壁减薄爆管。低氮燃烧器改造后，由于进行了分级送风、煤粉浓淡分离及增加 SOFA 风等改造，下炉膛燃烧由过氧燃烧转变为欠氧燃烧，炉内燃烧工况发生变化。加之电厂机组燃用中、高硫煤种，入炉煤加权硫分 1.8%，燃煤中硫化物在缺氧燃烧的情况下易生成 H_2S 等还原性气体，与燃烧器区域的水冷壁金属材料发生反应，造成水冷壁腐蚀减薄。

h） 为国能安全〔2014〕161 号《防止电力生产事故的二十五项重点要求》第 6.5.6.4 条，有修改。增加吹灰过程的旁站监督以及对吹灰器枪头破损和减薄的检查，以及在一些特殊情况下，对受热面检查的重点部位。【案例 1】某电厂 1 号锅炉长伸缩式吹灰器、半伸缩式吹灰器外套管原始壁厚都为 4mm，低于 2.5mm 的进行更换。2016 年 1 月检修中，发现半伸缩吹灰器 3 台，长吹 18 台，共计 21 台吹灰器外套管壁厚小于 2.5mm，需更换。【案例 2】2018 年，某电厂 3 号锅炉 IR21 吹灰器因传动杆和减速机连接套的圆柱销断裂，吹灰完成后 IR21 吹灰器枪管没有退出，运行人员未能及时发现，导致其周边水冷壁管吹损泄漏，3 号机组申请停运消缺。

i） 为国能安全〔2014〕161 号《防止电力生产事故的二十五项重点要求》第 6.5.6.5 条，有修改。第二句改为应对发生爆漏的管子进行失效分析。【案例】2015 年，某电厂 7 号锅炉高温再热器入口段从 A 侧往 B 侧数第 10 屏、炉前向炉后数第 7 根与联箱相连接的 12Cr1MoV 同种钢焊接接头发生开裂泄漏。经失效分析，高温再热器 12Cr1MoV 同种钢焊接接头发生开裂泄漏的裂纹性质为再热裂纹，与焊接接头残余应力、焊缝硬度偏高导致的材料脆性较大有关。进而为电厂后续制定预防措施提供了依据。

j） 为国能安全〔2014〕161 号《防止电力生产事故的二十五项重点要求》第 6.5.6.6 条，有修改。删除对省煤器进行寿命评估，省煤器温度低，因老化而使剩余寿命不足的可能性较低。增加在寿命期内有条件下监督运行。

k） 为新增条款，近几年，多家电厂深度及频繁调峰，对锅炉受热面造成了较大的影响，增加了对一些易产生应力集中和失效部位检查的规定。【案例 1】2018 年 3 月 20 日，某电厂检查发现 4 号锅炉 1 号吹灰器两侧让管均有横向裂纹，且一侧已出现泄漏现象。在进一步对水冷壁检查过程中，发现多处吹灰器让管鳍片出现开裂现象，部分裂纹已延伸至母材。同时还发现冷灰斗与炉膛交界位置多处鳍片存在横向裂纹，其中有 5 处鳍片裂纹已延伸至母材。该机组于 2016 年开始投入 AGC 方式运行，机组升降负荷的速率较快，2017 年初电厂机组开始深度调峰运行。为满足负荷响应要求，增加煤量幅度、给水流量波动较大，炉内热负荷较大幅度的变化与水侧的扰动影响，加快了吹灰器处水冷壁让管鳍片裂纹的生成与扩展。【案例 2】某电厂运行发现 4 号锅炉炉管泄漏，停机检查发现 A 侧喷水管附近减温器本体出现贯穿裂纹。开裂的原因为：1）2017 年以来由于机组频繁启停及大幅快速调峰运行，煤质变化偏差较大，机组容易出现非稳定工况，烟气挡板调整滞后（3～5min），无法满足再热蒸汽温度的控制要求，需频繁使用再热器减温水辅助进行再热蒸汽温度控制，确保机组安全。2）再热器减温水设计冷却水源为给水泵中间抽头，水温为除氧器水温 150℃～180℃，与再热器降温点温度470℃～540℃，温差大，在使用中，由于频繁使用减温水，减温水与再热蒸汽的巨大温差使金属产生较大热应力，在交变应力作用下，再热器减温水内衬管变形开裂，使减温器筒体失去保护，筒体在交变应力作用下产生疲劳裂纹，裂纹逐步扩展直至贯穿筒体，蒸汽泄漏并拉裂减温器喷管。

l） 为新增条款，强调对横向裂纹问题的检查。该问题普遍存在于哈尔滨锅炉厂生产的超（超）临界机组的锅炉上，对于一些特殊燃烧方式的锅炉，也强调了应重点检查位置。【案例】2016 年，某电厂针对 5 号锅炉水冷壁进行了详查，检查情况如下：发现标高 50.7m 前墙第 57～64 根管焊缝下方管壁母材存在横向裂纹。标高 42.7m：共发现侧墙 152 根管子母材有裂纹，裂纹深度小于 0.3mm，局部管子裂纹较密集进行了打磨消除。标高 41.7m（焊缝）：发现前墙共 15 根管子焊缝熔合线存在横向裂纹，A 侧墙共 21 根管子焊缝熔合线存在横向裂纹，其中有 21 处焊缝裂纹深度大于 0.5mm，进行了打磨补焊，其余打磨消除裂纹。标高 40.7m（焊缝）：共发现 366 根管子焊缝熔合线及附近管壁存在横向裂纹，其中第 81 根管焊缝熔合线裂纹深度超过 0.5mm，进行打磨补焊，其余打磨消除裂纹。

m） 为新增条款，在机组启停过程中，由于联箱与受热面管膨胀变形存在一定滞后性，易发生拉裂。【案例 1】某哈锅超临界机组，2017 年机组频繁调峰后，锅炉大包内水冷壁上联箱连接管角焊缝频繁开裂。开裂的主要原因是，上部水冷壁及联箱结构设计不合理，每侧仅设置一个水冷壁上联箱，联箱过长，刚性较大。锅炉在频繁调峰升降负荷过程中，炉膛温度控制不平衡，温度差逐渐增大，导致水冷壁管屏与联箱膨胀不协调而产生应力。由于设计之初考虑到锅炉的严密性，顶棚上部的水冷壁设计有一段密封鳍片。密封鳍片与联箱接管座距离过短，容易在接管座根部产生应力集中。【案例 2】2016 年，某电厂 5 号锅炉水冷壁上部，管子与鳍片端部焊接的起始处发生开裂泄漏。开裂的原因是部分鳍片端部手工补焊区域焊缝质量较差，管子与鳍片焊接的角焊缝未完全覆盖且焊缝存在未熔合缺陷，这导致该位置存在明显的应力集中，在低幅循环应力的作用下导致管子发生疲劳开裂。

n） 为新增条款，鉴于流化床锅炉自身特点，重点强调了循环流化床易磨损部位。

o） 为新增条款。增加结渣严重时，应重点关注和检查的区域。【案例】2016 年 5 月，某电厂 2 号锅炉前墙和左墙（燃尽风和 SOFA 风之间）夹角处水冷壁管（材质 SA210A）发生爆管，爆口处管子明显胀粗，爆口边缘减薄不明显，且在爆口附近发现大量纵向裂纹。沿着爆开的管子，从上往下逐步进行检查，当检查到冷灰斗附近时，发现该管子在锅炉左墙方向有一爆口，该爆口表面有明显的冲刷减薄痕迹，该处开裂原因应为管子冲刷减薄后，强度无法满足要求，从而导致管子开裂泄漏。冷灰斗附近泄漏后，造成管子内部介质流量不足，进而造成在燃尽风标高位置超温爆管。

p） 为新增条款。增加对亚临界机组氧化皮剥落情况的检查。【案例 1】某电厂 2 台 600MW 亚临界机组，在高温过热器、高温再热器中大量使用了 TP304H，两台锅炉在运行 4 万～5 万 h 后，即发现有氧化皮大面积剥落的问题。【案例 2】某电厂 3 号、4 号锅炉为亚临界参数锅炉，在 2010 年左右，由于机组长期在较高的温度下运行，屏式过热器管子 T91 管子内壁氧化快速增厚，并发生大量剥落，造成多次爆管。

【案例 3】某电厂 2012 年 4 号机组 C 修中，对屏式过热器 20 排 80 根管子（材质 G102）下弯头进行了射线检测。检测结果为 21 根未发现管内存在氧化皮堆积物；59 根管内发现存在氧化皮堆积物，其中 42 根氧化皮堆积物无风险，本次检修未进行相应处理，堆积物存在风险的 17 根管，本次检修均进行了割管清理处理，清理出氧化皮堆积物共重 684.6g。

q） 为新增条款。增加对于存在原始缺陷或材质不合格管子的规定。【案例 1】2007 年，某电厂 5 号锅炉高温过热器 A 侧数第 13 排外向内数第 3 圈炉前侧（进口段）底部 U 形弯头内弧面有一周向裂纹，裂纹长度约 1/3 圈。开裂的原因是钢管未按标准进行固溶处理，运行时受管子加工残余应力、弯管残余应力、热膨胀应力共同作用造成的沿晶氧化腐蚀开裂。未固溶处理是开裂的主要原因。【案例 2】2019 年 2 月 23 日，某电厂 7 号机组负荷 650MW，正常运行中高温再热器第 14－1 根管（ϕ60×4mm、材质为 HR3C）弯头（标高 73m）发生爆管泄漏，手动停机。2019 年 5 月 11 日，7 号机组负荷 640MW，正常运行中 7 号锅炉高温再热器第 42－2 根管（ϕ60×4mm、材质为 HR3C）弯头发生爆管，手动停机。这些泄漏管子弯头外表面存在锤击凹痕，凹痕附近存在微裂纹，电厂对 7 号、8 号锅炉 HR3C 高温过热器、高温再热器弯头进行了表面无损探伤，发现部分 HR3C 高温再热器弯头存在裂纹或管子制造直道拉痕。

r） 为 DL/T 438—2016《火力发电厂金属技术监督规程》第 9.3.11 条。对塔式炉中易出现问题的部位做了规定。【案例】2015 年 9 月 18 日，运行人员巡查时发现 2 号锅炉 76m 炉内有泄漏声音，9 月 21 日停机，24 日进入炉膛内检查发现高温再热器入口侧管段炉左数第 13 排下数第二根异种钢焊缝 T91 钢侧热影响区断裂，造成 13、14 排部分相邻管子冲刷减薄爆破。

s） 为新增条款。重点强调 T23 材质的管座，应做为检修中的重点。【案例】某电厂 5 号机组在历次的检修中，均发现高温再热器入口联箱角焊缝（联箱材质 P11，管座 T23）有开裂现象，2012 年，将联箱上 T23 材质管接头全部更换为 12Cr1MoVG 材质的接头，管接头规格不变，联箱筒身材料不变。

t） 为 DL/T 438—2016《火力发电厂金属技术监督规程》第 9.3.15 条，无修改。增加对锅炉受热面老化情况的检查。

u） 为新增条款。对在焊接过程中易出现的问题做了规定。【案例】某电厂 2 号锅炉，在 2019 年 5 月份检修中，后墙乙至甲第 102、103、104、105、106、107 根管弯头测厚检查发现管壁磨损减薄，减薄程度在 1mm～1.8mm 之间。对其进行补焊恢复原壁厚，补焊后进行打磨并圆滑过渡处理。2019 年 6 月 5 日锅炉上水打压过程中，补焊的第 102、104、105 根管弯头部位和弯头延伸的直段发现泄漏，随即放水进行检查，发现此 6 根管管壁表面存在横向裂纹。

v） 为新增条款。对管子壁厚减薄更换标准做了规定。

2.2.6 防止超（超）临界锅炉高温受热面管内壁氧化皮大面积脱落。

a） 为国能安全〔2014〕161 号《防止电力生产事故的二十五项重点要求》第 6.5.7.1 条，无修改。

b） 为国能安全〔2014〕161 号《防止电力生产事故的二十五项重点要求》第 6.5.7.2 条，

有修改。增加管材生产厂家的业绩参考。不同生产厂家，材料质量差异较大，如不锈钢材料的晶粒度、混晶现象、内壁喷丸层厚度，不同生产厂家存在明显差异。

c）为国能安全〔2014〕161 号《防止电力生产事故的二十五项重点要求》第 6.5.7.4 条，有修改。依据华能国股生〔2008〕233 号文《关于印发“锅炉蒸汽侧高温氧化皮专题研讨会会议纪要”的通知》的要求，在充分考虑材料抗高温蒸汽氧化能力的前提下，增加金属材料内壁抗氧化许用温度及炉外测点控制温度参考依据。

d）为国能安全〔2014〕161 号《防止电力生产事故的二十五项重点要求》第 6.5.7.5 条，有修改。因不止过热器有节流孔，将过热器节流孔，改为高温受热面节流孔。

e）为国能安全〔2014〕161 号《防止电力生产事故的二十五项重点要求》第 6.5.7.6 条，有修改。增加烟气温度、蒸汽温度偏差、蒸汽吹扫等规定。

f）为国能安全〔2014〕161 号《防止电力生产事故的二十五项重点要求》第 6.5.7.8 条，有修改。增加负荷变化期间变温速率监测的规定，对氧化皮剥落严重的锅炉，启停炉速度及闷炉方面做了规定。负荷变化期间，易引起受热面超温。停炉速度过快，易引起受热面内壁氧化皮大面积剥落。【案例】某电厂 1 号机组为 350MW 超临界等级机组，屏式过热器、高温过热器、高温再热器中大量使用了 TP347HFG，在投产一年后检修中对所有屏式过热器、高温过热器、高温再热器 TP347HFG 材质的出口段底部弯头及水平段管道进行氧化皮磁力检测，共计检查了 1114 根；共计 751 根达到割管标准，其中屏式过热器 59 根（占屏式过热器总数 27%），高温过热器 313 根（占高温过热器总数 84%），高温再热器 379 根（占高温再热器总数 73%）。

g）为国能安全〔2014〕161 号《防止电力生产事故的二十五项重点要求》第 6.5.7.12 条，有修改。增加对铁素体类钢材内壁氧化皮剥落情况的检查。【案例 1】2014 年 6 月，某电厂对 5 号超临界等级锅炉高温再热器 T91 段检查发现，有 16 根管的下弯头存在氧化皮堆积，需割管清理。2014 年 8 月对 6 号超临界等级锅炉高温再热器 T91 管段有 108 根管的下弯头存在氧化皮堆积，需割管清理。【案例 2】某电厂 3 号、4 号超临界等级锅炉，高温过热器和高温再热器中大量使用了 T91。2013 年上半年高温过热器 T91 管内由于氧化皮剥落造成 3 次爆管，2014 年春节检查发现高温过热器 T91 管内堵塞面积达 3/4 以上有十几根，高温再热器因管径较粗，堵塞不是很严重。

h）为国能安全〔2014〕161 号《防止电力生产事故的二十五项重点要求》第 6.5.7.13 条，有修改。增加对再热器的高温段联箱、管排下部弯管和节流圈的检查，增加水压试验前后对氧化皮检查的规定，从一些电厂实际检测结果来看，水压试验后，有可能会再次引起氧化皮的剥落，因此增加水压试验后氧化皮的检测。

2.2.7 奥氏体不锈钢管的监督。

a）为 DL/T 438—2016《火力发电厂金属技术监督规程》第 5.11 条，无修改。强调奥氏体钢部件在运输、存放、保管、使用过程中应关注的重点。

b）为 DL/T 438—2016《火力发电厂金属技术监督规程》第 9.1.5 条，无修改。

c）为新增条款。因炉内工况较为恶劣，受热面穿墙（或顶棚）附近的奥氏体钢和铁素体钢异种钢焊缝如设在炉内，失效的可能性较大。【案例】某超临界锅炉，因 TP347H+791 异种钢焊缝设在炉膛顶棚往下半米左右的位置，运行中多次发生开裂泄漏。随后对受热面进行了改造，将该异种钢焊缝上移至锅炉大包内。

d） 为 DL/T 438—2016《火力发电厂金属技术监督规程》第 9.3.16 条，无修改。

e） 为国能安全〔2014〕161 号《防止电力生产事故的二十五项重点要求》第 6.5.8.3 条，为 DL/T 438—2016《火力发电厂金属技术监督规程》第 9.3.14 条，有修改，语句修改。增加大包内异种钢焊缝的检查。【案例 1】2015 年 2 月，某电厂 1 号锅炉二级屏式过热器管出口段炉后数第 11 屏，炉乙侧数第 3 根的大包内异种钢变径焊接接头泄漏，同时将相邻第 2 根、第 4 根吹损，泄漏时管屏蒸汽出口温度/压力 545℃/23.5MPa。泄漏口上部材料 12Cr1MoVG（规格 ϕ42×11mm），下部材料 12Cr18Ni12Ti。【案例 2】某电厂投运后高温再热器出口联箱接管异种钢焊缝发生多次断裂。高温再热器联箱下部的接管每排 28 根管子中有一半带有弯管，在锅炉启停、运行期间，弯管的管子膨胀量大于无弯管的管子，使得同屏带弯管的管子和不带弯管的管子间膨胀变形不协调，在不带弯管的管子的异种钢接头部位存在由膨胀应力引起的附加轴向应力，由于管排与联箱、管道的热应力作用下，焊接接头在低合金钢侧熔合线或紧邻熔合线的热影响区部位产生多次热应力损伤断裂。

3 防止汽轮发电机金属部件事故编制说明

（一）总体说明

本章重点是防止汽轮发电机金属部件失效事故，针对集团公司近年来高温螺栓断裂、汽轮机叶片开裂、发电机风扇叶断裂等事件，结合国家、行业最新标准要求，从设计、制造、安装、运行、检修等阶段提出防止汽轮发电机金属部件失效事故的措施。本章内容分为紧固件、汽轮机转子、汽轮机动静叶、轴瓦、大型铸件、燃气轮机转子、发电机部件等七个部分。

（二）条文说明

3.1 防止紧固件损坏事故

3.1.1 为新增条款。螺栓、螺母设计选材做出规定，避免螺栓或螺母选材等级偏低提前发生失效。【案例】2018 年 5 月，某电厂 1 号机组左侧中压主汽阀阀盖冲脱。现场检查发现左侧中压主汽阀阀盖螺栓断裂 1 根、其余螺母全部滑牙，附近保温铝皮吹损，机房顶棚波纹板局部受损，阀盖飞至距机头（靠炉侧）3m 远的地方，阀芯冲破机房顶棚飞至 200 多米远。最终分析认为，左侧中压主汽阀的螺母经过约 15 万 h 的运行和多次的拆装，材料组织老化，硬度降低，螺牙氧化、磨损和损伤严重，使得螺母的螺孔直径明显增大，与螺栓螺牙配合欠佳；另外，螺母与螺栓的强度等级相差较大，在工作内压等参数波动以及阀门振动的作用下使得部分螺母滑牙失效松动，导致阀盖掀开。

3.1.2 为 DL/T 439—2018《火力发电厂高温紧固件技术导则》第 3.5 条，无修改。对螺母与螺栓材质匹配性方面做出规定。

3.1.3 为新增条款。对螺母与螺栓检修检验、更换及报废做出规定。【案例】2017 年，某电厂在 2 号机组高压导汽管法兰紧固螺栓回装过程中，发现罩螺母出现大面积滑牙现象，立即对所有螺母进行材质、硬度检查。检查结果：螺母材质 1Cr5Mo（符合图纸设计）、硬度值 160～190HB（标准规定 248～302HB），硬度偏低可能是导致螺母滑牙的主要原因。随后利用检修机会对其他 3 台机组的高压导汽管法兰螺母、中压导汽管法兰螺母、中压主汽阀阀盖螺母，中压调汽阀阀盖螺母进行硬度检测（这些原装螺母，均是基建安装时哈尔滨汽轮机厂提供的原厂零件)，结果与2号机组相同，都不同程度的出现硬度偏低现象，硬度值大都处在160HB～190HB之间。

3.1.4 为DL/T 438—2016《火力发电厂金属技术监督规程》第14.5条，无修改。避免加热棒对螺栓中心孔内壁造成损伤。【案例】2014年5月20日，某电厂发现2号机组汽轮机右侧中压调节阀处漏气，拆除保温后检查发现中压调节阀部分螺栓发生断裂，随即停止机组运行。待机组冷却后检查发现螺栓共断裂13根，其中个别螺栓内残留有加热棒，并烧损螺栓孔附近材料。

3.1.5 为DL/T 438—2016《火力发电厂金属技术监督规程》第14.8条，有修改。规定IN783、GH4169 合金制螺栓应缩短检验周期，硬度偏高时，材料的冲击性能下降，失效风险增大。上海汽轮机厂超（超）临界机组中，IN783材料的螺栓，普遍出现了断裂或硬度超标的问题。将螺纹部位渗透检验，改为螺纹部位推荐采用相控阵进行检测。

3.1.6 为DL/T 438—2016《火力发电厂金属技术监督规程》第14.9条，无修改。

3.1.7 为DL/T 438—2016《火力发电厂金属技术监督规程》第14.4条，有修改。增加新购置螺栓晶粒度检验，服役5万h后冲击性能测试。安装时应避免预紧力过大。【案例1】2018年8月，某电厂检查发现8号机组1号中压调节阀阀盖螺栓（共30根）断裂27根，2号中压调节阀阀盖螺栓（共30根）断裂12根。材质为20Cr1Mo1VNbTiB。断裂原因是因拆装不规范引起螺栓盲孔侧第1、2齿螺纹局部的承载较大，进而发生高应力下的蠕变脆性断裂。【案例2】某电厂5号机组高压调节阀和中压联合汽阀使用材质为20Cr1Mo1VNbTiB的螺栓，在2018年检修中发现有8根该材质的螺栓存在粗晶现象，其中一根断裂。

3.1.8 为Q/HN-1-0000.08.027—2015《火力发电厂燃煤机组金属监督标准》，无修改。

3.2 防止汽轮机轴系断裂及损坏事故

3.2.1 为国能安全〔2014〕161号《防止电力生产事故的二十五项重点要求》第8.2.11条，无修改。

3.2.2 为国能安全〔2014〕161号《防止电力生产事故的二十五项重点要求》第8.2.2条，有修改。检验周期改为每次揭缸。依据Q/HN-1-0000.08.027—2015《火力发电厂燃煤机组金属监督标准》，增加转子每次检修应重点检查的部位。

3.2.3 为国能安全〔2014〕161号《防止电力生产事故的二十五项重点要求》第8.2.3条，有修改。对已作废标准进行更新。

3.2.4 为国能安全〔2014〕161号《防止电力生产事故的二十五项重点要求》第8.2.4条，无修改。

3.2.5 为DL/T 438—2016《火力发电厂金属技术监督规程》第12.2.12条，无修改。

3.3 防止汽轮机动、静叶片断裂及损坏事故

3.3.1 为国能安全〔2014〕161号《防止电力生产事故的二十五项重点要求》第8.2.7条，有修改。补充了对隔板焊缝检查的位置和应采用的检验方法。

3.3.2 为DL/T 438—2016《火力发电厂金属技术监督规程》第12.2.1条，有修改。语句进行了修改。【案例】2019年，某电厂3号机组检修发现低压转子次末级，靠中压侧叶片叶顶开裂，叶片编号98。

3.3.3 为Q/HPI-1-300—2017《华能国际电力股份有限公司汽轮机本体大修金属检验细则》第5.3.2条，有修改。将各级抽汽口正对的两级和正对两级的左右两侧共四级叶轮的检验改

为择机进行检查。【案例 1】2009 年，某电厂 3 号机组检修中，发现低压转子发电机侧末二级叶片有 40 片叶身存在裂纹，低压转子汽轮机侧末二级叶片有 28 片叶身存在裂纹。【案例 2】某电厂 1 号、2 号汽轮机高、中、低压转子叶根型式中有叉型叶根和菌形叶根，该种结构型式，常规表面检测方法无法检测叶根内部质量状况，需用超声检测技术，但检验单位在检验时，仅采用了表面检测的方法进行了检查。

3.3.4 为 DL/T 438—2016《火力发电厂金属技术监督规程》第 12.2.6 条，无修改。【案例】2015 年，某电厂 1 号、2 号汽轮机中压转子第 20、21、22 级的带倒 T 槽的轮缘顶角部位，均存在整周裂纹。2019 年，1 号机组检修中，发现低压转子第 19 级叶轮出汽侧倒 T 槽上 R 弧存在 3 处裂纹缺陷，第 1 片～6 片叶片处叶轮倒 T 槽上 R 弧，裂纹长 200mm，裂纹深度为 1mm～6mm；第 24 片～30 片叶片处叶轮倒 T 槽上 R 弧，裂纹长 200mm，裂纹深度为 1mm～6mm；第 59 片～62 片叶片处叶轮倒 T 槽上 R 弧，裂纹长 100mm，裂纹深度为 1mm～8mm。

3.4 防止轴瓦损坏事故

3.4.1 为 DL/T 438—2016《火力发电厂金属技术监督规程》第 12.2.10 条，有修改。规定检测方法为渗透检测及超声检测，两种检测方法各有侧重点。渗透检测轴瓦端面乌金与基体结合情况，超声检测轴瓦中间区域的脱胎情况。【案例】2013 年，某电厂对 6 号汽轮机 8 号上轴瓦检验，经宏观检验，发现轴瓦内弧面存在 a、b、c 共三处划伤，长度分别为 220mm、170mm、1000mm；经渗透检验，发现轴瓦结合面存在 m、n 两处脱胎，长度分别为 5mm、22mm。

3.4.2 为 Q/HPI–1–300—2017《华能国际电力股份有限公司汽轮机本体大修金属检验细则》第 5.6.2 条，无修改。【案例】某电厂对 6 号发电机 7 号～9 号轴瓦检验，发现：8 号下轴瓦存在 5 处划伤，长度分别为 160mm、90mm、100mm、90mm、120mm；9 号下轴瓦存在 4 处划伤，长度分别为 90mm、15mm、60mm、100mm。

3.4.3 为 Q/HPI–1–300—2017《华能国际电力股份有限公司汽轮机本体大修金属检验细则》第 5.6.2 条，无修改，确保质量合格产品出厂。

3.5 防止大型铸件损坏事故

3.5.1 为新增条款，规定了铸件检查的范围和一些重点区域。【案例 1】2019 年，某电厂在对 2 号机组高、中压内缸进行宏观检验和磁粉检测，发现高、中压内缸上缸存在 6 处裂纹，长度分别为 100mm、50mm、10mm、10mm、5mm、5mm；发现高、中压内缸下缸存在 8 处裂纹，长度分别为 10mm、10mm、20mm、20mm、50mm、70mm、150mm、200mm。【案例 2】2018 年，某电厂在对 1 号机组中压主汽阀阀芯、阀座进行渗透检测后，发现 B 中压主汽阀阀芯、A、B 中压主汽阀阀座沿径向方向有大量裂纹，A 中压主汽阀阀芯存在微小裂纹。阀芯送上海汽轮机厂修复，阀座进行现场修复。

3.5.2 为 DL/T 438—2016《火力发电厂金属技术监督规程》第 15.2.3 条，无修改。

3.6 防止燃气轮机轴系断裂及损坏事故

3.6.1 为国能安全〔2014〕161 号《防止电力生产事故的二十五项重点要求》第 8.6.3 条，有修改，语句修改。

3.6.2 为国能安全〔2014〕161 号《防止电力生产事故的二十五项重点要求》第 8.6.4 条，无修改。

3.6.3 为国能安全〔2014〕161 号《防止电力生产事故的二十五项重点要求》第 8.6.16 条，

无修改。

3.6.4 为 Q/HN-1-0000.08.035—2015《联合循环发电厂金属监督标准》第 5.3.2.1 条，无修改。

3.6.5 为 Q/HN-1-0000.08.035—2015《联合循环发电厂金属监督标准》第 5.3.2.2 条，无修改。

3.6.6 为 Q/HN-1-0000.08.035—2015《联合循环发电厂金属监督标准》第 5.3.2.3 条，无修改。

3.6.7 为 Q/HN-1-0000.08.035—2015《联合循环发电厂金属监督标准》第 5.3.2.4 条，无修改。

3.6.8 为国能安全〔2014〕161 号《防止电力生产事故的二十五项重点要求》第 8.6.18 条，无修改。

3.6.9 为国能安全〔2014〕161 号《防止电力生产事故的二十五项重点要求》第 8.6.19 条，无修改。

3.7 防止发电机部件损坏事故

3.7.1 为 DL/T 438—2016《火力发电厂金属技术监督规程》第 13.2.1 条，有修改。增加风扇叶片、叶根的无损检测。【案例】2011 年 7 月，某电厂 6 号机组发电机风扇叶叶根靠退刀槽第一道螺纹部位发生断裂（退刀槽、第一和二螺纹部位为工作状态下应力最大部位）。将发电机转子抽出，发现发电机定子线圈 B 相汽端端部七点钟位置三根线棒严重损伤，其中一根线棒导线已部分熔化，C 相端部 1 根手包绝缘处损坏；汽端端部十二点钟位置和九点钟位置等有不同程度损伤；定子汽端端部表面、铁芯膛内碳污染严重，励端端部表面也发现一定程度的碳污染；转子汽端护环和转子本体表面、定子汽端膛内存在伤痕；发电机汽端汽封环有明显碰伤且有一处缺口，汽端冷却风扇两个叶片从根部断裂脱落，其中一片叶根有明显电弧灼伤痕迹。

3.7.2 为 DL/T 438—2016《火力发电厂金属技术监督规程》第 13.2.2 条，无修改。因为护环易从内壁开裂，所以明确规定护环的检验方法。【案例】2017 年 2 月，某电厂对 5 号发电机转子护环内外表面进行渗透检测，发现励端护环内表面存在 2 处密集性缺陷。

3.7.3 为 DL/T 438—2016《火力发电厂金属技术监督规程》第 13.2.4 条，无修改。

3.7.4 为 DL/T 438—2016《火力发电厂金属技术监督规程》第 13.2.5 条，无修改。

3.7.5 为 DL/T 438—2016《火力发电厂金属技术监督规程》第 13.2.6 条，无修改。

3.7.6 为 DL/T 438—2016《火力发电厂金属技术监督规程》第 13.2.7 条，无修改。

3.7.7 为 DL/T 438—2016《火力发电厂金属技术监督规程》第 13.2.8 条，无修改。

4 防止机炉外管及连接部件泄漏事故编制说明

（一）总体说明

本章重点是防止机炉外管及连接部件泄漏事故，在国能安全〔2014〕161 号《防止电力生产事故的二十五项重点要求》第 6 章相关条款基础上，针对集团公司近年来机炉外管道、管件开裂泄漏，材质老化，冲刷减薄，腐蚀等事件，结合国家、行业最新标准要求，从设计、制造、安装、运行、检修检验等阶段提出防止机炉外管及连接部件泄漏事故的措施。本章内容分为机炉外汽水管道和机炉外小管两个部分。

（二）条文说明

4.1　防止机炉外汽水管道及连接部件泄漏事故

4.1.1　为 DL/T 612—2017《电力行业锅炉压力容器安全监督规程》第 6.7.4 条，无修改。

4.1.2　为 DL/T 612—2017《电力行业锅炉压力容器安全监督规程》第 6.7.5、6.7.6 条，无修改。

4.1.3　为国能安全〔2014〕161 号《防止电力生产事故的二十五项重点要求》第 6.5.5.1 条，有修改，增加对锅炉本体膨胀情况和疏放水不畅及发生内漏阀门的记录与检查。【案例】2010 年，某电厂 3 号机组锅炉 B 侧再热热段蒸汽管道（P92 钢，Φ836×46mm）焊缝发现开裂泄漏，当时机组带 1004MW 负荷运行，主蒸汽出口温度为 587℃、压力为 26.0MPa，再热蒸汽出口温度为 588℃、压力为 5.37MPa。缺陷发现及时，随即机组减负荷停机，未造成人员伤亡和其他设备损坏事故，累计投入生产运行约 1600h。

4.1.4　为国能安全〔2014〕161 号《防止电力生产事故的二十五项重点要求》第 6.5.5.2 条，有修改。增加了汽水分离器、导汽管、汽水联络管、主给水管道，以及各种管道上的接管等部件检验的规定。【案例 1】2015 年，某电厂 2 号机组再热蒸汽管道（6.3m 处）保温有滴水现象，拆开保温发现再热蒸汽管道高压旁路调节阀阀后疏水管座北侧 150mm 处存在纵向 80mm 长裂纹。【案例 2】2013 年 11 月，某电厂 5 机组检修时，检查发现高压外缸上部左侧高压导汽管与高压外缸连接的环焊缝上有三条轴向裂纹（垂直于焊缝）。对裂纹进行观察，三条裂纹长度都在 50mm 左右，垂直于焊缝，基本贯穿整个焊缝宽度。对焊缝两侧打磨平滑，三条裂纹的深度在 10mm～26mm 之间。扩大检查，对高压缸同类型其他三道焊缝进行检测，发现每条焊缝上都存在不同数量和长度的裂纹，焊缝硬度都在 280HB～310HB 之间。同时对中压导汽管焊缝进行检查，也发现类似的裂纹，对此两条焊缝进行硬度检测，焊缝的硬度沿周向分布极不均匀，最高值为 310HB 左右，最低值在 160HB 左右，裂纹附近硬度值均在 280HB 以上。

4.1.5　为 DL/T 438—2016《火力发电厂金属技术监督规程》第 7.2.2.3 条，无修改。【案例】2013 年，某电厂对 3 号机组的主蒸汽、高温再热蒸汽管道支吊架进行了检查和整改处理。主蒸汽管道共有 37 个吊点，需整改 8 个吊点，吊点编号为：2、5、6、21、26、27、30、31。该管线支吊架运行情况较好，主要问题是吊点 21 号限位导向，拆开保温发现管夹已经松动掉落，管夹已经偏离钢梁部位的限位装置，无法起到正常限位作用，通过调整已经能满足管道膨胀；27、30 吊点管夹材质应为合金钢（12Cr1MoV），但现场光谱检验是碳钢，并且 30 号已经断裂，本次检修已经更换。

4.1.6　为国能安全〔2014〕161 号《防止电力生产事故的二十五项重点要求》第 6.5.5.7 条，有修改。语句修改，增加对减温器筒体内壁的检查。【案例 1】某电厂 6 号机组 D 级检修中发现的 A 侧低温再热器至高温再热器事故减温器断裂，断裂位置在喷水管根部。同时，超声检查发现减温器联箱内壁存在裂纹，应是由减温器断裂后，减温器泄漏导致减温器联箱内壁疲劳开裂。【案例 2】2019 年，某电厂发现 4 号锅炉炉管泄漏，停机检查发现 A 侧喷水管附近减温器本体出现贯穿裂纹，减温器管内衬变形开裂。分析认为：1）2017 年以来机组频繁启停及大幅快速调峰工况下，煤质变化偏差较大，机组容易产生出现非稳定工况，烟气挡板调整滞后特性（3min～5min），需频繁使用再热器减温水辅助进行再热蒸汽温度控制。2）再热器减温水设计冷却水源为给水泵中间抽头，水温为除氧器水温为 150℃～180℃，与降温点温度 470℃～540℃温差大，在使用中，由于频繁使用减温水，在巨大冷热交变应力作用下，再热器减温水内衬管变形开裂，使减温器筒体失去保护，筒体产生疲劳裂纹，裂纹逐步扩展直至贯穿筒体发生蒸汽泄漏。

4.1.7 为国能安全〔2014〕161 号《防止电力生产事故的二十五项重点要求》第 6.5.5.8 条，无修改。【案例】2019 年，某电厂 1 号机组、2 号机组、3 号机组检修期间发现再热冷段管道堵阀前后焊缝开裂。主要是由于 1 号机组、2 号机组、3 号机组再热冷段管道堵阀采取弯头+堵阀的焊接形式，弯头和堵阀缺少一段直管来进行柔性释放，且弯头和堵阀壁厚为 45mm 左右，对接焊缝处壁厚为 20mm 左右，导致焊缝位置成为应力集中部位，1 号机组、2 号机组、3 号机组投产时间接近 10 万 h，且近几年机组进行深度调峰，导致焊缝部位无法承受机组负荷变化带来的交变应力，从而逐渐发生开裂。

4.1.8 为新增条款。结构突变部位容易引起应力集中，同时焊后热处理存在一定的困难，容易发生开裂。【案例 1】2019 年 2 月，某电厂 2 号机组 4 号高压导汽管漏汽，拆开保温后发现靠近汽缸处“束腰型”焊缝开裂。裂纹部位采用大小头管件（12Cr1MoV）与高压缸外缸下半进汽大小头接管（12Cr2Mo1）配合焊接，管道外径由ϕ400 变径为ϕ355.5 形成“束腰”型，该设计结构存在应力集中，裂纹沿 12Cr1MoV 侧熔合线附近呈环向分布，裂纹长度 500mm 约占 1/2 周长。发现问题后立即对同种结构的 2 号高压导汽管及高压调节阀出口处的 1 号、2 号、3 号、4 号高压导汽管焊缝进行排查，发现 2 号高压导汽管同位置的焊缝也发生开裂，裂纹长度为 475mm、深度约 30mm。高压调节阀出口处的 3 号高压导汽管焊缝出现 4 处长度约 15mm、深度约 3.5mm 的裂纹。【案例 2】2018 年，某电厂 2 号机组甲侧中压联合汽阀后进汽导管泄漏，拆除保温后检查，中压联合汽阀后进汽导管（ϕ630×28、15X1M1Φ）焊缝外靠中压缸侧沿宽约 20mm 的切面根部环向开裂约 1m 长，裂口最宽处约为 3mm。开裂泄漏部位因缸下空间位置狭小、检查困难等因素，在历次检修中未严格按照标准中的规定进行检查。经现场实际测量，可以进行表面检测。从该焊缝现场结构判断，由于两侧加工斜面以及凸台的影响，无法按照常规超声检测方法进行检测（具体检测工艺、检测效果要根据管道焊缝周围空间、管道结构和尺寸来确定）。

4.1.9 为新增条款。部件选材要充分考虑该处在异常工况下的运行温度，在异常工况下，部件的实际温度可能会超过材料的最高许用温度。【案例 1】2015 年 1 月，某电厂 6 号机组高压旁路调节阀后管道发生爆破而造成机组紧急停运，高压旁路调节阀后管道材质为碳钢。开裂泄漏的原因主要是高压旁路调节阀蒸汽内漏造成阀后温度长期偏高，长期超过阀后材质的最高许用温度，导致材料性能明显劣化最终发生爆裂。【案例 2】某电厂中压缸第一段抽汽管道实际运行温度超过设计温度，材料老化严重，已将 1 号和 2 号机组管道的材料升级为 12Cr1MoV（原材料为 20 钢）。【案例 3】某电厂 3 号锅炉蒸汽吹灰母管泄漏问题较为突出，泄漏的管段材质均为 20G，分析原因为，吹灰蒸汽取自低温再热器至高温再热器的联通管，介质温度较高，20G 无法满足使用要求，经过长时间使用后，材质老化出现了泄漏问题，针对这一情况，目前已经采购材质为 12Cr1MoVG 的管子和管件，将利用后续 3 号机组检修机会，对泄漏的管段和管件进行更换。

4.1.10 为国能安全〔2014〕161 号《防止电力生产事故的二十五项重点要求》第 6.5.7.14 条，有修改，将不允许存在超标缺陷的设备投入运行改为存在超标缺陷未按规定及时消除或未采取任何措施的设备不允许投入运行。

4.1.11 为新增条款。三通肩部内壁，腹部外壁是受力较大的区域，如因制造原因，在三通肩部内壁遗留缺陷，长时间运行后，缺陷会逐步扩展，最终导致三通肩部开裂。铸件堵阀，在制造过程中易遗留铸造缺陷和较大残余应力，且本身壁厚较厚，在长期运行过程中易发生开裂。【案例 1】2018 年 2 月，某电厂 2 号机组在停机过程中巡检发现汽轮机 A 侧高压旁路调节阀异径三通保温处有滴水现象。拆除保温后发现汽轮机 A 侧高压旁路调节阀异径三通靠近锅炉侧肩部位置有一道长度 30mm 左右肉眼可见裂纹。【案例 2】2008 年，某电厂在 5 号机组 B 修期间，对 5 号锅炉所有水压试验堵阀进行无损检测。检查发现 5 号锅炉主蒸汽堵阀阀体开裂，因此将 5 号锅炉主蒸汽堵阀更换为一段直管；5 号锅炉再热热段 B 侧堵阀阀体有夹渣，进行了打磨补焊处理；其余堵阀未发现有缺陷。

4.1.12　为国能安全〔2014〕161 号《防止电力生产事故的二十五项重点要求》第 6.5.7.15 条，有修改。依据 Q/HN-1-0000.08.027—2015《火力发电厂燃煤机组金属监督标准》，增加了当 9%～12%Cr 类钢制管道硬度低于 160HB 时，以及高于 160HB，小于 180HB 时，该如何处理的规定。

4.1.13　为国能安全〔2014〕161 号《防止电力生产事故的二十五项重点要求》第 6.5.6.7 条，无修改。

4.2　防止机炉外小管泄漏事故

4.2.1　为国能安全〔2014〕161 号《防止电力生产事故的二十五项重点要求》第 6.5.5.4 条，有修改，强调了一些应重点检查的部位。对于一些发生内漏的阀门，易引起阀门后的管子冲刷减薄，户外易受雨水侵蚀的管子等，应加强对以上部位应加强检查。【案例】2017 年，某电厂 1 号机组 8 号高压加热器至 7 号高压加热器汽液两相流后异径管焊缝断裂，大量汽水瞬间外泄，整个一期汽轮机厂房全是蒸汽，蒸汽在发电机励磁电刷处结露造成短路接地，触发发电机转子接地保护动作跳机，联跳汽轮机和锅炉。由于该处为汽液两相流区域，自节流孔疏出的蒸汽和水在节流孔后的管道发生急剧膨胀扩容，对该处造成强烈冲刷，第一道焊缝距离节流孔仅 100mm 左右，首当其冲受到最强烈的冲击，长期作用，自 2003 年前改造更换后至今未更换过，本次断裂后，发现第一道焊缝边缘已减薄至 0.75mm，该处强度严重不足。

4.2.2　为国能安全〔2014〕161 号《防止电力生产事故的二十五项重点要求》第 6.5.5.6 条，有修改。【案例】2015 年 10 月 14 日，某电厂 1 号机组汽轮机厂房发出异常声响，除氧器水位缓慢下降、2 号高压加热器水位快速降至 0mm。现场发现 1 号机组 1 号高压加热器至 2 号高压加热器逐级疏水管断裂，调节阀大小头后部疏水管直管段长 300mm，除焊缝两侧各剩余 30mm 外，其余直管段均破裂，大量水汽泄漏窜入发电机，造成发电机停机。经查阅，该高压加热器逐级疏水管规格为 Φ219×9mm，材质 20G。疏水管断裂的直接原因是直管段受到冲刷导致壁厚减薄，强度下降，运行中无法承受管内的内压力从而引起断裂。断裂的管段壁厚为 0.7mm～3.0mm，2 号高压加热器侧疏水管边缘壁厚 2.0mm。

4.2.3　为新增条款。水平段较长的管子，易出现疏水不畅的问题，冷凝水回流，会使管孔周围因冷热疲劳产生裂纹。对于振动和膨胀不畅的管子，局部应力集中部位长期受交变应力作用，会提前发生失效。【案例】某电厂 4 号锅炉在 2012 年基建整套启动时，发现顶棚出口联箱疏水管有泄漏现象，泄漏具体位置为两管座之间的连接管，为疏水管布置方式不合理导致。锅炉左、右侧顶棚出口联箱为分体结构，每个联箱长度 17.021m，在锅炉中间部位分开，两个联箱往左右侧方向膨胀。每个联箱有两个疏水管座，在锅炉中间部位两个联箱的两个疏水管座距离仅为 340mm 左右，且通过短管和锻造三通连接在一起，且由于空间受限，疏水管从管座角焊缝向下的距离仅为 110mm 左右。当左、右两个联箱膨胀并产生相对位移时，该疏水管段的位移受阻，使角焊缝和短管存在较大的应力，当该应力达到一定的极限值时，在管子焊缝热影响区等薄弱处开裂并最终泄漏。

4.2.4 为 DL/T 438—2016《火力发电厂金属技术监督规程》第 7.1.9 条、GB/T 16507—2013《水管锅炉》第 5.13 条，有修改。除异种钢焊接方面的原因外，管座焊缝坡口型式、振动等也是引起管座开裂的主要因素，电厂应综合考虑以上因素，开展对管座的检查与治理。【案例】2018 年 10 月 24 日，某电厂汽机房突然一声巨响，3 号机组大量蒸汽外泄并伴有强烈汽流声，汽机房充满被吹起的保温材料碎片，人员无法靠近。锅炉泄压到零，现场确认右侧主蒸汽管道备用温度测点 TT02 冲开，主蒸汽管道上泄漏管孔直径 38mm。TT02 备用测点套管为 0Cr18Ni12Mo2Ti，主蒸汽管道母材为 P91，焊缝设计为异种钢焊接，焊接没有经过与母管同种材质的加强管座过度。不符合 GB/T 16507—2013《水管锅炉》和 DL/T 438—2016《火力发电厂金属技术监督规程》中应采用同种钢焊接的规定。焊缝根部未焊透，焊接尺寸达不到要求（焊脚测厚最高为 11.4mm，不满足 DL/T 869—2012《火力发电厂焊接技术规程》规定，焊缝高度应与焊件等壁厚，即焊缝高度应达到 14mm）。因管座为异种钢焊接及焊接质量皆达不到要求，经长期的高温、高压运行后焊缝缺陷扩展，引起备用温度测点整体冲开。

4.2.5 为 TSG G0001—2012《锅炉安全技术监察规程》第 3.7.3、3.7.4 条，DL/T 612—2017《电力行业锅炉压力容器安全监督规程》第 6.7.1 条，GB/T 16507.3—2013《水管锅炉》第 5.12 条。有修改，语句修改。对管座结构型式做了明确规定。

4.2.6 为 DL/T 612—2017《电力行业锅炉压力容器安全监督规程》第 6.7.3 条，无修改。

4.2.7 为新增条款。按照华能安函〔2017〕468 号《关于禁止发电企业承压设备带压堵漏等相关工作的通知》，要求各电厂开展对盲管封堵结构型式的检查。【案例】2017 年 7 月，某电厂 5 号机组正常运行中，除氧器备用管盲板突然爆开，导致现场 3 名作业人员 2 死（含外委施工队伍 1 名）1 伤。事发前，检修人员巡检中发现 5 号机组除氧器西侧底部滴水，进一步检查发现除氧器西侧顶部预留管口盲板焊缝轻微漏汽。为避免漏汽进一步扩大，依据电厂相关程序要求，电厂汽轮机辅机班提出 5 号机组除氧器顶部预留管口盲板检查、砂眼处理工作申请。该申请单经汽轮机专业、生技部分别审核、分管厂领导批准。针对带压工作特点，电厂联系某公司进行现场查看。工作许可开工，在靠近漏点检查时，预留管口突然爆开，盲板飞出落至 5 号机组 B 低压缸南侧，泄漏的蒸汽将盲板处正在检查的 3 人从除氧器平台上吹落至汽机房 13.7m 平台，最终造成 2 死 1 伤。

4.3 机炉外管的监督管理

4.3.1 为国能安全〔2014〕161 号《防止电力生产事故的二十五项重点要求》第 6.5.5.10 条，无修改。

4.3.2 为国能安全〔2014〕161 号《防止电力生产事故的二十五项重点要求》第 6.5.5.11 条，无修改。

4.3.3 为新增条款。由于机炉外小管数量较多，各电厂针对机炉外小管的测厚检查，基本依据电厂专业人员的现场经验，测厚检查相对较为随意，如人员发生变动，一些易引起冲刷减薄的部位可能会造成漏检。增加台账的管理，做到定点监测，避免针对机炉外管测厚检查的随意性。

5 防止危险介质源管道泄漏事故编制说明

（一）总体说明

本章重点是防止危险介质源管道泄漏事故，在国能安全〔2014〕161 号《防止电力生产事故的二十五项重点要求》第 2 章相关条款基础上，针对集团公司近年来油系统管道开裂事件，液氨（氨气）管道和天然气管道做为特种设备，结合国家、行业最新标准要求，从设计、制造、安装、运行、检修检验等阶段提出防止危险介质源管道泄漏事故的措施。本章内容分为液氨（氨气）管道、油系统管道和天然气管道三个部分。

（二）条文说明

5.1 防止液氨（氨气）管道泄漏、中毒、爆炸伤人事故

5.1.1 为国能安全〔2014〕328 号国家能源局关于印发《燃煤发电厂液氨罐区安全管理规定》的通知。液氨（氨气）管道作为特种设备、重大危险源，从部件选用方面做了明确规定。

5.1.2 为新增条款。规范液氨（氨气）管道在安装前应开展的工作，如办理告知手续、安装前监检等。

5.1.3 为新增条款。液氨（氨气）管道作为特种设备需办理使用登记证。

5.1.4 为新增条款。从安全角度对在液氨（氨气）管道上进行焊接作业做出了规定。

5.1.5 为新增条款。从特种设备管理角度，规定需建立相应技术台账。

5.2 防止油系统管道泄漏、着火事故

5.2.1 为国能安全〔2014〕161 号《防止电力生产事故的二十五项重点要求》第 2.3.1 条，无修改。

5.2.2 为国能安全〔2014〕161 号《防止电力生产事故的二十五项重点要求》第 2.3.4 条，有修改。改为焊接作业时，应按一级动火作业标准执行。

5.2.3 为国能安全〔2014〕161 号《防止电力生产事故的二十五项重点要求》第 2.3.5 条，有修改。增加 Q/HN-1-0000.08.027—2015《火力发电厂燃煤机组金属监督标准》第 4.17.4.2 条，无修改。对油管和热源间的距离做了规定，避免因油管泄漏后直接漏到热源上，进而引起火灾。另外，油管被热源包裹，也易造成油管内壁腐蚀，提前发生失效。【案例】2014 年 1 月 8 日，某电厂运行巡检发现 3 号机 13.7m 有油烟味，立即派人到机、炉侧检查各个系统，1 月 9 日检查发现 13.7m 汽轮机本体 2 号瓦上方冒烟，检查发现 6.9m 汽轮机 2 号瓦下方地面上有油渍，油烟越来越大，随后值长下令，3 号汽轮机立即打闸停机，之后油烟逐渐消失。主要原因是因 3 号汽轮机 2 号瓦油档漏出的油甩至高温蒸汽管道上导致冒烟。

5.2.4 为国能安全〔2014〕161 号《防止电力生产事故的二十五项重点要求》第 2.3.9 条，无修改。

5.2.5 为 Q/HN-1-0000.08.027—2015《火力发电厂燃煤机组金属监督标准》，有修改。个别电厂锅炉侧油管内壁发生腐蚀减薄，故增加锅炉侧油管的测厚检查。【案例】2016 年 3 月，某电厂 2 号机组 AST 油压过低造成非计划停运。停机后对 2 号机组主润滑油箱在内的油系统进行了全面检查，发现主油箱注油器入口油管焊缝已经断裂脱落。现场宏观检查断裂焊缝处，发现该管段焊缝没有开坡口即进行了焊接，焊接方法也不是全氩弧焊焊接，且根部未焊透，焊缝熔深最小区域仅有管壁厚度的 1/3，普遍存在 1/2 厚度的未焊透的现象，焊缝质量不合格，管道在很大的外力下进行了强行对口，以上原因最终导致焊缝开裂。

5.2.6 为 Q/HN-1-0000.08.027—2015《火力发电厂燃煤机组金属监督标准》，有修改。增加对油管振动问题的检查。

5.3 防止天然气管道泄漏、着火事故

5.3.1 为新增条款。规范天然气管道在安装前应开展的工作，如办理告知手续、安装前监检等。

5.3.2 为新增条款。天然气管道作为特种设备，需办理使用登记证，并开展定期检验。

5.3.3 为国能安全〔2014〕161 号《防止电力生产事故的二十五项重点要求》第 2.10.7 条，无修改。

5.3.4 为新增条款。从技术管理角度规定，应建立相应的台账。

6 防止压力容器设备事故编制说明

（一）总体说明

本章重点是防止压力容器设备事故，在国能安全〔2014〕161 号《防止电力生产事故的二十五项重点要求》第 7 章相关条款基础上，针对集团公司近年来压力容器发生的事故，结合国家、行业最新标准要求，从设计、制造、安装、运行、检修、特种设备管理等阶段提出防止压力容器设备事故的措施。本章内容分为压力容器登记注册、超压和定期检验三个部分。

（二）条文说明

6.1 压力容器登记注册管理

6.1.1 为国能安全〔2014〕161 号《防止电力生产事故的二十五项重点要求》第 7.3.4 条，无修改。

6.1.2 为新增条款。规范压力容器在安装前应开展的工作，如办理告知手续、安装前监检等。

6.1.3 为国能安全〔2014〕161 号《防止电力生产事故的二十五项重点要求》第 7.4.1 条，有修改。对标准进行更新。

6.1.4 为国能安全〔2014〕161 号《防止电力生产事故的二十五项重点要求》第 7.4.2 条，无修改。

6.1.5 为国能安全〔2014〕161 号《防止电力生产事故的二十五项重点要求》第 7.4.3 条。有修改，依据 TSG 21—2016《固定式压力容器安全技术监察规程》，增加当无法进行定期检验或者不能按期进行定期检验时的相关规定。

6.2 防止压力容器超压

6.2.1 为国能安全〔2014〕161 号《防止电力生产事故的二十五项重点要求》第 7.1.2 条，无修改。避免压力容器发生超压。

6.2.2 为国能安全〔2014〕161 号《防止电力生产事故的二十五项重点要求》第 7.1.3 条，无修改。

6.2.3 为国能安全〔2014〕161 号《防止电力生产事故的二十五项重点要求》第 7.1.7 条，无修改。

6.2.4 为国能安全〔2014〕161 号《防止电力生产事故的二十五项重点要求》第 7.1.8 条，有修改。对标准进行更新。

6.2.5 为国能安全〔2014〕161 号《防止电力生产事故的二十五项重点要求》第 7.1.11 条，有修改，除氧器也属于压力容器，因此删除除氧器。

6.3 严格执行压力容器定期检验制度

6.3.1 为国能安全〔2014〕161 号《防止电力生产事故的二十五项重点要求》第 7.3.1 条。有修改。增加对压力容器检验计划书的审核，技术监督现场评价发现部分检验机构存在检验项目不全的问题，不符合 TSG 21—2016《固定式压力容器安全技术监察规程》的规定。【案例】部分电厂在进行压力容器定期检验时，未审核压力容器检验计划书，检验单位在检验时，只对压力容器进行了壁厚测量，未对压力容器筒体焊缝和管座角焊缝进行表面检测，检验项目不符合 TSG 21—2016《固定式压力容器安全技术监察规程》的规定。

6.3.2 为国能安全〔2014〕161 号《防止电力生产事故的二十五项重点要求》第 7.3.2 条，有修改。对标准进行更新，语句修改。

6.3.3 为国能安全〔2014〕161 号《防止电力生产事故的二十五项重点要求》第 7.3.3 条，无修改。

6.3.4 为国能安全〔2014〕161 号《防止电力生产事故的二十五项重点要求》第 7.2.4 条，无修改。

6.3.5 为国能安全〔2014〕161 号《防止电力生产事故的二十五项重点要求》第 7.1.12 条，有修改，强调甩负荷时应检查的内容。

6.3.6 为新增条款。对液氨储罐置换前的安全技术措施做了规定。【案例】2017 年，某电厂对液氨储罐进行定期检验前，现场操作人员未遵照液氨罐置换安全技术措施，误将液氮由顶部通过卸氨管道直接注入容器内部。液氮在气化时大量吸热，罐体及附近空气温度急剧下降。造成罐体下部北侧第一节开裂，开裂长度超过 1.6m。

Q/HN-1-0000.08.078—2020

技术标准篇

火电厂防止供热系统事故重点要求

2020 - 06 - 01 发布

2020 - 06 - 01 实施

目　次

前　言

为进一步加强电力、热力生产安全风险预防控制，提高电力、热力生产的可靠性，有效防止火电厂供热设备、系统事故的发生，在国家能源局《防止电力生产事故的二十五项重点要求》的基础上，结合中国华能集团有限公司系统内供热设备、系统事故案例，编制本标准。

本标准由中国华能集团有限公司生产管理与环境保护部提出。

本标准由中国华能集团有限公司生产管理与环境保护部归口并解释。

本标准起草单位：西安热工研究院有限公司、北方公司、山东分公司。

本标准起草人：李冰心、杨明强、张仁起、吴猛、张义、马德红。

本标准审核单位：生产管理与环境保护部、浙江分公司、山东分公司、呼伦贝尔公司、河北分公司、江苏公司。

本标准主要审核人：陈锋、王洋、李晓峰、沈正华、孙吉广、姜春洋、杨宜将、周雄伟。

本标准审定：中国华能集团有限公司技术工作管理委员会。

本标准批准人：邓建玲。

本要求为首次制定。

火电厂防止供热系统事故重点要求

1 通用要求

1.1 加强供热管线及设备台账管理。供热管线台账内容应包括管段编号，管道直径、长度、安装时间、生产厂家，管件的型号及位置等。供热设备台账内容应包括设备的型号、设计参数、生产厂家、安装单位等。供热管线及设备每次检修、异常缺陷原因及处理、技术改造应有明确记载，便于管线及设备的状态评价和状态检修。

1.2 加强文件资料管理。供热企业应加强供热系统资料归档工作，包括供热管线及设备设计资料、厂家资料、施工资料、竣工验收资料、运行资料、检修记录、技术改造等资料档案管理，建立目录清册，专人负责，归档管理，确保档案的准确性、完整性和连续性。

1.3 加强外委单位管理，明确施工、工艺、维护、验收等要求，统一检修文件包格式，明确奖惩制度。外委单位人员进入现场前，应进行安全技术交底、危险点分析、明确操作风险；现场作业时，供热企业应有专业人员监护。外委单位提交检修报告后，供热企业应审核内容的完整性和准确性，发现问题及时处理。

1.4 加强供热管线及设备缺陷管理和技术改造工作。对存在问题的管线及设备，应及时在供热结束后进行检修维护和技术改造。

1.5 加强供热管线及设备的定期检查工作。定期工作内容包括供热管线定期巡回检查（供热期间每周 2 次，非供热期每周 1 次）、定期测温（按规程要求）、设备定期轮换（按规程要求）、仪器仪表定期外观检查及校验（每年）、补偿器状态定期检查（每年）、除污器定期检查（每年）等，并保留定期工作记录。

1.6 供热企业应制订供热应急预案并进行演练，对于供热管网大量失水、供热管线及设备泄漏、电源消失、系统超压等异常情况应采取必要的预防措施。

1.7 供热企业应制订防冻、防汛、防台风等自然灾害应急预案，备足必要的抢险物资。

1.8 供热系统投运、停运前应编制运行方案和停运方案。供热期每月应进行供热运行分析，包括设备启停、供热参数变化、热负荷变化、室外温度变化、供热指标分析、管网及设备的异常处理等内容。

1.9 供热企业应做好备品备件管理工作，编制备品备件台账，备品备件应齐全、完好。抢修用的工器具和机械随时可用。

2 防止供热管网泄漏事故

2.1 供热管网的施工和运行

2.1.1 新建、改扩建的供热管网，应严格控制管道内部清洁度，安装过程中应对管道进行内部清理工作。管径大于或等于 DN800 的管道应编制作业指导书，明确专人在安全距离内分段进行人工清理；管径小于 DN800 的管道在吊装焊接前应做透光检查，并在安装过程中进行清理。管道内部清理工作应参照管道焊接的管理方式，统一编号，同步实施。

2.1.2 直埋保温管道敷设前应清除沟槽内的石块及锋利物，沟槽回填前应先将槽底杂物清除、积水排净，回填土中不得含有碎砖、石块、大于100mm的冻土块及其他杂物。直埋保温管道最小覆土深度应符合CJJ/T 104—2014《城镇供热直埋蒸汽管道技术规程》和CJJ/T 81—2013《城镇供热直埋热水管道技术规程》的相关要求。

2.1.3 直埋高温供热管线回填中，管顶应铺设警示带，警示带距离管顶不得小于300mm，且不得敷设在道路基础中。

2.1.4 新建、改扩建的供热管网投入运行前应进行清洗、吹扫、验收。

2.1.5 供热管网施工完成后应按设计要求进行强度试验和严密性试验。试验方法和合格判定应符合CJJ 28—2014《城镇供热管网工程施工及验收规范》的相关要求。

a） 强度试验应在试验段内的管道接口防腐、保温及设备安装前进行。

b） 严密性试验应在试验范围内的管道工程全部安装完成后进行，压力试验长度宜为一个完整的设计施工段。

c） 强度试验和严密性试验前，管道自由端的临时加固装置应安装完成，试验管道与无关系统应采用盲板或采取其他措施隔开。临时加固装置与隔离措施应经设计核算与检查确认安全可靠，不得影响其他系统的安全。

2.1.6 热水供热管网正式供热前应先进行冷态试运行，再进行低温试运行。每阶段试运行时间宜为连续 72h。低温试运行期间，应对管线、设备进行全面检查，支吊架的工作状况应做重点检查。在低温试运行正常以后，方可缓慢升温至试运行温度下运行，升温速度控制在10℃/h以内。试运行期间管道法兰、阀门及仪表等处的螺栓应进行热拧紧，热拧紧时的运行压力应降低至0.3MPa以下。

2.1.7 蒸汽供热管网在启动时应进行暖管，暖管速度以管道不发生振动或水击为宜。蒸汽压力和温度达到运行参数后，保持不少于1h的恒温时间，并检查管道、补偿器、阀门、桁架、支架及疏水系统，确认无异常后方可带负荷运行。

2.1.8 供热系统升压过程中应控制升压速度，每次升压0.3MPa后，应对供热管网进行检查，确认无异常后方可继续升压。

2.1.9 供热期间，应认真检查管线及设备运行情况，做好记录。巡检维护内容应包括热力站及中继泵站的设备、电源，供热管网主管道、井盖、排气、疏放水、排潮管，以及监控系统和仪表等。

2.1.10 严格控制热水管网循环水、补给水及蒸汽管网热用户凝结水的水质，水质检测周期及处理措施应按照化学反事故措施具体要求进行。高背压机组供热的循环水水质应满足热网循环水水质要求。

2.1.11 热网失水量过大时，应检查供热管网系统有无泄漏、热用户是否私放水，原则上禁止一级热网向二级热网补水。

2.1.12 高背压机组应做好监控工作，当热负荷变化较大或热网大量失水无法控制时，应立即通知值长，及时调整机组运行方式。高背压机组配套热网应做好查漏工作，并制订热网大量失水的应急预案，避免因大量失水造成机组停运。

2.2 供热管网检修维护

2.2.1 认真开展预防性检修工作，结合供热管网上一供热周期运行中发现的问题，每年研究制订供热管网检修方案，并报上级部门监督执行。针对系统安全影响较大、缺陷频率较高的管网应制订滚动检修计划。

2.2.2 热力站（供热首站、隔压站等）和中继泵站出入口的关断阀，若布置于阀门井内，其电动执行机构应移至井室外，或做好防水防潮措施；露天布置的电动阀，限位开关接口应采取防水防潮措施。

2.2.3 热水管网供暖期结束后，应对管网进行静态试压。试验压力应达到热网首站出口供水工作压力的 1.25 倍（当系统地面高差较大时，试验介质静压应计入试验压力中，热水管道的试验压力应以最高点的压力为准，且最低点的压力不得大于管道及设备能承受的额定压力），稳压 30min，压降不大于 0.05MPa 为合格。试压期间要检查管网有无泄漏等异常情况，并编写试压报告。试压结束后应制订管网检修方案消除漏点。

2.2.4 停运后的热水管网应采用湿式保护，充水量应使最高点不倒空。每周巡检 1 次，定期检测水质情况。防锈蚀保护方法依据 DL/T 956—2017《火力发电厂停（备）用热力设备防锈蚀导则》和集团公司化学反事故措施相关要求进行。

2.2.5 高背压运行机组的热网停运后，应参照 Q/HN–1–0000.08.027—2015《中国华能集团火力发电厂燃煤机组金属监督标准》的相关要求，对热网供回水母管上的热工元件管座角焊缝及管座与管子对接焊缝进行无损探伤。

2.2.6 热力站就地压力表前应设缓冲弯，采用焊接式或接头连接式针型阀；热力站温度计加装焊接式不锈钢套管，插入管道深度为管道的 1/2～2/3 处。

2.2.7 供热管网停运后，应全面检查维护热网管道、管件、除污器、管道保温。

a） 阀门井检查维护内容包括井内水位，阀门、焊缝等有无腐蚀泄漏，保温是否完善，井盖是否牢固、有无破损等。维修后管道和阀门应及时恢复保温。

b） 检查供热管线的排气、疏放水管道的防腐及保温情况。对破损的保温层、外护层应及时修复。保温不良、外部工作环境恶劣的管道、管件，应检测管壁的厚度。运行 10 年以上的管线应进行普查，以后每年进行一次抽查，壁厚减薄超过 1/3 的管道必须更换。

c） 检查除污器滤网堵塞和破损情况，核查除污器滤网的材质、目数。检查除污器执行机构，确保活动灵活。检查除污器法兰盖螺栓，防止螺栓断裂，引起循环水外漏。

d） 固定支架应牢固、无变形，钢支架基础与底板结合应稳固，外观应无腐蚀；滑动导向支架应无歪斜、卡涩，摩擦副应平整光滑、垫板位置正确。

e） 阀门的阀杆应灵活，无卡涩、歪斜，阀体无裂纹、砂眼等缺陷；填料饱满，压兰完整，压紧有余量。螺栓受力应均匀，不得有松动现象；法兰面无径向沟纹，水线完好；阀门传动部分应灵活、无卡涩，油脂充足；阀门液压或电动装置应灵敏。

2.2.8 供热管网上的波纹管补偿器选型应合理，技术规范书和设计图纸中应对波纹管层数提出明确要求。

2.2.9 热水管网波纹管补偿器的波纹部分应选用低碳 316L 不锈钢，波纹管材料应为固溶处理态，波纹管应采用液压成型。

2.2.10 应建立完善的热网补偿器台账。补偿器台账内容应包括补偿量、设计压力、设计温度、补偿器形式、敷设方式、安装位置、安装使用时间、生产厂家、检修维护记录等；波纹管补偿器还应包括材质、刚度、层数、是否预拉伸、预拉伸量等，套筒补偿器和旋转补偿器还应包括密封材料等。

2.2.11 补偿器选择应充分考虑设计压力、温度、补偿量、刚度、层数、材质等，严格按照补偿器的使用说明安装。热网停运后，应全面检查补偿器状况。

a） 补偿器应制订抽检计划，检查应采取踏勘、抽检的方式。重点检查使用 10 年以上的金属补偿器波纹管外腐蚀、裂纹、变形等情况，以及补偿器裸露焊缝等关键部位；测量位移量，保证补偿装置工作正常。

b） 补偿器位移量测量基准点，未设置或设置不全的，应在热网停运后完善。

c） 发生地质灾害后（如地震），应重点对补偿器、支架状况进行检查。

2.2.12 检修后的工作管段应进行焊缝的 X 射线探伤及水压试验。当不具备水压试验条件时，焊缝应进行 100% X 射线探伤。

2.2.13 供热主管道的排气、疏放水管道，应串联装设两道阀门，宜采用焊接连接。排气、疏放水的管道应采用厚壁管。

2.3 防止供热管网腐蚀及保温材料破损

2.3.1 当工作管使用钢管、外护管使用高密度聚乙烯、保温材料使用硬质聚氨酯泡沫塑料时，保温管及管件的相关性能应符合 GB/T 29047—2012《高密度聚乙烯外护管硬质聚氨酯泡沫塑料预制直埋保温管及管件》要求。外护管的外径和最小壁厚应符合该标准的相关规定。现场所有的保温接头外护层都应做气密性试验，试验要求及合格标准应符合该标准的相关规定。

a） 钢管保温之前，外表面应进行抛丸、喷砂处理，表面除锈等级应符合 GB/T 8923.1—2011《涂覆涂料前钢材表面处理表面清洁度的目视评定　第 1 部分：未涂覆过的钢材表面和全面清除原有涂层后的钢材表面的锈蚀等级和处理等级》中的相关规定。

b） 聚氨酯泡沫塑料的闭孔率不应小于 88%，任意位置的密度不应小于 60kg/m^3。未进行老化的聚氨酯泡沫塑料在 50℃状态下，导热系数不应大于 0.033W/（m•K）。

c） 高密度聚乙烯外护管的密度应大于 940kg/m^3，外护管内壁应进行电晕处理，并有应力释放工艺。

2.3.2 当工作管使用钢管、外护管使用玻璃钢、保温材料使用硬质聚氨酯泡沫塑料时，保温管件及保温接头的相关性能应符合 CJ/T 129—2000《玻璃纤维增强塑料外护层聚氨酯泡沫塑料预制直埋保温管》要求。外护管的外径和最小壁厚应符合该标准的相关规定。

2.3.3 接头保温层应采用现场发泡机发泡。高温热水管道特殊穿越施工，接头保温的外护套、注料和排气孔应采取可靠的防擦伤措施。

2.3.4 直埋热水管道固定短节宜选用预制保温成品件，若采用现场制作的固定短节，则应采取防腐措施，钢管、肋板等钢件不得裸露。

2.3.5 防腐材料及涂料的品种、规格、性能应符合设计和环保要求，产品应具有质量合格证明文件。涂料应密封保存，不得遇明火或暴晒，所用材料均应处于有效期内。

2.4 防止蒸汽管网泄漏

2.4.1 直埋蒸汽管道由地下转为地上时，外护管必须一同引出地面，外护管距地面的高度不宜小于 0.5m，并应设防水帽和采取隔热措施。

2.4.2 当直埋蒸汽管道与地沟敷设管道或井室内管道相连接时，直埋蒸汽管道保温层应采取防渗水措施。

2.4.3 在地下水位较高的地区或河底直埋敷设时，直埋蒸汽管道应作浮力核算。当不能保证直埋蒸汽管道稳定时，应增加埋设深度或采取相应的技术措施。

2.4.4 直埋蒸汽管道阀门选择及安装应符合下列要求：

a） 直埋蒸汽管道使用的阀门宜为无盘根的截止阀或闸阀，应选用焊接连接；若选用蝶阀时，应选用偏心硬质密封蝶阀。

b） 所选阀门公称压力应比管道设计压力高一个等级。

c） 阀门必须进行保温，其外表面温度不得大于 60℃，并应做好防水和防腐处理。

d） 工作压力大于或等于 1.6MPa、公称直径大于或等于 500mm 的管道，其闸阀应安装旁通阀。旁通阀的直径可按阀门直径的 1/10 选用。

2.4.5 直埋蒸汽管道必须设置排潮管；排潮管应设置于外护管位移较小处。其公称直径按 CJJ/T 104—2014《城镇供热直埋蒸汽管道技术规程》选取。

2.4.6 直埋蒸汽管道、管件及管路附件之间的连接，除疏水器和特殊阀门外均应采用焊接连接；采用法兰连接时，法兰的密封宜采用耐高温垫片。

2.4.7 采用工作管弯头做热补偿时，弯头的曲率半径不应小于 1.5 倍的工作管公称直径。管道位移段应加大外护管的尺寸，并应采用软质保温材料。

2.4.8 直埋蒸汽管道每两年宜对管道腐蚀情况进行抽检。当外护管较大面积腐蚀时，应更换外护管道。

2.4.9 已停运两年或两年以上的直埋蒸汽管道，运行前应按新建管道要求进行吹扫和严密性试验。蒸汽吹扫应符合 CJJ/T 104—2014《城镇供热直埋蒸汽管道技术规程》的相关要求。

2.4.10 停止运行期间，应对管道进行养护。当停运时间超过半年时，蒸汽管网应采取充氮保护或干法保护，并对工作管、外护管采取防护措施。

2.4.11 采用钢质外护管的直埋蒸汽管网除采用外防腐涂层外，还应采取牺牲阳极保护措施，并符合下列规定：牺牲阳极填包料应注水浸润；牺牲阳极电缆焊接应牢固，焊点应进行防腐处理；对钢管的保护电位值应进行检查，且不应小于 $-0.85V_{cse}$。根据现场实际情况制定检查周期，及时更换阳极填包料。

3 防止供热系统动态水力冲击事故

3.1 防止供热系统超压

3.1.1 当供热系统多热源联网运行时，全系统只能有一个定压点起作用，但可多点补水。

3.1.2 当热水供热系统设置两处及以上补水点时，总补水量应满足系统运行的需要。应明确各点补水压力值，补水压力应符合运行时水压图的要求。

3.1.3 间接连接采暖系统定压点宜设置于除污器后的供热首站循环水泵吸入母管处。

3.1.4 热水供热系统应保持定压点压力稳定，压力波动范围应控制在±0.02MPa 以内，定压装置应采用自动控制。

3.1.5 热水供热系统应设置超压自动排水装置。供热首站循环水泵入口母管处装设压力调节阀（或溢流阀）或微启式安全阀，其工作压力宜为循环水泵入口处压力（即定压点压力）的 1.05 倍～1.1 倍。热水管网投运前进行回水安全阀定期校验。隔压站入口、中继泵的入口和出口应设有超压保护装置。

3.1.6 热网加热器的汽、水侧安全阀应独立排放，安全阀出口的疏放水管上不应设置关断阀。

3.1.7 高背压机组配套热网改造时，凝汽器设计压力应与供热管网工作压力匹配，供热管网安全阀动作压力应考虑凝汽器的可承受压力，防止供热异常时凝汽器超压损坏。

3.2 防止供热系统汽化

3.2.1 闭式补水系统应设置安全泄压装置，补水泵宜变频运行并投入自动控制，保证水压稳定；各处补水点的补水压力均应符合水压图的要求，补水装置的压力不应小于补水点管道压力加 30kPa～50kPa。

3.2.2 供热首站循环水泵在供热期间停止运行时，应保持必要的静态压力，静态压力应符合下列规定：

a） 不应使热力网任何一点的水汽化，并应有 30kPa～50kPa 的富裕压力；

b） 与热力网直接连接的用户系统应充满水；

c） 不应超过系统中的任何一点的允许压力。

3.2.3 补水定压设备的安装及调试应符合下列规定：

a） 当采用膨胀水箱定压时，应将水箱膨胀管和循环管引至回水总管上，水箱信号应引至站内控制柜，水箱液位和补水泵启停应联锁控制运行；

b） 当采用定压罐或变频补水泵定压时，应在完成冲洗、水压试验后进行设备调试，并应按设计要求设定定压值和定压范围。

3.2.4 闭式供热管网正常补水能力不应小于供热系统设计循环流量的 2%；事故补水能力不应小于供热系统设计循环流量的 4%。

3.3 防止热力站及中继泵站的设备运行不可靠

3.3.1 核查热力站及中继泵站设备电气联锁保护逻辑。供热管网按一级负荷要求供电的热力站及中继泵站，当主电源电压下降或消失时应投入备用电源，并应采用有延时的自动切换装置。

3.3.2 热力站及中继泵站的高低压配电设备应布置在专用的配电室内。热力站及中继泵站的低压配电设备容量较小时，可不设专用的低压配电室，但配电设备应设置在便于观察和操作且上方无管道的位置。位于地下的热力站及中继泵站，配电室应安装排风设施，保证电气设备通风良好。配电室的地面宜高出本层地面 50mm 或设置防水门槛。

3.3.3 配电柜的固定和接地应可靠，做好接地系统的设计及安装。配电柜底部电缆孔洞应使用防火泥封堵。

3.3.4 低压配线在进入电动机接线盒处应设置防水弯头或金属软管。

3.3.5 供热管网自动调节装置应具备保位功能，当控制信号中断或动力源（电、气、液）失去时应维持当前值。

3.3.6 热力站及中继泵站主要设备的热工保护不应使用单测点保护，防止保护的误动和拒动。

3.3.7 热力站及中继泵站的循环水泵出口止回阀应具有微阻缓闭功能，供暖期结束时应进行止回阀缓闭功能试验，功能失效时应及时处理恢复。

3.3.8 热力站及中继泵站的循环水泵吸入母管和压出母管之间应设置带缓闭止回阀的泄压旁通管，旁通管宜与母管等径。

3.3.9 进行外部供热管网切换或投运时，应加强供热系统排气频率，保证彻底排净空气。

3.4 防止蒸汽管网水击

3.4.1 应根据管网类型及用户情况建立用户用汽台账和重点巡检清单，当蒸汽用户的用汽量发生较大变化时，要求其提前告知。蒸汽管网流量应在监控系统中设置流量突变报警和最小流量报警，当流量突变或降至安全运行最小流量时，采取必要的安全技术措施或停止管道运行。

3.4.2 蒸汽管网的低点和垂直升高的管段前应设启动疏水和经常疏水装置。

3.4.3 直埋蒸汽管网的疏水装置应设置在工作管与外护管相对位移较小处。疏水管宜采用自然补偿布置。

3.4.4 经常疏水装置与管道连接处应设计聚集凝结水的短管，短管直径应为主管道直径的1/2～1/3。经常疏水管应自短管侧面接出。

3.4.5 停止运行的蒸汽供热管网应充分疏放水，待疏水放尽后关闭疏水阀。

3.4.6 停止运行的蒸汽管网，应定期检查，确保进汽阀门关闭严密，必要时可加堵板。

3.4.7 蒸汽管网冷态启动前应进行暖管，并按以下规定进行，应根据实际情况适当调整暖管时间。

a） 暖管开始时，应关闭疏水器前的阀门，打开疏水旁通阀或启动疏水阀。

b） 暖管时的管内蒸汽温度宜控制在 150℃以下，直埋蒸汽管段暖管时间应以排潮管不排汽而定。

c） 在暖管过程中，当排潮管排汽带压且有响声，稳定 24h 后仍然未改善时，应停止暖管，分析原因，经确认处理后方可重新暖管。

d） 暖管过程中，当发现疏水系统堵塞，发生“汽水冲击”，固定支座和设备、设施被破坏等现象时，应立即停止暖管，查找原因，处理后方可再行暖管。

3.4.8 蒸汽管网运行中每周检查两次。当运行参数发生异常变化、设备存在缺陷、供热管线附近有灾情或施工时，应增加检查次数。主要检查项目包括井室、疏水装置、排潮管、弯头、补偿器、支架等管路附件及设施。

4 防止热源中断事故

4.1 防止供热抽汽中断

4.1.1 低压缸零出力改造的机组，应加强热网监控及调度工作，编制汽轮机操作预案，热网异常及时采取相关措施。

4.1.2 供热抽汽管道波纹管补偿器设计压力应满足设计要求，不得超压运行，防止超压爆裂。补偿器泄漏、波纹管失稳时，应及时更换。

4.1.3 设置于供热抽汽管道上的波纹管补偿器应选型合理，技术规范书和设计图纸中应对波纹管层数提出明确要求。

4.1.4 供热抽汽管道上应安装安全阀以防止超压，安全阀应安装于抽汽止回阀前，排放口应引至厂房外。安全阀安装前，应送有检测资质的单位按设计要求进行调校，每年校验一次；安全阀最终调校后，开启压力和回座压力应符合设计规定值，在工作压力下不得泄漏。安全阀应垂直安装，并应在两个方向检查垂直度，发现倾斜应予以校正。

4.1.5 定期维护供热抽汽蝶阀及快关阀的就地油站。

a） 油站油质应符合运行要求，油质不合格时应及时进行滤油净化处理或换油。

b） 油站备用油泵的联启应冗余可靠，防止拒动。

c） 日常巡检应关注油站油位，防止油位降低，引起油泵跳闸。

d） 油站的控制电源和动力电源应独立可靠。

4.1.6 利用机组检修机会对供热抽汽蝶阀、供热抽汽止回阀、供热抽汽快关阀及其执行机构进行检修维护，保证动作正常、可靠。

4.1.7 供热抽汽管道的支吊架布置应合理并满足管道正常膨胀需求，运行情况下支吊架不应有倾斜、裂纹等情况。滑动、导向支架位移应正常，不应出现卡涩等现象；垫板位置正确。弹簧支吊架安装后，应取出定位销。

4.1.8 供热抽汽管道的热工元件管座角焊缝及管座与管子对接焊缝应参照 Q/HN-1-0000.08.027—2015《中国华能集团火力发电厂燃煤机组金属监督标准》要求进行无损探伤。

4.1.9 供热抽汽管道应合理设置自动疏水器，保证管道热备用。

4.2 保障热用户备用热源

4.2.1 对于用汽要求高、不能中断的热用户，应设有可靠的备用汽源，备用汽源应定期检查维护。

4.2.2 供热建筑面积大于 $1000\times10^4m^2$ 的供热系统宜采用多热源供热，且各热源供热管网干线宜互联互通。在技术经济合理时，供热管网干线宜连接成环状管网。

4.2.3 两台机组供热，且为所供热网唯一热源的供热企业要合理安排机组检修时间，确保在供热期不发生机组全停。供热企业要创造条件，设置可靠的备用热源。

4.2.4 供热系统的主环线或多热源供热系统热源间的连通干线设计时，各种事故工况下的最低供热量保证率不小于 65%，并应考虑不同事故工况下的切换手段。

5 防止热网加热器泄漏事故

5.1 热网加热器的制造、改造、重大检修应按照 TSG 21—2016《固定式压力容器安全技术监察规程》进行监督检验（以下简称监检）。严格筛选生产厂家，制造过程中应重点对进汽挡板厚度、焊接、换热管材质、支撑隔板管孔与换热管的间隙进行严格监督。加热器设计选材应考虑热网循环水水质变化的影响。

5.2 热网加热器应按照 TSG 21—2016《固定式压力容器安全技术监察规程》进行定期检验。

5.3 热网加热器进汽调节阀应与加热器进汽口保持足够的安全距离，不应安装在加热器进汽口处。

5.4 热网加热器投退速度和温变速度应符合运行规程和厂家说明书要求。

5.5 热网加热器水位高保护和超压保护动作应可靠，加热器水位测量变送器、水位报警和保护开关应定期校验。热网加热器水位应控制在设计要求的水位范围，严禁无水位运行。若水位无法实现自动控制，则应加强水位监视。

5.6 严格控制一级热网循环水的补水水质，当不能满足要求时应对补给水进行软化处理或加药处理，水质标准应符合 CJJ 34—2010《城镇供热管网设计规范》的相关要求。

5.7 热网加热器非供暖期应检查换热管的结垢、堵塞以及管板的腐蚀等情况，换热管结垢、堵塞严重的应进行清洗，清洗后应进行灌水加压检漏。

5.8 非供热期检修中应进行热网加热器的换热管查漏和疏水弯头测厚。加热器泄漏后换热管封堵时，宜根据现场实际情况扩大封堵范围，封堵后进行灌水加压检漏。

5.9 非供暖期时应进行以下阀门的检修和静态试验：热网加热器的抽汽电动阀、疏水调节装置、危急疏水阀、水侧进出口阀、抽汽管道疏水阀。

5.10 热网加热器水室分程隔板若为焊接式，应将点焊改为满焊；水室分程隔板若为螺栓连接，应根据垫片冲刷泄漏情况及时更换垫片，保证密封良好。

5.11 板式换热器的板片应定期检查清洗。检查清洗时应逐片清理，洗刷时不可使用钢丝、铜丝等金属刷；冲洗时，应注意密封垫槽内的砂砾；不应使用含氯离子的酸或溶剂清洗；板片表面结垢，不能正常刷洗掉时，应根据锈垢成分，制定清洗方案。胶垫老化时应及时更换。

6 防止供热首站循环水泵汽轮机事故

6.1 若供热首站仅设单台乏汽换热器，供热首站循环水泵汽轮机应增设排汽母管至非乏汽换热器管路。

6.2 供热首站循环水泵汽轮机备用汽源管道应有温度、压力测点，汽源切换过程中应实时监测汽源压力变化，切换过程操作应平稳，不应造成进汽参数大幅波动。

6.3 供热首站循环水泵汽轮机备用汽源管道应设置可靠的自动疏水系统。

6.4 定期维护供热首站循环水泵汽轮机的稀油站。

a） 稀油站油质应定期化验，油质应符合运行要求；油质不合格应及时进行滤油净化处理，或检修时换油。

b） 油站备用油泵的联启应冗余可靠，防止拒动。

c） 日常巡检应关注油站油位，防止油位降低引起油泵跳闸。有条件的电厂应将油位、油压、油温的信号送至集控室，上述热工测量元件应定期校验。

d） 油站的控制电源和动力电源应独立可靠。

6.5 供热首站循环水泵汽轮机使用临时滤油机时，应保证连接可靠，不应采用橡胶软管连接，工作时应专人监护。

6.6 根据厂家说明书要求，定期检查供热首站循环水泵汽轮机油系统蓄能器充氮压力，充氮压力应符合厂家说明书要求。

6.7 供热首站循环水泵汽轮机振动异常时应委托有资质的单位开展振动监测分析工作。按照热工监督要求对振动测量元件、固定支架及其测量系统进行检查维护。

6.8 供热首站循环水泵汽轮机应按制造厂要求进行超速保护试验。

6.9 非供暖期应进行供热首站循环水泵汽轮机联轴器的检查维护，确保连接可靠。

7 防止供热系统人身伤害

7.1 防止供热管网露天作业人身伤害

7.1.1 供热管网架空管道（包括桁架）及阀门应设置“高温危险，严禁靠近”或“严禁攀爬”等警示标志。架空管道阀门应上锁。

7.1.2 供热企业应加强车辆技术状况和驾驶员队伍素质的管理，车辆必须定期检修维护。进行外网巡检及检修时，应注意人身安全，避免交通事故发生。装运整体重物的车辆严禁人货混载。

7.1.3 供热系统检查井的井盖应有明显标志，位于车道上的检查井应使用加强井盖；人员应定期巡检，当发现井盖发生损坏、遗失时应及时更换。

7.1.4 施工现场应根据作业对象及其特点和环境状况，设置安全防护设施。安全防护设施应可靠、完整，警示标志应醒目。施工现场夜间必须设置照明、警示灯和具有反光功能的警示标志。在架空高压线附近作业时，应明确作业范围，并设专人监护。

7.1.5 施工结束后，工作人员需要撤离时，沟道、井坑、孔洞的盖板和安全设施必须恢复，或在其周围设置牢固的临时围栏并装设反光、照明等显著标志。

7.1.6 施工中应采取放坡作业。当采用边坡支护时，应符合 JGJ 120—2012《建筑基坑支护技术规程》的相关规定。

7.1.7 深基坑工程方案应经专家论证会论证，方案审查合格后方可施工。

7.2 防止供热系统有限空间作业人身伤害

7.2.1 应对照供热管线竣工图和生产现场实际情况，全面排查涉及有限空间作业的检查井，逐一进行编号并登记建档。经过技术论证后，无须保留的检查井，必须锁闭或做封井处理，杜绝人员误入带来的安全风险。作为作业点的检查井，必须设置“有限空间未经许可严禁进入”警示标志。

7.2.2 在保证管线的正常投运和排空需要的前提下，依据 CJJ 34—2010《城镇供热管网设计规范》相关要求，分段合理选取几个最高点的排气井和最低点的疏放水井作为作业点，最大限度减少有限空间作业点。

7.2.3 排气（排水）阀若与排气（排水）口布置在同一井室内，操作人员必须佩带长管呼吸器或正压式呼吸器、安全带和安全绳，并做好防止烫伤、淹溺的安全措施。有条件的单位应进行技术改造：

a） 分井布置；

b） 将井室内排气（排水）阀改为井外操作；

c） 将排气（排水）口引至检查井外。

新建、改建工程必须将排气（排水）阀与排气（排水）口分井布置。

7.2.4 作业单位应配备符合相关国家标准要求的通风、检测、照明、通信、应急救援设备和个人防护用品，按规定定期检查、试验、校验，并做好培训工作，保证作业人员在工作过程中能正确使用。

7.2.5 没有得到工作许可人许可时，禁止进入电缆沟、疏水沟、管沟、下水道和井下等处工作。

7.2.6 进入管沟和井下工作前，必须采取措施，防止蒸汽或水在检修期间流入工作地点。有关的汽、水阀门应关闭严密、上锁，并挂“禁止操作，有人工作”警告牌。

7.2.7 施工单位作业前对实施作业的全体人员进行安全交底、告知作业内容、作业方案、主要危险有害因素、作业安全要求及应急处置方案等内容，并履行签字确认手续。

7.2.8 有限空间作业应制订实施方案，作业前必须进行危险气体和温度检测，合格后方可进入现场作业。作业时的人数不得少于 2 人。

a） 在开始工作以前，工作负责人应采取措施，保证检查井内空气良好流通，自然通风不应少于 30min。自然通风达不到要求时，必须采取强制通风。

b） 下井前必须使用有害气体检测仪进行检测，检查有无可燃、有害气体存在及是否缺氧（应用小动物、仪器或矿灯检查，不准用明火检查），各项数据达到要求后方可下井作业。

c） 当发现检查井或构筑物内有异味时，应立即进行通风，并应进行检测，确认安全后方可进入操作。

d） 沟道或井下的温度超过50℃时，不准进行工作；温度在40℃～50℃时，应根据身体条件轮流工作和休息，并采取安全降温措施。若有必要在50℃以上进行短时间的工作时，应订出具体的安全措施并经厂主管生产的领导批准。

7.2.9 在沟道或井下进行工作时，必须在周围设置牢固的临时围栏和警示标志。进入沟道或井下的工作人员应戴安全帽、使用安全带，安全带的绳子应绑在地面牢固物体上，由监护人进行监视。

7.2.10 有限空间内作业时，严禁使用明火照明，照明用电电压不得大于 36V；当在管道内作业时，临时照明用电电压不得大于 24V。当有人员在检查井和管沟内作业时，严禁使用潜水泵等其他用电设备。

7.2.11 严禁在有限空间（检查井、地沟、加热器等）内休息。当发生危险时，应防止不当施救。

7.2.12 在检修前，为了避免蒸汽或热水进入加热器内，应将加热器和连接的管道、设备、疏水管和旁路管等可靠的隔绝，所有被隔断的阀门应上锁，并挂上“禁止操作，有人工作”警告牌。检修工作负责人和运行人员应共同检查上述措施符合要求后，方可开始工作。

7.2.13 检修前须将加热器内的蒸汽和水放净，打开疏水门和放空气门，确认无误后方可工作。在松开法兰螺栓时应特别小心，避免正对法兰站立，以防有水汽冲出伤人。

7.2.14 加热器长期检修时和阀门不严密的情况下，应对被检修的设备加上带有尾巴的堵板，堵板的厚度应符合设备的工作参数。

7.2.15 在密闭容器内使用氩、二氧化碳或氦气进行焊接作业时，必须在作业过程中通风换气，使氧气浓度保持在 19.5%～21%内，必要时作业人员应使用正压式呼吸器。在容器、水池内环境中作业，禁止使用过滤式防毒面具。

7.2.16 检修结束后，工作负责人必须确定所有工作已经完毕，工作现场已恢复，堵板已拆除，人员和工具数量清点无误，才可通知运行人员恢复设备的使用。

8 防止自然灾害时供热系统事故扩大

8.1 供热管道架空跨越不通航河流时，管道保温结构表面与 50 年一遇的最高水位的垂直净距不应小于 0.5m。

8.2 位于地下的热力站内排污系统宜为独立系统，设置集水坑及排污水泵，排污水泵应一用一备，且自动控制。

8.3 供热管道在雨期施工，应采取防止地面水流入沟槽、漂管或泥浆进入管道及管路附件的措施。对于发生漂管折弯的管道，应将影响的管段割除，换新管重新安装。当管道施工间断时，管口应用堵板临时封闭。

8.4 异常低温、大雪等天气时，应对供热架空管道的疏放水管、排气管、阀门、仪表等部位进行重点检查，做好预防措施。

8.5 汛期、暴雨天气时，应做好防汛措施，重点检查以下内容：地势低洼处的管线及井室；河道内、靠近易滑坡的管线；河谷地区、地下及半地下的热力站及中继泵站等。具备条件的井室宜抬高井口高度。地势低的热力站应备好沙袋等防汛物资。

附　录
防止火电厂供热系统事故重点要求编制说明

1　通用要求编制说明

（一）总体说明

为了防止火力发电厂供热管线及设备事故，提高供热专业人员管理水平，结合 Q/HN-1-0000.08.030—2015《火力发电厂供热监督标准》及设备基建、运行、检修维护及技术监督管理中发现的问题，对供热管线及设备台账、资料、技术改造等方面提出通用要求。

（二）条文说明

1.1　为新增条款。规范供热管线及设备的台账管理。

1.2　为新增条款。规范文件资料管理。

1.3　为新增条款。规范现场外委工作管理，加强施工监护和资料审核。【案例】2019 年 3 月 8 日，某电厂外包人员误碰 5 号机组供热循环水出水总门防雨罩，导致循环水出口电动门关闭，循环水中断，低真空保护动作跳机。经查，电厂监护人员未到位。

1.4　为新增条款。强调供热管线及设备的检修处理和技术改造。

1.5　为新增条款。规范定期工作。

1.6　为新增条款。强调供热应急预案演练。

1.7　为新增条款。强调自然灾害应急预案的制订和抢险物资的准备。

1.8　为新增条款。每年根据投入运行供热系统的具体情况、人员、设备配置、供热系统运行水压图等编制运行方案。供热系统的停止运行要有组织、有计划地按程序进行。停运方案要明确停运时间、操作方法及主要设备、阀门的操作人。

1.9　为新增条款。强调供热系统备品备件管理。

2　防止供热管网泄漏事故编制说明

（一）总体说明

本章重点是防止供热管网泄漏事故，针对近年来集团公司供热管网泄漏事故案例，依据国家、行业最新标准要求，从供热管网施工、运行、检修、维护等方面提出反事故措施。本章内容分为供热管网的施工和运行、供热管网检修维护、防止供热管网腐蚀及保温材料破损、防止蒸汽管网泄漏四部分。

（二）条文说明

2.1　供热管网的施工和运行

2.1.1　为新增条款。保证供热管网管道施工过程中内部的清洁度。

2.1.2　为新增条款。依据 CJJ 28—2014《城镇供热管网工程施工及验收规范》第 4.7.2 条、第 4.7.4 条，在原文基础上进行了语句调整。碎砖、石块填筑时紧贴结构墙体会破坏防水层，影响防水质量。大于 100mm 的冻土块及其他杂物将影响回填质量。对直埋保温管道而言，会直接损坏保护层、保温层，影响管道的安全和使用寿命。

2.1.3　为新增条款。依据 CJJ 28—2014《城镇供热管网工程施工及验收规范》第 4.7.5.3 款，在原文基础上进行了语句调整，不含低温热水网。直埋保温管道与地沟管道相比，管道没有地沟壁的保护，铺设警示带以避免在其他施工或维修挖掘时损坏直埋保温管道。

2.1.4　为新增条款。依据 CJJ 88—2014《城镇供热系统运行维护技术规程》第 4.2.2 条，未修改。为保证供热系统的安全运行，避免管线未经验收直接移交管理单位。

2.1.5　为新增条款。依据 CJJ 28—2014《城镇供热管网工程施工及验收规范》第 8.1.1 条、第 8.1.8 条、第 8.1.10 条编写，在原文基础上增加了“临时加固装置与隔离措施应经设计核算与检查确认安全可靠，不得影响其他系统的安全”，强调临时加固装置和隔离措施的可靠性。强度试验是对管道的强度性试验，强度试验段长度可根据实际施工分段而定。严密性试验是在管道的焊接安装工程全部完成后进行的总体试验，试验段始末两端的固定支架和盲板应由设计进行核算。【案例 1】某电厂管道进行强度试验时，试验管道盲板未经设计核算与确认，盲板飞出伤人。【案例 2】某电厂分期施工的管道末端采用盲板进行封堵，管道压力波动时飞出伤人，盲板未经设计核算与确认。

2.1.6　为新增条款。依据 CJJ 28—2014《城镇供热管网工程施工及验收规范》第 8.4.3 条，在原文基础上进行了语句调整。试运行期间应对螺栓进行热拧紧，如压力过高非常危险，而温度过低进行热拧紧将达不到目的。

2.1.7　为新增条款。依据 CJJ 88—2014《城镇供热系统运行维护技术规程》第 4.3.6 条，在原文基础上进行了语句调整，“暖管速度应为 2℃/min～3℃/min”修改为“暖管速度以管道不发生振动或水击为宜”。管网暖管时的温升速度要根据季节、管道敷设方式及保温状况严格控制。暖管时要及时排出管内冷凝水，并检查疏水器的工作状态是否正常。管内充满蒸汽且未发生异常现象后，再逐渐开大阀门。【案例】某电厂暖管速度过快，发生管道振动，造成管道、管件及补偿器损坏。

2.1.8　为新增条款。依据 CJJ 88—2014《城镇供热系统运行维护技术规程》第 4.3.4 条，未修改。要求升压过程中关注供热管网是否存在异常。

2.1.9　为新增条款。依据 Q/HN-1-0000.08.030—2015《火力发电厂供热监督标准》第 4.3 节，在原文基础上进行了语句调整。

2.1.10　为新增条款。部分供热企业管网失水率较高，厂内软化水的补水能力不足，常采用工业水进行补水，造成热网加热器管束结垢堵塞、腐蚀泄漏。水质检测和处理措施均按照化学反事故措施中热网水质相关条款进行。【案例 1】某电厂采用中水进行日常管网补水，热网加热器管束结垢堵塞、腐蚀严重。【案例 2】某电厂大量补生水，为防止系统结垢多次增加阻垢剂，因阻垢剂的质量问题和添加方法不当，热网加热器换热管结垢堵塞严重，水侧压差严重超标。

2.1.11　为新增条款。【案例】某电厂二级热网未设置水处理装置，二级热网补水常采用一级热网水源，一级热网补水率高。

2.1.12　为新增条款。目前越来越多的大容量机组，采用高背压方式供热，做好预防机组停运措施尤为重要。

2.2　供热管网检修维护

2.2.1　为新增条款。依据 Q/HN-1-0000.08.030—2015《火力发电厂供热监督标准》第 4.4.2.3

款，在原文基础上进行了语句调整。架空管道、蒸汽管道应抽查管道的壁厚及腐蚀情况，认真检查补偿器、管件、排气、疏放水管道。

2.2.2 为新增条款。【案例】2019 年 2 月 18 日，某电厂 4 号冷却塔上塔阀后放水阀受冻泄漏，4 号机组循环水漏流至 3 号机组 1 号热网供水一次阀（电动门）的阀门井，造成 3 号机组 1 号热网供水一次阀电动执行机构内部短路、阀门自动关闭，3 号机组循环水中断，低真空保护动作，机组跳闸。

2.2.3 为新增条款。旧有管网承压能力有限，故试压压力为热网首站出口供水工作压力的 1.25 倍。【案例】2018 年 11 月 20 日，济南某热力公司 DN600 主供热管道爆裂，两位市民被流出的热水烫伤。原因：管网年久腐蚀失修，系统升压造成管道爆裂。

2.2.4 为新增条款。为 CJJ 88—2014《城镇供热系统运行维护技术规程》第 4.5.5 条。供热管道停用期间，若不采取保护措施，空气就会进入系统内部，使管道内部遭受溶解氧的腐蚀。停止运行的供热管网要保证系统充满水，进行湿保护。

2.2.5 为新增条款。【案例】2018 年 2 月 28 日，某电厂热网至板式换热器前的供水母管压力表焊缝处发生撕裂，在热网运行压力的作用下，裂口扩大导致热网供水大量泄漏。板式换热器进回水管道也未设置手动截止门，无法与系统隔离，导致 1 号机组停运。

2.2.6 为新增条款。本条对热力站内热工表计安装提出应注意事项。

2.2.7 为新增条款。依据 CJJ 88—2014《城镇供热系统运行维护技术规程》第 4.7.3 条～第 4.7.6 条编写。【案例 1】供热管网壁厚检查：2018 年 2 月 19 日，某电厂 2002 年建成的 ϕ600×8mm 的直埋热水分支管道的弯头腐蚀减薄至 3mm～4mm，承压能力不足，弯头侧部爆开（爆口为 200mm×300mm），热网循环水大量外泄，高背压机组循环水流量低，5 号～6 号机组低真空保护动作，机组跳闸。【案例 2】阀门可靠性检查：2018 年 10 月 12 日，某电厂 6 号机组真空换热器前截止门的前法兰垫子采用石棉板，螺栓紧力不均，法兰渗水加速垫子老化。补水充压时水压变化剧烈，造成垫子损坏、法兰呲水。真空换热器及其前截止门安装在运转层（9m 平台），因 6 号机组发电机出线为敞开式，呲水流至发电机出线母线桥，造成发电机出线处接地保护动作，机组跳闸。

2.2.8 为新增条款。DN600～DN900 的补偿器波纹管层数不宜低于 5 层，DN1000 以上的不宜低于 6 层。【案例】某电厂 DN800～DN1200 的供热抽汽管道上的波纹管补偿器层数偏少（均为 2 层），投运短时期内便发生泄漏。

2.2.9 为新增条款。热水管网循环水中的氯离子含量较高，316L 不锈钢耐氯离子的性能优于 304 不锈钢。波纹管成型加工中存在残余应力，应采取固溶处理。【案例】某电厂供热管网的波纹管补偿器腐蚀开裂较多，经实验室分析认为波纹管冷加工变形的残余应力未有效消除，且其材质多为 304 不锈钢。

2.2.10 为新增条款。因补偿器泄漏导致供热中断的事故每年均有发生，本条对补偿器台账的规范提出要求。

2.2.11 为新增条款。因补偿器泄漏导致供热中断的事故每年均有发生，供热企业应对补偿器的检修维护引起重视。【案例】2017 年 9 月 8 日，厦门某公司架空蒸汽供热管线补偿器发生破裂，高温高压蒸汽喷出，造成 2 人死亡、3 人受伤。原因分析：补偿器长期在交变应力、水击作用下产生疲劳裂纹，裂纹扩展使补偿器达到寿命极限爆裂；未制定补偿器定期检查制度，不掌握设备运行状况；疏水不及时。

2.2.12 为新增条款。依据 CJJ 88—2014《城镇供热系统运行维护技术规程》第 4.7.9 条，在原文基础上进行了语句调整。

2.2.13 为新增条款。采用一道阀门易发生关不严、关不死，采用法兰连接增加了泄漏点。故本条对供热主管道的排气、疏放水阀门的数量、连接方式、管道提出要求。

2.3 防止供热管网腐蚀及保温材料破损

2.3.1 为新增条款。依据 GB/T 29047—2012《高密度聚乙烯外护管硬质聚氨酯泡沫塑料预制直埋保温管及管件》第 5.3.2 条、第 5.4.4 条、第 5.4.7 条、第 5.4.8 条、第 5.7.1 条、第 5.7.3 条编写，在原文的基础上进行了语句调整和缩减。

2.3.2 为新增条款。依据 CJ/T 129—2000《玻璃纤维增强塑料外护层聚氨酯泡沫塑料预制直埋保温管》编写。

2.3.3 为新增条款。依据 GB/T 29047—2012《高密度聚乙烯外护管硬质聚氨酯泡沫塑料预制直埋保温管及管件》第 5.7.3 条，在原文基础上增加了“接头保温层应采用现场发泡机发泡”。

2.3.4 为新增条款。现场制作的固定短节质量难以管控，易产生腐蚀。【案例】烟台某热力公司早期现场制作的固定短节多次产生外腐蚀渗（泄）漏，由于处在混凝土内或边缘，封堵困难。

2.3.5 为新增条款。依据 CJJ 28—2014《城镇供热管网工程施工及验收规范》第 7.1.1 条、第 7.1.2 条，在原文的基础上进行了语句调整。现在市场上的防腐材料种类繁多、良莠不齐，为保证材料质量，本条强调产品应有质量合格证明文件（出厂合格证、有资质的检测机构的检测报告等）。

2.4 防止蒸汽管网泄漏

2.4.1 为新增条款。依据 CJJ/T 104—2014《城镇供热直埋蒸汽管道技术规程》第 3.2.5 条，未修改。当直埋蒸汽管道由地下转出地面时，外护管应与工作管一同引出地面，外护管还需要有一定的高度防止地面水浸入到直埋蒸汽管道的保温层内。由于此段外护管在地面上，所以除作防雨设施外，也需做隔热层，防止烫伤行人。

2.4.2 为新增条款。依据 CJJ/T 104—2014《城镇供热直埋蒸汽管道技术规程》第 3.2.6 条，未修改。由于直埋蒸汽管道不易检修，当与地沟内或井室内敷设的管道相连接时，如不采取可靠的防水措施，地沟内或井室内有积水或潮气时会从直埋蒸汽管道的端面处进入其保温层内，影响管道的安全使用，所以要求采取措施，如设置波纹端封等。波纹端封的合格标准依据 CJ/T 246—2018《城镇供热预制直埋蒸汽保温管及管路附件》中的相关技术要求。

2.4.3 为新增条款。依据 CJJ/T 104—2014《城镇供热直埋蒸汽管道技术规程》第 3.2.8 条和 CJJ 34—2010《城镇供热管网设计规范》第 8.2.13.5 条编写，在原文基础上进行了语句调整。蒸汽管道与热水管道相比，自身重量较轻，地下水位较高或河底直埋敷设时，如果覆土深度或配重不足，管道可能上浮，产生纵向失稳。

2.4.4 为新增条款。依据 CJJ/T 104—2014《城镇供热直埋蒸汽管道技术规程》第 4.1.1 条和 CJJ 34—2010《城镇供热管网设计规范》第 8.5.9 条，在原文基础上进行了语句调整。

a） 直埋蒸汽管道的阀门通常布置在井室内，焊接连接阀门基本可做到无泄漏，且抗水击能力强。截止阀或闸阀严密性好，但实际工程中受埋深、阀门尺寸影响，大都采用蝶阀，该标准通过调研和实践认为偏心硬质密封蝶阀密封性较好。

b） 阀门处的防水、防腐是薄弱点，应做到防水、防腐、保温，保证直埋蒸汽管道的使用性能。

2.4.5 为新增条款。依据 CJJ/T 104—2014《城镇供热直埋蒸汽管道技术规程》第 4.1.2 条、第 4.1.3 条，未修改。直埋蒸汽管道要设置排潮管，一是在管道暖管时排出保温层中的潮气，使保温材料的导热系数达到设计值；二是检查判断管道的故障，若工作管泄漏或外护管不严密而进水、保温层受潮，在运行时均会通过排潮管向外排汽，通过排潮管的排汽量可大致判断泄漏点的位置。

2.4.6 为新增条款。依据 CJJ/T 104—2014《城镇供热直埋蒸汽管道技术规程》第 4.2.2 条，未修改。保证直埋蒸汽管道的质量和使用寿命。

2.4.7 为新增条款。依据 CJJ/T 104—2014《城镇供热直埋蒸汽管道技术规程》第 4.2.3 条，未修改。为了防止弯头处的保温材料被破坏，同时也为了防止弯头处外护管的局部超温而提出的措施。考虑到外护管的曲率半径与工作钢管的曲率半径不同，在制造过程中很难都保证是整数，但一定要保证两个管道是一个同心圆。

2.4.8 为新增条款。依据 CJJ/T 104—2014《城镇供热直埋蒸汽管道技术规程》第 9.4.4 条，在原文基础上增加“当外护管较大面积腐蚀时，应更换外护管道”。

2.4.9 为新增条款。依据 CJJ/T 104—2014《城镇供热直埋蒸汽管道技术规程》第 9.2.1 条，未修改。蒸汽吹扫参照 CJJ/T 104—2014《城镇供热直埋蒸汽管道技术规程》第 8.5.3 条的要求进行。本条中“两年”时间的规定是通过实际调查和实际割管检测确定的。蒸汽管道停运后，因管内潮湿及空气进入，腐蚀现象较严重。为了保证安全，重新运行时应进行吹扫和严密性试验，把内部的氧化层和杂质吹扫干净。

2.4.10 为新增条款。依据 CJJ/T 104—2014《城镇供热直埋蒸汽管道技术规程》第 9.5.4 条，在原文基础上增加了“蒸汽管网应采取充氮保护或干法保护”。为了防止工作管道内部的氧腐蚀，需要对工作管道内部充惰性气体（氮气），如果停运时间较长，还需要对外护管内部充惰性气体（氮气）。

2.4.11 为新增条款。依据 CJJ 28—2014《城镇供热管网工程施工及验收规范》第 7.1.17 条和 CJJ/T 104—2014《城镇供热直埋蒸汽管道技术规程》第 7.3.6 条编写，在原文的基础上增加了“根据现场实际情况制定检查周期，及时更换阳极填包料”。明确牺牲阳极防腐的技术要求和检验标准，牺牲阳极防腐应在专业施工人员指导下完成。

3 防止供热系统动态水力冲击事故编制说明

（一）总体说明

本章重点是防止供热系统动态水力冲击事故。针对地形高差大的低处管网承压较大、管道强度储备小、系统工作温度高时易汽化等情况，基于近年来集团公司和供热行业事故案例，依据国家、行业最新标准要求，从供热系统超压、汽化、水击、供热设备可靠性等方面提出反事故措施。本章内容分为防止供热系统超压，防止供热系统汽化，防止热力站、中继泵站的设备运行不可靠引发水击、防止蒸汽管网水击四部分。

（二）条文说明

3.1 防止供热系统超压

3.1.1 为新增条款。依据 CJJ 34—2010《城镇供热管网设计规范》第 7.4.6 条，未修改。热水供热系统采用补给水泵定压，定压点多设在热源处。多热源联网运行时，全网水力联通是一个整体，可以有多个补水点，但只能有一个定压点。

3.1.2 为新增条款。依据 CJJ 88—2014《城镇供热系统运行维护技术规程》第 4.4.5 条，增加了“应明确各点补水压力值”。多处补水是为了初投运和管网事故情况下快速恢复供热。

3.1.3 为新增条款。水泵入口侧是循环系统中压力最低点，定压值的大小主要是保证系统充满水（即不倒空）和不超过散热器的允许压力。补水定压点宜设置于除污器后的供热首站循环水泵吸入母管处，此处为管网的压力最低点。

3.1.4 为新增条款。依据 CJJ 88—2014《城镇供热系统运行维护技术规程》第 4.4.6 条、第 4.4.7 条，未修改。热水供热系统的恒压点波动范围过大，将可能导致系统局部用户超压或倒空。定压自动控制，有利于供热管网的安全、稳定、经济运行。

3.1.5 为新增条款。依据 CJJ 34—2010《城镇供热管网设计规范》第 10.3.9 条、第 13.3.3 条编写，在原文基础上进行了语句调整。对安全阀整定压力的确定原则作出规定，超压保护装置是降低非正常操作产生压力瞬变的有效保护措施之一。【案例】2016 年 11 月 21 日，酒泉某热力公司所属中继泵站因供电线路故障，4 台中继泵 2 台跳闸，热网系统参数大幅度波动使供热管网发生超压、水锤，导致供热主管网及补偿器发生泄漏，致使该地区 6 万户民众供热中断，10 多万人受到影响。

3.1.6 为新增条款。依据 DL/T 5054—2016《火力发电厂汽水管道设计规范》第 11.1.5 条，在原文基础上进行了语句调整，此条目的是保证安全阀的动作安全可靠。

3.1.7 为新增条款。部分高背压机组进行热网改造时，凝汽器压力未考虑供热管网安全阀动作压力，凝汽器承压能力无法满足供热管网压力要求。

3.2 防止供热系统汽化

3.2.1 为新增条款。依据 CJJ 34—2010《城镇供热管网设计规范》第 7.5.3 条编写，在原文基础上增加了“闭式补水系统应设置安全泄压装置，补水泵宜变频运行并投入自动，保证水压稳定”。防止补水能力不足导致压力降低，造成管中存在的高温水汽化。

3.2.2 为新增条款。依据 CJJ 34—2010《城镇供热管网设计规范》第 7.4.3 条，未修改。当供热首站循环水泵因故停止运行时，应保持必要的静态压力，以保证管网和管网直接连接的用户系统不汽化、不倒空，且不超过用户允许压力，使管网随时可以恢复正常运行。

3.2.3 为新增条款。依据 CJJ 28—2014《城镇供热管网工程施工及验收规范》第 6.5.13 条，未修改。规定了补水定压装置的安装和调试。

3.2.4 为新增条款。依据 CJJ 34—2010《城镇供热管网设计规范》第 7.5.3 条，在原文基础上进行了语句调整，“闭式热力网补水装置的流量”修改为“闭式供热管网正常补水能力”。本条规定了补给水设备的容量，应保证供给热网循环水量的 4%，其中 2%的水量应采用除氧的化学软化水以及锅炉排污水，其余 2%的水量宜采用工业用水（或生活水）。

3.3 防止热力站及中继泵站的设备运行不可靠

3.3.1 为新增条款。依据 CJJ 34—2010《城镇供热管网设计规范》第 12.2.2 条，在原文基础上增加“核查热力站及中继泵站设备电气联锁保护逻辑”。电网中的事故有时是瞬时的，故障消除后又恢复正常。此时，热力站及中继泵站的备用电源不一定马上投入。自动切换装置设延时的目的，就是确认主电源为长时间的故障时，再投入备用电源。

3.3.2 为新增条款。依据 CJJ 34—2010《城镇供热管网设计规范》第 12.2.3 条和 GB 50054—2011《低压配电设计规范》第 4.3.4 条，在原文基础上增加“位于地下的热力站及中继泵站，配电室应安装排风设施，保证电气设备通风良好”，对地下热力站及中继泵站的配电室通风提出要求。设专用配电室的目的是为了便于维护，保证运行安全，供电可靠。

3.3.3 新增条款。本条强调热力站及中继泵站内配电柜的应注意事项。

3.3.4 为新增条款。依据 CJJ 34—2010《城镇供热管网设计规范》第 12.2.5 条，未修改。塑料管易老化，且易受外力破坏，不能保证供电可靠。泵与管道在运行或检修过程中难免漏水，为防止水溅落到配电管线中，应采用防水弯头，以保证供电的安全可靠。

3.3.5 为新增条款。依据 CJJ 34—2010《城镇供热管网设计规范》第 13.1.5 条，在原文基础上进行了语句调整。信号若无自保持功能，易造成泵的误跳闸和误启动，引起供热管网压力波动。

3.3.6 为新增条款。不使用单测点保护是为了保证热力站及中继泵站内主要设备的可靠性。主要设备包括供热首站循环水泵汽轮机、供热首站循环水泵、供热首站疏水泵等。

3.3.7 为新增条款。热力站及中继泵站循环水泵出口止回阀应具有缓闭功能，目的是防水击：

a） 防止出口门在开启的状态时，启动水泵引起系统水击和电动机过载；

b） 是防止停泵时出口微阻缓闭止回阀动作不可靠引起管路振动或系统水击。

【案例】烟台某热力公司供热首站停泵时未关闭水泵出口门，首站管路系统产生强烈振动，经查，循环水泵出口微阻缓闭止回阀的缓闭功能失效。

3.3.8 为新增条款。依据 CJJ 34—2010《城镇供热管网设计规范》第 10.2.4 条～第 10.2.5 条，在原文基础上增加了热力站循环水泵。带缓闭止回阀的旁通管可减缓停泵时引起的压力冲击，防止水击破坏事故。当旁通管口径与水泵母管口径相同时，可以最大限度地起到防止水击破坏事故的作用。

3.3.9 为新增条款。防止空气随热网回水进入热力站及中继泵站循环水泵，造成热力站及中继泵站循环水泵振动突变而跳闸。

3.4 防止蒸汽管网水击

3.4.1 为新增条款。当蒸汽用户的用汽量发生较大变化时，管道内蒸汽温度和流速降低，蒸汽过热度下降，部分低速滞留段易产生凝结水积存。

3.4.2 为新增条款。依据 CJJ 34—2010《城镇供热管网设计规范》第 8.5.6 条，未修改。目的是防止蒸汽管网的低点处有积水，发生水击事故。【案例】某电厂垂直升高管段前未设置经常疏水装置，管道振动大。

3.4.3 为新增条款。依据 CJJ/T 104—2014《城镇供热直埋蒸汽管道技术规程》第 4.1.5 条、第 4.1.6 条，考虑现场实际情况不对疏水管自然补偿布置做强制要求，将“应”改为“宜”。在管网运行时疏水管的温度很高，疏水管没有进行补偿容易出现疏水管局部应力超标的情况，造成疏水管损坏。

3.4.4 为新增条款。依据 CJJ 34—2010《城镇供热管网设计规范》第 8.5.7 条，未修改。短管便于凝结水的聚集，可防止污物堵塞经常疏水装置。

3.4.5 为新增条款。目的是避免蒸汽管道内留存大量凝结水，造成再次送汽时的汽水冲击。

3.4.6 为新增条款。漏入停运管道内的蒸汽冷凝后，会积聚在管道内，下次投运时，若疏水不充分，管道将发生水击。

3.4.7 为新增条款。依据 CJJ/T 104—2014《城镇供热直埋蒸汽管道技术规程》第 9.3 节，在原文基础上进行了语句调整。根据排潮管的工作状况，可以判断工作管或外护管是否产生泄漏。当出现泄漏时，外护管的温度将会高于设计温度，此时不宜继续进行暖管。对于保温层排潮时，虽对外护管寿命有一定的影响，但相对损失较小，可烘干运行一段时间后再进行补救处理。24h 为 CJJ/T 104—2014《城镇供热直埋蒸汽管道技术规程》通过实际情况调查得出，24h 暖管对外护管破坏程度不大，为上限。

3.4.8　为新增条款。依据 CJJ/T 104—2014《城镇供热直埋蒸汽管道技术规程》第 9.4.1 条，在原文基础上增加了“蒸汽管网运行中每周检查两次”，检查频率依据 Q/HN–1–0000.08.030—2015《火力发电厂供热监督标准》第 4.4.3.3 条。

4　防止热源中断事故编制说明

（一）总体说明

本章重点是防止热源中断事故，针对近年来集团公司和供热系统事故案例，依据国家、行业最新标准要求，从供热抽汽可靠性、热源备用两方面提出反事故措施。本章内容为防止供热抽汽中断、保障热用户备用热源两部分。

（二）条文说明

4.1　防止供热抽汽中断

4.1.1　为新增条款。针对低压缸零出力改造机组，要求编写甩热负荷事故预案。此外，要求机组运行中时刻关注热网变化，防止热负荷波动时，机组因调整不及时而跳闸。

4.1.2　为新增条款。【案例 1】2017 年 1 月 21 日，某电厂供热抽汽管道压力（中低压连通管打孔抽汽供热方式）波动，造成 4 号机组供热抽汽管道补偿器爆裂停机，原因为供热改造时汽轮机厂家选用的补偿器设计压力偏低。【案例 2】2017 年 1 月 14 日，某电厂供热抽汽管道补偿器超压破裂，系统由于隔离阀关闭不严，被迫申请停机。

4.1.3　为新增条款。DN600～DN900 的补偿器波纹管层数不宜低于 5 层，DN1000 以上的补偿器波纹管层数不宜低于 6 层。【案例】某电厂 DN800～DN1200 的供热抽汽管道上的波纹管补偿器层数偏少（均为 2 层），投运短时期内便发生泄漏。

4.1.4　为新增条款。【案例】2017 年 8 月 15 日，某电厂因现场设备故障问题，造成汽轮机中压抽汽压力快速上升，达到供热压力高设定值时，中压供热安全阀动作，由于安全阀没有及时回座，造成大量蒸汽对外排放，中压抽汽供热压力快速下降，当达到供热压力低设定值时，中压抽汽供热快关阀联锁快速关闭，对外供热被切断，机组被迫跳闸停机。

4.1.5　为新增条款。防止因就地油站维护不到位，导致供热抽汽蝶阀及快关阀误关、供热中断。

4.1.6　为新增条款。【案例】2017 年 11 月 25 日，某电厂 4 号机组由于供热抽汽蝶阀故障突然关闭，手动开启无效，中压缸排汽压力突升，供热抽汽管道安全阀、除氧器安全阀动作。

4.1.7　为新增条款。本条强调供热抽汽管道支吊架的应注意事项。

4.1.8　为新增条款。焊缝开裂将引起供热抽汽管道漏汽，若漏汽量大无法处理时，将导致供热抽汽汽源中断。

4.1.9　为新增条款。部分电厂的单机供热抽汽管道较长，应设置自动疏水器，以保证管道内无积水。

4.2　保障热用户备用热源

4.2.1　为新增条款。用汽要求高、不能中断的热用户是指在合同中约定的特殊用户，例如医院、化工厂、制药厂等，用户汽源中断易面临大额赔款。【案例】某电厂当地医院对热源要求高，为保证用户不断汽，电厂设置电加热锅炉作为备用热源。

4.2.2 为新增条款。依据 CJJ 34—2010《城镇供热管网设计规范》第 5.0.8 条，将“应”改为“宜”。供热建筑面积大于 $1000×10^4m^2$ 的大型供热系统，一旦发生事故，影响面大，因此对可靠性要求较高。多热源供热，热源之间可互为备用。

4.2.3 为新增条款。【案例】某电厂容量为 2×300MW 机组，2016 年供暖季一台机组检修，运行机组因锅炉受热面泄漏导致供热能力下降。

4.2.4 为新增条款。依据 CJJ 34—2010《城镇供热管网设计规范》第 5.0.9 条编写，事故工况下：采暖室外计算温度高于－10℃时，最低供热量保证率为 40%；采暖室外计算温度在－10℃至－20℃之间时，最低供热量保证率为 55%；采暖室外计算温度低于－20℃时，最低供热量保证率为 65%。应尽可能提高供热可靠性，事故时至少能保证最低的供热保证率，以使事故状态下供热管道、设备及室内采暖系统受低温影响损坏。为降低事故影响，最低供热量保证率取高值。

5 防止热网加热器泄漏编制说明

（一）总体说明

本章重点是防止热网加热器泄漏，结合近年来集团公司和供热行业事故案例，依据国家、行业最新标准要求，从热网加热器的监检、运行、检修等方面提出反事故措施。本章内容为防止热网加热器泄漏事故。

（二）条文说明

5.1 为新增条款。供热企业与热网加热器制造厂签订设备供货合同时，应按照 DL/T 586—2008《电力设备监造技术导则》、TSG 21—2016《固定式压力容器安全技术监察规程》规定，对热网加热器进行监造。监造的见证项目、见证方式应符合 DL/T 586—2008《电力设备监造技术导则》附录 B2 规定。【案例】某电厂热网加热器多次泄漏，堵管率接近设计使用极限，泄漏位置主要集中在上部管束和外侧管束。泄漏原因为加热器厂家制造工艺无法达到设计运行要求、进汽挡板吹损等。

5.2 为新增条款。为规范热网加热器定期检验，特提出此项要求。热网加热器作为金属压力容器，应按照 TSG 21—2016《固定式压力容器安全技术监察规程》要求进行周期检验。金属压力容器一般于投用后 3 年内进行首次定期检验。以后的检验周期由检验机构根据压力容器的安全状况等级，按照以下要求确定：

a） 安全状况等级为 1、2 级的，一般每 6 年检验一次；

b） 安全状况等级为 3 级的，一般每 3 年～6 年检验一次；

c） 安全状况等级为 4 级的，监控使用，其检验周期由检验机构确定，累计监控使用时间不得超过 3 年，在监控使用期间，使用单位应当采取有效的监控措施；

d） 安全状况等级为 5 级的，应当对缺陷进行处理，否则不得继续使用。

5.3 为新增条款。【案例】某电厂热网加热器进汽调节阀门安装于加热器进汽口处，当调节阀较小开度运行时，节流后的高速汽流对热网加热器进汽挡板直接冲刷，造成进汽挡板开裂，高速汽流将直接冲击换热管束，换热管与支撑隔板反复碰撞摩擦，造成换热管泄漏或断裂。该电厂第三个供暖季热网加热器堵管率已分别达到 5.85%及 4.02%。

5.4 为新增条款。热网加热器中汽水温度变化时，管材内部产生热应力。温变速度越大，热应力越大，管材因热应力而产生裂纹的风险和概率越高，加热器泄漏的可能性越大。因此，为保证加热器安全和寿命，在热网启停过程中，应严格按照运行规程控制热网加热器的温变速度。热网加热器投入时应先投入水侧再投汽侧，按照运行规程和厂家说明书规定的热网加热器温升速度，控制进汽阀开启开度，通常温升速度不大于 3℃/min；热网加热器退出时，应先退出汽侧再关闭水侧阀门，同样按照运行规程规定的热网加热器温降速度控制进汽阀关闭速度，温降速度不大于 2℃/min。

5.5 为新增条款。热网加热器水位过低引起疏水带汽。一是造成疏水管道、弯头冲刷泄漏，二是易造成疏水温度高，疏水泵汽蚀。

5.6 为新增条款。本条强调一级热网循环水的水质要求。

5.7 为新增条款。本条强调热网停运后热网加热器的检修工作。

5.8 为新增条款。加热器换热管泄漏、加热器疏水管道爆破，在近几年时常出现。加热器换热管泄漏后，泄漏管束周围的汽水混合物会造成周围管束冲刷减薄，加热器换热管泄漏产生的断裂碎片打击周围管束，碎片和管外壁之间的摩擦很快会导致周围换热管破裂，从而产生新的碎片、恶性循环。如果换热管发生断裂，则很有可能会使断管摆脱管板束缚，松脱的换热管在汽流作用下抽打周边换热管，造成更加严重的损伤，而且造成的损伤范围更大。因此在封堵泄漏管束时，应扩大封堵范围，对泄漏管束周边管束做相应封堵，堵管工艺和堵管质量应经确认可靠。

5.9 为新增条款。热网加热器泄漏后，加热器水位升高，此时根据水位升高情况进行报警或者联锁开启危急疏水等一系列自动操作。自动操作要求热网加热器的抽汽电动阀、疏水调节装置、危急疏水阀、水侧进出口阀、抽汽管道疏水阀阀门必须动作可靠、快速准确，因此必须定期进行阀门检修和静态试验。

5.10 为新增条款。若热网加热器水室分程隔板处泄漏，热网加热器进水不经蒸汽加热直接旁路到热网加热器出口，给水达不到温升设计值。

5.11 为新增条款。热力站内的板式换热器板片应定期进行检查和清洗。

6 防止供热首站循环水泵汽轮机事故编制说明

（一）总体说明

本章重点是供热首站循环水泵汽轮机事故防范措施，针对集团公司电厂 2010—2019 年度因供热首站循环水泵汽轮机原因导致或引发机组非计划停运事件案例，结合国家、行业最新标准要求，从汽源、油站、热工保护等方面提出防止供热首站循环水泵汽轮机事故的措施。本章内容为防止供热首站循环水泵汽轮机事故。

（二）条文说明

6.1 为新增条款。采取“多台汽动热网循环水泵+单台电动热网循环水泵”的系统，若仅设单台乏汽换热器，可能发生因乏汽换热器事故停用导致全部汽动循环水泵停用，此时系统仅有一台电动循环水泵，将无法满足供热需求。

6.2 为新增条款。若备用汽源管道上未安装温度和压力测点，备用汽源蒸汽管道疏水阀将无法设置根据蒸汽温度开启疏水阀的逻辑，在供热首站循环水泵汽轮机备用汽源投入时，备用汽源将无法可靠备用，汽源无法在事故工况无扰切换，会失去备用意义。

6.3　为新增条款。若备用汽源管道的疏水不可靠导致不能可靠暖管备用、备用汽源蒸汽管道疏水阀不能远方控制且没有设置根据蒸汽温度开启疏水阀的逻辑，在供热首站循环水泵汽轮机备用汽源投入时，备用汽源将无法可靠备用，汽源无法在事故工况无扰切换，会失去备用意义。

6.4　为新增条款。本条依据汽轮机油系统要求制定，强调供热首站循环水泵汽轮机稀油站的运行维护注意事项。

6.5　为新增条款。依据事故案例编写，完善供热首站内循环水泵汽轮机油系统滤油管理制度及运行维护注意事项。【案例】2016 年 9 月 16 日，某电厂 2 号机组一台临时真空滤油机控制箱内加热器配套使用的交流接触器因长期使用后接点脏污，动静触头粘连，引起过热导致柜内电缆、电气元件起火，将汽轮机交、直流油泵的动力电缆和控制电缆烧毁，机组被迫打闸停运。规定 24h 监视滤油机的外包人员严重违章、擅离职守，起火第一时间不在现场，失去了发现、扑救初起火情的最佳时机，火势蔓延扩大。

6.6　为新增条款。依据事故案例编写，完善供热首站循环水泵汽轮机油系统蓄能器的运行维护注意事项。【案例】2018 年 3 月 2 日，某电厂给水泵汽轮机的润滑油泵联启时油压波动至跳闸动作值，两台给水泵汽轮机全停，机组跳闸。经检查，润滑油系统蓄能器充氮压力过高，无法起到稳定油压的作用。因此，对供热首站循环水泵汽轮机油系统蓄能器的充氮压力做出同样要求。

6.7　为新增条款。电厂应重视供热首站循环水泵汽轮机异常振动，应及早委托有资质单位开展振动监测分析工作。

6.8　为新增条款。防止供热首站循环水泵汽轮机超速保护装置拒动造成设备损坏。

6.9　为新增条款。本条强调检修过程中加强对供热首站循环水泵汽轮机联轴器工作可靠性的检查。

7　防止供热系统人身伤害编制说明

（一）总体说明

本章重点是供热系统人身伤害防范措施，针对集团公司供热企业 2010—2019 年度供热系统检修维护时发生的人身伤害案例，结合 Q/HN-1-0000.08.012—2014《电力安全工作规程》要求，从供热管网露天作业、有限空间作业两方面提出防止供热系统人身伤害的措施。本章内容为防止供热管网露天作业人身伤害、防止供热系统有限空间作业人身伤害两部分。

（二）条文说明

7.1　防止供热管网露天作业人身伤害

7.1.1　为新增条款。沿途阀门包括疏水阀、放气阀、泄水阀、管网隔断阀。【案例】多家电厂供蒸汽管网疏放水一、二次阀被盗，造成主管网漏汽、人身伤害事故。

7.1.2　为新增条款。【案例】某电厂事故抢修路线选择不当，未避开道路空洞，造成抢修人员和车辆掉入掏空坑内。

7.1.3　为新增条款。依据 CJJ 88—2014《城镇供热系统运行维护技术规程》第 4.7.4 条，在原文基础上进行了语句调整。

7.1.4　为新增条款。【案例】多家热力公司夜间施工时，未设置醒目警示标志，造成过路行人坠入沟槽内。

7.1.5　为新增条款。施工结束后，现场应做到“工完、料净、场地清”。

7.1.6　为新增条款。依据 CJJ 28—2014《城镇供热管网工程施工及验收规范》第 4.2.3 条。在工程现场条件不能满足规定放坡开槽上口宽度的情况下，应选择采取其他基坑支护形式。具体支护方法、支护的设计与施工要求应符合 JGJ 120—2012《建筑基坑支护技术规程》的相关要求。【案例】山东某热力公司在 DN1000 主管网施工中，未按要求放坡，且未采取边坡支护措施，导致管沟塌方，掩埋两人，经及时抢救，未造成人身伤亡事故。

7.1.7　新增条款。根据《危险性较大的分部分项工程安全管理办法》，深基坑工程指：

a）开挖深度超过 5m（含 5m）的基坑（槽）的土方开挖、支护、降水工程；

b）开挖深度虽未超过 5m，但地质条件、周围环境和地下管线复杂，或影响毗邻建筑（构筑）物安全的基坑（槽）的土方开挖、支护、降水工程。

7.2　防止供热系统有限空间作业人身伤害

7.2.1　为新增条款。依据北联电安监〔2018〕33 号《关于进一步加强供热系统有限空间作业安全管理的通知》编写，在原文基础进行了语句调整。

7.2.2　为新增条款。依据北联电安监〔2018〕33 号《关于进一步加强供热系统有限空间作业安全管理的通知》编写，在原文基础进行了语句调整。

7.2.3　为新增条款。依据北联电安监〔2018〕33 号《关于进一步加强供热系统有限空间作业安全管理的通知》编写，在原文基础进行了语句调整。【案例】某电厂排气操作阀门与排气口布置于一个阀门井内，曾于 2016 年发生井下作业人员窒息伤亡事故。

7.2.4　为新增条款。依据北联电安监〔2018〕33 号《关于进一步加强供热系统有限空间作业安全管理的通知》编写，在原文基础进行了语句调整。

7.2.5　为新增条款。依据 Q/HN–1–0000.08.012—2014《电力安全工作规程》第 7.5.1 条，在原文基础上增加了“管沟”。

7.2.6　为新增条款。依据 Q/HN–1–0000.08.012—2014《电力安全工作规程》第 7.5.2 条，原文未修改。

7.2.7　为新增条款。本条强调施工前的安全交底的应注意事项。

7.2.8　为新增条款。依据 Q/HN–1–0000.08.012—2014《电力安全工作规程》第 8.2.15 条、CJJ 28—2014《城镇供热管网工程施工及验收规范》第 5.1.9 条和 CJJ 88—2014《城镇供热系统运行维护技术规程》第 2.2.10 条编写，在原文基础上进行了语句调整。

7.2.9　为新增条款。依据 Q/HN–1–0000.08.012—2014《电力安全工作规程》第 7.5.4 条，原文未修改。

7.2.10　为新增条款。依据 CJJ 88—2014《城镇供热系统运行维护技术规程》第 2.2.10 条，原文未修改。

7.2.11　为新增条款。依据 Q/HN–1–0000.08.012—2014《电力安全工作规程》第 8.3.6 条编写，在原文基础上增加了“严禁在有限空间（检查井、地沟等）内休息”。

7.2.12　为新增条款。依据 Q/HN–1–0000.08.012—2014《电力安全工作规程》第 7.4.1 和第 7.5.2 条，在原文基础进行了语句修改。

7.2.13　为新增条款。依据 Q/HN–1–0000.08.012—2014《电力安全工作规程》第 7.4.2 条，原文未修改。

7.2.14 为新增条款。依据 Q/HN–1–0000.08.012—2014《电力安全工作规程》第 7.4.3 条，原文未修改。

7.2.15 为新增条款。依据 Q/HN–1–0000.08.012—2014《电力安全工作规程》第 8.3.4 条，原文未修改。

7.2.16 为新增条款。依据 Q/HN–1–0000.08.012—2014《电力安全工作规程》第 7.4.4 条、第 7.5.5 条，在原文基础进行了语句修改。

8 防止自然灾害时供热系统事故扩大编制说明

（一）总体说明

本章重点是自然灾害时供热系统应对措施，依据国家、行业最新标准要求，从防洪、防汛、防冻、防台风等方面提出自然灾害时供热系统应对措施。本章内容为防止自然灾害发生时供热系统事故扩大。

（二）条文说明

8.1 为新增条款。依据 CJJ 34—2010《城镇供热管网设计规范》第 8.2.13.3 款，原文未修改。管道跨越不通航河道时，因管道寿命不超过 50 年，按 50 年一遇的最高洪水位设计较为合理。

8.2 为新增条款。本条对地下热力站的排污系统提出要求。

8.3 为新增条款。依据 CJJ 28—2014《城镇供热管网工程施工及验收规范》第 5.1.5 条～第 5.1.7 条，在原文基础上进行了语句补充。明确雨期施工的注意事项。

8.4 为新增条款。明确异常低温天气时供热系统的检查内容。

8.5 为新增条款。明确防汛期供热系统的检查内容。

中国华能集团有限公司
CHINA HUANENG GROUP CO., LTD.

中国华能集团有限公司火电专业反事故措施标准汇编
HN—03—SCJS016—2019

管理标准篇

中国华能集团有限公司
反事故措施管理办法

中国华能集团有限公司反事故措施管理办法

第一章　总　　则

第一条　为认真贯彻“安全第一，预防为主，综合治理”的工作方针，规范和促进中国华能集团有限公司（以下简称集团公司）反事故措施的制定、实施工作，确保人身、设备和电网、热网安全，依据国家、行业的有关规定制定本办法。

第二条　本办法所指反事故措施为在事故调查分析、设备评估、技术监督以及安全性评价等工作的基础上，针对设备系统存在的安全隐患和问题，以预防人身、设备和电网、热网事故，保证设备和供电、供热安全可靠为目的所采取的防范措施。反事故措施包括技术措施和管理措施。

第三条　反事故措施管理实行统一领导、分级管理的原则，反事故措施的制定和实施是发电企业生产常态管理的重要组成部分。各单位必须从实际出发，加强反事故措施有关工作的组织和领导，建立分管生产领导、有关部门及相关专业分工负责的组织管理体系。要强化风险管理，加强培训力度，超前防范和控制各种风险因素，确保各项反事故措施落实到位。

第四条　本办法适用于电力产业公司、区域公司及其管理的基层企业。适用于工程设计、建设、生产运行以及检修、技术改造全过程。

第二章　职 责 与 权 限

第五条　集团公司生产环保部是公司系统反事故措施工作的归口管理部门，其职责如下：

（一）负责组织制定并修编反事故措施管理相关标准；

（二）负责组织制定集团公司的反事故措施，指导各单位组织实施，检查其落实情况；

（三）负责总结集团公司反事故措施管理工作。

第六条　集团公司基本建设部负责在新建工程的设计、设备选型、监造、安装施工过程中督促各单位执行公司相关反事故措施。

第七条　集团公司安全监督部负责监督各单位反事故措施落实情况，负责对落实反事故措施不力导致事故的单位进行责任追究。

第八条　电力产业、区域公司对基层发电企业反事故措施落实工作进行监督管理，编制本单位年度反事故措施计划并组织实施，检查、指导基层发电企业反事故措施计划的落实，及时统计、分析、通报和上报基层发电企业反事故措施执行情况，结合生产实际提出反事故措施建议。

第九条　西安热工院负责协助集团公司做好反事故措施的编制，结合生产实际提出反事故措施建议，做好各产业、区域公司和基层发电企业反事故措施实施的技术指导。

第十条　基层电力企业是反事故措施的实施主体，负责编制本单位年度反事故措施计划并组织实施，按要求上报反事故措施计划完成情况，结合生产实际提出反事故措施建议。

第三章　反事故措施的主要内容

第十一条　反事故措施包括专业反事故措施和重大反事故措施。

第十二条　反事故技术措施应结合工程建设、设备运行、检修和改造实施；反事故管理措施应纳入生产运行、检修规程的修订予以实施。

第十三条　专业反事故措施是指以防范设备风险为目的，强调发电企业各专业设备系统事故、障碍、缺陷的预防和控制。专业反事故措施按不同发电类型的主要专业制定。

a）火电厂专业反事故措施包括绝缘及电气一次设备、继电保护及电气二次设备、汽轮机及热力系统、锅炉及辅机、金属及压力容器、热工、化学、供热等专业。

b）燃机电厂除执行火电厂绝缘及电气一次设备、继电保护及电气二次设备、汽轮机及热力系统、金属及压力容器、热工、化学、供热等专业反事故措施外，还包括燃气轮机专业反事故措施。

c）水电厂专业反事故措施包括绝缘及电气一次设备、继电保护及电气二次设备、水轮机及主辅设备、水工建筑物、金属及压力容器、监控自动化、化学等专业。

d）风电场专业反事故措施包括绝缘及电气一次设备、继电保护及电气二次设备、风力发电机组、监控自动化等专业。

e）光伏发电站专业反事故措施包括绝缘及电气一次设备、继电保护及电气二次设备、光伏发电组件、监控自动化等专业。

第十四条　重大反事故措施是指以专业反事故措施为基础，以预防发电企业生产重大事故为目的，注重不同专业的交叉以及不同设备系统的衔接和协调。重大反事故措施主要由防止人身伤亡事故、防止发电机组涉网事故、防止电气误操作事故等重大事故防范措施组成。

第四章　反 事 故 措 施 的 制 定

第十五条　反事故措施具有阶段性和特殊性，其内容主要包括：典型事故、重要缺陷和多发缺陷的预防、改进措施；针对不同设备、不同运行环境的相应事故防范措施；在暂不能对有关规程、规定进行修编的情况下，对部分已经不能满足当前安全运行要求内容的修改和补充；对部分重要规程、规定的强调和重申。

第十六条　反事故措施的制定应坚持以下原则：防范发电企业单一设备事故与重大事故相结合；技术措施和管理措施相结合：安全生产全过程控制和反事故措施全过程实施相结合；反事故措施动态完善和闭环管理相结合。

第十七条　反事故措施的制定应依据明确，科学合理，经过技术经济比较后确定，反事故措施必须针对性强，其措施内容、相应的事故防范目标，以及应落实的对象范围必须明确，

第十八条　反事故措施的制定分定期制定和非定期制定两种，定期制定的反事故措施主要是根据各类专业技术总结、主设备运行状态评价报告、设备风险评估报告、事故分析报告、上级部门新颁布的安全生产规章制度、标准规范等，以及各单位的反事故措施建议，组织专家研究，形成反事故措施。

第十九条　西安热工院、各产业、区域公司应于每年 10 月 30 日前将反事故措施建议报送到公司生产环保部。

第二十条　非定期的反事故措施主要根据事故分析报告、上级部门及公司新颁布的安全

生产的有关管理规定等，组织专家研究，形成反事故措施。

第二十一条 集团公司按照动态完善和闭环管理的原则要求，结合技术发展和安全生产管理需要，在对反事故措施进行评估分析的基础上，对相关内容进行动态调整和更新，并及时向公司系统发布。

第五章 反事故措施的实施

第二十二条 各单位应按照生产全过程管理的要求，在电厂规划、设计、建设、运行、维护、检修、技术改造等各个生产环节全面落实各项反事故措施。

第二十三条 各单位应每年对反事故措施计划执行情况进行梳理，将长期有效的反事故措施及时编入相关技术标准、规程中。

第二十四条 反事故措施应该有明确的实施计划，各产业、区域公司及基层发电企业应根据上级单位下达的反事故措施，结合设备检修、技术改造等编制年度实施计划，实行闭环管理，并报送集团公司生产环保部。

第二十五条 反事故措施计划实施需要安排投资和资金的项目，直接列入本年度电力生产资本性支出投资及检修费、修理费等生产费用预算，并在预算和计划编制中予以备注。电力生产资本性支出投资、生产费用预算应保证反事故措施项目的投资和资金。

第二十六条 反事故措施实施计划批准后，基层发电企业应落实责任人，组织相关部门，结合设备维护、预试、检修、技术改造、基建工程等，予以落实执行。

第二十七条 每项反事故措施项目实施完成后，应及时进行验收检查，不满足要求的应及时进行整改。

第二十八条 各产业、区域公司应加强对所管理基层发电企业的反事故措施执行情况进行指导、检查，及时协调解决落实工作中存在的问题。西安热工院应结合技术监督工作的开展，加强对基层发电企业反事故措施的宣贯、监督、指导。

第二十九条 西安热工院应对反事故措施执行中的重点问题、阶段性问题和倾向性问题结合技术监督管理提出技术监督预警。各单位应根据《电力技术监督管理办法》及时进行整改和反馈。

第三十条 集团公司对各产业、区域公司反事故措施实施情况进行考核。

第六章 附 则

第三十一条 本办法由集团公司负责解释。

第三十二条 本办法自发布之日起施行。